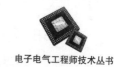

电子电气工程师技术丛书

PDN设计之电源完整性
高速数字产品的鲁棒和高效设计

PRINCIPLES OF POWER INTEGRITY
FOR PDN DESIGN

Robust and Cost Effective Design for High Speed Digital Products

〔美〕 拉里·D. 史密斯　　埃里克·博加廷 著　　陈会 张玉兴 译
　　（Larry D. Smith）　　（Eric Bogatin）

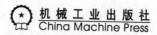

机械工业出版社
China Machine Press

图书在版编目（CIP）数据

PDN 设计之电源完整性：高速数字产品的鲁棒和高效设计 /（美）拉里·D. 史密斯（Larry D. Smith），（美）埃里克·博加廷（Eric Bogatin）著；陈会，张玉兴译 . —北京：机械工业出版社，2019.6

（电子电气工程师技术丛书）

书名原文：Principles of Power Integrity for PDN Design: Robust and Cost Effective Design for High Speed Digital Products

ISBN 978-7-111-63000-5

I. P… II. ①拉… ②埃… ③陈… ④张… III. 数字电路 – 电路设计 IV. TN79

中国版本图书馆 CIP 数据核字（2019）第 122785 号

本书版权登记号：图字 01-2017-3416

Authorized translation from the English language edition, entitled Principles of Power Integrity for PDN Design: Robust and Cost Effective Design for High Speed Digital Products, ISBN: 978-0-13-273555-1 by Larry D.Smith;Eric Bogatin, published by Pearson Education, Inc, Copyright © 2017 Pearson Education, Inc.

PDN 设计之电源完整性

高速数字产品的鲁棒和高效设计

出版发行：机械工业出版社（北京市西城区百万庄大街 22 号　邮政编码：100037）

责任编辑：张梦玲　　　　　　　　　　　　　责任校对：殷　虹

印　　刷：北京市荣盛彩色印刷有限公司　　　版　　次：2019 年 7 月第 1 版第 1 次印刷

开　　本：186mm×240mm　1/16　　　　　　印　　张：28.25

书　　号：ISBN 978-7-111-63000-5　　　　　定　　价：199.00 元

凡购本书，如有缺页、倒页、脱页，由本社发行部调换

客服热线：（010）88379426　88361066　　　投稿热线：（010）88379604

购书热线：（010）68326294　　　　　　　　读者信箱：hzit@hzbook.com

版权所有·侵权必究

封底无防伪标均为盗版

本书法律顾问：北京大成律师事务所　韩光 / 邹晓东

众所周知，电子系统涉及半导体材料与相关的制作工艺、电子元器件、电路原理、电路仿真与分析工具、电路板设计与布线以及测试仪器等方方面面的内容。在众多的电子"冲击波"中，电源及其相关行业是一个非常重要的方面。可以毫不夸张地说，离开了电源就不可能有真正的电子电路，更别说复杂的电子系统。因此，在电子信息领域，人们对电源及其电路的研究由来已久，并且形成了严格的理论与实践体系。

随着电子技术和工艺的不断发展与进步，电源理论与技术也需要与时俱进，特别是随着工作频率的不断提高，电源的完整性跟信号的完整性问题一样突出，并吸引了众多的科研人员投入精力来研究电源电路设计中的问题，并产生了很多科研成果，本书正是该背景下的产物。原作者 Larry D. Smith 和 Eric Bogatin 撰写的电源完整性巨著《Principles of Power Integrity for PDN Design—Simplified》于 2017 年由培生教育出版集团出版发行，并由机械工业出版社引进且委托我们将其翻译为中文。在深感荣幸的同时，又倍感压力巨大，因为本书内容涉及电源的方方面面。此外，译者还担负繁重的科研和教学任务，因此，时间上也非常紧迫。不过，为了让中文版早日与国内读者见面，我们克服了重重困难完成了本书的翻译工作。基于上述原因，本书的翻译难免会存在一些瑕疵甚至错误，希望读者及时指出以便再版时进行修订，不胜感激。

本书内容丰富，主要涉及到如下方面：第 1 章简单分析了什么是 PDN 和为什么工程上的低阻抗非常重要。第 2 章对阻抗进行了完整的讨论，它是评估鲁棒性 PDN 的基础。第 3 章介绍了低阻抗测量技术。第 4 章揭示了电感的本质，即它是如何受物理设计的影响，并从物理设计的角度对回路电感进行了评估。第 5 章回顾了电容器的特性及其个体和组合体的性能。第 6 章介绍了 PDN 内连接中电源和地平面关键重要的特性，以及电容器与平面是如何相互作用的。第 7 章探索了 PDN 相互连接的作用，即为信号回路电流提供低阻抗。第 8 章讨论了 PDN 最重要的特性，即由片上电容产生的峰值阻抗和封装引线电感。为了减小这些寄生参数，本章也介绍了在 PCB 上可以采取哪些有效措施。第 9 章描述了由 CMOS

电路产生的电流的特性，这个电流谱如何与 PDN 阻抗曲线相互起作用。第 10 章汇集了所有的原理和过程，说明如何设计 PDN 中某个特征来满足性能目标。

　　本书由电子科技大学陈会副教授翻译第 3～6 章，并负责全书的统稿与校对，其余部分由电子科技大学张玉兴教授负责翻译。在本书的翻译过程中，还得到了教研室部分学生的支持和帮助，在此一并致谢。

译者

2019 年 5 月

电子科技大学

本书焦点

电子工业中的电源完整性问题是一个容易混淆的课题——部分原因是不能很好地定义和涉及的问题太广泛，每个问题都有一套属于自己的根本原因和解决方案。这里有一个普遍的共识是：电源完整性领域包括从电压调整模块（VRM）到片上核心电源"轨"以及片上电容。

VRM 与芯片之间是封装和印制板上的相互连接，封装和印制板常常载有分立式电容器，这些电容器有与之有关的安装电感。电源分配网络（PDN）是指在 VRM 和片上 $V_{dd}-V_{ss}$ 电源"轨"之间的所有相互连接（通常是感性的），以及储能元件（通常是容性的）和损耗机构（阻尼）。

电源完整性是指从芯片看向电路的所有有关的电源特性。信号通过空腔，在印制板和地平面上会产生什么噪声？这是信号完整性问题还是电源完整性问题？由 I/O 开关电源产生的电压噪声是片上 V_{cc} 和 V_{ss} 电源"轨"完整性问题还是信号完整性问题？最终连接到 VRM 并通过公共封装电感进入的电流产生的这个噪声有时称为开关噪声或"地跳动"。

信号和电源完整性之间的灰色区域对解决电源完整性具有深远的影响。在印制板上加上去耦电容常常能解决 V_{dd} 核心噪声，但是这很少能改善由宽带信号感应的空腔噪声。一般情况下，印制板上的电容器很少或不能改善回路平面的跳动噪声。在一些情况下，产生的并联谐振实际上可能会增加空腔与信号的交调。

解决问题的第一步是清晰地确定问题，然后正确地识别出根本原因。一个准确定义的问题常常只要几步就可求解。对问题高效率求解的前提是基于问题的实际根本原因。

本书聚焦于与 V_{dd}"轨"上噪声有关的特殊的电源完整性问题，V_{dd}"轨"给片上核心逻辑供电，使其执行相关功能。由片上 V_{dd}"轨"开关信号供电的门与片上其他门进行通信，不需要像 I/O 一样传输出芯片。由核心有源部分引起的瞬时电流会在 V_{dd} "轨"上产生噪声，有时定义它为"自我攻击"。减小这个问题影响的原理、分析方法和推荐的设计也能应用于其他信号完整性、电源完整性和 EMI 的问题，但本书的焦点是 V_{dd} "轨"上的自我攻击。

其他电源完整性或信号完整性问题及其解决方法

术语"电源完整性"太复杂，无法解决一般设计中的所有问题。相反，我们需要清楚地识别设法要解决的特殊问题以及对每个特殊问题的最好设计实践。

完整系统设计中的一些次要问题有时也归类为电源完整性问题。

- 由 I/O 开关、地弹跳在 V_{cc} - V_{ss} 轨上引起的噪声和开关噪声：V_{cc} 轨上的自我攻击。
- 负载阻抗的改变在 VRM 上引起的噪声：VRM 的自我攻击。
- 信号通过不连续的返回路径引起的信号失真：信号路径的自我攻击。
- 来自供电轨和传输到 VRM 的噪声，以及板级 PDN 互连上的污染。
- 在封装上的电压噪声和来自所有源的板级 PDN 互连之间的交调，耦合到 V_{dd} 轨上。
- 在封装上的电压噪声和来自所有源的板级 PDN 互连之间的交调，耦合到 I/O 电源轨上。
- 在封装上的电压噪声和板级 PDN 互连之间的交调，以及耦合到 PDN 的一个信号。

这些问题中的每一个都有不同的根源，为减小其影响有最好的不同系列的设计实践。这些课题有些属于信号完整性，有些属于电源完整性。

为了避免大家认为所有电源完整性问题是相同的（一组解应用于所有问题），工程师和设计者应该习惯仔细地描述寻找到的问题而不是使用电源完整性或信号完整性这种大标题来说明。

印刷品、参考文献可提供大量的 PDN 设计建议。盲目地跟随其中的任何一个都是危险的。不幸的是，很多建议要么是错误的，要么是自相矛盾的。部分原因是它们仅面向上述问题之一，而且不正确地将这些建议广泛用于解决所有的电源完整性问题。

明确问题的特殊性、根本原因，才能找出最好的设计实践。

鲁棒性 PDN 设计面对的挑战

低劣的 PDN 设计会导致产品失败。诊断 PDN 失败的原因是很困难的，因为它们很难重现。有时，失败原因是由一系特殊问题的微码组合引起的，这造成考核 PDN 质量困难。PDN 设计中必须考虑鲁棒性。

除了低阻抗 VRM 以外，有些印制板的 PDN 实际上只要求鲁棒性。其他 PDN 可能要求电容数值的特殊组合并且要安装在特殊的位置，然后仅对鲁棒性提出一定限制。

每个 PDN 都是唯一的,有自己的内情。每一个都有自己的功能要求、芯片特征、微码和价格上的设计约束、性能、风险和研究周期。仅遵循其他人认为最好的设计原理来有效地设计鲁棒性 PDN 是很困难的,一个坚实的设计方法起着重要的作用。

在任何工程领域中,对包括电源完整性在内的很多问题的共同回答是"……视情况而定",回答"……视情况而定"的仅有方法是清楚地定义这个问题,然后对这个特殊问题进行分析,找出根源和不同的解法。

开始就准确高概率地进入 PDN 的最有效的设计过程(和多数高性能产品设计方法)是基于 4 个元素的。

- 从建立最好的设计实践开始
- 理解信号与相互连接彼此作用的基本原理——麦克斯韦方程的基本应用原理
- 识别需避免的共同问题和它们的根源
- 对于每个特殊的产品详情和限制,使用有效探索设计领域的举足轻重的设计工具,找到适宜的价格-性能-风险-研发周期之间的折中。

很多课题的目标是在可接受的价格、风险和周期内,找到满足性能目标的可接受设计。

本书为实现电源完整性工程提供坚实的理论基础,识别在 PDN 设计中所遇共同问题的根源,遵循这个最好的设计实践并且执行工程折中分析来平衡价格、性能、周期和风险。

本书的对象

本书减少了数学上的形式主义,揭示了电源完整性背后重要的工程原理。如果需要详细的数学推导和复杂的数值仿真,那么请参考其他的书。

这并不是说数学上的严密不重要——每个电子工程专业的学生应该都知道。作为实际工程,能应用这些原理来解决实际问题比从麦克斯韦方程中推导出每一个详情更加重要。

本书是以为高性能系统特殊设计的一套方法作为基础,以建立最好的设计原理为起点。每一个设计都是特定的,都有自己的故事、系统性能目标和价格、风险和周期限制。这意味着你不能盲目地跟随每一个设计指南,而必须有自己的判断。

这并不意味着要夺取你的 3D 全波仿真器和对每一件事情的仿真。这种做法将是一种难以置信且无效的过程,不能保证会成功地转换为一种可接受的答案。

工程判断的基础是理解基本原理——这是麦克斯韦方程的实际应用——确定需避免的问题和根源,确认分析工具来有效地探索设计区域并找到可接受的答案。对于应用一套方法来设计鲁棒性 PDN 系统来说,本书是指导方针。

两位作者在信号和电源完整性领域有着 70 年以上的工程经验,在本书中提取出以电源完整性作为基础的最重要的工程原理。

有足够的数学知识可使一个实践工程师会快速得到一个学习曲线以实现折中分析，并且识别什么是重要的——等价值——什么是不重要的。

使用简略的方程式澄清哪一个项是重要的，以及如何组合它们来影响结果。它们用了更详细地重申原理。当这些方程式加上数字时，它们属于"第一攻击线"。

在可能的地方，我们将举一些简单的例子以说明分析的近似性。在合适的地方，会介绍测试工具的测量和真实系统，以例证这些原理的真实工作以及它们能很好地应用于工程判断。

> 如果 PDN 设计是你的未来，那么你会发现，本书是你成功的必读书籍。

本书易于浏览的 5 个特点

为了使工程师更加有效地使用本书，我们提炼出 5 个特点。

我们已经尽了最大的努力来处理这种真实问题的复杂性，使其成为最简单的形式，以识别它们的基本原理和如何应用它们。近似作为原理量化的方法已应用到具体的问题中。由于它们是帮助我们校准工程判断的第一步，所以我们能确定仿真结果的意义。

在可能的地方，分析结果用数字图表的形式来表示。具有延伸说明的图表会告诉你文字和方程并行的故事。

每一个章节都提炼出我们认为最为重要的结论或者旁观者的观察，并将其作为提示展示给大家。这些使读者可以轻松浏览本书或者回忆知识亮点。

在每一章的末尾，我们都附加了总结部分，作为这一章中最重要的概括。阅读这一章后，它们应该是很明显的和可预期的。

最后，后面章节广泛使用的 PDN 谐振计算器电子数字表格可在网站上找到，网址为 informit.com/title/9780132735551 和 www.beTheSignal.com 。电源完整性方面的补充信息也可在这两个网站中找到。

本书大纲

本书是为电源完整性工程师编写的训练手册，用于成功进行 PDN 设计，学习对策、基本原理和技巧。

第 1 章概述 PDN 的定义和为什么工程上低阻抗是如此重要。我们引入阻抗这个概念作为重要的设计特征和 PDN 性能的指示器，也引入了最为重要的优值来描绘 PDN 的设计目标——目标阻抗。我们的目标是在可接受的价格、风险并满足性能和周期目标的情况下，使设计的 PDN 阻抗曲线低于目标阻抗。

第 2 章对阻抗进行了详细的回顾，它是评估鲁棒性 PDN 的基础，尤其对串联和并联

RLC 电路的特性进行了回顾。这些电路决定了 PDN 阻抗曲线的基本特性。元件集合的阻抗曲线仿真作为基本技巧引入。任何版本中免费的 SPICE 仿真器都可作为阻抗分析器。

第 3 章介绍低阻抗测量技术。典型的 PDN 目标阻抗范围是 1Ω 到低于 $1m\Omega$。测量元件和整个 PDN 领域中非常低的阻抗时要用特殊技术。

第 4 章揭示电感的本质，它是什么、它是如何受物理设计影响的，以及从物理设计特征中如何评估回路电感。PDN 的相互连接采用工程上低回路电感，这是减小峰值阻抗的重要方法。当电感不能继续减小时，重要的是要知道它的大小，这样就可以评价它的影响了。

第 5 章回顾电容器的特性、个体以及组合在一起的行为。它们是使阻抗轮廓成型和管理峰值的主要元件。介绍了由电容器组成的 5 个用于降低峰值阻抗的一般策略。特别介绍了低安装电感的关键工程步骤。

第 6 章介绍 PDN 内连接中电源和地平面关键且重要的特性，以及电容器与平面是如何相互作用的。平面最为重要的特性——扩散电感——被详细地探索。另外我们指出从芯片电路的电源质量角度来看，平面腔体谐振根本不重要。

第 7 章探索 PDN 内连接另外的作用：为信号回路电流提供低阻抗。当信号通过它们时，开关噪声、地弹跳都是在地平面上产生噪声的问题。这属于信号完整性领域，它有别于电源完整性问题。因为开关噪声的根源与核心 V_{dd} 轨的 PDN 噪声不同，所以解决方法也不同。我们要仔细区分重要的信号完整性和电源完整性。

第 8 章探索 PDN 最重要的特性：由片上电容和封装引线电感产生的峰值阻抗，为减小这个峰值，在印制板上可以做些什么。我们会指出，为克服由于这个峰值产生的限制，如何平衡所有的设计原理。

第 9 章描述由 CMOS 电路产生的电流特性，以及这个电流谱如何与 PDN 阻抗曲线相互作用。介绍 3 个重要的瞬时电流波形：时钟边缘脉冲、阶跃瞬时电流和重复性方波电流。这些波形与不同的 PDN 特性相互作用。我们指出，最为重要的是 3 个元素——阻抗曲线、瞬时电流和激励电压——如何共同相互作用。已知任意两个元素，能够评估第三个。

第 10 章汇集所有的原理和过程，说明如何设计 PDN 中某个特征来满足性能目标。特别地，引入基本分析技术的简单的电子表格程序，它梦幻般地加速了基本满足设计要求的产生过程。我们会浏览一些设计场景并且给出本书引入的电源原理的设计例子。从测量数据中可看到，发展出来的 PDN 参数与测量得到的性能匹配得很好。

关于本书教辅资源，只有使用本书作为教材的教师才可以申请，需要的教师请联系机械工业出版社华章公司，电话：010-88378991，邮箱：wangguang@hzbook.com。

Larry Smith 和 Eric Bogatin

致　谢 |Acknowledgements|

作者衷心地感谢评阅者辛苦的工作和花费的时间，他们对初稿提出了重要且中肯的意见，他们的帮助使这本书对读者更有价值。我们对 Todd Hubing、Chris Padilla、Jay Diepenbrock 和 Istvan Novak 表示衷心的感谢。

| Contents | 目 录

电源分配网络工程

1.1 电源分配网络的定义及关心它的原因

电源分配网络(PDN)包括从电压调整模块(VRM)到片上电路的所有电源间的相互连接。一般而言，它包括印制板上电源和地平面、电缆、连接器和所有与电源有关的电容器。图 1-1 是一个典型的计算机印制板的例子，它具有多个 VRM 和传递电源、地到所有有源器件焊盘的路径。

图 1-1　一个典型的具有多个 VRM 和有源器件的计算机母板。PDN 包括所有从 VRM
　　　　焊盘到片上电路的相互连接

PDN 的目的如下所示。
- 为实现所有功能的有源器件分配低噪声 DC 电压和电源。

- 对所有信号提供低噪声回路。
- 为减轻电磁干扰（EMI）问题，不贡献辐射。

本书聚焦于 PDN 的第一个作用：对所有需要电源的有源器件分配 DC 电压和电源，保证噪声低于可接受的水平。PDN 中不成功的噪声控制会促使信号眼图缩小。由于电压噪声的存在，眼图在垂直方向上的幅度会发生重叠。信号与参考点相交的时间在水平方向上扩展，产生抖动并且减小眼图的张开程度。内部核心电路可能会被设置并且引起保持时间错误，从而导致功能失效。

提示　不能正确设计 PDN 的后果是增加了位错误率，这来自在 I/O 电路和芯片内部电路中提高的垂直噪声和抖动。核心电路中过度的水平噪声可导致重新设置和持时间错误。

依赖于开关门电路，PDN 噪声会附加到来自发射机（TX）的信号上。在接收机（RX）中，它也能以电压参考噪声的形式出现。这两种情况都会降低其他源可用的噪声裕度。

图 1-2 所示为在微处理器的三个不同片上位置和两个不同的电压轨上，测量核心电源和地之间的电压噪声。这个例子中的电压噪声是 125mV。在大部分电路中，这种电压噪声的大部分会叠加在 RX 信号上。

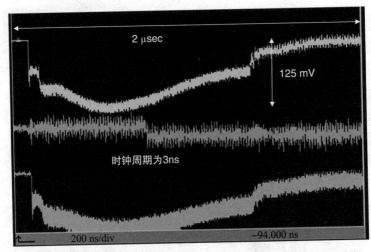

图 1-2　工作在 300MHz 时钟上的微处理器，在 V_{dd} 和 V_{ss} 轨之间的噪声，这是在 3 个不同的位置测量的。出现的噪声大于 125mV

即使这个噪声本身不足以引起位失效，但是它会促使眼图闭合，加上其他的噪声源可能会导致位失效。

芯片电源轨上的电压噪声也影响定时。传输延时是输入电压的跃变通过序列门传送给输出电压后发生跃变的时间，依赖于瞬时电压的电平。漏—源电压越高，沟道的电场越强，延迟时间越短。同样，V_{dd} 与 V_{ss} 之间的电压越低，传输延时越长。

　　这意味着：片上 V_{dd} 与 V_{ss} 之间的电压噪声对输出信号的定时变化有着直接的贡献，这被称为"抖动"。较高的 V_{dd} 轨电压吸引在时钟边缘内，而较低的轨电压则推出时钟边缘。图 1-3 所示为测量感应在高端 FPGA 测试芯片上的抖动，其中电压噪声来自 PDN。

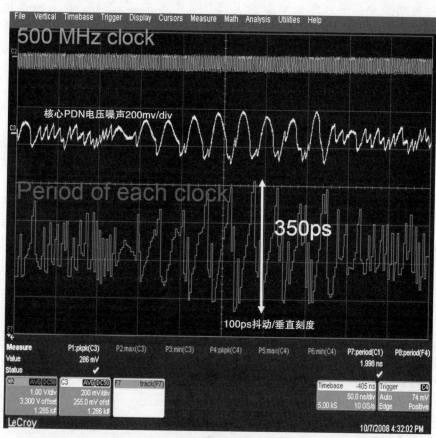

图 1-3　在 V_{dd} 与 V_{ss} 之间存在电压噪声的情况下，时钟信号上测量到的抖动

　　这个例子中，时钟分配网络与其他很多门共同使用 V_{dd}。这些门用伪随机位序列（PRBS）来开启，从 PDN 中抽取大的电流，产生大的瞬时电压噪声。电压噪声加到时钟分配网络的门上，引起时钟信号定时的变化。其周期是从一个时钟边缘到下一个时钟的边缘，测量这个抖动周期可以证明片上的电压噪声和时钟抖动直接相关。

　　在这个例子中，PDN 噪声引起抖动的灵敏度是 1mV 的噪声引起 1ps 时间内的抖动。100mV 的峰-峰 PDN 噪声大概贡献 100ps 的峰-峰抖动。在一个 2GHz 的时钟系统中，其周期仅为 500ps。PDN 噪声单独引起的抖动就会花费整个定时"预算"。

提示　在这个例子中，PDN 噪声抖动灵敏度大约是 1ps/mV，这足以估算出很多器件中的灵敏度。

1.2　PDN 工程

为满足电压噪声和定时"预算"的要求，PDN 上的电压噪声必须低于一些特定值。这与系统的详细组成有关，电压噪声的限制大约是供电电压的 ±5%。在以单极性信号的 CMOS 为基础的数字系统中，接收机总的噪声裕度大约是信号摆动的 15%。除非有不可抗拒的理由，一般我们为 3 个占支配地位的噪声源（反射噪声、交调和 PDN 噪声）等分这个"预算"，这就是 PDN 的典型噪声指标为 5% 的来源。

在一些如模-数转换（ADC）或锁相环（PLL）应用中，它们的性能对电压噪声非常敏感，PDN 噪声必须低于 1%。从直流到高达 5～10GHz 的信号带宽，PDN 噪声一直要保持在限制以下。

与其他的信号完整性问题一样，排除它们的第一步是要找到根源。在低频，由于附着在 PDN 上的电压噪声一般来源于 VRM 的电压噪声，所以设计的第一步是在适当负载电流下选择具有足够低电压噪声的 VRM。

即使是世界上最稳定的 VRM，电压噪声仍旧存在于芯片的焊盘上，这是由通过芯片门的瞬时电源电流在整个 PDN 上的阻抗压降引起的。在 VRM 的焊盘与片上焊盘之间是与 PDN 关联的相互连接线。我们称这整个网络为 PDN 生态学。

提示　PDN 生态学是指一系列从芯片焊盘到 VRM 焊盘的相互连接。它们之间相互影响以产生应用在芯片上的阻抗曲线并感应出了 PDN 噪声。

应用于片上焊盘的这些相互连接对阻抗曲线有所贡献，图 1-4 所示为典型的例子。

任何瞬时电流通过阻抗曲线都会在芯片的焊盘上产生与 VRM 稳定性相关联的电压噪声，例如，图 1-5 所示为当执行特殊微码时，在器件的核心电源轨上绘出的瞬时电流谱。与电流谱成一列的是该电流流过的阻抗曲线。在每一个频率下电流幅度和阻抗的结合产生了电压噪声谱。当在时域观察时，这些噪声谱就是瞬时电压噪声。

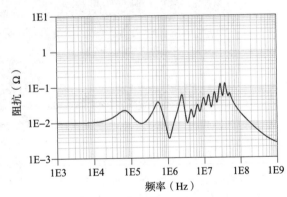

图 1-4　运用于片上焊盘的完整 PDN 生态学的阻抗曲线的例子

图 1-5 左边所示为瞬时电流谱、PDN 阻抗曲线和由此在电源轨上产生的电压噪声。电流谱的峰值与阻抗峰值组合产生可接受的噪声。图 1-5 右边是同样的阻抗曲线，但是它具有不同的微码算法，以稍微不同的频率驱动同样的门。电流谱峰值的结尾与大的阻抗峰值相重叠，产生的电源电压噪声超出了可接受的范围。

实际的电压噪声由瞬时电流通过阻抗曲线产生，它依赖于电流频率分量和阻抗曲线峰的重叠。如果电压噪声低于特定值，则 PDN 感应的误差不会发生。如果微码改变引起电流振幅峰和频率分量的变化，则它们与阻抗峰重叠就会产生更大的电压噪声，并引起产品失效。

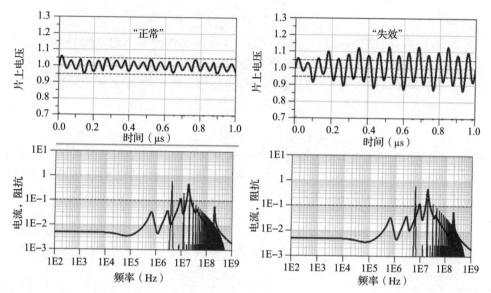

图 1-5　左边：PDN 阻抗曲线和瞬时电流产生的可接受的电压噪声。右边：电流谱的细小改变会产生不可接受的电压噪声

> **提示**　PDN 上的噪声在很大程度依赖于加到片上的阻抗曲线和通过芯片的瞬时电流谱。微码的细节和门的应用对 PDN 噪声的产生有很大的影响。

1.3　PDN 的鲁棒性设计

驱动芯片上门的特殊微码会引起性能的多样性，这使测试产品的 PDN 设计变得很困难。如果电流谱峰和阻抗峰的组合产生小于规定的瞬时噪声，那么一个产品在启动时或者当工作在特别的软件测试套件时可能工作得很好。产品设计通过这个测试，并且被认为是"可工作"的。

可是，如果工作在另外的软件套件下，并驱动更多的门开关工作在不同的主环路频率下，同时巧合的是峰值 PDN 阻抗曲线发生重叠，那么较大的瞬时压降发生，相同的产品会失效。

虽然产品在开始时运行了测试软件套且呈现的工作是令人鼓舞的，但这并不能保证它的鲁棒性。当产品被大范围的用户软件驱动时，被评估的"可工作"产品常常有现场故障。

鲁棒性 PDN 设计意味着在任何软件下都可工作，在具有任何时域特征的任意频率下都可产生最大瞬时电流。在此电流下，通过阻抗曲线产生的最差电压总小于引起失效的电压。

最差情况下的瞬时电流和电压噪声指标一起设置了最大可允许电压噪声的限制，PDN 阻抗等电压噪声是不能超过这个限制的。

　　这个最大的可允许且可保证性能的 PDN 阻抗称为 PDN 设计中的目标阻抗，我们由文献[1]可推导得：

$$Z_{\text{target}} = \frac{\Delta V_{\text{noise}}}{I_{\text{max-transient}}} \tag{1-1}$$

式中，Z_{target} 是任意频率下的可允许阻抗；ΔV_{noise} 是满足性能要求时规定的最大电压轨噪声；$I_{\text{max-transient}}$ 是在任何可能的工作条件下最差情况的瞬时电流。

　　例如，如果噪声指标为 ±50mV，最差情况下的瞬时电流是 1A，则目标阻抗为

$$Z_{\text{target}} = \frac{\Delta V_{\text{noise}}}{I_{\text{max-transient}}} = \frac{0.05\text{V}}{1\text{A}} = 50\text{m}\Omega \tag{1-2}$$

如果 ΔV_{noise} 或者 $I_{\text{max-transient}}$ 是频率的函数，那么 Z_{target} 也是频率的函数。

　　原理上，整个电流谱分布和整个阻抗曲线的组合就是产生最差峰值电压噪声的根源。不幸的是，这仅能用包含详细瞬时电流波形和完整 PDN 阻抗曲线的瞬态仿真才能确定。实际上，作为优值的目标阻抗是很有用的近似，它使我们在 PDN 设计中有一个好的开端。

提示　对 PDN 而言，目标阻抗是很有用的优值。在 PDN 鲁棒性设计中，它是设计目标的很好的近似。鲁棒性 PDN 设计的最终评估将来自整个 PDN 和瞬时电流波形的瞬态仿真。

　　充分的鲁棒性 PDN 是由目标阻抗来定义的。如果加到片上焊盘的完整 PDN 生态学的阻抗，在所有频率下都低于目标阻抗，那么瞬时电流流过这个 PDN 阻抗产生的最差的电源轨噪声将不会超过噪声指标，除非是在非常罕见的恶劣波形场合。图 1-6 所示为在所有的频率下阻抗曲线低于 50mΩ 目标阻抗的例子，这也是具有大电流负载的轨电压噪声的例子。

提示　在评估 PDN 性能时，目标阻抗是最重要的度量。PDN 阻抗越高于目标阻抗，失败的风险越大。

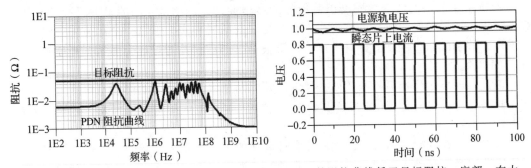

图 1-6　顶部：从 DC 到非常高的带宽，PDN 生态工程上的阻抗曲线低于目标阻抗。底部：在大的瞬时电流负载下，产生的 V_{dd} 轨噪声，表示它总是低于 5% 的指标限制。方波轨迹是被时钟驱动的瞬时电流，它以相对刻度来表示

　　实际上，通过片上的最大最差瞬时电流在所有频率下都不是平坦的。在高频端，这个

最大电流的幅度一般会下跌，它与开关门导通的速度有关。详细情况与芯片构成、传递的位数和微码的性质有关。有效的上升时间是从时钟边沿的上升时间到 100 个时钟周期的时间。

例如，如果时钟频率是 2GHz、周期是 0.5ns、建立开关门最多需要 20 个周期，那么最差的瞬时电流导通的最短上升时间是 0.5ns×20 个周期＝10ns。最大瞬时电流频率分量的幅度超过 0.35/10ns＝35MHz 后开始滚降。超过 35MHz 后，最差瞬时电流谱以－20dB/十倍频程的速度滚降，由此得到的目标阻抗将随着频率而增加。在这个例子中目标阻抗如图 1-7 所示，假设轨电压噪声指标为 50mV、最差电流为 1A。

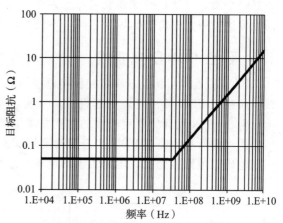

图 1-7　当瞬时电流在 20 个时钟周期内导通且最大电流为 1A 时的目标阻抗

这种行为的后果是在高频时目标阻抗指标被放宽。预测频率的膝点常常是困难的，除非知道瞬时电流和最差微码的详情。

实际上这个分析指出：准确地计算瞬时电流和 PDN 目标阻抗的精确要求是非常困难的。人们总是应用工程判断把可用信息转换成高性价比设计。

设计 PDN 的过程如下所示：

- 基于已知芯片的功能和应用，建立目标阻抗的最好猜想。
- 为满足可能的阻抗曲线，做出工程决定。
- 在 PDN 阻抗实现价格与目标阻抗和现场失败风险之间达到平衡折中。

工作在额定性能的电路失败风险的粗略测度是实际的 PDN 阻抗与目标阻抗之比，术语为 PDN 比：

$$PDN\ 比 = \frac{实际的\ PDN\ 阻抗}{目标阻抗} \tag{1-3}$$

比值小于 1 表示 PDN 失效风险低，随着这个值的增加，风险也增加。从实际经验来看，比值 2 仍旧是可接受的风险，但是比值达 10 的结果则说明这个风险是不可接受的。虽然很多微码工作在额定性能下，但一些可能激励 PDN 谐振，并使产品发生稳定性问题。

一般而言，若实现低阻抗 PDN，则具有较低的风险比，价格更高，其原因是如下之一：需要更多的元件，紧凑的装配设计影响产值，需要多层印制板或者多层封装，容量增加了面积或者使用了更加昂贵的材料。价格和风险之间的平衡常常成为一个问题，——你能承受多大的风险。为增加裕度，你要付出会更多，你总是要"买保险"以减小风险。这就是 PDN 设计中的基本折中。

提示　PDN 设计中重要的风险测度是 PDN 比，它是峰值阻抗与目标阻抗之比。PDN 比小于等于 2 是低风险，而 PDN 比大于等于 10 则是高风险。

　　在消费品应用中，常常存在强有力的价格驱动，工程上低价格设计的高风险比可能是较好的平衡。可是，例如在航空电子系统中，为了使风险比小于 1，付出额外的费用才是高性价比的解。在价格和风险之间，不同的应用有不同的平衡。

1.4　建立 PDN 阻抗曲线

　　PDN 的设计目标是从 DC 到任何电源电流的最高频率分量中，都设计可接受的阻抗曲线。所有的 PDN 元件应该一起设计，以实现整个系统的阻抗曲线。虽然很多元件相互影响，但在 PDN 设计中规定特性的阻抗曲线里指定一些特性作用，这是可能的。

　　图 1-8 所示为完整 PDN 生态学的简化框图。它包含片上电容、可能的封装电容、封装引线电感、电路板通孔、电路板上的电源和地平面、去耦电容器、大容量电容器和 VRM。

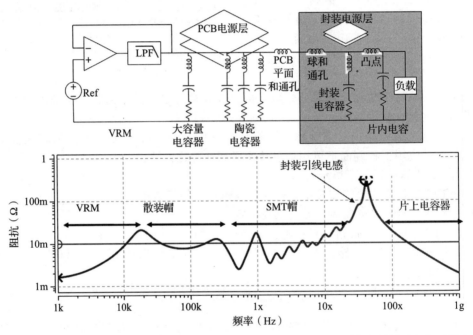

图 1-8　顶部：显示主要元件的简化的 PDN 生态学框图。底部：识别特定的设计如何对规定
　　　　 的阻抗特性做出贡献，由此产生的阻抗曲线。水平刻度中的"x"代表 MHz

　　可单独作用的一些 PDN 元件使我们能优化 PDN 其他独立部分，只要关注一个元件的阻抗与相互作用的另外元件的阻抗的接口就可。这就是为什么多数 PDN 设计与部件之间相互作用的接口有关。

　　在未来的历程中，我们探索构成 PDN 的元件中的每一个，了解它们的相互作用是如何影响鲁棒性和高性价比的 PDN 设计的。最终，电源完整性工程是负责任地找到价格、风险、性能和研发周期之间可接受的平衡点。我们知道 PDN 元件的详情越多，就能越快地找到可接受的解。

1.5　总结

1. PDN 是由从片上焊盘到 VRM 之间的所有相互连接和它们之间的所有元件组成的。

2. PDN 的目的是为器件提供干净、低噪声电压，为器件提供地电源，为信号提供低阻抗回路并减轻 EMC 问题。

3. PDN 中容差的典型噪声指标是 5%，这是基于主要噪声源 1/3 噪声"预算"的分配额的，主要的噪声源是反射噪声、交调和 PDN。

4. PDN 上的电压噪声是瞬时电源电流通过 PDN 阻抗的结果。噪声是阻抗曲线和瞬时电流谱组合的结果。

5. PDN 噪声贡献于抖动，典型的灵敏度是 1ps/mV 的噪声。这个数值随芯片设计和器件的技术节点而变。

6. 应用于片上焊盘的阻抗曲线是 PDN 质量和性能最重要的度量，其范围为 DC 到开关信号的最高频率分量。

7. 目标阻抗是最大阻抗的测度，其最差的电压噪声应该低于可接受的指标。

8. PDN 比是实际的 PDN 峰值阻抗与目标阻抗之比，它是风险的度量。若 PDN 比大于 10 则是高风险设计。

9. 刻画阻抗曲线需要优化 PDN 的单独元件和它们之间的相互作用，整个 PDN 系统必须为减小峰值而优化。

10. 如果你关心 PDN 设计，那么本书正好适合你。

参考文献

[1] L. D. Smith, R. E. Anderson, D. W. Forehand, T. J. Pelc, and T. Roy, "Power distribution system design methodology and capacitor selection for modern CMOS technology," *IEEE Trans. Adv. Packag.*, vol. 22, no. 3, pp. 284–291, 1999.

PDN 阻抗设计基本原理

2.1 关心阻抗的原因

最终，如果提供给芯片的电压在规定的范围内，即它是一些具有 AC 波纹的平均值，那么这个 PDN 是可接受的。不幸的是，究竟这个电压能否保持在可接受的水平依靠的不仅是 PDN 设计，还有不同芯片在系统中的行为，即它们执行的是什么功能和它们拉出电流的频谱。

在电路板的某个位置上，当它运行在特别的代码部分时，被测量的电压是可接受的。可是，这不能保证运行在其他微码时同样会产生可接受的结果。在芯片焊盘上测量的电压比在印制板上的电压有更多的噪声。

这使得接受电源分配网络的测试变得困难。作为初步近似，电压噪声是被不同芯片拉出的电流谱产生的，其中它流过电源分配网络相互连接线的阻抗。

如果我们知道由芯片拉出的最差电流，例如，基于门的使用或者仿真，并知道由测量、仿真或计算得到的电源分配电络的阻抗，那么我们就能在最差情况且为实际条件下计算出预期噪声。

虽然我们不能产生在终端用户测试环境中被拉出的每一个电流波形，但基于它的阻抗行为评估 PDN 的可接受性是可能的。阻抗能成为 PDN 设计可接受性的替代测度。

提示 如果你不知道片上电源电流的特殊频谱，那么你可以使用 PDN 阻抗曲线作为 PDN 设计中可接受性的替代测度。

如果阻抗是鲁棒性 PDN 质量的测度，那么 PDN 设计就可简化为目标阻抗值的设计。这使得阻抗成为 PDN 性能中最重要的设计度量。我们应理解阻抗的各个方面信息，了解选择元件和物理设计如何影响阻抗成为 PDN 设计中重要的方面。我们从讨论阻抗和电容器的阻抗特性开始这个过程。

在一般的电子设计中阻抗是基本电量，是 PDN 设计中最为重要和基本的原理。

2.2 频域中的阻抗

阻抗是指元件两端电压和流过它的电流之比：

$$Z = \frac{V}{I} \tag{2-1}$$

式中，Z 是元件两端的阻抗；V 是元件两端之间的电压；I 是通过元件从一个端口进入从另外一个端口流出的电流。

这个基本的定义可用于时域和频域，也能延伸到多端口元件中，例如，两个平面中不同位置之间的电压[1]。这是在本章结尾处描述的转换阻抗的基础。

虽然阻抗在时域和频域内都能很好地定义，但对理想元件（如电容器或电感器），在频域内对阻抗的定义有更加简单的描述。

提示　阻抗在时域和频域都能很好地定义，在频域其更为简单和容易。这就是为什么在这个域用于表示和分析 PDN 阻抗。

例如在时域，通过理想电容器的电流是：

$$I = C\frac{\mathrm{d}V}{\mathrm{d}t} \tag{2-2}$$

式中，I 是流过电容器的电流；C 是电容器的电容值；V 是电容器两端的电压。

使用阻抗的定义，在时域内电容器的阻抗是

$$Z = \frac{V}{C\frac{\mathrm{d}V}{\mathrm{d}t}} \tag{2-3}$$

正如我们预期的那样：它是连续的，$\mathrm{d}V/\mathrm{d}t$ 越大，流过电容器的电流越大，阻抗越小。理想电容器的阻抗依赖于电容器两端电压波形的斜率。虽然这个表达式是绝对准确的，但是在实际应用中，使用它是令人尴尬的，因为阻抗与电容器两端电压波形形状的依赖关系是很复杂的。

当我们将其转换成频域，它仅允许波形是正弦波，电容器的阻抗取简单形式：

$$Z = \frac{-\mathrm{j}}{\omega C} \tag{2-4}$$

式中，Z 是理想电容器的阻抗；C 是理想电容器的电容值；j 是 -1 的平方根；ω 是角频率为 $2\pi f$。

同样，在频域内理想电感器的阻抗与时域相比也有简单的形式：

$$Z = \mathrm{j}\omega L \tag{2-5}$$

式中，Z 是理想电感器的阻抗；L 是理想电感器的电感值；j 是 -1 的平方根；ω 是角频率，为 $2\pi f$。

因为在频域内阻抗有简单的形式，所以对于很多问题在频域内都能很快得到答案。这使我们有目的地离开时域，工作在频域。与阻抗有关的问题通常是在频域上分析的。

提示　虽然常常在时域评估性能，但我们有时通过频域来走捷径很快就能得到回答。这是考虑频域分析的最重要理由。

阻抗中的"j"意味着阻抗是复数——在任意频率下它都有两个值。它可用幅度和相位或

者实部和虚部来表示，在很多情况下，复数阻抗用幅度和相位表示更为普遍。

当阻抗在频域内用实部和虚部分量描述时，虚部分量被称为电抗。在由电阻(R)、电感(L)、电容(C)元件组成的电路中，电抗是由 L 和 C 的值决定的。例如，R 和 C 元件串联时，阻抗是：

$$Z = R + \frac{-j}{\omega C} \tag{2-6}$$

电抗是虚部项，习惯上用字母"X"来表示：

$$X_C = \frac{-1}{\omega C} \tag{2-7}$$

对于单个理想电容 C，电抗随频率的增加而减小，频率增加 10 倍，幅度减小到原来的 1/10。由于阻抗幅度中因子 10 代表－20dB，我们称电抗随频率的滚降是每十倍频程－20dB。这是典型的具有单个电容器元件的电路。

对于单个电感器，情况是类似的：

$$X_L = \omega L \tag{2-8}$$

电抗随频率的上升每十倍频程上升 20dB。

提示 在频域，电容器或电感器的阻抗随频率的变化率是每十倍频程 20dB。在对数-对数坐标系统中，这是直线，电感器的直线斜率是＋1，电容器的直线斜率为－1。这就是为什么在垂直方向上绘制对数阻抗，在水平方向绘制对数频率的原因。

2.3 阻抗的计算或仿真

虽然用纸和笔就可在频域内计算单个元件的阻抗，但是随着电路中元件数量的增加，指数级增加的计算量令人乏味。

幸运地是，我们能应用 SPICE 或者类似的仿真器来计算任何理想、线性、时变电路元件集合的阻抗。这些仿真器一般容易使用、免费、能工作在各种流行的操作系统中。它们也有绘图输入和显示，这使它们具有普遍的价值。

特别要提到的是 QUCS(Quite Universal Circuit Simulator)[2]，它是一种免费、开放源、强大并且使用简单的仿真器，你可将其用于阻抗计算或分析，在本书中有很多使用 QUCS 的例子。其他的例子则使用了最高级的终端电路仿真器工具之一，Advanced System Design（ADS)[3]，它可由 Keysight Technologies，formery Agilent Technologies 得到。结果完全相同。

提示 阻抗仿真的基本工具是 SPICE - 兼容电路仿真器。最容易使用的免费版本是 QUCS，而最高级的终端版本或许是 Keysight 的 ADS。这些工具能用于任何电路组合中仿真阻抗曲线。

任何电路在 SPICE 中能建立阻抗分析器的奥秘是 AC 恒流源。在 SPICE 中，不管在任

何负载下，理想恒流源总是输出一个恒定电流。在输出任何需要的电压来驱动固定的电流，这样即可保持恒流。

在 AC 模式中，恒流源输出的是幅度保持恒定的正弦波电流，独立于负载，图 2-1 所示为这个电流波形。

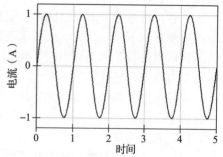

为输出这个 AC 电流的恒定幅度，这个正弦波电压的幅度源输出必须是特定值。在频域，所有的波形都是正弦波。任何正弦波的频率、幅度和相位即可完整地描述一切。

AC 恒流源的正弦波输出电压总是与流过它的正弦波电流有关，关系为：

$$V(\omega) = Z(\omega) \times I(\omega) \qquad (2\text{-}9)$$

式中，$V(\omega)$ 是每个频率的正弦波电压的幅度和相位；$I(\omega)$ 是每个频率的正弦波电流的幅度和相位；$Z(\omega)$ 是每个频率的负载阻抗的模和相位。

图 2-1 恒流正弦波的幅度

所有这些量都是复数。基于加到这个电流源上的负载，仿真得到的复数电压从数值上说就是负载的复数阻抗。仿真电压的幅度是阻抗的模，仿真电压的相位就是负载阻抗的相位。

这个关系可简单地说，如果我们用幅度为 1A、相位角为 0° 的恒流正弦波，那么以伏为单位输出电压的幅度，在数值上就是以欧姆为单位的阻抗。重要的还有，仿真电压的相位在数值上就是阻抗的相位。

由恒流源仿真电压的幅度和相位，就可在任何频率下仿真加到这个恒流源负载上的复数阻抗。图 2-2 所示为说明简单阻抗分析器的电路和几个理想元件的仿真结果的阻抗图。

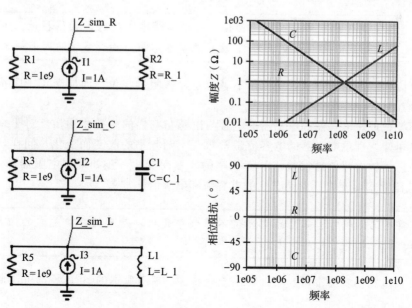

图 2-2 在 QUCS 中仿真阻抗分析器的电路模型和 3 个普通的理想电路元件的仿真阻抗的例子

在阻抗分析器电路中，恒流源左边的 1GΩ 的电阻器是为了保持仿真器的吸出通路而设置的。很多仿真器需要每个节点到地的 DC 通路。这个电阻器当输出开路或是容性负载时对恒流源输出提供 DC 通路。它限制了我们能仿真的最高阻抗是 1GΩ，这对所有的 PDN 应用是完全合适的。

注意：理想电容器和电感器的阻抗模是在对数——对数坐标上标注的。理想电容器的阻抗随频率而下降，理想电感器则随频率而增加，其变化是每十倍频程 20dB。

当作阻抗与频率关系图时，对数-对数坐标总是最有用的格式，因为它可直接指出电路行为是容性还是感性的。

理想电容器的阻抗随频率下降，而理想电容器阻抗的相位为常数 $-90°$。理想电感器的阻抗随频率增加，而理想电感器阻抗的相位为常数 $+90°$。当然，理想电阻器阻抗的模是常数，阻抗相位为 $0°$。

阻抗相位与阻抗曲线的形状密切相关，潜在的根源是 Kramers-Kronig 关系式。本质上这个概念是：对频域上的任何复数函数，它在时域描绘了一个真实世界的影响，这不妨害因果性——在仿真后总是有反应——在复数函数的实部和虚部必定存在特定的联系。

Kramers-Kronig 关系式说明，知道阻抗的实部就可知道其虚部。当描述阻抗的物理结构时，实部和虚部被这个关系所约束。这个关系的影响是阻抗曲线模的形状与阻抗相位有关。知道阻抗曲线的形状就可知道相位，在阻抗和相位图上能寻找到这个行为。

在所有电路中，电容器阻抗的模每十倍频程滚降 -20dB，相位接近 $-90°$。当阻抗的模每十倍频程增加 20dB 时，相位接近 $+90°$。当阻抗曲线不随频率变化时，相位将接近 $0°$。这意味着：如果我们仔细地注意阻抗曲线的形状，那么当它画在对数-对数坐标上时，我们能推断出它的相位。

提示 知道阻抗的模就可知道阻抗的相位。当模随频率下降时，相位接近 $-90°$，当模随频率增加时，相位接近 $+90°$。这是基本的本质，物理系统的因果关系。

因为可以推断出它的形状，所以用不着总是显露阻抗相位，而应聚焦于阻抗的模，一般把它们画在对数-对数坐标上。

永远不要把理想电容器和电感器的电容与电感与它们的阻抗相混淆。对于理想电路元件，由定义可知，理想电容器的电容值是常数，不随频率的改变而变化。同样，由定义可知，理想电感器的电感值是常数，不随频率的改变而变化，正如理想电阻器的电阻值。L 和 C 的阻抗随频率而变化，但是它们的电容值和电感值是常数。

提示 不要忘记，理想电容器的电容值不随频率变化，是常数，但是它的阻抗随频率而变化。电感器也是如此。

使用任何电路仿真器都可自动计算出这些特性。所有版本的 SPICE 都可用此法仿真任何电路阻抗。

2.4　实际电路元件与理想电路元件

使用 QUCS 阻抗分析器电路可仿真由任何理想电路元件组合的电路的阻抗。

重要的是要意识到，理想电路元件和实际电路元件之间的区别[4]。理想电路元件有明确的特性，可用在电路仿真中。实际电路元件具有包含寄生效应可测量阻抗的真实物理结构。不幸的是，我们对理想电路元件和实际物理结构使用相同的术语（如电容器），即使它们的行为和特性是非常不同的。

尽管我们称这种"结构"为真实电容器，但它测量的阻抗在一些频段与理想电容器的行为不会接近。

提示　基于它的物理设计、材料特性和麦克斯韦方程，真实电路的行为与附加寄生效应的理想元件有些相同。理想电路元件是非理想物理元件的理想表现。

在特定场合，使用一些形式的行为模型（如依据 S 参数描绘的行为模型），真实元件的测量阻抗能归并入电路仿真中。采用特殊的仿真器工具可允许 S 参数行为模型并入具有传统的 RLC 和 T 元件的电路仿真中。即使如此，如果你不能完全了解测量装置的详情或 S 参数是如何产生的，那么使用行为模型仍旧有点危险。

我们能使用双端口技术的网络分析仪测量实际电容器的阻抗，这在第 3 章中讨论。图 2-3 所示为测量 0603 多层陶瓷芯片（MLCC）电容器直口阻抗。

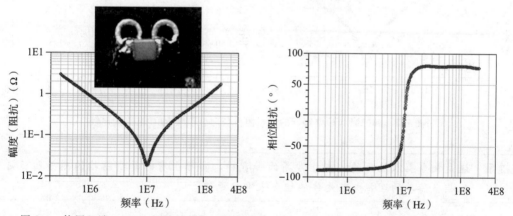

图 2-3　使用双端口 VNA 测量贴装在四层测试板上的 0603MLCC 电容器的阻抗曲线。插入的图是典型的 0603 电容器。采样的曲线来自 X2Y 衰减器

在低频时，实际电容器的阻抗与 182nF 的理想电容器的阻抗相当。图 2-4 比较了实际电容器的测量阻抗和理想电容器的仿真阻抗。在这个例子中，一直到 3MHz，它们完全一致。

可是，描述这个实际电容器阻抗行为的较高频带模型是一个 RLC 电路。图 2-5 指出：这个实际电容器的测量阻抗的模和相位和 RLC 串联电路的仿真阻抗相一致。使用在这个仿真电路中使用的数值是：$R=18m\Omega$，$C=182nF$，$L=1.3nH$。

注意：虽然阻抗随频率而改变，但理想的 R、L 和 C 的值不随频率而改变。这个例子说明，实际结构的测量阻抗可以用理想电路元件的组合来很好地近似。从观察和经验可得，我们能以合适的拓扑组合几个理想元件并且选择合适参数值来近似实际物理元件的非理想寄生效应。本例子中，在高达 200MHz 的带宽内，这个简单模型和实际测量的性能相一致。模型带宽可能比 200 MHz 更高，只是这不能通过测量来告诉你而已。

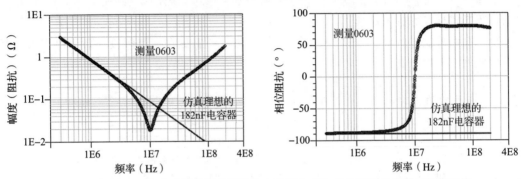

图 2-4   实际 MLCC 电容器的测量阻抗和电容值为 182nF 的理想电容器的仿真阻抗

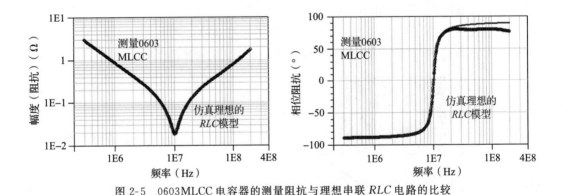

图 2-5   0603MLCC 电容器的测量阻抗与理想串联 RLC 电路的比较

提示   这是相当引人注目的，在非常高的带宽内，实际上有时复杂结构的测量阻抗可用相当简单的理想电路元件的组合来准确近似。

如何知道模型是否已很好地匹配或者多宽的频带可达到测量性能，通常唯一的方法就是测量。这就是下一章聚焦于测量技术的原因。

与 PDN 关联的大多数结构可以用两个简单的 RLC 电路和它们的组合来描述：R、L 和 C 的串联组合及 R、L 和 C 的并联组合。

从测量或仿真源的角度看，术语串联和并联，是表示 L 和 C 如何连接在一起的。R 元件与其中的一个电抗串联或者并联均可。

了解这些电路的特性将使我们理解 PDN 性能更为容易。

2.5　串联 *RLC* 电路

图 2-5 所示的例子也说明了 *RLC* 电路如此重要的原因。它是实际电容器行为的一个优秀模型。我们只要用一些代数方法将每个元件的阻抗相加即可计算串联 *RLC* 电路的阻抗[5]。描述这个串联阻抗可用以下公式：

$$Z_{\mathrm{RLC}} = R + \mathrm{j}\left(\omega L - \frac{1}{\omega C}\right) \tag{2-10}$$

我们也能使用 SPICE 中的阻抗分析器电路仿真这个阻抗。理想的 *R*、*L* 和 *C* 组合的仿真阻抗如图 2-6 所示，图中它与以模和相位表示阻抗的串联 *RLC* 电路的仿真阻抗相比较。

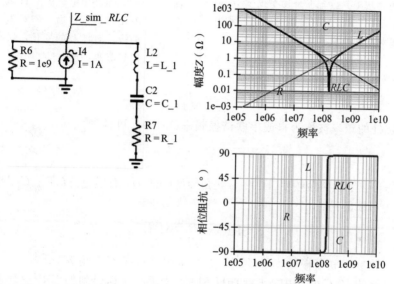

图 2-6　串联 *RLC* 电路的仿真阻抗曲线。电路元件值是 $R = 0.01\Omega$、$L = 1\mathrm{nH}$ 和 $C = 1\mathrm{nF}$

3 个重要的特性存在于串联 *RLC* 电路模型的阻抗曲线中，在频带内，其行为像电容、电阻和电感。

在最低频率时，*RLC* 电路阻抗中占据主导地位的是电容器，*RLC* 电路阻抗的相位可能达到$-90°$。这就如理想电容器，与 Kramers-Kronig 关系相一致。电容仅影响低频阻抗，如图 2-7 所示。因为电容的改变，串联 *RLC* 电路的阻抗仅在低频端受到影响。

在高频端，串联 *RLC* 电路阻抗中占据统治地位的是理想电感的阻抗，*RLC* 电路的相位可达到$+90°$，与理想电感器相同。电感变化仅仅改变 *RLC* 电路的高频阻抗(见图 2-8)。

在容性电抗和感性电抗的频率交替地方，串联组合的阻抗趋于 0，串联 *RLC* 电路阻抗中占据统治地位的是理想电阻元件的阻抗。我们可计算容性和感性电抗的模交替的角频率，由相等可得：

$$|X_C| = |X_L| = \frac{1}{\omega C} = \omega L \tag{2-11}$$

和

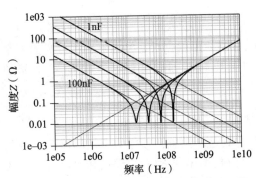

图 2-7　电容从 1nF 以 4 个阶梯变化到 100nF 后 RLC 电路的阻抗曲线。阻抗仅在低频受到影响，其中 L＝nH

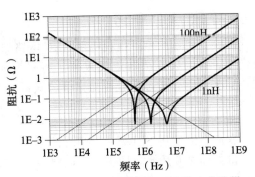

图 2-8　RLC 电路中电感从 1nH 以 3 个阶梯变化到 100nH 后，RLC 电路的阻抗曲线。随着 L 的变化，仅高频端的阻抗改变，其中 C＝1μF

$$\omega = \sqrt{\frac{1}{LC}} \tag{2-12}$$

最小阻抗处的频率被称为自或串联谐振频率（SRF），可推导：

$$\text{SRF} = \frac{\omega}{2\pi} = \frac{1}{2\pi}\frac{1}{\sqrt{LC}} \tag{2-13}$$

式中，SRF 是自或串联谐振频率（Hz）；ω 是角频率（rad/s）；L 是电感（H）；C 是电容（F）。

SRF 更为习惯的是：

$$\text{SRF} = \frac{159}{\sqrt{LC}}\text{MHz} \tag{2-14}$$

式中，SRF 是自或串联谐振频率（MHz）；L 是电感（nH）；C 是电容（nF）。

例如在上面的 RLC 电路中，$L＝1\text{nH}$ 和 $C＝1\text{nF}$，计算得到的 SRF＝159MHz。这是最小阻抗的频率。

在这个谐振频率上，我们得到的容抗和感抗为

$$|X_C| = |X_L| = \frac{1}{\omega C} = \omega L = \sqrt{\frac{1}{LC}} \times L = \sqrt{\frac{L}{C}} = Z_0 \tag{2-15}$$

这个阻抗常常被称为 RLC 电路的特性阻抗。这是没有办法的，它的名称与传输线的特性阻抗相同，但是，它是 RLC 电路的阻抗"特性"，与 L 和 C 元件在谐振频率时阻抗相等。

提示　在串联 RLC 电路中，低频阻抗仅由电容器来确定而高频阻抗仅由电感器来确定。

2.6　并联 RLC 电路

并联 RLC 电路是同样有用的理想电路模型。这里，3 个理想电路元件并联，正如图 2-9 所示。

在低频端，阻抗由并联的电感阻抗占统治地位。其行为像 DC 短路，然而其阻抗随着频

率的增加而增加。在高频端，电容器的阻抗占据统治地位，但是它的阻抗随频率的增加而下降。当 L 和 C 的并联阻抗最大时，称为峰值阻抗，电路阻抗受限于电阻元件的阻抗值。

阻抗峰是指并联谐振峰。当容抗和感抗相等时，它们的并联阻抗最大。如果不存在并联电阻，只有 L 和 C 的并联谐振峰阻抗将为无穷大。电阻的作用是使这个并联谐振峰下降。如串联谐振频率那样，并联谐振频率(PRF)是感抗和容抗相等的频率：

$$\text{PRF} = \frac{1}{2\pi}\frac{1}{\sqrt{LC}} \tag{2-16}$$

式中，PRF 是并联谐振频率(Hz)；L 是电感(H)；C 是电容(F)。

PRF 更为方便的是：

$$\text{PRF} = \frac{159}{\sqrt{LC}}\text{MHz} \tag{2-17}$$

式中，PRF 是并联谐振频率(MHz)；L 是电感(nH)；C 是电容(nF)。

例如，若上面的并联 RLC 电路中，$L = 10\text{nH}$、$C = 1\text{nF}$，那么 $\text{PRF} = 50.3\text{MHz}$，这个频率就是峰值阻抗的频率。

> **提示**　阻抗曲线的峰值几乎总是由并联 RLC 电路产生的。你可以利用你对特性的理解，来影响这个峰阻抗，使其降低。

2.7　串联和并联 RLC 电路的谐振特性

在串联或并联 RLC 电路中，有 3 个特征来描述阻抗特性：

- 谐振频率
- 谐振时的最大或最小阻抗
- 凹坑或峰值的宽度

阻抗的凹坑或峰值发生在串联或并联谐振频率时，这与 L 和 C 的值有关，可用式(2-18)计算：

$$\text{SRF} = \text{PRF} = \frac{159}{\sqrt{LC}}\text{MHz} \tag{2-18}$$

式中，L 是电感(nH)；C 是电容(nF)。

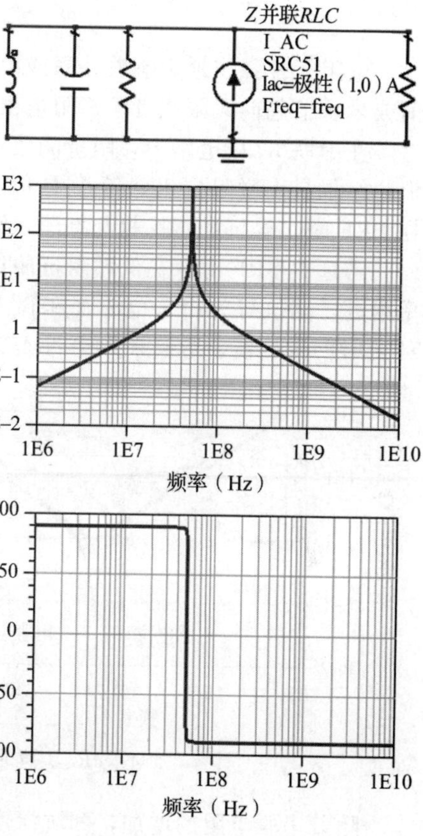

图 2-9　并联 RLC 电路和阻抗行为，其中 $R=1\text{k}\Omega$，$L=10\text{nH}$ 和 $C=1\text{nF}$

在 SRF 或 PRF 时感抗或容抗就是电路的特性阻抗 Z_0，可用式(2-19)来计算：

$$\text{在 SRF 或 PRF 时}\quad Z_0 = |X_C| = |X_L| = \frac{1}{\omega C} = \omega L \tag{2-19}$$

式中，Z_0 是 RLC 电路的特性阻抗，不要与传输线的特性阻抗相混淆。

RLC 电路的特性阻抗与均匀传输线的特性阻抗概念毫无关系，它就是 RLC 电路的阻抗特性。

求解角频率：

$$\omega^2 = \frac{1}{\sqrt{LC}} \Rightarrow \omega = \frac{1}{\sqrt{LC}} \quad\quad\quad (2\text{-}20)$$

$$\frac{1}{\omega C} = \frac{1}{\sqrt{\frac{1}{LC}}\, C} = \sqrt{\frac{L}{C}} = Z_0 \quad\quad\quad (2\text{-}21)$$

和

$$\omega L = \sqrt{\frac{1}{LC}} \times L = \sqrt{\frac{L}{C}} = Z_0 \quad\quad\quad (2\text{-}22)$$

电阻元件强烈地影响着并联或串联电路在谐振时的阻抗。在不存在阻尼的情况下，峰值或最小值趋向无限或者零。阻尼由电阻器的电阻来提供，使它们的峰值脱离极限值。

在串联 *RLC* 电路中，阻抗的最小值几乎就是电阻值。在 SRF 时，容抗和感抗相互抵消，结果是串联阻抗正好等于 *R* 值。在并联 *RLC* 电路中，阻抗的最大值是并联电阻值。在 PRF 时，容抗和感抗相互抵消，结果是并联阻抗值再次等于 *R* 值。

当远离 SRF 时，在低频阻抗曲线仅依靠 *C* 的值，而在高频则依靠 *L* 的值。在谐振频率附近，阻抗行为由于电阻而稍微有些改变。当使用较大的 *R* 时，最小阻抗值上升，在 SRF 时凹坑变浅，看起来似乎凹坑变得宽了。图 2-10 所示为 3 个不同电阻值的阻抗曲线。

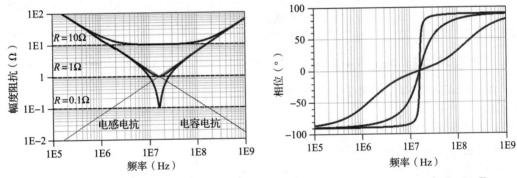

图 2-10　具有 3 个不同 R_{series} 值的串联 *RLC* 电路的阻抗曲线，其中 $L=10\text{nH}$ 和 $C=10\text{nF}$

随着串联电阻的增加，凹坑深度下降，但是外部的阻抗极值几乎不受影响。这个例子也说明了阻抗曲线的形状和相位之间的关系，就如同 Kramers-Kronig 关系的结果。阻抗平坦和接近为常数的频率跨度越大，越类似于理想电阻器的行为，相位越靠近 0°，这是理想电阻器阻抗的相位。

阻抗曲线的形状非常依赖的不仅是 R_{series} 值，也依赖 *L* 和 *C* 的值。在 *RLC* 谐振电路中，描述电阻及其影响的优值是 *q* 因子或电路的"品质"。有时，谐振电路的品质是用字母 *Q* 表示，由于在本书中，我们使用 *q* 因子，所以不要将其与电容器存储的电荷相混淆，为此我们保留字母 *Q*。

在谐振电路中，*q* 因子被定义为：

$$q \text{ 因子} = 2\pi \times \frac{\text{存储在每个周期中的峰值能量}}{\text{每个周期消耗的总能量}} \tag{2-23}$$

它也是电路的特性阻抗与阻尼电阻之比和谐振频率与最大值或最小值一半的全宽度的频率跨度之比。在 RLC 串联电路中，q 因子是：

$$q \text{ 因子} = \frac{1}{R_{\text{series}}} \sqrt{\frac{L}{C}} = \frac{Z_0}{R_{\text{series}}} \tag{2-24}$$

例如，在前面的电路中，$L = 10\text{nH}$ 和 $C = 10\text{nF}$，q 因子是：

$$q \text{ 因子} = \frac{1}{R_{\text{series}}} \sqrt{\frac{10\text{nH}}{10\text{nF}}} = \frac{1\Omega}{R_{\text{series}}[\Omega]} \tag{2-25}$$

当 $R_{\text{series}} = 1\Omega$ 时，q 因子是 1。在图 2-10 中，在仿真中使用的 3 个不同电阻值对应的 q 因子分别是 10、1 和 0.1。

q 因子是系统有关阻尼的测度。在高 q 因子系统中，峰值频率中存储的一小部分能量消失在每个周期中。系统连续地在时域中长时间振铃，阻抗曲线显示为尖锐和窄的倾斜。在低 q 因子系统中，存储的能量大部分损耗在每一个周期中，系统快速地停止振铃，阻抗曲线的凹坑是宽的。注意：这里我们讨论的是串联 RLC 电路，它有与 q 因子有关的阻抗凹坑。在这种情况下时域振铃是电流。q 因子的概念同样也可用在具有阻抗峰值的并联 RLC 电路中。在这种情况下时域振铃是电压。

作为振铃的粗略测量，q 因子的 1/2 是临界阻尼，在最快的无振铃建立时间之间有完美的平衡。更高的 q 因子值会显示更多的振铃，低的 q 因子有缓慢的响应。

串联 RLC 电路的特性阻抗是发生在容抗和感抗交叉处，实际上它是 RLC 电路中非常有用的参数，因为它可直接决定 R_{series}，而 R_{series} 是求解 q 因子第一需要的值。

在串联 RLC 电路中，我们也可看阻抗凹坑的最小值，电阻 R_{series} 与 q 因子的关系为：

$$Z_{\min} = R_{\text{series}} = \frac{1}{q \text{ 因子}} \times Z_0 \tag{2-26}$$

串联 RLC 电路中的 q 因子是阻抗凹坑的深度相较于串联 RLC 电路特性阻抗的测度。在高 q 因子电路中，最小阻抗与特性阻抗相比是非常小的。谐振凹坑的外观是一种展示，高 q 因子电路是尖锐的。

同样的分析可准确地应用在并联 RLC 电路中。图 2-11 所示为同样的 RLC 元件并联后的阻抗曲线，q 因子分别是 0.1、1 和 10。

并联谐振的阻抗峰值粗略地说是与电路的 q 因子有关，电路的特性阻抗可用式(2-27)计算

$$Z_{\text{peak}} \sim q \text{ 因子} \times Z_0 = \frac{R_{\text{parallel}}}{Z_0} \times Z_0 \tag{2-27}$$

在式(2-27)中，电阻是与 L 和 C 并联的，如果电阻与并联谐振电路中的电容或电感串联，那么方程将是：

$$Z_{\text{peak}} \sim q \text{ 因子} \times Z_0 = \frac{Z_0}{R_{\text{series}}} \times Z_0 = \frac{1}{R_{\text{series}}} \times \frac{L}{C} \tag{2-28}$$

在上面电路的 L 和 C 的值下，特性阻抗是 1Ω，对于 3 个不同的 q 因子，峰值阻抗分别是 10、1 和 0.1Ω。

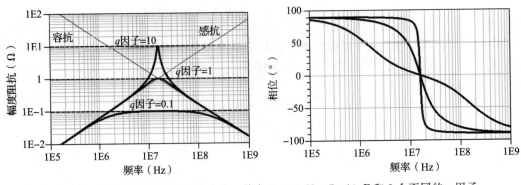

图 2-11　并联 RLC 电路的阻抗曲线，其中 $L=10\mathrm{nH}$、$C=10\mathrm{nF}$ 和 3 个不同的 q 因子

> **提示**　降低并联 RLC 电路峰值阻抗的一个重要方法是增加阻尼，即降低电路的 q 因子。实现的方法是增加串联电阻值或降低并联电阻值。

为了减小谐振频率时 PDN 阻抗峰值高度，我们可使 q 因子接近 1。即让 R 靠近 RLC 电路的特性阻抗，其方法是较高的 R、较低的 L 或较大的 C。在本章和后面的章节中，我们将指出，这些值是如何成为重要的设计目标的。

> **提示**　串联或并联 RLC 电路中两个重要的指标是特性阻抗和 q 因子。并联电路的峰值阻抗与 $Z_0 \times q$ 因子有关，串联电路的最小阻抗与 Z_0/q 因子有关。

2.8　RLC 电路和真实电容器的例子

在任何并联或串联 RLC 电路中，有 4 个重要的指标，它们分别是谐振频率、特性阻抗、q 因子和分别对应并联或串联电路的最大或最小阻抗。它们描述了这些电路的特性，值得牢记。

$$\mathrm{SRF} = \mathrm{PRF} = \frac{1}{2\pi}\frac{1}{\sqrt{LC}} = \frac{159\mathrm{MHz}}{\sqrt{LC}} \tag{2-29}$$

$$Z_0 = \sqrt{\frac{L}{C}} \tag{2-30}$$

$$q \text{ 因子} = \frac{1}{R_{\text{series}}}\sqrt{\frac{L}{C}} = \frac{Z_0}{R_{\text{series}}} \tag{2-31}$$

$$Z_{\min} = R_{\text{series}} = \frac{1}{q \text{ 因子}} \times Z_0 \tag{2-32}$$

或者

$$Z_{\max} \sim q \text{ 因子} \times Z_0 = \frac{Z_0}{R_{\text{series}}} \times Z_0 = \frac{1}{R_{\text{series}}} \times \frac{L}{C} \tag{2-33}$$

式中，SRF 是串联谐振频率（MHz）；Z_0 是电路的特性阻抗（Ω）；q 因子是电路的品质因子；$Z_{\min}$ 是串联 RLC 电路的最低阻抗；$Z_{\max}$ 是并联 RLC 电路的最大阻抗；R_{series} 是串联电阻器的电阻值(Ω)；C 是电容器的电容值(nF)；L 是电感器的电感值(nH)。

提示　每一个 RLC 电路都有描述其特性和性质的四个指标。分析任何 RLC 电路的第一步就是计算这 4 个指标。

例 1　有一个大的钽电容，它的模型是串联 RLC 电路，具有的典型值为：$C=1000\mu\text{F}=10^6\text{nF}$、$L=8\text{nH}$、$R=0.05\Omega$：

$$\text{SRF} = \frac{159\text{MHz}}{\sqrt{LC}} = \frac{159\text{MHz}}{\sqrt{8\times10^6}} = 56\text{kHz} \tag{2-34}$$

$$Z_0 = \sqrt{\frac{L}{C}} = \sqrt{\frac{8}{10^6}} = 0.003\Omega \tag{2-35}$$

$$q\ 因子 = \frac{Z_0}{R} = \frac{0.003}{0.05} = 0.06 \tag{2-36}$$

$$Z_{\min} = R_{\text{series}} = 0.05\Omega \tag{2-37}$$

在这个例子中，我们看到非常大的钽电容有低的 q 因子，可预期其有平坦的阻抗曲线。由 AVX 提供了类似的电容器，但其具有较低的 L 和较高的 SRF，它的阻抗曲线显示在图 2-12 中，可见它有非常宽和平坦的曲线。◀

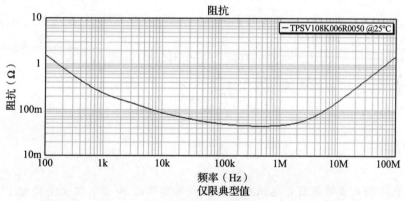

图 2-12　在示例中建议的钽电容阻抗曲线，由 AVX 公司提供

例 2　一个典型的大 MLCC(多层陶瓷芯片)电容器的尺寸为 1206，使用 X5R 介质材料，其参数为 $C=10\mu\text{F}=10\ 000\text{nF}$、$L=3\text{nH}$、$R_{\text{series}}=0.003\Omega$。

$$\text{SRF} = \frac{159\text{MHz}}{\sqrt{LC}} = \frac{159\text{MHz}}{\sqrt{3\times10^4}} = 0.9\text{MHz} \tag{2-38}$$

$$Z_0 = \sqrt{\frac{L}{C}} = \sqrt{\frac{3}{10^4}} = 0.017\Omega \tag{2-39}$$

$$q\ 因子 = \frac{Z_0}{R_{\text{series}}} = \frac{0.017}{0.003} = 5.7 \tag{2-40}$$

$$Z_{\min} = R_{\text{series}} = 0.003\Omega \tag{2-41}$$

对这种取值大的 MLCC 电容器来说，由于 q 因子相对要大些，所以可预期有尖锐的谐振曲线。由 AVX 提供的阻抗曲线显示在图 2-13 之中。它被安装在印制板上并使用通孔吸附，L 的值是 1nH，这比这种尺寸的电容器可实现的典型值更加具有侵略性。与我们早先估计的值比较，AVX 计算的 SRF 稍微高一些。 ◀

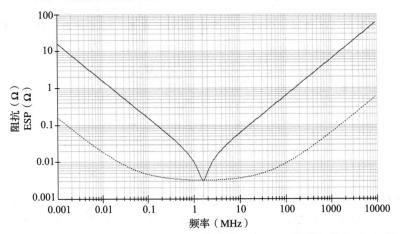

图 2-13   1206 10μF MLCC 电容器的阻抗曲线，由 AVX 提供，其中 L＝1nH

例3   一个小值的 MLCC 电容器的尺寸为 0402，为 X7R 介质类型，其参数为 $C=$ 1nF、L＝1nH、R_{series}＝0.16Ω。

$$\text{SRF} = \frac{159\text{MHz}}{\sqrt{LC}} = \frac{159\text{MHz}}{\sqrt{1 \times 1}} = 159\text{MHz} \tag{2-42}$$

$$Z_0 = \sqrt{\frac{L}{C}} = \sqrt{\frac{1}{1}} = 1\Omega \tag{2-43}$$

$$q \text{ 因子} = \frac{Z_0}{R_{\text{series}}} = \frac{1}{0.16} = 6 \tag{2-44}$$

$$Z_{\min} = R_{\text{series}} = 0.16\Omega \tag{2-45}$$

对于取值小的电容器来说，电阻值大约是大电容器的 50 倍，这主要是由于有很少的并行导体板。可是，由于有较高的特性阻抗，所以 q 因子的值仍旧差不多。 ◀

2.9   从芯片或电路板的角度观察 PDN

术语并联或串联是指 L 和 C 元件的电路拓扑。它们连接的拓扑决定了谐振时阻抗是最小还是最大。并联电路具有的阻抗是从并联的电感器和电容器测量得到的，损耗元件（电阻器）可与并联谐振电路串联或者并联。当电感器和电容器是并联时，它常表示为 ESR（等效串联电阻）。串联电路具有的阻抗是测量串联的电感器和电容器的阻抗。

提示   当 L 和 C 是并联时，阻抗最大；当 L 和 C 是串联时，阻抗最小。

第一步是决定电路的类型，预期是阻抗峰或是凹坑，识别电路中需要测量或仿真的地方。从这个角度来说，我们识别 L 和 C 元件的电路拓扑，最后识别电阻与 L 或 C 和电源是串联还是并联的。图 2-14 所示为 L 和 C 元件串联或并联，串联或并联电阻的 4 种组合。

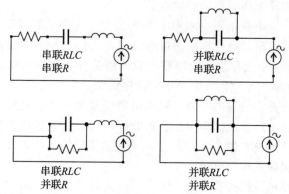

图 2-14　确定仿真源位置的 4 种不同电路拓扑，L 和 C 元件的组合，电阻阻尼项的组合

一个典型的 PDN 电路会显示出不同，这依赖于我们观察的角度[6]。从芯片端看低阻抗印制板时，PDN 看上去就如同具有串联电阻的并联 LC 电路。当从印制板端看芯片时，电路看上去就如同具有串联电阻的串联 LC 电路。图 2-15 说明了同一电路的两个角度。

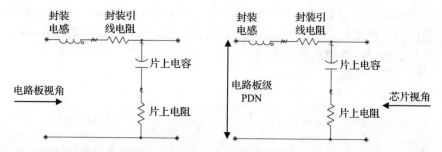

图 2-15　从两个不同的角度观察，描述片上电容和封装引线电感的同一电路。从印制板角度看，阻抗有凹坑，从芯片角度看，阻抗具有峰值

从印制板的角度看，通过封装看向芯片时，封装引线电感是与片上电容串联的。看向芯片的阻抗显示为具有低阻抗凹坑的串联 RLC 电路。在高频端，阻抗随频率连续增加，封装引线电感占据主导地位。

提示　这意味着我们仅能从印制板角度看到片上环境的低频阻抗。从印制板观点看，芯片局部 PDN 环境的高频特性被封装引线电感和片上电容较低的阻抗所阻隔。

从芯片的角度看向印制板平面 PDN 的其余电路，片上电容与封装引线电感并联，结果是产生阻抗峰值。在高频时，阻抗随频率下降，占据统治地位的是片上电容，最终的限

制是芯片的金属化。

在低频，芯片看自己的阻抗被连接到低阻抗印制板的封装引线电感所短路。包含 VRM 的印制板级阻抗，在低频方向有阻抗下降。从芯片的角度看，低频阻抗最终受限于封装引线的串联电阻和其余印制板路径的电阻。

在封装和芯片中，对串联电阻的贡献有两种。片上金属化的 PDN 轨是与片上电容串联的电阻，封装的引线电阻和通孔至电路板的电阻，它们与封装引线电感串联。从印制板方向看入，当串联时，4 个元件的等效串联电阻恰恰是片上金属化电阻和封装引线电阻的总和。4 个元件的串联阻抗与它们在电路中的次序无关。

从芯片的角度看，并联电路的等效串联电阻稍微复杂一些。在低频，芯片上的短路电容，通过低阻抗的封装引线变成了高阻抗。在低频，占统治地位的封装引线电阻与电路板其余的电阻串联。从片上电容的角度看上去高频阻抗是低的，从芯片的角度看上去，占据统治地位的是片上金属化的串联电阻。

在谐振附近，环路电流流过并联 LC 组合，包括封装引线电阻和片上电阻。这些损耗的加入和谐振附近的电路看上去就像一个并联 RLC 电路，它具有的等效电阻为引线电阻和片上金属化电阻串联后的阻值。

提示　对于相同的电路，从芯片边看上去，相互连接的结构像一个具有峰值阻抗的并联 RLC 电路；当从印制板边看去，就像具有最小阻抗的串联 RLC 电路。

PDN 从两个角度观察这种特殊情况，可看到串联和并联的 RLC 电路有相同的优值，只要 R 被峰值引线和片上金属化电阻串联组合代替即可，这是等效串联回路电阻。

对于一个小芯片，典型的值可能为：$C_{die} = 50nF$、$L_{package} = 0.5nH$、$R_{leads} = 0.01\Omega$、$R_{metalization} = 0.005\Omega$、$R_{equivalent} = 0.015\Omega$。

我们预期的优值为

$$SRF = PRF = \frac{1}{2\pi} \frac{1}{\sqrt{LC}} = \frac{159MHz}{\sqrt{0.5 \times 50}} = 31.8MHz \tag{2-46}$$

$$Z_0 = \sqrt{\frac{L}{C}} = \sqrt{\frac{0.5}{50}} = 0.1\Omega \tag{2-47}$$

$$q \text{ 因子} = \frac{1}{R_{series}} \sqrt{\frac{L}{C}} = \frac{Z_0}{R_{series}} = \frac{0.1}{0.015} = 6.7 \tag{2-48}$$

$$Z_{min} = R_{series} = \frac{1}{q \text{ 因子}} Z_0 = \frac{1}{6.7} 0.1 = 0.015\Omega \tag{2-49}$$

$$Z_{peak} \sim q \text{ 因子} \times Z_0 = \frac{Z_0}{R_{series}} \times Z_0 = \frac{1}{R_{series}} \times \frac{L}{C} = \frac{1}{0.015} \times \frac{0.5}{50} = 0.67\Omega \tag{2-50}$$

注意：这些电路的 q 因子是高的，这表示有峰值响应。我们可以使用图 2-16 所示的电路对这两种情况进行仿真。这两个电路的阻抗曲线是不同的，即使它们由相同的元件组成。

使用前面定义的元件值，对图 2-16 所示的阻抗进行仿真，结果显示在图 2-17 中。从

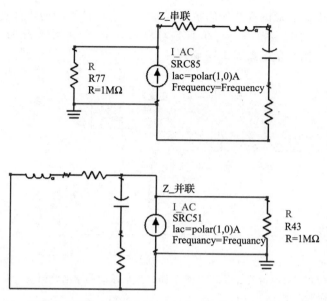

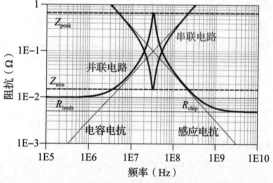

图 2-16 从两个不同的边看上去的 PDN 电路拓扑，呈现并联或串联电路

阻抗曲线来看，我们可将优值与估计值相比较，一致性非常好。

在测量 PDN 时，这个电路是重要的。阻抗曲线和测量的准确内容是如何阻抗测量与相联系的。

2.10 瞬态响应

如果电流流过这个电路的话，那么电路的阻抗曲线是对与其混合在一起的电压噪声的直接指示[7]。当电流的频率分量流过这个阻抗时，在这个频率处产生的电压与电流的振幅和阻抗有关。

$$V_{\text{noise}}(f) = I(f) \times Z(f) \quad (2\text{-}51)$$

注意：当进行时域分析时，我们仅仅评估稳态时不变响应。实际上我们假设每个电流的频率分量是连续的，电压响应是

图 2-17 $C = 50\text{nF}$、$L = 0.1\text{nH}$、$R_{\text{chip}} = 0.05\Omega$ 和 $R_{\text{leads}} = 0.01\Omega$ 的 LC 并联和串联的 RLC 电路的阻抗和最小阻抗以及峰值阻抗。注意：最小和最大值与估计的优值非常一致

稳态响应。可是，这常常是希望的响应。有几种情况常常适用于恶劣波，正如第 9 章讨论的那样，这里的瞬态响应揭示了不会在频域内出现的新行为。

提示 频域响应是好的一阶评估，能帮助我们快速地估算 PDN 的电压响应。可是它不是完整的响应，特别是当电流源有复杂行为时。这就是分析瞬态响应总是很重要的原因。

虽然面对任意电流波形的复杂的阻抗曲线时，要解析计算瞬时电压是困难的，但对与任意阻抗曲线相联系的电压噪声进行仿真是容易的。图 2-18 所示为 SPICE 电路的例子，它用于仿真瞬时电流源产生的瞬时电压噪声。

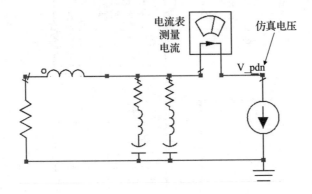

图 2-18　用于仿真瞬时电流流过 *RLC* 组合电路产生电压的典型电路模型。那里的电流表用于显示瞬时电流

在这个例子中，电路模型左边的 *R* 和 *L* 元件已加入到电压调整模块（VRM）的仿真中。两个串联的 *RLC* 电路已被加入到实际的去耦电容器的仿真中。作为仿真瞬时响应的序曲，我们首先要看这个电路在频域内的阻抗曲线如图 2-19 所示。

当 PRF 为 25MHz 的频率分量流过这个电路时，可看到大的阻抗，电路在两端产生了大的电压。

在时域，由 PRF 产生的噪声在 PRF 时出现振铃。在时域仿真中，振铃幅度依赖于在电流波形中当为 PRF 时有多大的振幅存在。

电流波形的频带宽度揭示了最高预期的正弦波频率和与有关电流上升时间之间的粗略关系

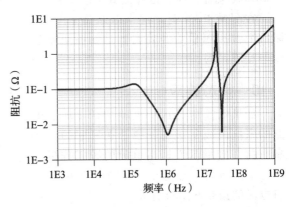

图 2-19　前面例子中电路的阻抗曲线，已加入了 VRM 模型。注意：并联谐振发生在 25MHz 左右

$$\mathrm{BW} = \frac{0.35}{\mathrm{RT}} \qquad (2\text{-}52)$$

式中，BW 是信号的频带宽度（GHz）；RT 是波形 10%～90% 的上升时间（ns）。

例如，电流波形在 10ns 的上升时间内给出的频带宽度为：

$$\mathrm{BW} = \frac{0.35}{10} = 0.035\mathrm{GHz} = 35\mathrm{MHz} \qquad (2\text{-}53)$$

对于 10ns 上升时间的电流阶跃，预期的频率分量高达 35MHz，但是超过这个频率后分量就很小了。如果这个阶跃电流流过图 2-18 所示的电路且具有 25MHz 的 PRF，那么我们可能看到由于高阻抗而在 25MHz 处产生的振铃。

如果电流阶跃的上升时间增加到 30ns，那么频带宽度下降到大约 10MHz。在 25MHz 处电流分量的振幅很小，可看到预期的电压噪声下降。这个例子显示在图 2-20 中，图上显示了 10ns 和 30ns 上升时间的瞬态电流波形，产生的瞬时电压噪声如图 2-18 所示。

注意：即使电流波形有平滑的高斯边缘，电路两端产生的电压，在阻抗有峰值的 PRF 处仍旧显示大的振铃。

这个电路的 PRF 是 25MHz，振铃的周期是 40ns，这些图和 PRF 是对应的。虽然上升时间发生了改变，但振铃频率不变。振铃频率是电路固有的，与 PRF 有关但与电流波形无关。

提示　在 PDN 中测量的振铃电压噪声常常是阻抗曲线峰值的指示。振铃的幅度与峰的高度和振铃频率时电流波形内的能量有关。这就是并联谐振在 PDN 设计中如此重要的原因。

振铃幅度依赖于电流阶跃在振铃频率时的相关能量。上升时间越长，在 25MHz 处的能量越少，噪声幅度越低。

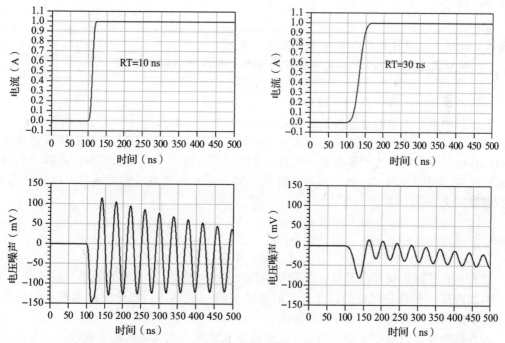

图 2-20　使用两个不同的上升时间仿真阶跃响应的瞬时电流，结果产生图 2-18 电路所示的双端口电压噪声

这就是并联谐振在 PDN 设计中如此重要的原因。电流的频率分量和 PRF 时的峰值阻

抗决定了 PDN 的噪声幅度。

2.11　高级主题：阻抗矩阵

阻抗的基本定义是电压与电流之比。当应用于双端口时可普遍地来看问题，具有双端口的归一化电路如图 2-21 所示。

不管黑匣子内的电路是什么样的，电路可能是单个的 R、L 或 C，或者是 25 个元件连接成的复杂网络，只要连接到外部世界的仅是两个端口，就是双端口电路。

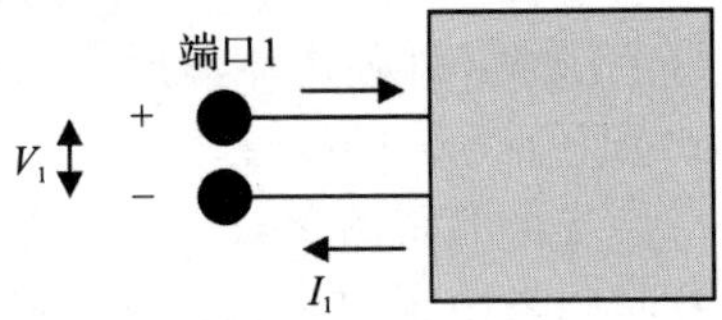

电路阻抗由它的端口特性来定义，这种情况下的端口标记为端口 1。阻抗的基本定义基于出现在端口的电压 V_1 与进入或出来的电流 I_1 之比：

图 2-21　具有双端口的归一化电路

$$Z = \frac{V_1}{I_1} \tag{2-54}$$

式中，V_1 是端口 1 之间电压；I_1 是进入端口 1 或从端口 1 出来的电流。

当只有两个端口时，电路阻抗的定义是很平常的。当有多个端口时，阻抗仍旧能定义，但是其具有更为复杂的意义，包含电路行为更多的信息。随着端口数量的增加，电路复杂性呈指数增加。为了简化不同阻抗的描述和更有效地处理掩盖在这些阻抗下的信息，采用了矩阵的形式[8]，这是紧凑、有效地描述多端口的方法。

提示　原理上，阻抗最初是为双端口器件定义的，可扩展为很多个的端口。为减小随端口数量增多时增加的复杂性，矩阵形式是很重要的。

在这种形式中，每一对端子被称为一个端口。在每一个端口的两个端子之间定义电压。电压是两个点之间的电位差。电流定义为从一个端子进入，从另外一个端子出来。

在 n 个端口电路中，有 n 个电压和 n 个电流。作为电压与电流之比的阻抗可定义为任意电压和电流的组合。为了跟踪每个不同的比值，矩阵可用于存储阻抗值。矩阵中的每个元素对应于不同的比值。行是电压被选择的端口，列是电流被选择的端口，以这种方法，阻抗矩阵定义为：

$$Z_{jk} = \frac{V_j}{I_k} \tag{2-55}$$

式中，V_j 是第 j 个端口的电压；I_k 是流入第 k 个端口的电流。

这种形式适用于线性、无源、时不变系统。这意味着黑盒子内的电路元件不会改变，没有新的连接，电路是固定的。在加入的正弦波信号周期内，每个矩阵元素的阻抗是常数。这就是所有无源元件相互连接的情况。

线性网络要求以频率 f 进入的单个正弦波仅在该正弦波频率处产生响应，并且不产生谐波，线性叠加亦适用。这意味着任何元件的阻抗完全独立于与任何端子相关的电压或电流。除了一些铁氧体之外，所有互连结构都属于这种情况。

阻抗矩阵定义了电压和电流连接的所有组合：

$$V_j = \sum_k Z_{jk} \times I_k \tag{2-56}$$

提示 每个阻抗矩阵中的元素与端口上产生的电压与通过端口的电流之比相关。

在频域中，电压和电流是复数，因此阻抗矩阵为复数并且通常随频率而变化。每个阻抗矩阵元素都是复数且与频率相关。明确地写出有助于记住其复数性质：

$$\widetilde{V}_j(\omega) = \widetilde{Z}_{jk}(\omega) \times \widetilde{I}_k(\omega) \tag{2-57}$$

用一个简单的例子说明阻抗矩阵的功能。图 2-22 表示了一个双端口通用电路。

这个电路有两个电压和两个电流，因此电压和电流有四种组合，它们的比就是阻抗。每一个都有独立和重要的意义。

所有阻抗矩阵元素的组合能归类为简单的 2×2 矩阵：

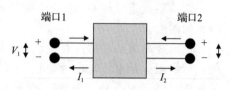

图 2-22 在端口已定义电压和电流的二端口电路

$$\boldsymbol{Z} = \begin{vmatrix} Z_{11} & Z_{12} \\ Z_{21} & Z_{22} \end{vmatrix} \tag{2-58}$$

这个矩阵定义了每个节点电压和进入每个节点的电流之间的关系。使用矩阵形式，每个节点的电压和进入该节点电流的关系是：

$$\begin{vmatrix} V_1 \\ V_2 \end{vmatrix} = \begin{vmatrix} Z_{11} & Z_{12} \\ Z_{21} & Z_{22} \end{vmatrix} \times \begin{vmatrix} I_1 \\ I_2 \end{vmatrix} \tag{2-59}$$

我们写出由这个矩阵定义的方程，它为

$$V_1 = Z_{11} \times I_1 + Z_{12} \times I_2$$
$$V_2 = Z_{21} \times I_1 + Z_{22} \times I_2 \tag{2-60}$$

这些方程进一步改善了阻抗矩阵元素的定义。一个特定的阻抗矩阵元素可从其他的元素中提取出来，只要设置所有电流为零，除了进入一个端口的电流外。例如，为了得到对角线矩阵元素，设置所有其他的电流为零，除了对角线端口。我们可计算为

$$Z_{11} = \frac{V_1}{I_1}\bigg|_{I_2=0} \qquad 和 \qquad Z_{22} = \frac{V_2}{I_2}\bigg|_{I_1=0} \tag{2-61}$$

这个对角线元素被称为"自"阻抗。它们代表了没有电流流入其他端口时，从一个端口看入的电压和进入这个端口的电流之比。

提示 阻抗矩阵的对角线元素是自阻抗。当所有进入其他端口的电流是 0 时，自阻抗与双端阻抗是相同的。

我们提取非对角线元素，它们被称为互阻抗、转移阻抗或传输阻抗。使用同样的方法，设置所有进入其他端口的电流为 0。这个很容易实现，只要保持开路时端口的电流为 0。当 $I_1 = 0$，端口 1 的电压变成：

$$V_1 = 0 + Z_{12} \times I_2 \qquad (2\text{-}62)$$

从这个关系中可计算出一个非对角线元素为：

$$Z_{12} = \left. \frac{V_1}{I_2} \right|_{I_1=0} \qquad (2\text{-}63)$$

用同样的方法可计算出第二个非对角线元素或转移阻抗为：

$$Z_{21} = \left. \frac{V_2}{I_1} \right|_{I_2=0} \qquad (2\text{-}64)$$

术语转移阻抗也能用于描述导体的屏蔽效果，如电缆的屏蔽和围绕物体。在这个应用中，转移阻抗是导体一个边产生的电压与另外一边的电流之比。它是外表面到内表面能量转移的测度。

术语传输阻抗与器件有关，它把电流变换成为电压。一个简单的电阻器能完成这个功能，传输阻抗是电压与电流之比，即相当于电阻。传输阻抗放大器使用一个运算放大器，并把电阻器作为反馈。开始时它的传输阻抗非常高，但是随频率而降低，这是因为放大器的增益-带宽超过了限制。

当用于描述阻抗矩阵的非对角线元素时，转移阻抗和传输阻抗也与某个区域的电流在另外区域产生的电压有关。

阻抗矩阵中的转移阻抗描述了进入一个端口的电流在另外端口产生电压之间的耦合关系。如果两个端口之间的转移阻抗为 0，一个端口的电流在另外一个端口产生的电压为 0，那么这就不存在耦合关系。

另外一种极端情况，如果两个端口耦合得很紧，它们差不多连接在一起，那么流入一个端口的电流在两个端口上产生相同的电压。转移阻抗将与每个端口的自阻抗相同。这些是转移阻抗的两个极端情况，0 意味着端口之间没有耦合，等于两个端口的自阻抗意味着 100% 的耦合。

转移阻抗的概念是微妙和易混淆的，因为我们具有阻抗的直觉。转移阻抗并不直接连接两个端口，它不是在两个端口间使用欧姆计测量的阻抗。它可解释为一个端口的电流和在另外一个端口产生电压之间的关系，它是耦合的测度。

> **提示** 转移阻抗不是两个端口之间的连接，它不是两个端口间使用欧姆计测量的阻抗。它可解释为一个端口的电流和在另外一个端口产生电压之间的关系，它是耦合的测度。

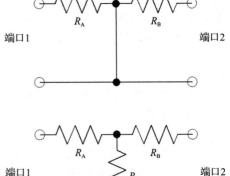

图 2-23   具有不同转移阻抗的两个不同的双端口电路

图 2-23 所示的两个电路说明了阻抗矩阵元素的特性。

在图 2-23 的顶部电路中，电阻的中心端用电线连接到返回路径。根据自阻抗的定义可知，每个端口的自阻抗就是这个电阻：

$$Z_{11} = \frac{V_1}{I_1}\bigg|_{I_2=0} = R_A$$

和　　$$Z_{22} = \frac{V_2}{I_2}\bigg|_{I_1=0} = R_B \tag{2-65}$$

这个电路的转移阻抗都为 0。进入端口 1 的电流为 0，端口 1 开路，没有电流流过端口 1 中的电阻，端口 1 上没有电压降。不管电流是否流入节点 2，节点 1 的电压 $V_1 = 0$：

$$Z_{12} = \frac{V_1}{I_2}\bigg|_{I_1=0} = \frac{0}{I_2}\bigg|_{I_1=0} = 0 \tag{2-66}$$

同样，其他的转移阻抗也为 0：

$$Z_{21} = \frac{V_2}{I_1}\bigg|_{I_2=0} = \frac{0}{I_1}\bigg|_{I_2=0} = 0 \tag{2-67}$$

这个电路的阻抗矩阵为：

$$\mathbf{Z} = \begin{vmatrix} R_A & 0 \\ 0 & R_B \end{vmatrix} \tag{2-68}$$

这个矩阵描述的是端口之间的电流没有耦合。

在图 2-23 所示的底部电路中，我们看到对角线阻抗元素为：

$$Z_{11} = R_A + R_C \quad 和 \quad Z_{22} = R_B + R_C \tag{2-69}$$

在这个电路中，我们对转移阻抗更感兴趣。当端口 1 的电流为 0 时，端口 1 开路。在这种情况下，流入端口 2 的电流 I_2 在电阻器 C 的两端产生电压，这个电压又出现在端口 1，转移阻抗项为：

$$Z_{12} = \frac{V_1}{I_2}\bigg|_{I_1=0} = R_C \quad 和 \quad Z_{21} = \frac{V_2}{I_1}\bigg|_{I_2=0} = R_C \tag{2-70}$$

由此而得，这个电路的阻抗矩阵为：

$$\mathbf{Z} = \begin{vmatrix} R_A + R_C & R_C \\ R_C & R_B + R_C \end{vmatrix} \tag{2-71}$$

转移阻抗描述了端口之间的耦合量。转移阻抗越大，耦合越大。极限是转移阻抗等于自阻抗。随着 R_C 的增加，R_A 和 R_B 保持相等，转移阻抗趋于接近自阻抗。

提示　转移阻抗描述端口之间的耦合量。转移阻抗越大，耦合越大，直到转移阻抗等于自阻抗。

这些例子使用电阻元件来说明阻抗矩阵，通常情况下，每个元素都很复杂且随频率而变化。当双端口之间的电路为复杂的黑匣子时，抽取阻抗矩阵元素只有依靠仿真才有可能。

使用本章前面概括出的原理，我们能仿真任意电路阻抗矩阵中的每一个元素。例如，我们能容易地仿真具有公共引线电感的双 RLC 电路，这个电路如图 2-24 所示。可知若想进入一个端口的电流为 0，则仅需这个口开路。

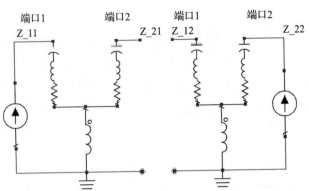

图 2-24   用于仿真的具有 4 个阻抗矩阵元素的两个双端口电路，每个电路是相同的。使用的 AC 电流源迫使电流单独进入每个端口，同时保持另外一个端口开路

在左边的电路中，电流强制进入端口 1，仿真端口 1 和 2 的电压。端口 1 的电压和流入端口 1 的电流之比就是自阻抗 Z_{11}，端口 2 的电压和流入端口 1 的电流之比就是转移阻抗 Z_{21}。强制进入端口 1 的电流有 1A 的幅度，其他端口的电压在数值上就是阻抗：

$$Z_{11} = \frac{V_1}{1}\Big|_{I_2=0} \qquad 和 \qquad Z_{21} = \frac{V_2}{1}\Big|_{I_2=0} \qquad (2\text{-}72)$$

同样对于右边电路，当端口 1 设置为开路且进入电流为 0 时，电流强制进入端口 2 对端口 1 和 2 的电压进行仿真，得到的数值就是阻抗：

$$Z_{22} = \frac{V_2}{1}\Big|_{I_1=0} \qquad 和 \qquad Z_{12} = \frac{V_1}{1}\Big|_{I_1=0} \qquad (2\text{-}73)$$

用这种方法，我们可以使用任何版本的 SPICE 来仿真任何电路的阻抗矩阵元素。在这个例子中，两个 RLC 电路有相同的 L 和 R 值，分别是 5nH 和 0.005Ω。加在端口 1 的电容器 C 的值是 1000nF，加在端口 2 的电容器 C 的值是 100nF，公共引线电感是 5nH。仿真的阻抗矩阵元素如图 2-25 所示。

由于具有公共引线电感的 RLC 电路在每个电路中是串联的，所以自阻抗是各自的。虽然每个电路有不同的电容，但每个电路的等效电感是相同的，每个端口在高频时自阻抗的极限是相同的。

转移阻抗是一个端口上的电压与强制进入另外端口上的电流之比。在这个例子中，在另外端口上的电压是由于电流流过 5nH 的公共引线电感而产生的。无论哪个端口的转移阻抗都是与 5nH 的电感相关联的。在仿真响应中，我们看到 Z_{12} 和 Z_{21} 就是 5nH 的电感器的阻抗。

本章给出的阻抗矩阵形式可用于所有电路。后面的章节将扩展这个概念，使其不仅用于集总参数元件，也可用于分布参数元件和由可用功率和地平面定义的波导腔。

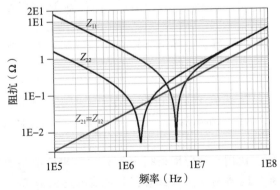

图 2-25   图 2-24 所示电路的仿真阻抗矩阵元素

2.12　总结

1. PDN 的电压噪声与片上电流频谱和 PDN 的阻抗曲线组合有关。

2. 无论是频域还是时域，阻抗总是为 V/I。包含 C 或 L 元件的电路阻抗，在频域有较简单的形式，频域内的电压和电流都是正弦波。

3. 不要混淆实际电路元件和理想电路元件，实际元件的作用是被测量而理想元件的作用是用于仿真。

4. 很多复杂、实际结构的阻抗可用理想 RLC 电路元件的简单组合来描述。

5. 两个最重要且需理解的电路结构是串联 RLC 电路和并联 RLC 电路，对实际的 PDN 而言，它们是强大的模型。

6. 每一个 RLC 电路有 4 个重要指标：串联或并联谐振频率、特性阻抗、q 因子、最小或最大阻抗。评估每一个 RLC 电路时，它们总是首要考虑的量。

7. PDN 阻抗曲线最重要的特性是由并联谐振引起的峰值。它们与 RLC 电路的特性阻抗 Z_0 和 q 因子有关。

8. 当对瞬时电流仿真时，电路的振铃频率由 PDN 的峰值阻抗频率决定。

9. 阻抗矩阵是多端口电路阻抗概念的强大扩展。这时，每一对端子被称为端口。

10. 在阻抗矩阵中，对角线元素（称为自阻抗）与每个端口看入的阻抗有关。非对角线元素（称为转移阻抗）与端口之间的耦合有关。小的转移阻抗意味着有非常小的耦合。

参考文献

[1] R. J. Smith and R. C. Dorf, *Circuits, Devices and Systems: A First Course in Electrical Engineering*, 5th ed. John Wiley & Sons, Inc., 1991.

[2] "Qucs project: Quite Universal Circuit Simulator." [Online]. Available: http://qucs.sourceforge.net/. [Accessed: 18-Apr-2016].

[3] "Advanced Design System (ADS) | Keysight (Agilent)." [Online]. Available: http://www.keysight.com/en/pc-1297113/advanced-design-system-ads?cc=US&lc=eng. [Accessed: 18-Apr-2016].

[4] E. Bogatin, *Signal and Power Integrity—Simplified, 2nd ed.* Upper Saddle River, NJ: Prentice-Hall, 2010.

[5] A. J. Rosa, G. J. Toussaint, and R. E. Thomas, *The Analysis and Design of Linear Circuits*, 7th ed. John Wiley & Sons, Inc., 2012.

[6] L. Smith, S. Sun, P. Boyle, and B. Krsnik, "System power distribution network theory and performance with various noise current stimuli including impacts on chip level timing," in *Custom Integrated Circuits Conference, 2009. CICC '09. IEEE*, 2009, pp. 621–628.

[7] P. Scherz, *Practical Electronics for Inventors*. McGraw-Hill Education: Professional Books, 2000.

[8] D. M. Pozar, *Microwave Engineering*, 4th ed. John Wiley & Sons, Inc., 2011.

第 3 章 │Chapter 3│

低阻抗测量

3.1 关注低阻抗测量的原因

设计一个强大的配电网络实际上就是设计一个能通过较宽频率的目标阻抗曲线，其范围从直流到最高频率信号的带宽。在不同的应用程序中，目标阻抗的值在一些应用中或许高于 1Ω，也可能低于 $1m\Omega$。

仿真是每个 PDN 单元和整个生态系统设计分析过程中的关键部分。系统组件的测量与模拟的相关性同样重要。

测量不仅可以验证制造的组件是否符合性能规格要求，还可以验证仿真工具的准确性以及将物理设计转换为仿真环境的过程。测量是最终的测试，使整个 PDN 生态学可最大限度地达到目标阻抗。如果不是，那么测量可以成为加快调试过程的重要工具。我们面临的挑战是如何测量低至 $1m\Omega$ 结构的阻抗和频率高达 $1GHz$ 的低阻抗。

3.2 基于 V/I 阻抗定义的测量

双端口器件阻抗的基本定义是其两端电压与通过它的电流之比。这是电路仿真中阻抗分析仪的基础，用于测量低频组件的阻抗。

提示 阻抗的一个基本定义基于流过被测设备（DUT）的电压和电流的比值。这只是阻抗的一个定义，下一节介绍另一个。

原则上，我们在被测设备（DUT）的一个频率上施加正弦波电压，并测量流过它的电流的幅度和相位，如图 3-1 所示。

阻抗计算：

$$Z(f) = \frac{V(f)}{I(f)} \tag{3-1}$$

式中，$Z(f)$ 是 DUT 的阻抗；$V(f)$ 是其上测量的电压，为复电压；$I(f)$ 是通过 DUT 上的电流，为复电流。

这是许多低端阻抗分析仪的测量基础。正弦波电压源驱动通过 DUT 的信号，并测量通过它的电流。DUT 上的电压与流过它的电流之比与相位一起是 DUT 的阻抗。

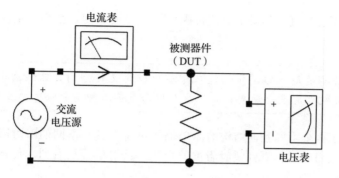

图 3-1　通过测量 DUT 上的电压和电流来计算阻抗

这种方法具有基于最高实际频率的频率上限，以直接测量流过 DUT 的电流。当频率高于 100 MHz 时，根据阻抗的另一个定义测量阻抗通常有更高的性价比。

3.3　基于信号反射的阻抗测量

阻抗的另一个完全不同的定义利用了在界面反射的传播波的重要性质。该定义基于信号完整性的最基本原则之一，即信号是动态的，它既是传播的电压波也是电流环路。并且它们沿着特定方向向下传播。

在构成传输线（包括信号和返回路径）的两个导体上施加电压后，电压差在导体周围的材料中以电磁传播的速度沿着传输线向下传播。除了电压波头以外，还存在与其相关联的具有两个方向的传播电流波头。

提示　在信号完整性中最重要的原则为信号是动态的，并不断地沿传输线传播。该信号是信号和返回导体之间的电压差。电流以传播方向和循环方向作为电流环波头向前传播。

电流波头与电压向相同方向传播并具有循环方向。从左向右传播的正电压信号是在信号和返回路径之间流动的电流环路，其从左向右传播并沿顺时针方向循环。负电压信号是从左向右传播的电流波，从返回信号导体到回路间沿着逆时针方向循环。图 3-2 说明了这一点。

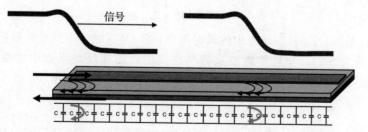

图 3-2　传播信号显示在传输线两个位置中的电压和电流波形

随着这个波的传播，它对每一步的瞬时阻抗做出反应。如果瞬时阻抗恒定，则电压和电流波形的传播不会失真。如果瞬时阻抗因任何原因而改变，则会产生反射波，并且发射波会失真。

提示   所有信号都是动态的，并始终在介质中以光速传播到传输线上。只要遇到瞬时阻抗的变化，它就会反射出来。这个概念是第二种测量阻抗方法的基础。

图 3-3 给出了两个不同互连结构的简单例子，每个具有不同的瞬时阻抗。当从左到右传播的信号到达接口时，会看到瞬时阻抗的变化。反射信号从右到左传播并返回到源。这是一个动态过程。

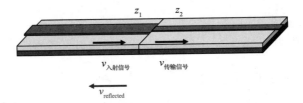

图 3-3   当信号遇到瞬时阻抗发生变化时，会产生反射信号

反射信号与入射信号和接口两侧的阻抗有关。定义两个区域的阻抗为 V/I，并根据接口处的边界条件，得出反射系数：

$$\rho = \text{rho} = \frac{V_r}{V_i} = \frac{Z_2 - Z_1}{Z_2 + Z_1} \tag{3-2}$$

式中，ρ 是反射系数；V_i 是在 1 侧从左向右传播的入射电压；V_r 是在 1 侧从右向左传播的入射电压；Z_1 是区域 1 中的瞬时阻抗；Z_2 是区域 2 中的瞬时阻抗。

这种关系适用于时域和频域。在时域中，传播波波头的每个部分在任何时刻的电压都服从这种关系。

在频域中，所有信号都是正弦波，每个正弦波都有一个频率、幅度和相位。频域中的电压信号用复数进行描述。这意味着电压比、反射系数和阻抗都是复数。

如果源阻抗 Z_1 是众所周知的，则可以利用反射系数计算引起反射的第二阻抗(Z_2)。重新排列公式后，进行代数运算，可以得出第二个阻抗为：

$$Z_2 = Z_1 \frac{1 + \rho}{1 - \rho} \tag{3-3}$$

式中，ρ 是反射系数；Z_1 是区域 1 中的瞬时阻抗；Z_2 是区域 2 中的瞬时阻抗。

如果源阻抗为 50Ω，并且传播波从其端点反射，则从反射系数中可提取出任何两端DUT 的输入阻抗为：

$$Z_{\text{DUT}} = 50\Omega \frac{1 + \rho}{1 - \rho} \tag{3-4}$$

该关系代表了定义阻抗的一种反射方法，它与电压和电流比值不同但相等。阻抗是被测设备的"输入"阻抗。如果 DUT 是简单的分立元件（例如理想的电阻或电容器），那么输入阻抗就是元件的阻抗。

提示　在频域中，基于反射信号的阻抗是朝向 DUT 看的总集成输入阻抗，其取决于沿着整个分布式互连结构的阻抗分布的复杂方式。

如果 DUT 是扩展对象（例如图 3-4 所示的固定装置末端的理想电阻），则存在入射信号反射到固定装置前部的可能。信号通过固定装置传播到实际的被测设备中，并在每个不连续处反复多次反弹。

当入射信号是单个正弦波时，反射信号是来自每个接口的每个反射正弦波的组合，包括来回的所有多个反弹。传播回源的净反射信号是每个正弦波的和，每个正弦波具有不同的幅度和相位，但全部具有相同的频率，如图 3-5 所示。

图 3-4　扩展固定装置末端的分立元件。入射波沿分布式固定装置以及 DUT 的多个位置进行反射

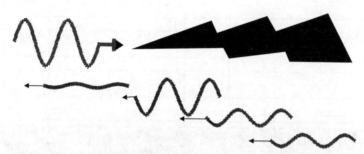

图 3-5　反射信号是来自每个不连续点的所有反射正弦波和它们多次反弹的组合。形如"闪电"的走线表示互连结构，其沿着长度分布的阻抗不连续性变化很大，从而导致多次反射

值得注意的是，当一组具有相同频率但具有任意幅度和相位的正弦波相加时，所得到的波形也是具有相同频率的正弦波。从 50Ω 源阻抗看，反射的正弦波幅度和相位具有 DUT 的总集成阻抗的信息。这种输入阻抗的替代定义比 V/I 的比值更一般化，并且是适用于所有结构包括极高频率的测量技术的基础。

提示　DUT 输入阻抗的另一个定义是基于从 DUT 反射的已知阻抗上的电压大小。反射系数是一个复数，是在每个频率下整个 DUT 的总集成输入阻抗的度量。

我们通过发送一个正在传播的正弦波信号到被测设备（其阻抗控制良好）来测量被测设备的输入阻抗，并测量反射的正弦波的振幅和相位。从已知的源阻抗和测量的反射系数中，我们能提取出 DUT 的阻抗。该输入阻抗是从连接正面看的总输入阻抗，包括任何固定装置加上 DUT。

执行这种测量的常规仪器是矢量网络分析仪(VNA)。

3.4　用 VNA 测量阻抗

矢量网络分析仪中的矢量是指仪器测量波的相位和幅度的特征。要想做到这一点，它必须分离出入射和反射信号，二者在相同的互连结构中传播，尽管方向相反[1]。

网络分析仪的源阻抗一般是 50Ω。通常在连接它的同轴电缆末端进行校准。VNA 已经使用了 50 多年，并且已经制定了详细的形式来描述它们的测量标准。

VNA 和 DUT 之间的连接被称为端口。VNA 的电子线路将正弦波发送到每个端口，同时测量从 DUT 返回到 VNA 端口的任何正弦波。DUT 所能看到的每个端口阻抗都被校准为 50Ω，这包括源端接和精密的同轴电缆。

只需要测量两个相邻导体之间的电压就能够区分出 VNA 的波形与普通示波器的不同。但它不能区分测量电压的传播方向。图 3-6 显示了在一个正常运行的电路板上，信号和返回导体之间的测量电压。板上端子之间的瞬时电压快照没有关于信号在互连传播方向上的信息。

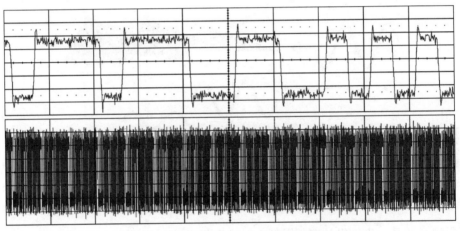

图 3-6　在运行电路中两个导体之间的测量电压。它没有提供关于这些信号传播方向的信息

如果培训仅是让你作为一名工程师并使用示波器来查看信号，那么你将会一直无法看到电压真正在传导。许多示波器信号是在相反方向上传播的两个波的组合，并且同时测量为探测位置处的总电压。如果探测点位于互连位置的中间，则尤其如此。

> **提示**　示波器只能测量信号和返回路径之间的总电压，而不是信号传播的方向。必须使用进一步的分析来解释示波器上的电压信号，并且将互连中各个方向上传播的信号进行分类。

VNA 被设计为测量每个端口在两个方向上传播的波的幅度和相位。

正弦波可以从任何 VNA 端口出来。正弦波的一部分进入 DUT，而另一部分散射出

DUT 传播回到源。VNA 测量从 VNA 出来进入 DUT 的入射波和从 DUT 传回的散射波。从
DUT 散射回来的正弦波与进入 DUT 的波的比值称为散射参数，简称 S 参数。图 3-7 显示了 VNA 一个端口的示意图。这也是用来模拟 VNA 测量的 SPICE 电路。

　　在这个电路中，信号源产生一个正弦波。这个电压通过一个精确的 50Ω 电阻传输到精确的 50Ω 同轴电缆上。我们确切知道传播到 50Ω 电缆的入射电压。它正好是正弦波源电压的一半，因为它基于 50Ω 电阻和 50Ω 传输线的分压器。

　　在实际中，我们通过测量图 3-7 所示电路中另一个分压器上的电压 V_{ref} 来间接测量这个入射电压。该电压与传播出 VNA 的入射电压完全相同，它从端口 1 输出至传输线中。这是入射到 DUT 的波形。

　　由于与端口的 50Ω 源阻抗相比 DUT 的阻抗会发生变化，所以净反射波传播回

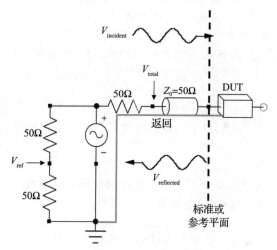

图 3-7　VNA 端口示意图显示了正弦波发生器，包括 50Ω 源阻抗、测量反射幅度和相位的内部电子器件。参考平面是端口的边界。明确显示了端口的返回路径和 DUT 的输入

VNA。这个单一的净波（可能是多个传回 VNA 的正弦波的叠加）将通过标记为 V_{total} 的内部测量点。我们用精密复杂的电压表测量此点总电压的幅度和相位。

　　像任何示波器一样，在同一个同轴电缆中，这个位置的电压表不能将从左到右传播的反射电压波与从右向左传播的入射电压波分开。只能测量总电压，总电压是 $V_{incident}$ ＋ $V_{reflected}$ 的总和。由于 $V_{incident}$ 是在纯电阻分压器中独立测量的，所以我们可以很容易地从以下公式中提取出反射电压：

$$V_{reflected} = V_{total} - V_{ref} \qquad (3\text{-}5)$$

　　传播到 VNA 端口 1 的任何反射波都将被 50Ω 源电阻端所截止，永远不会回到 DUT。

　　我们根据测量的 V_{total} 和 V_{ref} 计算反射系数，它相当于 $V_{incident}$。因为两个波的相位也被测量了，所以反射系数是复数。

　　DUT 的 S 参数由从每个 DUT 端口出来的正弦波与进入每个 DUT 端口的正弦波比值组合而成。为了跟踪 DUT 端口中出入信号的所有组合，每个端口都标有一个索引号，S 参数的下标用来标识出端口和入端口。

　　S 参数的定义是：

$$S_{jk} = \frac{\text{从 j 端口出来的正弦波}}{\text{进入端口 k 的正弦波}} \qquad (3\text{-}6)$$

　　反射系数 S_{11} 是端口 1 的反射信号与端口 1 的入射信号的比值。该参数通常被称为回波损耗。插入损耗是从 DUT 端口 2 出来的正弦波与进入 DUT 端口 1 的正弦波比值的幅度。插入损耗是 S_{21} 的幅度大小，通常以 dB 为单位。

提示 S 参数已成为描述互连结构高频特性的实际标准。因此在理解 S 参数上所花费
的努力是值得的。

在 S 参数的表示形式中，S_{11} 与反射系数完全相同。由于 VNA 端口的源阻抗为 50Ω，所以反射 S 参数中 S_{11} 与 DUT 输入阻抗相关，为：

$$S_{11} = \frac{Z_{\text{DUT}} - 50}{Z_{\text{DUT}} + 50} \qquad (3\text{-}7)$$

我们将上式重新排列后，基于反射信号的定义，DUT 的输入阻抗为：

$$Z_{\text{DUT}} = 50\Omega \frac{1 + S_{11}}{1 - S_{11}} \qquad (3\text{-}8)$$

这是测量任何 DUT 阻抗的基础，其频率可高达 50 GHz。一个代数变换可将测得的复数 S_{11} 转换成复数阻抗。

提示 被测设备(DUT)输入阻抗的另一个定义基于 S_{11}。没有使用假设或模型将设备的 S_{11} 转换为输入阻抗，它只是一个复数代数。这个定义完全等同于频域中阻抗的定义 V/I。它只是开创了测量阻抗的新方法。

3.5 示例：测量 DIP 中两条引线的阻抗

为了展示如何使用 VNA 测量阻抗，我们将一个老式的陶瓷 DIP(双列直插式封装)焊接到一个 SMA(子母版 A)连接器上，作为与 VNA 连接的夹具。测试结构如图 3-8 所示。我们选择了两条相邻的引线作为信号和回路连接。

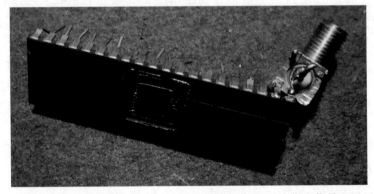

图 3-8 一个简单的陶瓷 DIP 作为 DUT，它使用两条相邻的引线作为信号和返回路径，并
　　　　焊接到 SMA 夹具上

VNA 将正弦波发送到一对引线中。它测量通过 VNA 阶跃的每个频率上反射的正弦波。在每个 VNA 频率下测量 S 参数中的 S_{11}。图 3-9 显示了利用这个 DUT 测得的 S_{11}。封装的键合架是开放的，引脚没有连接到测量的任何东西。能看到 SMA 连接器的输入阻抗最初是在低频下测量的。

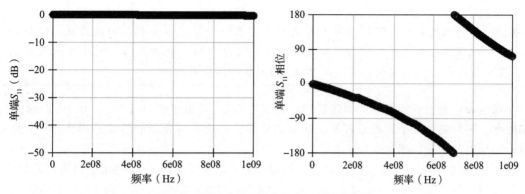

图 3-9　通过一对相邻的引线测量陶瓷 DIP

　　我们将在整个测量范围（10MHz～1GHz）内测出 S_{11} 的值并逐频率地转换为使用复数代数的输入阻抗。我们从中可计算输入阻抗：

$$Z_{\text{DUT}}(f) = 50\,\Omega\,\frac{1+S_{11}(f)}{1-S_{11}(f)} \tag{3-9}$$

式中，$Z_{\text{DUT}}(f)$ 是每个频率下 DUT 的复数输入阻抗；$S_{11}(f)$ 是每个频率下测量的 S 参数。

　　我们可以在任何 SPICE 仿真工具甚至 Excel 中执行这些运算。图 3-10 显示了测得的 S_{11} 与转换后输入阻抗之间的比较。

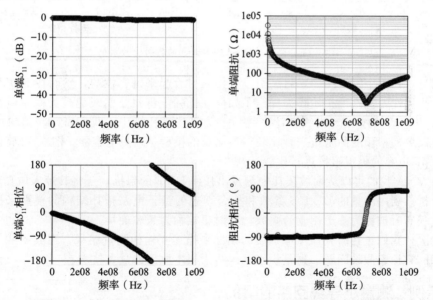

图 3-10　测量的 S_{11} 和转换后的输入阻抗，以 10MHz～1GHz 的线性频率范围内的陶瓷 DIP 为例

　　请注意，每个频率上提取的阻抗幅度和相位与 S_{11} 在相同频率下的幅度和相位直接相关，但是关系非常复杂。以 S_{11} 的相位为例，预测输入阻抗的相位非常困难。请注意，因为 S_{11} 的大小实际上恒定为 0dB，所以在 S_{11} 的相位中确实包含所有的阻抗信息。

提示 即使回波损耗和阻抗都是复数且每个都有一个幅度和相位，回波损耗的相位和阻抗的相位也并不相同。阻抗的相位是由每个频率处回波损耗的大小和相位的复杂组合而引起的。不要混淆 S_{11} 的相位和阻抗的相位。

每当我们想查看频率图上的阻抗时，通过在对数-对数坐标(log-log scale)上绘制阻抗和频率，解释数据几乎总是更容易。在对数坐标中，理想电容器的阻抗是斜率为－1的直线，理想电感器是斜率为＋1的直线。

对数-对数坐标上一目了然地显示了电容和电感的性质。图 3-11 显示了测量出的阻抗，对数-对数坐标(log-log scale)上显示幅度，线性-对数坐标(linear-log plot)上显示相位。

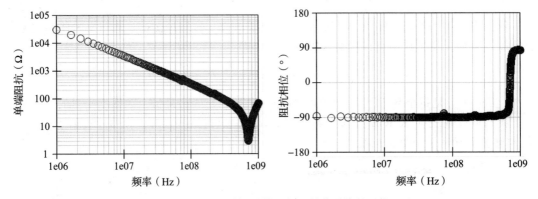

图 3-11   测量对数-对数坐标上封装引线的阻抗

很明显，在这个阻抗图中，封装引线在低频时看起来是容性的，然而在 800MHz 左右时看起来是感性的。这种初始行为提供了如何在低频下将封装引线建模为简单电容器的线索。在 QUCS 或 Keysight 高级设计系统(ADS)等仿真环境中，我们可以将测得的阻抗数据与通过简单模型预测的阻抗进行比较。最简单的模型是理想电容器。图 3-12 将测得的阻抗与 4.8 pF 电容的模拟阻抗进行比较。

使用 VNA 我们可以从回波损耗中测量出任何 DUT 的阻抗，并将其带入仿真环境进行进一步分析。利用测量的 DUT S 参数和拟合理想的基于电路拓扑结构的模型来提取模型参数的过程有时被称为基于测量的建模。有时也被称为黑客连接。

实际上，我们正在研究一个可扩展的模型来描述互连的测量结果，在其中我们可以修改或"劈开"它探索假设问题。这是识别互连行为根本原因的强大技术。

3.6   示例：测量小导线回路的阻抗

我们可以使用 VNA 技术来测量任何 DUT 对各种元件的高频阻抗。图 3-13 显示了一个直径约为 1in(1in＝0.0254m)的小导线回路，用单端口 VNA 来测量，同时测得 S_{11} 的幅度和相位。导线回路连接在 VNA 端口的信号和参考端子之间。在此测量中，两个连接器中的一个连接到 VNA 端口。

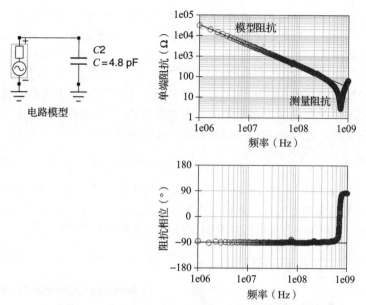

图 3-12 简单电容器模型与陶瓷 DIP 中利用两根引线测量阻抗的比较

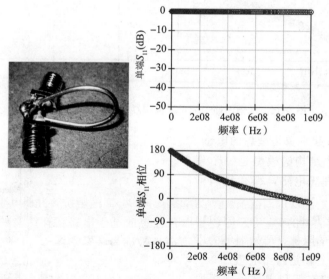

图 3-13 测量直径为 1in 铜线回路的回路损耗。虽然两个 SMA 焊接到回路的末端,但只有一个连接到 VNA

利用回波损耗定义的阻抗,我们可以提取出这个导线回路的测量阻抗。作为一名工程师,牢记博加丁法则第 9 条是很重要的。

提示 要永远记住博加丁法则第 9 条:"永远不要在没有事先预测结果的情况下进行测量或模拟。如果你发现了一些意想不到的东西,那么这不是直觉错误,就是你

所建立的测量或模拟方式是错误的。不管怎样，调查两者的差异将是非常重要
的。另一方面，如果已看到所期望的结果，那么你就会有一种温暖的感觉，因
为你知道你正在开始了解真实的世界。它是一个重要的信心构建者。"

在将测量的回波损耗转换成阻抗之前，要对将发生的结果做出预期。我们希望这个环
路在低频时看起来像一个电感。在物理尺寸大约为波长 1/10 的频率处，分解模型。对于大
约 1in 直径的环，其周长约为 3in，在 1/10 波长时的频率为：

$$f = \frac{c}{\lambda} = \frac{12\text{in/ns}}{10 \times 3\text{in}} = 0.4\text{GHz} \tag{3-10}$$

在 400MHz 以下频率时，这个环路的阻抗看起来像一个电感。阻抗从低到高进行变
化，并且随着频率的增加而增加。同样，电阻应该是非常小的，可能由于趋肤深度而使频
率略微增加。图 3-14 所示为从铜回路的回波损耗中提取的测量阻抗。

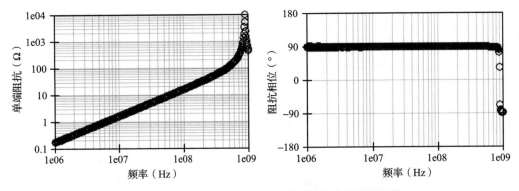

图 3-14   从铜回路中测量回波损耗转换而来的测量阻抗

测得的阻抗看起来像是理想的电感。
如果我们假设这个结构的模型是一个理
想电阻串联一个理想电感，那么我们可
以预测阻抗为：

$$Z = R + j\omega L \tag{3-11}$$

式中，Z 是 DUT 的阻抗；R 是铜环的串
联电阻；ω 是 $2\pi f$；L 是回路电感。

我们从阻抗的实部和虚部分别提取
每个频率下的 R 和 L 值。

$$R = \text{real}(Z)\text{（实部）} \tag{3-12}$$

$$L = \frac{\text{imag}(Z)\text{（虚部）}}{\omega} \tag{3-13}$$

使用简单的代数关系从每个频率的
测量阻抗中提取出这些项。图 3-15 显示
了这个铜回路中 R 和 L 的值。

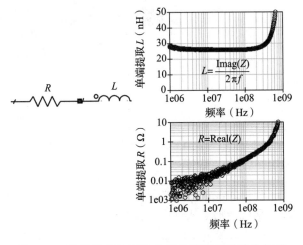

图 3-15   使用单端口网络分析仪测量铜回路中提取
的 R 和 L 值

当频率高于 400MHz 时，我们发现电感开始急剧增加，这正如我们对分布式效应的预期。当我们看到这个数据时，立即想到 3 个问题：

1)这个电感量多少是由环路引起的？多少是由未校准的 SMA 夹具产生的呢？

2)由于趋肤深度效应，电阻是否随频率增加？

3)为什么数据噪声低于 0.1Ω？

虽然单端口 VNA 是在高频测量 DUT 阻抗的有力工具，但它在测量低阻抗时有一定的局限性，并引出一些技术问题。

3.7 低频下 VNA 阻抗测量的局限性

使用 VNA 测量低阻抗的第一个实际问题与反射信号的信噪比有关。如果 DUT 的阻抗是 1Ω，则 S_{11} 的幅度为：

$$S_{11} = \frac{1-50}{1+50} = \frac{-49}{51} = -0.96 \qquad (3-14)$$

虽然这仅比 -1 大 4%，但是对于典型的 VNA 来说，与 -1 进行区分是很容易的。假设 DUT 的输入阻抗是 0.1，反射系数将是：

$$S_{11} = \frac{0.1-50}{0.1+50} = \frac{-49.9}{50.1} = -0.996 \qquad (3-15)$$

测量出反射信号系数为 -0.996 而不是 -1 是很难的，并且测试会对少量噪声敏感。以 dB 为单位时，这是 -0.035 dB，是非常小的值，通常在校准过程的可重复性噪声限度内。即使如此，对于 0.1Ω 的电阻测量还是相当一致。当电阻低于 0.1Ω 时，S_{11} 的测量值消失。

第二个问题是夹具连接 DUT 的伪像。即使使用完美无损的传输线将 VNA 的校准端连接到 DUT 的末端，传输线夹具的相位延迟也会给测量的相位添加一个伪像，并使提取的阻抗失真。我们可以用一个简单的电路很容易地进行仿真，如图 3-16 所示。

在这个例子中，我们将传输线的长度从 0 增加到 1in，增量为 0.25in。理想的 R 为 0.01Ω，理想的 L 为 1nH。当由理想传输线模拟的长度固定增加时，S_{11} 会增加一个伪相位。这会影响阻抗的相位，并影响提取的电感和电阻。提取的电感随着夹具的长度而增加，并开始在高频端显示出频率依赖性。串联电阻也似乎对频率有依赖性。

单端口 VNA 测量不仅可以查看 DUT，还可以查看夹具。提取的电感较高是由于传输线夹具中附加的串联电感造成的。

这意味着在进行单端口阻抗测量时，不可能将 DUT 的电感与测量出的总电感精确地分开。即使是几分之一英寸的短夹具也会覆盖掉低电感 DUT 测量值。如果能准确知道夹具的属性，则存在从夹具加上 DUT 的测量中"去嵌入"DUT 的可能性。然而，夹具的贡献越大，去嵌入的过程就越困难。

这表明在使用单端口阻抗测量方法时，应使用最小长度的夹具，例如微探针，其针对探针尖进行校准。

图 3-17 给出了一个探测简单通孔结构焊盘的微探针示例。

VNA 正好在探针末端被校准，有效地消除了测量中任何夹具的长度。虽然这大大减

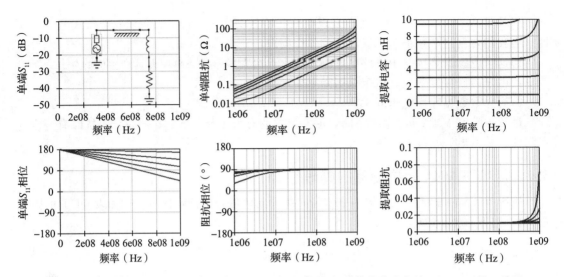

图 3-16 模拟了理想 RL 电路中的 S_{11}，它采用了一系列的传输线作为夹具。0～1 in 的 4 种不同传输线长度对提取的阻抗、L 和 R 值具有显著的影响。夹具加上 DUT 的电路模型显示在左上的面板上

图 3-17 微探针探测通孔对焊盘的特写。VNA 正好标定在微探针的尖端。照片由 GigaTest Labs 提供

少了测量时的夹具伪影，但它引入了接触电阻。

单端口阻抗测量的第三个问题是探针的接触阻抗。探针与 DUT 的接触是"干"触点。对于金-金触点，其在 0.05Ω 的范围内变化；对于氧化焊料或铜垫表面，变化可高达 2Ω。

即使探针功能是在测量范围外校准的，探针尖端的变形或探测 DUT 时的微小变化也会影响已经校准的探针尖端的残留回路电感。

例如，小环路的典型电感约为 $20\mathrm{pH/mil}(1\mathrm{mil}=25.4\times10^{-6}\,\mathrm{m})$。如果探针沿着焊盘变

形或磨损仅为 5mil，那么探针尖端的残留回路电感的改变将多达 $5\text{mil} \times 20\text{pH/mil} =$ 100pH，这个值可能已经超过校准值。

对于大多数探针尖端来说，在最好的情况下，阻抗测量的本底噪声限制在大约 0.05Ω 和 0.1nH 之间。图 3-18 标出了这个阻抗范围。

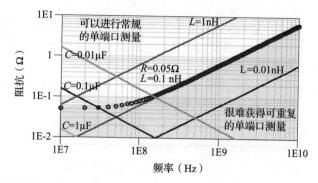

图 3-18   重复性探针测量的范围被确定为 $R = 0.05\Omega$ 和 $L = 0.1\text{nH}$ 所对应圆圈的值

探针接触阻抗的可重复性为单端口 VNA 阻抗测量设置了基准底板。在高于 100 MHz 时，这将电容测量范围限制 $<0.01\mu\text{F}$，电感测量范围 $> 0.1\text{ nH}$。这是 PDN 组件特征的重要限制，因为片上电容值可以达到 $0.001\mu\text{F}$，通孔电感可以达到 0.01nH。

这也是实验室物理单端口测量的一个限制。如果仅包含 DUT 而没有任何夹具，那么仿真的 S_{11} 仍可用于提取 DUT 的输入阻抗，即使在阻抗很低时。

> **提示**   单端口 VNA 测量结果可以转换为阻抗，但对于低于 0.1Ω 的阻抗，3 个伪像（信噪比、夹具传输线相位和接触电阻）会导致错误的测量值。测量典型的 PDN 阻抗需要不同的技术。

进行 PDN 测量（通常是非常低的阻抗）需要不同的技术。双端口 VNA 技术源于四点开尔文低电阻测量方法，并突破了单端口 VNA 技术的限制。

3.8   四点开尔文电阻测量技术

只要两种金属进行干接触，就会产生接触电阻。任何两个金属表面之间的接口处都存在串联电阻。在没有氧化物或金属化合物的情况下，由于两个表面实际接触的区域非常小，因而产生接触电阻。电流通过这个狭窄的接触区域时，阻力增加。我们通常称这种阻力为收缩或扩散阻力。它随着实际接触面积的增加而减小，如接触压力增加时。在金-金表面上，100g 重量的金属，接触电阻约为 $20\text{m}\Omega$。

在氧化物存在时，这种接触电阻可以显著地超过 $100\text{m}\Omega$。在焊料为铝和铜等表面容易氧化的金属时，接触电阻可高达 2Ω 或更高。

当导体结构的电阻小于 1Ω 时，测量的串联电阻中接触电阻占主导地位。此方法最初由威廉·汤姆森（William Thomson）开发使用的，他是一位杰出的物理学家，于 1907 年去世，其职业生涯长达 50 多年。

汤普森是苏格兰格拉斯哥大学的自然哲学教授。他早期的成就之一是对第一条横跨大西洋电缆进行的分析，为此他发明了传输线的概念。他是第一个推导和介绍电报员方程的人。由于对大西洋电缆修理所做出的努力，他被授予爵士爵位并在早期被称为威廉·汤姆森爵士。

他是英国女王为上议院任命的第一位英国科学家，并以开尔文勋爵的头衔来纪念在其大学附近的河流。从此他被称为开尔文勋爵。开尔文温标以他的名字来命名，以表彰他发现最低温度的可能极限。

在对电的其他研究中，他发明了一种简单的技术来克服接触电阻以测量金属导体的固有低电阻。

在传统的双线电阻测量中，电流源会通过与 DUT 接触的导线产生电流。可测得通过导线的电流 I 和导线上的电压降 V。DUT 的阻抗按 V/I 的比值来计算。与 DUT 接触的两条串联导线是引线的串联接触电阻。这种方法通常被称为双线测量。

提示   在传统的双线电阻测量中，用于产生电流的两根引线同样也可用于测量电压。这意味着实际测量的是 DUT 的电阻加上串联的接触电阻。开尔文勋爵找到了解决这个问题的方法。

在开尔文勋爵的方法中，电压引线与电流引线分开，使其与 DUT 分别接触。四条引线连接到 DUT。这种技术通常被称为四线或开尔文测量。通过器件的电流仍然是可测量的，并流过串联的接触电阻。在开尔文技术中，使用独立的引线测量 DUT 两端的电压。虽然在电压引线上也有接触电阻，但是电压表的阻抗通常很高，因此接触电阻不会影响电压测量。图 3-19 概括了这两种配置。

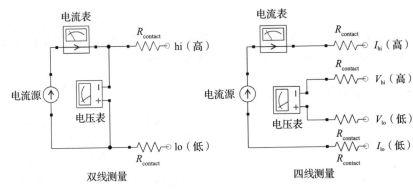

图 3-19   传统双线电阻测量和开尔文四线方法

开尔文技术的本质是电流测量和电压测量分别使用独立的引线。这是测量直流低阻和高频低阻的基础。

提示　为了避开接触电阻（或阻抗）效应，两根分开的引线来流过电流，另外两根引线测量电压。这可将 DUT 的阻抗与连接它的夹具阻抗分开。

3.9　双端口低阻抗测量技术

如本章前面所述，我们可以使用单端口网络分析仪来测量阻抗。尽管它是单端口，但实际上是两根导线连接到 DUT 的：信号导体和回路导体。这种技术对探针和夹具中的接触阻抗非常敏感，且仅在阻抗高于 0.1Ω 时准确测量。如果使用 VNA 的两个端口，则可能克服此限制[2]。

在双端口技术中，一个端口将电流回路驱动到 DUT 中。这会在 DUT 上产生电压降。第二个端口测量 DUT 上产生的电压。DUT 需要两个独立的触点，以便两个探针不共用触点路径。图 3-20 展示了双端口技术。

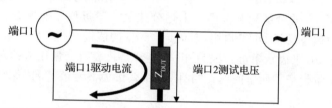

图 3-20　双端口低阻抗 VNA 测量示意图，其中两个端口独立连接到相同 DUT 的两端

从端口 1 上看，我们可以看到 DUT 的低阻抗与端口 2 的 50Ω 电阻并联。如果 DUT 的阻抗比端口 2 的阻抗低得多，则它会分流端口 2 的阻抗，这是 PDN DUT 测量时的常见情况。当端口 1 的入射信号遇到 DUT 时，其阻抗非常低，反射系数接近 -1。

正向信号 V_{incident} 在电流回路中以顺时针方向循环接近 DUT，向下传播到 50Ω 的电缆。入射电流回路的大小为 $V_{\text{incident}}/50\Omega$。负向信号 $V_{\text{reflected}}$ 从 DUT 上返回，电流环路向端口 1 传播，也沿顺时针方向循环。反射信号电流环路的大小为 $V_{\text{reflected}}/50\Omega$。流过 DUT 的净电流是 DUT 上这两个电流回路的总和。

当 DUT 的阻抗很低时，反射系数接近 -1。反射电压与入射电压的大小相同，但极性相反（180°的相位变化）。沿顺时针方向循环的反射电流环路与入射电流环路的幅度相同。通过 DUT 的净电流回路是入射电流回路和反射电流回路的总和，它们都以顺时针方向循环。当 DUT 的阻抗远低于 50Ω 时，DUT 的电压基本下降到零，而通过 DUT 的净电流是入射电流的两倍。这是短路传输线的预期行为。

净电流在 DUT 上产生一个很小的电压，这个电压是由端口 1 流出电流两倍的阻抗时间来确定的。DUT 上的这个小电压被发射到右侧传输线并传送到端口 2，由端口 2 的接收器来测量它。S_{21} 的定义是 DUT 流出端口 2 的电压除以 DUT 流入端口 1 入射电压的比值。由式（3-16）得出：

$$S_{21} = \frac{V_{\text{transmitted}}}{V_{\text{incident}}} = \frac{Z_{\text{DUT}} \times 2 \times \dfrac{V_{\text{incident}}}{50\Omega}}{V_{\text{incident}}} = \frac{Z_{\text{DUT}}}{25\Omega} \tag{3-16}$$

值得注意的是，当 DUT 的阻抗非常低时，测得的 S_{21} 就是 DUT 的阻抗除以 25Ω。这基于 50Ω 的端口阻抗。测量 S_{21} 使用的是 DUT 阻抗的直接测量方法。我们通过式（3-17）可简单地得到 DUT 的阻抗：

$$Z_{\text{DUT}} = 25 \times S_{21} \tag{3-17}$$

提示 在双端口测量中，当 DUT 的阻抗非常小时，DUT 的阻抗大小与 S_{21} 的值成正比。S_{21} 的相位与阻抗的相位相同。这是一个相当简单的关系。

请注意，S_{21} 表示复数，而不是 dB。为了在以 dB 表示 S_{21} 时可得到阻抗，我们首先将其转换为幅度，然后对其进行缩放。通过式（3-18）将以 dB 为单位的 S_{21} 的幅度转换为阻抗：

$$Z_{\text{DUT}} = 25\Omega \times S_{21} = 25\Omega \times 10^{\frac{S_{21}\text{(dB)}}{20}} \tag{3-18}$$

例如，如果 S_{21} 的测量值为 -20dB，那么阻抗值为 $Z = 25 \times 10^{\wedge}(-20/20) = 2.5\Omega$。当 S_{21} 为 -40dB 时，阻抗为 0.25Ω。当 S_{21} 为 -60dB 时，阻抗为 $25\text{m}\Omega$。测量毫欧姆范围内的阻抗时需要使用 VNA 的全部动态范围。上述公式是一阶近似，如果 S_{21} 大于约 -20dB 时则不应使用，因为这违反了 DUT 电阻应远低于 50Ω 的假设。

我们也可以用 dB 来表示阻抗，因为 dB 标度只是代表两个量比值的对数，这两个量代表功率。但这两个量带来了两个问题："我们以什么作为参考值？"和"我们认为阻抗是电压还是电源？"

当以 dB 为单位表示阻抗时，它的表现类似于振幅或幅度，而不是一个功率，因为它直接与 S 参数中的一个成正比，S 参数定义的是一个幅度。这意味着当以 dB 为单位将阻抗转换回阻抗（Ω）时，我们使用的因数是 20 而不是 10：

$$Z[\text{dB}] = 20 \times \log\left(\frac{Z[\Omega]}{1\Omega}\right) \quad \text{及} \quad Z[\Omega] = 10^{\frac{Z[\text{dB}]}{20}} \tag{3-19}$$

式中，$Z[\text{dB}]$ 是以 dB 为单位的阻抗；$Z[\Omega]$ 是以 Ω 为单位的阻抗。

按照惯例，当用 dB 表示阻抗时，用 1Ω 作为参考值。当使用 1mW 作为测量功率的参考尺度时，我们将单位定为 dBm。同样，dBu 是一个 dB 量级，与其他功率的参考值相比较，它为 $1\mu\text{W}$。

同样，我们使用 $\text{dB}\Omega$ 单位来确定以 dB 为单位的欧姆值。使用这个方式肯定会减少混乱，但目前还没有采用这个惯例。相反，我们只以 dB 为单位来表示阻抗。

提示 如果要以 dB 为单位测量阻抗时将混乱最小化，那么请将单位视为 $\text{dB}\Omega$，并记住阻抗表现为幅度。

例如，0dB 的阻抗是 1Ω、-20dB 的阻抗是 0.1Ω、-60dB 的阻抗是 $1\text{m}\Omega$。

当以 dB 为单位描述 S_{21} 且应用一阶近似时，以 dB 为单位描述的 DUT 阻抗大约为：

$$Z_{\text{DUT}}[\text{dB}] = (25\Omega)_{\text{in dB}} \times S_{21}[\text{dB}] = 28\text{dB} + S_{21}[\text{dB}] \tag{3-20}$$

其中，$28\text{dB} = 20 \times \log(25\Omega)$。

如果测得的 S_{21} 为 -40dB，则以 dB 为单位的阻抗值为 $28\text{dB} - 40\text{dB} = -12\text{dB}$。阻抗值

为 $10\hat{\ }(-12\text{dB}/20)=0.25\Omega$。

如果测得的 S_{21} 是 -60dB，则以 dB 为单位的阻抗值是 $28\text{dB}-60\text{dB}=-32\text{dB}$。阻抗值为 $10\hat{\ }(-32\text{dB}/20)=0.025\Omega$。

回到关于阻抗和 S_{21} 的讨论，公式 $Z=25\Omega\times S_{21}$ 是基于 DUT 阻抗非常低这个假设的。当没有这个假设时，一般情况下它可用更多的代数关系推导出来并适用于任何 DUT 阻抗。图 3-21 所示为阻抗提取电路。实际上它是具有连接到 DUT 的零长度传输线的 VNA。

图 3-21 给出了矢量网络分析仪上两个端口的集总等效电路模型，这两个端口跨接在待测器件的终端。因为它是一个集总电路模型，所以没有传播波，只在每个节点上有电压和电流。

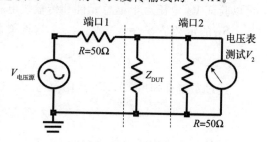

图 3-21 示意图说明在端口 2 处测量的电压如何与 DUT 的阻抗相关

在这个电路中，我们根据电源的电压和 DUT 的阻抗来计算在端口 2 处测量的电压 V_2。这是一个简单的电路理论。在端口 2 测量的电压为：

$$V_2 = V_{\text{souce}}\frac{\dfrac{50\Omega\, Z_{\text{DUT}}}{50\Omega+Z_{\text{DUT}}}}{50\Omega+\dfrac{50\Omega\, Z_{\text{DUT}}}{50\Omega+Z_{\text{DUT}}}} = V_{\text{souce}}\frac{Z_{\text{DUT}}}{50\Omega+2Z_{\text{DUT}}} \tag{3-21}$$

在端口 2 处测量的电压是根据 DUT 的阻抗建立的，我们可以将传输线效应考虑在内并将其转换为 S_{21}。S_{21} 是进入端口 2 的信号 V_2 除以入射到 DUT 端口 1 的信号比值。为了确定入射到端口 1 的电压波，我们必须返回到描述波进出端口的 VNA 模型。

DUT 的入射电压是从 VNA 的端口 1 输出到 DUT 的端口 1 间的电压。这可能是 VNA 电路分析中最令人困惑的一个方面。从端口 1 出来入射到 DUT 的实际电压与 DUT 的阻抗无关，仅取决于源电压和源串联电阻的分压器以及 VNA 的内部传输线。如图 3-22 所示。

从左到右传输到 DUT 的入射电压是源电压通过源电阻和传输线阻抗间分压器的结果。具有零传输线长度的集总元件电路和 VNA 端口电路的区别在于，传输线能够使能源电压和源阻抗引起的入射波。到 DUT 的入射电压是：

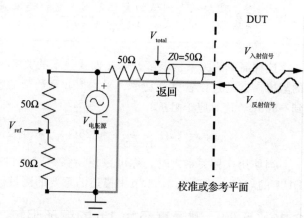

图 3-22 VNA 的端口 1 的内部示意图，它显示了端口 1 入射到 DUT 的电压是如何与源电压、内部源阻抗以及从源到 DUT 的传输线相关联的。同样，在端口 1 处也有来自 DUT 的反射波。这两种波都在端口 1 内部的传输线中传播。它们的总和用端口 1 的内部电压表来测量，记为 V_{total}

$$V_{\text{incident}} = \frac{50\Omega}{50\Omega + 50\Omega} V_{\text{souce}} = \frac{1}{2} V_{\text{souce}} \tag{3-22}$$

使用这种关系将源电压转换成入射电压，计算 V_2 的式(3-21)为：

$$V_2 = V_{\text{souce}} \frac{Z_{\text{DUT}}}{50\Omega + 2Z_{\text{DUT}}} = 2 \times V_{\text{incident}} \frac{Z_{\text{DUT}}}{50\Omega + 2Z_{\text{DUT}}} = V_{\text{incident}} \frac{Z_{\text{DUT}}}{25\Omega + Z_{\text{DUT}}} \tag{3-23}$$

读者可能会发现，通过检查几个 DUT 阻抗(包括零、25Ω 和无限阻抗)的解决方案，可以验证 V_2 电压对于集总元件和传输线电路表示是否是正确的。

S_{21} 的定义是 $S_{21} = V_2 / V_{\text{incident}}$。这种关系转换为：

$$S_{21} = \frac{V_2}{V_{\text{incident}}} = \frac{Z_{\text{DUT}}}{25\Omega + Z_{\text{DUT}}} \tag{3-24}$$

经过重新排列后，DUT 的阻抗与 S_{21} 的测量值关系式表示为：

$$Z_{\text{DUT}} = 25\Omega \frac{S_{21}}{1 - S_{21}} \tag{3-25}$$

这是一个确切的关系式并对 DUT 的任何阻抗值都是有效的。当 DUT 阻抗非常小时，S_{21} 非常小，并减小到先前的近似值 $Z_{\text{DUT}} = 25\Omega \times S_{21}$。

注意事项：当 DUT 阻抗变得非常大时，S_{21} 的测量会遇到数值问题，类似于阻抗变得非常小时 S_{11} 的测量。测量低频小电容或高频大电感时也会有这种情况。对于 PDN 测量，我们最关心的是阻抗与 25Ω 相比是否非常小。

请注意，S_{21} 是复数，因此 DUT 阻抗也是复数。在这个表达式中一切都按复数代数来计算。

提示 在双端口开尔文 VNA 测量中，器件的阻抗与被测量的 S_{21} 有一个简单关系，在整个阻抗从高到低的变化范围内它都是准确有效的。一定要记住，S_{21} 和阻抗都是复数，每一个都随频率而变化。

这种简单的关系是求解开尔文四线技术的关键，以测量在频率大于 1GHz 时低于 1mΩ 的阻抗[3]。通过设置更高功率、平均值和窄通带滤波器的 VNA，S_{21} 中的噪声基底可以达到 −90dB。这对应于阻抗：

$$Z_{\text{DUT}} = 25\Omega \frac{S_{21}}{1 - S_{21}} \approx 25\Omega \times S_{21} = 25 \times 3.16 \times 10^{-5} = 0.75\text{mΩ} \tag{3-26}$$

当使用这种关系式时，你可以使用任何双端口 VNA 来测量低阻抗。只需注意连接到 DUT 的端口，并避免 3.11 节中描述的重要的测量伪像。

3.10 示例：测量直径为 1in 的铜环阻抗

在 3.6 节的例子中，我们还配置了用单端口 VNA 测量的 1in 直径的铜回路，用于双端口测量。将 SMA 连接器连接到回路的两端，将两个 SMA 的信号引脚连接到回路的一端，将两个 SMA 的回路引脚连接到回路的另一端。在与单端口测量相同的频率范围内进行了双端口测量。图 3-23 显示了 DUT 及其双端口测量结果。

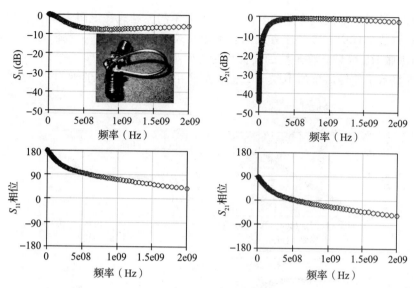

图 3-23　测量插图中显示的短铜线环的双端口 S 参数

在 S_{11} 测量值中确切的信息很少，因为它是低阻抗 DUT 的单端口测量位。S_{21} 项有关于 DUT 阻抗的准确信息。使用式(3-25)，我们将测得的 S_{21} 转换成 DUT 的阻抗。图 3-24 显示了测得的 S_{21} 和计算出的阻抗，均以对数-对数坐标绘制。

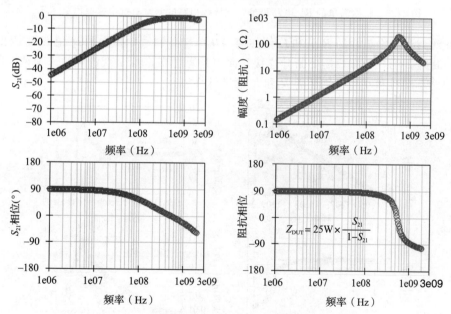

图 3-24　测量的短路铜回路的 S_{21} 和转换后的阻抗

提取出的阻抗不基于任何假设、模型或拟合。它是从 S_{21} 的双端口测量值中直接计算出来的。当此阻抗低于 1Ω 时，S_{21} 的幅度和相位与阻抗之间存在一种常见的模式。在这个低电阻范围内，DUT 阻抗约为 $25\Omega \times S_{21}$。这种简单的关系式在电阻大于 10Ω 时失效。

　　在对数-对数坐标中，以线性方式增长的阻抗表示串联的电感。我们现在为 DUT 假设一个简单的串联 RL 模型，将阻抗的实部作为电阻 R 并将阻抗的虚部作为与电感 L 相关的项。图 3-25 显示了使用简单的串联 RL 电路解释阻抗时，提取出的 R 和 L 的值。

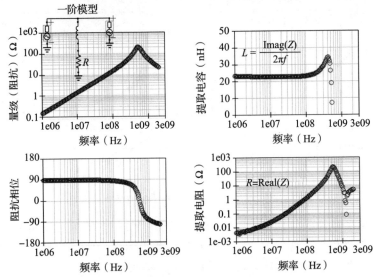

图 3-25　根据简单的 RL 电路模型，从导线回路的测量阻抗中提取出 R 和 L

　　从双端口测量中提取的 R 值和 L 值如何与从单端口测量中提取的 R 值和 L 值相匹配？为了进行比较，第二个端口需要断开连接，而不是通过有 50Ω 负载的端口来加载。图 3-26 中将提取的单端口和双端口测量的 R 和 L 值进行叠加。

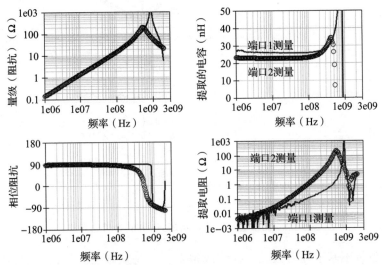

图 3-26　比较单端口（实线）和双端口（圆圈）测量的阻抗和提取出的回路的 L 值和 R 值

与单端口测量相比，从双端口测量中提取出的电感值较低。这是因为在单端口测量的电感中有短 SMA 夹具的串联电感所做出的贡献。电感中的 5nH 差异是 SMA 夹具的串联电感。

> **提示** 短 SMA 连接器的电感会使单端口和双端口测量时提取出的电感产生显著差异。这种夹具效应在双端口技术中被消除，但是要考虑在双端口技术中存在的另一个微妙的因素。

单端口和双端口测量时提取的电阻也略有不同。在频率较低的情况下，当电阻很小时，单端口测量会产生更多的噪声。在频率为 10MHz 时双端口电阻约为 $8m\Omega$。在这两种情况下，串联电阻随频率而增加。这是趋肤深度还是其他效果的表现？我们在下一节回答这个重要的问题。

3.11 夹具伪像说明

解释任何来自 DUT 测量数据的一个重要方法是建立包括预期效应的等效电路模型并将仿真模型的预测结果与测量结果进行比较。这就是"黑客行为"的过程。测量行为与仿真模型之间的良好一致性可以使人相信行为与模型是一致的。

即使测量和模拟响应之间存在极好的一致性，唯一准确的结论也仅是该模型与测量结果一致。良好的一致性不能证明这个模型是对现实情况的正确解释，它们只是一致的。现实中总是会持续有另一个并具有相同频率依赖性的影响。

> **提示** 模型预测值和测量之间的良好一致性不能证明模型是正确的，只能说明它与真实的 DUT 是一致的。你永远不可能做太多的一致性检查。通过的测试越多，我们对于模型就代表了 DUT 中"引擎盖下"发生的事情的信心越高。

除了趋肤深度效应之外，阻力随频率增加的另一个解释是：简单串联的 *RL* 模型对于测量的事物是不完整的。我们用单个 *RL* 电路来解释导线回路。从这个模型中，我们解释了关于 *R* 和 *L* 值的双端口阻抗测量。虽然这是一个很好的近似，但我们还可以改进模型。一种改进是将它们建模为短传输线来在每个端口上添加 SMA 效应。

二阶模型在 *RL* 电路的任意一侧添加相同均匀的无损传输线以连接 VNA 的端口。从 VNA 的参考平面到 DUT 的互连结构通常称为夹具。图 3-27 显示了一阶 *RL* 电路元件模型和包括夹具在内的二阶模型。

这个二阶模型有 4 个参数：

R 是导线回路的串联电阻，随频率改变；*L* 是

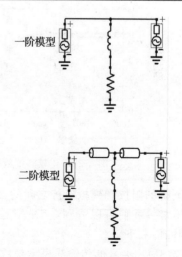

图 3-27　一阶和二阶电路模型用于模拟导线回路预期的双端口 *S* 参数

导线回路的回路电感，随频率改变；Z_0 是 SMA 馈线传输线夹具的特征阻抗；TD 是 SMA 馈线传输线夹具的时间延迟。

夹具最重要的作用是在 S_{21} 中引入比单个 DUT 更多的相移。这将提取出 DUT 阻抗的一部分虚部转换为实部，因为夹具的相位随着频率而增加。

一种优化夹具和 DUT 参数值的方法是改变这些参数，直到仿真模型和测量结果之间存在良好的一致性。这就是我们如何从测量中"破解"互连模型的过程。在低频时，夹具的传输线元件不会影响仿真模型，因此我们可以从低频响应中提取出 DUT 的 R 值和 L 值。

我们也可以提取 SMA 夹具的阻抗和 TD。最初将特征阻抗近似为 50Ω，并调整夹具的时间延迟，直到仿真模型的阻抗与测得的阻抗相匹配。在简单的手动过程中，二阶模型的参数被提取为最适合测量的数据。优化程序也可以更精确地执行提取过程。每个参数的最终值是：$R = 0.005\Omega$、$L = 23\text{nH}$、$Z_0 = 50\Omega$、$\text{TD} = 42\text{ps}$。

图 3-28 显示了在测量的双端口阻抗中提取的 R 值和 L 值与模型的预测值之间最终具有一致性。提取的 R 值和 L 值基于将测量或模拟的双端口 S 参数解释为简单的 RL 串联模型。

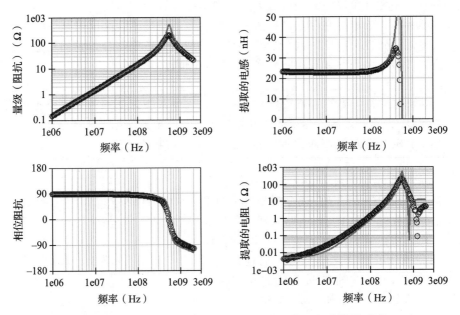

图 3-28　比较测量数据（圆圈）和导线环路的模拟二阶模型（实线）

测得的阻抗和模拟阻抗之间的一致性非常好。一个简单的 RL 模型可能会预测到阻抗线性增加。我们可以看到，SMA 上传输线夹具的引入解释了在 600MHz 左右（电阻和电容）的峰值和下降。

当 SMA 夹具的传输线模型被添加到模型中时，仿真的阻抗实部（我们天真地将其解释为回路的串联电阻）显示出强烈的频率依赖性。该模型使用了与频率绝对恒定的理想 R 元素。然而，传输线夹具的存在使得仿真的阻抗实部看起来与频率有关。

提示　DUT 的夹具为 S_{21} 的测量增加了一个相位，它将一部分虚阻抗转换为实阻抗，就好像串联电阻随频率增加一样。这是夹具的神奇之处，是这些低阻抗双端口阻抗测量中值得注意的主要伪像。

为什么短的 SMA 夹具引线显示为阻抗的实部并且随频率增加？此问题有一个简单的解释。每一端的传输线段都为 S_{21} 增加负相移，S_{21} 随频率增加。由于阻抗和 S_{21} 实际上是相同的，因此这相当于在阻抗上加上一个负相移。回路电感具有接近 $90°$ 的相位，来自短传输线夹具的负相移将该相位移向零。这增加了阻抗的实部，我们错误地将其解释为阻抗元件。

随频率增加而增大的阻抗实部不是由电阻器产生的，而是由阻抗的相移产生的。因此不需要使用"趋肤深度"效应来解释随频率增加的阻抗实部。我们认识到，从双端口 S 参数中提取的阻抗实部不仅仅是 R 元件的贡献，还有包括 R 元件在其中的整个电路的功能。

所有这些都需要测量结果和模拟阻抗之间达成良好的一致性，并且此模型为一个包含夹具的简单串联 RL 电路。如果在包含夹具模型之后，我们仍然没有达成一致性，那么我们可以加入一个小的并联电容来说明回路中从一半到另一半的耦合，特别是在更高的频率下。

在这个特定的环路例子中，仅需要一个简单的 RL 电路模型，直到频率约为 $300\mathrm{MHz}$ 时分布式效应开始。

提示　作为一般规则，从最简单的模型开始，根据需要构建复杂模型来匹配更高频率产生的效应，这总是一个好方法。令人惊讶的是，非常简单的模型是如何与实际结构的测量行为相匹配的，甚至在非常高的频率时。

3.12　示例：测量通孔的电感

我们构建了一个简单的测试工具，以提取在信号线和微带返回路径之间短路的总电感。图 3-29 显示了短路印制板的特写和结构图。

这个双层印制板有一个相互连接的 50Ω 微波传输带追踪连接着两个 SMA 连接器。一个 $50\mathrm{mil}^{\ominus}$ 直径的洞钻在走线的中间，一条 $50\mathrm{mil}$ 直径的电线嵌入其中。它被焊接在顶级信号线和底部返回平面之间，以使信号线短路。这是我们将用双端口技术测量的通孔结构。这个微传输带和 SMA 充当与

$h=64\mathrm{mil}$

直径=50mil，r=25mil

$\ominus$　$1\mathrm{mil}=25.4\times10^{-6}\mathrm{m}$。——编辑注

图 3-29　一个测量通孔电感的简单夹具

VNA 相连的夹具。图 3-30 显示的是双端口 S 参数和转换阻抗。

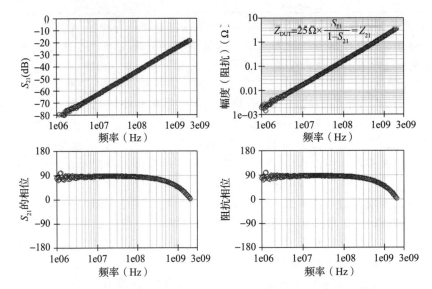

图 3-30　测量传输线中间通孔的双端口阻抗和它的提取阻抗

用 RL 电路等简单模型来描绘这个通孔，我们可以根据 R 值和虚数部分来解释测量阻抗的实部从而近似得出 L 的值。我们可将阻抗值转换为 R 值和 L 值，如图 3-31 所示。

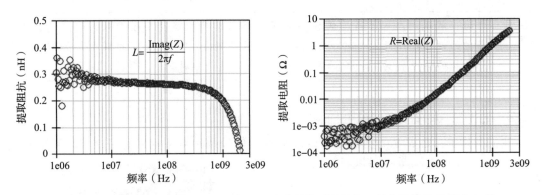

图 3-31　基于简单的 RL 模型，可以解释这个获得的测量阻抗，并由此提取 R 值和 L 值

我们又可以看到了一个电感随着频率的下降而增加且电阻随着频率的增加而增加。这是真实的吗？正如前面提到的，我们可以使用一个更复杂的模型来解释基于频率的电阻和电感的下降，这个模型包括了夹具的模型。这与在 3.6 节和 3.10 节中使用的 RL 模型拓扑结构完全相同，只是使用了不同的参数值。为此，在均匀传输线的中间，与实测数据最一致的参数是 $R=0.0007$、$L=0.28\text{nH}$、$Z_0=50\Omega$、$\text{TD}=210\text{ps}$。

模拟测量和测量阻抗之间的一致性在整个带宽测量范围内的二阶模型中都是非常好的。图 3-32 显示了阻抗的实部和单个等效电感。

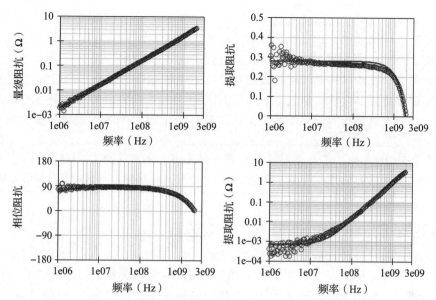

图 3-32 通过单个通孔的双端口测量得到的测量阻抗(圆圈)和模拟阻抗,这里使用了二阶模型(实线)

看起来像是依赖电感和电阻频率的通孔实际上是一个测量装置,它是由夹具的相移所引入的。对测量的解释必须包括通向 DUT 的夹具。当正确的测量方法从理想的传输线馈线到理想的 L 和 r 时,我们可以在完整的 2GHz 带宽中重现精确的测量数据。

分析物理结构的测量值,看看它们是否合理,这很有启发意义。从通孔的几何形状,我们可以估计直流电阻和总电感。

一个短柱的部分自感和直流串联电阻近似为

$$R = \rho \frac{\text{Len}}{\pi r^2} \quad 和 \quad L_{\text{total}} = 5 \times \text{Len} \left\{ \ln \left(\frac{2 \times \text{Len}}{r} \right) - 0.75 \right\} \tag{3-27}$$

式中,R 是串联电阻(Ω);ρ 是铜的主要电阻率 $= 0.7 \times 10^{-6} \, \Omega \cdot \text{in}$;Len 是通孔的长度 $= 0.064\text{in}$;r 是通孔半径 $= 0.025\text{in}$;L_{total} 是通孔的总电感(nH)。

由于通孔的返回路径相对较远,所以我们近似通孔的部分自感系数作为通孔的总电感。把这些值作为通孔的物理特性,直流串联电阻和总电感大约为:

$$R = 0.7 \times 10^{-6} \frac{0.064}{\pi \times 0.025^2} = 0.02\text{m}\Omega$$

$$L_{\text{total}} = 5 \times 0.064 \left\{ \ln \left(\frac{2 \times 0.064}{0.025} \right) - 0.75 \right\} = 0.29\text{nH} \tag{3-28}$$

从测量中提取的串联电阻约为 $0.7\text{m}\Omega$,这比预期的 $0.02\text{m}\Omega$ 高出 35 倍。这可能与 VNA 的本底噪声和一些趋肤深度的阻力有关。在 10MHz 的时候,铜的趋肤深度大约是 0.8mil。现在电流流过的横截面不是几何面积,而是 $0.002\text{in}^2 (1\text{in} = 0.0254\text{m})$,但圆环周长乘以趋肤深度或 $2\pi r \times 0.0008\text{in} = 0.00013\text{in}^2$。在 10MHz 时有 $0.002/0.00013$ 约为 15 倍。这是提取的两倍。实际的电阻随着频率的平方根而增加,被夹具的伪像所掩盖,这导致了随频率的平方而明显增加的电阻。

通过估计直杆的局部自感系数，预测通孔的总电感值为 0.29nH，这与 0.28nH 的提取值非常接近。我们看到这些测量值对于这个结构来说是合理的。

导线回路和通孔的例子都说明，虽然双端口能比单端口测量更小的阻抗，但在解释结果时仍然需要多留意。在高频情况下，连接 DUT 与 SMA 的夹具的相位变换的影响需要特别的注意。当对夹具进行简单建模后，是有可能分离出 DUT 和夹具的固有低阻抗特性的。

提示 尽管双端口消除了单端口测量的伪像，但是由于来自连接 DUT 到 SMA 连接器和 VNA 的夹具的相移，所以仍然需要对结果进行小心解释，特别是在高频的情况下。

3.13 示例：印制板上的小型 MLCC 电容器

单独测量离散组件的性能通常是非常困难的。在 DUT 和 VNA 连接的 SMA 之间需要某种连接。在电容器的情况下，如果不知道它是如何安装到夹具上，那么是不可能测量电容器固有特性的。相同的电容器将会有完全不同的阻抗曲线，这取决于它所依附的夹具结构。考虑到这一限制，测量任何简单离散电容的阻抗曲线及其具体的安装电感是很容易的。

一个常用的夹具是一个从边缘输送进平面的四层印制板，在那里，SMA 连接到电路板的中央区域，这里安装了分立的电容器。

X2Y 衰减器就是一个这样印制板，是为双端口测量而设计的，配置了不同的安装垫。通过将电容器移动到不同的垫子上，我们可以很容易地测量不同电容器或不同电容器对阻抗的影响。图 3-33 显示了印制板和一个展示电容通孔和内部平面的横截面。

图 3-33 用来测量表面附着电容的阻抗特性固定板，以及一个由 X2Y 衰减器提供的内部结构的粗略示意图

阻抗匹配简单 RLC 电路的曲线。事实上所有常用的电容都显示了这种简单的行为。通过在模型中调整 R、L 和 C 值，我们可以找到一个与测量值几乎相同的阻抗曲线的结合。

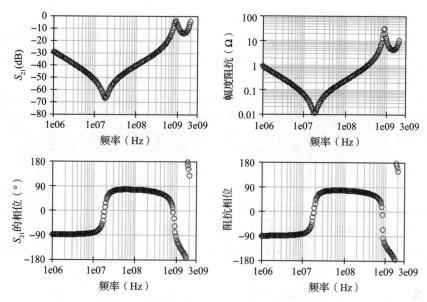

图 3-34   测量电容固定板的 S_{21} 和转换阻抗

使用以下值后，能得到很好的近似，如图 3-35 所示。

$R = 0.01\Omega$

$C = 175\text{nF}$

$L = 0.41\text{nH}$

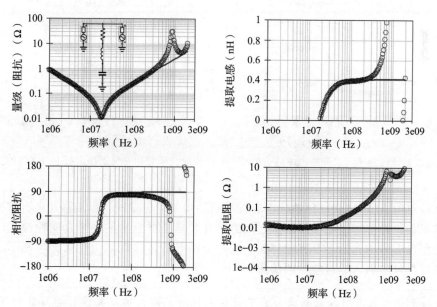

图 3-35   左上图显示一个简单 RLC 模型的测量阻抗（圆圈）、模拟阻抗（实线）和基于阻抗的
实部、虚部提取的 L 值和 R 值

这个简单的模型能够很好地描述这个真实的组件，这是非常值得注意的。但是，这个模型最大只能匹配大约 400MHz 的度量响应。正如我们以前看到的那样，夹具的有限尺寸开始在高频率下起作用，并且它必须包含在模型中。在每一端夹具最简单的模型是一条短均匀的传输线。

提示 值得注意的是，以各种方式安装在电路板上的实际电容的测量阻抗曲线与一个简单的 RLC 电路在非常高的频率时很匹配。复杂的结构可以有简单的模型。

在这个电容固定板上，从 SMA 的起始端到板中心（电容安于此处）的连接长度在每一边大约都是 0.7in。再次，选择简单的传输线来表示夹具。长度被硬编码到传输线模型中，将特征阻抗作为唯一参数来匹配测量数据。经过几次试验后，发现 3.5Ω 得到了很好的一致性。这是一个合理的值，因为 SMA 和电容之间的连接是一个宽的平面。

当在 RLC 模型的任何一端添加传输线夹具模型时，我们看到图 3-36 所示的结果是非常好的。

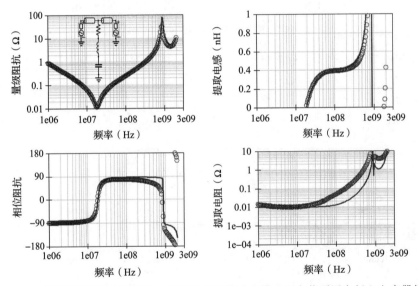

图 3-36　比较了测量和模拟响应，包括夹具的传输线模型和安装到固定板上电容器的简单 RLC 电路模型

这个简单的 RLC 串联电路描述电容器和两种均匀的传输线，以便描述电容器夹具具有非常好的近似。评价测量和模拟阻抗之间的剩余差异是电容器的一个真实特性，还是与这个简单模型没有考虑到的夹具寄生有关，这是很困难的。这就是为什么你应该不断设计夹具，以便在测量中引入尽可能少的伪像。

提示 由于夹具长度引入的伪像影响了提取阻抗的实部，所以要设计尽可能短的夹具，并且使传输线电阻尽可能接近 50Ω。

存在这样一种可能性：当工作频率从 40MHz 增加到 800MHz 时，电容器阻抗的实部反映了它的真实特征，这可能与陶瓷的耗散因子、高频时电容板的数量、电容器的串联电阻和连接的导体有关。这些特性不包括在简单的 *RLC* 模型中。

从模型中提取电容值是电容器的大容量电容。这个基准为 220nF。提取值为 175nF。这大约降低了 25%，是预料之中的。

提取的电阻是 0.01Ω。这通常被称为等效串联电阻（ESR）。ESR 是电容器的一个重要特性，它在阻尼并联谐振中起着主导作用。

$L=0.41nH$ 这个值被称为等效串联电感（ESL）。它不是电容的固有值，而是与其如何安装到印制板上有关。它是电容器中最重要的设计术语，因为它从根本上限制了 PDN 所需的电容器的最小数量。将电容器集成到某个系统的目的是设计尽可能低的 ESL。在这种情况下，ESL 的相对较低值是由 X2Y 电容的特殊设计而造成的，这使得安装电感值很小和通孔和焊盘几乎是内置在测试板上的。

根据电容器的安装方式，我们可以测量 ESL 的任意值，这取决于它是如何安装到印制板上的，电容器下的电路板的层叠形式，以及在电容器和端口位置之间有多少分散电感存在。它不是电容的固有特性。

我们可以利用双端口技术来探索不同的电容安装技术，并通过经验来确定总安装电感。例如，图 3-37 显示了两个类似电容器的测量阻抗曲线，这些电容器安装在一个多层固定板上不同轨迹长度的表面上。在这两个例子中 ESL 为 0.2nH 和 0.9nH。

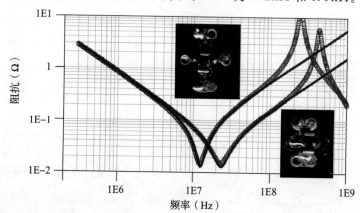

图 3-37　两种电容的测量（圆圈）和模拟（实线）阻抗，它们有不同的安装结构，这导致了截然不同的 ESL。没有显示的 SMA 作为双端口测量装置的一部分

高频端的阻抗显示了在两种不同安装技术下 ESL 的巨大差异。在接近通孔焊盘的安装中，从测量中提取的 ESL 是 0.2nH。当表面的轨迹只有 20mil 长的时候，把电容垫连接到通孔中，ESL 就会显著增加到 0.9nH。这个例子说明了电容设计的小细节对实现低 ESL 是多么重要。

提示　利用这些低阻抗测量技术，我们可以测量电容的安装电感。值得注意的是，细微的差别对安装电感有很大的影响。

3.14 高级主题：测量片上电容

测量低阻抗的双端口方法不局限于非常低的阻抗。该方法也适合测量与片上电容阻抗相关的大动态范围，这是 PDN 最重要的属性之一[4]。

本节使用 3 种构造对片上电容介绍了双端口测量：仅从碰撞角度，从单个成对封装球的角度，以及从两对封装球的角度。在每一种情况下，我们必须解释测量方法以包括测量装置中一些未校准的扩展。通过对两个端口使用两个不同的球或碰撞对，我们可以对 DUT 进行更深入的测量，并消除一些与真正想测量的设备串联的阻抗。然而，双球对的测量有时会因插入损耗或超跳效应而降低。我们从探索只有碰撞开始。

图 3-38 演示了从 C4 碰撞中探测片上 V_{dd} 和 V_{ss} 轨道的测量配置。该芯片由 VNA 进行偏置，两个探针点相对较近。VNA 被校准到微探针的尖端。这些小技巧的剩余、未校正或不可复制的电路元件可以粗略地近似为一个传输线元件，其阻抗为 50Ω，而 TD 大约为 1ps。这与大约 10mil 的尖端位置和变形有关。

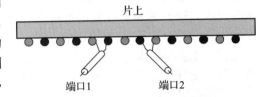

图 3-38 对 V_{dd} 和 V_{ss} 电源轨道的探测配置

我们用从 300kHz 到 3MHz 的 VNA 测量双端口的 S 参数。在 S_{21} 中，我们应用下式提取阻抗：

$$Z_{DUT} = 25\Omega \frac{S_{21}}{1-S_{21}} \qquad (3-29)$$

图 3-39 显示了 S_{21} 的测量和 Z_{DUT} 的计算。

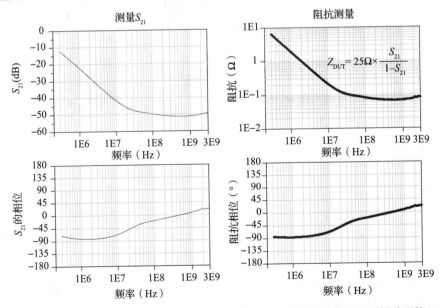

图 3-39 在片上从两个不同的焊点上对 S_{21} 进行测量，并从计算中得到转移阻抗

用两种方法将阻抗提取到芯片焊点上。首先，我们在一个简单的 *RLC* 电路模型上进行仿真。*RLC* 参数被优化以适应测量的 S_{21} 数据。选择电器值来匹配低频阻抗。调整电阻值以与最低阻抗周围的性能匹配，并调整电感值以匹配高频阻抗。图 3-40 将测量阻抗与 *RLC* 模型中的模拟阻抗进行了比较，这里使用了最佳拟合值。

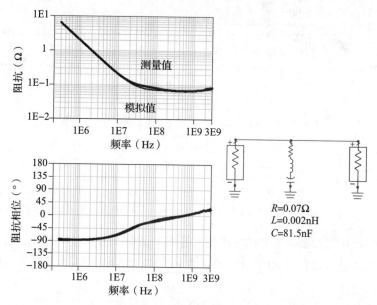

图 3-40　基于右边的简单 *RLC* 电路，比较了仅有片上电源轨道的测量阻抗和模拟阻抗

值得注意的是，如此简单的模型与片上的 PDN 测量阻抗曲线匹配得很好。通过仿真模型，对该芯片和电源轨进行了 81.5nF 的电容提取。电感的极低值只有 2pH，这与从接地输电网向片上电容的极低的扩散电感有关。这是在片上和小尺寸间 V_{dd} 和 V_{ss} 网格的一个显著优点。

另一种提取阻抗曲线的方法是，假设有一个 *RLC* 串联拓扑结构，并利用阻抗的虚部计算 *C* 和 *L* 值。阻抗的实部为 *R*，在每一个测量的频率点上，它对 PDN 阻抗给出了一个感性和阻性的估计。图 3-41 显示了用 *R*、*L*、*C* 提取值从 S_{21} 测量中获得的转换阻抗。

提示　假设 *RLC* 电路拓扑结构，我们可以用两种方法来获得测量阻抗曲线。第一种方法涉及电路仿真和带有优化参数值的曲线拟合；第二种方法是将 *R* 作为阻抗的实部，*C* 和 *L* 作为虚部，并在每个频率点进行计算。

C 的最佳值是在模拟和曲线拟合时低频状态下所期望的 81nF。*C* 在 40MHz 以上开始变化。这是因为阻抗不再是由电容决定的，而是由电感决定的。

电感值在 1MHz 以上时达到 2pH。这接近本测量的基底噪声。电感的频率变化是由于阻抗的虚部是大于 *L* 引起的。

电阻显示出对一些频率的依赖性。在低频时，这可能是由于二氧化硅绝缘材料的介质损耗或泄漏电流造成的。在高频时，电阻的轻微下降可能是夹具影响的。

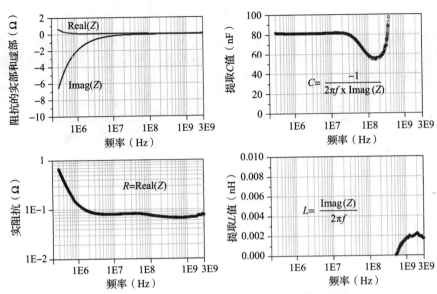

图 3-41   在每个频率点计算出的提取阻抗的 R、L 和 C 值以及阻抗的实部和虚部

在这两种方法中获得的 70mV 的电阻值都是由 V_{dd} 和 V_{ss} 在芯片网格上的传播电阻以及片上电容的分流电阻进行组合得到的。图 3-42 展示了片上分布式电容和电阻固有的 3D 特性[5]。

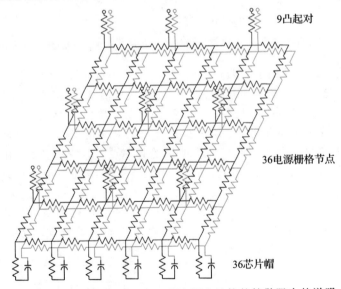

图 3-42   分布式片上电容、并联电阻以及电源和地轨的扩散阻力的说明。该网络
在不同的焊点位置被探测

在这个例子中，大约在 100MHz 的情况下，阻抗呈现电阻性。造成这种特性的电阻元件在近似电路网络中被识别出。在高频时，与对应的并联电阻相比，分布式电容具有低阻抗，而相互碰撞的电路网络几乎是纯电阻性的。

当在两对焊点之间进行测量时，可以直接根据插入损耗的 S_{21} 来解释传输阻抗。端口 2 的电压与端口 1 的 50Ω 源阻抗的电阻分压网络、电路网络的等效串联和并联电阻，以及端口 2 的 50Ω 阻抗有关。对于特定的探测焊点，电压分压网络导致从端口 1 到端口 2 的 VNA 信号衰减到 $-50dB$。

如果端口 2 从端口 1 移动到更远的地方，那么在电源和接地网之间就会有更多的电导和串联电阻，这都会在 2 号端口中产生较低的电压和更大的衰减。传输阻抗的下降表现为较低的电阻。将转换阻抗和提取的等效电阻解释为对芯片网格的串联阻尼电阻是不正确的。它是并联和串联电阻组成的复合值。其值的本质是一个三维的平面效应。

这是一个普遍问题，通常发生在分布式结构双端口 PDN 测量中。我们必须使用两个端口和插入损耗 S_{21} 来解释阻抗，因为一个端口和 S_{11} 在高频的低阻抗测量中不能很好地工作。但是双端口测量实际上是插入损耗的测量并给出一个 Z_{21} 值(这是一个传输阻抗)。在双端口测量中总会存在一定数量的衰减。这有时被称为空间衰减，不应被解释为低阻抗。在对分布式平面结构的所有 PDN 双端口测量的解释中[4,6]，应考虑插入损失，它也称为互阻抗和空间衰减。

提示　对分布式结构传输阻抗的测量进行解释是很困难的，特别是当涉及串联和并联阻抗时。在没有使用三维分布模型将测量的传输阻抗与模拟传输阻抗进行匹配的情况下，只可能进行粗略的解释。

从 PDN 谐振的角度来看，这种等效的片上分布式电阻是很好的，因为它有助于在并联谐振中抑制峰值阻抗。然而，对于 PDN 谐振，由于封装金属层有更低的电阻所以这种电阻被缩小了。封装金属层通过在其表面分布的许多凸起连接到芯片上，并提供另一层互连层，以结合分布式的片上电容。

现在我们从"片上碰撞"移到"封装焊球"。当通过封装检测到芯片时，必须根据组合结构对阻抗进行解释。图 3-43 展示了通过封装探测芯片的两种方法。

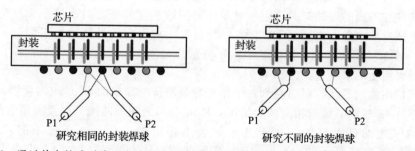

图 3-43　通过单个的球对或两个球对从封装焊球中探测芯片 PDN 的两种方法。在这两种情况下，芯片 PDN 都有封装 PDN 阻抗作为它的一部分

当端口 1 和端口 2 的探针在封装上接触相同的球对，并观察到芯片时，封装焊球和初始的封装孔电感被包含在 DUT 中，并且是串联阻抗的一部分。当两对 VNA 的探针接触到两个不同的封装焊球时，一些封装 PDN 是通向芯片的阻抗路径的一部分，也被认为是夹具的未校准部分。DUT 从封装动力平面开始，在那里，端口 1 和 2 第一次相遇。单球对的电感和电阻

已经从测量中移除了。这很好，因为这样测量更接近于片上电容，但也需要详细的解释。

我们测量了双端口的 S 参数，以探测配置和计算阻抗。图 3-44 显示了在这两种情况下的测量阻抗。

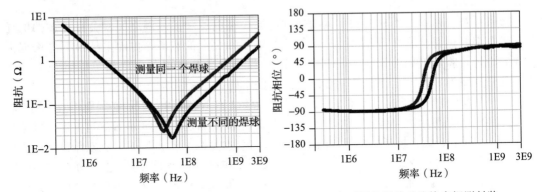

图 3-44   用双端口技术测量了片上 PDN 的阻抗，通过两个不同的焊球对连接来探测封装

在低频下，阻抗是由片上电容决定的，无论是从片上碰撞还是从封装球中测量，都是一样的。在高频时，从电感和电阻结构的角度对阻抗进行解释比较复杂。

从封装球中可以看到，高频阻抗与封装体和芯片的复合结构有关。封装平面具有较高的电感，但却有较低的电阻。芯片具有较低的电感，但具有较高的电阻，这与芯片的电力网有关。这个封装和芯片是并联的，因为 PDN 电流可以通过任意路径传递给电路负载和片上电容。由于探测器位置的不同而使其变得更加复杂。

这种复合结构在本质上是一种多层的三维平面互连网格，可以用 3D 场求解器来解释。然而，我们可以通过更细致地观察测量结果来了解得更多。

当探测器在相同的焊球对上时，阻抗对封装焊球和通孔的电感和电阻是敏感的。DUT 到封装平面只有一个单一路径，而球对阻抗可能在高频测量中占据主导地位。

当探测器在不同的焊球对时，阻抗对单球对的敏感度较低，对多层平面复合结构更敏感。这两个球对从本质上来说是 DUT 的一个夹具，它现在从封装动力平面开始。正如在 3.7 节和 3.11 节中所演示的，该装置引入了测量的相位变化。对两个球对的端口及相对位置进行选择对测量结果有很大的影响。

根据阻抗曲线的形状，可以看到一个用于测量阻抗的简单的 RLC 电路模型，这并不令人惊讶。图 3-45 显示了探测相同球的情况，RLC 模型之间的匹配，以及测量的阻抗。

低频的一致性是很好的。对于这个封装里特定的芯片，这条轨道的片上电容是 79.5nF。这跟图 3-41 所示的更小但物理结构不同的芯片测量到的 80.5nF 电容很接近。

在自谐振频率附近使用 24mΩ 和 0.28nH 这两个值时，测量和模拟阻抗之间能得到很好的匹配。在大约 100MHz 的情况下，测量的电感随频率降低。这表明，简单的 RLC 模型可能不足以描述封装平面的低电阻，从而缩短了管芯栅极的较高电阻和较低电感。

更多的电流可能是通过芯片的低电感和高电阻产生的。或者可能是高频电流并没有像在串联谐振频率时那样去寻找低阻抗电容。当电流通过较少的互连以找到电容时，它通过较少的片上分流电阻。这两种效应都会导致 ESR 频率的增加。

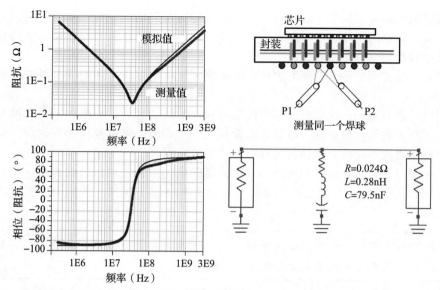

图 3-45 两个端口在相同焊球对上测量的封装阻抗曲线和一个简单 *RLC* 电路的模拟阻抗进行比较

假设有一个 *RLC* 电路模型，我们从测量阻抗的虚部中计算出等效的电容和电感值。阻抗的实部有关于阻抗部分的信息。图 3-46 显示了在每个频率点上测量阻抗的 *R*、*L* 和 *C* 值，以及具有最优参数的 *RLC* 电路的仿真结果。

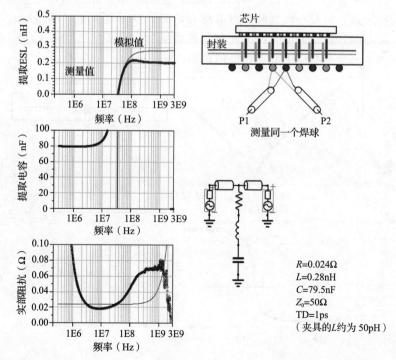

图 3-46 在每个频率点从测量阻抗中提取出 *R*、*L* 和 *C* 值，并与所显示的电路参数进行比较

从测量阻抗和模拟模型中提取的电容在低频时有很好的一致性。然而，从测量中提取的电感显示出频率的下降。这与随着频率下降的电感相一致，可能与芯片电感的分流或在芯片网格中较短的电流路径有关。

测量阻抗的实部显示了低频下的频率依赖性。这与绝缘体上的绝缘材料的介质损耗是一致的。

在相同的图上绘制优化电路模型中模拟的 R、L 和 C 元件，并附加了夹具模型来表示剩余未校正部分对探针的贡献。该装置被模拟为一个带有 1ps 电长度的传输线。这就说明了夹具在将阻抗虚部转换为实部的过程中所产生的影响。

在这个测量中，探针可以在大约 1GHz 的高频限制下为提取的电阻提供一个伪像。这个例子表明，从 10MHz 开始的电阻增加不是由夹具伪像产生的，而且电感和电容对夹具都不很敏感。

提示　通过对夹具引入一个短的传输线模型，我们可以估计出提取的 R、L 和 C 值的影响，以确定该夹具是否能够解释所观察到的特征。

这个简单的模型包括一个短的传输线作为夹具，它表明 1GHz 以上的电阻特性可能是由于微探针在负方向上移动相位而引起的。如果探测器的动作比校准时间短了 2ps，那么电阻在 1GHz 时就会下降，正如它在测量阻抗中表现的那样。这可能是由于在校准和 DUT 测量环境之间探针尖摩擦的差异造成的。

在第二个封装测量中，探针接触不同的焊球。这消除了焊球的串联电感和进入封装电源和接地层的初始通孔以及一些封装扩散电感和电阻。这是更灵敏的测量被片上电源分配网的低电感、高电阻和分布式电容所分流的封装腔的方法。图 3-47 显示了与 RLC 电路的模拟阻抗相比，在每个频率点上计算出的阻抗值。

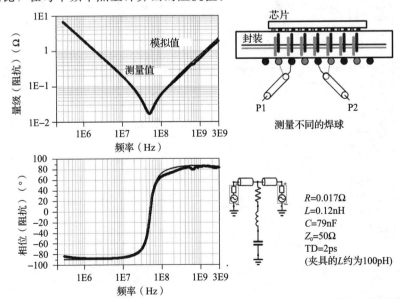

图 3-47　从两个不同的焊球对封装阻抗和由一个简单 RLC 电路得到的模拟阻抗进行测量

低频阻抗与片上的电容有关，无论它是从模具的碰撞还是通过封装来测量的。SRF 与该频率上的片上电容和有效电感有关。当用一对封装焊球进行测量时，SRF 的有效电感是 0.28 nH。当用两对焊球进行测量时，有效电感是 0.12nH。

0.16nH 的差异来自焊球和封装平面的初始通孔，以及封装平面中一些扩散电感。我们通过观察从实部和虚部中提取的 L 和 R 来进一步了解电感和电阻，如图 3-48 所示。

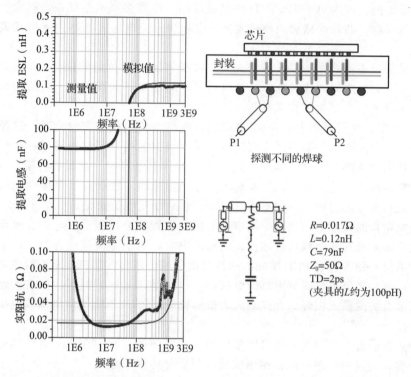

图 3-48　从测量的阻抗中提取出 R、L 和 C，与从仿真电路模型中提取的值进行比较

从两对封装焊球中测量出的电感没有随频率发生太大的变化，这与从单个焊球对中探测的一样。虽然电阻更低，但频率增加了。

这与较低的电感相一致，但片上较高的电阻电源网则分流了封装腔。与在同一焊球对进行测量的探测值相比，探针点之间的距离增加了探测位置的电感和电阻之间的衰减。

每个探针通过焊球和通孔提供的电感值为 160pH，在封装功率层中它充当附加的夹具电感。在图 3-47 和图 3-48 的仿真数据中，与夹具 TD 增加到 2ps 相比，PDN 的总电感增加到 100pH。这个 2ps 延时来自于实际夹具路径加上校准和待测件测量之间的探头尖端形状引起的不可再生残余。

这种夹具延迟微小值的影响使得阻抗的虚部增加了相位，并将其转换为实部，在高频限制下这会出现频率相关的电阻。这与 1GHz 以上的阻抗实部相匹配。这进一步说明了在 1GHz 以上任何阻抗的实部被夹具的伪像所掩盖，不能将其解释为实际的电阻。大约 600MHz 的故障可能是测量伪像。

分布式电容、低电感、高阻栅的芯片是多层复合结构，分流了封装的高电感和低阻值，而将精确的电流分布作为频率的函数，这使该结构变得复杂。

在低于 100MHz 的频率范围内，通常在片上电容和封装引线电感之间存在并联谐振，谐振回路的 ESR 可能被封装的低电阻所控制。在 500MHz 以上时，电流从片上电容中产生，在片上电路中所看到的 ESR 被更高的分布式电阻所控制。

这是很重要的，因为对于 100MHz 的谐振来说，没有多少阻尼存在，就像从碰撞中产生的阻力测量那样。芯片电路必须经过大量的串联和分流电阻才能达到支持开关动作的片上电容。

这些测量结果表明，在 1GHz 的情况下，准确表示的阻抗只能来自 3D 模型，这些模型考虑到芯片和封装之间的连接分布。这包括芯片的低电感和高阻抗、封装的高电感和低电阻，它们形成了一个分流的并联电路。

在图 3-42 中，我们演示了插入-损失机制，也称为互阻抗和空间衰减。这种机制通过使阻抗看起来比实际的小，来降低了双端口测量。类似的情况是，当选择一个封装球来测量一个碰撞阵列的顶部时，这个阵列最终会进入到片上电容中。当我们将端口 1 和端口 2 进一步分开时，端口 1 注入的 VNA 功率在空间上会减弱，在端口 2 上接收到的信号量也更小。当涉及封装球的时候，我们有感应滤波、衰减以及电阻滤波。

在印制电路板的装配上，当两个端口在不同的位置被分得很远时，就会出现类似的情况。这一次衰减来自在两个端口之间安装的离散电容，而不是碰撞或者封装球下的片上电容。端口 1 的信号随着它在 PCB 空间上的进展而衰减，最终在端口 2 上被测量到。根据这种测量方法，有一种低阻抗或低电感的尝试，一些产品已经这样做了。但它实际上是一个与双端口测量有关的插入损耗。在这个人为低阻抗下，PDN 不能提供电源或电压，它是测量的产物。

本节中，我们着重介绍了双端口测量的两个主要问题。我们在片上电容部分讨论过它们，它们确实是一般的问题，但在使用双端口测量时必须考虑的。

提示　双端口测量是一种插入损耗测量。未校准扩展的探测器提供了一个相变，这可以很容易地将 DUT 从一个真实的阻抗转换为一个虚拟的阻抗，反之亦然。同时，探针的空间衰减可以使阻抗测量人为地降低，而 DUT 似乎减少了电感或阻抗。

我们必须详细解释双端口的测量，以防止这两个问题的发生。

3.15　总结

1. 对于阻抗，一个普遍认同的定义是，设备之间通过的电压与电流的比值。这是一个普遍定义，而且总是正确的。然而，这并不是唯一定义。

2. 第二个同样正确的阻抗定义应用于频域，与从一个端口到 DUT 输入的正弦波反射系数有关。这个一般的定义适用于高频的离散和分布结构上。

3. 基于反射系数的定义，用单端口 VNA 测量高频率下的阻抗。然而，这项技术的准

确性仅限于在 0.1Ω 左右的阻抗。

4. 值得注意的是，一些理想电路元件的简单模型可以组合在一起，以匹配真实物理结构的测量阻抗。这就使得对复杂系统的描述变得简单明了。

5. 为了克服单端口 VNA 测量的准确性和 DUT 阻抗限制，我们使用了双端口的 VNA 测量。这类似于开尔文四线检测，其中一个端口将电流引入 DUT，另一个端口测量电压响应。我们可以用这种技术来测量非常低的阻抗。

6. 设备的一阶阻抗是双端口测量中 $25\Omega \times S_{21}$，其中低阻抗 DUT 与端口 1 和端口 2 被分流。

7. 在双端口低阻抗测量中要避免的一个重要的伪像是夹具的时间延迟所引入的相移。我们可以将其从测量中去嵌入，或者将其包含在用于 DUT 模型的电路拓扑中。

8. 双端口测量的另一个重要的伪像是阻抗或电感，它看起来比实际的要小。这是因为双端口测量实际上是一个插入损耗测量。如果两个端口通过 DUT 时在空间上被分开，那么衰减可能会影响测量的解释。

9. 我们可以利用双端口技术来测量离散电容的安装电感，并提取它们的电容、等效串联电阻和等效串联电感。

10. 我们还可以使用双端口技术来测量片上电容。可以通过仿真得到 RLC 电路模型的提取阻抗，或者阻抗的虚部可以当作一个简单的 LC 模型，以及在每个测量频率点通过简单的代数方法从虚部中提取电容。

11. 通过一个封装来解释片上双端口阻抗曲线是件棘手的事情，因为它依赖于封装和芯片电源网上的扩散阻抗、转换阻抗的分流特性。通过对组合电源分配网络的 3D 模拟来详细解释阻抗曲线是最好的。

参考文献

[1] E. Bogatin, *Signal and Power Integrity—Simplified, Second Edition.* Upper Saddle River, NJ: Prentice-Hall, 2010.

[2] I. Novak, "Measuring MilliOhms and PicoHenrys in Power-Distribution Networks," in *Santa Clara, CA, DesignCon*, 2000, pp. 1–14.

[3] M. Resso and E. Bogatin, *Signal Integrity Characterization Techniques.* IEC, 2011.

[4] L. Smith, S. Sun, M. Sarmiento, Z. Li, and K. Chandrasekar, "On-Die Capacitance Measurements in the Frequency and Time Domains," in *Santa Clara, CA, DesignCon*, 2011.

[5] M. Sotman, A. Kolodny, M. Popovich, and E. G. Friedman, "On-die Decoupling Capacitance: Frequency Domain Analysis of Activity Radius," in *2006 IEEE* International *Symposium on Circuits and Systems*, 2006, no. 1, pp. 489–492.

[6] L. D. Smith and J. Lee, "Power Distribution System for JEDEC DDR2 Memory DIMM," in *Electrical Performance of Electrical Packaging (IEEE Cat. No. 03TH8710)*, 2003, pp. 121–124.

电感和 PDN 设计

4.1 留意 PDN 设计中电感的原因

电源分配设计是为了得到一个目标阻抗曲线。我们可以用合适的模型来模拟组件的阻抗和 PDN 的相互连接，并将所有的互连作为传输线段进行建模，在频率足够低的情况下它们本身可以近似为电感和电容的元件。信号导体的电感和返回路径导体是一种基本的电气描述，它适用于所有的互连。我们也可以用电感和电容元件来近似其他的离散分量。

感应特性控制了真正的互连阻抗，特别是在高频率情况下。即使在低频情况下，VRM 的有效电感和大容量电容的电容相互作用也决定了 PDN 的并联谐振峰值。在中频时，并联谐振和相关的峰值产生于真实电容元件的电容和电感特性。在高频时，由电容器、平面和通孔组成的互连结构的回路电感控制着阻抗。

降低 PDN 的电感是在较高频率时降低阻抗和峰值阻抗最重要的步骤之一。设计低电感是平衡性能和成本的关键。若设计低电感结构时没有增加成本，你就知道这一点的重要性了。电感知识是了解性价比设计的重要因素。

提示　电感可以说是 PDN 元素中最重要的电子特性。较高值将会增加并联谐振峰值阻抗，并且是在高频下设置最低阻抗的主导项。通过设计减少 PDN 的电感是提高性能的最重要方法之一，有时这种方法的成本很低。

对于设计工程师来说，电感是信号完整性中最令人头痛的难题之一，也是目前为止最重要的问题之一。这很让人困惑，因为它很复杂，很多与电感有关的术语都被误解，并且在工业中被错误地使用，混乱了我们的直觉。

许多好的教科书对电感的介绍还是很正确的[1-5]。本章的重点是建立强大的工程直觉性和在控制电感方面建立坚实的基础。

4.2 简单回顾电容，初步了解电感

如果我们先重新思考电容，那么理解电感就会简单得多。就像每一个信号和返回线导体都有电感一样，每一对导体也有一个相应的电容。

电容的基本定义将两个导体之间的电荷差和导体之间的电压差联系起来，如下：

$$C = \frac{Q}{V} \quad 和 \quad Q = CV \tag{4-1}$$

式中，C 是导体两端的电容(F)；Q 是每个导体的电荷量(C)；V 是导体之间的电压(V)。

电容并不是测量导体中电荷的差位。如果两个导体上正和负电荷量加倍，则电容保持不变。当然，它们之间的电压是加倍的。电荷与电压的比值保持不变。

电容是对导体之间存储电荷效率的一种度量。一对具有高电容的导体意味着我们可以只需要增加少量的电压就能在每一个导体上增加额外的电荷。导体能有效地存储电荷，而几乎不需要电压。同样，一个小的电容就意味着需要大量电压来存储少量电荷。在电压大幅增大之前，没有过多的额外电荷可以补充到导体中。

提示 电容是一种直接测量导体通过电压存储电荷效率的方法。一个大容量的电容意味着导体能以很小的电压来存储电荷。

在这方面，两个导体之间的电容是导体的几何形状和导体周围介质材料的分布。这不是导体之间的电压，而是电荷与电压的比值。

影响电容的两个重要的物理特性是两个导体的重叠区域和它们的间距。影响电容的另一个因素是板间材料的介电常数。如果两个导体之间没有电压差，那么就不会有额外的电荷差。如果有足够的电荷将电压增加到 1kV，那么它们的电容仍然是一样的。

区分电容、电荷和电压是很重要的。电容只取决于导体的几何形状和电介质材料。无论在电容器上施加多大的电压，它都是恒定的。电荷和电压是电容器的外部特性。它们可以在不影响电容的情况下有任何值。

电容器的阻抗与其两端电压和通过它的电流的比值有关。为了得到流过一个电容的电流，我们对式(4-1)的两边求导然后得到：

$$I = \frac{dQ}{dt} = C\frac{dV}{dt} \tag{4-2}$$

考虑电压与电流的比值，我们最终得到一个电容在时域中的阻抗：

$$Z = \frac{V}{I} = \frac{V}{C\dfrac{dV}{dt}} \tag{4-3}$$

这是一种完全正确的关系，只不过比较复杂。在时域中，电容的阻抗依赖于电容中电压的精确波形。在时域中，电容器的阻抗并不是电容本身固有的。

在频域中，阻抗有一个更简单的形式。在频域中，电流和电压是正弦波，在时域中描述为：

$$\tilde{I} = I_0 \exp(j\omega t) \qquad 且 \qquad \frac{d\tilde{I}}{dt} = j\omega \tilde{I}$$

$$\tilde{V} = V_0 \exp(j\omega t) \qquad 且 \qquad \frac{d\tilde{V}}{dt} = j\omega \tilde{V} \tag{4-4}$$

这些带有波浪线的字母表示复数。

式中，I_0 是电流的振幅；V_0 是电压的振幅；ω 是角频率。

这使得频域中的阻抗发生了改变：

$$\tilde{Z} = \frac{\tilde{V}}{\tilde{I}} = \frac{V}{C\dfrac{\mathrm{d}V}{\mathrm{d}t}} = \frac{\tilde{V}}{Cj\omega\,\tilde{V}} = \frac{1}{j\omega C} = \frac{-j}{\omega C} \tag{4-5}$$

在频域中，理想电容器的阻抗有一个非常简单的形式，而且不是固定的，它取决于所施加电压的频率。

提示　在时域中电容器的阻抗与频域内的阻抗一样有效。然而，它在时域中要复杂得多，并且依赖于电容上的特定电压波形。在频域中，电容的阻抗同样有效，但它有一个简单得多的形式。

4.3　电感的定义、磁场和电感的基本原则

回路电感是由磁通量与电流的基本关系定义的，如：

$$L_{\text{loop}} = \frac{\Psi_{\text{loop}}}{I} = \frac{1}{I} \oiint_{\text{闭合区域}} \vec{B}(x,y) \cdot \mathrm{d}\vec{a} \tag{4-6}$$

式中，Ψ_{loop} 是穿过回路的磁通量总和；I 是回路中的电流；$B(x, y)$ 是环形区域表面上的磁场密度；da 是一个小的环形区域而积分是在整个回路表面积上的。

电感的这种定义是令人困惑的，因为它被隐藏在一个区域中非均匀磁场密度表面积分的后面。磁场密度分布在很大程度上取决于回路的具体大小和形状，以及它的电流。

这一复杂的定义再加上文献中给出的关于电感混乱和迟钝的描述，其中一些还是错误的，这使电感成为最重要的，同时也是最不被理解的信号和电源完整性术语。

有一种简单的方法来考虑电感，就是用上一节中的电容描述作为出发点。就像电容是一种在电压上测量两种导体存储电荷效率的测量方法，电感是一种测量导体回路效率的方法，它通过电流来存储磁场线。

提示　电感的基本定义是，通过电流来创建磁场线的导体效率。电感并不是测量磁场线总数的一种方法，这是一种测量导体效率的方法，以制造磁场线。

利用回路电感的定义，我们不仅要了解磁场线的性质，还要了解导体的电流分布是如何产生磁场线的。我们可以总结出电流产生磁场线的复杂数学原理，以及磁场线如何在磁场的 6 个基本原理中产生电感。理解这些基本原则有助于减少困惑：

1. 在自然界中，磁场线只作为闭合环出现。
2. 任何电流都在其周围产生一圈同心磁场线，在电流周围有一个特定的方向。
3. 磁场线不与电介质材料相互作用。
4. 在导体周围磁场线的总数目与导体的电流成正比。

5. 如果在一个导体周围磁场环的数目改变了，那么不管出于什么原因，在导体中都会产生一个电压。

6. 能量存储在磁场中。磁场线的数量越大，磁场的能量就越大。

提示 对 6 种电感原理的扎实理解是设计控制电感的物理结构的重要技能。

因为磁场线只出现在环上，所以它们可以单独计算。在国际单位制中，磁场线的圈数以韦伯为单位来计算。在 cgs 单位制中，我们使用 Mx(麦克斯韦)为单位来计算磁场线的数量：

$$1Wb(韦伯) = 10^8 Mx(麦克斯韦) \tag{4-7}$$

式中，Wb(韦伯)是国际单位制中磁力线的数量单位；Mx(麦克斯韦)是 cgs 单位制中磁力线的数量单位。

不管单位是什么，导体周围的磁场线的数目与流过导体的电流成正比。

这类似于电容器。在电容中，我们用库仑为单位计算电荷，而导体之间过多的电荷量与导体之间的电压成正比。

在带电流的长均匀导线周围磁场线的形状是同心圆，如图 4-1 所示。

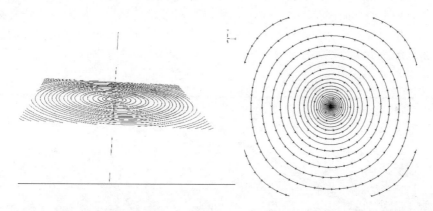

图 4-1 关于载流长直导线周围磁场环有两种观点。在左边的视图中，这条线几乎是垂直的，而电场线在导线周围显示为中心圆。在右边的视图中，导线和电流从纸上出来。磁场线是围绕电流的同心圆，在离电流较远的地方其较为稀疏。这些环在载流导线的任意长度上都有分布

这些磁场线环在导线的任意地方都有。在每一个垂直于导线的切面上，电场线将以同心圆的方式出现。

电场线的作用就好像它们有一个循环的方向。其方向是由"右手定则"决定的：右手的大拇指指向正电荷移动的方向，手指弯曲指向磁场线的循环方向上。这个概念如图 4-2 所示。

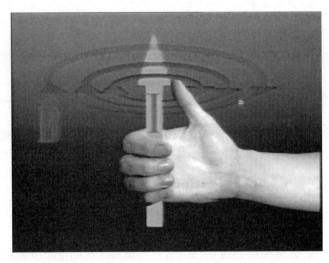

图 4-2　导线周围的磁场线循环方向是由"右手定则"给出的：右手的大拇指指向电流的方向，手指指向循环方向上

我们有时用希腊字母"Ψ"来表示导体周围的电场线数量，也称为电场线的通量。因为导体周围的每一个磁场线都是环的一部分，所以我们可以计算导体周围任何位置处的环的数目。我们要做的就是计算穿过导体到空间边缘的平面的环。穿过与电流相邻的虚平面的环的总数是环的总数，如图 4-3 所示。

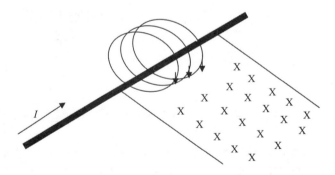

图 4-3　我们可以通过计算穿过导体相邻区域的线通量来计算当前电场环的总数。这些十字表示箭头的尾部，当它们经过与导线相邻的平面时，其方向是磁场线的方向

导线周围电场环的总数是指穿过这一区域的总场通量，从导体的中心到无穷远处。

提示　电场线的通量与导线周围的电场环数目相等。

电感的基本定义是基于通过导体的电流（以 A 为单位）所产生的电磁场环的数量：

$$L = \frac{\Psi}{I} \quad 和 \quad \Psi = LI \tag{4-8}$$

式中，L 是电感（Wb/A）＝H；Ψ 是围绕着导体的磁通量（Wb）；I 是导体的电流（A）。

　　虽然电容是一种测量给定电压下额外电荷效率的方法，但是电感是一种测量电流产生磁感环效率的方法。1A 电流产生的磁感线越多，产生电感线的效率就越大，导线的电感也就越高。

　　高效率的导体结构能在少量电流的情况下产生许多电场环，并具有很大的电感。低效率的导体设计则只具有低电感。

　　电感并不是围绕在导体周围的电场环的数目。如果导线中有 $1\mu A$ 或 1mA 的电流，那么磁场环的数目就会发生巨大的变化，但是导体的电感却不会。即使导体中没有电流，它仍然具有相同的电感。

提示　电感是导体的固有性质，与通过其的电流大小无关。

　　如果磁场线通量是以韦伯为单位，而通过导体的电流的单位是安培，那么电感作为总磁感线数目的一种度量单位，就有了单位——韦伯/安培（Wb/A）。在国际单位制中，它有一个独特的名字——亨利。因为许多信号完整性的应用涉及微小的电感，所以更方便的单位是纳亨，缩写为 nH，甚至是皮亨，缩写为 pH。

　　电感很少用 cgs 单位来测量。这在一定程度上是由于存在多个 cgs 单位。在电磁单元（EMU）的 cgs 单位中，电感由 abHenry（电磁亨）来描述，电流由 abAmp（电磁安培）来描述。其相互转换关系是：

$$1Amp = 0.1abAmp \tag{4-9}$$
$$1H = 1Wb/A = 10^8 Mx/0.1abAmp = 10^9 abHenry \tag{4-10}$$

我们在这里介绍 abHenry 只是为了说明完整性，以后不会再讨论了。电感本身就很容易让人迷惑，因此没有必要再增加一组几乎没有使用过的单位了。

　　如果电流加倍，则导线周围的磁场环的数量就会加倍，但电感值保持不变。电感是导体的固有特性，它只依赖于导体的几何形状。由于磁感线不与电介质相互作用，所以导体周围的介质材料的分布不会影响磁感线的数量，也不会影响信号和返回路径中导体的电感。

　　从技术上讲，这并不完全正确，实际上电介质对磁场线有轻微的影响。这些性质被描述为抗磁或顺磁性质，这取决于介质材料是减少还是增加了电场环的数量。在所有绝缘电介质中，除了那些铁氧体的电介质外，电介质对磁场的影响远小于 0.01%。在实用的基础上，电介质材料对磁场线是没有影响的，而且它们根本不与磁场相互作用。

提示　在实用的基础上，除了铁氧体外，电介质材料对磁场线是没有影响的，而且它们根本不与磁场相互作用。

　　一种有趣的介质材料是铁氧体，一种是通常由氧化铁和一到两种金属氧化物（如锌、镍、锰或锶）组成的陶瓷。这些材料具有很高的渗透性，并极大地增加了其围绕着的导体电感。获得最大电感的条件是，来自闭合电流的磁场环完全包含在高磁导率的铁磁体中，铁氧体必须完全围绕着电流。

这一特性使它们更适合增加电缆上常见电流产生的电感（和阻抗）。在这个应用中，它们通常被称为"共模感应器"，因为它们有助于减少到电源线或外围装置的外部电流，从而减少来自产品的辐射排放。

铁氧体材料也用于离散电感元件中，它在小体积内需要较高的电感，从而使得其在高频损耗上更有优势。

如果要求有低电感，则不应使用铁氧体。

只有 3 种例外情况，磁场不会与电流流过的传导物质发生相互作用。这三种例外情况是铁、镍和钴，或者是含有它们的合金。这些金属和合金有高磁导率，从而增加了导体的电感。而只有内部的自感受导体的磁导率影响。更多细节请参阅 4.9 节。

在上面提到的例外情况中，只有信号和返回路径导体的几何形状影响了导体的电感。一般只有三种几何特征会影响电感：

1. **长度**：越短电感越低。
2. **横截面积**：电流越分散，电感就越低。
3. **信号与回路导线的距离**：距离越近，电感就越低。

4.4　电感的阻抗

电感的电性质是基于电感的定义和一个原理的：如果导线周围的磁场环的数量发生变化，就会产生电压。这是法拉第电磁感应定律，它是麦克斯韦方程组的一种形式，通常写成：

$$V = \oint E \cdot \mathrm{d}\vec{I} = -\frac{\mathrm{d}}{\mathrm{d}t} \oiint_{\text{闭合区域}} \vec{B} \cdot \mathrm{d}\vec{a} \tag{4-11}$$

换句话说，电压是沿着一条路径的电场线的线性积分，是由路径所包围的磁场线的总数量变化速率所产生的。

在简化透视图中，以下术语描述了该关系，图 4-4 说明了这一点。

$$\Delta V = \frac{\mathrm{d}\Psi}{\mathrm{d}t} \tag{4-12}$$

式中，ΔV 是导体两端的电势差；$\mathrm{d}\Psi$ 是导线周围磁场环的微小变化；$\mathrm{d}t$ 是当环的数量变化时微小的时间变化。

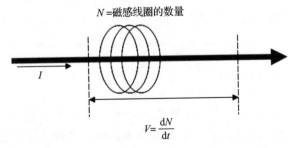

图 4-4　只要导体周围的磁感线数量发生变化，导体两端就一定会产生一个电势差，不论是什么原因

如果通过导体的电流产生变化，则导线周围磁场环的数量就会发生改变。如果电流增加，则其周围环的数量就会增加。环数变化的快慢决定了环末端产生的电压的大小。

另一种验证这个性质的方法是，在导体上施加一个电压，使其产生一个正在变化的电流，这会改变磁场环的数目。

利用这个表达式和电感的定义，我们得到一个电感的伏安特性关系：

$$\Psi = LI$$

$$\Delta V = \frac{\mathrm{d}\Psi}{\mathrm{d}t} = L\frac{\mathrm{d}I}{\mathrm{d}t} \quad \text{或} \quad \Delta V = L\frac{\mathrm{d}I}{\mathrm{d}t} \tag{4-13}$$

对于电感来说，这是一个熟悉的定义。电感两端的电压是瞬时的，随着电流的变化而变化。我们可以用两种等价的方式来解释这个现象。当变化的电流流过它时，会在电感上产生电压。从变化电流中产生的电压有时也称为反电动势。

第二种解释是，流过电感的变化电流是在其两端施加电压差来产生的，这忽略了导体的电阻特性。这是考虑导体中电压与电流之间变化关系的另一种方法。这两种效应同时发生。

在第 9 章，讨论通过 PDN 影响电流互连结构的作用，我们会看到，电势差的产生会导致一个变化的电流是一个有用的观点。

提示 虽然一般来说，电感的定义是，变化的电流使得导体两端产生电压，但如果将其重新解释为这是通过导体的压降产生变化的电流，这可以帮助解释附着芯片电感的作用。

在时域中，电感的感抗仍然是基于阻抗的定义：

$$Z = \frac{V}{I} = \frac{L\dfrac{\mathrm{d}I}{\mathrm{d}t}}{I} \tag{4-14}$$

虽然这是一个对电感阻抗完全正确的描述，并且符合我们的期望，但它是一种复杂的形式，说明了在时域中电感的阻抗取决于当前波形的精确形状。与电容一样，关于电感阻抗的描述在频域中要简单得多。

在频域中，所有的信号都是正弦波，以指数形式来描述，电感两端的电压和变化电流之间的关系是：

$$\widetilde{V}(\omega) = L\frac{\mathrm{d}\,\widetilde{I}(\omega)}{\mathrm{d}t} = \mathrm{j}\omega L\,\widetilde{I}(\omega) \tag{4-15}$$

这里，有波浪线的 V 和 I 表示复数。

我们在频域中得到电感的阻抗为：

$$\widetilde{Z}(\omega) = \frac{\widetilde{V}(\omega)}{\widetilde{I}(\omega)} = \frac{\mathrm{j}\omega L\,\widetilde{I}(\omega)}{\widetilde{I}(\omega)} = \mathrm{j}\omega L \tag{4-16}$$

这种关系说明了由电感引起的一般问题：它的阻抗随频率的增加而增加。在更高的频率上，一个互连阻抗通常会被其导体的电感所控制。这就是为什么获得最小电感是 PDN 设计的重要组成部分。

一般来说，一个互连电感在频率上是恒定的。由于电流的分配，可能存在轻微的频率依赖。这种效应使电感随着频率有轻微的下降。不要把电感和它的阻抗相混淆。

提示　电感的电感值在频率上是恒定的。电感器的阻抗总是随频率的增加而增加的。这就是为什么获得最小电感是 PDN 设计的重要组成部分。

4.5　电感的准静态近似

磁场和电流具有复杂特性的本质使物理设计和电感之间的联系变得复杂。

在空间的某一区域内，电场或磁场的变化会以光速传播到所有的其他空间。毕竟，这是电磁辐射的本质。要想描述这些效应，需要使用 4 个麦克斯韦方程来描述它们的时空的变化，并解释在自由空间中场的传播。

然而，如果我们做一个简化的假设，可以极大地减少麦克斯韦方程组的复杂性，使其更易于理解。如果我们把注意力限制在一个空间中，并在这个空间中传播时间短于周期，那么辐射的相位在问题区域的任何地方都是一样的，所以我们可以忽略传播效应。

在我们关注的空间中相位是恒定的，但这不意味着所有的场都是一样的，这意味着场分布在空间上是静止的。

这通常被称为准静态近似。当提出准静态限制时，我们把问题的答案称为全波解，包括传播效应和任意大小的导体。在全波解中，问题区域的物理大小可以不受限制。

提示　这里假定的准静态近似是指在这个问题所研究的空间区域内，磁场强度没有随时变而变化，或者是最高频率分量的波长与设备的最大物理范围相比，变化区域的长度非常长。这种近似大大简化了磁场的计算。

由于处理问题的灵活性，全波解决方案的复杂程度将会更高：我们需要更复杂的工具来处理实际问题，需要更多的时间来获得解决方案。使用准静态解决方案的优点是答案较短，其限制问题大于必须小于所关注的最高频率波长。

我们可以用 3 个等效方式来描述一个有效准静态解决方案的条件：

1. 时变区域的相位变化在所关注的区域非常小(小于 1/20 周期)。

2. 所关注区域的物理尺寸相比最短波长(小于 1/20 波长)较小。

3. 与场的振荡周期相比，所关注区域的延时较短(小于 1/20 周期)。

根据经验，互连结构的有效准静态近似的条件是，结构的物理尺寸小于所关注的最高频率的波长的 1/20；通过该结构的延时短于 1/20 周期；通过该结构的相位延迟小于 $360°/20 = 18°$。如果你担心是用 1/10 还是 1/20，那么你不应该使用准静态近似，而是用全波解。

以下等式描述了 1/20 波的条件是准静态解可应用的最大结构尺寸：

$$\text{Len} < \frac{v}{f} \times \frac{1}{20} \qquad (4\text{-}17)$$

式中，Len 是对象的长度(m)；v 是围绕物体的介质中的光速(m/s)；f 是变化场的频率(Hz)。

在空气中，光速约为 12in/ns，所以长度的限制短于波长的 1/20，大约是：

$$\text{Len[in]} < \frac{v[\text{in/ns}]}{f[\text{GHz}]} \times \frac{1}{20} = \frac{12}{f} \times \frac{1}{20} = \frac{0.6}{f[\text{GHz}]} \tag{4-18}$$

同样，基于空气中物体的物理长度，准静态近似的最高频率大致为：

$$f[\text{GHz}] < \frac{0.6}{\text{Len[in]}} \tag{4-19}$$

例如，如果物体的物理尺寸为 1in，则为准静态将适用的最高频率为大约 0.6 GHz。

提示　根据一般的经验，在空气中准静态近似对于大约 1in 的物体应该应用的频率高达约 0.6GHz。频率极限与物理长度成反比。

图 4-5 显示了空气中光与波的这种关系，光的介电常数 Dk 为 1，光速为 12in/ns＝30cm/ns＝0.3m/s。

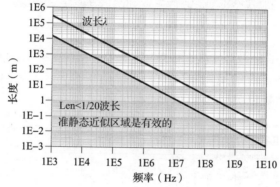

图 4-5　当物体在空气中准静态近似有效时的物理长度，其中物体长度<1/20 波长

从图中可以看出，当频率 1GHz 时，我们可以将物体结构近似为 0.01m 或 1cm，并作为集总参数电路元件，此时准静态近似值将是有效的。这意味着使用准静态近似建模分立电容器作为集总 *RLC* 元素仍然有效，甚至高于 1GHz 时也可以。

当物体嵌入介质材料(如 FR4)时，速度降低了 1/2，应用的准静态最高频率减少 1/2：

$$f[\text{GHz}] < \frac{0.3}{\text{Len[in]}} \tag{4-20}$$

一块尺寸可能是 12in 或 30cm 的典型电路板开始在大约 30MHz 以上的频率显示全波效应。这就是为什么大约在 30MHz 时，一个电路中的电源和地必须包括全波和传播效应。这也是电源和地谐振的原因。

提示　尽管我们可以用 1GHz 及以上的频率中使用准静态近似分立电容，但是大的电路板在频率大约高于 30MHz 时需要全波解决方案。全波分析需要预测电源和接地的谐振。

作为有效准静态近似的一个例子，图 4-6 是一个简单的 18 号圆环，铜线外径为 49mil（约 10cm），它被放置在空气中。它的周长约为 0.3m(12in)。如图 4-5 所示，我们预计全波效应将在约 50MHz 时开始发挥作用。

图 4-6　封闭的直径为 10cm 的 18 号线圈用于双端口技术的测量

其阻抗使用 VNA 和双端口技术测量，这在第 3 章已介绍。利用阻抗，我们计算电感并将其绘制为关于频率的函数，如图 4-7 所示。

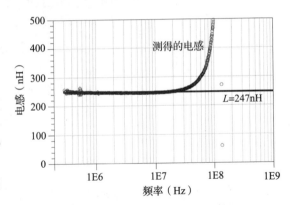

我们期望线圈的电感与频率恒定，直到全波效应使集总电路模型对此结构有一个不准确的近似。物理尺寸小于波长 1/20 的条件是频率低于约 50 MHz。在本例中，集总电路模型在 40MHz 时优于 10％ 和到 60MHz 时优于 20％。

在我们引入一个圆形电感的近似值之后，在本章后面部分中我们用计算回路电感的方式比较了该环路的测量电感。这些值将很令人惊讶。

图 4-7　相对于理想电感，测量直径为 10cm 的线圈的电感。工作频率约为 40 MHz 时，实际电感与理想电感的匹配度优于 10％；当频率再上升到 60 MHz 时，其匹配度优于 20％。但当工作频率超过 60MHz 时，则全波效应会影响提取的电感

4.6　磁场密度

在准静态近似中，无论电流是恒定的还是变化的电流周围的磁感线都是闭环形式。我们用磁感线的通量来描述磁感线。然而，参考磁感线密度，而不是磁感线本身更为常见。磁感线密度是磁感线的数值，或者是单位面积中磁感线的通量。字母 B 通常用于表示磁场密度，其定义为：

$$B = \frac{\mathrm{d}\Psi}{\mathrm{d}a} \tag{4-21}$$

式中，B 是磁场密度（Wb/m²）；dΨ 是很小区域内通过的少数磁感线或者说通量；da 是磁感线通过的小区域。

在此限制下，当 da 变得非常小时，磁场密度在空间的每个点都被定义。

在 SI 单位制中，磁场密度是每平方米磁感线的数量。特斯拉这个特殊名称作为磁场密度的单位。在 cgs 单位中，磁场密度为每平方厘米上麦克斯韦线的数量。因此它有了高斯这个特殊名称。

磁场密度特斯拉（T）和高斯（Gs）两个单位之间的关系是：

$$1\text{Tesla} = 1\text{Wb/m}^2 = 10^8\text{Mx}/(10^4\text{cm}^2) = 10^4\text{G} \qquad (4\text{-}22)$$

参考 B 作为磁场是误导和混乱的主要来源。它是一个场密度，是通过单位面积小空间内的磁感线数量的度量。我们选择的空间区域 da 是很小的，这使得通过该区域的磁感线密度是不间断的。

提示　参考 B 作为磁场是误导和混乱的主要根源，它不真正的是磁场，而是通过一个小区域内磁感线的密度。磁场密度与磁感线数目并不相同。

例如，我们经常认为地球的磁场是 0.5Gs 或 5×10^{-5} T、5×10^{-5} Wb/m²，或 50μT。为了使其准确并减少混淆，我们参考赤道附近地球的磁场密度 0.5Gs 或 50μT。太阳的磁场密度比地球更复杂。整个偶极子分量的量级为 1Gs，但在太阳黑子中，其可以高达 5000Gs。

由于日冕物质抛射（CME）从太阳向外扩散，所以 CME 等离子体可能带有磁感线，其具有磁场的密度大约为 1Gs 这个量级。当 CME 等离子体中的带电粒子击中地球时，地球的磁场将它们转移到两极。然而，如果捕获的太阳磁场密度大约为 1Gs 并且方向与地球磁场相反，那么被捕获的太阳能磁场可以抵消地球磁场，并使带电粒子通过。这些就是大规模的极光，如果它们是足够大的 CME，那么就可能会扰乱电网。

表 4-1 总结了迄今为止介绍的各种单位。

表 4-1　用于磁场的各种单位

物理量	国际单位制	cgs 单位制
磁场线（通量）数	Wb	Mx
电流	A	abAmps
电感	Wb/A＝H	Mx/abAmp＝AbHenry
磁场密度	Wb/m²＝T	Mx/cm²＝Gs

提示　电感与磁场密度无关。如果存在磁场密度恰好大于另一空间区域的值，也不是说明它的电感值更高。这只是说明导体周围每安培的场力线总数，它决定了导体的电感。

根据空间每个位置的磁场密度 B，我们可以通过在半平面中从导体延伸到无限大区域上的场密度积分来计算围绕导体的总磁感线数。这将对导体周围的所有磁场环进行计数。

$$\Psi = \oiint_{\text{area}} \vec{B} \cdot d\vec{a} \tag{4-23}$$

式中，B 是磁场密度（Wb/m²）；da 是一个小的区域，其中场密度是不间断的；Ψ 是通过总面积的磁感线通量。

积分中的运算符是两个向量之间的点积。

箭头表示通量密度和正常（垂直）通过该区域表面的磁感线数量的矢量方向。由此我们可以更为传统地将电感定义为：

$$L = \frac{\Psi}{I} = \frac{1}{I} \oiint_{\text{area}} \vec{B} \cdot d\vec{a} \tag{4-24}$$

这种关系表明，对导体周围的磁场环进行计数，实际上与从导体一侧到无限远的半个空间的磁场密度进行积分相同，如图 4-8 所示。

从概念上说，将电感定义为围绕导体的每安培电流的磁场环数很容易。对磁场密度进行积分只是方便我们计数。了解空间的磁场密度将允许我们计算这个积分并计算任何电流产生的电感。

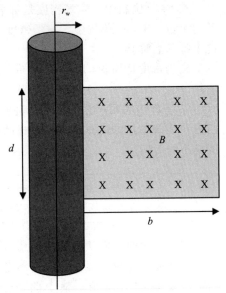

> **提示**　电感作为每安培电流通过导体的总的磁感线数，是磁场密度的积分。一种计算磁场环数的方法是对场密度进行积分。

图 4-8　从导线边缘到一段距离 b 对磁场密度进行积分是磁感线的计数，其值通常是无穷大。当从导体的外边缘积分开始时，它只是"外部"的电感

4.7　磁场中的电感和能量

我们也可以考虑电感与电流环路周围磁场能量存储效率之间的关系。电流通过导体产生一些磁感线。所产生的磁感线会存储能量，磁场密度 B 越高则能量密度越高。我们得出存储在磁场中的能量密度为：

$$e = \frac{1}{2}\mu_0 B^2 \tag{4-25}$$

式中，e 是磁场中的能量密度（J/m³）；B 是磁场密度（Wb/m²）；$\mu_0 = 4\pi \times 10^{-7}\,\text{H/m} = 1.257\,\text{nH/mm} = 32\,\text{nH/in} = 32\,\text{pH/mil}$。

请注意，磁场环 Ψ 不存储能量密度；磁场密度 B 存储能量密度。这表明这些磁场线本身不是存储能量，只是一种描述能量的方式。单个磁感线本身不具有能量。能量就是磁感线聚集在一起的紧密度。就好像线的韧性，它们越紧密，韧性越大，在压缩它们时存储的能量越多。

> **提示**　能量存储在导体周围的磁场中，能量就是压缩磁场的力度，使其密度增加。磁感线的密度越高，能量密度越高。

我们可以通过对能量密度和磁场密度进行积分来计算磁场空间中的总能量，在电流环路周围的空间中有：

$$U = \iiint_{\text{volume}} \frac{1}{2} \mu_0 B^2 \, \mathrm{d}v \tag{4-26}$$

式中，U 是存储在电流环路周围磁场中的总能量(J)；B 是磁场密度(Wb/m^2)；μ_0 是 $4\pi \times 10^{-7}$ H/m = 1.257nH/mm = 32nH/in = 32pH/mil；$\mathrm{d}v$ 是 B 不间断的很小的一块体积。

因为磁场也与电流回路中的电感和回路中的电流有关，所以我们可以根据环路的电感和电流计算磁场中的总能量：

$$U = \frac{1}{2} L \, I^2 \tag{4-27}$$

根据这点，我们可以将回路电感与存储在回路周围磁场中的能量关联起来：

$$L = \frac{2U}{I^2} \tag{4-28}$$

式中，U 是存储在电流环路周围磁场中的总能量(J)；L 是电流回路的总电感；I 是当前电流回路中的电流。

这里提出了另一种认识电感的方式：每平方安培中磁场存储能量的效率。导体回路的电感更高意味着更高的存储能量效率，低电感意味着存储能量的效率较低。

提示　另一种认识电感的方式：每平方安培中磁场储存能量的效率。有更高电感的导体回路意味着有更高的存储能量效率。

电流回路的电感是整个回路的特性，与完全围绕导体的磁场环的总数相关。存储在磁场中的能量是导体周围整个空间的属性。

我们可以很容易地想象能量分布在电流周围的空间中，其中还有磁场的能量密度——磁感线的紧密度。在磁场密度较强和磁感线较为紧密的区域，能量密度较高。

同样的方式，电感就好像分布在载流导体周围的空间中一样。当我们在所有空间上对"电感密度"进行积分时，得到电流回路的总电感。联系存储在磁场中的能量和总回路电感，我们得到：

$$L = \frac{2U}{I^2} = \iiint_{\text{volume}} \frac{\mu_0}{I^2} B^2 \, \mathrm{d}v \tag{4-29}$$

还有：

$$\frac{\mathrm{d}L}{\mathrm{d}v} = \frac{\mu_0}{I^2} B^2 \tag{4-30}$$

式中，$\mathrm{d}L/\mathrm{d}v$ 是电流环路周围空间中的"电感密度"；B 是磁场密度(Wb/m^2)；μ_0 是 $4\pi \times 10^{-7}$ H/m = 1.257nH/mm = 32nH/in = 32pH/mil；I 是当前回路中产生磁感线的电流。

"电感密度"是每安培电流的磁场密度的平方。每安培的磁场密度越高，磁场密度的效率越高，电感密度越高。

这样，我们可以想到由磁场密度产生的电感密度。它不是严格的磁场密度，而是每安培电流产生磁场密度的效率。

提示   导体周围空间中的电感密度与磁场密度的平方有关。在设计较低电感的物理结构时这个概念很重要。尽量减少导体周围的电感密度。

在设计方案时，以电感的视角来考虑问题是很有用的。导体产生高磁场密度的同时也会产生高电感密度。有两个特征可以帮助减少载流导体组的电感。对于固定电流而言：

- 使导体更大降低导体周围的磁场密度，其方向垂直于电流。
- 使信号和返回电流接近，使导体周围的小空间具有突出的磁场密度。

这两个目标转化的三个设计原则可以早期减少回路电感：

1. **增加导线的宽度**：减小磁场密度。
2. **减小导体长度**：减少体积使其磁场密度更集中。
3. **使信号和导线更近**：这使远离电流回路的磁场密度下降到接近于零，减小磁场密度集中部分的体积。

虽然总电感是重要的，但如果存在可能性，应在电流回路周围的整个区域内保持较低的电感密度，那么总电感也将较低。

4.8   麦克斯韦方程和回路电感

一种为了导体电感而存在的几何图形使计算更为直接明了。导体是闭合电流回路的形状，每一个环绕电流的磁感线也经过此闭合区域（见图 4-9）。

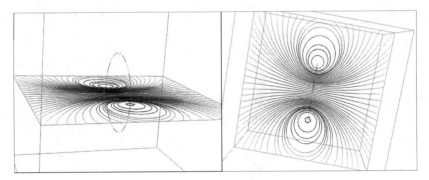

图 4-9   从两个不同视角看到的围绕闭环电流回路的磁感线，其仅显示了通过回路中心切面上的那些磁感线

为了完全计数所有围绕导体的磁场环，我们只需要计算通过当前闭合区域的磁感线。在导体处于闭环形状这种特殊情况时，我们认为电感与整个回路相联系，称之为回路电感。

提示   回路电感是通过闭合回路每安培电流的磁场环的总数。我们可以通过对闭环上的磁场密度积分来计算回路电感。

回路电感是由构成回路的导体完全围绕的磁场环的总数。这些磁感线的数量相当于磁场密度的积分，其可能会在回路的表面发生变化：

$$L_{\text{loop}} = \frac{\Psi_{\text{loop}}}{I} = \frac{1}{I} \iint_{\text{闭合区域}} \vec{B}(x,y) \cdot \mathrm{d}\vec{a} \tag{4-31}$$

如图 4-10 所示。

如果我们可以通过回路的封闭表面计算出磁场密度，那么通过电流归一化，我们可以计算出该回路的电感。磁场密度不能在一个空间内任意变化，其空间变化必须服从麦克斯韦方程的两个方程。第一个描述了磁感线必须是闭环的规则，因为不存在可以终止任何磁感线的源或汇点：

$$\vec{\nabla} \cdot \vec{B} = 0 \tag{4-32}$$

磁场密度必须遵守麦克斯韦方程的第二个方程：

$$\vec{\nabla} \cdot \vec{B} = \mu_0 \vec{J} \tag{4-33}$$

式中，J 是电流密度（A/m^2）；μ_0 是任意空间的磁导率，$4\pi \times 10^{-7}\,\text{H/m} = 32\text{nH/in} = 32\text{pH/mil}$。

它描述了如何计算空间中由电流产生的磁场密度。从这些表达式中我们可以计算从任意电流集合到空间任何地方的磁场密度。若没有这些简单的几何形状，则求解这些方程常常是一个挑战，而这一点也是计算电感困难的另一个原因。

一种常应用麦克斯韦方程来计算空间中任何地方的磁场密度的技术使用的都是 Biot-Savart 关系。它用电流 I 和长度 $\mathrm{d}l$ 描述由每个小电流在空间中产生磁场密度的贡献。图 4-11 说明了这种关系。

Biot-Savart 关系是：

$$\mathrm{d}\vec{B} = \frac{\mu_0}{4\pi} I \frac{\mathrm{d}\vec{l} \times \vec{r}}{|r|^3} \tag{4-34}$$

式中，$\mathrm{d}B$ 是在空间 r 点处产生的磁场密度；I 是导体小截面中的电流；$\mathrm{d}l$ 是产生小磁场密度的小电流矢量的长度；r 是从小电流部分到磁场密度点的矢量距离。

并且在该关系中算子是 $\mathrm{d}l$ 和 r 向量之间的叉乘积。

为了计算空间中某个点的磁场密度，我们需要在这个点对所有电流部分产生的磁场密度进行积分。为了绘制导体周围空间上每个位置的磁场密度，我们将这一点移动到旁边的空间上。

为了计算导体配置的回路电感，我们需要在闭合回路区域上对磁场密度进行积分。这个过程是二重积分。首先，在空间某一点上对所有电流进行积分以得到磁场密度，然后对所有闭合电流回路内的

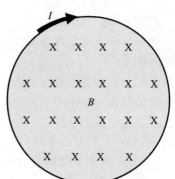

图 4-10　我们将对封闭回路表面上的磁场密度进行积分来计算闭环电流产生的回路电感。这相当于对整个回路也是完全围绕整个导体的所有磁场环进行计数

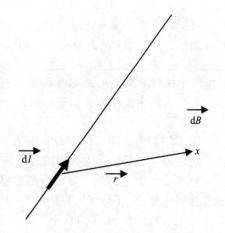

图 4-11　Biot-Savart 关系描述了由每个小电流部分产生的一小部分磁场密度 $\mathrm{d}B$，并在 x 处标记出来

磁场密度进行积分。这就是为什么计算电感一般是十分困难的。虽然存在一些简化，但一般来说，它需要计算两个复杂的积分。

作为一名实习工程帅，在你的职业生涯中至少要做一次电感积分，这很重要，尽管只是看看怎么做。幸运地是，从来没有理由再做一次，有四个选项可用于计算任何导体组合的电感。

1. 使用封闭形式分析近似。

2. 当几何体是均匀的传输线时，使用二维静态或准静态场求解，它将提供高频或与频率相关的电感。

3. 使用三维准静态场求解来计算 DC、频率或频率相关的电感。

4. 考虑使用与频率相关的全波场求解电感。

提示　一般来说，计算任何环路形状的回路电感都是很困难的，因为它涉及二重积分，这可能是十分复杂的。相反，我们可以使用特定几何形状或场的解近似来计算回路电感。

4.9　内部及外部电感和趋肤深度

另一个复杂因素是导体的总电感取决于导体中精确的电流分布。如果当前分布随频率变化，那么磁场密度将会变化并且电感将依赖于频率。只要结构在准静态近似限制内，这和电流传递的波的本质无关，但其与导体内的电流相关，电流又与内部的磁感线相互作用以及与导体的材料特性相关。

我们将磁感线分成在导体外部循环的外部磁场线，在导体内部循环的内部磁场线，它们并与材料特性相互作用。外部磁感线有助于外部电感而内部电感场线有助于导体的内部电感。

外部磁场线通常与导体内部的电流分布无关，外部电感不随频率而变化。外部电感与导体的组成无关，外部电感仅取决于导体的几何形状。

然而，内部电感通常是依赖于频率的，而且对导体的材料很敏感。在直流中，导体中的电流通常是均匀地分布在整个导体的横截面上。内部的磁感线将通过导体中的电流来循环。

提示　任何导体的电感都由在导体内部循环的磁感线引起的内部电感组成，而外部电感由导体外部的磁场线组成。外部电感是导体的高频电感。

由于均匀的直流电流，总长度为 Len 的圆形线的内部电感，是分布于导体内每安培电流产生的磁场环数。令人惊讶的是，内部电感独立于导线的直径。直径越大，电流密度越低，磁感线的密度越低。导体内部磁感线总数，每安培电流的磁场密度的积分，在导体内部都相同地独立于导体的直径。

使用安培定律利用一个代数式，我们可以精确地计算出直流时圆形导体内部的总电感，假设金属具有相对磁导率 μ_r，如：

$$L_{\text{internal}} = \text{Len} \frac{\mu_r \mu_0}{8\pi} = \mu_r \times \text{Len} \times 50\text{nH/m} = \mu_r \times 1.28\text{nH/in} \times \text{Len} \qquad (4\text{-}35)$$

相对磁导率是材料对磁感线有效放大的量度。当磁感线的回路完全包含在导体内部时，磁感线的数量以某个系数关系增加即相对磁导率，如果相对磁导率为1，与电流线圈数相比较则会出现这种情况。若磁场线没有完全封闭在较高磁导率的材料内，则放大因子更接近于1，这一般难以分析计算。

大多数金属的相对磁导率为1，导体的内部电感与导体组成无关。对于例如，铜，银，铝，锡和铅的磁导率都为1。对于这些导体，内部电感与导体的组成无关。

除了3种铁磁性金属，以及包含它们的合金或化合物。这些铁磁性金属是铁、镍和钴。当材料镀镍后，根据电镀条件，其磁导率范围为1~40。它通常在约1GHz以上时会降低，在较高频率下接近1。

提示　除了 3 种铁磁材料(铁、镍和钴)外，所有互连金属的磁导率为 1。当在导体内循环时，铁磁材料的磁导率将增加磁场环的数量。

有一种流行的引线框架金属合金 42，其成分是 42% 的镍和 58% 的铁，其热膨胀系数设计得与玻璃相匹配，以用于玻璃陶瓷密封包装。它比铜更硬。对于非常小巧精致的引线框架，它具有更好的机械强度，以用于处理和组装操作。然而，其体电阻率约比铜高 50 倍，其相对磁导率约为 200。

这意味着在直流时，合金 42 引线框架的内部电感将是铜引线框架的 200 倍。这听起来可能是一个很大的问题，但直流电感并不如 100 MHz 时的电感那么重要。在较高频率下，电流将主要流过导体的外表面，内部的磁感线不会受到导体的较高磁导率的影响。引线框架的电感主要是外部电感，也就是说其独立于磁导率。

随着频率的增加，导体中的所有电流重新分布在导体的外表面。图 4-12 显示了微带传输线中在 100MHz 时模拟电流的分布示例。没有电流在导体中心，导体内没有封闭的磁场环，没有内部电感。随着导体内部电流的越来越少，导体的内部电感也降低，导体材料的磁导率具有越来越小的影响。在合金 42 引线框架中，内部电感在大约 10MHz 以上时可忽略不计。

相反，外部电感不受导体组合的影响。它只取决于导体的几何形状。

图 4-12　在 1.4mil 厚的铜微带线上频率为 100MHz 时的电流密度。在较高频率下，电流再分配到导体外表面。均匀的颜色代表较低的电流密度

大部分电流在导体中通过的有效厚度是趋肤深度。这也是导体中磁感线穿透的有效深度，它们受到磁导率的影响。导体趋肤深度的计算公式为：

$$\delta = \frac{1}{\sqrt{\pi \mu_r \mu_0 \sigma f}} \tag{4-36}$$

式中，δ 是趋肤深度(m)；μ_r 是导体的相对磁导率；μ_0 是 $4\pi \times 10^{-7}\,\mathrm{H/m}$；$\sigma$ 是导体的电导

率$(1/\Omega \cdot m)$；f 是频率（Hz）。

使用更有用的单位，并且针对铜表面的特殊情况，其趋肤深度是：

$$\delta = \frac{1}{\sqrt{\pi \mu_r \mu_0 \sigma f}} = 2.1 \times \frac{1}{\sqrt{f[\text{GHz}]}} \mu m \qquad (4\text{-}37)$$

式中，δ 是趋肤深度（μm）；f 是频率（GHz）。

在 1GHz 时，铜的表层深度为 $2.1\mu m$。在 10MHz 时，为 $21\mu m$，这略低于 1mil。这表明，对于厚度为 $17\mu m$ 的典型电路板，电流主要位于外表面，频率在 100MHz 以上，电流通过的电感均为外部电感。

提示   趋肤深度是电流在导体中流动的有效厚度。在 1GHz 时，在铜中它为 $2.1\mu m$，它与频率的平方根成反比。这使得电感稍微依赖于频率。

在粗铜线中，其直径可以更大。这时若频率高于约 1MHz，则电流大多在外表面，并且电感是外部电感。当趋肤深度显著小于几何厚度时，高频电感在很大程度上近似于导体的电感。对于铜线，这个频率约为 1MHz。对于电路板走线，这个频率约为 100MHz。

在合金 42 引线框架的情况下，趋肤深度受电导率及其磁导率这二者的影响。其磁导率是铜的 200 倍，电导率是铜的 1/50。其趋肤深度是铜的 4 倍。这意味着合金 42 的趋肤深度是铜的一半。在 10MHz 时，其为约 $10\mu m$。

典型引线框架的厚度约为 3mil（$75\mu m$）。这个意味着在 10MHz 及以上时，大部分电流处于导体外部的 $10\mu m$ 处。磁感线很少衰减导体内部的并且很少有内部磁感线受到合金 42 引线的高磁导率所影响。其电感几乎全部为外部电感。在约 10MHz 以上时，合金 42 引线框架的电感与铜引线框架相同。

然而，合金 42 引线框架的电阻远远高于用于铜引线框架。这是由于其电阻率是铜的 50 倍，电流经过的横截面是铜导线的一半。这使得电阻值比铜引线框架高 100 倍。弥补这种较高电阻的常见做法是在引线框架的外侧镀银。这使得焊接更坚固，镀银厚度一般为 $20\mu m$，这使合金 42 引线框架的电阻在 10MHz 以上时与铜引线框架相当。

当相对磁导率为 1 时，直流电感和高频电感之间的差值只是内部电感。例如，图 4-6 示的 18 号线只有一个回路电感约为 247nH。这是外部或高频电感，因为测量的典型频率范围＞1MHz。在 1MHz 时趋肤深度约为 3mil，这约为半径的 10%。在低频时所有的电流都是在外表面的约 10% 以内，在较高的频率下，内部电感甚至会下降。

图 4-6 中的圆周长约为 $3.5\text{in} \times 3.1416 = 11\text{in}$，其内部自感大约为 $1.28 \text{ nH/in} \times 11\text{in} = 14\text{nH}$。这小于总回路电感的 6%。如果我们可以在 1Hz 时测量其回路电感，例如，回路电感由于内部自感而被测量为约 14nH，这高于 247nH。

提示   导体的直流电感和高频电感之间的典型差异来自内部自感，其通常小于高频电感的 10%。

当用分析近似来解答时，我们通常将电感定义为直流电感，其中电流被假定为在导体

内均匀流动；或作为高频电感，其中电流被假设在导体的外表面上流动。该导体的高频电感是其外部电感。

4.10　回路电感、部分电感、自电感和互电感

我们计算的回路电感(为产生磁场环的闭环电流的效率)，是通过对由电流回路包围的磁场密度进行积分而得到的。我们可以测量和仿真电流回路的精确值。尽管信号和返回路径段构成了循环，但我们没有区分任何具体部分的贡献。回路电感是整个环路的一个特性。改变回路的任何一个特点，整个回路电感都将会变化。

为了将回路电感的贡献与回路的特定段分开，我们需要使用部分自感和互感。这些术语具有精确的数学基础，而且对总回路电感提供了一些很好的概念。

在部分电感方面，环路的任何一段都有一些与之相关的电感。部分电感的定义与任意电感的定义相同：每安培电流产生的磁场环数。然而，我们将区分正在计算磁场环数的导体，以及在哪些线段上产生了这些磁场环。

提示　部分电感是另一种查看回路电感的方法，这表明在回路中每个部件对回路电感的贡献。有时候我们可以考虑回路中的部分电感，这可以帮助工程师设计回路以影响回路电感。

自感线是导体中有电流产生的围绕导体的磁感线。每段的自感是该段的磁感线数与通过该段的每安培电流的比值。我们统计空间区域自感线的回路数。为了区分这个电感，仅用整个回路电感的一部分，这种自感具有局部自感的特殊性。

除了长度，影响导体局部自感的主要因素是宽度。导体越粗，电流越能传播开来，而部分自感越低。

一个回路的部分磁感线同时也围绕另一回路，它称为互感线。两个回路的部分自感是回路的数量之比。

除了长度之外，影响两个导体之间部分互感的主要原因是它们之间的距离。增加它们分开的距离，并且使导体周围的互感线减少来自另一个导体电流的作用，这使得部分互感将减少。

图 4-13 说明了这两种类型的磁感线。

闭环电流的回路电感是围绕整个电流路径的磁感线总数。如果我们将回路分解为信号路径和返回路径两部分，那么我们可以计算整个回路电感的部分自感和部分互感这两部分。

围绕信号的磁感线回路数是其自感线减去

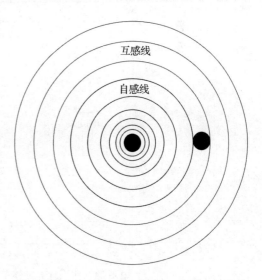

图 4-13　附近存在导体时围绕电流的磁感线。所有的自感线是中心电流产生的。一些绕过相邻导体磁感线回路是互感线

来自返回路径的互感线。减法是因为在信号路径周围来自返回电流的互感线循环方向是相反的方向。返回路径周围的磁感线总数是其返回路径的自感线减去信号路径中的电流互感线。完整路径的总电感是信号和返回路径的总电感的总和。

$$L_{\text{loop}} = (L_{\text{self-signal}} - L_{\text{mutual}}) + (L_{\text{self-return}} - L_{\text{mutual}})$$
$$= L_{\text{self-signal}} + L_{\text{self-return}} - 2\,L_{\text{mutual}} \tag{4-38}$$

如果信号和返回路径的导体相同，自感也相同，则回路电感是：

$$L_{\text{loop}} = L_{\text{self-signal}} + L_{\text{self-return}} - 2\,L_{\text{mutual}} = 2 \times (L_{\text{sekf}} - L_{\text{mutual}}) \tag{4-39}$$

如果想降低信号和返回路径的回路电感，那么除了减少导体的长度之外，另两个重要的设计方案是由更宽的导线来实现的。使每个导体都具有较小的部分自感，并使导体间更靠近，以实现导体更大的部分互感。当看到由许多几何构图得到的回路电感的分析近似值时，我们发现这 3 个设计方案出现了很多次。

提示　使用部分电感，我们可以识别影响整个回路电感的信号路径和返回路径的特征。我们可以通过较短或更宽的导体实现更低的回路电感，并使信号和返回路径更靠近。

4.11　均匀圆形导体

只有 3 个几何形状（同轴电缆、双杆和平面上的杆）可以解决麦克斯韦方程，而用精确的分析方程计算物体单位长度的电容和电感[5]。其他结构都可以通过近似或复杂而笨重的形式来计算出电感。图 4-14 显示这 3 种特殊的几何形状。

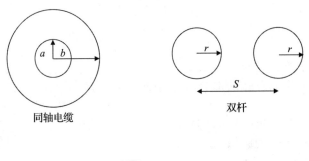

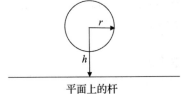

图 4-14　用于计算导体单位长度回路电感的 3 个几何形状

在同轴电缆中，我们得出单位长度内电流的回路电感，它沿着中心导体向下流动，通过屏蔽线返回。

$$L_{\text{Len}} = \frac{\mu_0}{2\pi} \ln\left(\frac{b}{a}\right) \tag{4-40}$$

式中，L_{Len} 是单长度的回路电感（nH/in 或 nH/mm）；a 是内导体的外半径；b 是外导体的内半径；μ_0 是 $4\pi \times 10^{-7}$ H/m = 32nH/in = 32pH/mil。

这种关系说明了设计方案如何影响电感。如果导体被拉得更远，那么这虽然弱化了自然对数的影响，但 b 仍增加，回路电感也会增加。例如，同轴电缆电缆外径为 5mm，内径为 2mm，单位长度的回路电感为：

$$L_{\text{Len}} = \frac{\pi_0}{2\pi} \ln\left(\frac{b}{a}\right) = \frac{32}{2\pi} \ln\left(\frac{5}{2}\right) = 4.7\text{nH/in} \tag{4-41}$$

对于两个平行的杆，我们得到单位长度的回路电感：

$$L_{\text{Len}} = \frac{\mu_0}{\pi} \cosh^{-1}\left(\frac{s}{2r}\right) = \frac{\mu_0}{\pi} \ln\left(\left(\frac{s}{2r}\right) + \sqrt{\left(\frac{s}{2r}\right)^2 - 1}\right) \tag{4-42}$$

在特殊情况下，杆之间的距离要比导线的半径大得多，即 $s \gg r$，我们可以把它近似为：

$$L_{\text{Len}} = \frac{\mu_0}{\pi} \ln\left(\frac{s}{r}\right) = \frac{32}{\pi} \ln\left(\frac{s}{r}\right) = 10 \times \ln\left(\frac{s}{r}\right) \text{pH/mil} \tag{4-43}$$

式中，L_{Len} 是单位长度的回路电感（nH/in，nH/mm）；r 是每根杆的半径（mil）；s 是两根杆中心之间的距离；μ_0 是 $4\pi \times 10^{-7}$ H/m = 32nH/in = 32pH/mil。

例如，在 BGA 封装下一对通孔的典型尺寸可能为 $r = 5$mil，$s = 40$mil。单位长度内通孔对的回路电感是：

$$L_{\text{Len}} = \frac{\mu_0}{\pi} \ln\left(\left(\frac{s}{2r}\right) + \sqrt{\left(\frac{s}{2r}\right)^2 - 1}\right) = \frac{\mu_0}{\pi} \ln\left(\left(\frac{40}{10}\right) + \sqrt{\left(\frac{40}{10}\right)^2 - 1}\right) = 21\text{pH/mil} \tag{4-44}$$

近似预测为：

$$L_{\text{Len}} = 10 \times \ln\left(\frac{s}{r}\right) = 10 \times \ln\left(\frac{40}{5}\right) = 21\text{pH/mil} \tag{4-45}$$

对于约为 64mil 厚的电路板，通孔从一侧扩展到另一侧的，通孔对的回路电感约为 $64\text{mil} \times 21\text{pH/mil} = 1.3\text{nH}$。这是在一个电路板上典型的通孔回路电感的良好近似。

杆在平面上与双杆的几何图像相似。运用图像方法的原理，双杆在平面上与单杆的磁场分布相同，高度高于平面 h，这相当于分离的一半 s。

对于平面上杆的示例，我们只计算空间上部区域的磁感线。这意味着单杆的回路电感等于双杆回路电感的一半。我们得到在几何上，杆的单位长度内回路电感是：

$$L_{\text{Len}} = \frac{\mu_0}{2\pi} \ln\left(\left(\frac{h}{r}\right) + \sqrt{\left(\frac{h}{r}\right)^2 - 1}\right) \tag{4-46}$$

式中，L_{Len} 是单位长度的回路电感（nH/in 或 nH/mm）；r 是每根杆的半径（mil）；h 是杆的中心在平面以上的高度（mil）；μ_0 是 $4\pi \times 10^{-7}$ H/m = 32nH/in = 32pH/mil。

例如，如果一根 24 AWG 的工程更换线的直径为 10mil（或半径为 5mil），它通过一个电路板的顶部表面进行布线，内部平面距离线的中心为 20mil，通过的电流并返回在平面上的回路电感是：

$$L_{\mathrm{Len}} = \frac{\mu_0}{2\pi}\ln\left(\left(\frac{h}{r}\right) + \sqrt{\left(\frac{h}{r}\right)^2 - 1}\right) = \frac{32}{2\pi}\ln\left(\left(\frac{20}{5}\right) + \sqrt{\left(\frac{20}{5}\right)^2 - 1}\right) = 10.5\mathrm{nH/in} \quad (4\text{-}47)$$

1in 长的工程更换线的回路电感（它靠近电路板表面的平面上并穿过电路板的表面）是 1in×10nH/in=10nH。这也说明导线越靠近平面，其回路电感越低。但是，因为它是杆的中心与平面到导线半径长度的比值，所以如果我们减少导线半径和到平面的距离，则回路电感也不会发生变化。相反，保持长度较短是最小化导线回路电感的最重要因素。

提示 我们可以计算出电感的 3 种结构是同轴电缆、双杆和平面上的杆。对于其他结构，计算回路电感需要复杂的方程式，且也可能只是一个近似值。

4.12 圆形回路中电感的近似

一些简单的近似可以为由导体组合的回路计算电感提供一些粗略的估计[6]。为了计算回路电感，我们需要知道任意回路区域内的磁场密度，然后将该值在回路表面上进行积分。

如果磁场密度在回路区域上恒定，则回路电感将与回路区域的面积成正比。通常，磁场密度在回路上不是恒定的，而是以复杂的方式变化的。与普遍的认知相反，磁感线的总通量（也是电流产生的磁感线的总数）不会与面积成正比。

对于最简单的几何形状，共环路的半径为 a 导线的半径为 WR，我们将高频回路电感近似为：

$$L_{\mathrm{loop}} = \mu_0 a\left(\ln\left(\frac{8a}{\mathrm{WR}}\right) - 2\right) \quad (4\text{-}48)$$

式中，L_{loop} 是回路电感（H）；a 是回路半径（m 或 in）；WR 是导线半径（m 或 in）；$\mu_0 = 4\pi \times 10^{-7}$ H/m=1.257nH/mm=32nH/in=32pH/mil。

例如，对于半径为 10mil 的导线，约为 24 号 AWG 线缠绕在半径为 1in 的回路上（大致为拇指和食指接触在一起形成的圆），回路电感是：

$$L_{\mathrm{loop}} = 32\mathrm{nH/in} \times 1 \times \left(\ln\left(\frac{8 \times 1}{0.01}\right) - 2\right) = 150\mathrm{nH} \quad (4\text{-}49)$$

在图 4-7 所示的例子中，参数为：$a = 1.75\mathrm{in}$、$\mathrm{WR} = 0.0245\mathrm{in}$、$\mu_0 = 4\pi \times 10^{-7}$ H/m= 1.257nH/mm=32nH/in=32pH/mil。

直径为 3.5in 的回路的预测电感为：

$$L_{\mathrm{loop}} = 32\mathrm{nH/in} \times 1.75 \times \left(\ln\left(\frac{8 \times 1.75}{0.0245}\right) - 2\right) = 245\mathrm{nH} \quad (4\text{-}50)$$

注意，测量的高频回路电感为 247nH。这说明了这种简单近似的准确性。

还要注意的是，材料的介电常数（Dk）在导体的回路电感中根本不起任何作用。因为磁场不与介电材料相互作用，所以电流回路的电感完全独立于导体材料的介电特性。这只取决于导体的几何形状。

从这个近似的形式，我们立即会看到一个导线回路，其中回路电感与其面积 a^2 成正比，也不与圆周 a 成正比，但与 $a\times\ln(a)$ 成正比。虽然直接考虑回路电感与回路面积成正比是不正确的，但可以想象为较小的面积将导致较低的回路电感。

提示 与普遍看法相反，回路电感与回路面积不成正比，而与直径×ln（直径）成正比。的确，更大的面积将增加回路电感，但这不成比例。

这种关系也证明了影响回路电感的其他物理因素：导体的直径。导线半径越大（WR）电流越能在导体中流动，回路电感越小。当然，在特定的几何形状中，回路电感取决于回路半径的自然对数，它们之间有比较轻微的关系。导体增加半径可使电流传播更广，回路电感减小。

图 4-15 所示为线径为 10mil 和 20mil 的回路电感。

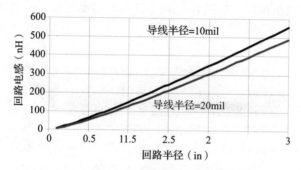

图 4-15 改变导线半径后圆导线的回路电感

回路电感不与回路周长成正比。比如一个导线半径为 10mil，使用回路电感的方式我们粗略地估计单位长度的回路电感。式（4-51）描述了这一点：

$$\frac{L_{\text{loop}}}{\text{Len}}=\frac{L_{\text{loop}}}{2\pi a}=\frac{\mu_0}{2\pi}\Big(\ln\Big(\frac{8a}{WR}\Big)-2\Big) \tag{4-51}$$

对于导线半径为 10mil 的特殊情况，单位长度为回路电感如图 4-16 所示。

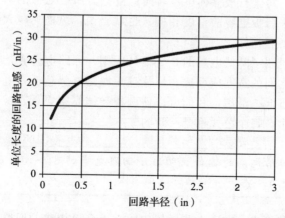

图 4-16 导线半径为 10mil 的圆导线中单位长度的回路电感

在这种导线半径为 10mil 的特殊情况下，我们看到回路半径大约为 0.5～2in 的范围内，单位长度的回路电感约 25nH/in。除了它们大致处于某个回路之中，下面是不知道导体性质时经验法则的来源，即回路电感约为 25nH/in 或 1nH/mm。这是一个计算回路电感有用的一般法则。

提示　根据导线回路的近似，回路中单位长度的电感约为 25nH/in(1nH/mm)。如果你除了知道它大致是圆形的，且半径很小，不了解其他的一切，那么一个好的近似是回路电感为 25nH/in。

4.13　紧密结合的宽导体的回路电感

当两根导体的宽边相对并且靠近在一起，且两个平面之间具有薄电介质时，回路电感具有简单的形式。图 4-17 所示为这种几何形状。

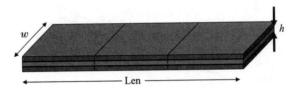

图 4-17　薄的电介质在宽导体之间时回路电流的横截面

我们用上面的参数来估计回路电感：

$$L_{\text{loop}} = \mu_0 \times h \times \frac{\text{Len}}{w} = (32\text{pH/mil} \times h) \times \frac{\text{Len}}{w} = L_{\text{sq}} \times n \quad (4\text{-}52)$$

式中，L_{loop} 是回路电感（nH）；μ_0 是任意空间的磁导率 $= 4\pi \times 10^{-7}$ H/m $= 32$nH/in $= 32$pH/mil；Len 是导体的长度；w 是痕迹的宽度；h 是导体之间的电介质厚度（mil）；L_{sq} 是平面电感（pH/m²）；n 是导体长度的平方。

这种关系来源于一对平行板导体电容，而这被称为回路电感的平行板近似。其精度与忽略边缘效应的两个平行板电容的精度相同。也就是说，纵横比越大，导体越宽，介电常数越高，这种近似的精度越好。

这种关系清楚地说明了降低电感的 3 个设计原则。回路电感直接与长度成正比，在导体中扩散开但与导体之间的宽度成反比。导体越短回路电感越低，电流可以更广泛地在导体中展开，回路电感越低。最后，我们可以使两根导体靠得更近，这样回路电感越低。在这个特殊的几何形状中，每个公式都是一阶的。

提示　两个平行板回路电感的近似说明减小回路电感的 3 个设计原则：使它们更短、更宽或更靠近在一起。

在典型的平面电路板中，在两个相邻层中所有由金属构成的回路将具有相同的介电间

距 h。我们可以把这个术语单独拿出来。回路电感中保留的是沿着轨迹的宽度与长度成正比。这是一种可以适应迹线长度的正方形个数的度量。

如果我们将轨迹的长度和宽度加倍，则比值保持不变而且两个不同配置的回路电感是相同的。这是令人吃惊的。那就意味着任何导线如果形状均为正方形，则对于相同的平面将具有相同的回路电感。所有正方形具有相同的长宽比，值为 1。这将假设电流从正方形的一个边缘均匀地流到另一边。

正方形电感有一个特殊的名字是方形电感或片状电感。一对平面的片状电感是两个平面和介电厚度的特有特性。这是从平面中取出的方形回路电感：

$$L_{sq} = \mu_0 \times h \times \frac{Len}{w} = \mu_0 \times h \times 1 = (32\text{pH/mil} \times h) \tag{4-53}$$

式中，L_{sq} 是片状电感(nH/平方)；μ_0 是任意空间的磁导率 $= 4\pi \times 10^{-7}\,\text{H/m} = 32\text{nH/in} = 32\text{pH/mil}$；Len 是导体的长度；$h$ 是导体之间的电介质厚度(mil)。

一对平面的片状电感仅取决于平面之间的电介质厚度。它是任何形状导体对切平面的每平方电感的直接度量。这是电源和接地层之间使用更薄电介质的一个原因；它会使任何结构的切平面回路电感变得更低。

例如，商业生产中最薄的 PCB 电介质层约为 2.7mil。两个平面的片状电感的间距为 2.7mil

$$L_{sq} = 32\text{pH/mil} \times h = 32\text{pH/mil} \times 2.7\text{mil} = 86\text{pH/平方} \tag{4-54}$$

从这两个薄片上切出的每一个方形，无论其尺寸如何，它都将具有 86pH 的回路电感。以 pH/平方为单位，其中 pH 表示电感值。单位"平方"被认为是无量纲的，经常被省略，但为了清楚起见应加上。

我们可以很容易地估计薄片上一条轨迹的回路电感和沿着轨迹的正方形数量。

如果轨迹线长为 1000mil，宽为 100mil，则总共有 $n = 1000\text{mil}/100\text{mil} = 10$ 个正方形可以沿着轨迹拟合。由于每个正方形的片状电感都为 86 个 pH，所以对于 1000mil 长 100mil 宽的总回路电感为 86pH/sq×10sq＝860pH。

片状电感的概念和沿导体对的平方数是对宽阔地面上电源和接地层间回路电感进行快速估计的有效方法。

提示 片状电感的概念和沿导体对的平方数是对宽阔地面上电源和接地层间回路电感进行快速估计的有效方法。

对于片状电感，我们通过对沿着轨迹的正方形个数来估计回路电感。长和窄的轨迹有较多的正方形，具有高回路电感。短宽的轨迹具有较少正方形，因此较低的回路电感。

在这种几何形状中，来自本导体的自感线消除来自另一导体的互感线。以上对一对平面片状电感的估计是在平行板近似基础上的，其假定的宽度比电介质厚度大得多。当宽度小于电介质厚度的 1/10 时，这个假设不再合理，平行板的片状电感值必须修改。如图 4-18 所示，当线宽与电介质厚度不同时，比较了单位长度上平行板回路电感与二维场求解器产生的结果。

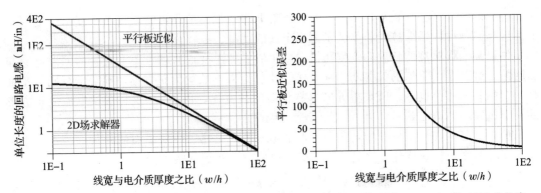

图 4-18　与 2D 场求解器的结果相比，较窄平行板的回路电感的近似，使用 Keysight 的 ADS 来仿真

一般来说，随着线宽相对电介质厚度的减小，回路电感不会像平行板近似中预期的那样快速增加。作为一个粗略的法则，当纵横比为 10∶1 时回路电感的平行板近似误差约为 30%，当纵横比为 1∶1 时，误差约为 300%。

提示　如果线宽与电介质厚度的纵横比小于 10∶1，那么你不应该使用平行板近似计算回路电感。

提示　当线宽等于电介质厚度时，回路电感约 10nH/in。这是一个很好的规律。

随着线宽的减小，回路电感开始增加，但它与宽度不一致。当导体宽度变得与电介质到返回面的间距可比较时，导体开始看起来更像一个圆形导体。线宽减小时外部磁感线也变得更固。

如图 4-14 所示，在返回平面的圆形杆上，回路电感随杆直径对数的倒数而变化。这比线宽的倒数增加得慢。在图 4-18 中，对于较小的纵横比，当线宽与介质到返回的间距面较小时，电感的增加轻微依赖于近似线宽的对数的倒数。该结果是，对于有小的宽高比的窄导体来说，回路电感会低于平行板近似的预期结果。

我们也可以用边缘磁场电容的性质来研究它。轨迹越窄，对于平行的磁感线来说，电容越大。这是由于边缘磁感线从窄轨迹的边缘延伸到返回平面。使用平行板近似时考虑较高的电容，大约就是轨迹比几何的宽度稍宽。

同样，2D 场求解器的回路电感也低于平行板近似。使用平行板近似考虑较低的回路电感时，就像线宽要更宽一点。

形式上平行板近似为：

$$L_{\text{loop}} = \mu_0 \times h \times \frac{\text{Len}}{w} \tag{4-55}$$

我们可以根据 2D 场求解器计算的回路电感描述有效或等效的线宽。

$$w_{\text{eff}} = \mu_0 \times h \times \frac{\text{Len}}{L_{\text{loop}}[2\text{D}]} \tag{4-56}$$

当改变线宽时，2D 场求解器将计算回路电感和等效线宽。图 4-19 显示了当实际线宽与介电厚度的比值发生变化时，有效线宽与几何线宽的比值。这是平面上具有窄度高比时，实际线宽与几何线宽的粗略测量。

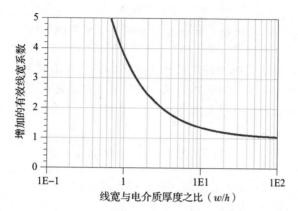

图 4-19 基于 2D 场求解器，增加平行板近似的有效线宽来考虑回路电感，仿真，使用 Keysight 的 ADS

4.14 均匀传输线回路电感的近似

当回路由均匀传输线构成并且由信号及其返回路径组成时，通常具有一个或两个平面。这时存在一种简单的用于估计传输线回路电感特性阻抗及其延迟的方法。

均匀的传输线沿着它的长度具有恒定交叉的结构。在其总长度上，有一个总电容和总回路电感。如果横截面是恒定的，那么每一等长度的传输线具有相同的电容和回路电感。

应用简单的传输线分析，就传输线的总电感和电容而言，我们得出两个术语来表征传输线，即为特性阻抗(Z_0)和时间延迟(TD)。

$$Z_0 = \sqrt{\frac{L}{C}} \quad 和 \quad TD = \sqrt{LC} \tag{4-57}$$

使用代数关系我们重新排列这些等式，将特性阻抗和时间延迟作为总回路电感：

$$L = TD \times Z_0 \tag{4-58}$$

式中，L 是传输线的总回路电感(nH)；TD 是传输线的时间延迟(s)；Z_0 是传输线的特性阻抗(Ω)。

例如，如果线路阻抗为 50Ω，时间延迟为 1ns，或对于一种 FR4 材料的互连而言，其长度大约 6in 其传输线回路电感是：

$$L = TD \times Z_0 = 1ns \times 50\Omega = 50nH \tag{4-59}$$

这种关系适用于均匀传输线，无论其尺寸、形状或横截面积如何，只要其长度均匀。这可确定一个非常重要的关系。每个增加传输线特性阻抗的物理特征也增加了结构的回路电感。

提示   具有相同电介质材料和相同特性阻抗的均匀传输线有相同的电感，这将具有独立于横截面、长度。

提示   增加传输线特性阻抗的每个特征也会增加单位长度的电感。

将信号和返回导体靠近会减少特性阻抗和回路电感。采用更宽的导体降低了特性阻抗和回路电感。最后，减少传输线的长度会减少时间延迟和回路电感。

关联回路电感和物理长度往往很方便。从长度和有效的 Dk 上来考虑，我们评估的时间延迟为：

$$\mathrm{TD} = \frac{\mathrm{Len}}{v} = \frac{\mathrm{Len}}{c}\sqrt{\mathrm{Dk_{eff}}} \tag{4-60}$$

式中，TD 是时间延迟(ns)；Len 是传输线的物理长度(in)；v 是信号的速度(in/s)；c 是空气中的光速，11.8～12in/s；DK$_{eff}$ 是有效介电常数。

一般来说，任何均匀传输线的回路电感都是：

$$L_{\mathrm{len}} = \frac{L}{\mathrm{Len}} = \frac{\sqrt{\mathrm{Dk_{eff}}}}{c} \times Z_0 \tag{4-61}$$

在 FR4 的互连特殊情况下，DK$_{eff}$ 约为 4，这时可以将单位长度的总回路电感近似为：

$$L_{\mathrm{len}}[\mathrm{nH/in}] = \frac{\sqrt{\mathrm{Dk_{eff}}}}{c} \times Z_0 = \frac{\sqrt{4}}{12} \times Z_0 = \frac{1}{6} \times Z_0 \tag{4-62}$$

在 FR4 中导线为 50Ω 的特殊情况下，单位长度的回路电感大约是：

$$L_{\mathrm{len}}[\mathrm{nH/in}] = \frac{1}{6} \times Z_0 = \frac{1}{6} \times 50 = 83\mathrm{nH/in} \tag{4-63}$$

在 FR4 中对于均匀的 50Ω 传输线，无论其截面如何，单位长度的回路电感均为 8.3nH/in。这是一个简单容易记住的规律。

提示   这是一个实用的规律，在 FR4 中对于 50Ω 的传输线，不管它的具体特征是什么，单位长度的回路电感约为 8.3nH/in。

例如，一个 50Ω 的嵌入式微带传输线，其宽度为 10mil、介电厚度约为 5mil。这条线 2in 长，回路电感为 2×8.3nH=16.6nH。这是信号线及其下方返回路径的回路电感。由片状电感估算的这个结构的回路电感是：

$$L_{\mathrm{loop}} = \mu_0 \times h \times \frac{\mathrm{Len}}{w} = \left(32\mathrm{pH/mil} \times 5\mathrm{mil} \times \frac{2000\mathrm{mil}}{10\mathrm{mil}}\right) = 32\mathrm{nH} \tag{4-64}$$

这个因子 2 太高了，因为长宽比不是很大。又因为片状电感计算的基础是平行板近似，所以这个低纵横比互连结构中回路电感过高。

我们可以用一些简单的近似来计算微带和条形结构的特征阻抗，从而大致地近似它们的特征阻抗。图 4-20 展示了这些横截面的几何图形。

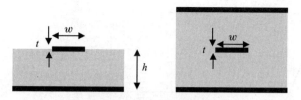

图 4-20　微带和条形传输线的横截面

对于微带特征阻抗常见的 IPC 近似是：

$$Z_0 = \frac{87}{\sqrt{Dk + 1.4}} \ln\left(\frac{6 \times h}{(0.8w + t)}\right) \tag{4-65}$$

对于 FR4 微带，单位长度的回路电感约为：

$$L_{\text{len}} = \frac{\sqrt{Dk}}{c} \times Z_0 = \frac{87}{12} \frac{\sqrt{Dk}}{\sqrt{Dk + 1.4}} \ln\left(\frac{6 \times h}{(0.8w + t)}\right)$$

$$= 6.24 \text{nH/in} \times \ln\left(\frac{6 \times h}{(0.8w + t)}\right) \tag{4-66}$$

对于条形线，特征阻抗大致为：

$$Z_0 = \frac{60}{\sqrt{Dk}} \ln\left(\frac{1.9 \times (2h + t)}{(0.8w + t)}\right) \tag{4-67}$$

由此，单位长度的回路电感近似为：

$$L_{\text{len}} = \frac{\sqrt{Dk}}{c} \times \frac{60}{\sqrt{Dk}} \ln\left(\frac{1.9 \times (2h + t)}{(0.8w + t)}\right) = 5 \text{nH/in} \times \ln\left(\frac{1.9 \times (2h + t)}{(0.8w + t)}\right) \tag{4-68}$$

式中，Z_0 是特性阻抗(Ω)；Dk 是层压体材料的介电常数；c 是空气中的光速；h 是从信号到反射层的介质厚度(mil)；w 是信号导体的线宽(mil)；t 是信号导体的厚度(mil)。

当然，如果信号线从条形线中心偏移，或导体形状不是矩形，又或者需要加上一个确定的电压，那么你就不应该使用这些近似估计，2D 场求解器会是合适的工具。上述关系仅适用于特性阻抗的粗略估计，从而估计回路电感。

提示　你可以对传输线的阻抗进行任意近似以估计单位长度内的回路电感。如果需要对均匀且狭长的单位长度的回路电感进行估计，那么你应该使用 2D 场求解器。

2D 场求解器测量微带线与条形线结构的结果与式(4-65)、式(4-66)中的平行板、传输线两种近似结果进行对比，如图 4-21 所示。举例体现了两种近似的精确度。

在宽高比小于 3 时使用传输线近似是适当的，大于 3 时平行板近似更为适合。

提示　在宽高比小于 3 时使用传输线近似是适当的，大于 3 时平行板近似更为适合。

这种回路电感和特性阻抗的关系适用于所有几何形状的均匀传输线。这在用 2D 场求解器计算特性阻抗时尤其有用。

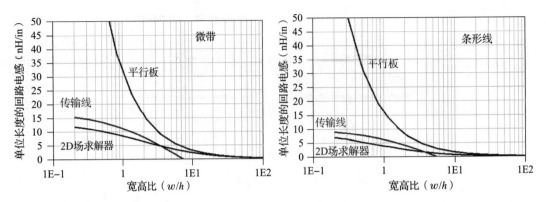

图 4-21 通过 keysight ADS 来仿真，比较利用 2D 场求解器、平行板近似、传输线近似在微带和条形线结构中得到的单位长度的回路电感，其中此处 Dk＝4，轨迹厚度为 0.7mil

4.15 回路电感的简单经验法则

"及时的答案有时比更完善却稍滞后的答案更好。"这是一个适用于很多实用设计的重要准则。

即使我们之前能提供一些近似来估计回路电感，但有时与即拿即用的估计方法在使用价值上是同一量级的。上述两种近似方法提示了一种可用于单位长度总电感和任意长度回路电感的粗略估计方法。

我们已经在图 4-16 中展示了半径为 0.5～3in，厚度为 24 号的圆环线，其中每英寸回路电感大约是 25nH。

直导线的部分自感可近似为：

$$L_{\text{self}} = 5 \times \text{Len} \times \left\{ \ln\left(\frac{2 \times \text{Len}}{r}\right) - 0.75 \right\} \tag{4-69}$$

式中，L_{self} 是圆棒的部分自感(nH)；Len 是圆棒的长度(in)；R 是导线半径(in)。

例如，对于 30 号线，其直径大约为 10mil，长为 1in，部分自感近似为：

$$L_{\text{self}} = 5 \times \text{Len} \times \left\{ \ln\left(\frac{2 \times \text{Len}}{r}\right) - 0.75 \right\} = 5 \times 1 \times \left\{ \ln\left(\frac{2 \times 1}{0.01}\right) - 0.75 \right\} = 23\text{nH} \tag{4-70}$$

然而部分自感不会精确地与长度成正比。对于 1in 长的 30 号导线，电感值大约为 25nH，这基本上就是当外导体较远时导体棒的完全电感。

二者都体现出对回路电感粗略估计的简单经验法则，如下：

$$L_{\text{loop}} \approx 25\text{nH/inch} \times \text{Len} = 1\text{nH/mm} \times \text{Len} \tag{4-71}$$

当然，回路电感取决于横截面、长度、导体形状；但作为一个粗略的数字，对于形状简单、外导体远离的窄导体(比如通孔)来说，单位长度的回路电感可近似为 25nH/in，即 1nH/mm。

当需要对窄导体的回路电感进行快速估计时，25nH/in 或 1nH/mm 是个不错的出发点。而当你需要更精确的数值时，尤其是对于距离较小的宽导体，可以在 4.14 节中选择一个较好的近似手段。

> **提示**　当需要对窄导体的回路电感进行快速估计时，25nH/in 或 1nH/mm 是个不错的
> 出发点。而当你需要更精确的数值时，尤其是对于距离较小的宽导体，可以在
> 4.14 节中选择一个较好的近似手段。

4.16　高级主题：利用 3D 场求解器计算 S 参数并选取回路电感

　　尽管近似方法在设计空间的拓展和快速得出设计决定的效能上是非常有力的工具，但有时 3D 场求解器更高的精确性以及更高的可靠性也是十分重要的。

　　对于不规则的几何形状和连接着边缘形状不规则结构的情况，只有 3D 场求解器能够利用麦克斯韦方程组和导体及介质的边界条件得出可靠的结果。但优势与劣势总是相伴的，其挑战在于找到与解决问题相关的结果和对结果的信心。

> **提示**　优势与劣势总是相伴的，使用 3D 场求解器几乎每次都可以得出结果，但其挑战
> 在于找出与解决问题相关的结果，以及对结果的信心。

　　设计者需要能同时运用自己所学的知识和工具，并把二者统一整合到设计过程中。同时要将你的设计分割成 3D 场求解器可有效分析的若干小部分。

　　3D 场求解器产生的最普遍结果是以 S 参数形式输出的，参数根据被分配给各端口的问题进行输出。端口是一种信号返回连接，在连接中电磁波被输入或者电压源被输出，然后来自端口的散射波用来进行计算。在设定好的频率下，对 S 参数进行的计算包含了关于结构特性的所有重要信息。

　　对于 PDN 等特殊情况，可以使用 S 参数进行计算以及从正在仿真的结构中提取有效的回路电感。用来说明这一过程的是一个简单的结构，该结构是将封装底部的 BGA 焊球连接到电路板底部的去耦电容上。这是一个在 BGA 下在通孔间安装电容的典型配置。图 4-22 展示了 Simbeor(Simberian 公司的 3D 场求解器)生成的三维几何模型。

图 4-22　Simbeor 3D 场求解器所展示的是 BGA 下方的一对电源和接地通孔的例子。顶部处在两个过孔焊盘之间的导体棒是指定端口，对应的端口在结构底部，图中没有展示出来

　　这种问题我们称之为双端口问题。顶层的端口(端口 1)连接 BGA 的电源和地。端口 2 在安装退耦电容的两个孔之

间。本例中电路板共 8 层，总厚度为 62mil，通孔直径为 10mil，中距 40mil。

对双棒使用近似来计算回路电感，我们预测通孔的单位线性长度的回路电感约为：

$$L_{\mathrm{Len}} = \frac{\mu_0}{\pi}\ln\left\{\left(\frac{s}{2r}\right) + \sqrt{\left(\frac{s}{2r}\right)^2 - 1}\right\} = \frac{\mu_0}{\pi}\ln\left\{\left(\frac{40}{10}\right) + \sqrt{\left(\frac{40}{10}\right)^2 - 1}\right\} = 21\mathrm{pH/mil}$$

(4-72)

电路板的厚度为 62mil 时，预测的回路电感为 $21\mathrm{pH/mil} \times 62\mathrm{mil} = 1.30\mathrm{nH}$。

3D 场求解器的输出是双端口 S 参数文件。图 4-23 表明仿真中返回的插入损耗。

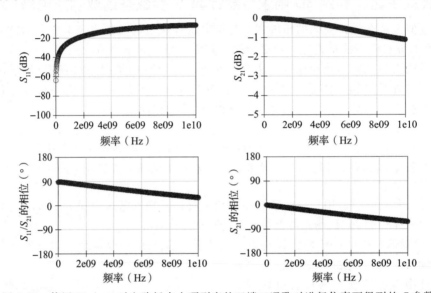

图 4-23   使用 Simbeor 对电路板中由顶到底的双端口通孔对进行仿真而得到的 S 参数

我们通过加入理想电容和一些电阻来模拟电路板底部的去耦电容，就可以在 PDN 电路仿真中直接使用 S 参数文件。此仿真将展示通孔对和电容对系统的影响。在此应用中，S 参数可作为"黑箱模型"，不必关心箱内有什么。

提示   通孔对的 S 参数模型可以直接包含进电路的仿真中。然而，这不能按比例来缩放。如果通孔设计发生了任何变化，那么 S 参数必须重新仿真。因为外形变化所带来的影响能够轻易且快速地发现，所以电路使用简单的拓扑结构有很大优势。

纵然三维模型很能说明电容与通孔连接的影响力，但我们仍能够不通过系统仿真，直接观察 S 参数就能解决问题。

然而，这可能会存在直接来自 S 参数的，且有数据挖掘价值的性能指标，例如通孔的回路电感。

第一步是当远端端口短接时，对通孔对（via pair）进行单端口 S 参数仿真。形成将电流从一个通孔至另一个通孔的返回配置。图 4-24 阐明了此电路。

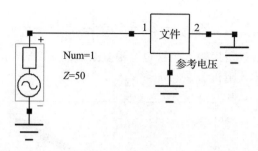

图 4-24　当端口 2 短接时使用 QUCS 对回波损耗进行仿真

在这种情况下，回波损耗(S_{11})是在端口 1 接内阻为 50Ω 的电压源时，由通孔对回路电感反射回来信号的直接测量。因为是远端短接，所以我们期望看到回波损耗有 180°的相移，这在 Smith 圆图上从最左边开始。图 4-25 展示了仿真的 S_{11} 在幅频、相频、Smith 圆图中的结果。在接近短路的低阻抗时结果与预期一致。

提示　只要短路一个端口来形成回路，就可以提取出双端口的回路电感。我们通过把端口 2 的接入电阻设置为 0Ω 重新仿真来实现此过程。

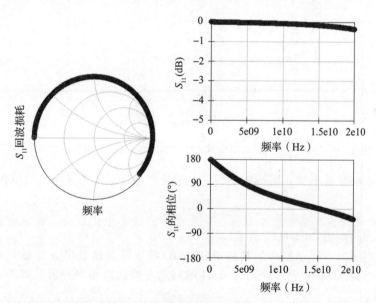

图 4-25　远端端口短路时仿真的通孔对的回波损耗，其在幅频、相频、Smith 圆图的表现

回波损耗是信号由阻抗 Z_1 发射由 Z_2 反射回来的反射系数，由此衍生出：

$$S_{11} = \frac{Z_2 - Z_1}{Z_2 + Z_1} \tag{4-73}$$

电源内阻 Z_1 为 50Ω 时，回波损耗是输入阻抗的直接测量，其方向是从通孔对看向回路，有：

$$Z_{\text{input}} = Z_2 = 50\,\Omega\,\frac{1 + S_{11}}{1 - S_{11}} \tag{4-74}$$

因为回波损耗很复杂，所以输入阻抗也会很复杂。图 4-26 展示了仿真的回波阻抗和以幅频、相频形式表现的输入阻抗。

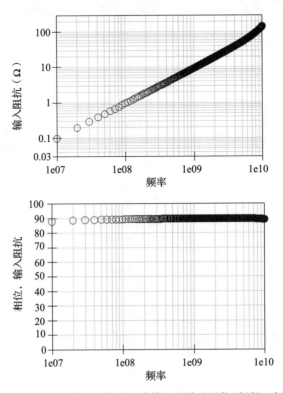

图 4-26   当通孔对远端口短路时，计算出的输入阻抗(幅频、相频形式)

利用回波损耗计算出输入阻抗的前提是电感为理想电感，于是可由阻抗得出电感：

$$L = \frac{\text{imag}(Z_{\text{input}})}{2\pi f} \tag{4-75}$$

全频率的回路电感如图 4-27 所示。

这样，我们可以在任意复杂的结构中利用 3D 场求解器仿真出 S 参数，并得到回路电感。这种通孔对的 3D 模型与一个有 1.5nH 的回路电感回路相当；通过双棒近似方法估计其值为 1.3nH。

场求解器会计算出稍高的电感值，因为这包含了非均匀电流流入和流出通孔，还有顶部和底部磁场不均匀的影响。

3D 仿真表明将通孔对用简单的理想电感作为模型时，当频率低于 6GHz 时结果是准确的。当频率达到扩展结构大于 1/20 波长时，这将会受到限制，这时该结构将表现为分布式传输线的特性。

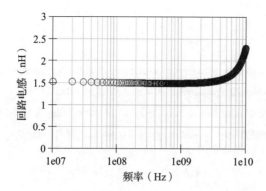

图 4-27　由仿真 S 参数得到的通孔对结构回路电感

运用 4.5 节的经验法则，对于空气中 1in 的结构，上限频率大约为 0.6GHz。当电介质使光速下降时，上限频率降为 0.3GHz。此例中通孔的尺寸为 0.06in。如果长度减少因子为 16，则上限频率根据此因子将增加：$0.3GHz \times 16 = 4.8GHz$。这样可以预测在准静态模型对应的结构中其频率可达到 5GHz。在图 4-27 中电感在频率小于 5GHz 时一直为常数，这与预测一致。

4.17　总结

1. PDN 的回路电感在高频时制约着 PDN 的阻抗，同时增加阻抗的峰值。因此减少电感是设计 PDN 的重要准则之一。

2. 电感从根本上代表电流产生闭合磁感线的效率。每安培电路生成的闭合磁感线越多，回路电感越高。

3. 电感和电流回路中每安培电流存储在电磁场中的能量大小也有关。

4. 不要混淆导体的回路电感和导体周围的磁场密度，二者是不同的。高磁场密度不能得出高电感。

5. 在尺寸小于 1/20 波长时对回路电感使用准静态近似效果很好。在空气中，准静态近似在千兆赫兹以下时，数值为 0.6/in。

6. 可以精确计算出简单圆导体的回路电感。对于其他几何形状，只能得到一个近似计算。

7. 大体上，3 种几何特征能减少回路电感：缩短导体长度、增加宽度、使信号和返回电流距离更近。

8. 当导体是两个平面时，正方形截面因电流从一个边缘流入又从另一个边缘返回而具有额外的回路电感，且其值与边缘大小无关。所有正方形结构的电感相同。一个正方形的电感称为片状电感。

9. 对回路电感使用平行板近似才是精确的，除非 10 倍介质厚度大于线宽。

10. 对于所有同材料、同特性阻抗的传输线来说，单位长度的回路电感相同，与其实际横截面的形状无关。

参考文献

[1] F. W. Grover, *Inductance Calculations*. Mineola, NY: Dover Publications.

[2] J. D. Kraus, *Electromagnetics*, 4th ed. McGraw-Hill, 1992.

[3] C. R. Paul, *Inductance: Loop and Partial*. John Wiley & Sons, Inc., 2009.

[4] B. Young, *Digital Signal Integrity*. Upper Saddle River, NJ: Prentice-Hall, 2001.

[5] E. Bogatin, *Signal and Power Integrity—Simplified*, *Second Edition*. Prentice-Hall, 2010.

[6] "Inductance Calculator," *The Clemson University Vehicular Electronics Laboratory*. [Online]. Available: http://www.cvel.clemson.edu/emc/calculators/Inductance_Calculator/.

[7] Y. Shlepnev, "Simbeor Electromagnetic Signal Integrity Software." [Online]. Available: http://www.simberian.com/.

实用多层陶瓷片状电容器的集成

5.1 使用电容器的原因

电容器是 PDN 生态中的重要组成部分，可以减少 VRM 有效性和芯片时钟之间的频带阻抗。理想电容器的阻抗与频率成反比，公式如下：

$$Z_C = \frac{-\mathrm{j}}{\omega C} \tag{5-1}$$

式中，Z_C 是理想电容器的阻抗；ω 是角频率(rad/s)；C 是电容(F)。

举一个简单的例子，$0.1\mu\mathrm{F}$ 的电容器在频率为 1MHz 时的阻抗约为 1Ω：

$$|Z_C| = \frac{1}{\omega C} = \frac{1}{2\pi fC} = \frac{1}{2\pi \, 10^6 \times 10^{-7}} \sim 1\Omega \tag{5-2}$$

图 5-1 为 3 种不同的理想电容器的阻抗。从中可以看出，电容越大，阻抗越小。

这表明了在 PDN 中，尤其是在高频下，在电路中加入电容器可以降低阻抗。尽管可以通过加入电容器获得更低的阻抗，然而，正如在第 2 章中提到的，理想电容器和实际电容器在性能上存在差异。

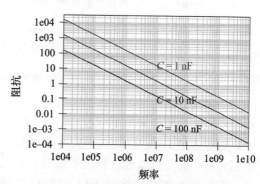

图 5-1　3 种不同理想电容器的阻抗图

> **提示** 乍一看，在 PDN 中使用电容器来降低阻抗很有可行性，但是由于实际电容器与理想电容器在性能上存在差异，所以实际使用时还是有许多问题。实际电容器的等效串联电感在高频条件下会将其低阻抗转化为高阻抗，这会使应用复杂化。

我们将充分考虑理想电容器的电容、电感和电阻特性来设计 PDN 的阻抗曲线，它由单个或组合的电容器构成。所以，构建一个阻抗曲线精确的电容器模型是设计 PDN 阻抗曲线的关键。

5.2　实际电容器的等效电路模型

仅在频率低于 1MHz 的情况下，电路中实际电容器的阻抗特性才会接近理想电容器的阻抗特性。然而，在实际设计中，我们可以通过理想的 RLC 串联电路准确构建一个实际电容器模型。图 5-2 比较了实际的 0603 多层陶瓷芯片（MLCC）电容器和理想 RLC 串联电路模型的测量阻抗。

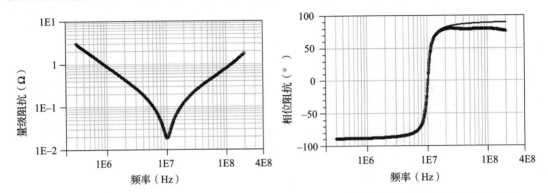

图 5-2　在测试板上测得的实际 0603 多层陶瓷芯片（MLCC）电容器的测量阻抗（粗线）与理想 RLC 串联电路模型的模拟阻抗（细线）的对比

提示　显然，用 3 个理想电路元件就可以将实际电容器的复杂的阻抗特性很好地模拟出来。

当提到一个实际电容器的电容时，我们描述的是在 RLC 串联电路模型中与实际电容器特性相匹配的等效理想电容。

电容器的 ESL 是 RLC 串联电路模型中的等效串联电感，它与具体电路中的电容器特性相匹配，并且可以通过特定手段进行测量。

实际电容器的 ESR 是 RLC 串联电路模型中的等效串联电阻，它是与实际电容器特性相匹配的。

RLC 串联电路模型可以有效地描述实际电容器。而除了传统的 MLCC 电容器以外，简单的理想 RLC 串联电路模型也可以描述大部分其他类型的电容器。图 5-3 所示为固定在六通孔之间的 X2Y 电容器的测量和仿真阻抗曲线。

在这种特殊的电容器设计中，电容两边的引脚连接电源，中间的引脚接地。在这种情况下，这个电容器像双端电容器一样与系统相连。

我们可以看到简单的 RLC 模型的多功能性，它与实际电容器的实际测量性能很好地相匹配。我们可以使用 RLC 模型来准确地仿真出实际电容器的性能，也可以通过这个模型来探究功率分配电路中电容器组合的重要性质。

在本章的末尾，我们还将介绍一种更加先进的阻抗模型，当与其相连的安装电感远低于 1nH 时，它能匹配实际电容器的阻抗属性。

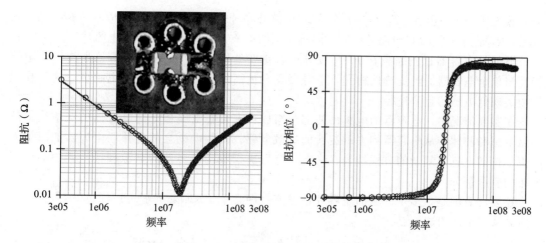

图 5-3　0603 X2Y 电容的测量和仿真阻抗曲线。在仿真中 RLC 参数为 $R = 0.01\Omega$、$C = 180\text{nF}$、$L = 0.43\text{nH}$

5.3　并联多个相同的电容器

当两个相同的 RLC 电路并联时，其特性与一个 RLC 电路类似。它具有和单个 RLC 模型相同的阻抗曲线但是数值不同。图 5-4 所示为 2 个和 10 个相同电容器并联的阻抗曲线。

10 个 RLC 电路模型并联和单个 RLC 电路的阻抗曲线的形状是完全相同的，但是具体的 R、L、C 值不同。

在低频情况下，10 个元件并联时其阻抗相当于单个电容器值的 10 倍。在高频情况下，10 个元件并联时其阻抗较低，相当于 $1/10$ 单个电感的值的等效电感。在自谐振频率（SRF）下，10 个元件并联时其阻抗相当于每个电阻元件电阻值的 $1/10$。

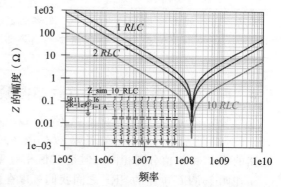

图 5-4　单个 RLC 电路、2 个 RLC 电路和 10 个 RLC 电路并联的模拟阻抗曲线

和单个 RLC 电路特性相同的等效 RLC 模型的值为：

$$C_n = n \times C_1 \tag{5-3}$$

$$L_n = \frac{L_1}{n} \tag{5-4}$$

$$R_n = \frac{R_1}{n} \tag{5-5}$$

式中，C_1 是 RLC 模型中单个电容元件的电容值；L_1 是 RLC 模型中单个电感元件的电感值；R_1 是 RLC 模型中单个电阻元件的电阻值；C_n 是与 n 个 RLC 电路并联时的阻抗相同的单个

RLC 模型中的等效电容；L_n 是与 n 个 RLC 电路并联时的阻抗相同的单个 RLC 模型中的等效电感；R_n 是与 n 个 RLC 电路并联时的阻抗相同的单个 RLC 模型中的等效电阻。

　　类似的电容器比例缩放在 PDN 设计中有重要的作用。并联多个电容器所得到的阻抗特性与单个电容器的阻抗特性相同，电容器具有更高的电容值和更低的电感值，这是在工程中实现低电感的重要途径。

　　在实际情况中，电容器的电感由两部分组成：安装在电路板上的电容器的互连线路的回路电感和腔体中从电容器到去耦装置的扩散电感。安装电感会随着并联电容器的增加而减少。扩散电感以复杂的方式结合在一起，这取决于不同电容器的电源和接地腔中的电流分布的重叠部分。

　　还要注意的是，多个并联的电容并不改变自振频率(SRF)，我们可以通过 SRF 与 L 和 C 的关系式来证明这一点：

$$\mathrm{SRF}_n = \frac{159}{\sqrt{L_n C_n}}\mathrm{MHz} = \frac{159}{\sqrt{\frac{1}{n}L_1 nC_1}}\mathrm{MHz} = \frac{159}{\sqrt{L_1 C_1}}\mathrm{MHz} = \mathrm{SRF}_1 \qquad (5\text{-}6)$$

　　同样，n 个相同电容器并联时的等效 q 值 q 因子 r_n 和单个电容器的 q 因子 r_1 相同：

$$q\text{ 因子}_n = \frac{1}{R_n}\sqrt{\frac{L_n}{C_n}} = \frac{n}{R_1}\sqrt{\frac{L_1}{n^2 C_1}} = \frac{1}{R_1}\sqrt{\frac{L_1}{C_1}} = q\text{ 因子}r_1 \qquad (5\text{-}7)$$

提示　当并联加入相同的电容时，最终阻抗是一个电容器的阻抗在全频率范围内按比例缩小，但是 SRF 和 q 因子与每个电容器的相同。

5.4　两个不同电容器间的并联谐振频率

　　当两个自谐振频率不同的串联 RLC 电路并联时，它们的组合阻抗曲线会出现新的特性。图 5-5 所示为两个不同的理想 RLC 电路并联时的仿真阻抗曲线。在这个例子中，两个电路的 R 值和 L 值分别相同，但是 C 值相差 10 倍。

　　在两个 RLC 电路的 SRF 之间我们可以在阻抗曲线上看到峰值，那是并联谐振的标志。

　　为了比较，我们还展示了每个串联 RLC 电路的阻抗曲线。另外，我们发现在低频端，并联组合电路的阻抗特性由电容控制；在高频端这由电感控制；在中频段，阻抗存在峰值，这是一个新的行为。

　　在低频情况下，两个串联电路被有效地并联在一起，并且两个 RLC 电路的等效电容是两个电容器的并联组合，也就是它们的和，即 $C_1 + C_2$。

　　在高频情况下，两个电路被有效地并联在一起，并且两个 RLC 电路的等效电感是两个电感的并联组合，也就是：

$$L_{\mathrm{eqiv}} = \frac{L_1 \times L_2}{L_1 + L_2} \qquad (5\text{-}8)$$

　　在并联谐振频率外，两个串联电路也是并联在一起的。当并联电路受高阻抗恒流源激励时，电流在两个串联的 RLC 电路之间来回流动。通过测量电路的中部，我们可以看出电

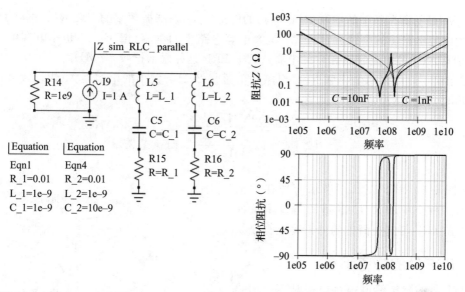

图 5-5 L 值为 1nH、R 值为 0.01Ω、C 值分别为 1nF 和 10nF 的两个串联 RLC 电路并联时的仿真阻抗曲线。注意大电容电路要比小电容电路的 SRF 低

路进入了谐振状态并且测量了生成电压。

谐振时电流在两个串联电路之间来回流动，这表明谐振电流是在两个串联电路组成的回路中流动的。等效电容是两个电容器的串联组合。同样，等效电感是两个电感器的串联组合。然而，在 1A 电流源的激励下，一部分等效电容和电感是并联的并且显露出并联谐振的特点。

在并联谐振频率下测量的特性与两个串联 RLC 电路中 L 与 C 的串联组合有关。

提示 两个串联 RLC 电路并联后会产生新的特性并产生峰值阻抗。这是由于两个串联的 RLC 电路并联后会引起谐振，这称为并联谐振。并联谐振峰值是 PDN 中最重要的特征。

当较低 SRF 的 RLC 电路试图增加电路的总阻抗同时较高 SRF 的 RLC 电路试图降低电路的总阻抗时，由于它们的相互作用而产生了峰值谐振频率。

峰值阻抗出现在并联谐振频率(PRF)，在该频率下，两个 RLC 电路阻抗的电抗相等。公式为：

$$X_1 = X_2 \text{ 或者 } \omega L_1 - \frac{1}{\omega C_1} = \omega L_2 - \frac{1}{\omega C_2} \tag{5-9}$$

我们可以从式(5-9)中得出并联谐振频率的计算方法，如下所示：

$$\text{PRF} = \frac{\omega}{2\pi} = \frac{159\text{MHz}}{\sqrt{(L_1 + L_2)\left(\dfrac{1}{\dfrac{1}{C_1} + \dfrac{1}{C_2}}\right)}} \tag{5-10}$$

式中，X_1 是低谐振频率的串联 RLC 电路的电抗；X_2 是高振频率的串联 RLC 电路的电抗；L_1 是大电容电路中的电感(nH)；C_1 是大电容电路中的电容(nF)；L_2 是小电容电路中的电感(nH)；C_2 是小电容电路中的电容(nF)；PRF 是并联谐振频率(MHz)。

举个例子，如果两个串联 RLC 电路的电感是 2nH，较小的电容是 10nF，较大的电容是 1000nF，则 PRF 为：

$$\text{PRF} \sim \frac{159\text{MHz}}{\sqrt{(2+2)\text{nH} \times \frac{1}{\frac{1}{10} + \frac{1}{1000}}\text{nF}}} = 25.3\text{MHz} \tag{5-11}$$

和图 5-5 一样，图 5-6 所示为带有 C 值和 L 值的两个串联 RLC 电路的仿真阻抗曲线。仿真 PRF 与这一简单的分析完全符合。

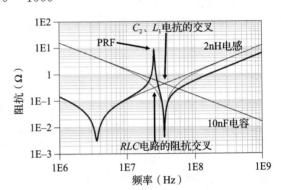

图 5-6　仿真并联谐振阻抗与单个 RLC 电路的阻抗的比较。PRF 发生在电感的串联组合和电容的串联组合的谐振频率上

5.5　PRF 处的峰值阻抗

PRF 处的阻抗峰值很难精确计算，但是我们可以仿真它。当两个电容值相差非常大但是它们的 ESL 值相同时，阻抗峰值与下列 3 个参数有关：

$$Z_{\text{peak}} \propto \left(\frac{1}{R_1 + R_2}\right)\frac{L_1}{C_2} \tag{5-12}$$

式中，Z_{peak} 是在 PRF 处的阻抗峰值；L_1 是每个电容器的电感值(nH)；R_1 是低频 SRF 电路中的电阻；R_2 是高频 SRF 电路中的电阻；C_2 是高频 SRF 电路中的电容。

这个关系式提示我们可以通过设计旋钮来调整并联谐振峰值阻抗，降低峰值阻抗的方法为：

- 高频 SRF 电路里使用更大的电容(使电容值更接近)；
- 低频 SRF 电路中使用更低的等效串联电感；
- 增加 R_1 和 R_2 的值。

提示　在 PDN 设计中，最重要的目标就是降低峰值阻抗，使其低于目标值。当使用多个并联电容器时，我们可以设计 3 个旋钮，它们分别使电容值更紧密分布、具有更低的 ESL、具有更高的 ESR。

使用一个简单的 SPICE 来仿真两个 RLC 电路并联的阻抗，我们可以探索设计空间来观察两个电路特性之间的相互作用及其对峰值阻抗的影响。

在第一个例子中，我们将每个回路电感定为 1nH 并且使每个电容的 ESR 为 50mΩ，一个电容器的电容值固定为 10nF，另一个电容器的电容值的变化范围为 0.1~1000nF。这就使电容值的范围从固定值的 1% 变化到固定值的 100 倍。图 5-7 所示为两个电容器比值不同时并联电路的阻抗曲线。

使用全频率下 ESR 值恒定并且有相同值的两个电容器，我们可以发现最低阻抗出现在每个电容器的 SRF 处并且它等于电容器的 ESR。然而，当 $C_1 = C_2$ 时，两个电容器完全相同，它们都有完全相同的 SRF 和最小阻抗，其值为 ESR 的 1/2。这时电阻是并联的。

当 $C_2 < C_1$ 并且 $SRF_1 < SRF_2$ 时，$C_2 < C_1$ 会增大并联阻抗峰值。这证实了是 C_2 接近 C_1 可以降低峰值阻抗的设计原则。

当 $C_2 > C_1$ 并且 $SRF_2 < SRF_1$ 时，峰值阻抗饱和到最大值。图 5-8 所示为峰值阻抗的特性，它是 C_1 和 C_2 比值的函数。

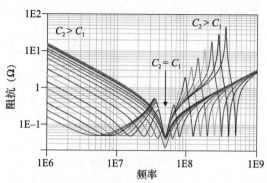

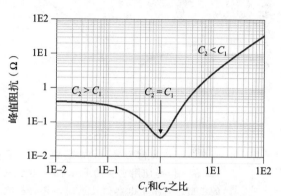

图 5-7　当 C_1 保持不变仅 C_2 变化时，两个串联 RLC 电路的阻抗曲线。C_1 与 C_2 的比值从 C_1 的 1% 变化到 C_1 的 100 倍，使用 Keysight ADS 来仿真

图 5-8　只有 C_2 变化时的并联谐振峰值阻抗。注意当 C_1/C_2 接近 1 时（0.5～2 之间）峰值阻抗下降最快。使用 Keysight ADS 仿真

我们可以清楚地看到，C_1 和 C_2 越接近，峰值阻抗越低。当两个电容器的电容值相同即比值为 1 时，峰值阻抗最低。当比值大于或小于 1 时，峰值阻抗会迅速增加。曲线斜率最大且阻抗峰值下降最快的区域为比值在 0.5～2 的范围。这表明，如果两个电容值在这两个参数值内，那么可以获得不同电容值的最小变化与峰值阻抗下降最快的一个平衡。

提示　选择电容值时，如果电容值在两个参数值之间，那么在最小的电容变化内可以降低最多的峰值阻抗。这意味着电容值可以分成三段。同样，这里也假设电容器的 ESL 相同。

在这个例子中，我们假设电容器的 ESR 是相同的并且和电容值无关。我们会在本章的后面说明这不是实际电容器的特性。事实上，通常电容值较小的电容器 ESR 值较大。由于更大的 ESR 可以降低峰值阻抗，所以前面的分析会被所选电容的 ESR 变化所影响。图 5-9 所示为更加真实的 ESR 的变化对峰值阻抗的影响。

当两个电容器的电容值非常接近时，ESR 不变并且使用真实 ESR 变化模型，这时对峰值阻抗的影响很小，只有它们的值相差很大时峰值阻抗才会受到影响。由于 ESR 的值会随着电容值的减小而增大，所以当 C_2 非常小时 C_1/C_2 会很大，这时使用实际的 ESR 值，预期峰值阻抗至少会下降原始值的 1/2。

简单的模型表明当两个电容器的 ESL 值相同时，峰值阻抗与等效串联电阻的和有关。当每个串联 RLC 电路的 ESR 值较高时，我们可以得到较低的峰值阻抗。图 5-10 所示为 R_1 或 R_2 从 0.001Ω 变化到 0.01Ω 时的仿真峰值阻抗。更高的 ESR 会导致更低的峰值阻抗。

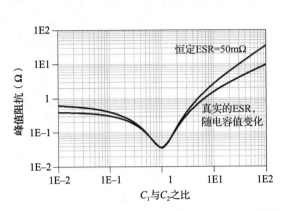

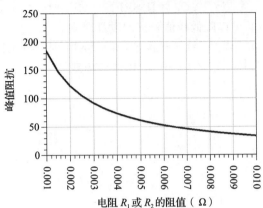

图 5-9　改变一个电容值为另一个电容值的 1% 到 100 倍，但是使用真实的 ESR 随电容变化的模型。当两个电容值接近时，它的影响很小，但是当两个电容值相差很大时，它对 ESR 模型的峰值阻抗有很大的影响

图 5-10　保持其他所有电路元件不变，R_1 或 R_2 的峰值阻抗已经改变

提示　如果提高每一个或者全部电容器的等效串联电阻 ESR，那么可以获得更低的峰值阻抗。所以我们更趋向于使用可受控 ESR 的电容，而且它的 ESR 要比通常情况下的更高。

对式(5-12)进行简单估计可以显示：我们可以通过减少低频 SRF 电路的 ESL 得到更低的峰值。只减少 L_1 就会使较低频 SRF 电路中的 SRF 值提高，并且会使两个 RLC 电路的 SRF 值更接近。这将降低峰值阻抗。

然而，如果只降低 L_2，那么将会使第二个电路的 SRF 升高，使不同电路的 SRF 差距变大。峰值(阻抗)也会略微增加到一个极限值。

当所有 MLCC 电容器使用相同的安装几何结构时，将 L_1 和 L_2 减小相同的量，会造成峰值阻抗的降低。这种影响很难用(现实的)分析来估计，但是在仿真中很容易分析。

为了说明这一点，我们仿真了除了电感外其他参数保持不变的并联电路。在这个例子中，令 L_1 等于 L_2，并且使其都减少。如图 5-11 所示，当改变每个电路中的电感值时，阻抗曲线和得到的峰值高度都会发生变化。

提示　减少任意一个或所有电容器的 ESL，都会使峰值阻抗值降低。较低的 ESL 是一个降低峰值阻抗的很好的设计指标。

当我们选择两个不同的电容值且 SRF 也不同时，有 3 种最重要的减少峰值阻抗的方法：

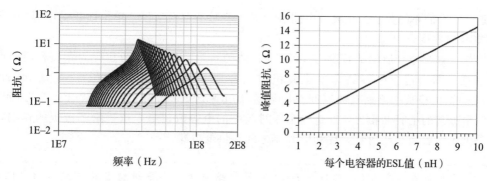

图 5-11　左图：模拟两个并联 RLC 电路在 L_1 和 L_2 降低时，阻抗峰值曲线的降低。右图：
　　　　　用 Keysight ADS 进行模拟，模拟在 $L_1 = L_2$ 的情况下的峰值阻抗

- 使两个电容值更接近；
- 提高每一个 RLC 电路的 ESR；
- 减少每一个电容器的 ESL。

这些就是优化电容值并将其整合进 PDN 生态学最重要的动力。

5.6　设计一个贴片电容

从根本上说，电容器无非就是两个导体夹
着电介质。一个多层陶瓷片（MLCC）电容器事
实上就是平行于电介质且分开的多层导体。
图 5-12 所示为一个平行板电容器的结构。

图 5-12　一个平行板电容器的结构和一个
MLCC 电容器的横截面，这个横截
面显示出 MLCC 电容器被电介质分
隔开的多层平行板导体

在导体平面上可以存储的电荷量与平行导
体的重叠面积、导体间隔以及并联的平行面数
目有关。当导体面积大并且彼此之间非常靠近时，平行板电容器对其产生的电容值提供了
一种简单的近似估量，它可以导出为以下形式：

$$C[\text{pF}] = \varepsilon_0 \, \text{Dk} \, n \frac{A}{n} = 225 \, \text{Dk} \, n \frac{A[\text{in}]}{n[\text{mil}]} \text{pF} \tag{5-13}$$

式中，C 是电容器的电容值（pF）；ε_0 是自由空间的介电常数，为 8.85×10^{-12} F/m 或
0.225pF/in；Dk 是导体间电介质的介电常数；n 是平行板间电介质层的数目；A 是平行板
的重叠面积（in^2）；h 是电介质层的宽度（mil）。

例如，将一对导体粗略地看作直径为 1in 宽的区域，彼此之间间隔 100mil（1mil=25.4×
10^{-6}m），中间填充空气。这样一个电容器的电容值为：

$$C[\text{pF}] = \varepsilon_0 \, \text{Dk} \, n \frac{A}{h} \approx 225 \times 1 \times 1 \times \frac{1[\text{in}]}{100[\text{mil}]} = 2\text{pF} \tag{5-14}$$

电容值随面积而扩展，在一个由大面积平行板组成的结构中，比如一个填充 FR4 型电
介质的平行电路板，我们可以估算出其单位面积上的电容：

$$\frac{C}{A}[\text{nF/in}^2] = \varepsilon_0 \, \text{Dk} \, n \frac{1}{h} = 0.225 \times 4 \times 1 \times \frac{1}{h[\text{mil}]} \approx \frac{1}{h[\text{mil}]} \tag{5-15}$$

这是一个简单的关系。在典型电路板中对于一对平行面来说，单位面积的电容(nF/in^2)是 1/电介质厚度(mil)。

例如，如果电介质层的宽度为 3mil(即最薄的)，且它不会因为独特的介质材料而产生额外消耗，那么这个电容器每单位面积的电容是 $1/3\text{mil} = 0.3\text{nF/in}^2$。一个 10in($1\text{in} = 0.0254\text{m}$)宽的极板一侧拥有的层间总电容为 $10\text{in} \times 10\text{in} \times 0.3\text{nF/in}^2 = 30\text{nF}$。与在极板上使用一个分离的电容器相比，这是一个相对较小的电容值。第 6 章讨论了极板的作用，它不是提供高电容而是在封装元件和电容器之间提供低电感。

提示 设电介质厚度为 h，单位是 mil。一个电路板里两个平板组成的电容器的单位电容大约为 $1/h$ (单位为 nF/in^2)。

实际电容器的电容值一般是指定电容的 20%。根据使用的不同介质材料，电容可能会随着电压和温度的变化而发生轻微改变。

5.7 电容器温度与电压稳定性

使用高介电常数(Dk)的电介质材料以及相比印制电路板参数更薄的板间宽度，我们得到了高电容密度的 MLCC 电容器。这意味着材料中可能有很强的电场，一些具有高介电常数的电介质材料是铁电体并且它有非线性极化率。一般来说，更强的电场会使介电常数变小，介电常数同样也对温度敏感。

根据电容对电压和温度的敏感程度，电容器可以分为三类。介电材料明确了电容器的种类和稳定性。这些种类如下所示。

第一类：这类电容器是最稳定的。它们通常由镁铌酸组成，并且 Dk 值在 $20 \sim 40$ 之间。在温度和电压方面，Dk 和产生的电容都是稳定的。一种常见的材料名称为 NP0，它的电容温度系数小于 30ppm/degK。因为 Dk 不是很高，所以在第一类电容器中想要获得大的电容值是困难的。它们最适合应用在 SRF 需要保持稳定的滤波器中。

第二类：这类电容器通常用于去耦，由 Dk 值在 $200 \sim 14000$ 之间的电介质材料制成。这些材料通常是有各种添加剂的钛酸钡，它们满足了能够在小体积中获得大电容值的要求。但是又因为这些材料自身的铁电性质，所以它们对于温度和电压有更大的敏感性。

第三类：这类电容器由具有高有效 Dk 值的材料制成，这些材料不适用于多层电容器。去耦应用中不能使用这一类电容器。

电子工业协会(EIA)已经建立了一套简单的描述第二类电容器电介质的温度范围和电容稳定性的标准。图 5-13 列举了这个分类表。

例如，X5R 代表的是稳定电容的一种标准，即温度范围在 $-55℃ \sim +85℃$，电容改变程度应该在 $\pm15\%$ 以内。X7R 标准材料让温度特性延伸到了 $+125℃$。X5R 和 X7R 材料都一般用作 MLCC 电容器材料。这些指标也与稳定性和电压有着轻微的联系。图 5-14 显示了对于不同材料，电容关于温度变化的典型例子。

最小温度[1]		最大温度[1]		可接受的电容值变化范围[1]	
X	–55℃	2	+45℃	A	±1.0%
Y	–30℃	4	+65℃	B	±1.5%
Z	+10℃	5	+85℃	C	±2.2%
		6	+105℃	D	±3.3%
		7	+125℃	E	±4.7%
		8	+150℃	F	±7.5%
		9	+200℃	L	+15% /–40%[2]
				P	±10%
				R	±15%
				S	±22%
				T	+22% /–33%
				U	+22% /–56%
				V	+22% /–82%

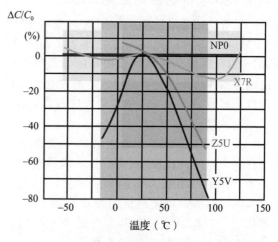

图 5-13　电子工业协会（EIA）为第二类电容器材料基于相对温度的电容稳定性制定的分类标准

图 5-14　MLCC 中采用不同材料的温度稳定性的例子

提示　X5R 或 X7R 的电容器指标是指额定电容器的温度变化范围和在这个温度范围内电容的预期变化量。R 指的是额定温度范围内电容预期变化的±15％。

通常，使用的电压越高，板间电场越强，Dk 越低。也就是说电容值变少了。然而，不同厂商的不同电容器即便采用相同的材料仍然会有不同的电压敏感度。这意味着对于精确的电容器模型，检查电容器样品中特定产品的规格和性能是很有必要的。图 5-15 所示为对于不同材料测量电压敏感度的例子。

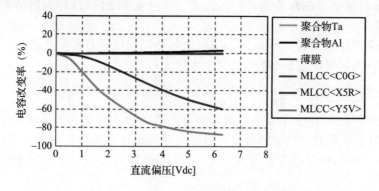

图 5-15　关于不同材料的电压敏感度的例子

提示　额定电压会对电容产生很大的影响。选择电容器值，并在操作电压下测量它们。

5.8　多大的电容是足够的

　　尽管这不是最重要的，但这大概是 PDN 分析中最常见的问题了。只有在时域(包括 VRM)里，才可以提供合适的解答。对于 LDO(低压差线性稳压器)和 SMPS(开关型电源)，由于大信号转换具有固有的非线性和时变特性，所以频域分析并不严格有效。我们应该遵循 VRM 供应商的建议，通常选择大容量电容从而为瞬载突变提供良好性能。我们可以用时域分析或频域分析的方法通过遵循一些指导准则去大致估算出一阶 PDN 的板上最小电容量。

　　在频域里，极板上总电容的主要作用是在一个电压调整模块(VRM)不能得到的频率上提供低阻抗。在这个频率上，总电容应该足够大，可使由该阻抗引起的 PDN 阻抗低于目标阻抗。正因为它通常是个很大的电容，并且在低频起主要作用，所以它经常被称作大电量电容。

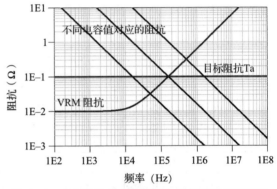

图 5-16　目标阻抗和 VRM 阻抗显示了对 VRM 和 3 个不同电容器阻抗的限制

　　如果大容量电容太小，则在 VRM 不能提供低阻抗的频率处，它的阻抗将超过目标阻抗。图 5-16 对此进行了分析。

　　当 VRM 的输出阻抗超过目标阻抗时，VRM 的频率限制取决于目标阻抗和 VRM 内部反馈回路的性质，这个频率限制通常为 $10\mathrm{kHz}\sim 1\mathrm{MHz}$。在此频率下，电容器的阻抗应至少低于目标阻抗。我们推导出了使其阻抗低于目标阻抗所需的大容量电容。

$$C_{\mathrm{bluk}}[\mathrm{F}] > \frac{1}{2\pi f_{\mathrm{VRM\text{-}max}}[\mathrm{Hz}] \times Z_{\mathrm{target}}} \tag{5-16}$$

式中，C_{bulk} 是最低频率下的电容值；$f_{\mathrm{VRM\text{-}max}}$ 是 VRM 阻抗超过目标阻抗的频率；z_{target} 是 PDN 目标阻抗。

　　例如，如果目标阻抗是 $50\mathrm{m}\Omega$，在 VRM 的输出阻抗超过目标阻抗之前，VRM 的最大可用频率为 $10\mathrm{kHz}$，则所需最小的大容量电容值大约为：

$$C_{\mathrm{bulk}} > \frac{1}{2\pi \times 10\mathrm{kHz} \times 0.05} = 0.32\mathrm{mF} = 320\mu\mathrm{F} \tag{5-17}$$

　　大容量电容可以是一个非常大的值，并且通常可以为电解电容器或者钽电容器。然而，随着 VRM 反馈回路中频率的增加，当输出阻抗超过目标阻抗时频率的增加需要更小的大容量电容。如果所需的大容量电容在 $100\mu\mathrm{F}$ 范围内，则陶瓷电容器可以满足这个需求。

　　当然，这只是对所需大容量电容最小值粗略的初始估计。电容的稳定设计取决于 VRM

的本质特征和系统的剩余部分，并且只能通过仿真整个 PDN 生态网络进行精确估计，但这种估计仅是第一步。

我们也可以通过时域分析估计所需电容的最小值，在 VRM 所需响应时间内，大容量电容存储电荷以给芯片提供电流。

当电荷从大容量电容中流出时，它的电压就会下降。在 VRM 不能响应的时间里，大容量电容必须要足够大以至于能给阶跃电流提供电荷。直到 VRM 可以完全提供负载电流时，大容量电容器上的电压降应该小于规定的 5%。电容器上的电压降为：

$$\Delta V = \frac{\Delta Q}{C_{\text{bulk}}} < 纹波 \times V_{\text{dd}} = \frac{I_{\text{max}} \times \Delta t}{C_{\text{bulk}}} \tag{5-18}$$

通过对目标阻抗的初始描述，我们可以知道最坏情况下的阶跃瞬变电流大约为：

$$I_{\text{max}} = \frac{V_{\text{dd}} \times 纹波}{Z_{\text{target}}} \tag{5-19}$$

所需最小大容量电容的估计结果为：

$$C_{\text{bulk}} > \frac{\Delta t}{Z_{\text{target}}} \tag{5-20}$$

如果我们把 VRM 在减少阻抗低于目标阻抗方面无效时的最高频率与时间间隔联系起来：

$$\Delta t = \frac{1}{2\pi f_{\text{VRM-max}}} \tag{5-21}$$

那么我们可以发现，这两种分析结果对所需的最小大容量电容的估计是完全相同的：

$$C_{\text{bulk}} > \frac{\Delta t}{Z_{\text{target}}} = \frac{1}{Z_{\text{target}} \times 2\pi f_{\text{VRM-max}}} \tag{5-22}$$

例如，如果目标阻抗是 50mΩ 并且 VRM 不能响应的时间间隔为 $10\mu\text{s}$，对应频率响应大致为 16kHz，则所需大容量电容大约为：

$$C_{\text{bulk}} > \frac{\Delta t}{Z_{\text{target}}} = \frac{10\mu\text{s}}{0.05\Omega} = 200\mu\text{F} \tag{5-23}$$

当然，这只是对所需电容最小值的初步估计。

提示　对所需电容值的大致估计基于在 VRM 无法响应频率处电容可提供的电压稳定度。这是估计所需总大容量电容的第一步。

为了得到更好的估计，必须考虑整个 VRM 阻抗曲线和大容量电容器。一个大的峰值阻抗意味着在 VRM 中是一个潜在的不稳定因素。这个峰值阻抗来自 VRM 有效输出电感的并联谐振与大容量电容器的电容。虽然我们可以粗略地在频域考虑这个问题，但为了得到最佳的精确度，必须使用时域进行仿真。由于开关型电源（SMPS）具有固有的非线性和时变性，因此它违反了频域分析的两个最重要的要求。上升电流波形的阻抗峰值与下降电流波形的阻抗峰值有很大的不同。

5.9　一阶和二阶模型中实际电容器的 ESR

除了电容之外，电容器的另一个本质特征是等效串联电阻（ESR）。这是串联 RLC 电路的等效电阻，它解释了实际电容器的损耗。ESR 的产生一方面来自电容器平行极导体间串联电阻的损耗，一方面来自板间陶瓷材料的介质损耗。

电容器最简单的模型是使用带有恒定参数值的集总电路元件组成的串联 RLC 电路。在串联 RLC 电路中，阻抗的实部就是 R 值并且相对频率是常量。作为第一近似值，电容器的 ESR 相对频率是一个常量。两种效应导致实际电容器的 ESR 对频率有微弱的相关性：陶瓷材料中的介质损耗和通过电容器板的电流会随频率的上升而重新分布。

可以用一个并联 RC 模型来模拟电容器中的介质损耗，R 与通过电介质的电导 G 有关。

$$R = \frac{1}{G} = \frac{1}{2 \times \pi \times f[\text{Hz}] \times C[\text{F}] \times \text{Df}} \tag{5-24}$$

式中，G 是电容器的电导；f 是信号通过电容器的频率；C 是电容器的电容；Df 是电介质的损耗因子。

图 5-17 显示了一个用电容器电路模型解释介质损耗的例子。

对于一阶，所有的项相对频率都是常量。R 对频率的相关性来自 f。随着频率的增加，并联电阻减少，电容器阻抗的虚部也是如此。介质损耗的影响是在低频时增加了阻抗实部。这是介质损耗机制的特征，也是 ESR 的根本原因。

只有陶瓷材料的损耗因子 Df 用来描述电路模型中的损耗贡献。

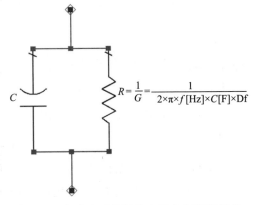

随着频率升高，ESR 也升高，因为电流不会渗透进电容器，直到这个频率达到串联谐振频率。电容器极板上的电流最好不要远离衬底上的回流，它会随着频率的上升而增加。

图 5-17　包含介质损耗的实际电容器的等效电路模型

如果使焊盘附近的电容器内部电流保持低位，那么安装电容器的回路电感就会较小。电容板的电阻阻碍电流并迫使它进入电容器体内，然而最小化回路电感将使电流集中到电容器底板上。这种情况类似于导体中的趋肤效应。毫不奇怪，这种现象可以通过方程来表示出来，这个方程具有类似于趋肤效应的平方根频率相关性。本章的关键部分 5.15 节描述了这种实际电容器中与频率有关的电感和 ESR 模型。

与电流重新分配以减小回路电感有关的高频电阻行为是以频率平方根的形式出现的。我们可以把它近似为：

$$R(f) = R_{\text{dc}}(1 + \sqrt{f/F_0}) \tag{5-25}$$

式中，$R(f)$ 是频率函数的电阻；R_{dc} 是金属化的直流电阻；F_0 是电流深度效应开始占有优势时的频率。

电流再分配的影响是：造成阻抗实部随着频率的增加而增加。

提示　两种损耗机制对电容器的 ESR 的贡献：对于陶瓷的介质损耗和构成电容器极板的导体的串联电阻，我们可以在一个电路模型中结合这两者的效果。

图 5-18 显示了在每一种损耗机制都被选择出现后，电容器总阻抗的行为。阻抗的实部在低频时被介质损耗所影响，在高频时被电流进入电容器的深度减少所影响。

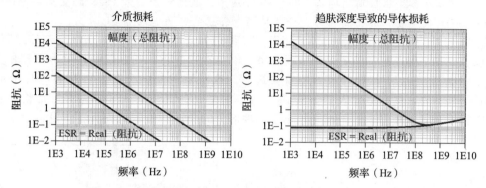

图 5-18　两种损耗机制下，电容器 ESR 的频率相关性的特征

获取定义实际电容器特定行为的 3 个参数值通常是困难的。然而，许多供应商提供包括两种机制的电容器的阻抗曲线。调整 3 个参数值可以匹配阻抗曲线，我们可以为实际电容器创建一个简单的 SPICE 兼容模型。

例如，图 5-19 显示了已上市的 AVX 0402 10nF 电容器的阻抗曲线。该电容器的 ESL 为 0.4nH。除此之外还使用 3 个参数值仿真阻抗曲线，它提供了一个很好的匹配。

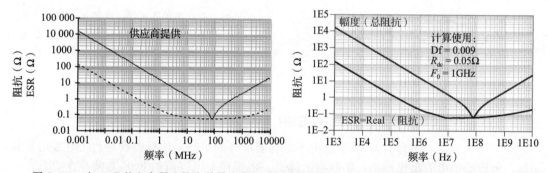

图 5-19　对 10nF 的电容器比较由其供应商 AVX 提供的和我们仿真得到的阻抗曲线及 ESR 结果

在一般情况下，最低的 ESR 值通常为 $10 \sim 100\text{MHz}$，这个范围通常在这类电容器的自振频率附近，而 ESL 值一般约为 1nH。更高的 ESR 在更高频率处，这有益于帮助消除并联谐振，但这是一个二阶因素。

可惜具体参数因电容器而异。处理这种可变性的一种实际方法是测量将会使用的每个电容器，并将描述它的最佳参数值存储在数据库中，另一种是通过简单的常数 R 或参数化模型来近似 ESR。

图 5-20 显示了测量 15 个不同电容器的阻抗曲线，全部为标称相同的 $100\mu\text{F}$、1210 MLCC 电容器，但来自不同的供应商。从阻抗曲线底部读取的 ESR 从 0.01Ω 变化到 0.003Ω，也就是三分之一，这将对峰值阻抗的准确预测产生直接影响。

提示   电容器的 ESR 是确定 PDN 峰值阻抗曲线的最重要术语之一，标称相同的电容器
可以在各个供应商之间有多达 3 倍的差异。这意味着如果 PDN 配置文件的准确
预测很重要，那么测量为设计选择的电容器的行为也很重要。

或者，如果你不想测量各个供应商的每个电容器的 ESR，则可以用 ESR 和频率的关系
近似选定电容器在 SRF 处的最低阻抗常数 R。这对阻抗曲线没有显著影响，而在 $10\sim$
100MHz 范围内，具有常数 R 的 ESR 和与频率相关 R 的 ESR 匹配得非常好。常数 R 模型
在基于特定测量的模型上的不准确性小于硬件部分的变化。图 5-21 显示了该比较。

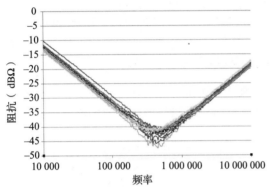

图 5-20   15 个相同电容值的不同电容器的归一化
测量阻抗曲线。垂直轴代表阻抗，单位
是 dB。这意味着 0dB 表示 1Ω，-20dB
表示 0.1Ω，-40dB 表示 0.01Ω。该数据
由 Linear Tech. 公司的 Mike Jones 提供

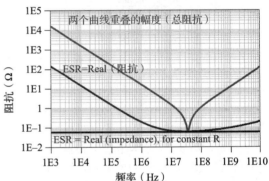

图 5-21   在频率相关损耗和恒定 R 值情况下仿
真阻抗及其实部。在阻抗的幅度上不
存在差异，常数 R 是 $10\sim$100MHz 范
围内 ESR 的良好近似

5.10   从规格表中估算电容器的 ESR

作为单个参数，电容器的 ESR 取决于电容器尺寸和平行导体板的数量。随着板的数量
增加，电容器的电容值也增加，串联电阻降低。电容器的电容值和 ESR 之间存在关系。

我们通过挖掘电容器规格表中的数据信息来探索这种关系。作为示例，提取并绘制了
AVX 的 0603 和 0402 电容器的电容值和 ESR 值之间关系[1]。图 5-22 显示了详细值与 ESR
和 C 之间关系的简单经验模型的比较。其一致性非常好，这表明 AVX 在呈现这些电容器
的 ESR 时所使用的关系。

在 0603 X5R 介质情况下，从 ESR 和电容的对数-对数坐标推导得出的经验关系由式
(5-26)给出：

$$ESR = \frac{0.32\Omega}{(C[nF])^{0.43}} \tag{5-26}$$

在 0402 X5R 介质情况下，ESR 和电容之间的经验关系由式(5-27)给出：

$$ESR = \frac{0.20\Omega}{(C[nF])^{0.43}} \tag{5-27}$$

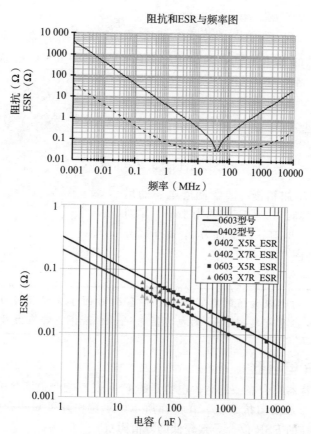

图 5-22　上图：AVX 提供的特定电容的阻抗曲线和 ESR 的典型规格；下图：从上图中提取
的 ESR，以及 0402 和 0603 电容器的电容值。实线是本文中描述的经验模型

式中，C 是电容器的电容（nF）；ESR 是等效串联电阻（Ω）。

根据 AVX 在其数据库工具 SpiCAP 中提供的特定电容和阻抗值，推导出了模型。查看从该数据库中提取的数据，它们可能是使用一个分析方程来创建的。我们使用的模型都是 AVX 使用的逆向工程。然而，这种关系可能与其他测量结果相匹配，两个系数具有不同值。

式(5-26)和式(5-27)中的公式是相同的。唯一的区别是电阻率的值，在 0603 电容器中它为 0.32Ω，对于 0402 电容器它为 0.20Ω。这是一个非常有用的关系，因为我们现在可以在任何 SPICE 仿真电路中直接对电容器的 ESR 值进行一阶估计，而无须查看每个用到的电容器。

提示　使用供应商提供的 ESR 值，我们可以在系统仿真中开发和使用具有不同电容值的 ESR 的简单模型。这对于计算由不同电容值组合的精确阻抗曲线是非常有价值的。

例如，我们可以基于 ESR、C 和 ESL 来探测电容器的 q 因子。q 因子由式(5-28)给出：

$$q \text{ 因子} = \frac{1}{\text{ESR}} \sqrt{\frac{\text{ESL}}{C}} \qquad (5\text{-}28)$$

如果所有电容器的 ESR 相同，则预期 q 因子随着电容平方根的增加而减小。电容值越大，q 因子越小，自谐振的阻尼越大。

使用 0603 电容的 ESR 值时，q 因子为：

$$q \text{ 因子} = \frac{(C[\text{nF}]^{0.44})}{0.32} \sqrt{\frac{\text{ESL}}{C}}$$

$$= \frac{(C[\text{nF}])^{-0.06}}{0.32} \sqrt{\text{ESL}[\text{nH}]} \quad (5\text{-}29)$$

ESR 将比电容增加稍慢一点。随着电容的增加，q 因子将略微下降。如果 ESL 约为 2nH，则对于有低电容值的 0603 电容 q 因子将为 4，对于较高的电容值则为 2，如图 5-23 所示。

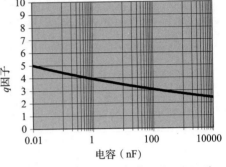

图 5-23　使用 ESR 的近似值，基于 ESL 为 2nH 的 0603 电容器估计 q 因子

提示　一般来说，对于较大值的电容来说，电容的 q 因子将略微减小。其影响对于具有不同电容但具有类似 ESL 的电容器来说，自谐振将具有大致相同的 q 因子。

5.11　受控 ESR 电容器

当将不同的电容器组合在一起时，电容器的 ESR 是影响峰值阻抗的关键因素。在一定限度内，ESR 越高，峰值阻抗越低。在前面所示的示例中，可知陶瓷电容的 ESR 的典型值很低，这使得较高的 ESR 值会导致较低的峰值阻抗。

近年来，许多电容器供应商引入了一类电容器，它通常被称为"受控 ESR 电容器"，具有定制设计的较大串联电阻。其实现需要对金属板进行整形以使一些区域变窄，或者板与地之间串联小的印刷电阻元件。

电阻的幅度在供应商之间有所不同，范围约从 100mΩ～1.2Ω，并且与电容无关。例如，Murata 提供了一个受控的 ESR 电容器系列 0816，其电容值为 1μF，ESR 为 0.1Ω、0.22Ω、0.47Ω 和 1Ω 的逆转长宽比的物体。

图 5-24 显示了与典型值 0.016Ω 相比，具有 4 个不同 ESR 值的电容器的阻抗曲线。请注意，单个电容器的阻抗曲线用于突出其较高的 ESR 值。

提示　较高的 ESR 提供的关键特性不是在单个电容器的自谐振下得到较高的最小阻抗，而是在组合多个电容器时有较低的最大并联谐振峰值阻抗。

这正是在受控 ESR 电容器中测量到的行为。图 5-25 显示了从 TDK 中选取的受控 ESR 电容器的测量阻抗曲线，范围为 20mΩ～1Ω。每个电容器标称为 10μF，但具有不同的 ESR。在专门设计的测试设备中每个电容器的 ESL 约为 0.6nH。

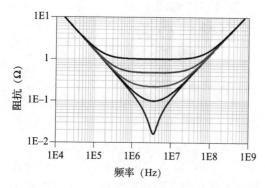

图 5-24 标准 ESR 的 $1\mu F$ 电容器的仿真阻抗曲线，以及 4 个不同的受控 ESR、值为 0.1Ω、0.22Ω、0.47Ω、1Ω 的电容器，它们都使用相同的 2nH 安装 ESL

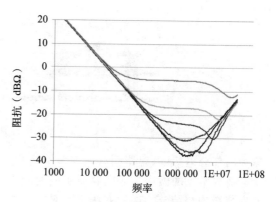

图 5-25 各种 TDK 受控 ESR 电容器的测量阻抗，由 Linear Technology 的 Mike Jones 提供

在某些情况下，这些电容器的 q 因子比常规电容器要低得多。在受控 ESR 电容器中，ESR 通过设计已经固定，与电容值无关。随着 C 的增加，由于 ESL 和 R 恒定，q 因子减小。只有大电容值（通常大于 $1\mu F$）的电容器可用作受控 ESR 电容器。在受控 ESR 电容器中可用的电容值通常小于相同体积的标准电容器。图 5-26 比较了这些电容器与常规电容器在自谐振下的 q 因子。

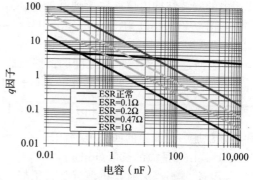

图 5-26 用具有不同 ESR 值的电容器估计 q 因子，比较传统的 0603 和受控 ESR 电容器

在低频下，电阻与 VRM 并联谐振，以及用于电子封装以抑制片上电容和封装电感之间的并联谐振时，具有高值 C 的低 q 因子是很有用的。

提示 受控 ESR 电容器是一个强大的组件，通过增加高 q 因子谐振的阻尼来减少并联谐振。对于大电容值来说，其较低 q 因子的益处是特别有价值的。

5.12 电容器的安装电感

与球栅阵列（BGA）结合使用的且与实际电容相关的回路电感可以分离为电路板的安装电感、电源和接地平面腔中的扩散电感以及通孔和封装的回路电感。图 5-27 说明了这 3 种。

在本章中，我们分析影响电容器对板和腔的安装电感的设计特征。在第 6 章中，我们分析腔体的扩散电感和从 BGA 到腔体的多个通孔的并联组合。

像往常一样，安装电容器的回路电感是最重要的。安装电容器的环路涉及电容器的部分电感（有时称为固有电感），以及安装结构的部分电感。安装电容器的回路电感的精确求

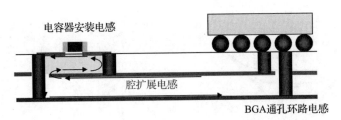

图 5-27　组成电容器总 ESL 的三部分图示

值为两部分电感(电容器固有和安装结构的电感)之和减去两部分电感之间互感的 2 倍。

业界常见的做法是从电容器供应商处获得电容器的 RLC 模型，并将其与用于系统仿真的安装结构相结合。这种方法是不对的，因为这很少提供包含 ESL 几何特征的详细信息。

即使提供了细节，所提供的 ESL 模型通常也是保守的，因为与电容器部分电感和安装结构部分电感相关的互感已被忽略。当产品从焊盘到通孔有表面迹线以及有与厚板相关的长通孔时，这是一个小错误。然而，随着电容器变小(0201 规格)，这些因素就成为更大的误差来源，并且它们被安装在具有嵌入式微通孔的焊盘上(如在移动工业中常见的那样)。

由电容器供应商提供的固有电容器的电感在很大程度上取决于测量的夹具，并且特定应用中的安装结构电感取决于通孔的具体几何形状，包括腔体设计和叠层中的位置。

如图 5-27 所示，电容器的安装电感分为两部分。

- 两个通孔到腔之间的回路电感；
- 表面迹线与腔体顶部之间的回路电感。

我们可以用简单的近似估计一对通孔的回路电感：

$$L[\text{pH}] = 10 \times \ln\left(\frac{s[\text{mil}]}{r[\text{mil}]}\right) \times \text{Len}[\text{mil}] \qquad (5\text{-}30)$$

式中，L 是一对圆棒的回路电感(pH)；s 是圆棒之间的中心到中心间距(mil)；r 是棒的半径(mil)；Len 是棒的长度(mil)。

(注意，当 $s \gg r$ 时，该值近似得很好。)

例如，如果从顶部表面的电容器到电源/接地平面腔顶部的通孔长度为 10mil，并且棒的半径为 5mil，中心间距为 80mil，则通孔贡献的总回路电感为：

$$L[\text{pH}] = 10 \times \ln\left(\frac{s[\text{mil}]}{r[\text{mil}]}\right) \times \text{Len}[\text{mil}] = 10 \times \ln\left(\frac{80}{5}\right) \times 10 = 280\text{pH} \qquad (5\text{-}31)$$

如果可以使通孔更接近，例如，它们从电容器的边缘脱离，而不是从表面迹线的端部到端部，则可为 40mil 的间距。这时回路电感将略微减小到：

$$L[\text{pH}] = 10 \times \ln\left(\frac{s[\text{mil}]}{r[\text{mil}]}\right) \times \text{Len}[\text{mil}] = 10 \times \ln\left(\frac{40}{5}\right) \times 10 = 208\text{pH} \qquad (5\text{-}32)$$

这表明为了减小通孔回路电感，使具有相反电流的通孔更靠近的方案是优选的。然而，通孔回路电感只是安装电感的一部分。

图 5-28 显示了顶面迹线的几何形状，它将电容器焊盘连接到与腔体连接的通孔上。

我们使用 FR4 中微带传输线的近似来估

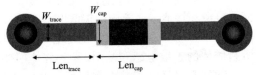

图 5-28　贡献电容器安装电感的顶部金属化和电容器的特征

计这些表面迹线和空腔顶部的回路电感，这在第 4 章中已介绍过。

$$L[\text{pH}] = 7.25 \times \ln\left(\frac{6 \times h[\text{mil}]}{0.8 \times w[\text{mil}]}\right) \times \text{Len}[\text{mil}] \tag{5-33}$$

式中，L 是表面迹线和空腔顶部的回路电感（pH）；h 是从曲线到空腔顶部的距离（mil）；w 是迹线的宽度（mil）；Len 是迹线的长度（mil）。

（注意：这是基于微带传输线阻抗的简单近似。）

例如，对于特殊情况：$h = 10\text{mil}$、$w = 10\text{mil}$、$\text{Len} = 30\text{mil}$，

顶部迹线的回路电感为：

$$L[\text{pH}] = 7.25 \times \ln\left(\frac{6 \times 10}{0.8 \times 10}\right) \times 30 = 7.25 \times 2 \times 30 = 435\text{pH} \tag{5-34}$$

表面迹线每段路程的回路电感将为 435pH。如果电容器两侧的长度相等，则总回路电感的贡献将为 870pH。

我们可以使用相同的近似来估计电容器体贡献的回路电感。然而，电容器从空腔顶部开始的有效高度有一点不确定性。电容器使用小的焊接圆角安装到电路板的顶部，这使电容器的底部距离电路板顶部偏移约 5~10mil。

此外，在电容器内部，通常电介质层位于电容器的外部和第一金属化平面之间。为了进行更详细的分析，顶部电介质层的厚度通常与底部电介质层厚度不同，顶部和底部通常不会在电容器上标记。

作为一个粗略估计，假设电容器从板表面到平板底的距离为 15mil，这是可取的。此外，大量的电流将流过板的中心，因此从板的顶部到最大电流流动区域的实际距离可以大约为 20mil。

考虑到电容器体的回路电感对 0603 电容器的影响，假定空腔顶部距板的表面 10mil，估计为：

$h = 10\text{mil} + 20\text{mil} = 30\text{mil}$；

$w = 30\text{mil}$；

$\text{Len} = 60\text{mil}$。

$$L[\text{pH}] = 7.25 \times \ln\left(\frac{6 \times 30}{0.8 \times 30}\right) \times 60 = 7.25 \times 2 \times 60 = 870\text{pH} \tag{5-35}$$

该分析确定了在这种典型情况下回路电感的相对数量，即

208pH 表示通孔的回路电感

+870pH 表示表面迹线两条腿间的回路电感

+870pH 表示电容器体的回路电感

=1948pH 表示与电容器安装相关的总回路电感

这个典型的例子是在板的顶面下约 10mil 的空腔顶部，30mil 长和 10mil 宽的表面迹线将 0603 电容器连接到电路板上。电容器的安装回路电感的估计值为 2nH。

提示　使用 0603 电容器常用的设计参数，无须特别注意工程中最低的安装电感，典型电容器的安装电感约为 2nH。

作为比较，如果电容器安装在电路板背面的 BGA 下，直接连接到 BGA 焊盘中电源和接地通孔上，则电容器的安装回路电感将由通过该板至 BGA 的通孔回路电感占主导地位。如果中心到中心球间距为 50mil，通孔的半径为 5mil，则通孔单位长度上的回路电感为：

$$L[\mathrm{pH/mil}] = 10 \times \ln\left(\frac{s[\mathrm{mil}]}{r[\mathrm{mil}]}\right) = 10 \times \ln\left(\frac{50}{5}\right) = 23\mathrm{pH/mil} \tag{5-36}$$

对于 64mil 厚的电路板，通孔回路电感约为 $64\mathrm{mil} \times 23\mathrm{pH/mil} = 1.5\mathrm{nH}$。我们可以将电源平面腔的扩散电感加上 BGA 通孔电感与电路板顶部电容器座的电容进行比较。与较薄的电路板相比，较厚的电路板相对背面安装座具有较高的通孔电感。在某些情况下，直接在 BGA 下安装电容器存在优势，进行分析总是很重要的。

要考虑的重要电容器设计是反向宽高比电容器。端子位于宽边上，如图 5-29 所示。反向宽高比电容器的安装电感可以具有比传统电容器更低的回路电感，特别是所有功能都被优化时。

图 5-29　常规宽高比电容器和精选的反向宽高比电容器（端子沿其长边）

反向宽高比电容器的较低回路电感降低了 ESR。电容端子间的平方数影响 ESL 和 ESR。如果反向宽高比电容器的平方数从 2 减少到 0.5，则 ESR 可以降低到标准电容器的 25%。虽然安装的电感可以通过标准电容器来降低，但是如果总回路电感没有显著降低，则 ESR 可能会由于较少的阻尼而导致有较高的峰值阻抗和较高的 q 因子。这就是为什么分析对于每个设计来说都如此重要。

在 0306 体中典型的反向宽高比电容可能具有以下特征。

h_{trace}：5 mil、w_{trace}：60mils、$\mathrm{Len}_{\mathrm{trace}}$：10mil（通过垫片）、$h_{\mathrm{cap}}$：5mil＋10mil＝15mil、$w_{\mathrm{cap}}$：60mil、$\mathrm{Len}_{\mathrm{cap}}$：30mil、通孔间距：40mil、通孔直径：10mil。

来自迹线的回路电感的贡献约为 300pH，来自电容器体的约为 140pH，通孔的约为 100pH，安装电容器的总回路电感约为 540pH。这种分离成回路电感的贡献只是一个粗略的近似，以确定安装电容器几何形状中特定部分的相对重要性。通常，电容器的总安装电感约为整个环路的电感，我们只能使用考虑整个几何细节的 3D 场求解器来计算。

我们在电子表格中实现了这种简单的分析，这样可以快速容易地比较组装设计规则与产生的安装回路电感之间的折中。图 5-30 显示了 5 个不同的例子，并比较了它们对回路电感的贡献。

提示　安装电容器的电感取决于 3 个区域的具体特性：表面迹线的回路电感、电容器主体以及到空腔顶部的通孔。使用简单的近似，我们估计这些元素来探索设计的折中。

	差	典型值	好	反向宽高比	BGA 下的盖子
表面迹线（mil）	60	30	20	10	
宽度表面迹线（mil）	10	10	10	60	
空腔深度（mil）	30	10	5	5	64
电容宽度（mil）	30	30	30	60	
电容长度（mil）	60	60	60	30	
板的电容偏移（mil）	20	20	10	10	
通孔数	1	1	1	2	1
通径半径（mil）	5	5	5	5	5
通孔的中心到中心距离（mil）	190	130	110	40	50
表面迹线的电感（pH）	1753	876	584	292	
电容器体的电感（pH）	1099	876	575	137	
通孔的电感（pH）	1091	326	155	52	1474
总电感（pH）	3943	2079	1314	481	1474

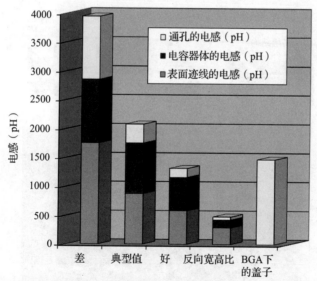

图 5-30　各种电容器安装选项和所产生的回路电感的分析。对于顶部电容器，我们必须加上来自电源平面腔和 BGA 通孔的安装座的回路电感，以便在 BGA 下通孔与盖子进行正确的比较

这种分析值是大型印制电路板上回路电感可能的典型值。在具有堆积层和微通孔的封装衬底上，尺寸较小。通孔可能只有几密耳长。多个通孔以最小间距直接放置在电容器端

子的下方。在这种情况下，可以安装低至 100pH 的电感。

该分析表明，减少电容器到电路板表面的安装电感的 5 个最重要的设计点如下所示。

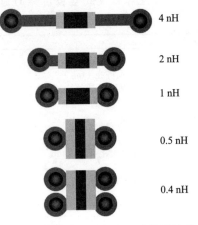

- 使用电容器焊盘到通孔的短表面迹线；
- 使用从电容器焊盘到通孔的宽表面迹线；
- 将空腔的顶部尽可能靠近板的顶部表面进行排列；
- 尽可能使用反向宽高比电容；
- 使用多个通孔连接电容器焊盘。

图 5-31 阐明了较低电容器安装电感的一般设计参考方向[2]。

低安装电感的另一种替代电容器形式是 X2Y 配置，有时称其为三端子盖。在这种几何结构中，端子配置在电容器的端部和中间。图 5-32 显示了 X2Y 电容器的几何结构。

图 5-31　降低电容器安装电感的设计趋势图

X2Y 电容器是一种交指电容器（IDC），它被构造为多个电容器并联，具有能够实现直通孔的通孔样式，但这些通孔不会阻塞布线通道。

对于并联的 4 个电容器，电容器阵列的净安装电感是每个电感器回路电感的并联组合。如果每个电容器的回路电感约为 2nH，则它们的并联组合将约为 0.5nH。

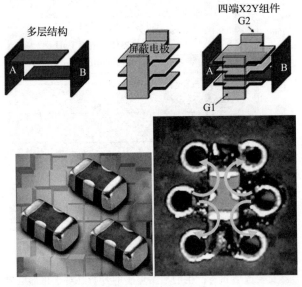

图 5-32　可提供非常低的安装电感的 X2Y 电容器。端子 A 和 B 连接到电源平面

交指电容器的 4 个重要优点是：

- 多个并联电容并联；
- 多个通孔对并行；

- 有机会利用通孔之间的互感来减小通孔电感；
- 通孔相对于空腔占用的空间更大，可减少扩散电感。

IDC 电容器的大部分优点来自通孔配置降低的电感。

由于多个路径并行，所以对 X2Y 电容器的安装电感的估计会变得复杂。估计 X2Y 性能优势最简单的方法是考虑电容器中每四分之一的安装电感，并按比例并联一定数量的电容器。

提示　X2Y 型等电容器提供了可在同一体内并联多个电容器的优势。这会将每个电容器的 ESL 降低 $1/n$，这是显著的改善。大部分安装电容器中电感的改善来自通孔模式。

与常规电容器一样，板上表面迹线的长度会严重影响安装的回路电感。图 5-33 显示了安装在一个电路板上两个不同 X2Y 电容器的测量阻抗，一个具有 20mil 长的表面迹线，另一个带有电容焊盘通孔。测量回路电感，其差异令人吃惊。在通孔嵌入式配置中，X2Y 电容器的安装回路电感低至 200pH。在电容器上加上 20mil 长的表面迹线后其安装回路电感增加到 900pH。虽然该值仍然较小，但该短表面迹线使该值增加了 4 倍以上。

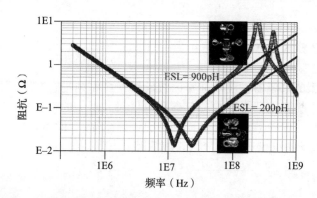

图 5-33　两个不同 X2Y 电容器的测量阻抗，它们分别安装在具有 20mil 长的表面迹线和通孔的板上。这两种配置的提取回路电感为 900pH 和 200pH

提示　当安装电感较低时，非常小的特性都可以显著增加安装电感。这就是为什么注意细节是设计低电感电容器集成电路板的重要因素。

5.13　使用供应商提供 S 参数的电容器型号

电容器供应商的常见做法是为其电容器提供 S 参数模型。通常这些 S 参数文件源自允许进行双端口测量的特定"系列"设备中电容器的测量值。图 5-34 显示了一个用于 VNA 的简单微带夹具的示例。

电容器串联在 VNA 的两个端口之间，具有从端口的参考平面到电容器焊盘的一些长度迹线以及电容器下方的返回路径。当然，在该配置中测量的 S 参数模型的感性特性取决于夹具的细节和返回路径的位置。

不幸的是，许多供应商和客户在系统仿真中使用这些 S 参数模型，误认为 S 参数模型必须准确。毕竟，它达到了 3GHz。

为了在去耦应用中使用双端口模型，许多用户将模型的一个端口连接到电路板的电容器安装焊盘上，并将另一个端口接地。

这种方法的问题是电容器的 S 参数模型表示为电容器在特定测量环境中的特性，指向电容器和夹具返回路径的位置。这可能与最终用户系统中的安装结构完全没有关系。最终的应用环境可能具有比测量配置多得多或少得多的安装电感。系统级的仿真结果将会产生误导。

提示　系统仿真中在使用供应商提供的电容器的 S 参数模型时，请小心。若环境与测量夹具一样，则这些模型可以用于预测电容器在系统中的行为。它们并不代表与应用中有相同的安装电感，并可能产生误导性的结果。

这是你在系统仿真中谨慎使用供应商提供的基于电容测量的 S 参数模型的主要原因。其他 3 个原因包括：

- S 参数通常以未知的方式被"纠正"；
- 某些 S 参数已破坏，但仍会发布；
- 有时组件的电容与其标签不同。

提供 S 参数模型的电容器供应商通常因被动和互惠原则进行"校正"测量。它们不会公开所使用的算法，这些算法可能会减去 S 参数中任何大于 1 的偏移量，并用平均值代替每对术语。这在已公开的 S 参数值中是显而易见的，如图 5-35 所示，它们显示有相同的 S_{11} 和 S_{22} 值。这只能在 S 参数被仿真或"校正"的情况下发生。

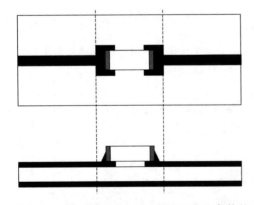

S_{11}mag	S_{11}phase	S_{22}mag	S_{22}phase
0.96617446	−14.09844577	0.96617446	−14.09844577
0.96312476	−14.71015576	0.96312476	−14.71015576
0.95988758	−15.35460379	0.95988758	−15.35460379

图 5-34　典型的用于测量电容器两端 S 参数的微带夹具的图示。测量的感应质量取决于夹具的几何尺寸，这并不是电容器固有的

图 5-35　在一个典型的 S 参数文件中，对于 3 个不同的频率，S_{11} 和 S_{22} 的一小部分值。注意，S_{11} 和 S_{22} 的大小和相位值取 8 位小数位

如果所应用的校正针对的是原始 S 参数值的小部分，则提供校正的 S 参数不是问题。不过，如果用户不知道 S 参数在修改之前有多糟糕，那么我们将无法知道数据的好坏，也无法评估数据的测量质量。

一些测量显然已损坏，但仍由供应商发布。图 5-36 显示了与具有良好行为结果的另一组测量的 S 参数的对比，显示出总失真（被测量的 S 参数转换为阻抗）。

如果测量 S 参数的工程师实际查看了结果并分析了测量质量，则他们不会发布这些结果。他们会立即找出这些测量错误并重新测量，不会发布有缺陷的结果。这就是你不应该盲目信任供应商提供的测量，而应该自己进行分析的一个原因。供应商不应该只聘请暑期实习生来"解决"问题，而是应在结果公布前仔细分析。

有时，测量的 S 参数对应于与文件标签值不同的电容器。例如，图 5-37 显示了针对 10nF 电容器的 S 参数模型提取的电容。提取的 5.8nF 值远远小于此值。供应商有时使用在 100Hz 或 120Hz（电源的频率）下工作的阻抗桥来测量电容值。该方法测量的电容与试图在多个频率上脱离公共数据网有能力又正直的工程师无关。

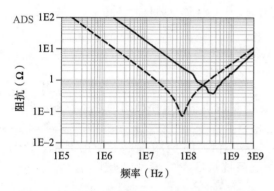

图 5-36　由供应商提供的由两个不同电容测量得到的 S 参数模型转换为阻抗的示例。实线的数据显然有问题。虚线也类似，但为具有良好的阻抗曲线的较高值的电容器。供应商不应该发布实线数据

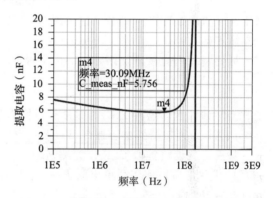

图 5-37　从标称 10nF 电容的 S 参数模型中提取电容的示例，但实际上是 5.8nF 电容。供应商经常测量在 100Hz 附近工作的阻抗桥中的电容。在兆赫兹范围内的 VNA 测量更有作用

> **提示**　供应商提供的大多数电容器的 S 参数模型都是"批量生产"的，其质量未由经验丰富的工程师进行检查。终端用户应始终评估供应商提供的模型的质量，然后再使用它们。

5.14　如何分析供应商提供的 S 参数模型

确定了盲目使用供应商提供的 S 参数模型的问题后，即使是直接测量的模型，我们也应以"负责任"的方式使用这些模型，我们可以从这些模型中获得一些潜在的价值。通过少量分析，可以解释在简单模型中测量的 S 参数和内在的 C 及提取的 ESR，还有特定的基于

所用具体夹具的 ESL。

第一步是从测量的 S 参数中提取已安装电容的阻抗曲线。假设对测量并发布的模型进行的校正很小，即它们表示其夹具中电容器的 S 参数。我们通过模拟一端的回波损耗（另一端短路）来提取阻抗曲线。这将双端口串联测量转换为电容器的单端口测量，其另一端接地。这是电容的输入阻抗。图 5-38 显示了使用 Keysight ADS 的实现电路。

利用单端口回波损耗，我们在每个频率上提取复阻抗：

$$Z(f) = 50\Omega \left(\frac{1 + S_{11}(f)}{1 - S_{11}(f)} \right) \tag{5-37}$$

式中，$Z(f)$ 是每个频率下夹具中电容器的复阻抗；$S_{11}(f)$ 是端口 2 短路时模拟复数回波损耗。

从复阻抗中提取 C、ESR 和 ESL，构成一个简单的 RLC 模型。在低频时，假设阻抗有恒定的电容，并且从阻抗的虚部获得电容，即

$$C(f) = \frac{-1}{(\text{imag}(Z(f)) \times 2\pi \times f} \tag{5-38}$$

式中，$C(f)$ 是等效电容，假定阻抗仅由理想电容引起；f 是计算复阻抗时的频率；$\text{imag}(Z(f))$ 是复阻抗的虚部。

同样，我们直接从使用阻抗的虚部提取等效的串联电感：

$$\text{ESL}(f) = \frac{\text{imag}(Z(f))}{2\pi \times f} \tag{5-39}$$

当然请注意，这种 ESL 不是电容器固有的，而是取决于测量中使用的具体设备，即其导线从 VNA 连接器到电容器焊盘以及现有的返回路径。

最后，我们将提取 ESR 作为测量阻抗幅度的最小值。图 5-39 显示了使用 ESR、ESL 和 C 的优化值后，使用简单串联 RLC 模型的仿真阻抗从 S 参数模型中提取的阻抗，其一致性非常好。

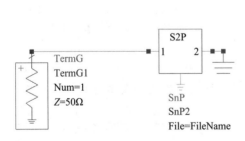

图 5-38　用于模拟双端口分流模型的单端口 S 参数的电路，它作为使用 Keysight 的 ADS 构建电容器的简单 RLC 模型的第一步

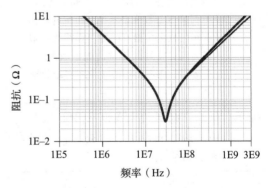

图 5-39　使用 $C = 42.6\text{nF}$、ESL $= 0.71\text{nH}$、ESR $= 0.0298\Omega$ 的简单 RLC 电路模型的仿真阻抗曲线与从 47nF 0402 MLCC 电容器的 S 参数模型中提取的阻抗曲线之间的对比

使用这个过程，我们可以分析任何两端口测量的 S 参数模型来提取简单的串联 RLC

模型。我们可以在系统级仿真中使用 C 值和 ESR，并且电容器将集成到其应用中对具体安装电感进行估计。

虽然串联 RLC 电路模型是一个简单的模型，但它可以很好地匹配测量的 S 参数模型。随着安装电感的减小，存在两个重要的限制。

RLC 模型假定 ESR 相对于频率是恒定的，但情况并非如此，ESR 具有频率依赖性。在低频时，损耗来自电介质，它随着频率的增加而减小。在某种程度上，实际电容器的 ESR 随着电容器体内电流的再分配而随频率的增加而增加，这是因为趋肤深度的影响。

我们可以从 S 参数模型中提取电容的有效串联电阻，并作为阻抗的实部。当这个电容器与另一个电容器并联后用在电路时，有助于衰减的特性。

在图 5-40 中，我们将提取 S 参数模型阻抗的幅度和实部，与来自简单 RLC 电路模型的仿真阻抗及其常数实部进行比较。从测量数据中提取的阻抗实部与预期一致。

当用简单的 RLC 电路对电容器进行建模，并在电路仿真中使用阻抗最小的平坦电阻时，我们低估了较高频率下电容器的有效阻尼阻抗。在 SRF 之上，有效阻尼阻抗比安装单值 ESR 的 SRF 高出 2 倍以上。SRF 由测量夹具的电容和电容的安装电感决定。

对于许多电容器，阻抗实部的最小典型频率为 $1\sim10\mathrm{MHz}$。这大概是趋肤深度效应开始重新分配电容器体内电流的频率，这也几乎是测试夹具中大多数电容器的 SRF。

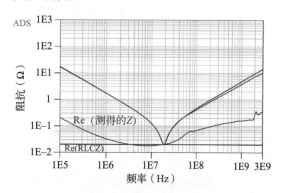

图 5-40　测量电容器阻抗的幅度和实部，并在 RLC 模型中仿真。阻抗的拟合实部在最小阻抗下是平坦的，并且只对测量的阻抗实部有近似值

这表明在简单的 RLC 电路中安装的 ESR 对应于电容器达不到的最小 ESR。它是一个值得称道的数字，但它是悲观的。并没有给出并联谐振电路中电容器阻尼的实际测量。

除了低估电容器在较高频率下的有效阻尼阻抗之外，电容器体内相同电流的再分配机制也会使电感在较高频率下降低。这导致图 5-40 中提取的阻抗曲线所示的电感略微降低。

我们需要有一个更高带宽的电容模型，以提高 SRF 之上频率的精度。该模型应考虑当前的再分配，并在频率上预测较高的阻尼阻抗和较低的电感。下一节会介绍这个模型。

5.15　高级主题：更高带宽的电容模型

在安装电感显著小于 $1\mathrm{nH}$ 的情况下，实际电容器的阻抗显示出新的隐藏特性，从而产生与频率相关的电感和电阻特性。电容器的电感取决于通过电容器体的精确的电流分布。

当电源和接地层的顶部非常接近电路板的顶面时，情况尤其如此。这在非常低的电感设计中是很典型的。图 5-41 显示了与简单 RLC 模型相比，安装在低电感夹具上的 $1\mu\mathrm{F}$ 电容的测量阻抗曲线。电容和曲线的串联谐振部分匹配良好。

然而，测量的阻抗与较高频率下曲线感应部分中的 RLC 模型不匹配。这表明电容器的

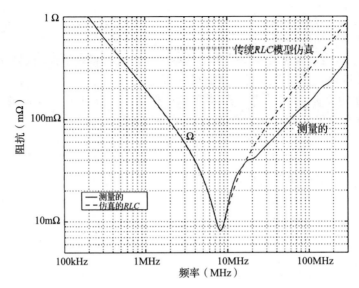

图 5-41   显示安装在低电感夹具上的 1μF 电容的测量阻抗与简单的 *RLC* 模型阻抗不匹配。
电容斜率和串联谐振频率下的阻抗匹配良好，但高频测量的阻抗与 *RLC* 模型的阻
抗相背离

电感是频率的函数，需要采用电感非常低的夹具进行观察。*RLC* 模型在 300MHz 时阻抗为
0.9Ω，而测得的阻抗为 0.4Ω。这表明高频下本征电容的电感小于 SRF 的一半。

在物理上，电容在高频时保持低电流，接近安装结构的回流。这类似于在高频下磁场
渗透到导体中的趋肤效应。板的串联电阻试图迫使电流更深入电容器以包括更多的平行板
并实现较低的电阻，最终达到平衡，并在 4.9 节讨论的趋肤深度关系中进行量化。类似的
机制发生在电容器中，电阻板迫使电流更深入，但磁场试图保持电流较浅分布。

在串联谐振频率下，所有的电容器板都从一个端子到另一个端子接合电流。随着频率
的增加，板的电容阻抗下降。需要更少的板对来承载电容器电流，并且没有容性观点的激
励，以使电流进一步上涨进入电容器主体，远离安装座中的回路。从电感和磁场的角度来
看，电流保持在电容器体内的动力很强，接近回流电流。

当电流集中在较少的电路板上时，ESR 上升。并联的较少的电容器板承载电流。这是
一个幸运的情况。在并联谐振产生 PDN 阻抗峰值的高频下，电容的电感降低，ESR 增加。
这正是我们想要减少并联谐振的 q 因子。可见在这种情况下 Murphy 错了。传统的 *RLC* 电
容模型是欠佳的。需要宽带电容器型号来解决高频率的新发现。

提示   当电容器的安装电感非常低，远低于 1nH 时，电容器的分布特性变得明显。低
安装电感显示频率越高，电容器电感下降和 ESR 增加。这是平行谐振峰值的 q
因子减少带来的意外好事。

电容器模型表现出来了，回路电感的减小和电阻的增加这两个效应。它们使得随着频

率增加，电容器体的电流分布发生变化[3-6]。

图 5-42 显示了安装在电路板上的电容器和等效电路模型的断面图。这种拓扑称为电容器的有损传输线模型。从实际的角度来看，每板平板配对是不必要的。最多需要 10 个并联元件来与低电感安装座上的典型电容匹配。

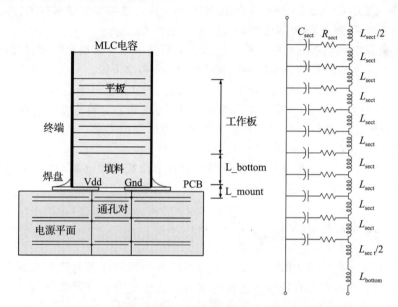

图 5-42　电容器的物理结构及其等效有损传输线模型

该模型考虑了板之间介质损耗的耗散因子。我们可以根据测量数据拟合该值，或者以所用的特定电介质来估算。在 X5R 电容器中，其约为 0.01。这说明阻抗实部的低频行为。

随着频率的增加，元件 L_{sect} 阻挡了越来越多的板对电流路径的贡献，有效的回路电感较低。工作电容较低，但这并不是问题，因为电容阻抗随着频率的增加而降低。具有较少数量的平行板时，有效等效串联电阻较高。

在较高频率下，较小的电流通过电容器的顶板，优先采取最低回路电感路径。这导致产生频率依赖的回路电感、电容和电阻。

提示　在较高频率下，较小的电流通过电容器的上部，优先采用最低回路电感路径。这引入了有频率依赖的回路电感、电容和电阻。仅在将这些传输线隐藏在电容器内部的安装电感显著小于 1nH 时，这才是明显的。

在低频时，分布式模型的阻抗曲线看起来像简单的 RLC 电路的阻抗曲线。简单串联 RLC 模型中的 C、ESR 和 ESL 与分布式模型中的参数之间存在关联。从测量的阻抗曲线中提取分布式模型的参数。

我们可以轻松地从低频率的特定阻抗中提取总电容 C_{cap}。在 SRF 中，最小阻抗是 ESR。分布式模型中每个部分的电容和电阻与总的 C_{cap} 和 ESR 值相关：

$$C_{\text{sect}} = \frac{C_{\text{cap}}}{n} \tag{5-40}$$

$$R_{\text{sect}} = \text{ESR} \times n \tag{5-41}$$

式中，n 是段数；C_{sect} 是每个部分的电容；R_{sect} 是每个部分的电阻。要想获得分布式模型的电感有点棘手。安装电容器的 ESL 通常由 SRF 来计算，这与 3 个要素有关：

- 从电路板电源/地平面腔顶部到顶盖的安装电感 L_{mount}；
- 从电路板顶部到底部的回路电感 L_{bottom} 与电容器的电介质填充厚度有关；
- 由平行板决定的路径的分布回路电感 L_{plates}，会再次下降。

$$\text{ESL} = L_{\text{mount}} + L_{\text{bottom}} + L_{\text{plates}} = L_{\text{mount}} + L_{\text{cap}} \tag{5-42}$$

式中，ESL 是由电容和 SRF 计算的安装电容的常见值；L_{mount} 是从电源平面腔到电容器焊盘的安装电感；L_{bottom} 是与电介质填充相关的电容器底部的电感；L_{plates} 是与平行板高度相关的回路电感；L_{cap} 是 L_{bottom} 与 L_{plates} 的总和。

电容器的固有电感 L_{cap} 是从电容器的焊盘通过电路板回到底部（包括电路板的并行连接）的有效回路电感。它包括底部和板回路电感，它是频率依赖的。

$$L_{\text{cap}} = L_{\text{bottom}} + L_{\text{plates}} \tag{5-43}$$

根据这些定义，板的分布电感为：

$$L_{\text{plates}} = L_{\text{cap}} - L_{\text{bottom}} \tag{5-44}$$

当电容器的安装电感很大时，例如当电源平面腔的顶部埋在电路板堆叠深处，远离电容器板时，或者电容器焊盘有较长的表面迹线时，传输线中电容器的行为对总电感有很小的贡献，且并不明显。为了观察随频率降低的电感，安装电感必须非常小，一般远低于 1nH。

对于低电感安装座，电容器的传输线特性在高电容的电感中占主导地位。ESL 主要由电容器的固有分布电感组成，该电感由电容器板和跨越电容器返回到电容器底部的回路组成。为了分离电容器中每个电感元件的贡献，我们需要一种估计电容器安装电感和底部电感的方法。这些可以来自专门的测量或使用近似计算/使用 3D 场求解器计算。如果它们非常小，则可以提取刚才的平行板电感。

如果假设 3 个回路电感元件中的每一个作为简单分立的集总回路电感，则所安装电容器的串联谐振频率与总有效 ESL 和每个电感分量相关，如下：

$$\text{SRF} = \frac{1}{2\pi \sqrt{(\text{ESL})C_{\text{cap}}}} = \frac{1}{2\pi \sqrt{(L_{\text{mount}} + L_{\text{bottom}} + L_{\text{plates}})C_{\text{cap}}}} \tag{5-45}$$

经过一些数学过程，有：

$$L_{\text{plates}} = \frac{1}{(2\pi\text{SRF})^2 C_{\text{cap}}} - L_{\text{mount}} - L_{\text{bottom}} \tag{5-46}$$

现在棘手的一部分来了。当我们消除了电容器的安装电感和底部电感后，电容器看起来像一条开放的传输线。它像传输线一样，具有每单位长度的电感和电容。这条传输线将有一个渡越时间。在这种配置中，从底部看入电容器时，阻抗为传输线的长度的四分之一波长时显示出最小电压。这发生在串联谐振频率处。有趣的是，传输线的开路端（电容器顶部）显示了串联谐振频率的最大电压。

传统意义上使用 RLC 模型，我们简单地选择一个电感与电容一起产生串联谐振频率的最小阻抗。尽管该阻抗曲线看起来像单个电感和电容的串联谐振，但是单个电感仅是传输线部分的四分之一波谐振的替代。实现 SRF 的单个电感和传输线长度上的电感下降是不一样的。

提示　虽然开放式传输线的四分之一波长短线谐振看起来像是传输线中总电感和电容的自谐振频率，但频率不一样。LC 电路只是传输线的替代品，并且以比传输线模型更低的频率预测阻抗最小值。

图 5-43 显示了串联 LC 电路和有相似总电感和电容的传输线之间的比较。显然，它们根本不同。传输线元件与特征阻抗、时间延迟以及线路的总电感和电容有关。通常电感和电容是每单位长度上的值，但相同的方程式可用于计算总电感和电容值，在这种情况下，我们不需要知道传输线的长度。

$$Z_0 = \sqrt{\frac{L}{C}} \ \text{和}\ \text{TD} = \sqrt{LC} \qquad (5\text{-}47)$$

在传输线中，四分之一波长短线谐振发生在比单个 LC 电路模型谐振更高的频率处。毕竟，传输线不是一个简单的 LC 模型，它是完全不同的分布式元素。它可以由 LC 电路近似。SRF 的近似值不是很好。然而，分布式传输线的四分之一波长短线谐振频率和总电感之间存在联系。

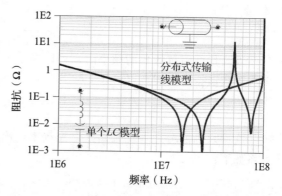

图 5-43　具有完全相同的总电感和电容时，单个 LC 电路和分布式传输线模型的阻抗曲线之间的比较，显示出有不同的谐振频率

在四分之一波长短线谐振频率下，开路传输线的长度为四分之一波长，如图 5-44 所示。

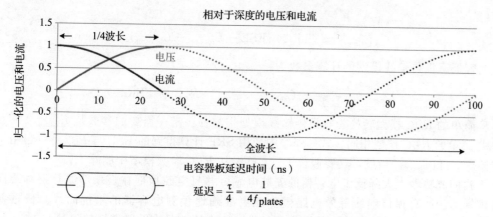

图 5-44　四分之一波长传输线谐振器上的电压和电流

如果我们在低频阻抗处测量传输线的电容，并测量四分之一波长短线的谐振频率，则我们可以提取传输线的总电感。

传输线的总电感 L_{tline} 是：

$$L_{\text{tline}} = \frac{\text{TD}^2}{C} \tag{5-48}$$

TD 在四分之一波长处的谐振频率为：

$$\text{TD} = \frac{1}{4} \frac{1}{f_{1/4\lambda}} \tag{5-49}$$

基于传输线中总电容和四分之一波长的谐振频率，传输线中的总电感为：

$$L_{\text{tline}} = \frac{\left(\dfrac{1}{4} \dfrac{1}{f_{1/4\lambda}}\right)^2}{C} \tag{5-50}$$

当测量低阻抗倾角的频率时，可以根据集总 LC 电路的 ESL 或传输线电路中四分之一波长短线谐振来描述。得到如下的 SRF：

$$\text{SRF} = \frac{1}{2\pi \sqrt{(\text{ESL})C}} \tag{5-51}$$

这称之为四分之一波长短线谐振频率，简单 LC 电路的 ESL 和传输线长度的总电感的关系如下：

$$L_{\text{tline}} = \frac{\left(\dfrac{2\pi \sqrt{(\text{ESL})C}}{4}\right)^2}{C} = \left(\frac{\pi}{2}\right)^2 \text{ESL} \sim 2.47 \times \text{ESL} \tag{5-52}$$

如果测量得到传输线的四分之一波长短线谐振频率，且假定为 LC 电路的 SRF，则传输线长度的总电感大约是从 SRF 提取的 ESL 的 2.47 倍。

这意味着使用最小阻抗时的频率和来自低频阻抗的电容，分布式传输线的总电感为 SRF 的 ESL 的 2.47 倍。

在提取板电感时，这是单个 LC 部分的近似。实际上，沿板长度方面总电感下降到集总值的 2.47 倍。如果 L_{mount} 和 L_{bottom} 是重要的，那么关系如下可以更好地估计板的总电感：

$$L_{\text{tline}} = \left(\frac{\pi}{2}\right)^2 \times (\text{ESL} - L_{\text{mount}} - L_{\text{bottom}}) \tag{5-53}$$

用于电容器有损传输线模型的计算参数为：

$$L_{\text{sect}} = \frac{L_{\text{tline}}}{n} \qquad C_{\text{sect}} = \frac{C_{\text{cap}}}{n} \qquad R_{\text{sect}} = \text{ESR} \times n \tag{5-54}$$

将简单的 RLC 模型转换为有损传输线模型很容易：唯一需要的参数是 L_{bottom}。C_{cap} 和 ESR 与简单的 RLC 模型相同。式(5-53)中使用 SRF 计算得到的 ESL 与 L_{bottom} 一起用于获得电感 L_{tline} 和 L_{sect}。当然，这要假设 L_{mount} 已经从 RLC 参数模型中删除了。

当我们成功地大大降低了电容器的安装电感，并且空腔顶部在板顶部的几密耳距离内时，该梯形图或有损传输线等效电路模型能更准确地预测电容器的阻抗曲线。最重要的是，它能更准确地估计电阻的有效频率依赖性，它会影响具有并联谐振的阻尼。

达到传输线模型值的另一种方法是获取测量的 S 参数模型和拟合参数值，以获得仿真值和测量值之间的匹配。例如，图 5-45 显示了 47nF 电容器使用 S 参数模型的测量和仿真阻抗，以及提取的电感。

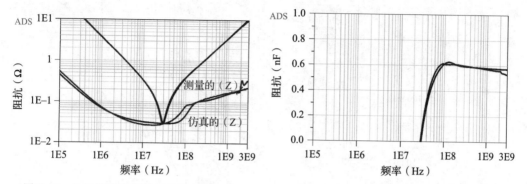

图 5-45　比较从 S 参数模型中提取出的阻抗、电感，以及从有损传输线模型中仿真得到的阻抗和电感

在这个仿真中，我们只需要调整以下 5 个参数。

- 电容的耗散因数等于 0.011；
- 安装电感等于 0.570nH；
- 每部分的电感等于 0.03nH；
- 每部分的电阻等于 0.0028Ω；
- 总电容等于 42.6nF。

在这个具体的例子中，大多数电感是安装电感。板中每部分回路电感的连续变化只有 30pH。这表明对于电容器的真实固有回路电感，如果使用最佳安装，有效串联电感会有多低。

与频率相关的电感是很好匹配的，有频率依赖的阻抗实部也是如此。可以使用这个模型来参数化供应商提供的任何 S 参数模型。然后，可以在系统级仿真中使用它，其中唯一的变化是电容器的实际安装电感，它基于电容器连接到腔体的几何形状。这将是实际电容器中与频率相关的实际阻抗。

提示　使用供应商提供的 S 参数模型的最有效方法是提取有损传输线模型中的等效电路元件参数，并根据电容器如何集成到特定的安装电感中使用这些术语。该模型将是电容器的精确、高带宽模型。

将供应商的 S 参数模型转换为有损传输线模型的一个特别有用的方法是在电路仿真器（SPICE、QUCS 或 ADS）中建立与图 5-42 所示的参数化原理图类似的参数化原理图。优化式(5-53)和式(5-54)中的参数 C、ESR、ESL 和 L_{bottom} 参数以获得最佳拟合。可以通过为每个物理电容器调用这 4 个参数来创建一个合适的模型库。

图 5-46 将 RLC 模型与有损传输线模型中的仿真与测量数据进行比较。该系统包括在

印制电路板上安装有低电感结构的 100μF 和 1μF 电容器，其具有相当大的功率平面电容。*RLC* 串容模型预测曲线在两个位置上有高阻抗峰值。

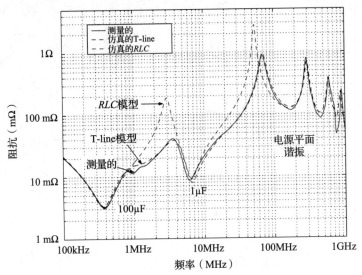

图 5-46   *RLC* 模型和有损传输线电容器模型的仿真与实测的对比。有损传输线模型预测并联
谐振峰值的效果要好得多

当 100μF 电容与 1μF 电容发生并联谐振时，产生一个阻抗峰值（约在 3MHz 处）。其他阻抗峰值（约在 60MHz 处）发生在并联 100μF 和 1μF 后与电路板电源平面发生谐振的位置。测量的阻抗峰值与 *RLC* 模型预测的阻抗峰值相比大大降低，仅为预测高度的 20%。测量的峰值处于较高频率，而且不那么尖锐（较低的 q 因子）。

有损传输线模型可预测非常接近测量峰值的阻抗峰值。关键是将电容器安装在电感非常低的底座上。当安装电感变得比电容器电感更小时，有损传输线正确地预测了陶瓷电容器的频率相关的电感和 ESR。这两种模式都不影响高于 100MHz 时的功率平面腔谐振。

该模型的一个有趣应用是嵌入在封装或板衬底中的电容器。有损传输线模型有两个端口，一个在电容器的顶部，另一个在底部。它们不是在相同的电压下。模型的顶端可以连接到模具旁边的封装金属上，而底部端口可以连接到板球附近的封装金属上。双端口模型不会将封装的顶部缩短到封装的底部，而是通过阻抗连接。我们预期从底部端口到顶端端口的功率将因高频而被抑制，但实际上是有损传输线路模型。

提示   当安装电感设计得非常小时，电容器的分布式传输线模型很有用。我们可以使用它来准确描述电容器嵌入封装中并将模具连接到电路板球上的行为，该模型会衰减高频功率传输。

在本节前面，我们提到了电容器的有损传输线模型预测。在串联谐振频率下，我们可以看到电容器焊盘安装处的最小电压和电容器顶部（开路端）的最大电压。这是四分之一波

长谐振模式的传输线性质。它也有助于解释为什么我们不应该通过测量去耦电容器的顶部来进行 PDN 测量。

有损传输线的行为像一个四分之一波长的谐振器，因为它的一端是开放的，并且连接到另一端的低电平电路板阻抗上，如图 5-42 所示。我们通常认为电容器是一个双终端设备，但实际上它是分布在这些板上的电压降。传输线效应是串联谐振频率下电容器两端电压差别很大的一个原因。

安装电容器从 SRF 中的电路板上吸收了最大的电流和能量，因为它处于最低阻抗。然而，电容器的顶部具有相同频率下的最大电压。当将仪器连接到电容器的顶部来测量 PDN 时，安装电容器实际上放大了来自电路板的 PDN 噪声。测量的 PDN 噪声通过增强 SRF 处的噪声并在其他频率上衰减而着色。

查看这种情况的另一种方法是以并联和串联方式集总 RLC 组件，如 2.9 节所述。当将仪器连接到与电路板相反的电容器顶部来测量 PDN 电压时，电容与安装电感并联。当从顶部观察时，LC 组合形成谐振频率处的并联谐振和阻抗峰值。这样放大了在谐振频带中使用仪器测得的 PDN 噪声电压。

然而，当从电路板的角度观察安装电容器时，电容器与安装电感串联并形成串联谐振电路。从电路板电源平面的角度来看，进入电源/接地通孔的分支电流以及在通孔上测量的电压显示出串联谐振电路中的低阻抗。从板的角度来看，相同的安装电容器从电路板的角度看是噪声吸收器，但从电路板顶部俯视电容器顶部的角度看它是静噪声放大器。由于不能通过将仪器连接到电容器的顶部来测量电路板电压，所以拆下电容器然后将仪器连接到焊盘上要好得多。

因此，无损传输线的概念和集总串联/并联谐振电路都可预测相同的事情。对与去耦电容相关的噪声电压，从仪器俯视盖子的角度或从电路板电源平面的角度观察电容器，其结果是相反的。有损传输线的行为就像一个四分之一波长的谐振器，一端连接到电路板的低阻抗，另一端开路。集总的 LC 元件从板电源的角度来看是串联的，并且从连接到电容器顶部的仪器的角度来看它是并行的。它们分别具有用于并联和串联 RLC 电路的预期阻抗峰值和回落。

5.16　总结

1. 一个实际的电容器在低频下像一个理想的电容器。约在 10MHz 以上时，由于其串联安装电感，所以它具有完全不同的阻抗行为。

2. 简单的理想 RLC 电路模型与实际电容器的实际阻抗特性是相当匹配的。这使得该模型在对实际电容器进行单独建模或进行并联时非常有价值。

3. 在 RLC 电路中，理想电容主导低频阻抗，理想电感支配高频阻抗，而最小阻抗是发生在自谐振频率(SRF)下的 ESR 处。

4. 当多个相同的电容器并联时，所得到的阻抗曲线仅是每个单独电容器的标称阻抗。

5. 当并行添加两个不同的电容器时，会出现一个新的行为，在各个电容器的两个 SRF 之间存在峰值阻抗。该峰值阻抗是 PDN 中最重要的特征。

6. 在两个电容之间降低峰值、并联阻抗的 3 个重要方法是减少 ESL、使两个电容值更接近、增加 ESR。当优化 PDN 阻抗时，利用所有这些设计点。

7. 受控 ESR 电容器是帮助抑制电容并联时产生峰值阻抗的重要组成部分。

8. 电容器的安装电感与 3 个部件有关：表面迹线、电容器主体和通向电源和接地腔的通孔。减少其中的一个都会使 ESL 尽可能降低。

9. 在实际情况下，将 MLCC 电容器的 ESL 降低到 4nH 以下是可实现的。做得好的时候，我们可以将安装的 ESL 减少到 2nH 以下。在良好的设计中，我们可以将其降低到 0.5nH 以下。

10. 当安装电感远低于 1nH 时，电容器的传输线特性将变得明显。用于电容器的传输线模型预测了电感的减小和 ESR 随着频率的增加。

参考文献

[1] "Design Tools | AVX Spicap." [Online]. Available: http://www.avx.com/resources/design-tools/. [Accessed: 14-Mar-2016].

[2] T. Roy, L. Smith, and J. Prymak, "ESR and ESL of ceramic capacitor applied to decoupling applications," in *IEEE 7th Topical Meeting on Electrical Performance of Electronic Packaging (Cat. No.98TH8370)*, 1998, pp. 213–216.

[3] L. D. Smith and D. Hockanson, "Distributed SPICE circuit model for ceramic capacitors," in *2001 Proceedings. 51st Electronic Components and Technology Conference (Cat. No.01CH37220)*, 2001, pp. 523–528.

[4] L. D. Smith, D. Hockanson, and K. Kothari, "A transmission-line model for ceramic capacitors for CAD tools based on measured parameters," in *52nd Electronic Components and Technology Conference 2002. (Cat. No.02CH37345)*, 2002, pp. 331–336.

[5] C. R. Sullivan and Y. Sun, "Physically-based distributed models for multi-layer ceramic capacitors," *IEEE Electr. Perform. Electr. Packag.*, no. 2, pp. 185–188, 203.

[6] L. D. Smith, "MLC capacitor parameters for accurate simulation model," in *Santa Clara, CA, DesignCon*, 2005.

平面和电容器的特性

6.1 平面的关键作用

作为一个 PDN 组件，在电路板或半导体封装中电源和接地平面的目的是将 VRM 和电容器连接到有源器件上，并向有源器件提供一个干净的电源，而且它应具有可接受的低压噪声。影响平面 PDN 噪声的两个主要因素是通过有源器件的瞬时电流和平面阻抗。

我们指的电结构是相邻的电源和接地平面作为空腔所形成的。腔是任何相邻的一对平面，而不管它们的直流电压。这种大而长的带有电介质的导体结构之间能捕捉任何电场和磁场，并强烈地影响电场和磁场的传播。电磁场在腔的"边缘反射"并且波动，这种腔的具体形状和几何参数和结构影响着进入腔中的方式。

提示 我们把任何一对平面叫作一个腔，因为它创造了波导边界条件来俘获它内部的电磁场。

我们将看到，不同于小的分立元件，由两个平面组成的空腔分布式结构的阻抗是复杂的。最终，它们的三维性质影响了电流如何在腔中流动以及由此产生的动态、传播、电压分布之间的关系。然而，我们可以建立一些简化模型腔，这样可以了解它们的物理性质是如何影响我们所需要的强大的 PDN 性能的。

特别是在低频时，我们将腔体建模为单集总电容，对应于腔体的平行板电容。空腔电感表示的是在两平面之间回路电感与扩散电感之间的关系。在串联或并联谐振频率中电容和电感谐振腔相互作用的结果取决于我们如何探测腔。

在较高频率时，由于腔内电磁波的传播速度和边界条件引起的模态谐振而导致高阻抗峰。

通常，平面之间的低阻抗意味着在相同的瞬时电流下将产生更低的电压噪声。电源和接地平面设计的原则很简单：尽一切可能降低平面阻抗。

这通常可以解释为尽可能地保持电源和地平面上的板叠层与相邻层之间为薄介质。一个影响电容器和电路板 IC 封装间的安装电感的次要因素是电源接地腔的顶部移动到接近板面的位置。

> **提示**　设计平面最重要的准则是尽一切可能降低去耦电容和有源器件之间的阻抗。通过在相邻层上使用宽平面来实现这一点，实际上在它们之间具有尽可能薄的电介质，放置在靠近印刷电路板表面的叠层中。

如果它是免费的，那么应始终遵循一个设计准则或习惯。如果要花费更多的成本，则我们就必须评估它是否值得："砰一声"需要花费多少钱？我们只能通过输入数字来确定这一点——计算从平面开始的 PDN 阻抗和噪声性能的影响。这就要求建模平面以及将电学性能整合到系统电路仿真中。

由两个平面构成的腔阻抗取决于腔体的几何形状和测量阻抗的位置。图 6-1 显示了从空腔中每一个平面上两相邻的接触点看去，模拟阻抗都可以看作一对平面腔。在这个例子中，平面尺寸大约是每边 4in×6in，其间隔为 64mil，填充 FR4 介质。

这个阻抗谱显示 3 个不同的区域：低频区，其平面近似一个电容器；中频区域，其平面近似一个电感；高频区域，在那里我们看到谐振腔模态谐振的尖锐阻抗转换，这看起来像传输线的阻抗曲线。我们分别探讨这 3 种不同的频率区域。

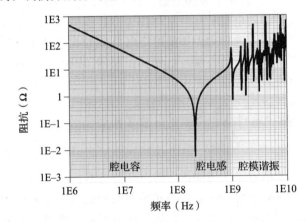

图 6-1　从 3 个阻抗区域中心观察空腔的阻抗曲线。使用 Mentor Graphics HyperLynx PI 进行仿真的结果

> **提示**　在频域中探索腔阻抗是很方便的，因为我们可以把它分成 3 个部分：低频段，在那里看起来像是电容器；中频范围，它看起来像一个电感器；在高频，它看起来像一条传输线。

6.2　平面的低频特性：平行板电容

在低频时，电源和接地腔体的阻抗都与电容有关。我们用平行板近似来估计这种腔体电容，它假定在平面边缘的边界之外不产生边缘场：

$$C = \varepsilon_0 \mathrm{Dk} \frac{A}{h} \tag{6-1}$$

式中，C 代表平面之间的电容；A 代表重叠面积；h 代表平面间的介电厚度；ε_0 代表自由空间的介电常数，$\varepsilon_0 = 8.85 \times 10^{-12} \text{F/m} = 0.227 \text{pF/in}$；Dk 代表腔体间材料的介电常数。

在特殊情况下，将 FR4 作为介质，Dk = 4.2。这个可以换算成单位面积上的电容值（单位为 pF/in^2）与介质厚度之间的简单表达式：

$$\frac{C}{A}[\text{pF/in}^2] = \varepsilon_0 \text{Dk} \frac{1}{h} = 0.227 \text{pF/in} \times 4.2 \times \frac{1}{h[\text{in}]} = \frac{0.95}{h[\text{in}]} \sim \frac{1}{h[\text{in}]} \qquad (6\text{-}2)$$

如果我们测量平面之间的介质间距（单位为 mil）和单位面积上的电容（单位 pF/in^2），则：

$$\frac{C}{A}[\text{pF/in}^2] \sim \frac{1}{h[\text{mil}]} \qquad (6\text{-}3)$$

如果介质厚度为 3mil，平面之间单位面积上的电容 $C = 0.3 \text{pF/in}^2$。一对边长为 10in 的平面电容约为 $0.3 \text{nF/in}^2 \times 100 \text{in}^2 = 30 \text{nF}$。

提示 作为一个粗略的规则，一个腔的电容的间距为 1mil 并填充 FR4 所分离，单位面积上的电容约 1nF/in^2 并随着介质层厚度的增加而减小。

这种平行板假设平面边缘的边缘场是可以忽略不计的，但平面的边缘总是有边缘场的。在高纵横比时，平行板电容占主导地位，我们可以忽略边缘场。然而，对于较小的纵横比，边缘场电容也起着作用。我们需要判断这种影响。

6.3 平面的低频特性：边缘场电容

我们通过比较平行板电容与用场求解器计算的电容来研究构成腔体边缘的边缘场的贡献，包括平行板和边缘场电容。我们期望场求解器比平行板近似计算的电容更大。这个不同是边缘场所做的贡献。

我们甚至可以使用二维场求解器来估计围绕一对平面边缘的边缘场的单位长度。大多数二维场求解器迫使返回平面为无限宽。场求解器计算信号线与平面之间距离为 $h'(h)$ 的电容。这个电容是平面顶部的信号线与平面以下等距离的镜像信号线之间的电容的两倍，即有一个完全分离的 h，$h = 2 \times h'$，如图 6-2 所示。

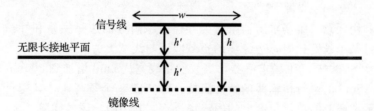

图 6-2　在有限宽返回平面上传输线中信号线的长度和返回平面另一侧镜像信号线的横截面

二维场求解器计算线路的特性阻抗。利用时间延迟，我们计算线的总电容为：

$$C = \frac{\text{TD}}{Z_0} = \frac{\text{Len}}{c Z_0} \sqrt{\text{Dk}} \qquad (6\text{-}4)$$

式中，C 是信号线到平面的电容，是信号线与镜像线之间电容的 2 倍；TD 是信号线作为传输线的时间延迟；c 是光在空气中的速度 = 11.8in/n；Z_0 是信号线对于平面的特性阻抗（Ω）；Dk 是信号线与返回平面之间材料的介电常数。

在信号往返之间为空气的特殊情况下，Dk = 1，我们估计每一个微带长度的电容为：

$$C_{\text{len}} = \frac{1}{cZ_0} = \frac{84}{Z_0}\text{pF/in} = 2 \times C_{\text{len-image}} \tag{6-5}$$

由于两个电容串联在一起，所以顶部导体与返回平面之间的电容是信号线与镜像线之间电容的两倍。这使得信号线与其镜像之间的电容为：

$$C_{\text{len-image}} = \frac{1}{2}C_{\text{len}} = \frac{42}{Z_0}\text{pF/in} \tag{6-6}$$

信号线与镜像线之间的总电容由平行板和沿传输线两侧的边缘场电容组成：

$$C_{\text{len-image}} = C_{\text{len-pp-image}} + 2 \times C_{\text{len-fringe-image}} \tag{6-7}$$

式中，$C_{\text{len-image}}$ 表示信号线与镜像线之间的电容量，由二维场求解器计算得出；$C_{\text{len-pp-image}}$ 表示信号线与镜像线之间单位长度上的平行板电容；$C_{\text{len-fringe-image}}$ 表示沿两导体边缘间隔距离为 h 的单位长度上的边缘场电容。

利用平行板近似，我们计算信号线与其镜像线之间没有边缘场的电容。

$$C_{\text{pp-image}} = \varepsilon_0 \text{Dk} \frac{w \times \text{Len}}{h} \tag{6-8}$$

由此，信号线和镜像线之间单位长度上的平行板电容刚好为：

$$C_{\text{len-pp-image}} = \frac{C_{\text{pp-image}}}{\text{Len}} = \varepsilon_0 \text{Dk} \frac{w}{h} = 0.227 \frac{w}{h}\text{pF/in} \tag{6-9}$$

式中，$C_{\text{pp-image}}$ 是信号线和距离为 $2h$ 的镜像线之间的平行板电容；$C_{\text{len-pp-image}}$ 是信号线和距离为 $2h$ 的镜像线之间单位长度上的平行板电容；ε_0 是自由空间的介电常数 = 0.227pF/in；Dk 是信号线与 Dk 之间的介电常数（在此例中为 1）；Len 是信号线的长度；w 是信号线的宽度；h 是信号线与镜像线的距离。

我们计算了从边缘场开始沿两导体的一个边缘的单位长度上的电容。在这种情况下，信号线和镜像线的间隔距离为 h，这是两导体之间总边缘场对电容的贡献的一半：

$$C_{\text{len-fringe-image}} = \frac{1}{2}(C_{\text{len-image}} - C_{\text{len-pp-image}}) \tag{6-10}$$

我们可以利用任意二维场求解器来研究导体边缘附近的边缘关系和性质。例如，我们期望当线宽超过某个长宽比时，边缘场的贡献应该与线宽无关。

利用极仪器 SI 9000 二维场求解器，当我们将线宽从 2mil 增加到 200mil 时，计算以空气为介质，$h' = 5$mil 的微带传输线的特性阻抗。W/h 是一个宽高比，其变化在 0.2～20 之间。图 6-3 显示了截取的单位长度上的边缘场电容，其中两导体的间隔为 2×5mil = 10mil。请注意以上的线宽度约为 50mil，或宽度比为 5～1，边缘场电容有独立的线宽约为 0.16pF/in。对于非常窄的线，边缘场线的数目被切成两半，因为两条边上的磁场线从导体的同一位置上产生。

线宽大于 140mil 或宽度比大于 14 的边缘场电容有着轻微的不准确，这可能是由于非优化的网格尺寸和有着非常大的宽度比结构的场求解器存在轻微的不准确。

需要注意的是，对于宽度比大于 10，这意味着一个微带和单位长度上平行板电容阻抗特性之间的差异是恒定的。这意味着，只要宽度比较大，两个边的边缘场电容与介质间距无关。

我们通过将介质厚度从 1mil 改变到 50mil 来保持线宽与介质厚度的宽度比为 10，并计算每边单位长度上的边缘场电容。与介质厚度无关，边界的边缘场电容恒为 0.16pF/in，如图 6-4 所示。

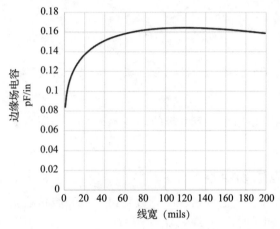

图 6-3 随着线宽的增加，边缘场沿两宽度相等且间隔为 10mil 的导体的单位长度上的电容

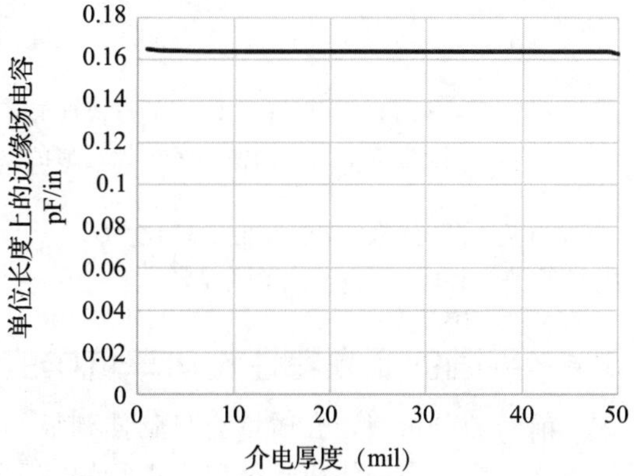

图 6-4 在空气中两个板之间单位长度上的边缘场电容，它们之间的介质厚度以一个固定的宽高比(10)增加。注意，边缘场电容与介质间隔无关，大约为 0.16pF/in)

分析表明，两极板之间的边缘场电容约为 0.16pF/in。当知道平行板电容时，我们可估计边缘场的附加电容和平面总电容。这假定板中填充有介电常数为 Dk 的电介质，它不延伸到边缘场的板外。总电容近似为平行板电容和四边的边缘场电容之和，如下：

$$C_{\text{total}} = C_{\text{pp}} + C_{\text{ff}} = \varepsilon_0 \text{Dk} \frac{w \times \text{Len}}{h} + 4 \times \text{Len} \times 0.16\text{pF/in} \qquad (6\text{-}11)$$

在特殊的形状(如方形腔)中，由于 $w=\text{Len}$，此时可简化为：

$$C_{\text{total}} = \varepsilon_0 \text{Dk} \frac{w \times \text{Len}}{h} + 4 \times \text{Len} \times 0.16\text{pF/in} \qquad (6\text{-}12)$$

式中，C_{total} 是两板间的总电容；C_{pp} 是平行板电容；C_{ff} 是边缘场周围四边贡献的电容；Dk 是材料之间的介电常数；h 是板之间的介电间距；Len 是方板的长度。

我们估计了平行板近似计算的电容对于场求解器的相对误差：

$$\text{error} = \frac{C_{\text{ff}}}{C_{\text{total}}} = \frac{4 \times 0.16}{0.227 \times \text{Dk} \times \dfrac{\text{Len}}{h} + 4 \times 0.16} \qquad (6\text{-}13)$$

这表明，估算的平行板电容与总电容的误差随着宽高比的减小而减小。图 6-5 显示了在板之间介质为空气和填充物为 FR4(Dk＝4)情况下平行板近似的相对误差。

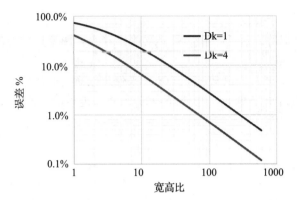

图 6-5　板内介质为 1 和 4 时，平行板近似，与板外为空气时的相对误差。板间的高电介质对于边缘电场线和使用平行板近似的误差影响较小

当空气存在板之间，且宽高比为 10∶1 时，使用平行板电容的误差大于 20％。而当板内填充 FR4 时，它会下降到 7％。

6.4　平面的低频特性：功率坑中的边缘场电容

前面的分析假定介质填充只延伸到板的边缘。在这种情况下，被切出的板和腔是独立的。这发生在当一块板子被剪去进行快速 Dk 测量时。

在下一个例子中，电源和接地平面是在板上形成的岛状或"水坑"。在这种情况下，电介质延伸到空腔之外，增加了边缘场电容。在横截面上，这看起来类似于微带。我们可以使用任何二维场求解器来估计它对边缘场线的贡献。和以前一样同样的分析使用，只是利用二维场求解器计算出介质板中边缘场的总电容。我们从二维场求解器计算的特征阻抗中可以得到单位长度上的总电容，它可由式(6-14)构成：

$$C_{\text{len-total}} = C_{\text{len-pp}} + 2 \times C_{\text{len-fringe}} \tag{6-14}$$

和

$$C_{\text{len-fringe}} = \frac{1}{2}(C_{\text{len-total}} - C_{\text{len-pp}}) \tag{6-15}$$

从这种关系出发，可计算介质板存在时各边上的边缘场电容。在功率平面坑为正方形截面的情况下，平行板电容是

$$C_{\text{pp}} = \varepsilon_0 \text{Dk} \frac{w \times \text{Len}}{h} \tag{6-16}$$

式中，C_{pp} 是在信号和返回之间的总平行板电容；$C_{\text{Len-pp}}$ 是平行板单位长度上的电容；$C_{\text{Len-total}}$ 是微带传输线的单位长度上的总电容；$C_{\text{Len-fringe}}$ 是边界的边缘场上单位长度的电容。

用平行板近似计算总电容的相对误差为：

$$\text{error} = \frac{4 \times \text{Len} \times C_{\text{len-fringe}}}{C_{\text{pp}} + 4 \times \text{Len} \times C_{\text{len-fringe}}} \tag{6-17}$$

随着宽高比的增大，误差会减小。使用功率坑和 Dk＝4 的正方形截面的特殊情况，图 6-6 显示了使用平行板近似的计算误差。我们发现，当宽高比为 10 时，平行板近似误差

为 20%。若要达到 1% 的误差，则需要宽高比为 50。这似乎需要很多，但我们通常会遇到这种情况。一个 6mil 的绝缘厚度，且要求误差小于 1% 时，我们要求功率坑是 50×6mil＝300mil 或 0.3in。功率坑通常大于 0.3in。

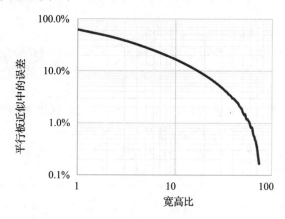

图 6-6 使用平行板近似相比于使用 FR4 和 Dk＝4 的正方形截面功率坑场求解器计算的误差。注意，即使有 10 的宽高比，平行板误差大约也是 20%

提示 即使介质的宽高比为 10，平行板近似的精度大约只有 20%。使用平行板电容模型计算两平面之间的电容时，要记住这一点。

这种近似通常是测量层合板 Dk 的基础：建立大腔体和测量电容，从测量的电容和几何图形中获得的 Dk。这项技术只有在准静态近似的低频时才是准确的，而腔看起来像集总电容器。另外，若想平行板近似得到高精度的 Dk 测量值，则宽高比必须是出奇得高。

当测量平面间的阻抗时，我们将阻抗理解为一个简单的集总电容模型，从而在低频处获得电容：

$$C = \frac{-1}{\mathrm{imag}(Z) \times 2\pi f} \qquad (6\text{-}18)$$

式中，C 是提取的集总电路的等效电容；$\mathrm{Imag}(Z)$ 是复阻抗的虚部；f 是正弦波频率。

利用电容和平行板近似，我们获得的 Dk 值为：

$$\mathrm{Dk} = \frac{C \times h}{\varepsilon_0 A} \qquad (6\text{-}19)$$

式中，C 是从阻抗测量中获得的电容；H 是在腔中平面之间的介质厚度；A 是平面的重叠区域；ε_0 是自由空间的介电常数，为 0.227pF/in。

作为一个例子，我们测量一个顶部和底部延伸到板边的双层板，使用第 3 章所述的两端口技术得到板的长宽为 4.53in×6.3in 和 64mil 厚。利用 S_{21}，我们使用式(6-20)获得该阻抗：

$$Z = 25\Omega \times \frac{S_{21}}{1 - S_{21}} \qquad (6\text{-}20)$$

假设准静态模型和平行板近似，在这个阻抗中，我们可以获得电容和 Dk。

对于最长的 6.3in，准静态近似大约精确为：

$$f[\text{GHz}] < \frac{1}{20}\frac{c}{\lambda\sqrt{\text{Dk}}} = \frac{1}{20}\frac{11.8}{\lambda\sqrt{4}} = \frac{0.3}{\text{Len}[\text{in}]} = \frac{0.3}{6.3} \sim 50\text{MHz} \qquad (6\text{-}21)$$

这对应于在 FR4 中该结构的物理尺寸为波长的 1/20。

该板的宽高比（最窄边宽度/介电层厚度）约为 4.5/0.064＝70。我们期望平行板近似精确到 1% 以下。

提示　使用平行板电容器的电容值时，测量层合板的 Dk 值是最通用和最简单的方法。理解电容的两个重要的因素是这种结构应该是电短，并且每边长度应小于频率测量的 $1/20\lambda$，以及为了达到 1% 以上的精度，宽介电层厚度的宽高比至少应为 50。

图 6-7 基于这个简单腔体的平行板近似，显示了阻抗，获取电容和 Dk 图。我们发现电容和介电常数随频率的增加缓慢下降。这是由介电常数与频率的实际变化引起的，这被称为材料色散。

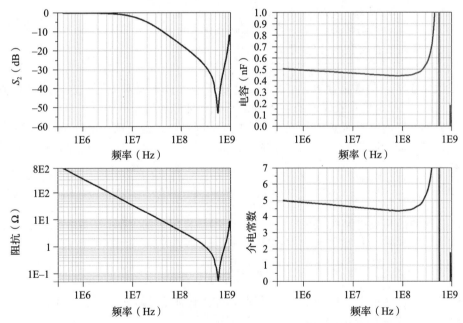

图 6-7　所测量的空腔插入损耗和所获得的阻抗、电容和介电常数。介电常数与频率无关，而依赖于是材料中的色散。这种腔的简单集总电路模型适用于不高于约 50MHz 的情况

我们看到阻抗第一次下降是在 500MHz 时。在频率为约 100MHz 时，阻抗开始偏离理想的集总电容，接近 50MHz 的估计极限。

在频率低至 1MHz 时，这种材料的 Dk 值大约为 5，而频率在 100MHz 时，它将减少

到约为 4.3。测得的电容稍高于这种结构中由边缘场引起的平行板近似。在宽高比为 70 时，误差约为 1%。这意味着基于较高电容提取的 Dk 比实际 Dk 高约 1%。

当然，将两个平面建模为一个分布式腔或传输线而不是集总电容器，可以使介电常数获得比 50MHz 高得多的频率。

6.5 长窄腔回路电感

与腔相关的电感是最令人困扰的电学特性之一。在第 4 章探讨线圈电感的近似时，我们引入了一对长而宽的导体，它们之间的间距很窄。我们还介绍了与薄板电阻相似的板状电感，以及平面长度的平方数。我们介绍的回路电感为：

$$L_{\text{loop}} = \mu_0 \times h \times \frac{\text{Len}}{w} = (32\text{pH/mil} \times h) \times \frac{\text{Len}}{w} = L_{\text{sq}} \times n \qquad (6\text{-}22)$$

式中，L_{loop} 是回路电感(nH)；μ_0 是自由空间磁导率 $=4\pi \times 10^{-7}$ H/m $=32$nH/in $=32$pH/mil；Len 是导体长度(mil)；h 是导体之间的介质厚度(mil)；L_{sq} 是片状电感(nH/square)；n 是导体长度的平方。

提示　腔的片状电感是表征腔体电感的最重要参数。从空腔中切出的任何矩形截面的回路电感是片状电感的长度的平方数。

在两个长平面和窄平面的回路电感的特殊情况下，从一端开始测量并将较远端短接，我们假设顶面和底面上的电流密度是均匀的。在这种特殊情况下，回路电感直接与导体长度和间距成正比，与线宽成反比。图 6-8 显示了一对 30in 长、0.3in 宽的平面，其间距为 1mil。在该几何体中，宽度和介电间隔之间的宽高比为 300/1，长度与宽度的长宽比为 30/0.3=100/1。

式(6-22)近似预测了从一端到回路的回路电感为：

$$L_{\text{loop}} = (32\text{pH/mil} \times h) \times \frac{\text{Len}}{w} = (32\text{pH/mil} \times 1\text{mil}) \times \frac{30\text{in}}{0.3\text{in}} = 32\text{pH} \times 100 = 3.2\text{nH}$$

$$(6\text{-}23)$$

对于这个 30in 长的结构，我们希望描述这个静态模型作为一个集总电感应用到(6in/ns)/30in×1/20=10MHz 上。在频率为 6in/ns/30in=0.2GHz=200MHz 时，一个波长适合 30in 的结构，这时近似值约为波长的 1/20。图 6-9 显示了用全波 3D 场求解器仿真这种结构的阻抗曲线。

阻抗匹配时电感器的频率大约为 20MHz，在传输线的特性开始建立时，它能迅速地增加。我们估计 10MHz 作为限制以使用集总电路近似是一个安全估计。从这个仿真阻抗曲线和对于一个电感所熟知的特性中，我们选择一个频率(1MHz)，这时获得的电感为：

$$Z = |j\omega L| \ \text{且} \ L[\text{nH}] = \frac{1000}{2\pi} \frac{1}{1\text{MHz}} Z_{1\text{HMz}} = 159 \times Z_{1\text{MHz}} \qquad (6\text{-}24)$$

式中，$L[\text{nH}]$ 是获得的电感(nH)；$Z_{1\text{MHz}}$ 是如果配置元件是一个电感，则频率在 1MHz 时阻抗的大小。

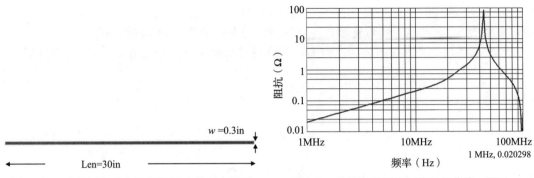

图 6-8   一个长而窄的空腔俯视图，其介电厚度为 1mil

图 6-9   长且窄腔远端短路阻抗曲线，通过 Mentor Hyperlynx PI 仿真得到

在图 6-9 的例子中，标记出（在图的右下角）的阻抗在 1MHz 时为 0.0203Ω。这个结果表明所获得的电感为 $159 \times 0.0203\Omega = 3.23nH$。这与均匀电流密度的估计相符。

在这个例子中，导体条只有 0.3in 宽，与长度相比非常窄。尽管仿真电流是通过一个通孔接触发射到空腔中的，但只要有几个迹线宽度的距离，电流就会被均匀地分布在长度上。这与式(6-22)中简单近似的假设相符。

> **提示**   一对长窄导体的回路电感与用三维求解器计算的值近似匹配。我们对这个校准结构有很好的近似。

6.6   宽腔中的扩散电感

当空腔不长，但窄而宽时，顶面和底面上的电流密度可能不均匀。当一个信号从平面上的小接触点发射出去时，它就向外扩散，直到到达墙壁并被多次反射扭曲。图 6-10 显示了空腔顶部的电流密度，当径向电流波在中心发射时它向外扩散。

如 4.7 节所介绍的，限制在较窄路径上的电流增加了该路径的电感。当电流从中心接触点向外传播时，如图 6-10 所示，单位长度的回路电感减小。当电流路径从一个小接触区域向外传播时，我们称这种回路电感为扩散回路电感或仅叫扩散电感。这是与腔体相关的电感。越靠近中心接触点，电流密度越高，腔扩散电感越大。

> **提示**   在空腔中传播的电感是回路电感，从传播电流波前看到它从中心接触点向外扩散到一个尺寸增大的腔体中。电流环路波前在顶面和底面之间流动。

我们将考虑两种配置中的腔。第一个配置时被短路，至少有一个通孔通过电感将顶面和底面连接在一起。第二个配置是打开，此处腔体在低频段看起来是电容性的。在这两种情况下，我们都看到了扩散电感效应。电流从单接触点传播，通过腔面流动并找到返回路径。

最初，我们在一个圆形空腔的中心使用一个观察点，返回路径是一个通过空腔的外部

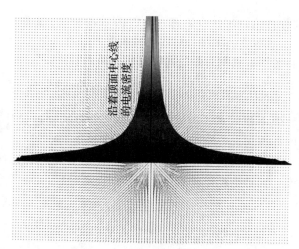

图 6-10 在一个腔顶部导体中的电流分布，电流从中心接触点向外扩散。叠加处是沿着空腔中线的初始电流密度曲线。通过 Mentor Hyperlynx PI 仿真得到

边缘的短路壁。然后，我们去掉短路壁，并使位移电流作为返回路径。我们还将认为空腔是矩形的，接触点位于边缘或角落而不是中心。

与电流通路相关的回路电感是腔扩散电感。在一个短路的通孔或电压源的横截面上，电压源通过一个小的通孔孔径来分隔通孔和一个平面，这对腔的驱动没有多大区别。电流和磁场模式相同。后者是一个 VNA 端口配置。

3 种等效回路电感的计算方法与中心接触圆谐振腔相关联，并作为传播电流波前的考虑：

- 利用环绕发射通孔的磁场线和安培定律。
- 作为带有通孔导体的同轴电缆的回路电感，在空腔的周边作为一个短路壁的返回路径。
- 利用电流波前有关的扩散电感，它在两个平面之间的空腔中作为位移电流来传播。

在第一种方法中，腔的回路电感被分配给通孔的部分自感，其中电流从接触点的顶部流向空腔底部。对一对圆平面的阻抗进行了解析计算[1]。

我们使用安培定律估计出电流通过磁通的圆线，并通过对腔内磁场线积分来计算腔的回路电感。从腔体内部磁场分布的切向分量出发，我们计算了平面内的电流分布。

围绕通有电流的无限长圆棒周围的磁场线是同心圆环，远离棒的中心密度较低。我们通过安培定律计算出距离杆距离为 r 的磁感应强度 B：

$$B = \frac{u_0}{2\pi} I \frac{1}{R} \tag{6-25}$$

我们假设在从腔体的顶部至底部平面的通孔中有一个长度为 h 圆杆的一部分发生部分自感。当计算环绕在短路通孔上的磁场线时，计算出穿过空腔的矩形截面到空腔的距离为 r。这部分自感为：

$$L_{\text{via}} = \frac{\text{flux}}{I} = \frac{1}{I} \oiint B \cdot da = \frac{\mu_0}{2\pi} h \int_{R=R_{\text{via}}}^{R=R_{\text{cavity}}} \frac{1}{R} dR = \frac{\mu_0}{2\pi} \times h \times \ln\left(\frac{R_{\text{cavity}}}{R_{\text{via}}}\right) \tag{6-26}$$

式中，L_{via} 是通孔的部分自感；B 是电流通过腔时的磁场密度；I 是通过通孔的电流；R_{via} 是通孔的外半径；R_{cavity} 是空腔的半径；h 是腔与平面之间的间距。

与腔中电流相关的回路电感都分配给通孔，我们由此导出：

$$L_{\text{cavity}} = L_{\text{via}} = \frac{\mu_0}{2\pi} \times h \times \ln\left(\frac{R_{\text{cavity}}}{R_{\text{via}}}\right) \tag{6-27}$$

虽然这种方法在数学上很简单，但它并没有揭示出腔的物理设计是如何影响电感的，其中平面间可以看见电流流动。

在第二种方法中，我们认为通孔在同轴电缆中是中心导体，其返回路径是从返回通孔到一定距离的位移电流。同轴电缆单位长度上的回路电感是：

$$L_{\text{Len-coax}} = \frac{\mu_0}{2\pi} \times \ln\left(\frac{b}{a}\right) \tag{6-28}$$

一段同轴电缆在总长度上的回路电感是

$$L_{\text{loop}} = L_{\text{Len-coax}} \times \text{Len} = \frac{\mu_0}{2\pi} \times \ln\left(\frac{b}{a}\right) \times \text{Len} \tag{6-29}$$

式中，b 是返回路径的外半径；a 是中心信号路径的内半径；μ_0 是自由空间磁导率，$4\pi \times 10^{-7}\,\text{H/m}$。

在特殊情况下有：$\text{Len} = h$、$b = R_{\text{cavity}}$、$a = R_{\text{via}}$。

作为同轴电缆截面的模型，通孔的回路电感变为：

$$L_{\text{via-coax}} = \frac{\mu_0}{2\pi} \times \ln\left(\frac{R_{\text{cavity}}}{R_{\text{via}}}\right) \times h \tag{6-30}$$

这与第一种情况下的结果相同，将所有腔电感分配到通孔的部分自感上。这个比较也给出了一个关于如何考虑通孔电感的提示：电流环是通过通孔的电流，并通过短路壁返回。其位于周边边缘空腔的底部和顶部之间。腔越大，电流越远，通腔对的线圈电感越大。

第三种方法基于腔扩散电感的概念，是考虑电流流动的设计特性和腔体电性能影响的有力方法。例如，一个去耦电容的电流进入一个腔并扩散到其他去耦电容器中，同时也扩散使用相同通孔安装在同一腔上的硅负载芯片上。扩散电感的概念为我们提供了一个工具，用它来考虑与电源接地平面腔相关的几种电流源和电流槽的相对位置。而从圆柱形几何电流或 3D 场求解器中获得这一观点是困难的。

扩散电感是指导体中特定非均匀的电流分布。它往往需要一个 3D 场求解器来计算，要给出平面的几何形状和位置的详细情况。我们甚至可以使用准静态场求解器来计算特定腔体几何形状的扩散电感，因为它具有直流效应。准确预测腔体的高频率阻抗（其中全波效应发挥作用），可能需要一个全波场求解器。

提示　在一般情况下，腔中的扩散电感取决于电流源和电流槽连接点的全部细节和平面内精确电流的分布。除了几个简单的例子以外，考虑到精确的电流分布，我们只能使用 3D 场求解器来计算它。

对于在中心点注入电流并从圆孔中心向外扩散的最简单情况来说，我们可以得出几何

特征如何影响扩散电感的简单关系式。

当从中心看到信号的低频阻抗时，我们会看到低频电容和略高的扩散电感。

当在空腔中一个接触点上观察时，由通孔到腔中电流所产生的扩散电感总是将我们看到的阻抗设置成一个高频平面对腔。

我们根据信号向外传播的阻抗来估计扩散电感。当电流从中心接触传播到板边时，它传播的每一步都会遇到瞬时阻抗，如图 6-11 所示。

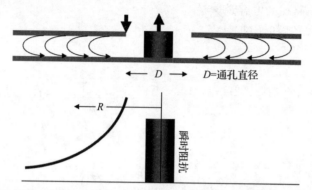

图 6-11 从中心接触点径向向外传播的电流波前看到瞬时阻抗随着距离的减小而减小

为了估计腔的瞬时阻抗和扩散电感，首先考虑一维传输线。当将均匀传输线近似当作 N 节的集总电路模型并使部分无穷小时，我们可以计算特性阻抗和求解电报方程的时间延迟；由此产生的波方程揭示了熟悉的近似：

$$Z_0 = \sqrt{\frac{L_{Len}}{C_{Len}}} \text{ 和 } v = \frac{1}{\sqrt{L_{Len}C_{Len}}} = \frac{c}{\sqrt{Dk}} \tag{6-31}$$

式中，Z_0 是特性阻抗和瞬时阻抗；L_{Len} 是传输线单位长度的回路电感；C_{Len} 是传输线单位长度的总电容；v 是信号的速度；c 是光在空气中的速度；Dk 是材料的介电常数。

式(6-31)中的两方程相乘：

$$Z_0 \times v = \sqrt{\frac{L_{Len}}{C_{Len}}} \frac{1}{\sqrt{L_{Len}C_{Len}}} = \frac{c}{C_{Len}} \text{ 和 } Z_0 = \frac{c}{vC_{Len}} = \frac{\sqrt{Dk}}{cC_{Len}} \tag{6-32}$$

这种关系表明，我们可以根据在该位置处单位长度上电容和介质的介电常数来估计传输线中传播信号的瞬时阻抗。我们计算了腔内径向传播电流的瞬时阻抗，并估计了扩散电感。

当一个信号从腔的顶部和底部平面之间相接触并传播时，它就会像一个圆形的波阵面一样散开，就像一块石头投进池塘后，池塘里的水波一样。我们计算了在前缘处径向波所看到的瞬时阻抗。

在波前沿处发现的径向长度的电容随着电流波前周长的增加而增大。在与中心接触相距 R 处采用平行板近似，在宽度较短的环形区域 dR 内，电容在径向方向上的行波为：

$$dC = \varepsilon_0 Dk \frac{A}{h} = \varepsilon_0 Dk \frac{2\pi R \times dR}{h} \tag{6-33}$$

式中，dC 是在一小段径向路径中的微电容；A 是平行板近似中的重叠面积；h 是平面间的介电厚度；R 是接触点到中心的距离；dR 是路径长度上的微增量；Dk 是在空腔中层压板的介电常数。

该路径单位长度上的电容是：

$$C_{\mathrm{Len}} = \frac{\mathrm{d}C}{\mathrm{d}R} = \varepsilon_0 \, \mathrm{Dk} \, \frac{2\pi R}{h} \tag{6-34}$$

式中，C_{Len} 是沿径向路径的电容量。

径向波阵面所见的瞬时阻抗是：

$$Z = \frac{\sqrt{\mathrm{Dk}}}{c C_{\mathrm{Len}}} = \frac{h \sqrt{\mathrm{Dk}}}{c\varepsilon_0 \mathrm{Dk} 2\pi R} = \frac{1}{2\pi c\varepsilon_0 \sqrt{\mathrm{Dk}}} \cdot \frac{h}{R} = \frac{1}{2\pi \sqrt{\frac{1}{\mu_0 \varepsilon_0}} \varepsilon_0 \sqrt{\mathrm{Dk}}} \cdot \frac{h}{R} = \frac{\sqrt{\frac{\mu_0}{\varepsilon_0}}}{2\pi \sqrt{\mathrm{Dk}}} \frac{h}{R} \tag{6-35}$$

使用这种关系式：

$$Z_{\mathrm{free\text{-}space}} = \sqrt{\frac{\mu_0}{\varepsilon_0}} = 377\,\Omega \tag{6-36}$$

可以获得

$$Z = \frac{\sqrt{\frac{\mu_0}{\varepsilon_0}}}{2\pi \sqrt{\mathrm{Dk}}} \cdot \frac{h}{R} = \frac{377\,\Omega}{2\pi \sqrt{\mathrm{Dk}}} \cdot \frac{h}{R} = \frac{60\,\Omega}{\sqrt{\mathrm{Dk}}} \frac{h}{R} \tag{6-37}$$

电流波前在空腔中径向向外移动的瞬时阻抗可用一个简单的关系来描述。随着 R 的增大，中心接触点的距离减小。另外，阻抗与平面之间的距离成正比例。介质间距越小，信号所得到的阻抗就越低。

提示   腔厚是电流波前所看到的最重要的性质，它影响空腔内的瞬时阻抗。电源和接地平面之间的电介质越薄，电源和回路电流的阻抗越低，产生的电压噪声越低。

例如，对于一个充满 FR4 具有绝缘厚度 1mil 和从中心接触点看为 1in 腔，其瞬时阻抗：

$$Z = \frac{60\,\Omega}{\sqrt{\mathrm{Dk}}} \cdot \frac{h}{R} = \frac{60\,\Omega}{\sqrt{4}} \times \frac{0.001}{1} = 0.03\,\Omega \tag{6-38}$$

这表明对于薄介质来说，传播信号在腔中看到阻抗很低，通常低于 1Ω。

在一小段径向传输线上，从式(6-39)我们估计 $\mathrm{d}L_{\mathrm{LOOP}}$ 电感量很小。

$$\mathrm{d}L_{\mathrm{LOOP}} = Z \times \mathrm{d}TD = Z \times \frac{\mathrm{d}R}{\frac{c}{\sqrt{\mathrm{Dk}}}} = Z \times \frac{\mathrm{d}R}{c} \sqrt{\mathrm{Dk}} \tag{6-39}$$

式中，$\mathrm{d}L_{\mathrm{LOOP}}$ 是在短的径向传输线中回路电感的微分；Z 是位置 R 处的瞬时阻抗；dTD 是径向传输线截面的短时延迟；dR 是径向传输线的长度；c 是空气中的光速；Dk 是腔中材料的介电常数。

将此与瞬时阻抗的关系相结合,计算出腔下短长度的电感增量:

$$dL_{LOOP} = Z \times dTD = \frac{1}{2c\varepsilon_0 \sqrt{Dk}} \cdot \frac{h}{R} \times \frac{dR}{c} \sqrt{Dk} = \frac{h}{2\pi c^2 \varepsilon_0} \times \frac{dR}{R} = \frac{\mu_0}{2\pi} \times h \times \frac{dR}{R} \quad (6\text{-}40)$$

当我们从电流波前开始的中心区域向空腔外缘扩散时,通过对电感增量积分我们计算了圆形腔的传播电感。得到的扩散电感为:

$$L_{spreading} = \int_{R=R_{via}}^{R=R_{cavity}} dL_{LOOP} = \int_{R=R_{via}}^{R=R_{cavity}} \frac{\mu_0}{2\pi} h \times \frac{dR}{R} = \frac{\mu_0}{2\pi} h \int_{R=R_{via}}^{R=R_{cavity}} \frac{dR}{R} \quad (6\text{-}41)$$

执行简单的积分,从通孔到圆腔边缘的扩散电感为:

$$L_{spreading} = \frac{\mu_0}{2\pi} \times h \times \ln\left(\frac{R_{cavity}}{R_{via}}\right) \quad (6\text{-}42)$$

值得注意的是,对于腔中的传播电感,这是相同的关系,因为它源于通孔和通孔同轴电缆模型的部分自感。

不管我们把腔电感作为扩散电感还是通孔电感,或者同轴电缆的回路电感,我们计算得到的结果是相同的。这是从通孔接触点向外上下平面流动时所看到的扩散回路电感。它流出的腔越远,总的扩散电感就越大。

提示 在一个空腔中,点接触的扩散电感取决于接触区域的半径,它与板的大小有关。虽然接触区域的半径很小,但由于它的电流密度最大,所以它对腔外缘的总扩散电感有很大的影响。

有些人可能会发现,扩散电感的概念比通孔的部分自感更直观。电源完整性问题与提供的核心逻辑电压轨有关,重要的频率范围通常是远低于空腔模态的谐振频率。到目前为止,功率平面腔体最重要的特性是腔扩散电感。这就是用扩散电感来考虑腔的原因。对于信号完整性和 EMC/EMI,腔体阻抗是重要的,它通常在吉赫兹范围内。然而,对于核心逻辑电源完整性,考虑电感和片状电感的谐振腔是最有效的。这使我们能够根据电源/地平面材料的平方关系(即按面积)来考虑问题。

请注意,扩散电感与腔体中的介电常数无关。这是预料之中的,因为磁场不与电介质相互作用,电感与介电性能无关。

使用 in 和 ns 作为单位,两个圆边界之间的扩散电感是:

$$L_{spreading} = \frac{\mu_0}{2\pi} \times h \times \ln\left(\frac{R_{cavity}}{R_{via}}\right) = \frac{32[nH/in]}{2\pi} \times h \times \ln\left(\frac{R_{cavity}}{R_{via}}\right)$$

$$= 5.1[pH/in] \times h \times \ln\left(\frac{R_{cavity}}{R_{via}}\right) = 5.1[pH/mil] \times h \times \ln\left(\frac{R_{cavity}}{R_{via}}\right) \quad (6\text{-}43)$$

利用直径描述接触尺寸和腔尺寸通常是方便的。自然对数内的比值保持不变,扩散电感是:

$$L_{spreading} = 5.1[pH/mil] \times h[mil] \times \ln\left(\frac{D_{cavity}}{D_{via}}\right) \quad (6\text{-}44)$$

当电流波从一个直径为 25mil 的间隙孔和直径为 1mil 厚为 1in 孔接触区域通过时，从中心到外缘边界的扩散电感为：

$$L_{\text{spreading}} = 5.1[\text{pH/mil}] \times h[\text{mil}] \times \ln\left(\frac{D_{\text{cavity}}}{D_{\text{via}}}\right) = 5.1[\text{pH/mil}] \times 1[\text{mil}] \times \ln\left(\frac{1}{0.025}\right) = 18.8\text{pH}$$

$$(6\text{-}45)$$

片状电感作为一个空腔内每一个正方形的回路电感，是：

$$L_{\text{sq}} = \mu_0 \times h = 32\text{pH/mil} \times h \qquad (6\text{-}46)$$

我们把扩散电感与片状电感结合起来：

$$L_{\text{spreading}} = \frac{\mu_0}{2\pi} \times h \times \ln\left(\frac{D_{\text{cavity}}}{D_{\text{via}}}\right) = \frac{1}{2\pi}L_{\text{sq}} \times \ln\left(\frac{D_{\text{cavity}}}{D_{\text{via}}}\right) \qquad (6\text{-}47)$$

这表明一个空腔的片状电感和两个同心圆边界上的扩散电感之间有一个简单的关系。当腔体尺寸与接触尺寸之比为 500 时，扩散电感约为 1 平方。在这种情况下，通孔直径约为 25mil，腔体尺寸约是 12in。一般来说，与一个通孔相关的扩展电感比片状电感要小 1 平方。

提示 从中心接触点到大腔体外边缘的扩散电感大约是腔体片状电感的 1 平方。对于较小的电路板，它是一个平方的扩散电感的一部分。由于对数关系依赖于几何形状，所以扩展电感随腔大小缓慢变化。

6.7 从 3D 场求解器中获得扩散电感

我们可以通过将这个结果与场求解器计算的阻抗进行比较，来探索估算这种扩散电感的合理性。在大多数场求解器(特别是全波)中，输出是 S 参数，这里我们变换阻抗。我们必须根据扩散电感来解释这些参数。

这时，我们的方法是在中心接触点上看腔体阻抗模型。然而，此时没有空腔边缘的短路壁，我们仅依靠位移电流通过平面电容来完成当前路径。电容分布在整个平面上。在前一节中，电流一直向空腔周边传播。

在本节中，这种扩散电感与腔电容串联谐振。这只是一个近似值，因为腔不像 LC 集总元件，它看起来像一个有均匀瞬时阻抗的径向传输线。我们只把它近似为集总电路模型，该集总电路模型与实际长度为 1/20 波长频率下的实际结构相匹配。在较高频率下，近似变差。在低频时，电压在整个平面上是恒定的，因此通过平面电容的位移电流密度也是恒定的。

提示 当谐振腔的横向尺寸小于波长的 1/20 时，谐振腔的阻抗近似为一个简单的 LC 电路。这里电感是传播到腔体边缘的扩散电感，电容是腔体的电容。

例如，我们估计具有以下尺寸的圆形空腔的扩散电感：
$D_{\text{via}} = 25\text{mil}$(间隙孔径)、$D_{\text{cavity}} = 1\text{in}$、$h = 1\text{mil}$、$Dk = 4$。

$$L_{spreading}[pH] = 5.1pH/mil \times h[mil] \times \ln\left(\frac{D_{cavity}}{D_{via}}\right) = 5.1pH/mil \times 1[mil] \times \ln\left(\frac{1}{0.025}\right) = 18.8pH$$

$$(6-48)$$

我们将这种结构的平行板电容近似为：

$$C = \varepsilon_0 Dk \frac{A}{h} = 0.227pF/in \times 4 \times \frac{\pi \times 1^2}{4 \times 0.001} = 713pF \tag{6-49}$$

当宽高比为 1in/1mil=1000 时，平行板模型的准确性远远高于 0.1%。

图 6-12 显示了使用全波 3D 场求解器仿真的中心接触点的阻抗，它利用一个简单的 LC 模型，并使用这些估计进行仿真。

简单的串联 LC 模型和全波场求解器阻抗之间的一致性是非常好的，空腔模态谐振达到 7GHz 左右。腔的尺寸和材料确定了该峰值频率。整体型腔设计是固有的且独立于通过的接触点。

阻抗的第一个倾角不是结构腔模态谐振，而是扩散电感与腔体边缘和腔体集总电容的相互作用。这个频率不是腔固有的，而是取决于探测的腔体和接触点的直径。

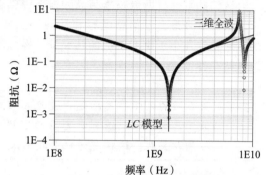

图 6-12 直径为 in 的腔与三维全波计算的一个简单的串联 LC 模型的阻抗进行比较。使用 Mentor Hyperlynx PI 进行仿真

提示 观察到平面的阻抗倾角可很好地近似于腔电容和扩散电感间的串联 LC 谐振，其中扩散电感来自腔体其余部分之间的单点接触。高阻抗峰是由于空腔模态谐振产生的，取决于型腔尺寸和材料特性。

一般来说，从接触点到腔体其余部分的扩散电感取决于导体的特定形状。我们通过场求解器能准确地评价它。在最后一个例子中，计算出的扩散电感与 3D 场求解器之间有良好的一致性，这是因为使用了一个圆形的几何模型，其中扩散电感和电容模型是一个很好的近似。其他的几何形状不显示这样好的一致性。

如果我们用正方形的平面，则近似传播不密切地匹配 3D 场求解器。我们用三维全波求解器仿真方腔和它相比的是一个 LC 模型。中央接触点有一个直径为 50mil 的间隙孔，边长是 5in，介质厚度为 1mil。

在这个特殊的几何形状中，我们根据圆形的几何形状可知，直径等于一个侧边的长度，估计的传播电感为：

$$L_{spreading}[pH] = 5.1pH/mil \times h[mil] \times \ln\left(\frac{D_{cavity}}{D_{via}}\right) = 5.1pH/mil \times 1[mil] \times \ln\left(\frac{5}{0.05}\right) = 24pH$$

$$(6-50)$$

三维全波模拟阻抗中等效电感为 27.8pH。这是一个扩散电感很好的近似。考虑到腔体是方形而不是圆形的，我们用一个侧边长作为圆直径。

6.8　集总电路中串联和并联的自谐振频率

在最低频率下，从中心点观察的腔阻抗与平面之间的电容有关。在较高频率下，由于观察点的扩散电感，所以腔体阻抗增大。扩散电感与腔电容相串联，因为电流必须通过接触附近的最高电感来达到接近腔体周长的最高电容。当它们相互作用时，其产生的串联 LC 电路的阻抗最小。

这种低阻抗自谐振频率与高频谐振腔模态没有相同的物理根源。

阻抗下降是由于集总电容和从观测点向外看的集总扩散电感之间的相互作用而引起的。它发生在小于半波谐振的频率处，在频率范围内，我们仍然把腔体的电性质近似为集总电路元件。

提示　虽然腔的电学性质总是由麦克斯韦方程组和边界条件来描述的，且这是三维全波工具所做的，但有时更多的了解来自一个简单的模型，它与物理特性的电气性能相关联。这就是为什么我们认为阻抗处于一系列 LC 谐振中。

将系统建模为简单的集总 LC 元件，利用腔体电容和电感，对串联谐振频率进行估计：

$$f_{\text{series}} = \frac{1}{2\pi\sqrt{C_{\text{cavity}}L_{\text{spreading}}}} \tag{6-51}$$

如果我们有一个直径为 D 的圆形空腔和中心通孔接触直径 d 的接触点，平行板近似下的腔体电容是：

$$C_{\text{cavity}} = \varepsilon_0\,\text{Dk}\,\frac{A}{h} = \varepsilon_0\,\text{Dk}\,\frac{\pi D^2}{4h} \tag{6-52}$$

其扩散电感为：

$$L_{\text{spreading}} = \frac{\mu_0}{2\pi}h \times \ln\left(\frac{D}{d}\right) \tag{6-53}$$

基于简单串联 LC 模型的串联谐振频率为：

$$f_{\text{res}} = \frac{1}{2\pi\sqrt{C_{\text{cavity}}L_{\text{spreading}}}} = \frac{1}{2\pi} \cdot \frac{1}{\sqrt{\frac{\mu_0}{2\pi}h \times \ln\left(\frac{D}{d}\right) \times \varepsilon_0\,\text{Dk}\,\frac{\pi D^2}{4h}}}$$

$$= \frac{\sqrt{2}}{\pi} \cdot \frac{1}{D\sqrt{\text{Dk}\mu_0\varepsilon_0}\sqrt{\ln\left(\frac{D}{d}\right)}} = \frac{\sqrt{2}}{\pi} \cdot \frac{c}{\sqrt{\text{Dk}}} \cdot \frac{1}{D\sqrt{\ln\left(\frac{D}{d}\right)}} \tag{6-54}$$

式中，f_{res} 是串联谐振频率；D 是圆孔的直径；d 是接触点到空腔的直径；Dk 是腔中材料的介电常数；h 是平面间的介电间距；c 是空气中的光速度。

我们可以将这个串联共振倾角与频率进行对比，其中频率对应于拟合在直径空腔中的 1/4 波长。这相当于：

$$f_{1/4-\lambda} = \frac{c}{\lambda \sqrt{\mathrm{Dk}}} = \frac{c}{4D \sqrt{\mathrm{Dk}}} \tag{6-55}$$

我们可以用前面的关系代替这个术语来获得共振频率：

$$f_{\mathrm{res}} = \frac{\sqrt{2}}{\pi} \cdot \frac{c}{\sqrt{\mathrm{Dk}}} \cdot \frac{1}{D\sqrt{\ln\left(\dfrac{D}{d}\right)}} = \frac{\sqrt{2}}{\pi} \times 4 \times \left[\frac{c}{4D\sqrt{\mathrm{Dk}}}\right] \times \frac{1}{\sqrt{\ln\left(\dfrac{D}{d}\right)}} = \frac{1.8}{\sqrt{\ln\left(\dfrac{D}{d}\right)}} \times f_{1/4-\lambda}$$

$$\tag{6-56}$$

当腔直径是 1in 时，通孔接触直径为 10mil，LC 串联谐振频率时：

$$f_{\mathrm{res}} = \frac{1.8}{\sqrt{\ln\left(\dfrac{D}{d}\right)}} \times f_{1/4-\lambda} = \frac{1.8}{\sqrt{\ln\left(\dfrac{1}{0.01}\right)}} \times f_{1/4-\lambda} = 0.84 \times f_{1/4-\lambda} \tag{6-57}$$

当腔体直径为 5in 时，系数变为 0.72。虽然 LC 谐振频率接近 1/4 波腔共振，但它不一样，它取决于接触直径。

当为 FR4 材料，在 Dk=4 和以 in 为单位的腔体直径，并以 mil 为单位的通孔接触点中，串联谐振频率为：

$$f_{\mathrm{res}} = \frac{\sqrt{2}}{\pi} \times \frac{11.8}{\sqrt{4}} \frac{1}{D\sqrt{\ln\left(\dfrac{D[\mathrm{in}]}{d[\mathrm{in}]}\right)}} = \frac{2.66}{D\sqrt{\ln\left(\dfrac{D[\mathrm{in}]}{d[\mathrm{in}]}\right)}} \mathrm{GHz} \tag{6-58}$$

例如，如果腔直径是 5in，中心接触点直径为 10mil，则谐振频率为：

$$f_{\mathrm{res}} = = \frac{2.66}{D\sqrt{\ln\left(\dfrac{D[\mathrm{in}]}{d[\mathrm{in}]}\right)}} \mathrm{GHz} = \frac{2.66}{5\sqrt{\ln\left(\dfrac{5}{0.01}\right)}} \mathrm{GHz} = 0.213 \mathrm{GHz} \tag{6-59}$$

简单的集总串联 LC 模型很好地预测了腔体的阻抗分布，这是一个重要的原因。大多数的扩散电感与小半径有关，位于通孔附近。大多数电容与全腔半径相关，位于靠近平面的边缘。

这个原理如图 6-13 所示，它显示出当波阵从通孔中传播时电感和电容作为半径的函数被发现。超过一半的电感（55%）位于第一个 250mil 处，但只有 1% 的电容位于那里。我们需要在 1750in 的半径内去发现 50% 的电容，但约在 93% 的电感已经被发现了。电流必须经过大部分电感才能供给电容，这看起来像一个串联 LC 电路。这些概念解释了为什么集总 LC 模型在预测第一阻抗倾角时是成功的。

作为这个简单 LC 模型的另一个例子是，从中心接触点驱动时预测腔体阻抗曲线的特性，图 6-14 显示了在特殊情况下用三维全波工具仿真的阻抗曲线。

$D_{\mathrm{cavity}} = 5\mathrm{in}$（圆孔的直径）

$h = 10\mathrm{mil}$（平面之间的厚度）

$\mathrm{Dk} = 4$（腔体之间填充物的介电常数）

$D_{\mathrm{via}} = 30\mathrm{mil}$（接触点进入型腔的接触直径）

我们计算的腔电容为：

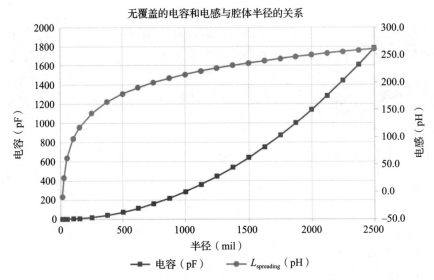

图 6-13　我们从通孔中心向外移动时对腔电容和扩散电感的贡献。请注意，大多数的电感产生于接触点附近，而大部分的电容是远离接触点的。这使得腔看起来像一个串联 LC 电路

$$C = \varepsilon_0 \mathrm{Dk}\,\frac{A}{h} = 0.227\mathrm{pF/in} \times 4 \times \frac{\left(\frac{\pi}{4}\right)5^2}{0.01} = 1783\mathrm{pF} = 1.78\mathrm{nF} \qquad (6\text{-}60)$$

计算从中心点到外半径的扩散电感，如下所示：

$$L_{\mathrm{spreading}}\left[\mathrm{pH}\right] = 5.1\mathrm{pH/mil} \times h\left[\mathrm{mil}\right] \times \ln\!\left(\frac{D_{\mathrm{cavity}}}{D_{\mathrm{via}}}\right)$$

$$= 5.1 \times 10 \times \ln\!\left(\frac{5}{0.03}\right) = 261\mathrm{pH} \qquad (6\text{-}61)$$

使用 3D 场求解器叠加的阻抗曲线是使用串联 LC 模型中电感和电容值的来计算的，它们的一致性是非常好的。

我们通过从中心接触的上平面驱动其他开放的空腔，并通过一个通孔接触到底部平面来仿真这种阻抗配置。扩散电感与两个平面之间的电容串联。

我们可以构造一个类似的结构，但在腔的中心使用短路通孔，并从边缘探测。在这种结构中，由于平面被短路在一起，所以它们的低频阻抗是由腔的扩散电感通过中间的短路来决定的。平行的短路通孔是腔电容。这两种结构产生并联谐振和阻抗峰。

由于电容和电感的谐振腔传播在这两种情况下是相同的，所以我们预计串联谐振和并联谐振频率是相同的。图 6-15 显示了同一腔中模拟的串并联同腔共振。两个 LC 谐振频率是相同的，如下所示。

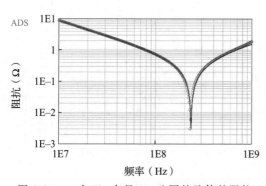

图 6-14　一个 5in 直径 10mil 厚的腔体的阻抗谱，使用 3D 场解算器计算（圆圈）和一个简单 LC 模型的近似（实线），其一致性很好

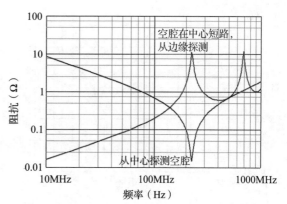

图 6-15　仿真从中心显示串联 LC 谐振和在中心短路并从两个边缘探测并行 LC 谐振的同一腔中的阻抗曲线。使用 Mentor Hyperlynx PI 来仿真

6.9　探讨串联 LC 谐振的特性

由于集总电路 LC 腔模型与三维全波仿真有很好的一致性，所以我们用这个简单的分析模型来探索一些空腔特性。

腔的自谐振频率与腔体的介电厚度无关。随着腔间距的减小，电容增大，电感减小。由于 h 在两个术语中都是一阶的，并在乘积中抵消，所以谐振频率与介质厚度无关。

在图 6-16 中，显示了用两个不同厚度的 3D 场求解器仿真空腔的阻抗，其值变化范围为 $10\sim50$mil。对于较厚的腔体，腔体电容的阻抗减小，但高扩散电感的阻抗增大。所以乘积保持不变，谐振频率保持不变。

提示　对于空腔的自谐振频率，其阻抗最小，并与腔体厚度无关。这取决于腔的大小和小得多的接触点的尺寸。

谐振频率也随着腔径的减小而增大，这与腔体直径成反比。腔体直径减小 1/5，则其共振频率增加 5 倍。

图 6-17 显示了一个直径为 5in 的 3D 场求解器计算的波阻抗曲线，以及直径为 1in 的波阻抗曲线，呈 5 倍关系。解析逼近预测的 0.213GHz 和 1.24GHz（呈 5.8 倍增加）的谐振频率。3D 场求解器的计算值为 0.226GHz 和一个呈 5.9 倍增加的谐振频率（1.34GHz）。分析方法为腔的扩散电感提供了一个很好的近似。

当从中心开始探测时，可以进一步近似我们期望找到的该腔串联谐振频率的位置。如果假设腔体直径与接触直径的比值为 500，对于一个 5in 的空腔和直径为 10mil 的接触，则串联谐振频率大约为：

$$f_{\text{res}} = \frac{2.66\text{GHz}}{D[\text{in}]\sqrt{\ln\left(\frac{D[\text{in}]}{d[\text{in}]}\right)}} \sim \frac{2.66\text{GHz}}{D[\text{in}]\sqrt{\ln(500)}} = \frac{2.66\text{GHz}}{D[\text{in}]\times 2.5} \sim \frac{1\text{GHz}}{D[\text{in}]} \quad (6\text{-}62)$$

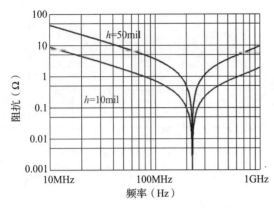

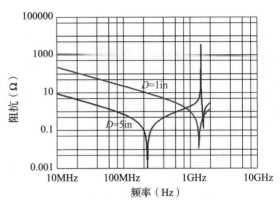

图 6-16　仿真直径为 5in 与厚度为 10mil 和 50mil、填充 FR4 的阻抗曲线圆腔，并探索 10mil 接触直径的中心。注：对于不同的 h 值，谐振频率是相同的，使用 Mentor Hyperlynx PI 来仿真

图 6-17　厚度为 5mil，直径分别为 1in 和 5in 的腔阻抗曲线。请注意，谐振频率范围比腔直径稍快一些使用 Mentor Hyperlynx PI 模拟

式中，f_{res} 是谐振腔中阻抗倾角的串联谐振频率；D 是空腔直径(in)；d 是接触点直径(in)。

在前面的例子中，对于腔直径为 1in 和 5in 的情况，3D 场求解器在 1.34GHz 和 0.226GHz 下仿真了串联谐振。我们简单估计预期值为 1GHz 和 0.2GHz，这是一个合理的一阶估计。

提示　作为一个简单的估计，我们期望中心驱动的空腔串联谐振大约在 1GHz/in(直径的单位)处发生。

6.10　扩散电感和源的接触位置

扩散电感从根本上讲是指当电流波前从一个小点开始传播时，它在空腔中看到的电感值。如果平面形状迫使电流密度更高，则扩散电感更高。

如果接触点靠近板边缘或拐角处，则电流不会向所有方向传播，而是只进入空腔的可用区域。靠近平面边缘的"拥挤"电流，会迫使出现更高的电流密度和更高的扩散电感。

图 6-18 显示了 3 个接触位置中腔体顶部导体的仿真电流密度：在板的中心、边缘和拐角处。考虑到这些电流密度，我们期望从接触点向外看的扩散电感在中心点处最低，拐角处最高。

在图 6-18 所示的电流密度图中，接触的中心区域电流密度最高。当接触点靠近一个边缘时，电流拥挤效应迫使较长路径中的电流密度增大，从而增大了扩散电感。

空腔中心的扩散电感是由 4 个带有并联扩散电流的象限组成的。当我们限制电流只在其中两个象限流动时，这相当于将接触点置于一个边缘位置，则电流只能在相当于一半的平面内流动，我们预计这时的扩散电感是从空腔中心发出时的两倍。当接触点位于一个角落时，扩散电感相当于仅来源于一个象限，与中心处的相比，我们预计会高出四分之一。

一个三维模拟验证了这些简单的结论。

图 6-19 显示了从中心、边缘和拐角进入腔体的阻抗。利用串联谐振频率,我们估计边缘的扩散电感比中心约大 2 倍,并且来自拐角的扩散电感比中心的大 4 倍。

较高的扩散电感降低了串联谐振频率。从 3 个位置中的每一个可观察到相同的空腔,但空腔中的接触位置影响串联谐振频率。该示例进一步表明了第一阻抗倾角不是结构模态共振,而是集总的 LC 共振。

提示 谐振腔的串联谐振频率取决于我们探测腔的位置。

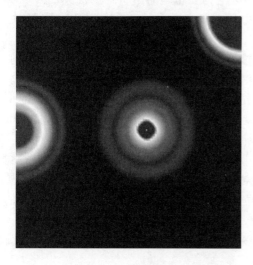

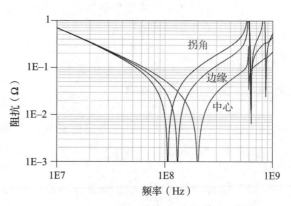

图 6-18 靠近 3 个接触点的薄腔体顶部和底部导体的电流密度。这是发射后约 0.2ns 的初始电流分布,红色意味着更高的电流密度。使用 Mentor Hyperlynx PI 来仿真

图 6-19 阻抗从三个位置看起来显示相同的电容,但是当电流更加集中时电感更高。注意,约从 600MHz 开始内在的腔模式谐振与探测腔的位置无关。用 Mentor Graphics HyperLynx PI 模拟

空腔的低频固有阻抗(看起来像个电容器)与探测的腔体位置无关。在空腔上每一处固有阻抗都是相等的。当扩散电感起作用时,被探测的阻抗在表面发生变化。只有在较高频率下,空腔才存在模态共振。任何特定位置处的阻抗都强烈地取决于每个特定频率下激发的模式细节。

提示 在低频状态下,空腔看起来像电容器。这时空腔的阻抗与我们探测它的位置无关。当扩散电感影响阻抗时,观察点会影响腔体的阻抗。而当频率高于串联谐振频率时,将探测到的阻抗归为"腔体阻抗"是不合理的。因为这时探测到的阻抗不是独一无二的,而是在空腔表面上不断变化的。

6.11 两个接触点之间的扩散电感

目前，我们已经研究了从一个接触点到腔体的扩散电感，就像电流沿着径向向外流动一样。这是任何电流从一个接触点向外扩散时，看到的最小串联电感。任何由其他电流分布增加的扩散电感都高于它。我们看到当电流从边缘发出时，扩散电感比中心高 2 倍。从角落发射的电流使得扩散电感比中心高 4 倍。

当电流在两个接触点之间流动时（例如，单一电容、单电源和接地通孔在一个封装中两两组成一对），空腔中这些点之间的扩散电感高于从单个接触点到整个空腔的扩散电感。接触点附近的电流密度很高。在电流密度高的地方，它对扩散电感的贡献也很大。图 6-20 显示当电流在点到点之间流动时，仿真空腔顶层中的电流密度，例如，从去耦电容器到通孔再到 BGA。

我们预测此空腔中两个接触点之间的扩散电感更多地取决于通孔的特征，而不是它们之间的间距。如果增加通孔接触点之间的间距，则扩散电感增加，但不会太大。因为电流分布是非均匀的，所以我们只能用 3D 场求解器来计算扩散电感。使用计算电流分布的全波 3D 场求解器，我们可以计算电流分布，探索设计空间并确定两个接触点之间的扩散电感的一些重要趋势和近似值。

当我们用空腔中的另一个点测量入射到空腔中的阻抗时，两个平面应短路，我们看到低频下这两个接触点之间扩散电感的阻抗。看到空腔阻抗看起来像一个电感。对于这个例子，空腔在一侧为 10in、10mil 厚。两个接触点位于围绕着平面中心的边缘，并且它们的间距已加宽了。

对于这种腔体尺寸，我们预测准静态模型可以应用于将腔中的扩散电感建模为一个简单集总电感的地方，在这里频率低于：

$$f[\text{GHz}] < \frac{1}{20} \times \frac{6\text{GHz}}{\text{Len}[\text{in}]} = \frac{0.3}{10} = 0.03\text{GHz} = 30\text{MHz} \qquad (6\text{-}63)$$

提示 在低频时，空腔中两对接触点之间的阻抗大致为单回路电感。然而，由于"静态"电流分布非常不均匀，所以我们只能使用解决特定电流密度的 3D 场求解器来精确地计算出该回路电感。

图 6-21 显示了在中心对中心间距为 0.25in 和 2.5in 两种不同的情况下，3D 场求解器计算阻抗的示例。我们从阻抗曲线中看到电感很好地匹配高达 60MHz 时的电感，接近我们估计的 1/20 波长。由于阻抗曲线看起来像电感，所以我们使用 1MHz 时的阻抗来提取这两个点之间的回路电感，这是扩散电感的直接测量方法。

在这个例子中，在 1MHz 处两个间隔不同处的阻抗分别为 2.55mΩ 和 4.0mΩ。这导致该空腔中两个间距的扩散电感为：

$$L[\text{nH}](s = 0.25) = \frac{1}{2\pi} \cdot \frac{1}{1\text{MHz}} \cdot Z_{1\text{MHz}} = 159 \times 2.5\text{m}\Omega = 398\text{pH}$$

$$L[\text{nH}](s = 2.5) = 159 \times 4.0\text{m}\Omega = 636\text{pH} \qquad (6\text{-}64)$$

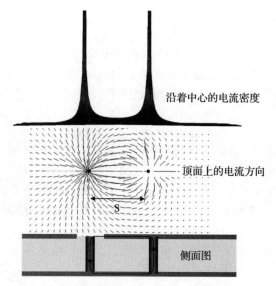

沿着中心的电流密度

顶面上的电流方向

S

侧面图

图 6-20　空腔中，在两个接触点之间空腔顶部
　　　　导体中的电流密度是沿线而行的。注
　　　　意靠近腔的接触点附近电流密度高。
　　　　从低频阻抗去探索一个接触点时，另
　　　　外一个接触点会使平面短路，我们可
　　　　以提取扩散电感。用 Mentor Graphics
　　　　HyperLynx PI 模拟

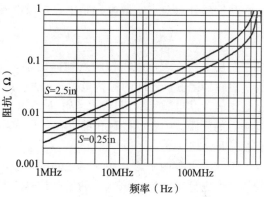

图 6-21　寻找一对通孔触点而另一对在腔中短路
　　　　的阻抗。空腔在一侧为 10in，平面的间
　　　　距为 10mil。用 Mentor Graphics Hyper-
　　　　Lynx PI 来仿真

　　两个重要的观察结果显而易见。在该空腔中，厚度为 10mil 的片状电感为 32pH/mil×10mil＝320pH/sq。对于上面两个有不同间隔的阻抗，这两个通孔之间的扩散电感大约是片状电感平方的两倍。

　　其次，尽管我们将两个接触点之间的间距增加了 10 倍，但这些点之间的扩散电感增加不到两倍。如预测的那样，虽然一对进入空腔中的通孔接触点的扩散电感确实随着距离而增加，但它不起决定性作用，并且不随间隔距离的增加而线性增加。

提示　空腔中两点之间的扩散电感大约是片状电感平方的两倍。随着两点之间的自然
　　　　对数的变化，回路电感增加非常缓慢。

　　我们的目标是为两个接触点之间的扩散电感寻找一个简单的近似。这种近似结果将帮助我们识别重要参数，并允许用电子表格探索设计空间。然而，由于电流分布非常不均匀，所以根据几何特征分析推导出扩散电感是很不容易的。我们可以通过观察在一个大空腔中两点之间的电流分布来推测这种近似形式，并用 3D 场求解器进行计算，如图 6-22 所示。最初电流分布从一个接触点径向扩展，然后在接近另一个接触点时向下集中。超过这个距离，腔内电流很小。从直径为 d 的单个接触点扩展到超过电流密度下降且半径为 s 的极限径向电流的扩展电感为：

$$L_{\text{point-cavity}} = \frac{1}{2\pi} L_{\text{sq}} \times \ln\left(\frac{2s}{d}\right) \tag{6-65}$$

除了来自该径向电流的扩散电感之外，由于在接近另一个接触点时电流有集中现象，因此有扩散电感存在。这就增加了点对点的扩散电感，它超过单独的径向作用。

我们预计点对点扩散电感是单点扩散电感的 1~3 倍，并且其形式为：

$$L_{\text{point-point}} = k \times L_{\text{point-cavity}} = k \times \frac{1}{2\pi} L_{\text{sq}} \times \ln\left(\frac{2s}{d}\right) \tag{6-66}$$

式中，$L_{\text{point-cavity}}$ 表示腔内接触点到固定半径为 s 处的扩散电感；$L_{\text{point-point}}$ 表示在腔中相距为 s 的两个接触点之间的扩散电感；k 表示经验导出的缩放项，大致在 1~3 之间；L_{sq} 表示空腔中的片状电感 $=32\text{pH/mil} \times h$；$h$ 表示空腔中平面之间的间距；s 表示接触点之间中心到中心的间距；d 表示接触孔的直径；D 表示在腔中有明显电流的一个接触点中心区域的直径，$D = 2 \times s$。

缩放项 k 是两个通孔接触点之间的扩散电感与中心接触点和有效电流分布区域边缘之间的扩散电感的量度。该区域的半径约等于与第二接触点之间的间隔。

使用 3D 场求解器作为虚拟原型工具，我们探讨扩散电感如何随着不同间距 $d=10\text{mil}$ 和 $d=50\text{mil}$ 而接触直径相同时两对通孔的分离而变化。我们利用场求解器和简单经验模型来求出 k 的值。图 6-23 显示了两个接触点拉开时，并使用 $k=2$ 从该简单模型估计出扩散电感。有较高扩散电感的是 $d=10\text{mil}$ 的那对通孔，有较低电感的是 $d=50\text{mil}$ 的那对通孔。圆是使用 3D 场求解器计算的扩散电感。在式（6-66）中使用 $k=2$ 来近似计算线。

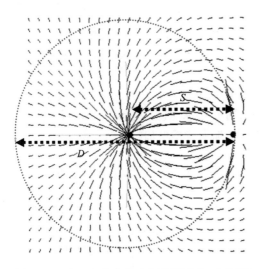

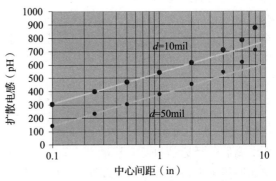

图 6-22　在一个大空腔中相距距离为 S 的两个接触点之间的电流分布。大部分电流在其中一个接触点之外的区域消失，直径 D 相当于点对点间距的两倍

图 6-23　对于有两个不同接触直径的两个通孔接触点来说，中心间距的扩展电感随着间距的增加而增加。用 Mentor Graphics HyperLynx PI 来仿真

提示 值得注意的是，对于使用 3D 场求解器计算的空腔中，两个接触点之间的扩散电感显示了其对中心间距的对数依赖性。当一个或两个接触点接近空腔边缘时，电流进一步收缩，并且回路电感的增加会受其他因素的影响。

值得注意的是，当间距变得与平面的一侧长度相当时，扩散电感比接触点靠近一起时增加得更快。这是由于接触点接近平面边缘时电流拥挤，并且电流被压缩，从而增加了扩散电感。

如果第二点在空腔的圆周上，则缩放项 $k=2$ 给出了一个很好的拟合模型，这表明两点之间的扩散电感相当于其中一个点到空腔外部的扩散电感的两倍。点对点扩散电感是腔扩散电感的两倍。

基于对经验逼近有很好的拟合，两点之间的扩散电感为：

$$L_{\text{point-point}} = 2 \times \frac{1}{2\pi} L_{\text{sq}} \times \ln\left(\frac{2s}{d}\right) = \frac{1}{\pi} \times 32[\text{pH/mil}] \times h \times \ln\left(\frac{2s}{d}\right) = 10.2[\text{pH/mil}] \times h \times \ln\left(\frac{2s}{d}\right)$$

$$(6\text{-}67)$$

式中，$L_{\text{point-point}}$ 表示空腔中两个接触点之间的扩散电感（pH）；s 表示两个接触点之间的距离（mil）；d 表示接触点与腔体间的直径（mil）；h 表示构成空腔的两个平面之间的距离（mil）。

例如，如果空腔的厚度为 10mil，并且通孔接触点的接触直径为 10mil，间隔为 1in，则它们之间的扩散电感约为：

$$L_{\text{point-point}} = 10.2[\text{pH/mil}] \times h \times \ln\left(\frac{2s}{d}\right) = 10.2[\text{pH/mil}] \times 10 \times \ln\left(\frac{2000}{10}\right) = 540\text{pH}$$

$$(6\text{-}68)$$

对于腔中点对点的扩散电感而言，这种关系描述了影响腔中两个接触点之间扩散电感的 3 个因素：

- 空腔的厚度
- 接触点之间的间距
- 接触点间的直径

首先，影响扩散电感的一个最重要的因素就是空腔的厚度。

接触点之间的间距也影响通孔到通孔间的扩散电感。使通孔更靠近在一起，扩散电感如预期那样会减小。然而，间距只会以其自然对数形式缓慢地影响扩散电感。越靠近越好，但不是越靠近作用越明显。

接触点间的直径也很重要。接触面积越大，扩散电感越小，直径的自然对数对它的影响并不明显。这种关系表明进入腔的接触面积与接触点之间的间距一样重要。这就是为何多个通孔连接到电容器焊盘很重要的原因。它仅部分减小通路回路电感，多个通孔还增加了电流在腔中扩展的有效接触直径，减小了腔的扩散电感。

提示 在诸如电容器和 BGA 焊球之间的空腔中，两个接触点之间的扩散电感可以利用平面之间的厚度缩放至一阶。它随着距离的增加而减小，但只轻微地减少。与空腔的接触面积越大，电流最初在空腔中扩散得越多，点对点的扩散电感越低。

6.12　电容器和腔的相互作用

我们经常用串联 RLC 电路建模一个实际的电容器。阻抗最小的自谐振频率（SRF）取决于电容器的安装电感和电容，因为：

$$f_{\mathrm{SRF}} = \frac{1}{2\pi}\frac{1}{\sqrt{L_{\mathrm{mount}}C_{\mathrm{capacitor}}}} = \frac{159\mathrm{MHz}}{\sqrt{L_{\mathrm{mount}}[\mathrm{nH}] \times C_{\mathrm{capacitor}}[\mathrm{nF}]}} \qquad (6\text{-}69)$$

安装电感约为 $2\mathrm{nH}$，典型电容值为 $100\mathrm{nF}$，SRF 约为 $10\mathrm{MHz}$ 或更低。

在 SRF 之下，电容器的阻抗类似于理想的电容。在 SRF 之上，电容器的阻抗类似于电感。当我们在空腔的平面之间连接一个实际的电容器时，空腔阻抗会使电容器的阻抗并联。

在低频时，腔的电容和电容器的电容相加。在高频时，由于安装电感在空腔平面上短路时没有影响，所以电容器的阻抗很高。然而，在中频范围内，在电容器的自谐振频率和空腔之间会出现新特性。这是由于实际电容器的电感和空腔电容的并联电路组合而产生的。

提示　在电容器中电感的阻抗与空腔电容的阻抗相匹配的频率处，我们可从电容器的电感和腔电容的并联谐振中得到阻抗峰值。

图 6-24 显示了空腔自身的仿真阻抗，其中串联 RLC 模型中电容器的参数为 $L = 2\mathrm{nH}$、$C = 100\mathrm{nF}$、$R = 25\mathrm{m\Omega}$，以及这两个电路元件的组合。

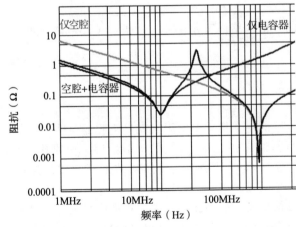

图 6-24　电容器和腔体及其组合的阻抗曲线。用 Mentor Graphics HyperLynx PI 来仿真

将电容器安装到空腔上以形成并联电路，阻抗曲线在并联谐振频率处出现峰值。该频率与腔体电容和安装电感的关系如下：

$$f_{\mathrm{PRF}} = \frac{1}{2\pi}\frac{1}{\sqrt{L_{\mathrm{mount}}C_{\mathrm{cavity}}}} = \frac{159\mathrm{MHz}}{\sqrt{L_{\mathrm{mount}}[\mathrm{nH}] \times C_{\mathrm{cavity}}[\mathrm{nF}]}} \qquad (6\text{-}70)$$

当电容器与空腔相互作用时，除了电容器到腔体的安装电感之外，扩散电感也与电容器和腔的接触相关联。通孔安装电感和电源平面扩散电感和电容电感的总和(包括安装电容的阻抗),约在 10MHz 处下降。

当扩散电感与安装电感相当时,电容器在腔中的位置会对电容器的有效电感产生影响。当扩散电感与安装电感相比较小时,扩散电感不影响总电感,这时位置并不重要。

提示 当扩散电感与电容器的安装电感相比较小时,电容器的位置并不重要。

在大约 100MHz 处,阻抗下降的原因是测量端口的电感与电源平面电容相互作用。安装的分立电容器不会显著影响阻抗的减小。

6.13 扩散电感的作用:电容位置在何时重要

当腔体上只有一个电容器和一个观察点时,在观察点看到的电容器等效电感是电容器的安装电感和对于电容器的扩散电感的串联组合。

$$L_{\text{total}} = L_{\text{mounting}} + L_{\text{spreading}} \tag{6-71}$$

两个重要的极端条件要考虑。

- **情况 1**: $L_{\text{mounting}} \gg L_{\text{spreading}}$ 并且腔是透明时,位置不重要。
- **情况 1**: $L_{\text{spreading}} \gg L_{\text{mounting}}$ 并且腔不透明时,位置重要。

在情况 1 中,电容器的安装电感较大,扩散电感较小。如果从电容器到空腔的通孔之间存在长而窄的表面迹线,或者空腔远离电容器,则会产生较大的安装电感。如果空腔中的电介质非常薄,则扩散电感很小。在这种情况下,改变电容器的位置可能会改变扩散电感,但对电容器总电感的影响相对较小。我们将这种情况称为腔是透明的。

提示 在情况 1 中,电容器的位置并不重要。与观察点相比,将其移动至电路板的任何地方,对电容器和观察点之间的总回路电感影响不大。

如果扩散电感与安装电感相比非常小,则电容器的位置对于阻抗来说并不重要。如式 (6-68) 所示,空腔中两点之间的扩散电感约为:

$$L_{\text{spreading}} = 10.2[\text{pH/mil}] \times h \times \ln\left(\frac{2s}{d}\right) \tag{6-72}$$

式中,$L_{\text{spreading}}$ 表示腔中两个接触点之间的扩散电感(pH);s 表示两个接触点之间的距离 (mil);d 表示接触点与腔体间的直径(mil);h 表示构成空腔的两个平面之间的间距(mil)。

在 $s=1\text{in}$ 和 $d=10\text{mil}$ 的典型情况下,自然对数项仅为 5.3。这导致两个接触点之间的扩散电感约为 $54[\text{pH/mil}] \times h$,这大约相当于片状电感的平方两倍。如果腔非常薄(例如 2mil),则电容器和观察点之间的扩散电感仅为:

$$L_{\text{spreading}} = 10.2[\text{pH/mil}] \times h \times \ln\left(\frac{2s}{d}\right) = 10.2[\text{pH/mil}] \times 2 \times \ln\left(\frac{2 \times 1}{0.01}\right) = 108\text{pH}$$

$$\tag{6-73}$$

在大型服务器主板上,电容器的典型安装电感可能约为 2nH。这说明电容器的位置与观测点相比并不重要。当我们将电容器围绕空腔移动时，空腔是透明的，并且当其被安装到空腔内时，它对空腔产生的电容器阻抗没有影响。图 6-25 显示了当一个电容器有 2nH 的安装电感时，对于距离观测点非常远和非常近的位置处，在中心观察点处看到的阻抗。当我们将电容器围绕腔体移动时，电容器的阻抗与位置无关。两个位置的阻抗是无法区分的，腔是透明的。

提示   当扩散电感小，安装电感大时，腔体是透明的并且电容器的位置并不重要。这通常是有非常薄电介质的腔体的情况。

在情况 2 中，扩散电感与安装电感相比较大，这时位置变化会影响扩散电感和空腔的阻抗。位置很重要，空腔不是透明的。

例如，如果电介质厚度为 20mil，则我们得到两点之间的扩散电感为：

$$L_{\text{spreading}} = 10.2[\text{pH/mil}] \times h \times \ln\left(\frac{2s}{d}\right) = 10.2[\text{pH/mil}] \times 20\text{mil} \times \ln\left(\frac{2s}{d}\right) = 204\text{pH} \times \ln\left(\frac{2s}{d}\right)$$

$$(6-74)$$

当观察点的接触通孔直径为 10mil，距离电容器为 2in 时，扩散电感为：

$$L_{\text{spreading}} = 204\text{pH} \times \ln\left(\frac{4000}{10}\right) = 204\text{pH} \times 5.99 = 1.22\text{nH} \qquad (6-75)$$

如果我们使电容器非常接近，距离接触点位置只有 0.2in，则扩散电感为：

$$L_{\text{spreading}} = 204\text{pH} \times \ln\left(\frac{400}{10}\right) = 204\text{pH} \times 3.7 = 0.75\text{nH} \qquad (6-76)$$

有些人可能会惊讶，即使我们将电容器从 2in 远的位置移动到 0.2in 远的位置，由于自然对数的依赖性，扩散电感仅从 1.22nH 降低到 0.75nH。在这种极端的情况下，虽然距离越近越好，但这不是一个重要因素。只有当电容器的位置更靠近 BGA 而没有因此花费额外的费用时才是值得的。

提示   尽管移动电容器更靠近封装并不具有很大的优势，但如果它是免费的，则更接近总是更好。但当因封装附近的重要电路结构会产生较高成本时，我们必须通过分析来评估是否"合算"。

当电容器的扩散电感与其安装电感相比是更明显时，电容器的位置仅影响其阻抗曲线。在移动计算产业中，通常通孔、焊盘和靠近电路板顶部表面的腔是常见的，安装电感通常远低于 0.5nH。在这种情况下，将电容器靠近 BGA 对其阻抗有明显的影响。3D 场求解器允许我们计算在中心观察点看到的对电容器电感的影响。这个例子如图 6-26 所示。

提示   扩散电感与电容器的安装电感进行对比是快速评估腔体透明度最重要的指标。

腔体透明的条件并不取决于安装电感如何与扩散电感进行比较。我们从与式(6-74)、式(6-75)、式(6-76)相关联的两组间距来估计接触点和电容器之间扩散电感的有用因子，

其中间距为 2in 和 0.2in。由于 5.99 和 3.7 的自然对数条件有弱相关性，所以我们使用粗略的中间值 4。BGA 和电容器之间的扩散电感的一个粗略的品质因数近似为：

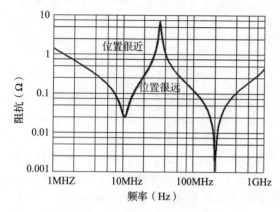

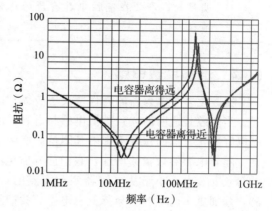

图 6-25 在距离观察点很远和很近的情况下，具有 ESL＝2nH 的电容器在相同观察点上的阻抗曲线。空腔有一厚度为 2mil 的电介质。用 Mentor Graphics HyperLynx PI 来仿真

图 6-26 观察在一个厚空腔中，电容器远离观测点和靠近观测点时的阻抗。在这种情况下，腔内的扩散电感大，腔不透明。用 Mentor Graphics HyperLynx PI 来仿真

$$L_{spreading} = 10[pH/mil] \times h \times 4 \sim 40[pH/mil] \times h \quad (6\text{-}77)$$

在服务器主板上有了一个很好的工程原理，就是为每个电容器设计小于 2nH 的安装电感。扩散电感的作用不超过安装电感的 20%，扩散电感小于 0.4nH。

这个粗略的品质因数是服务器主板上的透明腔。根据式 (6-77) 中的关系可知，10mil 或更厚的腔具有约 0.4nH 的扩散电感。这是一个重要经验法则的起源——为什么腔中的薄电介质总是十分重要。

提示 当平面之间的电介质厚度＞10mil 时，腔不透明，这时位置很重要。当平面之间的厚度小于 10mil 时，扩散电感与安装电感相比较小，空腔相对透明，这时位置不重要。

当腔透明时，电容器表现为就好像它们直接连接在一起，在它们的路径中没有电感。当腔不透明时，电容器之间存在明显的扩散电感。虽然我们可以粗略地估计这个电感，并将其包含在电容器的总安装电感中，但当位置重要时，总是用 3D 场求解器进行最终分析。

空腔不透明的另一个例子是将去耦电容器连接到观察点而不是宽电源平面的电源线上。电源线可能是 1in 长、0.2in 宽，这相当于 5 个平方面积大小；介质厚度为 2mil，片状电感为 32[pH/mil]×2mil＝64pH/平方；电源线为 5 平方×64 pH/平方＝320pH。将其与具有 500pH 电感且安装良好的电容进行比较，这时即使是薄的介电电源迹线也具有明显的电感。

> **提示**　当我们使用电源走线将电容器连接到 BGA 焊盘时，连接中的扩散电感通常是很明显的，即使在空腔中具有薄的电介质。这就是执行简单的分析是非常重要的原因。

6.14　饱和扩散电感

空腔上多个电容器的特性取决于腔体扩散电感与安装电感的对比及其与观测点的位置。

当空腔是透明的并且扩散电感与电容器的有效电感相比较小时，电容器相当于 n 个并联电容器，它们的位置不影响其阻抗。实际上，电容器组合与集总电容器相互作用。

随着电容器数量的增加，它们的并联电感减小为 $1/n$。注意一点，并联的 n 个电容器的等效安装电感小于从电容器到观察点的扩散电感。扩散电感控制腔上并联电容器的电感，添加更多的电容不会降低总电感。我们将这种情况称为"饱和"扩散电感。

> **提示**　当添加更多的电容器时，从电容器到负载的总电感并不会显著降低，而且它们的总电感受扩散电感控制，我们将这称为"饱和"扩散电感。对于有饱和扩散电感，从电容器到观察点的电流流过空腔的相同区域，并看到相同的占主导地位的扩散电感。

为了最小化饱和扩散电感的影响，将电容器均匀分布在元器件周围，它们的去耦合特性很好。它扩散了电流并最小化了其在空腔中的重叠。

> **提示**　如果去耦电容与特定封装相关联，则将其均匀分布在封装周围，以降低饱和扩散电感，并将观察点的最低有效并联电感保持在最低。

与封装设备中电源-地的连接通常位于封装中心附近。我们估计从分布电容器到其中心位置的电流产生的扩散电感，如图 6-27 所示。

我们估计来自中心区域的扩散电感，其中电源/地连接到周围半径为 a 的下方的腔，电容器位于半径 b 处的区域：

$$L_{\text{spread}} = \frac{\mu_0}{2\pi} \times h \times \ln\left(\frac{b}{a}\right)$$

$$= 5.1 \times h \times \ln\left(\frac{b}{a}\right) \qquad (6\text{-}78)$$

例如，如果空腔的厚度为 10mil，内径为 0.25in，外径为 1in，则电容器的扩散电感大致为：

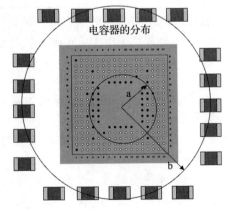

电容器的分布

图 6-27　封装周围的电容器分布

$$L_{\text{spread}} = 5.1[\text{pH/mil}] \times 10\text{mil} \times \ln\left(\frac{1}{0.25}\right) = 71\text{pH} \qquad (6\text{-}79)$$

当电容器中所有 ESL 的并联组合小于 71pH 时，等效电感由腔中的扩散电感主导，并且饱和。添加更多的电容器将不会显著降低封装到电容器的电感。式(6-78)中的关系确定了 3 个重要的设计关键点，以减少饱和扩散电感：

- 减小腔体厚度
- 增加封装中 BGA 电源-接地焊盘的分布半径 a
- 使电容器更靠近封装来减小距离 b

当扩散电感饱和时，在 BGA 封装下添加电容可能会导致有效电感降低。

6.15　空腔模态共振和传输线特性

在高频端的腔体阻抗曲线中，第三个区域是空腔模态共振发挥作用的地方。在阻抗曲线中，大的周期性峰值表征该区域。这些是由于电磁波通过空腔的传播及从空腔边界的反射而产生的相互干扰。这种行为被称为空腔模态共振。为了了解细节，我们先来看一下均匀传输线的谐振，并将其扩展到二维。

均匀传输线具有两个表征项：特征阻抗和时间延迟。时间延迟与传输线材料中线的总长度和信号的速度有关。如果线路的远端开路，则传播到线路末尾的信号会反射并返回到源头。

正弦波从源端开始沿着远端的开路反射，然后到达源头。源极处的反射波与源极的入射波之间存在相位差，该相位差与往返时间延迟和频率相关：

$$\Delta\theta = 2 \times \mathrm{TD} \times f = \frac{2 \times \mathrm{Len}}{v} \times f = \frac{2 \times \mathrm{Len}}{c}\sqrt{\mathrm{Dk}} \times f \tag{6-80}$$

式中，$\Delta\theta$ 表示入射波与反射波在周期上输入到传输线之间的相位差；TD 表示传输线的时间延迟；f 表示信号的频率；Len 表示传输线的长度。

如果驱动传输线的源阻抗高于线路阻抗，则入射到源极的任何信号都不会从源极上反射且相位没有变化。

当从远端反射的波到达源极的相位与入射波相同时，反射到线上的电压与入射波电压相加。每次波沿线行进，反射回来并从源发射出去，再次重新开始，每次反射的电压波继续增加到传输线的现有波上。这导致传输线上的电压非常大。图 6-28 显示了在 6in 长的传输线上入射信号的频率从 0～1.5GHz 变化时，传输线远端处的开路电压。

在某些频率下，传输线上聚集大的电压。我们把这称为谐振及谐振的频率，即谐振频率或传输线模式。在每个谐振频率处，线路上的电压模式是不同的传输线模式。谐振频率是传输线的模态频率。两个平面图的电压标度相同。

这些模态共振频率是传输线固有的，不依赖于入射信号。当然，我们是否在传输线上建立大电压，取决于入射信号在传输线的谐振频率以及源阻抗上是否具有频率分量。源阻抗与传输线特性阻抗之间的差异越大，电压波就越大。然而，发生模态共振的频率不随源极阻抗而变化。

提示　谐振腔的谐振模式发生在驻波建立的频率和传输线积累的大电压上。这相当于在模态共振频率处传输线具有较高的输入阻抗。

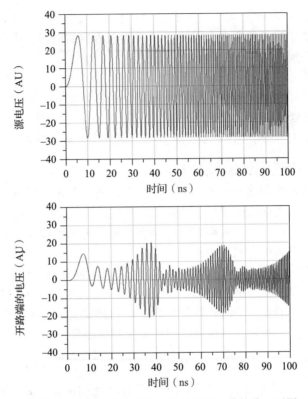

图 6-28　上图：入射电压以一定的扫描频率和恒定振幅进入传输线。下图：传输线开路端的
　　　　电压表示当频率达到一定值时，线路上的电压显著增加。这些频率被称为传输线的
　　　　谐振频率。用 Keysight 的 ADS 来仿真

　　如果入射信号具有与传输线模式频率重叠的频率分量，则仅在传输线中激励谐振。我
们将这种情况称为信号"激励"传输线模式。

　　当入射波和源端的第一反射波之间的相位差为周期整数倍时，发生连续反射波与入射
波的相长干涉：

$$\Delta\theta[\text{周期}] = n \tag{6-81}$$

式中，$\Delta\theta$ 表示入射波和叠加的反射波之间的相位差，它沿着互连的长度向下和向后传播，
以周期为单位；n 表示入射波和叠加的反射波之间周期的整数倍。

　　当入射波和叠加的反射波之间的相位差是周期的整数倍时，波组合在一起并建立在每
个反射波上。这正在激励谐振，发生这种情况的频率是模态共振频率。它通常由两个波之
间的周期数来指定，n 为整数。

　　在这个例子中，我们假定传输线两端的阻抗是相同的，均高于或低于线路阻抗。我们
称线路边界条件的末端为阻抗。当线路每端的边界条件相同，且在互连上向下和向后传播
的波形中存在整个周期相移时，会产生模态共振。

　　当边界条件在线路的每一端都相同时，谐振条件是往返相移为周期的整数倍，这意味

着往返行程的长度是波长的整数倍。这意味着传输线的单向长度是半波长的整数倍。

$$\Delta\theta[\text{周期}] = n = \frac{2\times\text{Len}}{\lambda_n} = \frac{2\times\text{Len}}{\lambda_n} \tag{6-82}$$

或

$$\text{Len} = n\times\frac{\lambda_n}{2} \tag{6-83}$$

和

$$\lambda_n = 2\times\frac{\text{Len}}{n} \tag{6-84}$$

图 6-29 说明了这一重要标准。

从式(6-85)可知，激励模态共振的条件是：

$$\lambda_n = 2\times\frac{\text{Len}}{n} = \frac{v}{f_n} \tag{6-85}$$

和

$$\begin{aligned}f_n &= n\times\frac{v}{2\times\text{Len}}\\ &= n\times\frac{c}{2\times\text{Len}\ \sqrt{\text{Dk}}}\end{aligned} \tag{6-86}$$

这些是反射波在传输线上建立并叠加在自身上的特定频率上，从 $n=1$ 开始，频率随着 n 增加。

例如，如果传输线与 FR4 相距 6in，则连续反射波形成的频率为：

$$\begin{aligned}f_n &= n\times\frac{c}{2\times\text{Len}\ \sqrt{\text{Dk}}}\\ &= n\times\frac{6\text{in/ns}}{2\times6\text{in}} = \frac{n}{2}\text{GHz}\end{aligned} \tag{6-87}$$

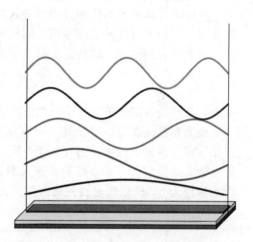

图 6-29　谐振的条件是半波长的倍数适用于传输线的边界。在这里，我们显示了传输线两端的 0.5 周期、1 个周期、1.5 个周期、2 个周期和 2.5 个周期的电流波形

第一个谐振频率为 1/2GHz，第二个为 2/2GHz，第三个为 3/2GHz。请注意，每个频率均匀间隔 0.5GHz。这些谐振频率仅取决于传输线的长度和传输线材料中的波速，它们是传输线固有的。

传输线上的驻波电平在这些频率处较大。实际电压的电平取决于入射信号电平，线路中的损耗以及源阻抗、线路阻抗和负载阻抗之间的阻抗失配。

如果在一端存在高阻抗，另一端存在低阻抗，则除了传播相移之外，还存在额外的加到反射波上的半个周期的相移。每次它们反射离开远端然后离开源端时，波叠加的条件仍然是具有整数倍的周期差：

$$\Delta\theta[\text{周期}] + \frac{1}{2} = n \tag{6-88}$$

当线路两端的边界条件不同时，谐振条件为：

$$\Delta\theta[周期] + \frac{1}{2} = n = \frac{2 \times \text{Len}}{\lambda_n} + \frac{1}{2} \quad 或 \quad \text{Len} = \left(n - \frac{1}{2}\right) \times \frac{\lambda_n}{2} \qquad (6\text{-}89)$$

第一谐振对应于长度为 1/4 时，波长并且出现在波长的 1/4，3/4，5/4，7/4 等奇数倍处。这与边界条件相同的谐振相反，它们以 1/4 波长的偶数倍数出现：波长的 2/4，4/4，6/4，8/4 等。

互连是否由 1/4 波长的奇数倍或偶倍数激发，取决于两端的边界条件是否相同。

6.16　传输线和模态共振的输入阻抗

探测传输线谐振模式的一种方法是观察不同频率下线路的输入阻抗。

在远端开路的均匀传输线中，输入阻抗通过其阻抗中的峰谷。这是由于入射波在开路端反射，干扰入射波进入传输线。同样的机制会产生模态共振。

第 2 章介绍的一个阻抗定义是基于波的反射系数的。传输线的输入阻抗为：

$$Z_{\text{input}} = Z_{\text{port}} \times \frac{1 + S_{11}}{1 - S_{11}} \qquad (6\text{-}90)$$

式中，Z_{port} 表示信号进入传输线之前的信号源阻抗；S_{11} 表示来自传输线输入的反射系数。

最简单的情况是，对于具有 50Ω 端口阻抗和理想的 50Ω 的均匀传输线，在远端开路。开路远端反射系数的大小为 1。这个反射波回到源端，然后离开传输线并进入端口，在那里它被看成反射波。如果反射波进入端口的相位与入射波的相同，则 S_{11} 为实数，且为 1。因为相位为 0，所以传输线的输入阻抗为

$$Z_{\text{input}} = Z_{\text{port}} \times \frac{1 + S_{11}}{1 - S_{11}} = Z_{\text{port}} \times \frac{1 + 1}{1 - 1} = \infty, \quad 开路 \qquad (6\text{-}91)$$

S_{11} 的相位为周期整数倍的条件是传输线模态共振的条件。传输线上的峰值输入阻抗反映了线的模态共振。

提示　空腔的阻抗曲线是内频率直接测量的，此频率预测了腔的谐振模式。

如果在某些频率下传输线的阻抗较高，则以该频率注入传输线的任何小电流都会导致较大的电压。这是识别模态共振的条件。

提示　在传输线阻抗较高的频率下，传输线中的小电流产生高电压。高电压和高阻抗都是与施加信号相互作用的传输线的模态特性。

传输线输入阻抗曲线的具体形状取决于线路的特性阻抗、端点上的阻抗和损耗。然而，峰值频率保持不变。图 6-30 在显示在 FR4 中 6in 长 50Ω 特性阻抗传输线的输入阻抗，包括 1Ω 和 50Ω 特性阻抗的阻抗曲线。

导体和介质损耗都依赖于频率。随着频率的增加，它有助于衰减模态共振的多重反射。

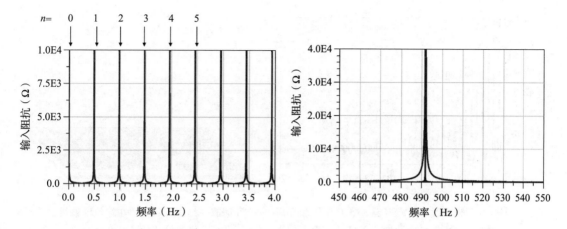

图 6-30 左图：50Ω 传输线的输入阻抗，末端开路，识别每个高阻抗谐振。右图：$n=1$ 时谐振的扩展频率，比较 1Ω 和 50Ω 的特性阻抗。用 Keysight 的 ADS 来仿真

提示 频率越高，单位长度上衰减越大，并且在多个反射波中留下较小的振幅干涉在一起。这会降低阻抗谐振中的峰值高度。

6.17 模态共振和衰减

在极端情况下，当在往返路径中存在很大的衰减而没有波干扰和谐振时，传输线的输入阻抗是恒定的，并且接近线路的特征阻抗。图 6-31 显示了具有与频率相关的导体和介质损耗中传输线的仿真输入阻抗。

另一个因素显著影响着传输线中的衰减，并且阻抗峰值以更高的频率很快地变小。来自导体和介质损耗中单位长度上的衰减被分离，并且被很好地近似[2][3]：

$$A_{\text{total}}[\text{dB/Len}] = A_{\text{conductor}} + A_{\text{dielectric}} = 4.32 \times \left(\frac{R_{\text{Len}}}{Z_0} + G_{\text{Len}} Z_0 \right) \qquad (6\text{-}92)$$

式中，A_{Total} 表示单位长度上的总衰减（dB）；$A_{\text{conductor}}$ 表示仅考虑导体损耗时单位长度上的衰减（dB）；$A_{\text{dielectric}}$ 表示单位长度上的衰减，仅来自介电材料（dB）；R_{Len} 表示两个导体中单位长度上的串联电阻；Z_0 表示线路的特征阻抗；G_{Len} 表示传输线中单位长度上的电导率。

在一般情况下，传输线由两个宽的导体组成，其间具有薄的介电间距，如图 6-32 所示，特征阻抗使用平行板近似为：

$$Z_0 = \frac{377\Omega}{\sqrt{\text{Dk}}} \times \frac{h}{w} \qquad (6\text{-}93)$$

由于特征阻抗、串联电阻和电导都以不同的方式取决于传输线的几何关系，因此乍看之下难以确定几何特征如何影响衰减。简单地分析它们的依赖关系和它们如何结合在一起提供了一个惊人的结论。

介质损耗项与几何形状无关，仅取决于腔体材料的介电常数 Dk 和耗散因数 Df。

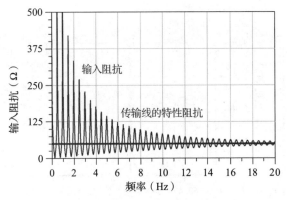

图 6-31　50Ω 的传输线、末端开路、具有导体和介质损耗的输入阻抗。注意，在损耗非常大的高频下，输入阻抗接近线路的特性阻抗。峰值阻抗由于损耗而降低，最小阻抗略有增加。用 Keysight 的 ADS 来仿真

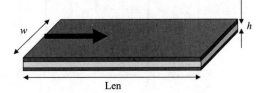

图 6-32　标识长、宽，在均匀传输线中信号沿长轴传播

电导率 G_{Len} 是板之间通过电介质"交流泄漏"的电导，由式(6-94)给出：

$$G_{\mathrm{Len}} = 2\pi f \times \varepsilon_0 \times \mathrm{Dk} \times \mathrm{Df}\,\frac{w}{h} \tag{6-94}$$

当与特性阻抗相结合时，单位长度上介质损耗的衰减为：

$$A_{\mathrm{dielectric}}[\mathrm{dB/in}] = 4.32(G_{\mathrm{Len}}Z_0) = 4.32\left(2\pi f \times \varepsilon_0 \times \mathrm{Dk} \times \mathrm{Df}\,\frac{w}{h} \times \frac{377\Omega}{\sqrt{\mathrm{Dk}}}\,\frac{h}{w}\right)$$

$$= 4.32 \times 2\pi \times \varepsilon_0 \times \sqrt{\frac{\mu_0}{\varepsilon_0}} \times f \times \mathrm{Df} \times \sqrt{\mathrm{Dk}}$$

$$= \frac{4.32 \times 2\pi}{11.8\mathrm{in/ns}} \times f \times \mathrm{Df} \times \sqrt{\mathrm{Dk}} = 2.3 \times f \times \mathrm{Df} \times \sqrt{\mathrm{Dk}} \tag{6-95}$$

在电介质衰减中，所有几何项均抵消，电介质的衰减只取决于材料特性。考虑到施加的电磁波频率，电介质的衰减随频率变化，即由使用的电磁波频率变化而变化。

提示　介质损耗在空腔中单位长度上的衰减只取决于材料的性质和任何独立的几何设计特征。

在频率高于限制(趋肤深度比导体的几何厚度薄)时，两根导体在单位长度上的串联电阻约为：

$$R_{\mathrm{Len}} = 2 \times \frac{8.14}{w}\sqrt{f}\ \Omega/\mathrm{in} \tag{6-96}$$

假设电流在导体的内表面上。随着频率的增加，来自表面深度的频率依赖性逐渐减小。当我们将串联电阻与特征阻抗相结合时，发现导体损耗为：

$$A_{\mathrm{conductor}} = 4.32\left(\frac{R_{\mathrm{Len}}}{Z_0}\right) = 4.32\left(\frac{2 \times \dfrac{8.14}{w}\sqrt{f}}{\dfrac{377\Omega}{\sqrt{\mathrm{Dk}}}\,\dfrac{h}{w}}\right) = \frac{4.32 \times 2 \times 8.14}{377}\left(\frac{\sqrt{\mathrm{Dk}}}{h}\sqrt{f}\right)$$

$$= 0.187\left(\frac{\sqrt{\mathrm{Dk}}}{h}\sqrt{f}\right) \tag{6-97}$$

令人惊讶的是，来自导体损耗的单位长度上的衰减不依赖于传输线的线宽。随着线宽的增加，电阻降低，特征阻抗也降低。这两项按照相同的方式增加线宽，比例保持不变。

电介质厚度不属于这种情况。导体之间的电介质越薄，特征阻抗越小，衰减越大。这种关系表明，电介质越薄，峰值阻抗衰减越多，阻尼越大。

提示　当线宽与电介质厚度相比非常宽时，导体损耗在单位长度上的衰减与导线宽度无关。相反，它取决于电介质的厚度。

使用更薄的电介质有两个重要的好处。传输线中特征阻抗的降低，导致有较低的峰值阻抗高度。其次，电介质越薄，导体衰减越大。二者结合起来可以减少阻抗峰值，特别是在较高频率下。图 6-33 说明了这一点。具有更薄电介质的阻抗峰值显著降低的原因是有较低的阻抗和较高的阻尼。请注意，与厚为 10mil 的电介质传输线相比，1mil 厚的电介质传输线的高频阻抗更低。

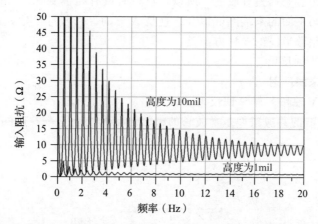

图 6-33　具有相同长度和线宽的两条传输线的输入阻抗，但电介质厚度不同。用 Keysight 的 ADS 来仿真

提示　降低空腔中阻抗峰值高度最有效的方法是在两个平面之间使用更薄的电介质。这增加了由导体损耗引起的峰值衰减，并降低了空腔模态共振下腔内产生的电压噪声。

同样需要注意的是，介质损耗和导体损耗都随着 Dk 的增加而增加。填充空腔材料中较高的 Dk 降低了衰减阻抗的增长，并有助于增加峰值阻尼，并且更薄的电介质有更大的提升。增加 Dk 不应该以增加 h 为代价。

已经开发了基于小段传输线的二维阵列仿真工具[2-5]。它们将这里提出的一维概念(包括衰减)扩展到二维阵列，其流行于 20 世纪 90 年代和 21 世纪。它们最有用的地方就是电源完整性工程师可以很好地了解尺寸和材料对电力平面和 PDN 性能的影响。之前它是广泛使用的商业工具，PI 工程师经常依靠自制工具。

如今，很好的商业工具随时可用。它们经常涉及全波解决方案和良好的三维网格划分，以准确评估没有清晰返回路径或平面的导体。它们输出 S 参数模型，它可以直接导入瞬态模拟器中。重点考虑的一点是设置 S 参数端口。提取的模型结果非常准确，但经常会让 PI 工程师怀疑主导电感或阻抗结果的内部结构。

6.18 空腔二维模型

在 6.17 节的例子中，我们将传输线视为一维结构，其传播限制在线长度上。传输线上窄的宽度限制信号仅沿着长轴方向传播，这意味着波只能在一个方向上干涉。这会产生仅用一个指数识别的模式。每个模式对应于在传输线长轴之间拟合的半波倍数。

在由两个平面组成的空腔中，信号在 X 和 Y 方向上都沿着对角线传播。与空腔模型相关的原理与一维传输线的情况相同。只能在 X 方向、Y 方向上移动，或在 X 方向的某些元件和 Y 方向的某些元件上时，波可能传播和干涉[6-7]。

在边缘处腔的边界条件是开放的，所以在反射时没有相位变化，共振峰值的建立条件是半波长的整数倍与平面的末端刚好拟合。这是 X 方向、Y 方向和对角方向的情况。

在边界内拟合整数半波的 3 种方法是：

- 波沿着 X 轴来回反射
- 波沿着 Y 轴来回反射
- 波同时沿着 X 轴和 Y 轴来回反射

沿 X 轴传播的波的共振条件是半波长的整数倍在 X 方向上与空腔的长度相拟合：

$$n\frac{\lambda_n}{2} = \text{Len}_X \quad \text{或} \quad \lambda_n = \frac{2 \times \text{Len}_X}{n} \tag{6-98}$$

谐振频率为：

$$f_n = \frac{V}{\lambda_n} = n\frac{V}{2 \times \text{Len}_X} = n \times \frac{c}{2 \times \text{Len}_X \sqrt{\text{Dk}}} \tag{6-99}$$

在 Y 方向上，相同条件是沿着空腔的长度拟合半波的倍数：

$$f_m = m \times \frac{c}{2 \times \text{Len}_Y \sqrt{\text{Dk}}} \tag{6-100}$$

对角共振波的频率为：

$$f_{mn} = \sqrt{f_m^2 + f_n^2} = \frac{c}{2 \times \sqrt{\text{Dk}}} \sqrt{\left(\frac{m}{\text{Len}_Y}\right)^2 + \left(\frac{n}{\text{Len}_X}\right)^2} \tag{6-101}$$

基于空腔材料的介电常数，这提供了腔中每个模态共振频率、每侧的长度和模数的估计。在腔为方形的特殊情况下，谐振频率为：

$$f_{mn} = \sqrt{f_m^2 + f_n^2} = \frac{c}{2 \times \text{Len} \times \sqrt{\text{Dk}}} \sqrt{(m)^2 + (n)^2} \tag{6-102}$$

提示 二维空腔模型与每个尺寸独立考虑的相同，增加了具有对角线谐振的模式，它沿着一个轴具有 m 个半波，沿着另一个轴具有 n 个半波。

如果 FR4 中腔的长度为 6in，则腔模态共振为：

$$f_{mn} = \frac{6\text{in/ns}}{2 \times 6\text{in}} \sqrt{(m)^2 + (n)^2} = 0.5\text{GHz} \sqrt{(m)^2 + (n)^2} \tag{6-103}$$

腔模态共振频率为：

m	n	f_{mn}(GHz)
1	0	0.5
0	1	0.5
1	1	0.71
2	0	1
0	2	1
2	1	1.12
1	2	1.12
2	2	1.41
3	0	1.5
0	3	1.5
3	1	1.58
1	3	1.58
2	3	1.8
4	0	2
0	4	2
3	3	2.12

这些是空腔模型固有的谐振频率。观察模态共振的一种方法是从观测点观察腔体的输入阻抗。图 6-34 显示了从角落测量 FR4 侧面中 6in 长空腔的模拟阻抗。以 (m, n) 模式指数值列出识别为特定模式的频率。

空腔中每种模式的特定谐振频率对于空腔都是固有的。这些频率值不受腔的测量方式或位置的影响。这些模式与频率相关，当它们从腔体的所有边界处反射时彼此相互加强。图 6-35 显示了 3 种模式下驻波电压模型的例子，这些模型表示腔体的平面之间存在最大的电压。对于 3 种模式中的每一种，我们以一种激发该特定模式的主要方式来激励空腔。

尽管存在这些模式，但是将信号注入特定模式的效率以及在阻抗测量中看到它的能力

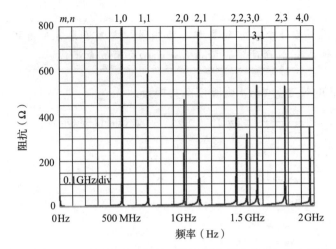

图 6-34   空腔尺寸为 6in 且一侧有 FR4 材料，谐振频率高达 2GHz 的仿真阻抗。对每个峰值识别模态指标值，预测的频率与这些值匹配得很好。用 Mentor Graphics HyperLynx PI 来仿真

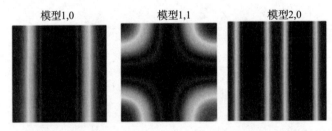

图 6-35   当在特定模式的频率下进行激励时，空腔平面之间峰值电压的分布模式，这些电压的驻波模型出现在两个平面之间。用 Mentor Graphics HyperLynx PI 来仿真

取决于测量点将信号激发到该模式的程度。

提示   空腔模式是空腔的固有特性，不需要存在任何信号。信号对特定模型的敏感度取决于信号频率分量、模态频率的重叠和接近度。

在图 6-34 所示的阻抗图中，我们从腔的一个拐角探测了腔，并用模态共振频率注入信号，激励该模式。注入的信号在空腔的各个部分向各个方向发送波。当特定模式被激励，并且每个低于 2GHz 的模式显示为阻抗峰值时，我们识别测量的每个峰值。

从空腔中心发射到空腔中的信号不会将信号注入前两种模式(1，0 和 1，1)。这些模式的腔体中心没有电压。

在空腔中具有奇数个半波长的任何频率都具有与中心处入射波相抵消的反射波。我们无法从中心激发这些模式，因为它们被抑制了。频率为偶数个半波长的波只能从腔的中心处被激发，如图 6-36 所示。

在这个例子中，我们展示了具有开口边界条件的空腔轮廓。中心点是我们探测腔体并

注入正弦波信号的位置。考虑两种情况，在第一种情况下，边缘的长度是半波长的奇数倍。在最简单的情况下，这意味着一边的长度是半波长。

信号从中心位置反射，并在整个空腔中传播。左边的波行进到达边缘，在那里它们与被注入的入射波有四分之一周期的相位差。它们反射回中心并到达右边远处的边缘。当它们通过注入信号的中心点时，与从源出来的波相比，它们的相位相差半个周期。反射波和入射波彼此相位相差半个周期，并抵消。

当从中心点到边缘相差四分之一波长时，反射波被入射波抵消，并且没有能量注入到这些模式中。这些模式仍然存在，但是它们不会被从中心位置处进入腔体的信号所激发。

提示　信号的频率分量和进入腔的注入点决定模式是否被信号所激发。如果注入的模态模式为零或零电压信号，则即使信号处于谐振频率，信号也不会激发腔模式。

在第二种情况下，一边的长度是半波的偶数倍，这意味着在边界之间有整数波长的拟合。在这种情况下，与入射信号相比，从源点到达左边缘的信号具有半周期相移。当它反射并回到右边缘的源时，它的相位是源的一个周期。来自右侧源头的波与右侧边缘的反射波同步时，它们叠加、组合和激发这种模式。

当在腔中心被激发时，仅有两个具有偶数指数的模式被激发并且在阻抗分布中表现为谐振峰值。这些是在 2GHz 以下的 2，0，2，2 和 4，0 模式。图 6-37 比较了从拐角和中心激发的相同腔体的谐振阻抗峰值，只有均匀模式的指数显示为阻抗峰值。

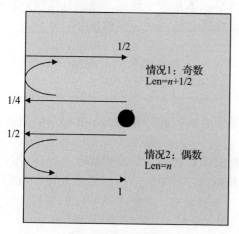

图 6-36　当从中心探测到奇数编号模式时，偶数模式不会激发

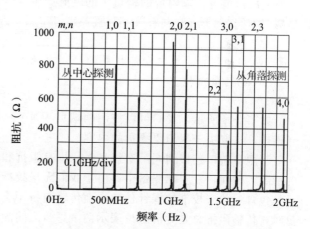

图 6-37　从角落和中心激发的相同腔体的阻抗曲线。当从中心激发时，我们看到只有 3 个峰值，对应于 2，0，2，2 和 4，0 模式的频率。用 Mentor Graphics HyperLynx PI 模拟

6.19　高级主题：使用传输阻抗探测扩散电感

当从单个观察点测量空腔的固有阻抗时，我们总是看到腔体扩散电感的串联电感在更

高频率下控制腔体阻抗。扩散电感将始终对腔体的较高频率阻抗进行着色，辨别这种现象的一个方法是使用传输阻抗来测量腔的阻抗。

描述阻抗更高级的方法是第 2 章中介绍的阻抗矩阵。这是一种描述任意数量的连接或端口阻抗的方法，而不仅针对双终端设备。当设备有某种耦合的端口且有多个连接时，阻抗矩阵描述是一种有用的工具。

图 6-38 显示了两对向公共设备传回接触点的简单例子。

从每个端口到设备有一个电流，每个端口有一个电压。以下方程确定每个端口的电压：

$$V_1 = Z_{11} I_1 + Z_{12} I_2$$
$$V_2 = Z_{21} I_1 + Z_{22} I_2 \tag{6-104}$$

这种关系定义了阻抗矩阵元素。被称为固有阻抗的对角线阻抗项与我们通常的阻抗定义有关：

$$Z_{11} = \frac{V_1}{I_1}\bigg|_{I_2=0} \quad 和 \quad Z_{22} = \frac{V_2}{I_2}\bigg|_{I_1=0} \tag{6-105}$$

这些元件相当于单端口阻抗测量。当然，在一对触点之间测量的平面的固有阻抗对该接触区域的扩散电感是敏感的。这是非对称阻抗元件(有时称为传输阻抗)起着重要作用的地方。传输阻抗为：

$$Z_{21} = \frac{V_2}{I_1}\bigg|_{I_2=0} \quad 和 \quad V_2 = Z_{21} \times I_1\bigg|_{I_2=0} \tag{6-106}$$

将电流注入端口 1 时，我们将传输阻抗 Z_{21} 解释为端口 2 处产生的电压的比值。端口 2 处的电压由流过传输阻抗的端口 1 的电流产生。传输阻抗不是两个测量点之间的阻抗，而是两个不同观测点间"共有"的阻抗。

提示　当阻抗由从腔中向外扩展的径向电流波所共有时，考虑空腔中两个测量点之间的传输阻抗。

如第 3 章所示，我们可以使用两端口 VNA 测量固有阻抗和传输阻抗，这时端口应适当连接，这取决于我们要测量的内容。

当两个端口连接到同一对焊盘时，固有阻抗和传输阻抗相同。这是模拟双端口 S 参数的情况。然而，在实际测量中，由于我们无法校准残留的探针效应，所以测量的固有阻抗总是包含一些未校准的探针伪像，而传输阻抗不会。在测量中，当两个端口接触相同的焊盘时，传输阻抗总是更清楚地表示两个焊盘之间的阻抗。

当端口 1 和 2 使用不同的焊盘时，传输阻抗与第 3 章中讨论的双端口阻抗相同：

$$Z_{21} = 25\Omega \frac{S_{21}}{1 - S_{21}} \tag{6-107}$$

我们可以使用传输阻抗来探测腔内扩散电感的分布。图 6-39 说明了圆形腔的简单情况，其中端口 1 连接在两个平面之间，它们构成中心位置的空腔，并且端口 2 位于与中心相距为 R 处。

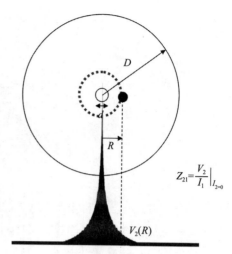

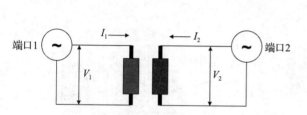

图 6-38　将电流驱动到一个端口并测量另一端口处的电压以扩展阻抗矩阵元件的端口配置

图 6-39　直径为 d 的中心点为端口 1，端口 2 位于距中心距离为 R 处。当端口 1 的电流向外扩散时，腔中的电压通过扩散电感而减小，并以下面的实线来绘制。端口 2 的电压取决于端口 2 的位置，传输阻抗取决于位置

在这种配置中，在端口 2 处获取的电压取决于端口 2 所在的位置以及腔中的扩散电感。当扩散电感很高时，随着距中心间距的增加，V_2 的值迅速下降。

提示　中心接触点和相距一定距离的第二点之间的扩散电感等效于，当观察空腔的其余部分时 BGA 球的圆环可能会看到的扩散电感。球环的半径越大，看到的空腔共有扩散电感就越低。

V_2 的值与传输阻抗直接相关。距离测量点的中心越远，则到腔体边缘的扩散电感就越低，而且产生的电压降也越低。在端口 2 处测量这个电压，在某种意义上它就是在该位置处的电压，这是由端口 2 处的圆环电流流经腔体其余部分而形成的。它是从半径为 R 的同心环到腔体边缘的阻抗量度。

为了说明传输阻抗的含义，我们以一对由直径为 3in 的圆形腔体构成的平面为例。它们的间距是 10mil。我们添加一个端口到腔体中心，并添加 3 个其他端口，每个端口标有符号"x"，这表示越来越远离中心。图 6-40 给出了与这 4 个观测点相关的仿真自阻抗和传输阻抗。

由此可见，自阻抗与理论值一致。即观测点越接近边缘时，扩展电感越高，串联谐振频率（SRF）下降越多。同时，我们也注意到，高于 SRF 的阻抗具有更多的电感分量，这或许是减小传输阻抗的有效方法。请注意，可通过高阻抗峰值来确定模式的共振频率，这将不依赖于观测的位置点。

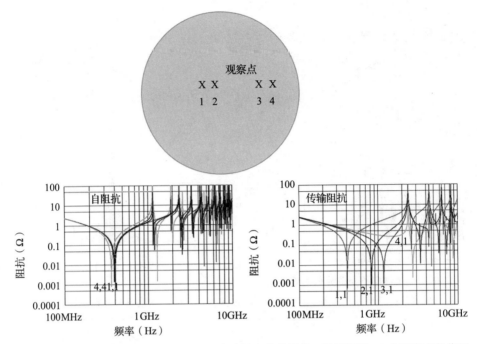

图 6-40　考察空腔上 4 个不同观察点处的自阻抗和传输阻抗。顶部视图：4 个观察点的位置；
底部视图：自阻抗和转移阻抗曲线

在图 6-40 右侧所示的传输阻抗曲线中，我们看到频率(2，1)对应的阻抗最小值是随着第二观测点到中心距离的增加而增加的，并且最小值更接近腔体的边缘。但是，对于高频端的阻抗来说，其扩展电感的近似测量则大幅减少。

随着两个探针点之间的距离越远，传输阻抗对腔体的扩展电感非常不敏感。对于第 4 点（即靠近圆周的位置），腔体的阻抗几乎是纯电容性的，一直到开始首个模式的谐振。而且，在这么远的位置观察到的有效扩展电感几乎为零。

有趣的是，这些平面的模态共振峰值对应的传输阻抗与位置 2 无关。在位置 1 处注入腔中的电流驱动任何一个由谐振腔支撑的模式。与下降的频率不同，这些模式的频率独立于观测点，它们是腔体尺寸固有的。

在低频段，我们能够清晰地识别电容或感应的自阻抗特性，并且自阻抗和转移阻抗的解释很直白。当高于这些频率时，理解阻抗谱的细节（不同于识别指定的模态共振）是非常困难的。

传输阻抗作为探测分布式腔体特征的概念应用于测量时非常有用。例如，通过电感和腔中扩散电感的分离，我们可以使用从一个腔体的不同位置到端口的二端口测量。

我们测量了一个埋有空腔的电路板，该电路板由两个与 VNA 分开约 1mil 的平面组成。使用单端口和双端口技术，微型探针与电路板顶部，那里通孔连接两个平面。图 6-41 给出了从这两个配置中提取得到的阻抗测量结果。

在这个例子中，从空腔中看入的总回路电感大约是 80pH。这包括到腔体顶部的通孔对和进入腔平面的扩散电感。单端口测量显示探针与通孔串联的接触阻抗以及到平面的扩散电感。双端口测量带有两个微型探针触摸相同通孔的顶部表面，它可消除探针效应，但仍然显示通孔的回路电感与扩展电感的串联。

> 提示 可以使用两个端口的通孔测量从板上的表面到空腔。该测量仍然对通孔至腔体的回路电感和腔体的扩展电感非常敏感。

接下来，我们将探针移动到电路板的两侧，一个接触通孔对的顶部，另一个探针接触底部的通孔对。通过这种方式，一个探针通过平面到空腔的边缘，驱动电流进入通孔的顶部。另一个探针测量在通孔对底部产生的电压。它对从通路顶部到平面接触的通路中间的电压下降不敏感。当电流从通孔接触点进入腔体时，它只对产生的电压敏感。这个双端口测量，如图 6-42 所示。图 6-42 是直接测量的扩展电感，这时空腔和其边缘没有受通孔的影响。

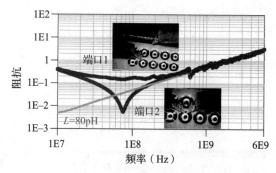

图 6-41 使用单端口和双端口测量技术从电路板顶部通过通孔进入埋入式腔体的阻抗，还包括用于比较的 80pH 电感的阻抗

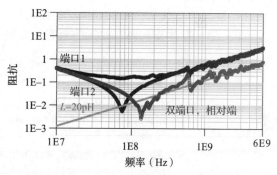

图 6-42 微型探针接触相同通孔对的相对端时，增加了双端口测量。这种测量对腔中的扩散电感是敏感的

使用通孔两端的触点，我们可以看到阻抗测量与通孔回路电感无关，只与空腔的扩散电感有关。将此阻抗与理想值进行比较，20pH 的电感显示与扩展电感有良好的匹配。

对于一个 1mil 厚的腔体，我们希望扩展电感按照空腔的片状电感量级进行计算，即 $32pH/mil \times 1mil = 32pH$。在这个例子中，我们测量得到的电感值大约为 20pH，这与预期的电感值在同一个量级。此外，一开始我们就注意到：一些腔体模态共振叠加在其分布的电感阻抗上。较高频率的模态共振由于腔内有非常薄的电介质而被阻止。

> 提示 当我们从通孔的两侧测量时，使用双端口技术消除了通孔回路电感，并直接显示腔体中的扩散电感。这是测量令人难以置信的小扩散电感的最佳技术，通常按照几十个 pH 来处理。

当腔体包含其他组件时，传输阻抗是分析电压、电流和腔体阻抗特性的又一个强大工具。

6.20　总结

1. 空腔由两个非常接近的平面组成，而且这两个平面之间的阻抗由 3 个个同的区域给出。

2. 在低频下，腔体阻抗看起来像一个电容器。这个电容提供了测量层压材料 Dk 值的一种简单方法。

3. 腔体阻抗曲线的下降类似于 LC 电路的自谐振频率。L 是腔扩散电感的直接量度。C 是腔平行板电容。在最高频率下，腔体模态共振可确定其阻抗。

5. 有效特征阻抗在腔体内部传播时通常远低于 0.1Ω。

6. 腔内的扩散电感取决于电流密度，它会受到腔体内自由流动的电流所影响。

7. 谐振腔中两点之间的扩散电感随两点之间的间距呈对数关系变化。

8. 在腔体中添加一个电容器会产生新的并联谐振，而且，电容器中的电感会与腔体的电容相互作用。

9. 腔体模态共振频率仅取决于腔体的尺寸和填充它的电介质。

10. 降低腔体高频模态共振的最有效方法是使用非常薄的电介质来缓冲衰减。

参考文献

[1] M. Xu and T. Hubing, "Development of a closed-form expression for the input impedance of power-ground plane structures," *Faculty Re. Creative Works*, pp. 77–82, 2003.

[2] I. Novak, "Lossy power distribution networks with thin dielectric layers and/or thin conductive layers," *IEEE Trans. Adv. Packag.*, vol. 23, no. 3, pp. 353–360, 2000.

[3] L. D. Smith, R. Anderson, and T. Roy, "Power plane SPICE models and simulated performance for materials and geometries," *IEEE Trans. Adv. Packag.*, vol. 24, no. 3, pp. 277–287, 2001.

[4] Keunmyung Lee and Barber Alan, "Modeling and analysis of multichip module power supply planes," *Components, Packag. Manuf. Technol. Part B Adv. Packag. IEEE Trans.*, vol. 18, no. 4, pp. 628–639, 1995.

[5] L. Smith, T. Roy, and R. Anderson, "Power plane SPICE models for frequency and time domains," in *IEEE 9th Topical Meeting on Electrical Performance of Electronic Packaging (Cat. No.00TH8524)*, pp. 51–54, 2000.

[6] Nanju Na, Jinseong Choi, Sungjun Chun, M. Swaminathan, and J. Srinivasan, "Modeling and transient simulation of planes in electronic packages," *IEEE Trans. Adv. Packag.*, vol. 23, no. 3, pp. 340–352, 2000.

[7] S. Pannala, J. Bandyopadhyay, and M. Swaminathan, "Contribution of resonance to ground bounce in lossy thin film planes," *IEEE Trans. Adv. Packag.*, vol. 22, no. 3, pp. 249–258, 1999.

信号返回平面改变时，信号完整性的探讨

7.1 信号完整性和平面

返回平面上的直流电源不影响传输线的特性阻抗，也不影响信号和返回平面之间信号传播的质量。这意味着 5V 或 12V 平面作为返回途径与地平面的效果一样好。

在多层电路板中，当信号线从一层传到另一层时，返回电流必须在两个平面之间流动。问题就在于此，这个问题就像坠楼，坠楼不是问题，问题是着陆。

当电流流过由两个平面构成的空腔的阻抗时，在平面之间便产生了电压。电压开始产生在信号通过空腔的附近，给空腔注入一个传播的电压波。任何通过空腔的其他物体能检测到这个瞬时电压并作为串扰。

提示 高频噪声注入空腔的主要方式是返回电流通过相邻平面时，阻抗感应的瞬时电压，这产生了串扰，它对辐射有潜在的贡献。这两个效应都是很重要的，涉及了电源平面，但是对核心电压轨的电源分配质量无关。

这是高频噪声注入空腔的主要机理——信号通过空腔进行转移，并使每个平面依次作为返回路径。这个注入到空腔的噪声对电源分配网络的设计影响不大。我们在本章包括这种噪声源是因为它对信号完整性的设计非常重要，它涉及电源传递使用的同一平面。从这种潜在的噪声源分析角度来看，我们获得了对根源的理解，并形成了最小化这个问题的设计思路。

7.2 涉及峰值阻抗问题的原因

给集成电路(IC)提供电源电流的同一电源和地平面也常常作为信号的返回途径。在下一章，我们将指出：电源和地平面形成的腔体谐振并没有发挥重要作用，也没有显著降低集成电路核心逻辑的电源。这是因为当通过封装引线电感看过去时，在芯片供电轨上没有看到高频腔体模态的谐振峰值阻抗。

提示 空腔形式的谐振峰值阻抗在电源完整性方面很难成为重要的课题。在信号完整性和电磁兼容(EMC)中，它们是非常重要的。

当信号通过空腔进行转移时，它们的返回电流能激励腔体谐振和其他的并联谐振。当信号返回电流通过空腔时，有大的频率分量与峰值阻抗频率相重叠，这时在两个空腔平面之间就产生了过度的电压噪声。这个电压噪声对两个潜在问题有贡献：增加串扰（这是信号完整性问题）和 EMC 违规。

在很多通俗的文献资料中，电源完整性、信号完整性和 EMC 问题没有很好地分开，常常是模糊在一起的。腔体谐振首先是信号完整性问题，有时是 EMC 问题，但很少是电源完整性问题。减小它们对信号完整性和 EMC 的影响是重要的，但是它们对电源完整性常常是不相关的。

返回电流通过空腔形成的电压噪声是非常严重的信号完整性问题[1-2]。通过空腔的信号把平面之间的电压噪声看成串扰，通过空腔的开关信号越多，被其他信号拾取的电压噪声越多。空腔噪声不位于通孔信号的邻近，而是处在大的范围内。它影响所有跨越空腔的通孔，而不是仅影响通孔邻近的有源信号，这使问题很难诊断。

提示 信号返回电流所具有的风险是具有空腔峰值阻抗的实际问题，此电流在峰值阻抗处通过的空腔具有频率分量。电流通过高阻抗，在空腔中产生大的电压，这会产生串扰和 EMC 问题。

例如，对于一个 6in 的空腔，由连接到 VRM 的电源和地平面构成一个边，它在 VRM 的电感凹坑和空腔凹坑之间形成并联谐振阻抗峰，这是腔体模态共振。

在低频腔体阻抗像电感器，这是因为 VRM 的串联电感短路这个平面。这个电感与空腔电容组合，并在 55MHz 附近形成并联谐振峰值阻抗。另外，腔体模态共振开始在 0.5GHz 左右。

信号的瞬时电流具有 200ps 的上升时间通过干扰器通孔的空腔，它引起相等和相反的返回电流通过和扰动空腔。返回电流可能通过附近的通孔或由位移电流引起。电压扰动中，有的频率分量可高到 $0.35/0.2\text{ns} = 1.7\text{GHz}$ 的频带宽度，它在 55MHz、0.5GHz 和 1GHz 处激励空腔峰值阻抗。

我们可以预期：在这些特定频率上，产生了增强电压噪声。图 7-1 所示为空腔的阻抗曲线和两个信号通过空腔所拾取的电压噪声。"受害"通孔位于与空腔相对的角上，还可指出，在 55MHz 和 0.5GHz 附近的频率分量上噪声幅度是相似的。

在 6in×6in 空腔中，噪声幅度对串扰信号的通孔位置的依赖性不大。空腔中的电压噪声有非常大的范围，这意味着空腔中所有信号通孔都会受到它的影响。每个受害通孔产生的噪声有大约 5mV 的峰值幅度，它大约是 300mV 信号摆动的 1.5%，这是因为它们也通过空腔。一个简单的具有 200ps 上升时间的信号输入到 50Ω 的传输线中，空腔通孔产生 6mA 的返回电流并通过空腔。如果 10 个"挑衅性"信号同时传输通过空腔，则受影响接收到信号摆动的 15% 作为噪声。这是大范围的影响，因为 10 个"挑衅性"信号通过 6in 方空腔的任意地方。

"挑衅性"信号通过空腔感应的噪声中有两个重要的频率分量，它们显示在时域图上。低频分量的周期为 20ns，频率大约为 50MHz。高频噪声的周期大约为 4ps，频率比

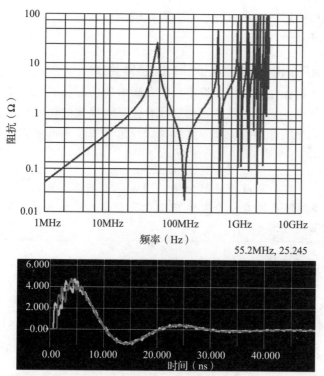

图 7-1　顶部：具有 VRM 的电源平面空腔的阻抗曲线。底部：当"挑衅性"信号通过空腔时，
两个相距很远的通孔拾取的瞬时噪声电压，电压刻度为 mV。使用 Mentor Graphics
HyperLynx PI 进行仿真

0.5GHz 稍微高些。这两个频率与阻抗曲线的第一、二个峰相匹配。

空腔中抬高的电压噪声对 EMI 和信号完整性有重要的影响。任何复杂的电磁产品都具有合理相互连接密度的要求，因此躲避多层信号板是不可能的，这意味着信号通孔是现实存在的。无论信号是否通过腔体，它的返回电流具有在邻近的回路平面之间激励电压噪声的潜能，这绝对是不可避免的。

提示　电源和地平面腔体中最为普通的高频噪声源是宽频带返回电流，它通过腔体作为信号通孔转移注入的直接结果。这种噪声存在的范围宽，在通孔之间贡献串扰和 EMI。

可是，信号的回路电流不能在腔体中产生过分的电压噪声。避免这个问题的一种方法是改变峰值阻抗的幅度，让它足够低，结果是电流摆动不产生大的噪声电压。另外一种方法是把峰值阻抗推向高频端，使其超过信号频带宽度。这样，高阻抗峰不会被瞬时电流所激励。优化腔体特性可得到这两个问题的解。

正如本章讨论的，腔体谐振对于电源分配网络传输给有源器件核心电路干净的电压是没有问题的。可是，腔体噪声对于很多板的信号完整性和 EMI 来说，是巨大的问题。因为它涉及同一腔体结构要用于传递电源，下节将介绍减小腔体噪声的设计技术，这就回到了信号完整性和 EMI 问题。

7.3　通过较低阻抗和较高阻尼来降低腔体噪声

在第 6 章已经指出：在一维传输线中，较高频率的信号比较低频率的信号有较大的阻尼，这是由于频率依赖性损耗所致的。这意味着较高阶模式的信号比较低阶模式的信号有更多的阻尼，正如频率增加那样。在二维腔体中，情况也是如此，较高频率的模式有高于较低频率模式的阻尼。

提示　一般而言，导体和介质损耗随频率而增加，较高阶模式的信号比较低阶模式的信号有更多的阻尼。在一个腔体中由于有更多的导体损耗，所以较薄的介质增加了峰值阻抗的阻尼。

腔体中较薄的介质会减小腔体中的分布电感、腔体阻抗、阻抗峰，并进一步增加了较高频率的阻尼。这些是在腔体中使用薄介质的重要优点。图 7-2 所示为从两个不同腔体中心看入的阻抗曲线。它们的一边为 6in，用 FR4 填充，仅有的差别是一个腔体的厚度是 30mil，另一个腔体的厚度是 3mil。

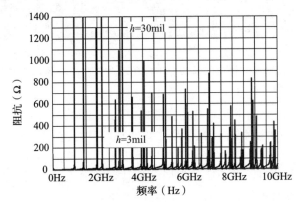

图 7-2　两个不同厚度的腔体的阻抗峰。腔体越薄，阻尼越高，腔体谐振时的阻抗峰越低。使用 Mentor Graphics HyperLynx PI 进行仿真

提示　遏制平面之间模态共振最为有效的方法是在两个平面之间使用非常薄的介质。这就减小了腔体阻抗，相同的电流产生较低的电压降，原因是导体损耗抬高了较高频率的损耗。

从直觉上来看，电源平面腔体是二维传输线阵列，你可在 7.15 节中找到更详细的内容。电源平面腔的阻抗与二维传输线段的特性阻抗密切相关。较薄的介质减小了电感，增加了传输线段单位长度的特性阻抗，这样，特性阻抗减小：

$$Z_0 = \sqrt{\frac{L}{C}} \tag{7-1}$$

与这一致的是，较薄的介质减小了腔体有效的阻抗[3-4]。

第 6 章对一维传输线讨论的阻抗和衰减也可以用到二维传输线中。我们总结的方程为：

$$Z_0 = \frac{377\Omega}{\sqrt{\text{Dk}}} \frac{h}{w} = \frac{1}{Y_0} \tag{7-2}$$

$$A_{\text{conductor}} = 4.24 \times \left(\frac{R_{\text{Len}}}{Z_0}\right) = 0.187\left(\frac{\sqrt{\text{Dk}}}{h}\sqrt{f}\right) \quad [\text{dB/inch}] \tag{7-3}$$

$$A_{\text{dielectric}} = 2.3 \times f \times \text{Df} \times \sqrt{\text{Dk}} \quad [\text{dB/inch}] \tag{7-4}$$

式中，Z_0 是与信号传播并行腔体的一个边看到的腔体特性阻抗；Y_0 是腔体的特性导纳；R_{Len} 是导体单位长度的电阻，由于趋肤效应，它随频率而增加；h 是腔体的厚度；w 是垂直传播方向的腔体宽度；Dk 是填充腔体材料的介电常数；$A_{\text{conductor}}$ 是单位长度的衰减，导体损耗；$A_{\text{dielectric}}$ 是单位长度的衰减，介质损耗；f 是计算衰减的频率。

我们主要的目标是通过优化腔体特性来减小腔体噪声。由于干扰信号活跃，所以一定量的回路电流不得不流过腔体。我们需要执行减小阻抗峰的每一样事，因为腔体噪声的电压产生阻抗和噪声电流。减小电源平面的阻抗和增加阻尼就是这个目的。

基于前面的方程，表 7-1 总结出了介质厚度、Dk、Df 和频率对阻抗、导纳和衰减的影响。通过降低阻抗和增加阻尼，我们实现了最好的腔体噪声性能。导体和介质损耗如最后两列所示，是最大化的指标。很明显，介质厚度是最重要的指标，因为阻抗的改善和导体损耗反比于它。介电常数会提高阻抗和阻尼，但仅是平方根的关系。

表 7-1 重要的腔体参数和它们如何影响电特性的总结

腔体参数	Z_0	$Y_0 = 1/Z_0$	导体损耗	介质损耗
介质厚度	h	$1/h$	$1/h$	—
介电常数	$\frac{1}{\sqrt{\text{Dk}}}$	$\sqrt{\text{Dk}}$	$\sqrt{\text{Dk}}$	$\sqrt{\text{Dk}}$
损耗因子		—	—	Df
介质损耗	—	—	—	1
导体损耗	$\frac{1}{Z_0}$	Y_0	—	—
频率		—	$\sqrt{f}$	f

尽管介质损耗与腔体的特性阻抗无关，但导体损耗则不是，它反比于特性阻抗。传输线的特性阻抗较低意味着有较高的衰减，这减小了腔体谐振时的峰值阻抗。

降低介质厚度 h，会降低特性阻抗，使用较高的介电常数也可达到同样的目的。除此之外，介质损耗的衰减正比于介电常数的平方根，因此，来自导体和介质两个机理的阻尼随介电常数的增加而增加。只要不要求介质厚度，则较高的 Dk 会产生更大的衰减，较小的峰值高度和更好的性能。

可是，较高的 Dk 也使腔体模态共振向低频移动。有时这是正的，有时是负的。永远不要牺牲厚度 h，来使用较高的 Dk。

图 7-3 比较了有相同厚度 4mil 边为 3in 的腔体，Dk 分别是 3.5、5 和 10 时的阻抗曲

线。正如预期的那样，谐振峰的频率随 Dk 的增加而减小，因为腔体中的波速降低了。

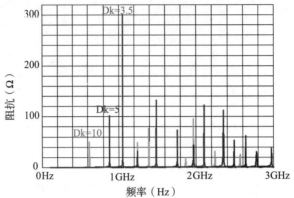

图 7-3　基于 3 个不同的介电常数，有相同尺寸 3in×3in 方腔的阻抗曲线。Dk 越高，谐振
频率越低，腔体阻抗的越小，阻尼越大

除了较薄的介质、较高的介电常数外，还有遏制腔体谐振的其他方法存在。

7.4　使用短路通孔遏制腔体谐振

一般而言，腔体等电压平面间的短路通孔和腔体阻抗之间的相互作用是很复杂的。短路通孔的低电感与腔体电容相互作用产生并联谐振。除此之外，短路通孔的位置会影响腔体的边界条件，并影响被困在腔体中的波如何反射、反弹和干扰。

为了避免阻抗的不连续性和回路电流被耦合入腔体，通过腔体的理想信号返回路径似乎应该是匹配同轴电缆阻抗的短线。这样就避免了阻抗的不连续和在腔体中没有偏离的磁场，它会驱动腔体电流并感应腔体噪声。

附加足够的回路通孔，使信号电路看上去像同轴线，这样做是不现实的，因为需要较大的印制板。可是，对于非常高速的信号，不管是单端还是差动，插入损耗和回波损耗这两个指标都需要满足。这时，为了匹配阻抗，需要对通孔进行一些处理。一般涉及的是调整清理通过腔体的通孔和邻近的一些回路孔。对于差动信号的通孔，回路通孔对共模电流发挥重要的作用，就如单端信号中的通孔那样。共模电流是需要返回通孔的。

一般而言，我们需要 3D 场求解器来对高频时的腔体阻抗进行高精度分析。可是，我们仅能给出一些简单的讨论，对腔体短路通孔行为给出一些经验规则。不必求助于 3D 场求解器，我们预计在腔体表面均匀分布的短路通孔可有效地遏制腔体模态共振，这给出了通孔间最低的分布电感，它对腔体模态共振有最大的效果。在下面的例子中，我们分析均匀分布的短路通孔的例子。

一个正方形腔体填充 FR4，每边长 6in，第一个谐振峰在 500MHz 处，它对应填充介质腔体长度的半波长。我们从腔体边缘的接触点观察阻抗曲线 Z_{11}。在腔体中心加入一个短路通孔，这对腔体模态共振的影响很小。它的存在仅使低频腔体阻抗从容性变为感性。

腔体上附加均匀分布的多个短路通孔，将使第一共振峰和所有更高阶共振转移到更高频率。图 7-4 所示为从腔体边缘附近测量的对腔体阻抗的影响，腔体表面均匀分布加入的短路通孔分别是 1、4、9、16、25 和 49 个。

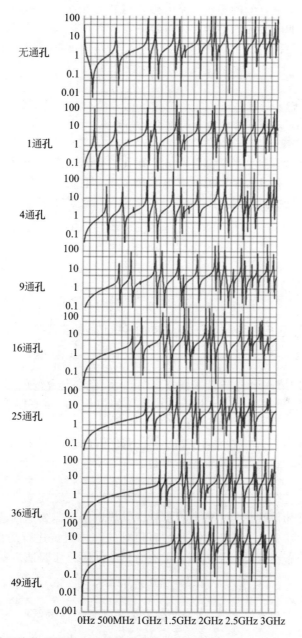

图 7-4　随着短路通孔数目增加的腔体阻抗曲线 Z_{11}。使用 Mentor Graphics HyperLynx PI 进行仿真

　　腔体上附加更多的短路通孔使阻抗曲线的第一个峰向更高的频率移动。第一个峰近似地为 n 个通孔短路电感与腔体电容并联的谐振频率。正如前面讨论的那样，通孔的扩散电感可

看成集总参数电感，通过它的电流流向集总参数的电容中，它集中在离通孔最远的半径处。

更靠近通孔的结果是有低的等效短路电感，更高的并联谐振频率。我们可把这种情况看作由很多电感提供的电流流入整个腔体电容中，或者可以说，单个通孔提供的电流流入较小腔体电容。在这两种情况下，集总参数的 LC 电路的谐振频率都上升，就如通孔数目增加一样。

提示　腔体中加入更多的短路通孔减小了腔体电容的回路电感，这使自谐振频率增加。这就使腔体的第一个谐振峰推向更高的频率。

我们使用这个简单的模型来估算具有 n 个通孔的腔体的第一个谐振频率。正如第 6 章讨论的那样，通孔电感和电源平面的分布电感是一个，它们产生同一磁场。腔体电容和并联的 n 个通孔的并联谐振频率是：

$$f_{\text{res}} = \frac{1}{2\pi} \sqrt{\frac{1}{C_{\text{cavity}} \dfrac{1}{n} L_{\text{via}}}} \tag{7-5}$$

利用平行板近似，我们得到腔体电容：

$$C_{\text{cavity}} = \varepsilon_0 \text{Dk} \frac{\text{Len}^2}{h} \tag{7-6}$$

我们近似地把每个通孔的部分自感作为长度（腔体间隔）的函数，一些常数与通孔直径有关：

$$L_{\text{via}} = \mu_0 \times h \times \left(\frac{k}{2\pi}\right)^2 \tag{7-7}$$

式中，f_{res} 是腔体中的第一个并联谐振频率；C_{cavity} 是腔体电容；L_{via} 是一个通孔的并联自感；n 是并行短路通孔的数目；Len 是正方形腔体的边长；h 是腔体平面之间介质的厚度；k 是由通孔规定的常数，它包含通孔的桶效应。

常数 k 被因子 2π 除的理由是它可变为短路。我们假设通孔均匀分布在整个腔体面上。

从这些表达式中，我们可估算谐振频率是：

$$f_{\text{res}} = \frac{1}{2\pi} \sqrt{\frac{1}{C_{\text{cavity}} \dfrac{1}{n} L_{\text{via}}}} = \frac{1}{2\pi} \sqrt{\frac{1}{\varepsilon_0 \text{Dk} \dfrac{\text{Len}^2}{h} \times \dfrac{1}{n} \mu_0 \times h \times \left(\dfrac{k}{2\pi}\right)^2}} = \frac{c}{\text{Dk}} \times \frac{\sqrt{n}}{\text{Len}} \times \frac{1}{k} \tag{7-8}$$

如果通孔均匀分布在腔体整个表面，那么它们的间隔可粗略地观察为：

$$S_{\text{via-via}} = \frac{\text{Len}}{\sqrt{n}} \quad \text{或} \quad \text{Len} = S_{\text{via-via}} \times \sqrt{n} \tag{7-9}$$

代入长度可知，它现在与通孔-通孔间隔有关，估算腔体的第一个谐振频率为：

$$f_{\text{res}} = \frac{c}{\sqrt{\text{Dk}}} \frac{\sqrt{n}}{\text{Len}} \frac{1}{k} = \frac{c}{\sqrt{\text{Dk}}} \times \frac{1}{S_{\text{via-via}}} \times \frac{1}{k} \tag{7-10}$$

在任何频率下，我们可给出此频率的波长为：

$$\lambda_{\text{res}} = \frac{v}{f_{\text{res}}} = \frac{c}{\sqrt{\text{Dk}}} \times \frac{1}{f_{\text{res}}} = k \times S_{\text{via-via}} \tag{7-11}$$

和

$$S_{\text{via-via}} = \frac{1}{k}\lambda_{\text{res}} \tag{7-12}$$

式中，λ_{res} 是腔体中第一个谐振峰的谐振频率对应的波长；v 是信号在媒介中的速度；c 是空气中的光速；Dk 是填充腔体介质的介电常数；f_{res} 是没有被抑制的第一谐振峰频率；k 是与通孔特征有关的常数；$S_{\text{via-via}}$ 是通孔之间的距离；n 是并联短路通孔的数目；Len 是正方形腔体的边长。

利用这个分析可得到简单的结果。为抑制和消除低频腔体谐振，腔体第一谐振频率的波长应小于某个值，需要通孔之间的距离为波长的分数。这个分数准确是多少，依赖于通孔的特征。从前面的简单例子中我们能找到它。

提示　通孔之间的距离可定义为一个新的边界条件。当通孔之间距离是波长的某个分数，或者每个最长的波上有某个数目的通孔时对应的第一谐振频率。为抑制较高频率或较短波长，需要通孔间有更短的距离，这就使腔体的最长波长减小。

使用 3D 场求解器，我们找到了决定腔体最小谐振频率的因子。我们探索前面的 6in 正方形腔体，它填充了 FR4，介质厚度为 10mil，附加了多个短路通孔，并找到了通孔距离与第一谐振频率波长之间的关系。每个短路通孔的直径为 10mil。

从早期的仿真中可确定第一谐振频率。我们抽取并画出波长随短路通孔间距下降的图形。可预期其为线性依赖性，随着短路通孔间距的下降，第一谐振峰的波长几乎线性下降。如图 7-5 所示，它具有经验适配系数 $k=6$。

作为经验公式的普遍规律，至少要在每个信号波长上使用 6 个短路通孔，以抑制低于波长频率的腔体谐振。

提示　为抑制由信号驱动的腔体谐振，使短路通孔间距为 1/6 信号最小波长，通孔均匀分布于整个腔体。

这是简单和强有力的经验公式。在特殊的 FR4 情况下，信号的速度粗略地是 6in/ns。通孔间最小距离设置为第一允许谐振频率，粗略地由式(7-13)给出：

$$f_{\text{res}}[\text{GHz}] = \frac{6\text{in/ns}}{\lambda_{\text{res}}} = \frac{6\text{in/ns}}{6 \times S_{\text{via-via}}[\text{in}]} = \frac{1}{S_{\text{via-via}}[\text{in}]} \tag{7-13}$$

和

$$f_{\text{res}}[\text{GHz}] = \frac{1}{S_{\text{via-via}}[\text{in}]} \tag{7-14}$$

或者

$$S_{\text{via-via}}[\text{in}] = \frac{1}{f_{\text{res}}[\text{GHz}]} \tag{7-15}$$

考虑到鲁棒性，我们总是需要把第一谐振频率推向信号频带外，这导致：

$$BW_{signal} = \frac{0.35}{RT_{signal}[ns]} < f_{res}[GHz] = \frac{1}{S_{via\text{-}via}[in]} \qquad (7\text{-}16)$$

或者

$$S_{via\text{-}via}[in] < 3 \times RT[ns] \qquad (7\text{-}17)$$

当信号边缘的传播通过相互连接线时，它的上升（或下降）边缘具有空间扩展，由式 (7-18) 给出：

$$L_{signal\text{-}edge} = RT \times v = RT[ns] \times 6in/ns \qquad (7\text{-}18)$$

这是通孔-通孔间距的条件（单位是 in），它要小于 3 倍上升时间（单位为 ns），所以实际条件为：

$$S_{via\text{-}via}[in] < 3 \times RT[ns] = 3 \times \frac{Len_{signal\text{-}edge}}{6} = \frac{Len_{signal\text{-}edge}}{2} \qquad (7\text{-}19)$$

这就是经验公式的来源，为抑制信号频带内或低于信号频带的腔体谐振，在上升边缘的空间长度上至少加入两个短路通孔，并均匀地分布于腔体中。

提示   在缺乏全波仿真的情况下，如果需要抑制填充 FR4 的腔体谐振在频率 $f(GHz)$ 以上，则短路通孔之间的最大间隔 S（单位为 in）应该小于 $1/f$。这与跨越信号上升边缘至少要加两个短路通孔的条件是相同的。

例如，如果需要抑制印制电路板上所有频率超过 1GHz 的谐振，则应该设置每一个短路通孔的间隔都不要超过 1in。这个间隔与腔体的尺寸无关，与腔体两个平面之间的介质厚度无关。我们使用 3D 场求解器来验证这个基本假设。我们均匀排列通孔于两个腔体上，间隔为 1in，两个腔体的厚度分别为 3mil 和 10mil。图 7-6 所示为从印制电路板的一个角上看入的阻抗。

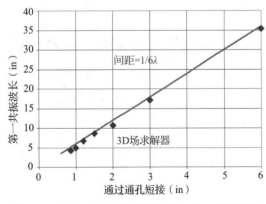

图 7-5   基于 3D 场求解器的结果，第一谐振峰的波长与通孔-通孔间距的关系图，由线性关系可知最小谐振波长是 6 倍通孔-通孔间距。使用 Mentor Graphics HyperLynx PI 进行仿真

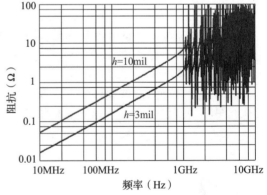

图 7-6   通孔间隔为 1in，两个腔体的厚度分别为 3mil 和 10mil 的仿真阻抗曲线。从经验公式可知，我们预期最低的谐振频率在 1GHz 以上，并与厚度无关，事实如此。使用 Mentor Graphics HyperLynx PI 进行仿真

在印制电路板上所有回路平面之间加入间隔更小的短路通孔来抑制不需要的腔体谐振是一种通用的实践。它可保持腔体噪声低于某个上限频率。图 7-7 所示为由 Wild River Technologies 生产的测试板，腔体短路通孔之间具有不同尺寸的间隔。在一般的印制板中，通孔-通孔间隔为 0.25in，而在某个结构周围则为 0.1in，在某些情况下，只要工艺允许，通孔间可尽可能地靠近，甚至为 0.04in。通孔抑制的谐振频率分别高达 4GHz、10GHz 和 25GHz。

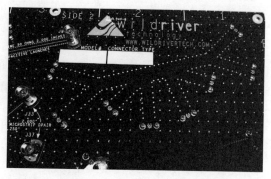

图 7-7　由 Wild River Technologies 研发的高性能测试板，显示了抑制腔体谐振的通孔

在两个腔体平面之间抑制腔体谐振峰值阻抗的短路通孔的最重要条件是腔体的两个平面必须具有相同的电压。信号层变换是最具鲁棒性设计的诱因：回路平面总是使用相同的电压；通常，V_{ss} 或地平面作为信号回路平面。

我们遵循这个规则，所有的地回路平面使用隔开的通孔来把它们短接在一起，腔体给予最高频率分量的每个波长至少要有 6 个短路通孔的长度。遵循这种设计，路线消除了腔体内部的高频噪声。当然，这意味着印制板上有更加多的地平面，印制板总的层数更多，价格更高。

提示　为减少腔体谐振和大的感应电压噪声，当开关信号通过它们时，所有回路平面使用相同的电压。这使我们有机会在它们之间加入短路通孔，通孔间距（英寸）等于 1/（腔体允许的最高谐振频率）（单位为 GHz）。通常这意味着仅使用地平面作为回路平面。

当形成腔体的两个平面处在不同的电压时，很明显不能在腔体平面间加入短路通孔。我们能做的最好的方法是在短路通孔上加入大容量电容，以维持短路。因为电容器的安装电感不如短路通孔低，所以使用电容器来抑制平面腔体谐振总是不如相同电压平面下加入短路通孔的效果好。这种应用要提供大容量电容，它限制了平面谐振的第二次选择。

一种共同的争论是：为了可用短路通孔来减小腔体噪声，仅使用地平面作信号回路，是昂贵的方法。便宜的建议方法是使用电源和地共同作为回路电流的通路，加入大容量电容代替短路通孔。

可是，正如下节指出的那样，要抑制相同的腔体谐振所需要的隔直电容器的数目太多，会使产品价格高。

提示　降低信号变换回路平面引起的腔体噪声是要付出代价的。你要确定究竟是花费在更多的地层呢，还是花费在更多的大容量电容器上？

当然，对于带宽超过 1GHz 的高速信号传递，更为普遍的是用差分对。差分信号激励的腔体谐振沅小于单端信号或共模信号激励的谐振，这是因为电源平面载有单端信号的所有回路电流。信号电流通过通孔，但是回路电流给腔体注入噪声。在每个对上差分电流在腔体中重叠，由于具有相反的流动方向，因而抵消。腔体中没有纯回路电流，腔体阻抗端口没有电压降和感应腔体噪声。

当差分信号通孔在腔体紧密耦合时，与单端信号相比较，注入到腔体的噪声很容易低于 −80dB。这意味着使用差分信号激励腔体谐振时，问题少得多。

可是，任何共模信号分量通过差分通孔激励腔体谐振时，就如单端信号作用那样。由于不可避免地存在共模信号分量，所以我们应该像处理单端信号那样仔细地处理腔体阻抗。任何 p 线和 n 线之间不对称的源会把一些差分信号转变成共模信号。最为普通的模式转换就是驱动不对称或者相互连接。

提示　差分信号通过腔体时不会像单端信号那样激励腔体谐振。不可避免的共模信号分量会激励腔体谐振。这就是为什么应该像对待单端信号那样，仔细地处理差分对的回路平面。

如果信号在构成腔体的相同电压平面下转换，那么在选择短路通孔时，也存在另外一种指导原则。不使用短路通孔，回路电流流过腔体阻抗，所有回路电流耦合进入腔体，产生大范围的腔体噪声。

如果信号回路的路径看上去像同轴线的形状，同轴线的外面不存在外部磁场，则回路电流不耦合进入腔体模式。这种情况下，就没有大范围的感应噪声进入腔体。

这种减小电流噪声耦合进入腔体模式的方法就是在邻近信号通孔的地方附加回路通孔，使形状像同轴线。信号回路的路径看上去越像同轴线，信号回路中电流耦合进入腔体模式的就越少，产生的腔体噪声也就越小。图 7-8 是这种方法的例子，由连接器厂商推荐的用于高带宽表面安装 2.92mm RF 连接器，连接到埋入印制板内的带状线。7 个短路通孔使这个结构看上去像小型的同轴线互相连接，这就防止了耦合进入腔体模式。

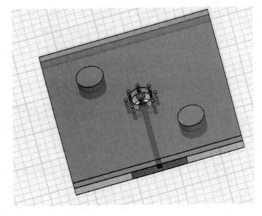

图 7-8　由于围绕信号通孔的典型短路通孔排列，使转换到埋入的带状线看上去像同轴线，所以没有回路电流耦合进入腔体模态。图来自 Molex Corp

如果在信号过孔附近添加七个回路过孔不实用，那么我们应该尽可能多地使用更有效的过渡结构。"转换"看上去越像同轴线，进入腔体模式的耦合就越少。

提示 作为一种好的习惯，每个信号转换通孔至少要加入一个回路通孔，这能帮助减
小注入腔体的噪声。在缺少包含规定数目通孔的间距、方向、腔体厚度和尺寸
时使用 3D 场求解器分析的情况下，没有好的近似分析信号-腔体耦合噪声的
方法。

7.5 使用多个隔直电容抑制腔体谐振

当平面没有相同电压时，一般推荐使用电容器来短路这些平面。在这个应用中，电容
器最为重要的性能是它们的安装电感。我们应该选择电容器的尺寸有尽可能小的安装电
感，电容器的电容值几乎是无关紧要的。

我们实际上使用这些电容器作为短路通孔的替代，这时电容器的作用是隔直，而不是
去耦，这种应用应该称为隔直电容器。当信号转换通过腔体时，它们的功能是减小腔体阻
抗，从而减小腔体电压噪声和通孔与通孔之间的串扰。

提示 隔直电容器可以替代短路通孔，但性能较差。它们的电容值无关紧要，总的安
装电感决定了它们的性能。

一般而言，电容值大于 100nF 就足够了，最重要的是自谐振频率要远低于最低的腔体
谐振频率。典型的安装电感大约为 2nH，100nF 电容器的自谐振频率是：

$$SRF = \frac{1}{2\pi\sqrt{LC}} = \frac{159\text{MHz}}{\sqrt{L_{\text{mounting}}[\text{nH}]C[\text{nF}]}} = \frac{159\text{MHz}}{\sqrt{2\text{nH}\times100\text{nF}}} = 11\text{MHz} \quad (7\text{-}20)$$

高于这个频率时，每个电容器的阻抗表现为感性，类似于短路通孔。只要大容量电容
器在腔体谐振区域表现为感性，那么它的作用像短路通孔，就可以同样的方法抑制腔体
谐振。

这个例子中，当高于 11MHz 时，腔体中的电容器像电感。电容值大于 100nF 的电容
器在腔体谐振发生的区域看起来仍旧像电感。

在低频时，VRM 和隔直电容器在电源和地平面的腔体之间提供了低阻抗。图 7-9 所
示为腔体阻抗曲线，有 25 个相同的电容器分布在这个腔体的表面，每个电容器的安装
电感为 2nH。4 个阻抗曲线显示的电容值为 10nF、100nF、1μF 和 10μF。所有电容器抑
制腔体谐振的能力都已被证实。现在，每个电容器的 ESR 是 25mΩ，25 个电容器并联，
在自谐振频率处，有效的 ESR 是 1/25×25mΩ 或 1mΩ。本章后面会考虑电容器 ESR 的
影响。

虽然隔直电容器的电容值不影响腔体谐振，但它们的电感则有影响。电容器对腔体的
安装电感是决定腔体谐振抑制的最重要指标。那里的电容器隔开了直流，它的作用不是去
耦电容器。图 7-10 所示为电容器安装在腔体上的典型方式和安装电感的来源。

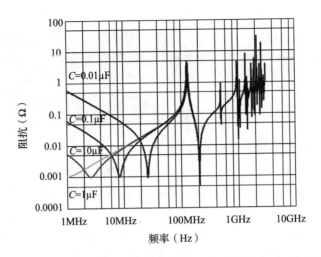

图 7-9　6in×6in 的腔体，具有 25 个相同的电容器均匀分布在其表面，电容值分别为 10nF、100nF、1μF、10μF 和 ESL 为 2nH 的阻抗曲线。高于自谐振频率，电容值不影响腔体阻抗曲线

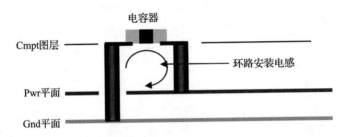

图 7-10　两个平面之间通孔电感和电路板元件层其他电容器通孔的环路安装电感的贡献

与单个短路通孔相比，较高的安装电感戏剧性地减小了电容器短路腔体和抑制平面谐振的效果。

提示　虽然隔直电容器提供了腔体两端的低阻抗，但它的安装电感总比单个通孔高得多，这意味着隔直电容器在抑制腔体谐振方面永远不如短路通孔那样有效。

如图 7-11 所示，6in 正方形腔体与前面所示相同，具有 25 个均匀分布的电容器，但是有不同的安装电感。我们假设：电容量足够大，所以电容器的自谐振频率应该是低的。对于 10mil 的腔体，安装电感必须小于 50pH，它才能与通孔的电感相比，从而抑制腔体模式的有效性才能与短路通孔相比。腔体谐振被抑制的频率依赖于电容器的安装电感。

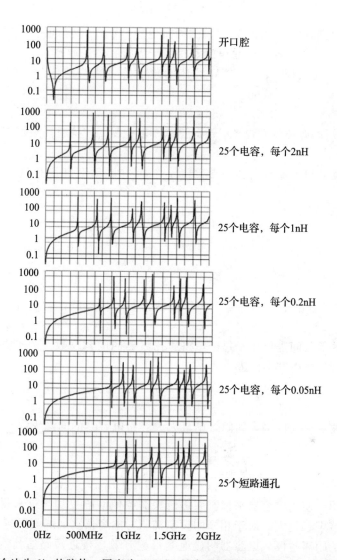

图 7-11　每个边为 6in 的腔体，厚度为 10mil，具有不同的电容器结构，从腔体角看过去的阻抗。随着电容器安装电感的减小，腔体模态共振的主要趋势是频率向高频方向移动。使用 Mentor Graphics HyperLynx PI 进行仿真

7.6　为抑制腔体谐振，估计隔直电容器的数量

为了让电容器像直接短路通孔那样有效，所需的电容器数量正比于电容器安装电感与短路通孔电感之比。在正方形腔体中，电容器的间隔随着电容器数目 n 的平方根而下降。如果使用隔直电容器来抑制腔体谐振，则需要比短路通孔更为靠近的间隔。

我们可估算所需电容器的数量。隔直电容器总的电感可为安装电感加上通孔电感。对腔体的总回路电感为：

$$L_{\mathrm{blocking\_cap}} = L_{\mathrm{mount}} + L_{\mathrm{via}} \tag{7-21}$$

式中，$L_{\text{blocking\_cap}}$ 是腔体平面中电容器总的回路电感；L_{mount} 是与电容器安装形状有关的额外的回路电感；L_{via} 是单个通孔的总电感，相当于短路腔体的通孔。

对于一阶近似，我们假设通孔短路腔体的总电感可粗略地认为与腔体厚度 h 为线性关系：

$$L_{\text{via}} = h \times L_{\text{Len-via}} \tag{7-22}$$

式中，L_{via} 是通孔短路腔体的总电感；h 是腔体厚度；$L_{\text{Len-via}}$ 是通孔短路腔体的单位长度的总电感。

这样，我们就得到了需要的电容器数量，它们并联后有和通孔直接短路平面相同的电感：

$$L_{\text{via}} = \frac{1}{n_{\text{caps}}} L_{\text{blocking\_cap}} \tag{7-23}$$

和

$$n_{\text{caps}} = \frac{L_{\text{blocking\_cap}}}{L_{\text{via}}} = \frac{L_{\text{mount}} + h \times L_{\text{Len-via}}}{h \times L_{\text{Len-via}}} = \frac{L_{\text{mount}}}{h \times L_{\text{Len-via}}} + 1 \tag{7-24}$$

式中，n_{caps} 是需要并联的电容器数量，为等效地抑制腔体形状，它们有与一个短路通孔相同的回路电感。

电容器之间的等效间隔反比于每个短路通孔需要的电容器数量的平方根。这个结果需要估算抑制腔体谐振的电容器间隔，为：

$$\frac{S_{\text{vias}}}{S_{\text{caps}}} = \sqrt{n_{\text{caps}}} = \sqrt{\frac{L_{\text{mount}}}{h \times L_{\text{Len-via}}} + 1} \tag{7-25}$$

若使用 1/6 波长通孔的最大间隔，则最大大容量电容器的间隔为：

$$S_{\text{caps}} = \frac{S_{\text{vias}}}{\sqrt{\dfrac{L_{\text{mount}}}{h \times L_{\text{Len-via}}} + 1}} = \frac{1}{\sqrt{\dfrac{L_{\text{mount}}}{h \times L_{\text{Len-via}}} + 1}} \times \frac{1}{6}\lambda \tag{7-26}$$

这个分析证明：使用电容器来抑制腔体谐振需要使间隔更加靠近来得到通孔那样的等效抑制频率。安装电感越大，对于相同的频率抑制，电容器之间的间隔越小。

腔体平面间的距离越厚，电容器明显地变得越有效，接近短路通孔的效果。这是因为较厚的腔体意味着通孔有较大的总电感。如果安装电感保持相同，那么匹配一个通孔电感的附加并联电容器就较少。电容器永远不可能像短路通孔那样好，但是使用较厚的腔体，电容器的效果接近短路通孔。当然，由于较厚的腔体意味着阻尼效果的降低，腔体中的分布电感更大，所以为达目的，设计较厚腔体永远不是好的设计。

提示　正如 PDN 中应用的大多数电容器一样，影响抑制腔体谐振效果的最重要因素不是容量，而是它们的安装回路电感。你应该做的就是降低大容量电容器的安装电感。

用几个例子来说明为了抑制腔体谐振，隔直电容器的低安装电感的重要性。当电容器封装为 0402(尺寸 1.0mm×0.5mm) 或更小时，安装电感一般超过电容器的本征电感。我

们考虑隔直电容器 4 个具体的安装电感值：

极限最好	0.2nH
实际最好	0.5nH
工程上好	1.0nH
典型值	2.0nH

利用电容器安装的回路电感，为了仅用短路通孔达到同样的腔体模抑制，我们估算需要的电容器间隔。

在下面的例子中我们假设：腔体厚度为 10mil，计算需要的电容器间隔，来匹配与短路通孔有相同的腔体谐振抑制。我们预期：较小电容器的安装电感，电容器的间距接近短路通孔需要的 1/6λ 的间距。

极限最好情况是电容器的安装电感小到 0.2nH，移动计算领域使用封装为 0201(尺寸 0.6mm×0.3mm)电容器可达到这个指标，它安装在使用堆积层制造的印制板表面的电源平面上。通孔短路腔体厚 10mil，其总电感可小到 0.1nH。在这种情况下，隔直电容器之间需要的间距大约为：

$$S_{\text{caps}} = \frac{S_{\text{vias}}}{\sqrt{\dfrac{L_{\text{mount}}}{h \times L_{\text{perLen}}} + 1}} = \frac{1}{\sqrt{\dfrac{0.2}{0.1} + 1}} \times \frac{1}{6}\lambda = \frac{1}{\sqrt{3}} \times \frac{1}{6}\lambda \sim \frac{1}{10}\lambda \qquad (7\text{-}27)$$

将这个分析应用于其他安装电感上，抑制腔体模式的电容器之间的间距为：

品质情况	电容器安装电感	S_{cap}
极限最好	0.2nH	λ/10
实际最好	0.5nH	λ/15
工程上好	1.0nH	λ/20
典型	2.0nH	λ/42

在安装电感为 2nH 的典型情况下，电容器-电容器之间的间隔为波长的 1/42。这是使用短路过孔的 7 倍，需要隔直电容器的数量是短路通孔的 50 倍，这是很多电容器。

如果需要抑制的腔体谐振低于 1GHz，那么在 FR4 中波长是 6in，电容器之间的间隔为 1/42×6in=150mil。每英寸需要 7 个电容器，印制板空间中每平方英寸上需 50 个电容器。对于每个边长为 10in 的情况，需要 50×100 或 5000 个电容器，这是不实际的。

为使电容器数量保持在合理范围，需要电容器有非常低的安装电感，这就是隔直电容器在抑制平面谐振效果时评价不高的原因。仅使用地平面作为回路平面，并且在平面之间使用短路通孔要有效得多。

提示 抑制平面谐振最有效的方法是每个平面使用相同的电压，并且在平面之间附加短路通孔。隔直电容器的效果不能接近短路通孔的效果。无论如何，要使用相同电压的回路平面。

我们用 3D 场求解器比较隔直电容器和短路通孔。在这个例子中，两个腔体表面的隔直电容器或短路通孔都间隔 1in，其中一个介质的厚度为 4mil，另一个为 20mil，大容量电容器的安装电感为 2nH。

我们预期短路通孔的最低谐振频率为 1GHz，它是具有相同密度的电容器的最低谐振频率的 7 倍即电容器的为 140MHz。使用短路通孔时，我们预计腔体厚度为 4mil 或 20mil 的最低谐振频率没有差别。

可是，我们预期 2nH 的电容器有最低的谐振频率，在 3D 场求解器上观察到的结果如图 7-12 所示，它们靠得很近。

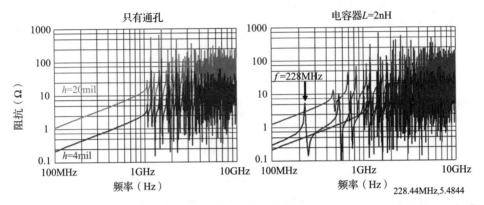

图 7-12　左边：使用相隔为 1in 的短路通孔，厚度分别为 4mil 和 20mil 的两个腔体的阻抗曲线。右边：包含厚度为 4mil 的短路通孔和腔体的最低阻抗图，这是为了参考。接下来较高的阻抗轨迹是对厚度为 4mil 和 20mil 的腔体使用隔直电容器来代替短路通孔的

在 4mil 的腔体上，我们预计电容器的最低谐振频率为 140MHz。3D 仿真给出的第一个谐振是 228MHz，这与我们的估计相差 0.228GHz/1.08GHz＝1/5，接近简单分析的 1/7。随着腔体厚度的增加，使用隔直电容器时最低谐振频率也增加，可以准确地预计到，短路通孔的最低谐振频率不随腔体厚度的增加而改变。为了比较，我们在图中仅包含带有通孔的腔体阻抗。

这个比较使我们确信：使用电容器来抑制平面谐振不是那么有效的，除非电容器的安装电感非常低。即使好的安装电感为 1nH，则所需电容器的间隔大约为波长的 1/20。

提示　隔直电容器抑制平面谐振的效果不好，除非安装电感非常低。在工程上处理非常好的场合，为有效抑制平面谐振，需要电容器的间隔为 1/20 波长。

在这个分析中，我们企图把腔体谐振的峰值阻抗频率推向信号频带的上面。如果来自开关回路的瞬时电流存在于腔体中，则这个方法没有峰值阻抗产生的过度的电压噪声。这是减小腔体电磁辐射尤为重要的问题。

> **提示**　基于简单分析的估算是对 3D 仿真结果好的近似。这二者都指出：为了把第一个腔体模态共振推向更高频率，需要更多的隔直电容器。在缺乏 3D 全波仿真或甚至为简单估算情况下，使用更多的电容器降低了风险。

从本节的分析我们看到：当电容器的安装电感为 1nH，间隔小于 1/20 波长时，可以把第一个仿真阻抗频率推出高于信号频带。第一个谐振是：

$$f_{res} = \frac{v}{\lambda} = \frac{c}{\sqrt{Dk} \times 20 \times S_{cap}} = \frac{11.8}{\sqrt{4} \times 20 \times S_{cap}} = \frac{0.3}{S_{cap}[in]} GHz \tag{7-28}$$

如果我们需要第一个谐振频率高于信号频带，那么：

$$BW < f_{res} \text{ 和 } \frac{0.35}{RT[ns]} < \frac{0.3}{S_{cap}[in]} \text{ 或 } S_{cap}[in] < RT[ns] \tag{7-29}$$

需要第一个谐振频率高于信号频带的电容器密度为：

$$density_{cap}[in^2] = \frac{1}{S_{cap}^2[in]} = \frac{1}{RT^2[ns]} \tag{7-30}$$

如果上升时间为 1ns，每平方英寸需要一个大容量电容器把第一个谐振频率推向高于信号频带处，以抑制腔体谐振。如果信号的上升时间为 0.3ns，则我们需要 10 个大容量电容器。

7.7　为承受回路电流，需要确定隔直电容器的数量

上节考虑的隔直电容器的数目是抑制腔体谐振使其高于信号频带。第二个考虑因素是当多个信号通过腔体时，腔体中产生的噪声。（有相同电压平面）短路通孔和（有不同电压平面）隔直电容器必须承载回路电流。从平面弹跳和噪声的角度考虑，我们可计算承载多个信号回路所需要的电容器数量。

当很多信号转移回路电流通过腔体时，我们估算保持腔体开关噪声低于某个电平所需要的最少电容器的数量。当很多信号转移回路电流通过腔体等效电感，电流的导数 dI/dt 产生电压噪声。可根据式(7-31)估算：

$$V_{noise} = L_{equiv} \frac{dI}{dt} \tag{7-31}$$

和

$$\frac{dI}{dt} = n_{sig} \times \frac{V_{sig}}{Z_0} \times \frac{1}{RT} \tag{7-32}$$

和

$$L_{equiv} = \frac{1}{n_{caps}} ESL \tag{7-33}$$

结果为

$$V_{noise} = L_{equiv} \frac{dI}{dt} = \frac{1}{n_{caps}} ESL \times n_{sig} \times \frac{V_{sig}}{Z_0} \times \frac{1}{RT} \tag{7-34}$$

和

$$\frac{V_{\text{noise}}}{V_{\text{sig}}} = \frac{n_{\text{sig}}}{n_{\text{caps}}} \times \frac{\text{ESL}}{Z_0 \text{RT}} \qquad (7\text{-}35)$$

或者

$$\frac{n_{\text{sig}}}{n_{\text{caps}}} = \frac{V_{\text{noise}}}{V_{\text{sig}}} \frac{Z_0 \text{RT}}{\text{ESL}} \qquad (7\text{-}36)$$

式中，n_{sig} 是通过腔体的信号数目；n_{caps} 是电源和地平面之间的电容器数目；V_{noise} 是腔体中的电压噪声；V_{sig} 是信号电压；Z_0 是信号的特性阻抗；RT 是信号的上升时间；ESL 是某个电容器等效串联的安装电感。

假设 50Ω 单端信号允许有 10% 的最大平面弹跳噪声，工程上安装良好的，承载回路电流的隔直电容器的安装电感为 1nH，则信号通孔数与隔直电容器数最大的比可粗略地为：

$$\frac{n_{\text{sig}}}{n_{\text{caps}}} = \frac{V_{\text{noise}}}{V_{\text{sig}}} \frac{Z_0 \text{RT}}{\text{ESL}} = 10\% \frac{50 \times \text{RT}[\text{ns}]}{1\text{nH}} = 5 \times \text{RT}[\text{ns}] \qquad (7\text{-}37)$$

如果上升时间为 0.5ns，则能够平分给每个电容器的信号数大约为 $5 \times 0.5 = 2.5$ 个信号通孔，每 2.5 个信号需要单独设置隔直电容器。只有降低每个电容器的 ESL 才能减少电容器的数目。

提示　确定隔直电容器数目的第二个准则是基于腔体阻抗的等效并联电感。它必须保持足够低，这样，开关信号边缘产生的 dI/dt 平面弹跳才是可接受的。

为保持平面弹跳噪声低于 10%，2nH 的典型安装电感所需的隔直电容器的数目加倍。每个隔直电容器的信号数密度比是：

$$\frac{\text{密度}_{\text{sig}}}{\text{密度}_{\text{caps}}} = \frac{n_{\text{sig}}}{n_{\text{caps}}} = 5 \times \text{RT}[\text{ns}] \text{ 或 } d_{\text{caps}} = d_{\text{sig}} \frac{1}{5 \times \text{RT}[\text{ns}]} \qquad (7\text{-}38)$$

式中，密度$_{\text{sig}}$＝印制板上信号通孔的密度；density$_{\text{caps}}$＝可接受平面弹跳的印制板上隔直电容器的密度。

防止腔体谐振，dI/dt 是重要的，电容器的密度应该高于这两个需要：

$$\text{密度}_{\text{caps-returnCurrent}} = \text{密度}_{\text{sig}} \frac{1}{5 \times \text{RT}[\text{ns}]} \qquad (7\text{-}39)$$

和

$$\text{密度}_{\text{caps-returnCurrent}} = \frac{1}{\text{RT}^2[\text{ns}]} \qquad (7\text{-}40)$$

在图 7-13 中，我们给出了把第一腔体谐振频率推向信号频带外和保持平面弹跳噪声低于 10% 要求下的隔直电容器的密度图。我们探索了 1ns、0.5ns 和 0.3ns 3 个不同的上升时间。

当上升时间为 0.3ns 和电容器安装电感是 1nH 时，从腔体谐振的观点来看，大容量电容器的密度是 10 个/in^2。如果信号通孔密度是大于 20 个/in^2，则大容量电容器的密度应该正比于信号-通孔密度。

一个印制板的尺寸若为 5in×5in，需要 $25 \times 15 = 375$ 个电容器，且每一个工程上的安

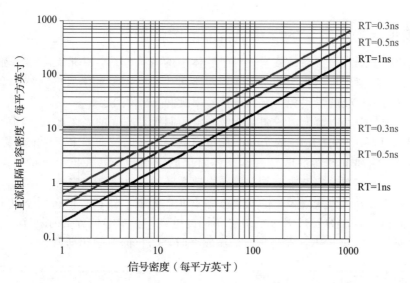

图 7-13　基于所需的两种不同准则，即腔体谐振高于信号频带（水平线）和保证足够低的电感以
　　　　维持开关噪声低于 10％（标准线），对最小大容量电容器的密度进行了比较。总是使
　　　　用两个之中的较大者

装电感要小于 1nH。这是非常昂贵的解决方法。

　　当使用差分信号时，通过腔体的纯 $\mathrm{d}I/\mathrm{d}t$，在理想情况下为 0，不管腔体阻抗如何，腔
体中不产生噪声。人们可能会认为，这就消除了隔直电容器的需求。

　　可是共模信号总是伴随着差分信号一起存在，在一个好的工程系统中，共模信号典型
低于差模信号分量的 10％。这大大地降低了流过腔体的回路电流。另一方面，差分信号总
是比单端信号有更宽的带宽和更短的上升时间。

　　在 PCI-express gen Ⅲ 中，数据率是 8Gbit/s 和单位间隔是 125ps。上升时间小于典型的
50ps。考虑鲁棒性，应该抑制腔体模式低于信号带宽。如果不同的电压平面形成腔体，会把
腔体谐振推向更高，这时只有使用隔直电容器，需要的隔直电容器的密度至少为：

$$密度_{\text{caps-returnCurrent}} = \frac{1}{\mathrm{RT}^2[\text{ns}]} = \frac{1}{0.05^2} = 400/\mathrm{in}^2 \tag{7-41}$$

　　这个隔直电容器的密度是不切实际的。使用有相同电压的邻近平面要好得多，所以回
路通孔抑制腔体谐振。

　　对于差分信号来说，产生的腔体噪声依赖于制造的不对称性，它可产生模式转换，在
仿真中要预测这个是困难的，除非不对称性是有目的地附加到相互连接的几何形状中。作
为潜在问题，仿真不会显示共模信号且不能识别腔体噪声，这具有非常大的误导性。

提示　　差分信号的带宽如此之高，以至需要的隔直电容器的数量很不合理，这就是处
　　　　理腔体谐振最有效的方法是使用相同电压平面作为回路路径，并附加短路通孔
　　　　的原因。

7.8　使用未达最佳数量的隔直电容器的腔体阻抗

不讨论使用的隔直电容器的数量，对于腔体中的阻抗曲线，一般是在信号带宽的频率重叠范围内存在峰值阻抗。当腔体不能使用短路通孔和所需的隔直电容器的数目无法实现时，这些峰值是主要的噪声源，有助于信号串扰和 EMC 问题。

当腔体中加入单个电容器时，阻抗曲线与空印制板是不同的。图 7-14 所示为腔体中加入具有 2nH ESL 和 28mΩ ESR 的 100nF 的电容器后，在阻抗曲线上产生的新特性。

在低频时，附加电容器的电容占据腔体阻抗的统治地位，在电容器的自谐振频率以上，腔体阻抗由电容器的安装电感加上分布电感和腔体的电容来确定。

如果电容器的容量改变，但它的安装电感不变，则电容器在自谐振频率以上的阻抗是与所有电容值相同的。图 7-15 所示为 3 个不同的电容器在中心位置处的阻抗，这些电容器具有相同的安装电感和 ESR。在高于自谐振频率时，阻抗曲线是相同的。

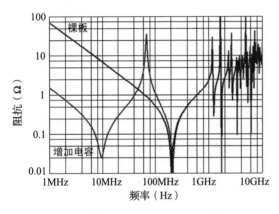

图 7-14　腔体附加安装电感 ESL＝2nH 的 100nF 的电容器后的阻抗曲线。使用 Mentor Graphics HyperLynx PI 进行仿真

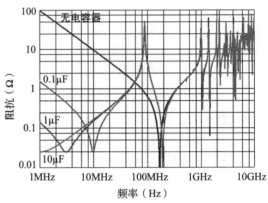

图 7-15　空印制板加入 3 种不同电容器后的阻抗曲线，每个电容器具有相同的安装电感和 ESR，但是容量为阶梯状增加。注意：高于电容器的 SRF 时，阻抗曲线是相同的。使用 Mentor Graphics HyperLynx PI 进行仿真

阻抗中第一个凹坑是安装电容器的自谐振频率。这个频率是由电容器的容量、电容器对腔体的安装电感和从电容器上观察的扩散电感的串联组合一起决定的。

高于电容器的自谐振频率时，阻抗趋向于电容器的安装电感加上扩散电感。

提示　高于电容器的自谐振频率时，阻抗曲线与附加于腔体的电容值无关，它仅依赖于电容器的安装电感和扩散电感。附加于这个平面的电容器容量，与电容器的安装电感相比较时，仅有二阶或三阶的重要性。

这个新的峰值是由安装电容器产生的，是除了腔体模态共振峰以外的峰，它的频率相

对要低些。其频率分量靠近并联谐振频率的腔体电流（这个例子中为 89MHz），看起来有非常高的阻抗，能产生许多的电压噪声。

例如，6mA、0.4ns 上升时间的信号流过信号通孔，这个通孔在两个腔体平面具有回路电流。这个回路电流激励 1GHz 以下的所有峰值频率，这阶跃信号仅激励 1GHz 以下的阻抗峰，在这样的情况下，它为 89MHz 的那个峰。我们预期可在 89MHz 处看到腔体电压噪声的振铃，它随着这个并联峰值阻抗的 q 因子而衰减。

89MHz 的时钟信号将强烈地驱动 89MHz 的腔体谐振，甚至在腔体中产生更高的电压。由于这个频率低于腔体模态共振频率，所以整个腔体一起弹跳，噪声在腔体的每一个地方都是相同的。其他的通孔通过腔体的任何地方都看到了作为串扰或噪声的相同的电压噪声。

图 7-16 所示为腔体的两个平面，在两个对应的点上仿真得到的电压噪声。仿真结果为两种情况：0.4ns 的阶跃信号和 89MHz、6mA 的方波电流流过腔体。几个周期后腔体中建立的电压噪声的峰-峰值几乎达到 90mV。这个图也指出：对于腔体的两个平面，在两个独立的位置进行测量，它们没有差别。

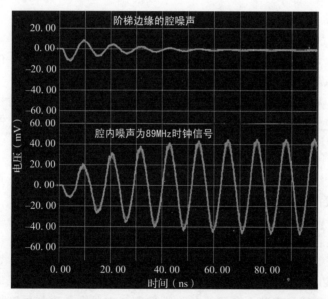

图 7-16　6mA 阶跃电流通过腔体，并且时钟信号是 89MHz 时，在腔体两个平面之间感应的
　　　　　电压噪声，腔体中的噪声峰-峰值大到 90mV。使用 Mentor Graphics HyperLynx PI
　　　　　进行仿真

提示　这是建议：抑制由瞬时电流感应的噪声最为重要的设计原则是减小在腔体任何
　　　地方看过去的腔体峰值阻抗，这个峰值阻抗产生作为噪声和串扰出现的大电压。

电容器的容量对峰值阻抗无任何作用。必须做的一件事是处置与电容器的安装电感和扩散电感以及腔体电容有关的并联谐振。再次强调，降低峰值阻抗的高度要减小电容器的安装电感和平面电容的扩散电感。下一节的内容也是降低峰值高度。

7.9　扩散电感和电容器的安装电感

加入完全相同的电容器于腔体，并联谐振峰的频率依赖于电容器的有效电感和腔体电容。这些项为：

$$L_{\text{caps}} = \frac{1}{n}(\text{ESL} + L_{\text{spread}}) \tag{7-42}$$

腔体电容为：

$$C_{\text{cavity}} = \varepsilon_0 \text{Dk} \frac{A}{h} \tag{7-43}$$

并联谐振频率为：

$$f_{\text{PRF}} = \frac{1}{2\pi} \frac{1}{\sqrt{L_{\text{caps}} C_{\text{cavity}}}} = \frac{1}{2\pi} \frac{1}{\sqrt{\left(\frac{1}{n}(\text{ESL} + L_{\text{spread}})\right) \times \varepsilon_0 \text{Dk} \frac{A}{h}}} \tag{7-44}$$

式中，L_{caps} 是所有电容器并联后的有效电感；n 是并联电容器的数量；ESL 是每个电容器的安装电感；L_{spread} 是腔体的扩散电感，与单位面积上的片状电感相似；C_{cavity} 是腔体电容；ε_0 是自由空间的介电常数，0.225pF/in；Dk 是填充腔体的介质材料的介电常数；A 是制造腔体的平面的重叠面积；h 是制造腔体的平面之间的介质厚度。

这些是影响并联谐振频率的重要术语。如果并联谐振频率被推到信号带宽的上面，则在电流的频率分量处，腔体阻抗为感性。我们可以利用有效电感估计腔体的回路弹跳、开关回路电流的总 dI/dt。基于最大允许的回路弹跳感应腔体噪声，我们可估计需要多少个电容器。可参看 7.7 节的分析。

式(7-42)和式(7-43)指出了在不恶化阻抗曲线其他方面的情况下，并联谐振频率被推向更高的最为重要的设计指导方针。

- 使每个安装电容器具有低的 ESL
- 使用多个电容器并联
- 使用能达到的低电容、小尺寸腔体

减小每个安装电容器的 ESL，使用薄介质，以减小腔体的扩散电感，这对降低并联谐振峰值阻抗和推向较高的频率是很重要的。即使腔体中薄介质增加了腔体电容，但较低的扩散电感和模态共振的阻尼等优点比高电容更有价值。

提示　尽可能地降低电容器的安装电感，这会使并联谐振频率增高，减小在腔体中产生回路弹跳噪声的电感和降低峰值阻抗。

究竟使用较大还是较小的腔体是一种折中。较大的腔体有更大的电容，结果是有较低的并联谐振峰值阻抗高度，但是它也有较低的并联谐振峰值频率和较低的腔体模态频率。较小的腔体具有较高的并联谐振频率，但是也有较高的并联谐振峰峰值阻抗。

一般而言，腔体的尺寸是没有选择的。较小的产品中，腔体尺寸也是小的，较大的产品中，某个平面覆盖整个印制板，其他平面则作为局部的"电源块"。由于腔体中载有回路电流的平面应该是连续的，所以回路电流不会穿过平面边界，否则会引入额外的开关噪声。

在遵循这些设计指导方针后，减小峰值高度的最后因素是阻尼，下节将讨论这个问题。

7.10　使用阻尼来遏制由一些电容器产生的并联谐振峰

降低并联谐振峰值阻抗高度最有效的方法之一是降低电路的 q 因子，这意味着附加某种类型的阻尼电阻。

在由电容器构成的电路中，电阻来自个体电容器的等效串联电阻（ESR）。介质损耗和导体损耗也贡献于 MLCC 电容器的阻尼和 ESR，但是以导体损耗为主。对 ESR 最起作用的是从电容器的边缘端到导体平面传播的电阻。

使用较高数值的电容器，更多的平行板重叠在一起，ESR 下降，这是因为有更多的并联途径。在同样的体积、尺寸下，较大容量的电容器有较低的 ESR。

典型的 0402 陶瓷多层片上电容器（MLCC）的 ESR，正如第 5 章描述的那样，近似为：

$$\text{ESR} = \frac{0.20\Omega}{(C[\text{nF}])^{0.43}} \tag{7-45}$$

式中 C 的单位是 nF。

例如，一个 100nF 的电容器的 ESR 为：

$$\text{ESR} = \frac{0.20\Omega}{(C[\text{nF}])^{0.43}} = \frac{0.20\Omega}{(100)^{0.43}} = 28\text{m}\Omega \tag{7-46}$$

而一个 $10\mu\text{F}$ 的电容器的 ESR 为：

$$\text{ESR} = \frac{0.20\Omega}{(C[\text{nF}])^{0.43}} = \frac{0.20\Omega}{(10\ 000)^{0.43}} = 3.8\text{m}\Omega \tag{7-47}$$

当有 n 个电容器并联时，有效的 ESR 下降为：

$$\text{ESR}_{\text{caps}} = \frac{1}{n}\text{ESR} \tag{7-48}$$

当仅有的损耗来自电容器，且腔体是无损耗的，则并联谐振电路的 q 因子为：

$$q\ \text{因子}_{\text{cap-cavity}} = \frac{n}{\text{ESR}} \times \sqrt{\frac{\frac{1}{n}(\text{ESR}_{\text{cap}} + L_{\text{spread}})}{C_{\text{cavity}}}} \tag{7-49}$$

并联谐振的峰值阻抗近似为：

$$Z_{\text{peak}} = q\ \text{因子}_{\text{cap-cavity}} \times Z = \frac{n}{\text{ESR}} \times \frac{\frac{1}{n}(\text{ESR}_{\text{cap}} + L_{\text{spread}})}{C_{\text{cavity}}} = \frac{1}{\text{ESR}} \times \frac{(\text{ESR}_{\text{cap}} + nL_{\text{spread}})}{C_{\text{cavity}}} \tag{7-50}$$

这个关系指出了两个重要的情况：

- 扩散电感小于电容器的安装电感
- 扩散电感与电容器的安装电感相当

当扩散电感远远小于与之并联的电容器的安装电感时，这属于腔体透明的情况，峰值阻抗与电容器的数量无关。

> **提示**　令人惊讶地是，当扩散电感小时，加入更多的电容器不能改变峰值阻抗的高度。这对于在腔体电容的并联谐振条件下设计较小的峰值高度有重要的影响。

附加更多的电容器以推动并联谐振达到更高的频率，但它降低了峰值高度。同时加入更多的电容器降低了有效 ESR，这又增加了峰值高度。这两个效应抵消，峰值高度几乎独立于附加于腔体的电容器的数量。

考虑具有下述参数的例子：$C = 10\mu F$、$h = 2mil$、$A = 5in \times 5in$、$Dk = 4.3$、$ESL = 2nH$、$ESR = 3.5m\Omega$、$n = 1$ 和 9。我们得到的腔体电容为：

$$C_{\text{cavity}} = \varepsilon_0 Dk \times \frac{A}{h} = 0.225 \times 4.3 \times \frac{5 \times 5}{0.002} = 12nF \tag{7-51}$$

在电容器和中心观察点之间扩散电感大约等于单位面积上的片状电感：

$$L_{\text{spread}} = 32pH/mil \times 2mil = 0.064nH \tag{7-52}$$

9 个电容器的并联电感是：

$$ESR_{\text{caps}} = \frac{1}{n}ESR = \frac{1}{9} \times 2nH = 0.22nH \tag{7-53}$$

由于电容器并联的有效电感仍旧小于腔体的扩散电感，所以这个例子能满足忽略扩散电感的条件。

具有 1 个电容器和 9 个电容器的并联峰值谐振频率是：

$$f_{\text{res}} = \frac{1}{2\pi} \times \frac{1}{\sqrt{L_{\text{caps}}C_{\text{cavity}}}} = \frac{159MHz}{\sqrt{(2nH) \times 12nF}} = 32MHz \tag{7-54}$$

$$f_{\text{res}} = \frac{1}{2\pi} \times \frac{1}{\sqrt{L_{\text{caps}}C_{\text{cavity}}}} = \frac{159MHz}{\sqrt{\left(\frac{1}{9} \times 2nH\right) \times 12nF}} = 98MHz \tag{7-55}$$

我们可估算具有 1 个或 9 个电容器的峰值阻抗为：

$$Z_{\text{peak}} = \frac{1}{ESR} \times \frac{(ESL_{\text{cap}} + nL_{\text{spread}})}{C_{\text{cavity}}} = \frac{1}{0.0035} \times \frac{2nH}{12nF} = 48\Omega \tag{7-56}$$

图 7-17 所示为 1 个和 9 个电容器安装在 2mil 厚的同一腔体上的仿真阻抗曲线。由于腔体是无损耗的，所以阻尼仅来源于电容器的 ESR。每个电容器为 $10\mu F$，ESR 为 $3.5m\Omega$，安装电感为 2nH。

引人注目的是，简单的估算可如此好地预测使用 3D 场求解器进行仿真的性能。估算的并联谐振峰值频率为 32MHz 和 98MHz，仿真的为 31MHz 和 91MHz。估算的仿真阻抗为 48Ω，仿真的为 50Ω。

> **提示**　虽然很多问题是很复杂的，需要场求解器来准确求解，但永远不要低估由简单分析模型得到的数值。在用数值仿真与之比较后，你就会坚信这一点。它提供了有价值的设计见解，以寻求更好的性能。

这个简单的模型说明了减小第一并联谐振峰值阻抗高度的重要原理。除了较低的 ESL 和较大的腔体电容外，降低峰值高度的另外一种方法是利用电容器的 ESR。使用较小容量的电容器或受控 ESR 电容器来得到较大的 ESR。图 7-18 所示为在相同腔体上安装具有 4 个不同容量的电容器，仿真得到的阻抗曲线和对应的固有的 ESR。

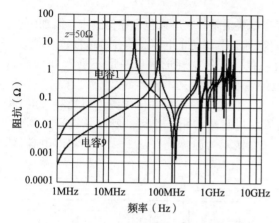

图 7-17 具有 1 个和 9 个相同电容器腔体的阻抗曲线，虽然电容器的数量增加了 9 倍，但峰值阻抗的下降小于 1/2。使用 Mentor Graphics HyperLynx PI 进行仿真

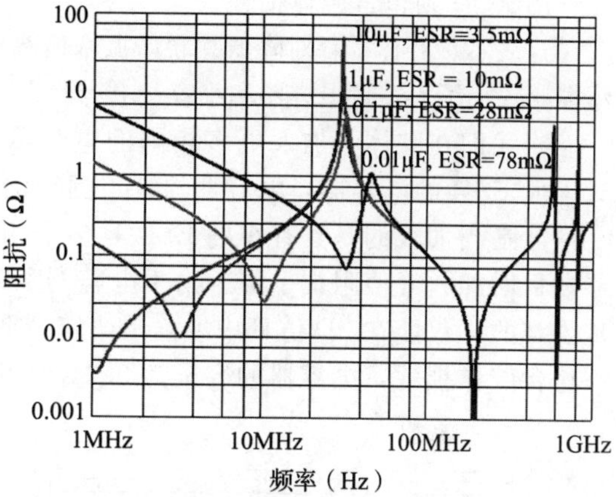

图 7-18 单个电容器安装在一个无耗腔体上的仿真阻抗曲线，这里指出，较大电容器容量和较小 ESR 增加了第一并联谐振仿真阻抗高度。使用 Mentor Graphics HyperLynx PI 进行仿真

这清楚说明电容器中 ESR 的重要性，较大的 ESR 更好。选择较小容量的电容器，不是因为其容量小，而是它有较高的 ESR。

> **提示** 总是考虑使用小容量的电容器，不是因为它们的容量，而是它们较高的 ESR，它在阻尼并联峰值谐振上有潜在的好处。

注意：在这个分析中，我们不包括腔体损耗。当考虑腔体损耗时，峰值高度会降低，较大容量的电容器，在这里看上去并不坏。

7.11 腔体损耗和阻抗峰的降低

除了来自电容器的损耗之外，也有来自介质和导体的腔体损耗。通过比较平面串联电阻与电容器的 ESR，我们估算腔体中来自导体损耗的相关阻尼。平面串联电阻在 100MHz（并联谐振频率）处大约为单位面积上的片状电阻。

1/2OZ（1OZ=28.3495g）的铜，直流时片状电阻大约 $1m\Omega/m^2$，几何厚度为 $17\mu m$。在 100MHz 时，铜的趋肤深度大约为 $6.6\mu m$，约为几何厚度的 40%。每个平面的分布电阻大约为 $1m\Omega/40\% = 2.5m\Omega$。顶部和底部的电流回路是串联的，腔体的总串联电阻大约为 $5\ m\Omega$。这个值近似为 $10\mu F$ 电容器的 ESR。这样就降低了 q 因子，因此这个大电容器的峰值阻抗大约降低了一半。

对于 $0.1\mu F$ 的电容器，ESR 是 $28m\Omega$，远大于平面串联电阻 $5m\Omega$。当使用较高 ESR 的电容器时，腔体串联电阻降低峰值阻抗的作用小些。

介质损耗对腔体的影响更难估计，但是可包含在仿真中。前面的例子不包含腔体损耗，图 7-19 则包含腔体损耗。

这表示：腔体损耗对降低并联谐振峰值高度有重要贡献，它应该包含在仿真中。附加的腔体损耗减小了大容量电容器和小容量电容器之间的差别，其中每个电容器具有不同的 ESR 值。

当我们在腔体中加入更多相同的电容器时，包含腔体损耗的峰值高度不会改变太多。对于大 ESR 的电容器，电容器损耗占据统治地位，腔体损耗是不重要的。

但是当加入的是具有小的 ESR 且多个相同的大容量电容器，并包含腔体损耗时，电容器数目增加，峰值阻抗下降。由于电容器和腔体损耗复杂的相互作用，所以估算这个影响是困难的，仅能在 3D 仿真中准确地决定。图 7-20 所示为腔体上有从 1～25 个相同电容器并包含腔体损耗，电容器的容量为 $0.01\mu F$ 和 $10\mu F$ 情况下，峰值阻抗的比较。

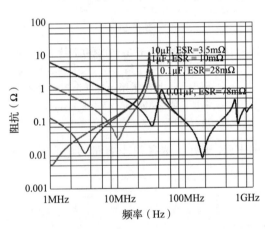
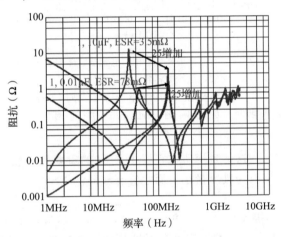

图 7-19　单个电容器安装在具有导体和介质损耗的腔体中的仿真阻抗曲线。小容量电容器的峰值高度不改变，而由于腔体损耗，$10\mu F$ 电容器的峰值高度从 50Ω 降低到 12Ω。使用 Mentor Graphics HyperLynx PI 进行仿真

图 7-20　腔体上有从 1～25 个相同电容器并包含腔体损耗，电容器的容量为 $0.01\mu F$ 和 $10\mu F$ 情况下，峰值仿真阻抗曲线。使用 Mentor Graphics HyperLynx PI 进行仿真

这表示：当很多大容量电容器附加到印制板上，在降低仿真高度时，使用较高 ESR，小容量电容器比大容量电容器更加有效。与使用单个电容器相比较，使用多个小容量电容器不降低阻抗高度，它们仅改变峰值频率。

提示　与单个小容量电容器相比较，多个较高 ESR 的电容器不降低腔体电容的并联谐振。更多电容器并联减小了等效的 ESR，它们不改变并联谐振频率。

由于电容器的 ESR 随电容的变化以及不同 ESR 值的腔体损耗的影响，使得对各种组合电容的峰值分析变得非常复杂。我们只能使用三维(3D)仿真器进行准确的分析。

7.12 使用多个容量的电容器来遏制阻抗峰

处理电源和地平面腔体的目标是降低峰值阻抗高度。如果回路电流中频谱分量在频率范围内能激励存在的峰，则设计不具有鲁棒性。产品能否工作依赖于阻抗峰的频率和高度，以及回路电流的频率分量。仅有的评估方法是要知道瞬时回路电流的波形和腔体准确的阻抗曲线。这是非常困难的，常常做不到。

提示 如果在信号分量的频率范围内存在腔体阻抗曲线的峰值，且具有足够大的瞬时电流，则过度的串扰和 EMI 就存在好的机会了。准确地预测这种噪声的仅有方法是知道瞬时电流的波形。

在缺乏完整系统仿真的情况下，所有的希望是在给定的有限数目电容器的条件下，尽可能地使峰值阻抗降低。对于固定的电容器数量，我们精确地知道一些电容器的并联电感和腔体电容，对阻抗峰值高度的影响很小。

正常情况下，为了电源完整性，我们处理具有电源平面的 PDN 是让它直到某个频率一直有相当平坦的阻抗曲线。VRM 和与之相联系的大容量电容器以及不同容量的高频电容器组合一起来完成这个任务。可是，当去耦电容器在更高频率处变为感性后，它与电源平面的电容总是会形成并联谐振阻抗峰。

电容器的安装电感和腔体电容的并联谐振形成的峰总是与用于电源完整性的电容值无关。我们不能期待选择电容器对并联谐振峰值高度、串扰和 EMI 有多大的影响。

虽然较小容量的电容器有较高的 ESR 和较低的峰值高度，但它们会与 VRM 一起产生更可怕的低频谐振。图 7-21 比较了两种具有 12 个相同电容器的极端情况，电容器容量为 $1\mu F$ 或 $0.01\mu F$，它们具有相同的 2nH 的 ESL。200MHz 的峰值大约为小容量电容器峰值的 1/3，但是在 3MHz 处低频谐振峰值非常大。

在这个例子中，仅是裸板和 VRM 就产生 20MHz 左右的并联谐振，这是由于 VRM 的串联电感和腔体电容的并联谐振产生的。

印制板上加入 12 个相同的 $0.01\mu F$ 电容器，产生两个并联谐振。3MHz 的谐振是由于 VRM 的电感和 12 个电容器的电容而产生的。200MHz 的并联谐振来源于电容器的电感和腔体电容的组合。

使用 12 个 $1\mu F$ 的电容器可把第一谐振频率推向低得多的频率，而且有比较低的峰值阻抗。但 200MHz 的峰值阻抗会增加，这是由于较高容量的电容器具有较低的 ESR。

能否使用电容值的组合来平衡这两个并联谐振呢？有一些具有比较高的 ESR 的电容器对抗高频峰值阻抗，有一些大的电容器对抗低频峰值阻抗，这就是我们所希望的。图 7-22 比较了 12 个电容器的两种组合，第一种分成 3 组，容量分别为 $1\mu F$、$0.1\mu F$ 和 $0.01\mu F$，另外一种为 1 个 $1\mu F$，2 个 $0.1\mu F$ 和 9 个 $0.01\mu F$。

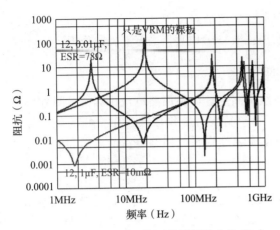

图 7-21   印制板、VRM 和两种不同组合的 12 个
电容器的阻抗进行的比较。使用 Mentor
Graphics HyperLynx PI 进行仿真

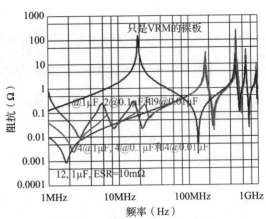

图 7-22   电容器总数 12 个，3 种组合的比较。
任何大和小容量的电容器组合给出相
同的并联谐振峰值高度。使用 Mentor
Graphics HyperLynx PI 进行仿真

我们看到：对于任何小和大容量电容器的组合，在 200MHz 处会给出大约相同的并联谐振峰值高度。精确组合是不重要的，但差别非常大。其他的并联谐振峰值频率围绕特殊电容器组合的频率进行移动。这些新的峰值频率可能是好的也可能成问题。若不知道腔体回路电流的频率分量，则无法判断结果是坏的、好一点或者很差。

这里指出：在设法减小并联谐振峰值高度方面，使用几个低和高容量的电容器要好于使用相同容量的电容器的情况，但是差别非常小。

提示   当选择电容器容量来降低腔体第一阻抗峰和通孔-通孔之间的串扰和 EMI 时，电
容器的精确数值是不重要的。加入几个小容量电容器可能会降低并联谐振峰值
高度，但是帮助不大。

为了电源完整性，一般把阻抗曲线处理成平坦形状。知道回路电流中主要的频率分量，我们能选择特定的电容器容量来减小特定频率的峰值。在缺乏回路电流频谱信息的情况下，这些电容器的任何组合都可工作。实际上通常使用 3 种不同容量的电容器，也可以对所有电容器使用相同容量。到了这里我们看到：阻抗曲线没有多大的差别，任何途径都能工作，两种方法都存在相等的风险。使用电容器的数量是更为重要的课题。

提示   选择电容器来降低腔体阻抗的最重要的设计原理是使用更多的具有低电感的电
容器。

7.13   使用受控 ESR 电容器来减小峰值阻抗高度

当我们在印制板上使用不理想数目的电容器时，在低于信号带宽的频率范围内存在峰

值阻抗，虽然这具有"低价格"，但它没有鲁棒性。使用受控 ESR 电容器的方法能降低更多峰值，使腔体更具有鲁棒性。这些电容器的典型值为 $1\mu F$ 或者 $10\mu F$，而 ESR 比正常值高，典型数值范围是从 $0.2\sim 1\Omega$。

提示 传统 MLCC 电容器中最高的 ESR 仍旧如此之低，以至于电容器和腔体并联谐振的 q 因子仍旧远在 1 以上。

如果我们处理电容器的 ESR，使之比 MLCC 的固有 ESR 高得多，则腔体谐振的 q 因子会戏剧性地降低，峰值阻抗戏剧性地减小。电容器的 ESL 和腔体电容谐振时的峰值阻抗为：

$$Z_{peak} = q \text{ 因子} \times Z_0 = \frac{n}{ESR} \times \frac{\left(\dfrac{1}{n}(ESL_{cap} + L_{spread}) \right)}{C_{cavity}} \tag{7-57}$$

增加电容器的 ESR 会降低峰值阻抗。

图 7-23 所示为 $ESL = 2nH$ 的 $10\mu F$ 单个电容器和 3 个不同 ESR 值的仿真阻抗曲线。ESR 增加到 1Ω，则仿真阻抗的下降因子达到 20 甚至更多。

电容器的 ESR 对更高频率的腔体模态共振的阻抗峰值没有影响，这正如我们预期的那样，它对电容器电感和腔体电容形成的并联谐振才有影响。

当我们使用多个电容器并联时，由于并联组合有较低的 ESL，所以使谐振频率上移，但是较大 ESR 的影响仍旧是突出的。图 7-24 所示为 16 个相同的电容器分布在腔体表面，并具有 3 种不同的 ESR 值(0.0035Ω，0.2Ω 和 1Ω)时的阻抗曲线。比较高的 ESR 戏剧性地阻尼了并联谐振。

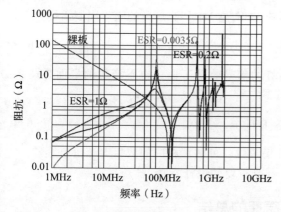

图 7-23 具有 VRM 的印制板上有相同的 $10\mu F$ 电容器但有 3 个不同 ESR 值的阻抗曲线。$10\mu F$ 的 MLCC 电容器的典型 ESR 值是很低的 0.0035Ω，受控 ESR 电容器的典型值为 0.2Ω 和 1Ω

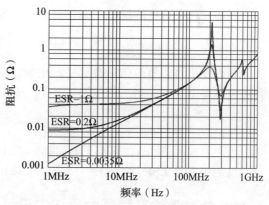

图 7-24 具有 VRM 和 25 个 $10\mu F$ 相同的电容器，其安装电容为 $2nH$ 的空腔的阻抗曲线。比较了 3 种不同的 ESR 值(0.0035Ω，0.2Ω 和 1Ω)。注意峰值阻抗的重要阻尼。使用 Mentor Graphics HyperLynx PI 进行仿真

虽然受控 ESR 电容器对减小阻抗峰值有效，但是为了电源完整性，使用合理数目的受控 ESR 电容器来满足低的目标阻抗，一般是困难的。

提示　当对附加于腔体的电容器数量实施限制时，降低印制板上峰值阻抗值最有效的方法是使用 ESR 值高达 1Ω 的受控 ESR 电容器和多个电容器并联的形式。

使用受控 ESR 电容器的一个重要方面是低频，腔体阻抗受限于较高 ESR 的并联组合。阻抗是通过腔体看入的任何瞬时电流的阻抗，为了保持腔体噪声为可接受的电平，需要设置电容器最小数目的限制。

如果阻抗曲线是平坦的，那么腔体中的电压噪声与通过腔体的总回路电流和这个最小阻抗有关。我们得到的腔体噪声为：

$$V_{\text{noise}} = R_{\text{equiv}} \times n_{\text{sig}} \frac{V_{\text{sig}}}{Z_0} \tag{7-58}$$

和

$$R_{\text{equiv}} = \frac{1}{n_{\text{caps}}} \times \text{ESR} \tag{7-59}$$

或者

$$\frac{V_{\text{noise}}}{V_{\text{sig}}} = \frac{\text{ESR}}{n_{\text{caps}}} \times \frac{n_{\text{sig}}}{Z_0} = \frac{n_{\text{sig}}}{n_{\text{caps}}} \times \frac{\text{ESR}}{Z_0} \tag{7-60}$$

和

$$\frac{n_{\text{sig}}}{n_{\text{caps}}} = \frac{V_{\text{noise}}}{V_{\text{sig}}} \times \frac{Z_0}{\text{ESR}} \tag{7-61}$$

例如，如果信号阻抗是 50Ω，每个电容器的 ESR 是 1Ω，则 10% 的噪声限制需要：

$$\frac{n_{\text{sig}}}{n_{\text{caps}}} = \frac{V_{\text{noise}}}{V_{\text{sig}}} \times \frac{Z_0}{\text{ESR}} = 0.10 \times \frac{50}{1} = 5 \tag{7-62}$$

我们应该与估算的信号数量进行比较，估算的信号数基于通过电感产生的平面弹跳来共用大容量电容器。当 ESL 是 1nH 时，从式(7-37)可估算：

$$\frac{n_{\text{sig}}}{n_{\text{caps}}} = 5 \times \text{RT}[\text{ns}] \tag{7-63}$$

当上升时间是 1ns，根据上升时间和 ESR 来考虑，可估算相同的数目大容量电容器。当使用受控 ESR 电容器时，ESL 和 ESR 都是重要的设计参数。

7.14　处理回路平面最为重要的设计原理的总结

前面详细的分析给出了简单但是重要的指导方针，它们适用于设计鲁棒性中回路平面的多层印制板。其中多层印制板在不同平面间有多个信号转移。

- 最具鲁棒性设计是使用相同电压的回路平面(如 V_{ss} 和所有相同的电压回路平面)使用短路通孔连接在一起，通孔的间隔小于信号最高频率分量波长的 $1/6$。短路通孔间距(单位为 in)3 倍于以纳秒(ns)为单位的上升时间。

- 如果不能做到这种安排，那么我们可以使用具有不同电压的平面对来作为回路，邻近平面间加入薄的介质材料。相同电压的平面仍旧用短路通孔来连接，使用的间隔同前面的结论。
- 当要用足够多的短路通孔抑制腔体模式不实际时，那么最少在每个信号通孔邻近加上一个回路通孔。这帮助减小回路电流耦合进入腔体。
- 当构成腔体的平面电压不同时，实际上可加入有低安装电感的大容量电容器。安装电感是它们最重要的特性。
- 最佳的大容量电容器密度是能把腔体谐振频率推出信号带宽以外。当每个电容器的安装电感低到 1nH 时，最小密度大约为：

$$密度_{cap\text{-}res}/in^2 = \frac{1}{(RT)^2[ns]} \tag{7-64}$$

- 决定大容量电容器密度的第二个条件是通过腔体电感的开关噪声和信号通孔密度。保持开关噪声低于信号摆动 10% 的电容器密度是与信号通孔密度有关的：

$$密度_{caps} = 密度_{sig} \frac{1}{5 \times RT[ns]} \tag{7-65}$$

- 鲁棒性设计使用两个密度中的较大者。很多情况下是大数量的电容器。
- 如果使用电容器的数量少于这个最佳数值，则对开关噪声这不具有鲁棒性。电容器的使用密度至少要大于前面为降低开关噪声所估计的值。
- 如果你知道瞬时电流频率曲线中有重大的峰，则选择的电容器容量要能减小这些频率的峰值阻抗。
- 如果你不知道峰值瞬时电流的频率，那么所有不同容量的电容器组合具有同样的风险，是 $1\mu F$，还是 $1\mu F$、$0.1\mu F$、$0.01\mu F$，电容器分配都一样。最重要的品质是低的 ESR 和更多的电容器。
- 如果可能，则使用受控 ESR 电容器来降低并联谐振峰值阻抗。这可决定电源完整性目标阻抗下的最小限制。

虽然存在可能工作的其他结构，但它们的鲁棒性设计指导方针用不着同上面描述的那样，对瞬时电流不使用全波 3D 仿真来决定平面结构，这是很困难的，也是难以接受的。

无论如何，由于腔体中扩散电感的复杂性，腔体损耗和阻抗与附加电容器相互作用的复杂性，预期腔体噪声的准确估计的唯一方法是使用包含瞬时电流波形的 3D 全波仿真器。

7.15　高级主题：使用传输线电路对平面建模

虽然有些仿真工具允许电路仿真的 S 参数直接进行合并，但这不是所有的。在任何与 SPICE 兼容的电路仿真器中，使用简单的传输线模型来仿真平面的阻抗曲线是可能的[3-6]。

当我们从中心开始探测，可用 4 根辐射向外的传输线代表腔体。除此之外，有一些扩散电感从中心观察点馈向每根传输线。图 7-25 所示为模拟腔体的传输线电路模型。

这个模型是对腔体简单的近似，使用一个单元来描述整个腔体。这种单元使用相互连接的网格可构成更复杂的模型，然后就可能模拟更高阶任意腔体形状的腔体。这是用于一些商业仿真器中与 SPICE 兼容的基础。

图 7-26 所示为由短传输线单元重复组成的电源平面 SPICE 模型的例子。W 元素传输线段或理想段与电阻器串联和并联以估算损耗。另外使用一种简单的 RLC 弹簧床式模型[4]，在这种传输线排列中，传输线自动地考虑扩散电感。

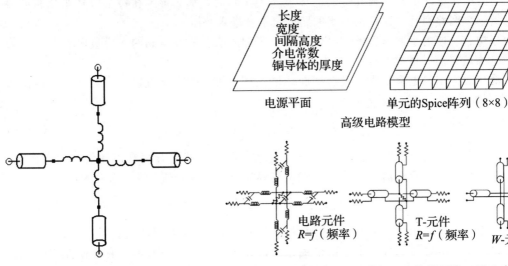

图 7-25   从腔体中心点处观察，呈现等效近似的电路模型，用 4 根扩散电感和传输线节来模拟它

图 7-26   短传输线段为元素相互连接的网格，用于建立与 SPICE 兼容的，且完整的电源和地平面的腔体模型

单一的 4 根传输线段单元是简单的近似，它可获得腔体和前几个模态共振的低频阻抗特性。它的主要优点：能用于包括谐振效应和快速仿真的任何 SPICE 仿真器。

在这个模型中，每个传输线的长度是腔体长度的 $1/2$，每个传输线的特性阻抗被调整以匹配腔体的 $1/4$ 容量。腔体容量是：

$$C_{\text{cavity}} = \varepsilon_0 \text{Dk} \frac{\text{Len}_{\text{cavity}}^2}{h_{\text{cavity}}} \tag{7-66}$$

传输线段的时间延迟是：

$$\text{TD} = \frac{0.5 \times \text{Len}_{\text{cavity}} \times \sqrt{\text{Dk}}}{c} \tag{7-67}$$

每一段的特性阻抗为：

$$Z_0 = \frac{\text{TD}}{0.25 * C_{\text{cavity}}} = \frac{0.5 \times \text{Len}_{\text{cavity}} \times \sqrt{\text{Dk}}}{c \times 0.25 \varepsilon_0 \text{Dk} \frac{\text{Len}_{\text{cavity}}^2}{h_{\text{cavity}}}} = \frac{2 \times h_{\text{cavity}}}{11.8 \times \varepsilon_0 \sqrt{\text{Dk}} \times \text{Len}_{\text{cavity}}} \tag{7-68}$$

式中，C_{cavity} 是腔体电容；ε_0 是自由空间的介电常数，0.225×10^{-3} nF/in；Dk 是腔体中材料的介电常数；$\text{Len}_{\text{cavity}}$ 是腔体的边长；h_{cavity} 是腔体的介质厚度；c 是真空中的光速 = 11.8in/ns。

作为一个例子，我们使用 3D 场求解器和 4 个传输线段以及 4 个电感器的单个单元来仿真腔体阻抗，参数如下：$\text{Len}_{\text{cavity}}=5\text{in}$、$\text{Dk}=4.3$、$h_{\text{cavity}}=10\text{mil}$。

在腔体例子中，我们使用式(7-69)得到特性阻抗：

$$Z_0 = \frac{2 \times h_{\text{cavity}}}{11.8 \times \varepsilon_0 \sqrt{\text{Dk}} \times \text{Len}_{\text{cavity}}} = \frac{2 \times 0.01}{11.8 \times 0.225 \times 10^{-3} \sqrt{4.3} \times 5} = 0.73\Omega \quad (7\text{-}69)$$

从腔体中心观察点到边缘的扩散电感大约是扩散电感的(1/2～1)，这与腔体尺寸和接触区域尺寸有关。

作为初始状态，我们能使用 3/4 总的扩散电感。这个电感被分成 4 个电感，并联回馈到 4 根传输线上。3 个正方形的扩散电感进入到每个传输线上。

图 7-27 比较了传输线电路的近似和使用 3D 场求解器计算的阻抗曲线。

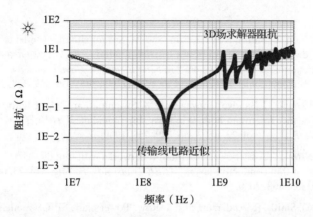

图 7-27　腔体使用 3D 场求解器提取的和使用由 3 个正方形扩散电感并联的 4 根传输线近似
的阻抗曲线。注意：SRF 和第一腔体谐振能使用传输线模型有好的近似

比较显示具有好的一致性。稍微改变探测位置，在高频处放大或衰减谐振模式。简单的四传输线模型没有足够的空间来捕获所有更高频率的模态共振。64 单元或更多单元的复杂排列能显示为更高阶的模式。当我们使用腔体作为信号通孔回路的一部分时，我们能应用这个模型近似回路的阻抗。我们能将这个模型快速地附加在不同的电容器上，来评估腔体谐振的影响，甚至是通道之间的串扰。

7.16　总结

1. 当信号回路的电流通过腔体阻抗时，它们在腔体中感应噪声，产生信号完整性和 EMI 问题。对于从 PDN 中消耗电流的片上电路来说，这很少是电源完整性问题。

2. 电压噪声的频率分量与腔体阻抗的峰值阻抗和回路电流的频率分量有关。

3. 设计腔体的目标是把峰值频率推向信号带宽以上，其次是降低峰值高度，使其低于危险电平。

4. 腔体中薄的介质是降低模态共振峰值高度的最有效方法。

5. 腔体中将并联谐振频率推向上面的最为有效的方法是在腔体平面之间加入短路通孔，这需要平面有相同的电压。

6. 腔体设计最重要的准则是对所有信号使用有相同电压的回路平面，这样可以加入短路通孔。

7. 如果腔体的两个平面没有相同电压，则仅有的变通方法是使用与通孔串联的隔直电容器。隔直电容器使通孔性能恶化。

8. 与短路通孔比较，若要把腔体谐振推向更高频率，隔直电容器要有高得多的密度。

9. 隔直电容器最重要的特性是它的安装电感，其次是它的 ESR。

10. 使用不是最佳数目的隔直电容器，设计鲁棒性腔体是困难的。包含规定的瞬时回路的电流和腔体阻抗的仿真是非常重要的。

参考文献

[1] S. Chun, L. Smith, R. Anderson, and M. Swaminathan, "Model to hardware correlation for power distribution induced I/O noise in a functioning computer system," in *52nd Electronic Components and Technology Conference 2002. (Cat. No.02CH37345)*, pp. 319–324, 2002.

[2] S. Pannala, J. Bandyopadhyay, and M. Swaminathan, "Contribution of resonance to ground bounce in lossy thin film planes," *IEEE Trans. Adv. Packag.*, vol. 22, no. 3, pp. 249–258, 1999.

[3] I. Novak, "Lossy power distribution networks with thin dielectric layers and/or thin conductive layers," *IEEE Trans. Adv. Packag.*, vol. 23, no. 3, pp. 353–360, 2000.

[4] L. D. Smith, R. Anderson, and T. Roy, "Power plane SPICE models and simulated performance for materials and geometries," *IEEE Trans. Adv. Packag.*, vol. 24, no. 3, pp. 277–287, 2001.

[5] H. H. Wu, J. W. Meyer, and A. Barber, "Accurate power supply and ground plane pair models [for MCMs]," *IEEE Trans. Adv. Packag.*, vol. 22, no. 3, pp. 259–266, 1999.

[6] Keunmyung Lee and Barber Alan, "Modeling and Analysis of Multichip Module Power Supply Planes," *Components, Packag. Manuf. Technol. Part B Adv. Packag. IEEE Trans.*, vol. 18, no. 4, pp. 628–639, 1995.

PDN 生态学

到目前为止，我们已经审视了与 PDN 行为有关的原理和构成。PDN 构成最重要的特性是它们是如何相互作用的。一个元件的容性可以与另外一个呈感性的元件并联组合而且相互作用。这产生了并联谐振和峰值阻抗。

虽然我们花了很大的努力，希望在 PDN 上附加电容器以得到尽可能低的阻抗，但峰值阻抗仍旧是个实际问题。这意味着我们必须将完整的 PDN 系统作为一个整体来分析。这就是 PDN 生态学。

现实问题和设计策略都是基于元件之间的相互作用，元件存在于整个 PDN 生态学。只有知道了这些相互作用的性质，我们才能分析每个元件的最佳特性。最终，根据整个生态学，我们必须评估最后的特性。

本章仔细研究 PDN 生态学的每一部分和它们所有的相互作用。

8.1 元件集中在一起：PDN 生态学和频域

PDN 是由 VRM 到芯片电源轨之间的连接线组成的。在这个路径上的每一个元件都扮演传递低噪声的角色，给芯片的电源轨提供恒定电压。

若想分析 PDN，使用频域是方便的，因为 PDN 中的具体元件在规定的频域内，阻抗行为占据统治地位。图 8-1 所示为从芯片焊盘看过去的典型的频域阻抗和分布在每个区域上的物理元素。

PDN 中 6 个特定的元素扮演着重要的角色：

- 片上电容；
- 封装的 PDN，包括封装中的去耦电容器（OPD）；
- 板级电源和地平面；
- MLCC 板级的去耦电容器；
- 与 VRM 相关的大容量电容器；
- 电压调整模块（VRM）和紧随着的大体积去耦电容器

观察电容器的容量就能识别这些物理元素影响 PDN 曲线的特定的频率范围。使用这种方法的危险在于设法单独优化每一个元件时会产生误导。

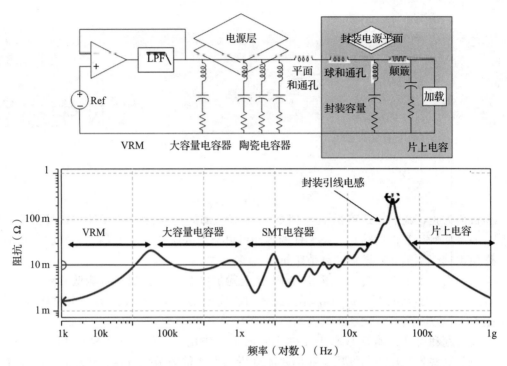

图 8-1　顶部：PDN 生态学的特性。底部：从芯片焊盘看过去的阻抗曲线

　　PDN 最重要的特性是峰值阻抗，它是由特征边界的相互作用产生的。如果注意力放在特定的区域（例如 VRM 或者 MLCC 电容器）产生的 PDN 系统不能被优化。

提示　优化 PDN 元素效率最低的方法就是单独考虑每一个元素。PDN 中的现实问题是由以上 6 个元素相互作用产生的。我们必须优化整个 PDN 生态学，而不是每个元素。

　　把整个 PDN 系统作为一个元素的生态学来考虑，那里有元素之间的相互作用，如何发挥每一个元素的作用，这是最重要的。例如，片上电容和封装 PDN 的相互作用产生最大的峰值阻抗。VRM 和不同的大容量电容器相互作用影响供电的稳定性。在这个上下文中，我们把 VRM 分成两个部分：调整模块，它包括控制电路、感应器和其他有源电路；大体积去耦电容器。电源、地平面，以及带有封装 PDN 的 MLCC 电容器和片上电容器之间的相互作用会产生或者破坏 PDN 其他的鲁棒性。

　　也有通俗的文献常常聚焦于 MLCC 的选择而不考虑系统的其余部分，这意味着选择电容器容量的设计指导方针是无意义的。

提示　影响 PDN 性能最重要的特性是阻抗峰值，PDN 中元素之间的相互作用强烈地影响它。这就是整体 PDN 生态学是最重要的原因。

　　当影响一个频率范围的元素与影响相邻频率范围的元素相互作用时，阻抗曲线中出现峰值。下一节简要地探索这些区域中每一个机制，以及对减小峰值阻抗提供设计指导方针。

8.2　高频端：芯片去耦电容

　　在高频带，PDN 中最重要的构成和影响片上电源轨阻抗的因素是片上去耦电容器（ODC）和它附加的电阻。这形成了 5 个元素的组合[1]，如图 8-2 所示。
- 片上电源/地金属化栅网；
- 在典型的 CMOS 电路中晶体管 p 和 n 之间集中在一起的分布栅极电容；
- 被导通晶体管驱动的片上信号负载电容；
- 硅扩散结电容；
- 另外有意附加的去耦电容。

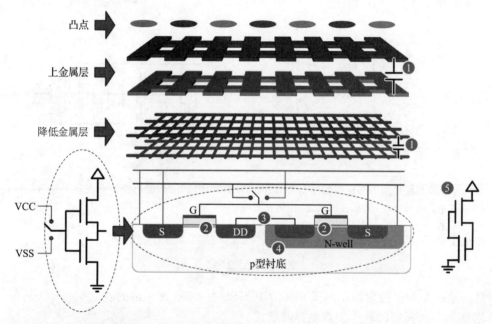

图 8-2　片上去耦电容器的 5 个来源。1)金属化，2)栅极，3)负载，4)扩散结，5)额外附加的电容

　　在最高频率处，片上去耦电容器为提供低的 PDN 阻抗，发挥了非常重要的作用。在吉赫兹范围内，为提供低阻抗和保持电源轨上的电压噪声低于可接受的水平，片上去耦电容器是唯一一起作用的元素。如果片上去耦电容器不够大，则系统的其余部分进行任何补偿都不起作用。

提示　片上去耦电容器在最高频率处确立低阻抗。没有足够的片上去耦电容器会失败，这时系统的其余部分做任何事情都是没有用的。

　　没有足够的片上去耦电容器，在印制板上做任何事情都是没有用的。考虑 PDN 的鲁棒性和价格效应，知道片上电容器的容量，这对设计过程来说是重要的输入信息。不幸的

是，从半导体供应商处得到这些参数是困难的。

当我们不能从芯片供应商得到片上电容器的容量时，重要的是要知道，我们能逆向处理，粗略地估计。必须假设：半导体供应商设计的片上电容器是最小可接受的容量。

提示 在 PDN 生态学中，片上去耦电容器是关键的设计参数，总是希望半导体供应商能提供这个数值。当得不到实际的数值时，我们可基于一些简单假设来估算一个合理的最小数值。

使用时域方法可估计片上电容器。瞬时电流从所有非开关电容上流过，对开关（负载电容）电容充电，如图 8-3 所示。我们能估算片上去耦电容器需要的最小容量，结果是当负载电容器被开关时，V_{dd} 的压降小于每个时钟周期的 10%。这被称为时钟边缘噪声，进一步的讨论见第 9 章和第 10 章。

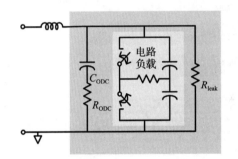 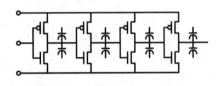

图 8-3 带有栅极和内部连线的片上去耦电容器（阴影区域外部）的电路，它在每个周期对开关电容负载（阴影区域内部）提供充放电

在这个简单电路中，利用电荷存储和 $q = CV$，估算 V_{dd} 的电压降。

$$\frac{V_{dd1}}{V_{dd0}} = \frac{C_{ODC}}{C_{ODC} + C_{load}} \tag{8-1}$$

如果最终电压 V_{dd1} 保持为最初电压 V_{dd0} 的 10% 以内，那么开关前的轨电压和开关后的轨电压的比是 90%。所需的片上去耦电容器是：

$$C_{ODC} = 9 \times C_{load} \tag{8-2}$$

式中，V_{dd0} 是正常的供电电压；V_{dd1} 是开关后的新的供电电压；C_{ODC} 是片上去耦电容；C_{load} 是每个充放电周期内平均片上负载电容。

负载电容在每个周期上的开关对片上去耦电容之比是"开关因子"。当所有栅极在每个周期边缘开关时，这个比值决定供电电压起始的电压降。

根据芯片核平均功率耗散，忽略泄漏电流，可估算每个充放电周期内的平均负载电容。存储在负载电容上的能量是：

$$U = \frac{1}{2} C_{load} V_{dd}^2 \tag{8-3}$$

在任何 RC 电路中，能量都通过电阻来耗散，并转变成为焦耳热，它等于存储在电容器中的能量，不管电容器是充电还是放电。如果假设栅极在每个时钟边缘开或关，那么一个可比较的负载电容在每个时钟周期内被充电或放电，这样每个周期中通过电阻元素的总能量耗散是存储在负载中能量的 2 倍。如果这个能量以时钟频率进行开关，则平均功率消耗是：

$$\langle 功率 \rangle = 2 \times U \times F_{\text{clock}} = 2 \times \frac{1}{2} C_{\text{load}} V_{\text{dd}}^2 \times F_{\text{clock}} \tag{8-4}$$

负载电容是：

$$C_{\text{load}} = \frac{\langle 功率 \rangle}{V_{dd}^2 \times F_{clock}} \tag{8-5}$$

C_{ODC} 为

$$C_{\text{ODC}} = 9 \times C_{\text{load}} = 9 \times \frac{\langle 功率 \rangle}{V_{dd}^2 \times F_{clock}} \tag{8-6}$$

在 $V_{\text{dd}} = 1\text{V}$，功率耗散为 1W，时钟频率为 1GHz 时，为保持供电压降低于 10%，需要的片上去耦电容器是：

$$C_{\text{ODC}} = 9 \times \frac{\langle 功率 \rangle}{V_{\text{dd}}^2 \times F_{\text{clock}}} = 9 \times \frac{1\text{W}}{1\text{V}^2 \times 1\text{GHz}} = 9\text{nF} \tag{8-7}$$

这表示它是基于芯片的功率耗散来定标的。芯片的功率耗散是 10W，我们可合理地预计片上电容值为 100nF 量级。在高功率芯片中，高达 1000nF 也是合理的。

在芯片设计成熟后，利用电路设计和技术节点数据的寄生抽取工具，可估算片上去耦电容的本征参数。

本征源使用不够大的去耦电容时，常常附加额外的面积，以加入 MOS 或 MIM（金属-绝缘体-金属）结构的去耦电容。对于 90nm 的 CMOS 技术，典型的电容密度近似为 1nF/mm^2。对于准确的电容抽取和功率-噪声分析工具，芯片面积减小成为强大的动力。

片上去耦电容的容量是高频 PDN 的重要品质。我们能很容易地测量它，正如第 3 章说明的那样。使用 VNA 端口探测这个封装球，并测量 S_{21}。一般，在高频时把它转换成为 Z_{21} 是测量低阻抗最准确的方法。合适频带内的阻抗可利用 $Z = 1/j\omega C$ 转换成电容。片上电容常常是电压的强函数。图 8-4 所示为使用偏置断开和渐渐加上偏置的方法测量片上去耦电容的例子。

当偏置电压断开时，在片上去耦电容中占据统治地位的是无源 V_{dd} 和 V_{ss} 的电源金属化栅极和扩散电容，其值大约为

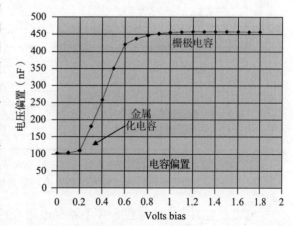

图 8-4　当偏置电压逐渐增加时，测量小芯片的片上去耦电容

100nF。当芯片上电后，片上去耦电容由于 CMOS 的栅极和现在通过 CMOS 栅极的连接产生的电容而增加[2]。在这个例子中，总的片上去耦电容大约为 450nF。

正如我们在第 9 章和第 10 章讨论的那样，电源密度和电容密度是密切相关的。在容性

负载开关时功率被消耗。开关因子（所有片上电路每个周期上的开关分数）不大于 15% 就不会产生过度的时钟周期噪声。电容密度和电源密度与进一步的工艺节点以相同的速率增加。

对于每一代技术节点，片上电容密度会增加 1.2～1.7 倍。图 8-5 所示为在过去几个技术工艺节点中片上电容密度的历史趋势。在 21 世纪的第一个十年，ODC 密度在每个工艺节点上看来增加了大约 1.2 倍，第二个十年每个工艺节点的增加趋势是 1.7 倍。正如这里所表达的，我们预期 10nm 节点的 FinFET 技术将持续这个趋势。现在片上电容的主要问题是与布线通道有关的。

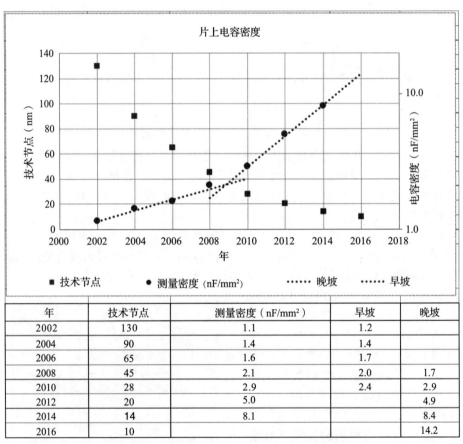

年	技术节点	测量密度（nF/mm²）	早坡	晚坡
2002	130	1.1	1.2	
2004	90	1.4	1.4	
2006	65	1.6	1.7	
2008	45	2.1	2.0	1.7
2010	28	2.9	2.4	2.9
2012	20	5.0		4.9
2014	14	8.1		8.4
2016	10			14.2

图 8-5 片上去耦电容的历史趋势。顶部：技术节点次数（正方格）和单位面积上片上电容（圆点）的关系图，片上电容的刻度是对数刻度。底部：绘图的数据表格

电容和电源密度趋势包含片上路径电阻在内。与片上电容相关联的 ESR 常反比于电容。假设设计者已经最为有效地使用了芯片面积，对于相关的技术节点，电容密度是常数。片上电容总是存在一些串联电阻。随着面积的增加，会有更多的电容并联，更多的 ESR 并联，所以 ESR 反比于电容是讲得通的。

对于几个技术节点，R 和 C 的乘积已经大约为 250ps，这是合理的。芯片设计者已经发现需要越来越多的金属用于电源路径中，以避免随着功率密度的增加，承受越来越大的

电压降。随着时钟频率和功率密度的增加，为了芯片定时的需要，时间常数似乎在下降。在任何情况下，片上电容、功率密度和 ESR 是密切相关的。PDN 设计者期望 ESR 和电容的 RC 时间常数近似为 250ps，随着将来技术节点的出现，它有下降的趋势。对于大电路板（例如处理器的核心），事情就是这样的。I/O 电路也有一些 RC 时间常数，但是它不需要 250ps。

对 PDN 阻尼而言，它具有重要的含义。

提示 从历史的角度来看，片上 ESR 和片上电容存在关联。这个组合中有效的 RC 时间常数大约为 250ps，知道片上电容就能够估算出 ESR。当要估算某个 PDN 的阻尼和 q 因子时，这是很重要的。

基于 RC 时间常数的经验公式（即片上电容和 ESR 之间的关系），可估算 ESR，它贡献于 PDN 阻尼，即

$$\mathrm{ESR_{on\text{-}die}} = \frac{0.25\mathrm{ns}}{C_{\mathrm{ODC}}[\mathrm{nF}]} \tag{8-8}$$

例如，片上电容是 50nF，ESR 是 5mΩ。如果片上电容是 200nF，则 ESR 为 1.2mΩ。

通过测量电容来得到 ESR 是最好的，ESR 常常比较难以理解。测量常依赖于探测位置和尺寸，以及被测的片上电容的面积。对于片上 ESR 的测量，最好测量小芯片面积，然后使用 RC 时间常数按比例放大以得到大芯片面积。大芯片面积的测量往往是由水平封装驱动的，得到的是芯片线电阻而不是接触面到电容下接触面之间的垂直电阻。

ESR 和与封装面相垂直的片上电容相串联，球状块是谐振电流回路的一部分，对阻尼有贡献。

对于较大的芯片面积，芯片电源总线的水平电阻而不是垂直的 ESR，限制了片上去耦电容的半径[3-4]。芯片电源总线的水平电阻不应该与垂直的 ESR 电阻混淆；它们两个是不同的。水平电阻形成的 RC 时间常数与垂直电阻形成的 RC 时间常数不需要相同。水平时间常数的含义是片上扰动传播到其他芯片电路上有多快。

正常工作期间，小的局部片上电路消耗本地片上电容中实质性的电荷，引起局部电压降。附近的片上电容可提供帮助，但是这仅在水平 RC 时间常数达到要求后才能发生。本地扰动传播出去并进入其余芯片，这是由水平 RC 时间常数来管理的。参考图 3-42 的水平和垂直电阻图和 3.14 节有关测量片上去耦电容的更详细信息。

对于尺寸只有几平方毫米量级且具有方形纵横比的小裸片松弛时间是几百皮秒。松弛时间是一个时间量，它是整个片上电源总线在扰动后松弛到相同电压的时间。片上电源总线长而窄且有大的宽高比，松弛时间可大于 1ns。这种场合下 PDN 意味着考虑集总参数节点和其他会产生时间和空间的扰动。分析这些场合的唯一方法是使用复杂的 3D 模型，它考虑了 PDN 吸引的局部电流、片上去耦电容的精确扰动和片上电源总线的电阻。

只要假设单一的 C、R 和 L，我们可对片上 PDN 使用简单的集总参数电路模型来处理系统级的 PDN，下面说明这个原理。对于小电路核心面积，片上 PDN 松弛时间仅是时钟周期的一小部分。片上电源总线似乎足够强，可保持所有块在一起。集总参数电路近似给出高的准确性，因为在时钟周期内，局部电源总线完全松弛回到相同的扰动电压。

> **提示** 虽然存在不可抗拒的理由要使 PDN 有较高的片上 ESR，来为关键的并联谐振提供阻尼，但芯片设计群体常常会不情愿地加入额外的串联电阻，以处理可怕的 DC IR 电压降。不消耗太多功率和电流的电路是可宽容的，在电源路径加入这种电阻有很大的好处。

高功率电路需要低电阻、小阻尼的电源路径。幸运的是，高功率电路从负载阻尼上获得了好处，关于这个问题的进一步讨论见第 10 章。如果需要，可在具有意料外的 ESR 的阻尼电容上花费额外的芯片面积，但是要付出芯片面积或者额外层的代价。

因为在片上电源和地之间用电源总线相联系的空间是如此靠近，所以等效串联电感是非常小的，数量级为 0.1pH。电源总线的串联阻抗为 $R+j\omega L$。在高达几十吉赫兹时，一般情况下，电阻项比电感项更为重要。

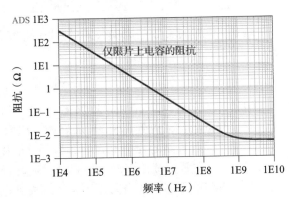

片上 PDN 一般可用 C_{ODC} 和片上 ESR 的串联组合来表示。电容在阻抗中占统治地位一直高到转角频率，这里 ESR 才变得重要。图 8-6 所示为 5W 芯片希望的阻抗曲线的例子，时钟工作频率为 1GHz，$C_{ODC} = 50$nF，ESR $= 5$mΩ 和 ESL $= 0.1$pH。RC 的乘积是 250ps，正如前面讨论的那样。低于 10GHz 时，ESL 是不重要的。

图 8-6 片上去耦电容为 50nF，ESR 为 5mΩ 和 ESL 为 0.1pH 时，从芯片焊盘看过去的阻抗曲线。在 400MHz 以上，片上 ESR 变得很明显，频率超过 10GHz 时需要考虑任何 ESL

8.3 封装 PDN

封装 PDN 的跨度是从芯片焊盘到电路板通孔和平面，其组成为以下几个方面。
- 从芯片到封装衬底的丝焊或焊接球；
- 芯片焊盘和内封装平面之间的连接；
- 封装上的去耦电容器（如果存在的话）；
- 由焊接球或引线构成的印制板和封装之间的连接；
- 电路板上从顶部焊盘进入电路板平面腔体的通孔。封装决定了电路板通孔的位置，印制板的层高决定了通孔的长度。

两个典型但不同封装的断面如图 8-7 所示，一种是引线式封装，另一种是多层 BGA 封装。

在缺乏封装去耦电容器的情况下，在电路板上从芯片焊盘到平面之间的并联组合的一角来看，封装 PDN 的阻抗曲线是感性的，一直到非常高的频率。封装 PDN 不再为感性的频率是由封装平面的模态腔体谐振或者是贯通封装超过 1/10 波长的总长度来设置的。

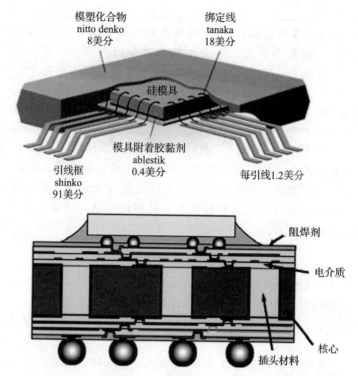

图 8-7　顶部：引线式封装的特点。底部：典型 BGA 封装内部的连接途径

对于边长 1in 大的 BGA，内部电源–地腔体的第一个模态腔体谐振的频率大约为：

$$f_{res}[\text{GHz}] = \frac{12 \dfrac{\text{in}}{\text{ns}}}{\sqrt{\text{Dk}}} \frac{1}{2 \times \text{Len}[\text{in}]} \sim 6 \frac{1}{2 \times 1} = 3\text{GHz} \qquad (8\text{-}9)$$

式中，f_{res} 是两端之间为半波长时所对应的正方形腔体的第一谐振频率；Dk 是腔体中材料的介电常数，典型值为 4 左右；Len 是封装边长。

总互连接长度超过 1/10 波长时，我们得到的频率为：

$$f_{res}[\text{GHz}] = \frac{12 \dfrac{\text{in}}{\text{ns}}}{\sqrt{\text{Dk}}} \frac{1}{10 \times \text{Len}[\text{in}]} \sim 6 \frac{1}{10 \times 1} = 600\text{MHz} \qquad (8\text{-}10)$$

这个分析指出：频率大约低于 600MHz 时，封装内单个 PDN 电流回路的阻抗可近似为集总参数电感。

从芯片焊盘到电路板电源平面的内连等效并联电感依赖于封装的详情和印制板的物理结构。这使综合封装 PDN 的回路电感很困难。

可是，封装 T 印制板的电感在 PDN 生态学中恰恰是重要的，这是因为片上电容参数。如果对等效封装引线电感没有准确的估算，那么进行具有鲁棒性和结构有效性的设计是困难的。为了鲁棒性，我们必须加入设计裕度，这意味着增加价格。这就是向半导体供应商索要准确 PDN 封装模型是如此重要的原因。

> **提示**   半导体供应商要提供准确的 PDN 封装模型总是如此重要，但这很少能得到却总是想要得到。如果你不能从半导体供应商处得到模型，那么为了仿真和优化 PDN，你应该使用一些封装设计知识，以估算封装引线电感。

因为等效封装引线电感的范围可能很大，所以估算它是困难的。对于具有几百个电源和地焊接球、多对电源和地平面的大的多层封装来说，等效回路电感能低到几个皮享。在四面扁平封装（QFP）的情况下，引线长度为 0.5in，电源和地仅有两对，等效电感可能大到 10nH。等效封装电感有 10 000 倍的差别，这依赖于特定的详情。

在封装 PDN 中估算回路电感最为简单的方法是假设通过封装的每个分开的路径，除了通过平面的部分以外，在单位长度和总长度上有回路电感。如果有 n 对并行途径，则可近似得到等效回路电感：

$$L_{\text{loop}} = \frac{1}{n_{\text{pairs}}} \times L_{\text{per-len}} \times \text{Len} \tag{8-11}$$

式中，L_{loop} 是封装 PDN 的等效回路电感；N_{pairs} 是电源-地对中针的对数；$L_{\text{per-len}}$ 是单位长度的回路电感，好的估计值为 20pH/mil；Len 是每对的有效长度。

这里假设封装的电源和地平面间的回路电感与分离途径相比，贡献小得多。情况不会总是这样的。

例如在多层 BGA 中，总长度可包括 PCB 通孔、焊接球、封装到平面的短路径，然后是到芯片的 C4 连接器，其长度为 50mil 这个量级。如果有 100 对电源和地，则等效回路电感的量级为：

$$L_{\text{loop}} = \frac{1}{n_{\text{pairs}}} \times L_{\text{per-len}} \times \text{Len} = \frac{1}{100} \times 20 \, \frac{\text{pH}}{\text{mil}} \times 50\text{mil} = 10\text{pH} \tag{8-12}$$

电源和地平面之间的厚度为 1mil，这时片状电感是 32pH/mil×1mil＝32pH。通过平面的分布电感能近似为 1 平方，或 32pH。依赖于平面的数量，电源和地连接的数量，分布电感可能是重要的，这引起综合的困难，特别是在小的封装电感端。

在小型引线封装或二层 BGA 封装（如芯片级别的封装（CSP））中，总的引线长度可能是 250mil 这个量级，在 20 对电源和地。总的回路电感大约为：

$$L_{\text{loop}} = \frac{1}{n_{\text{pairs}}} \times L_{\text{per-len}} \times \text{Len} = \frac{1}{20} \times 20 \, \frac{\text{pH}}{\text{mil}} \times 250\text{mil} = 250\text{pH} \tag{8-13}$$

虽然这些方法只提供了有效封装引线电感的粗略估计，得到更加准确估算的唯一方法是进行测量或者由内部封装结构的详细信息执行 3D 仿真。在 S 参数的测量或仿真中，所有电源和地的并行路径可看作一个端口短路，然后在另一个端口计算电源和地之间的 S_{11}。使用式（8-14），利用 $S_{11}(f)$ 计算等效回路电感：

$$Z_{\text{loop}}(f) = 50\Omega \, \frac{1 + S_{11}(f)}{1 - S_{11}(f)} \,\text{和}\, L_{\text{loop}} = \frac{\text{Imag}\left[Z_{\text{loop}}(f)\right]}{2\pi f} \tag{8-14}$$

S 参数和阻抗都是复数。

当没有其他数据可用时，有时能使用一种其他方法来对等效回路电感进行粗略的估算。基于电源和地的数目，以及它们的长度进行的估算，依赖于"逆向工程"。

在开始的时候，根据馈向 PDN 的最大电流和每一对允许的最大电流，设置最小的电源/地的对数。

例如 IPC 推荐：直径为 10mil 的通孔的最大电流处理能力约为 2A。直径为 1mil 的金线的最大额定电流约为 1A，更为保守的限制接近 0.25A。

如果假设封装中电源和地回路的最小数目被最大总电流所限制，此电流是基于平均功率耗散的，我们就能估计用在封装中的电源-地对数可能为多少。

最小的电源-地的对数大约为：

$$n_{\text{pairs}} > \frac{I_{\text{ave}}}{I_{\text{max\_pair}}} = \frac{\langle 功率 \rangle}{V_{\text{dd}} \times I_{\text{max}}} \tag{8-15}$$

式中，n_{pairs} 是最小数目的电源-地的针对数；$I_{\text{max\_pair}}$ 是任何对的最大额定电流；V_{dd} 是电源电压；＜功率＞是芯片核的平均功率耗散。

例如，一个器件的核耗散功率为 10W，电源电压为 1V，使用保守的 $I_{\text{max\_pair}} = 1/4\text{A}$。最小的针对数为：

$$n_{\text{pairs}} > \frac{I_{\text{ave}}}{I_{\text{max\_pair}}} = \frac{\langle 功率 \rangle}{V_{\text{dd}} \times I_{\text{max}}} = \frac{10\text{W}}{1\text{V} \times 0.25\text{A}} = 40 \tag{8-16}$$

这指出了另外一种估算封装 PDN 回路电感的方法，它大约是：

$$L_{\text{loop}} = \frac{1}{n_{\text{pairs}}} \times L_{\text{per-len}} \times \text{Len} = \frac{V_{\text{dd}} \times I_{\text{max\_pair}}}{\langle 功率 \rangle} \times L_{\text{per-len}} \times \text{Len} \tag{8-17}$$

式中，n_{pairs} 是最小的电源-地的针对数；$I_{\text{max\_pair}}$ 是任何对的最大额定电流（A）；V_{dd} 是电源电压；＜功率＞是芯片核的平均功率耗散（W）；L_{loop} 是整个封装 PDN 的等效回路电感（pH）；$L_{\text{per-len}}$ 是单位长度的回路电感（pH/mil），好的估计值为 20pH/mil；Len 是每一对的有效长度（mil）。

这个估算与预期的一致。回路电感应该随着每对长度及其单位长度的电感的增加而增加。如果最大电流增加，则需要的针对数减少，回路电感增加。如果核的平均耗散功率增加，则针对数增加，回路电感减小。

对于小的有适度尺寸的引线封装的器件，估计的特征如下：Len＝250mil、$L_{\text{per-len}}=$ 20pH/mil、$V_{\text{dd}}=1\text{V}$、$I_{\text{max\_pair}}=0.25\text{A}$、＜功率＞＝5W。

粗略地估算封装 PDN 的回路电感为：

$$L_{\text{loop}} = \frac{V_{\text{dd}} \times I_{\text{max\_pair}}}{\langle 功率 \rangle} \times L_{\text{per-len}} \times \text{Len} = \frac{1 \times 0.25}{5} \times 20 \times 250 = 250\text{pH} \tag{8-18}$$

对于大的多层 BGA 来说，特征值可能为：Len＝100mil、$L_{\text{per-len}}=20\text{pH/mil}$、$V_{\text{dd}}=1\text{V}$、$I_{\text{max\_pair}}=0.25\text{A}$、＜功率＞＝25W。

封装 PDN 的总回路电感为：

$$L_{\text{loop}} = \frac{V_{\text{dd}} \times I_{\text{max\_pair}}}{\langle 功率 \rangle} \times L_{\text{per-len}} \times \text{Len} = \frac{1 \times 0.25}{25} \times 20 \times 100 = 20\text{pH} \tag{8-19}$$

这些是可预期的封装回路电感的典型值。

除了回路电感以外，每个路径中还存在一些串联电阻。通孔和焊接球的串联电阻是 10mΩ 量级。铜片状电阻是 1mΩ/平方。实现相互连接的途径可能使用 10 平方内连迹线，它对串联电阻的贡献大约为 10mΩ。

单一电源-地对的总 ESR 是每个腿 20mΩ，或者总的是 40mΩ。当 20 对并联时，封装路径的有效 ESR 是 2mΩ 这个量级。与片上 50nF 的去耦电容器的 ESR（5mΩ）相比较，它的贡献比较小。

例如，图 8-8 所示为从芯片封装的附加侧看入其余封装，通过电路板通孔到印制板电源和地的腔体间的阻抗曲线，假设腔体被短路在一起时印制板阻抗处于最好情况。若一个 5W 的器件的 $L_{loop} = 250pH$、ESR＝5mΩ、片上电容为 50nF，则对于小引线芯片封装的阻抗来说，这个阻抗曲线是典型的。

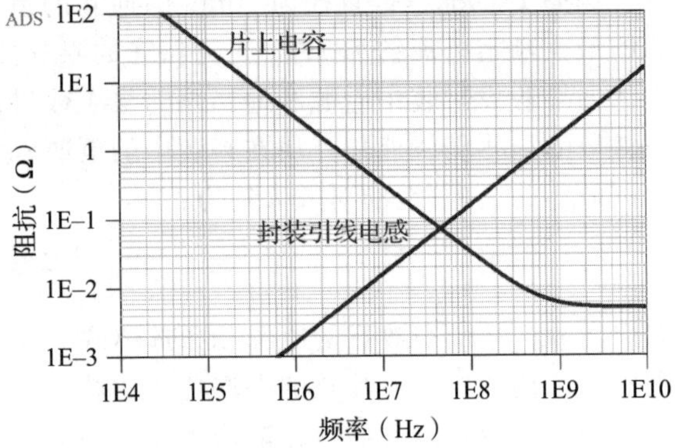

图 8-8　当印制板侧被短路在一起，且 ESL＝250pH、ESR＝5mΩ、片上电容为 50nF 时，封装引线的阻抗曲线。使用 Keysight 的 ADS 进行仿真

8.4　Bandini 山

从芯片焊盘向外看的阻抗曲线，尤其在低频，依赖于封装的另外一边连接的器件。当我们取"最好的情况"时，PDN 电路板的阻抗可能是最低的（即完全短路），从芯片焊盘处可以看见并联的片上去耦电容器和封装引线电感，这两个组合后产生并联谐振，它是 PDN 生态学中最重要的特性。

图 8-9 是芯片视角下的等效电路和由此产生的阻抗曲线，在这种情况下，片上去耦电容器的参数为 50nF，封装引线电感为 250pH。

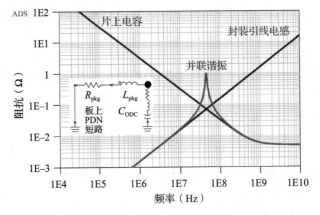

图 8-9　从片上电容的焊盘和印制板侧被短路的封装引线电感角度看到的阻抗曲线。使用 Keysight ADS 进行仿真。插入的是用于仿真的等效电路模型

片上电容和封装回路电感的并联谐振峰值阻抗是所有器件都存在的属性。这个特性一般在阻抗曲线上是大的峰并会引起大的问题，如果存在大的瞬时电路，则对应频率分量会越过这个峰值阻抗。在这个例子中，并联谐振频率大约为 45MHz。

提示　片上电容和封装回路电感的组合产生并联谐振的峰值阻抗，这是完整 PDN 生态学中最重要的特性，在 PDN 设计中它是推进原理。

当开始建立 PDN 生态学时，从这里的第一个例子中看到了新的行为。片上去耦电容器和封装回路电感的相互作用产生了新的行为，它有重要的影响。

PDN 阻抗曲线中的特性已经被后来的公司 steve weir 所命名。在 Bandini Fertilizer 公司将其命名为 Vernon、California 后，Steve Weir 将其命名为 Bandini 山。

在 DesignCon 会议上 Steve Weir 是早期参与者，在 PDN 设计原理方面发布了很多基本构架的文章[5~7]。他的幽默感众所周知，且他能看到不同领域之间的联系。这是他知识领域中最为深奥的一面。

他看到了 PDN 阻抗曲线中的并联谐振峰，这是 PDN 中最为讨厌的特性，并且立即看到了它与 1984 年在洛杉矶举行的夏季奥运会之间的联系。这个故事告诉我们 PDN 峰为什么会命名为 Bandini 山。

Bandini Fertilizer 公司是一个大的肥料生产厂，位于洛杉矶的东南方。为了证明它是一个大的供应商，它决定利用 1984 年夏季奥运会进行宣传。它建立了 100ft（1ft = 0.3048m）的肥料山作为商业广告山，这几座山作为 3 个不同奥林匹克运动的背景。

它聘请了专业运动员，以阶段模拟使用肥料山的奥林匹克运动。有铅球、三级跳远和撑杆跳，所有阶段使用 Bandini 山作为目标对象。撑杆跳运动员 Dave Kenworthy 后来向 LA Time 承认，当拍商业广告时，他实际上并没有降落在一堆肥料中，但是商业广告却给出这样的感觉。

不幸的是，这个商业运作花费了很多的钱，但在增加肥料销售方面并不成功，公司立即停止了运作。在夏季的洛杉矶留下了 100ft 高的肥料山，超过 100 万的访问者参加了这个夏季奥林匹克运动会。

本地的报纸称这个被放弃的肥料山为 Bandini 山。从此以后，术语 Bandini 山就与高的肥料堆联系在一起。

当从芯片的角度来观察 PDN 的阻抗曲线时，并联谐振峰值阻抗看上去惊人得像山。因为在 PDN 中，它扮演的角色就有这种有感觉，Steve Weir 立即看到了联系，开玩笑地称这个阻抗峰为 Bandini 山，这是一个恰当的描述。

Bandini 山的峰值阻抗值与 LC 谐振回路的 q 因子密切相关，而这个因子又与两个元素的 ESR 有关。封装引线的 ESR 和片上电容器的 ESR 常常会贡献高的 q 因子，具有的谐振峰值阻抗值接近 1Ω。

Bandini 山的峰值阻抗频率依赖于并联谐振频率，我们可得到：

$$f_{\text{Bandini}}[\text{MHz}] = \frac{1}{2\pi\sqrt{L_{\text{pkg}}C_{\text{ODC}}}} = \frac{159\text{MHz}}{\sqrt{L_{\text{pkg}}[\text{nH}]C_{\text{ODC}}[\text{nF}]}} \qquad (8\text{-}20)$$

在图 8-9 中，片上电容器为 250nF，封装引线电感为 250pH，可求得并联谐振频率为：

$$f_{\text{Bandini}}[\text{MHz}] = \frac{159\text{MHz}}{\sqrt{L_{\text{pkg}}[\text{nH}]C_{\text{ODC}}[\text{nF}]}} = \frac{159\text{MHz}}{\sqrt{0.25\text{nH}\times 50\text{nF}}} = 45\text{MHz} \qquad (8\text{-}21)$$

当观察封装回路电感时，Bandini 山总会涉及片上电容器，这是所有 PDN 的特性。使用封装的去耦电容器可使峰值缓和下来，这是由于减小了回路电感并且提供了阻尼电阻，但是与片上电容器和封装回路电感相关联的阻抗峰仍旧存在。图 8-10 是 BGA 封装芯片中测量的阻抗曲线的例子，并显示了它的 Bandini 山。

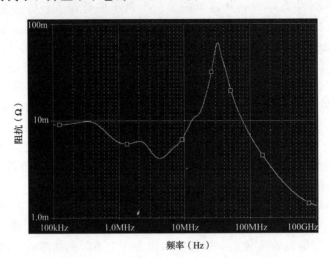

图 8-10　测量测试芯片得到的阻抗曲线。在 33MHz 处显示出 Bandini 山

提示　PDB 生态学中，Bandini 山是最重要的特性，为得到准确的设计信息，它也是最困难的，因为它必须来自半导体供应商。

一般而言，估算 Bandini 山的频率是困难的，因为它依赖于片上电容和封装回路电感有多大，这些数值非常依赖具体的芯片和具体的封装选择。

虽然半导体供应商一般知道其器件的 PDN 参数，但它们不愿意给出这个信息。激励阻抗峰值而制造"病毒"的可能性是存在的，写出来的微码迅速切换大量的门，在 Bandini 山的频率处调制电源。这将驱动最大的 PDN 瞬时电流，它带有通过 Bandini 山峰值阻抗的具有危险的一次谐波。大的调制电流通过高阻抗后，在电源轨上产生大的电压噪声。

提示　半导体供应商不愿意揭示其器件的脆弱点。确定 Bandini 山是困难和费钱的。

在图 8-10 中，当 Bandini 山的频率为 33MHz 时，在片上 PDN（在 33MHz 处有大幅值）产生瞬时电流，它将流过这个峰值阻抗，并在芯片电路中产生大的电压。图 8-11 是在测试芯片中，测量具有 33MHz 频率的大瞬时电流的电源电压。600mV 的峰-峰噪声电压已经超过任何合理的噪声预期。对如何测量这个电压和在第 10 章启用的 PDN 电路参数，我们提供了细节。

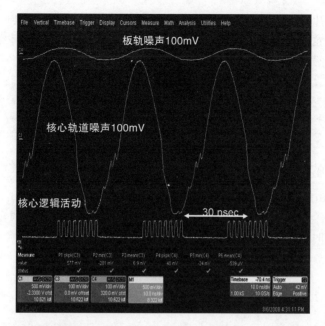

图 8-11　在 Bandini 山频率处最大瞬时电流具有大的一次谐波时，在芯片电源轨和印制板上
　　　　 测量的电压噪声

　　不幸的是，两个占据统治地位且影响 Bandini 山最强烈的特性是片上去耦电容和封装引线电感，对大部分设计者而言它们是不可理解的，它们由半导体供应商决定。增加片上去耦电容和降低封装引线电感可大大地减小峰值阻抗。图 8-12 是阻抗曲线的一个例子，例子是片上电容、封装回路电感和刻度上反比于片上电容的 ESR 的 4 种不同组合。

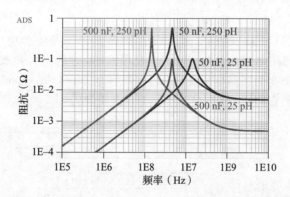

图 8-12　片上去耦电容和封装引线电感 4 种组合的阻抗曲线

　　Bandini 山的阻抗峰值与第 6 章和第 7 章讨论的电源平面腔体的阻抗峰无关。这些阻抗峰值可用电源平面的探针直接来测量。Bandini 山的阻抗峰值是用探针在片上电容测量的，其困难可想而知。

　　为了电源完整性，我们关心硅电路端口上 PDN 电压的质量。在 Bandini 山峰值频率以上，片上电容控制片上 PDN 阻抗。封装和印制板电感以及片上电容共同形成 Bandini 峰，并滤除了任何电源腔体谐振，它可能在印制板上。这是印制板级的信号完整性问题，必须与片上电源完整性问题分开。

提示   Bandini 山仅有的好处是：在规定的频率上，它允许把信号完整性问题和电源完整性问题分开。

8.5 估计典型的 Bandini 山频率

已知 Bandini 山的频率是重要的。应向半导体供应商索要片上去耦电容和封装 PDN 电感的信息，有时这个信息在 NDA 下发布。当片上去耦电容和封装引线电感已知，且看向印制板为理想短路时，Bandini 山的频率可简单地给出：

$$f_{\text{Bandini}}[\text{GHz}] = \frac{1}{2\pi} \times \frac{1}{\sqrt{C_{\text{ODC}}[\text{nF}] \times L_{\text{package}}[\text{nH}]}} \tag{8-22}$$

例如，如果片上电容是 50nF，封装引线电感为 0.25nH，则估算的 Bandini 山的频率为：

$$f_{\text{Bandini}}[\text{GHz}] = \frac{1}{2\pi} \times \frac{1}{\sqrt{50\text{nF} \times 0.25\text{nH}}} = 45\text{MHz} \tag{8-23}$$

在缺乏好输入时，使用"现在就有好的答案"的一般规则比后来回答更好。基于前面研发的片上去耦电容和封装回路电感的简单模型，我们能估算出 Bandini 山频率出现在什么地方。我们也能使用前面描述的 VNA 技术来测量片上去耦电容。

我们研发的简单估算是：

$$C_{\text{ODC}} = 9 \times \frac{\langle \text{功率} \rangle}{V_{\text{dd}}^2 \times F_{\text{clock}}} \ \text{和} \ L_{\text{loop}} = \frac{V_{\text{dd}} \times I_{\text{max\_pair}}}{\langle \text{功率} \rangle} \times L_{\text{per-len}} \times \text{Len} \tag{8-24}$$

式中，C_{ODC} 是片上电容(nF)；$\langle$功率$\rangle$是平均功率(W)；V_{dd} 是电源电压(V)；F_{clock} 是时钟频率(GHz)；L_{loop} 是回路电感(nH)；$I_{\text{max\_pair}}$ 是电源-地对的最大负载电流(A)；$L_{\text{per-len}}$ 是电源和地引线对单位长度的回路电感(pH/in)，大约为 20nH/in；Len 是总长度(in)。

用峰值阻抗频率把它们组合在一起，Bandini 山频率为：

$$f_{\text{Bandini}} = \frac{159\text{MHz}}{\sqrt{\dfrac{V_{\text{dd}} \times I_{\text{max\_pair}}}{\langle \text{功率} \rangle} \times L_{\text{per-len}} \times \text{Len} \times 9 \times \dfrac{\langle \text{功率} \rangle}{V_{\text{dd}}^2 \times F_{\text{clock}}}}}$$

$$= 53\text{MHz} \times \sqrt{\frac{V_{\text{dd}} \times F_{\text{clock}}[\text{GHz}]}{I_{\text{max\_pair}} \times L_{\text{per-len}} \times \text{Len}[\text{in}]}} \tag{8-25}$$

明显可看出，平均功率是平衡的。功率耗散越高，片上电容应该越大。但是，功率耗散越高，等效回路电感应该越低，这是因为需要更多的并联引线处理大的电流。因为 Bandini 山的频率与 C 和 L 的乘积有关，所以平均功率的影响消失。

使用这个简单关系，我们探索一些典型的例子来估算 Bandini 山的频率范围。

在低频端，我们设想 QFP 封装器件工作在 250MHz 处，预期 Bandini 山的频率可根据下面的参数来获得：$V_{dd}=1V$、$F_{clock}=0.25GHz$、$I_{max\_pair}=0.5A$、$L_{per-len}=20nH/in$、$Len=0.5in$。

得到的 Bandini 山频率大约为：

$$f_{Bandini}=53MHz\times\sqrt{\frac{V_{dd}\times F_{clock}[GHz]}{I_{max\_pair}\times L_{per-len}\times Len[in]}}=53MHz\times\sqrt{\frac{1\times0.25}{0.5\times20\times0.5}}=12MHz$$

$$(8\text{-}26)$$

对于极端情况，如果电路板通孔长度、焊接球长度和 C4 长度的组合有高性能封装，则总长度可短到 50mil、工作在 3GHz、具有 $I_{max\_pair}=0.5A$ 的多个内平面，Bandini 山的频率为：

$$f_{Bandini}=53MHz\times\sqrt{\frac{V_{dd}\times F_{clock}[GHz]}{I_{max\_pair}\times L_{per-len}\times Len[in]}}=53MHz\times\sqrt{\frac{1\times3}{0.5\times20\times0.05}}=130MHz$$

$$(8\text{-}27)$$

这些例子代表了两个极端，它们给出了预期的 Bandini 山频率的合理边界，粗略地是在 10～100MHz 范围内。

对于最好性能的器件，Bandini 山频率在 100MHz 范围内。最好性能的器件似乎在封装面上应有去耦电容器(OPD)。从 ODC 到 OPD 的回路电感通常是最大的挑战。虽然一些设计理念要求 OPD 的串联谐振频率位于 Bandini 山的顶部，但这很难能做到。制造容差和现成的电容器使这个很难做到。

通常可能的最低回路电感是芯片焊盘和 OPD 之间处理的封装路径。这个 OPD 尺寸至少是 ODC 电容的 5 倍。考虑阻尼，希望有 OPD 的 ESR 接近目标阻抗。使用这种设计理念，OPD 大大降低了 Bandini 山的高度，但是不能消除它。使用最小的回路电感和 OPD 的优化阻尼，可使 OPD 达到最大的好处。这有助于减小高频印制板中需要的电容器数量。

这里指出：在缺乏特定半导体器件的详细信息时，假设 Bandini 频率在 10～50MHz 范围内是合理的。对于通信器件和一些记忆电路用的非常高端的器件，它能高达 200MHz。

提示　知道片上电容和等效封装引线电感如此重要的理由是知道了 Bandini 山的特性。在缺乏准确值的情况下，使用前面讨论的逆向工程法来估算这个特性。

你很少能从半导体供应商处得到 Bandini 山参数的很好的理由是存在的。对于电源完整性方面的工程师，Bandini 山是 PDN 设计中最大的挑战。从大的方面说，它决定 PDN 的性能和电源驱动电路的性能。正如第 9 章和第 10 章证明的那样，阶跃响应和谐振响应噪声是正比于它的特性和高度的。

PI 工程师知道如何去定位它。你只知道增加片上电容或减小封装回路电感，这二者都是不寻常的昂贵。

如果消费者能找到有关 Bandini 山阻抗峰的 PDN 参数，并与目标阻抗相比较，似乎它们就已经被定位了。由目标阻抗点来定位 Bandini 山可满足要求，但价格是如此之昂贵，所以没有几个消费者愿意购买它，只有想其他办法来节省成本。

这就是硅消费者很难从半导体供应商处得到用于准确仿真 Bandini 山 PDN 参数的原因。这也是这个有味道的问题得到了这个合适名字的原因。

8.6　Bandini 山的固有阻尼

在任何并联电路中，都用 4 个性能描述电路的重要特性：并联谐振频率、特性阻抗、谐振频率时的峰值阻抗和描述阻尼的品质因数或 q 因子。

并联谐振电路的特性阻抗仅依赖组成电路的电容和电感值。

描述传输线时，我们定义看向信号传播方向的瞬时阻抗为传输线的特性阻抗。已知的特性阻抗告诉的是从信号看过去的瞬时阻抗。

同样，并联谐振 LC 电路的特性阻抗表示了这个电路的特征，常常又称为电路的特征阻抗。

在这两种情况下，特性阻抗都是感抗和容抗的组合。

提示　虽然使用的术语一样，但传输线特性阻抗和并联 LC 电路的特性阻抗涉及的不是相同的基本特性。它们两个又都恰恰是特征结构的阻抗。

为说明 Bandini 山在引入的简单并联 LC 电路中，$L=0.25\mathrm{nH}$ 和 $C=50\mathrm{nF}$，可求解电路的特性阻抗为：

$$Z_0[\Omega]=\sqrt{\frac{L_{\mathrm{pkg}}[\mathrm{nH}]}{C_{\mathrm{ODC}}[\mathrm{nF}]}}=\sqrt{\frac{0.25\mathrm{nH}}{50\mathrm{nF}}}=0.071\Omega \tag{8-28}$$

Bandini 山峰的特性阻抗与两个重要的特性有关。特性阻抗确立了在最好条件下可实现的最低的 PDN 阻抗。

其次，正如我们在第 9 章显示的那样，并联谐振峰的特性阻抗也与阶跃电流激励下的瞬时电压降有关。

我们推导例子中 Bandini 山的谐振频率：

$$f_{\mathrm{Bandini}}[\mathrm{GHz}]=\frac{1}{2\pi}\times\frac{1}{\sqrt{C_{\mathrm{ODC}}[\mathrm{nF}]\times L_{\mathrm{package}}[\mathrm{nH}]}}=\frac{1}{2\pi}\times\frac{1}{\sqrt{50\mathrm{nF}\times0.25\mathrm{nH}}}=45\mathrm{MHz}$$

$$\tag{8-29}$$

这个并联谐振电路的 q 因子和估算的峰值阻抗依赖于电路的损耗或阻尼。这与片上去耦电容的 ESR 和印制板级串联电阻的损耗（如来自封装引线、封装面上电容器、印制板相互连接线和 MLCC 电容器）有关。

当印制板级的损耗远小于片上电阻时，Bandini 山阻尼的主要来源是片上的 ESR。使用前面引入的有关 RC 时间常数的经验规则，假设时间常数大约为 $0.25\mathrm{ns}$，我们能估算特定情况下 Bandini 山的 q 因子。

$$q\ 因子=\frac{1}{\mathrm{ESR}}\times\sqrt{\frac{L_{\mathrm{package}}}{C_{\mathrm{ODC}}}}=\frac{C_{\mathrm{ODC}}[\mathrm{nF}]}{0.25}\times\sqrt{\frac{L_{\mathrm{package}}}{C_{\mathrm{ODC}}}}=\frac{1}{0.25}\times\sqrt{C_{\mathrm{ODC}}[\mathrm{nF}]\times L_{\mathrm{package}}[\mathrm{nH}]}$$

$$\tag{8-30}$$

例如，对于 $50\mathrm{nF}$ 的 ODC 和 $250\mathrm{pH}$ 的封装引线电感，估算的 ESR 为：

$$\text{ESR} = \frac{0.25}{50\text{nF}} = 5\text{m}\Omega \qquad (8\text{-}31)$$

q 因子为

$$q\ \text{因子} = \frac{Z_0}{R} = \frac{0.071\Omega}{0.005\Omega} = 14 \qquad (8\text{-}32)$$

或者

$$q\ \text{因子} = \frac{1}{0.25} \times \sqrt{C_{\text{ODC}}[\text{nF}] \times L_{\text{package}}[\text{nH}]} = \frac{1}{0.25} \times \sqrt{50 \times 0.25} = 14 \quad (8\text{-}33)$$

注意：Bandini 山频率的 q 因子是类似的。使用它能得到与 Bandini 山频率的关系：

$$q\ \text{因子} = \frac{1}{0.25} \times \sqrt{C_{\text{ODC}}[\text{nF}] \times L_{\text{package}}[\text{nH}]} = \frac{1}{0.25} \times \frac{1}{2\pi f_{\text{Bandini}}[\text{GHz}]} = \frac{0.64}{f_{\text{Bandini}}[\text{GHz}]}$$

$$(8\text{-}34)$$

例如，如果仅有的阻尼源来自片上电阻，Bandini 峰值阻抗在 45MHz，则 q 因子为：

$$q\ \text{因子} = \frac{0.64}{f_{\text{Bandini}}[\text{GHz}]} = \frac{0.64}{0.045} = 14 \qquad (8\text{-}35)$$

这个 q 因子是非常高的。如果这个 Bandini 山的 q 因子连接到其余的 PDN 系统中，则我们需要额外的阻尼源，使 Bandini 山峰值阻抗下降到可接受的限制内。

最大频率限制（$f_{\text{max\_limit}}$）是 q 因子不再重要的频率，取它为 200MHz：

$$q\ \text{因子} = \frac{0.64}{f_{\text{Bandini}}[\text{GHz}]} = \frac{0.64}{0.2} = 3.2 \qquad (8\text{-}36)$$

这表示保持 q 因子低、Bandini 山峰值阻抗低、较高频率的 Bandini 山并联谐振是比较好的。一个驱动力是峰值引线电感，它比较低总是好的。

提示　如果阻尼仅来自片上电阻，则 Bandini 山频率在高于 200MHz 时，q 因子会小于 3。在这种情况下，印制板水平的阻尼源仅对 Bandini 山有小的影响。

当阻尼仅来自片上电阻，Bandini 山峰值阻抗与 q 因子和特性阻抗有关，为：

$$Z_{\text{peak}} = q\ \text{因子} \times Z_0 = \frac{1}{\text{ESR}} \times \frac{L_{\text{package}}}{C_{\text{ODC}}} = \frac{C_{\text{ODC}}[\text{nF}]}{0.25} \times \frac{L_{\text{package}}[\text{nH}]}{C_{\text{ODC}}[\text{nF}]} = \frac{L_{\text{package}}[\text{nH}]}{0.25}$$

$$(8\text{-}37)$$

这表示的关系是相当明显的。当阻尼仅来自片上的 ESR 时，Bandini 山的峰值阻抗与片上电容无关，仅依赖封装引线电感和 250ps 的 RC 时间常数。这是我们在图 8-12 中观察到的。对于具有相同的 ESL、峰值阻抗也是相同的两种情况，片上电容变化了 10 倍。

当 ESL＝0.025nH 时，估算的峰值阻抗为 0.1Ω，再次与仿真结果完全相同。

分析表示：若要实现峰值阻抗低于 10mΩ，则封装引线电感大约为 2.5pH。

提示　当 Bandini 山谐振的固有阻尼由片上电阻占统治地位时，峰值阻抗高度直接与封装引线电感有关。这是应该尽可能降低封装引线电感的另外一个理由，较低的封装引线电感会导致有较低的峰值阻抗。

这些对峰值阻抗和 Bandini 山 q 因子的估算是错误情况下的估算，因为假设印制板是无损耗的。封装和印制板的相互连接总是有一些阻尼的，它减小了 q 因子和峰值高度。

提示　在高 q 因子的 Bandini 山系统中，如果峰值频率低于 200MHz，电阻性印制板级的特性是降低 Bandini 山峰值高度的重要工程行为。

峰值阻抗的关系清楚地确定了降低 Bandini 山峰值阻抗的 3 个重要的设计节点：

- 减小封装引线电感；
- 增加片上去耦电容；
- 增加封装环路或片上电容的 ESR。

后面的章节会探索这些设计元素。

8.7　具有多个通孔对接触的电源-地平面

封装球连接到电路板的通孔，然后到印制板腔体的掩埋的电源和地平面。从电源-地的通孔对看过去的腔体阻抗仅能使用三维全波场求解器进行仿真，它要考虑平面形状、它们的物理特征和观察点。在本节，我们考虑腔体和 VRM，下一节讲述封装的芯片。

三维全波场求解器的输出是基于 S 参数文件的，它基于从观察点看入腔体的端口设置。这些 S 参数模型实际上是从端口观察的腔体电特性的等效电路模型。

例如，我们预期边长为 5in 和厚为 10mil，填充 FR4 的正方形腔体，在低频时有电容阻抗曲线。当从中心点观察时，我们可预计跟随腔体模态谐振峰的自谐振。为得到阻抗曲线，我们仿真 S 参数，然后由式(8-38)把单端口 S 参数转换成为阻抗：

$$Z_{11} = 50\Omega \times \frac{1 + S_{11}}{1 - S_{11}} \tag{8-38}$$

式中，Z_{11} 是从观察点看向腔体的阻抗，常常被称为"自"阻抗；S_{11} 是从端口 1 到腔体的回波损耗。

（Z_{11} 和 S_{11} 这两个都是复数，随着频率而变化。）

虽然预期的阻抗曲线是很明显的，但想象这个 S 参数的行为是比较困难的，因为其中较有价值的信息实际上是在相位中。这就是求解阻抗曲线时首选我们实际仿真的 S 参数。只要在对数刻度上与 S 参数进行比较，就可解释阻抗曲线的特性。

图 8-13 所示为这个腔体的仿真 S 参数，结果得到了从腔体中心一个观察点看到的阻抗曲线。

当封装具有多个通孔的接触点进入印制板的腔体，S 参数模型有多个端口。使用 S 参数文件作为电路行为模型，我们能并联所有的端口，抽取多个端口看入印制板水平腔体的等效阻抗。这是一个从几个 PCB 通孔连接看入印制板级腔体的 BGA 封装的等效阻抗。

我们预计在低频时，不管并联看入腔体的是一个端口还是 10 个端口，从每个端口看到的是与腔体电容相联系的相同阻抗。

在电感发挥作用的频率范围内，腔体的接触方式会影响分布电感和阻抗曲线。

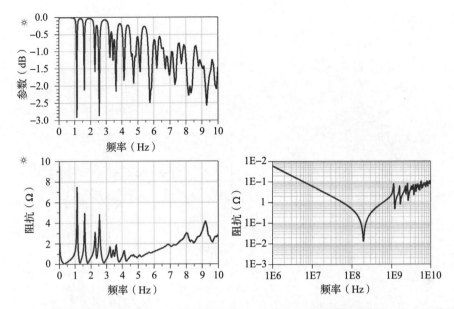

图 8-13　在线性频率刻度上从中心点探测的边长 5in 腔体的 S 参数和阻抗曲线，与右边传统的
　　　　对数-对数阻抗图进行比较。使用 Mentor Graphics HyperLynx PI 进行仿真

单一通孔对的单一端口似乎有大且占优势的电感进入腔体，而很多通孔回路电感的并联组合可能与进入腔体的分布电感相比较就不重要了。使多个通孔对并联，通孔的影响会消失，只留下了腔体电感。很多端口并联时，自谐振频率移到了更高的频率处。

从通孔看入腔体的等效集总参数 LC 模型组成的阻抗，与第 6 章讨论的完全一致。阻抗的凹坑类似于串联 LC 电路。当 4 个通孔进入腔体，并联通孔的 ESL 和进入腔体探测的较大的有效直径，会使电感降低为平面电容。腔体电容维持相同，所以凹坑频率增加。

使用多个并行通孔接触腔体，腔体的模态频率没有大的改变。模态谐振峰是由于半波长的倍数与腔体相适应产生的，腔体上一个或多个通孔的位置，对波速或腔体边界之间的飞行时间有很小的影响。可以预计模态谐振峰值的频率，不随额外进入腔体的测量通孔而改变。

例如，4 对平行通孔非常接近的接触腔体，分配每对通孔为一个端口，我们能计算从每个端口看入腔体的阻抗，然后并联它们作为自阻抗并对电路进行仿真。图 8-14 所示为腔体上 4 对通孔的位置，4 个端口并联到电路，产生的自阻抗与腔体中心相接触的单端口的自阻抗进行比较。

更加典型的是 VRM 连接到腔体上。正如第 3 章讨论的，我们不能把 VRM 近似为 R 和 L 元素的串联组合。现在，简单模型不包括任何与 VRM 相联系的大容量电容器。在图 8-14 中，具有 $R=1\mathrm{m}\Omega$ 和 $L=10\mathrm{nH}$ 的简单 VRM，连接在腔体的电源和地平面之间，并用 4 个接触点。仿真四端口 S 参数时，它们以总线形式一起进入电路仿真器。图 8-15 所示为 VRM 仅连接腔体的仿真阻抗与空腔体的比较。

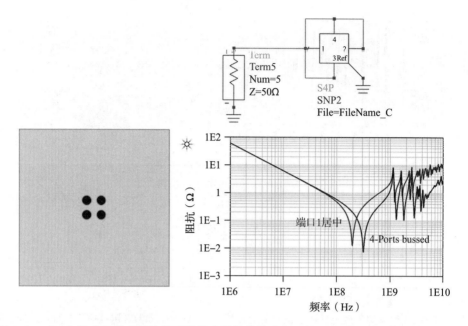

图 8-14　从 3D 场求解器中抽取的两种仿真阻抗曲线进行比较。一种是在腔体中心用一对接触通孔进行探测，另一种是采用 4 对并联接触通孔并使用四端口并联总线电路。注意：并联四点的影响是降低了进入腔体的分布和 BGA 通孔电感。模态谐振在相同的频率上

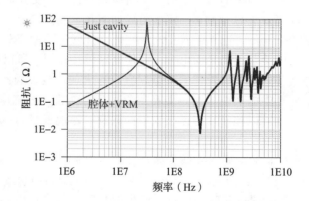

图 8-15　相同腔体上有和没有 VRM 相连的阻抗曲线。使用 Mentor Graphics HyperLynx PI 进行仿真

仿真示例中的参数是：腔体尺寸：5in × 5in、腔体厚度：10mil、腔体的 Dk：4.3、VRM 电感：10nH、VRM 串联电阻：1mΩ。

在这个方法中，当从多个通孔接触点观察封装（包括其他连接到腔体的元件）时，我们能估算阻抗曲线。腔体中多个接触点的主要影响是减小进入腔体的分布和 BGA 通孔电感。

8.8　从芯片通过封装看 PCB 腔体

现在我们在 VRM 仿真和上一节所示的腔体 S 参数模型中加入封装及芯片。我们看入印制板腔体阻抗的重要特性之一是 1GHz 以上的模态谐振。虽然这些代表了高峰值阻抗，对信号完整性和 EMI/EMC 它们属于重要的概念，但从芯片焊盘上却看不到它们，且不影响片上电路的电源品质。

当通过封装看时，芯片通过封装回路电感看到了其余的印制板，这个电感随频率增加。当与封装电感相互作用时，它看到了片上去耦电容的阻抗，在 Bandini 频率时增加。这意味着：腔体谐振阻抗通常发生在比 Bandini 山频率高得多的频率上，由更加高的阻抗所滤除，对片上阻抗和片上 PDN 噪声不起作用。当信号直接看到腔体的噪声环境时，这种情况会形成鲜明的对比。

我们使用一个简单的例子来说明这个问题，片上电容是 50nF，ESR 是 5mΩ，封装引线电感是 250pH。印制板腔体的边长为 5in，平面之间的间隔为 10mil。一个简单的 VRM 连接到腔体。我们探测 3 种情况的仿真阻抗：

- **情况 1**：单独具有 ODC 和封装引线电感的芯片焊盘的阻抗，并且它从封装端口到 V_{ss} 短路。
- **情况 2**：从 PCB 通孔观察的单独具有 VRM 的阻抗，这里的封装是正常的附加。
- **情况 3**：使用简单附加 VRM 时，从芯片焊盘通过封装看向腔体的阻抗。

图 8-16 所示为仿真的阻抗曲线。

当印制板边的封装引线被连接到 V_{ss}，即情况 1（单独具有封装和 ODC），在低频时从芯片焊盘看到的阻抗是低的，它正是短路的引线电感。大约在 45MHz 处的并联谐振峰是来自峰值电感和片上电容。

情况 2 中的阻抗（看入腔体具有单一的 VRM），在低频时显示为 VRM 的电感。大约在 30MHz 处的并联谐振峰来自 VRM 的电感和腔体电容。大约在 200MHz 时发生阻抗凹坑，这是在第 6 章和第 7 章讨论的串联 LC 谐振。在高于 1GHz 时，印制板模态谐振清晰可见。

在情况 3 下，封装回路电感包含腔体连接到 VRM 的大约 10nH 的电感。从封装芯片焊盘处观察，片上电容与封装引线电感和 VRM 电感并联，因为二者是串联到地的。这样就把阻抗峰移到了很低的频率。Bandini 山是片上电容向外看时封装回路电感的并联组合，是非常高的。与短路封装相比较，Bandini 山峰值频率从 45MHz 下移到 7MHz。

芯片焊盘看不到腔体的谐振。封装电感与片上电容一起构成滤波器，它隐藏了

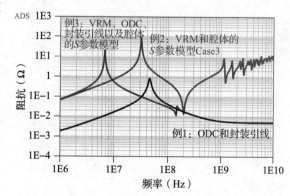

图 8-16　3 种情况的阻抗曲线。在封装电感和片上电容滤除效应后，PCB 模态腔体谐振看不到了。使用 Keysight 的 ADS 仿真

从芯片到印制板腔体的谐振。构成 Bandini 山的相同阻抗也构成了滤波器，它隐藏了从芯片电路到印制板的模态谐振。片上串电容使阻抗比印制板腔体的低得多。

当附加腔体时，从芯片焊盘看到的阻抗曲线上有一个新特性。大约在 180MHz 时，有一个小的阻抗扰动，这时会出现一个峰和一个凹坑。这大部分是峰值引线电感和带有腔体电容的腔体分布电感形成的并联电路。由于稍微高的封装引线回路电感，这个特性会把频率移到此腔体分布电感和腔体电容的串联谐振阻抗的凹坑稍微低的频率处。

高于这个频率，从芯片焊盘看到的阻抗是片上去耦电容。低于这个频率，阻抗是片上去耦电容和腔体电容的并联组合，结果是稍微低的阻抗。这可由简化后包括它的电容模型来证明，以显示这些阻抗特性仍旧存在。

腔体中最简单的模型是理想电容器。因为腔体电容回到地，所以它具有 VRM 附加，等效电路是 VRM 的 R 和 L 与腔体电容的并联。使用 3D 场求解器求解加入 VRM 的腔体阻抗，在图 8-17 中它与简单集总参数模型进行了比较，腔体电容是根据尺寸估算的。

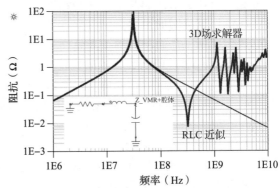

使用这个近似，直到 100MHz 阻抗曲线都能很好地匹配，这里腔体的分布电感效应没有包括在简单模型中，这很明显。我们使用这个腔体近似集总参数电路模型和使封装引线电感连接到 VRM 来探索芯片焊盘看到的景象，并与腔体的 3D 模型

图 8-17　使用 3D 场求解器抽取的使 VRM 连接到腔体的阻抗曲线和使用基于腔体尺寸的简单集总参数电路近似的阻抗曲线

进行了比较。图 8-18 所示为比较了腔体自己看到的阻抗，以及从芯片焊盘看到的 3 种情况：S 参数、3D 腔体模型和集中参数电容腔体模型。

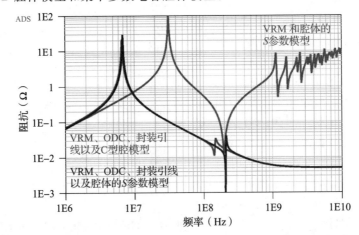

图 8-18　腔体中看到的阻抗，以及对于封装连接到 3D S 参数腔体模型和具有简单 RLC 腔体模型的 VRM，在芯片焊盘处看到的阻抗

明显，从芯片焊盘看过去的阻抗曲线是类似于 3D 腔体模型和简单的 *RLC* 模型。在大约 180MHz 处有小的阻抗扰动，在这两种情况下，频率上的阻抗线有明显的移动。扰动是由于腔体电容和封装或腔体分布电感的相互作用而产生的。在这个例子中，腔体电容大约为 7.2nF，封装引线电感为 0.25nH。

这个小扰动对改变 VRM 的电感不敏感，但是对改变腔体电容非常敏感。

提示　分析证明：腔体对从芯片焊盘处看到的阻抗影响不大。对于通过封装从芯片焊盘看入印制板腔体，腔体多半是透明的。

为解释与腔体相关的峰值阻抗，附加一个电容器与对应的腔体电容 PDN 并联就足够了。这戏剧性地简化了 PDN 曲线模型。腔体模态谐振对电源完整性问题不重要。

8.9　空腔的作用：小印制板、大印制板和"电源旋涡"

从芯片焊盘的观点来看，通过封装看入印制板，腔体谐振一点也不起作用。腔体行为像一个集总参数电容器。这意味着除了 MLCC 电容器和 BGA 焊盘之间的分布电感的贡献之外，腔体特性对电源完整性应用有很小的影响。我们对封装的电源平面有相同的评论。平面电容和腔体谐振不会扰动核心逻辑的低阻抗电源，因为它们被片上电容所覆盖。分布电感是腔体的重要特性。

下面的例子说明了这个效应。从仿真模型中看入 10mil 厚的腔体阻抗，使用 S_{11} 和 Z_{11} 技术，从中心观察点观察。腔体上是 9 个去耦电容器，每个容量为 100nF，安装电感为 1nH，ESR 为 25mΩ。仿真了两个腔体尺寸不同的阻抗和 S 参数；一个腔体具有 1in 长的边长，另外一个腔体具有 10in 长的边长。腔体电容相差 100 倍。两种腔体的电容值是：

$$C_{\text{cavity-1inch}} = 0.225 \frac{\text{pF}}{\text{in}} \times \text{Dk} \times \frac{A}{h} = 0.225 \frac{\text{pF}}{\text{in}} \times 4.3 \times \frac{1\text{in}^2}{0.01\text{in}} = 0.1\text{nF} \quad (8\text{-}39)$$

$$C_{\text{cavity-10inch}} = 0.225 \frac{\text{pF}}{\text{in}} \times \text{Dk} \times \frac{A}{h} = 0.225 \frac{\text{pF}}{\text{in}} \times 4.3 \times \frac{100\text{in}^2}{0.01\text{in}} = 10\text{nF} \quad (8\text{-}40)$$

图 8-19 所示为这两个腔体的相对刻度。

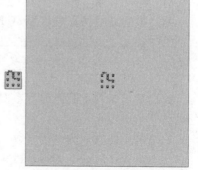

从有电容器加入的腔体中心观察阻抗，可知它有 4 个有特色的阻抗特性。

在最低频率处，阻抗与电容器的电容值有关。相同电容器在不同腔体中时，阻抗曲线是相同的。

较高频率处的阻抗特性是电容器的自谐振频率，每个腔体应该是相同的，预期为：

$$f_{\text{SRF}} = \frac{159\text{MHz}}{\sqrt{L_{\text{cap}}[\text{nH}]C_{\text{cap}}[\text{nF}]}}$$

$$= \frac{159\text{MHz}}{\sqrt{1\text{nH} \times 100\text{nF}}} = 15.9\text{MHz} \quad (8\text{-}41)$$

图 8-19　例子中两个腔体的刻度。左边的边长 1in，右边的边长为 10in。每个都有 9 个电容器，仿真阻抗是从中心看出的阻抗

当我们在电容器和观察点之间附加分布电感时，这个自谐振频率移动到稍微低的频率处。

第三个更高频率的阻抗特性是电容器的安装电感和腔体电容的并联谐振。小和大的腔体是不同的，每个预期为：

$$f_{\text{caps-cavity-1inch}} = \frac{159\text{MHz}}{\sqrt{L_{\text{caps}}[\text{nH}]C_{\text{cavity}}[\text{nF}]}} = \frac{159\text{MHz}}{\sqrt{\frac{1}{9}1\text{nH} \times 0.1\text{nF}}} = 1500\text{MHz} \quad (8\text{-}42)$$

$$f_{\text{caps-cavity-1inch}} = \frac{159\text{MHz}}{\sqrt{L_{\text{caps}}[\text{nH}]C_{\text{cavity}}[\text{nF}]}} = \frac{159\text{MHz}}{\sqrt{\frac{1}{9}1\text{nH} \times 10\text{nF}}} = 150\text{MHz} \quad (8\text{-}43)$$

包括腔体分布电感在内这些谐振频率移动到较低的频率。

最终，预期的第一模态谐振频率对两个腔体而言是不同的。我们估算为：

$$f_{\text{mod al-1inch}} = n \times \frac{c}{\sqrt{\text{Dk}} \times 2 \times \text{Len}} = 2 \times \frac{11.8\text{in/ns}}{\sqrt{4.3} \times 2 \times 1\text{in}} = 5.7\text{GHz} \quad (8\text{-}44)$$

$$f_{\text{mod al-10inch}} = n \times \frac{c}{\sqrt{\text{Dk}} \times 2 \times \text{Len}} = 2 \times \frac{11.8\text{in/ns}}{\sqrt{4.3} \times 2 \times 10\text{in}} = 0.57\text{GHz} \quad (8\text{-}45)$$

因为腔体被激励并从中心被观察，激励的第一模式具有 $n=2$。

具有相同电容器的两个不同尺寸腔体的阻抗曲线使用 3D 场求解器来计算，结果显示于图 8-20。

仿真的阻抗曲线准确地显示了我们的预期。差别是电容器的分布电感、腔体电容和模态谐振的相互作用。在这种情况下，频率非常靠近估算的值。

电容器和腔体并联谐振的仿真值为 105MHz 和 1300MHz。这些值稍微低于估计值 150MHz 和 1500MHz，这是由于估计值不包括腔体的分布电感。

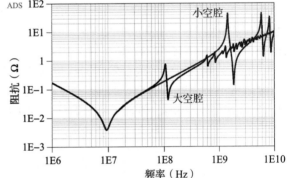

图 8-20　9 个相同电容器附加于两个腔体的阻抗曲线

第一模态谐振仿真数值为 6GHz 和 0.6GHz，非常靠近估计值 5.7GHz 和 0.57GHz。

提示　在估算 PDN 元件的重要特性时，简单近似方法是十分有效的。

我们加入这两个腔体的 S 参数行为模型，它们是由片上电容和封装引线电感元件组成的电路。

这个例子的数值为以下参数。

片上电容：50nF、封装引线电感：250pH、腔体厚度：10mil、腔体的 Dk：4.3、腔体尺寸：1in×1in 和 10in×10in、从中心探测。

9 个相同的去耦电容器中，每个电容器的容量：100nF、每个电容器的安装电感：1nH、每个电容器的 ESR：25mΩ。

我们使用腔体行为 S 参数模型，这个腔体是由集总参数电容器和 9 个去耦电容器并联组成的腔体的集总参数电路模型，并比较从芯片焊盘看入的仿真阻抗。图 8-21 所示为这两个电路。

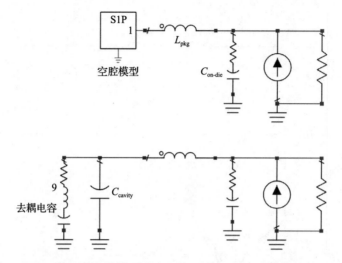

图 8-21　顶部：从芯片焊盘看入腔体的仿真阻抗的电路，它使用的仿真引线电感具有两个不同尺寸腔体的行为模型。底部：片上电容和封装引线电感的模型，但是使用腔体和 9 个电容器并联的集总参数电路模型

图 8-22 所示为利用这两个模型计算的阻抗曲线。这两个 1in 和 10in 的腔体行为模型的阻抗曲线，在这种刻度下是相同的。

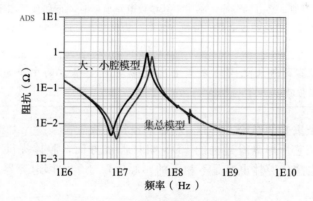

图 8-22　从芯片焊盘看过去的 PDN 仿真阻抗曲线，每个腔体都使用了 S 参数行为模型（顶上两个相互靠近的轨迹）和腔体的集总参数电路模型。实际上，在行为模型中，使用 1in 或者 10in 没有差别

基于腔体的集总参数电路模型和元件仿真的阻抗曲线，与 S 参数行为模型匹配得很好。这个集总参数模型不包括任何在中心观察点（假设这个点是依附在封装上），在电容器之间的分布电感。

　　如果我们加入封装的分布电感（等效为 1 平方的片状电感）于电容器之中，则在集总参数电路模型中，腔体的 S 参数模型与腔体的集总参数电路模型的一致性非常好，正如图 8-23 所示。

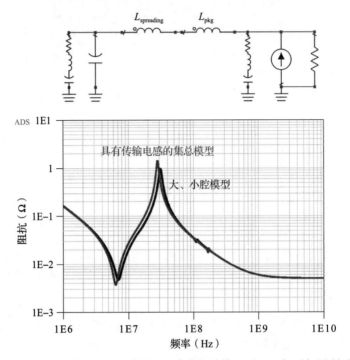

图 8-23　当我们附加 1 平方的分布电感于集总参数电路模型时，正如顶部图所示，从芯片看入的 PDN，集总参数电路模型和 S 参数行为模型具有优秀的一致性

提示　从去耦电容器到封装之间的分布电感近似地为 1 平方的电感，这依赖于电容器之间的相邻程度。

　　这个分析有 3 个重要的结论，它们直接影响设计的决定。

　　首先，在影响从芯片焊盘看过去的 PDN 阻抗曲线方面，腔体提供封装焊盘和去耦电容器之间低的分布电感。腔体电容是不相干的，腔体尺寸、去耦电容器外部的位置，对于 PDN 是不相干的。

提示　腔体对 PDN 最重要的作用是提供去耦电容器和封装之间的低分布电感。这意味着电容越薄越好。

　　这与通常的文献报道相矛盾：腔体在高频时对芯片提供低阻抗（电容）。正如前面显示的，高频低阻抗是由片上电容提供的。芯片焊盘在高频时没有看向腔体电容。在低频时，去耦电容器的容量覆盖了相对小的腔体电容。

其次，腔体中的模态谐振或与其他元件的相互作用在靠近或高于 100MHz 的 Bandini 山，或高于这个频率范围时，会引起高频峰值阻抗，这不是从芯片焊盘看过去的。峰值引线的高阻抗和片上电容，在超过这些谐振频率时占据统治地位。

当信号的回路电流转变通过腔体后，它贡献于信号完整性问题，如串扰和增强辐射可能遇到的 EMI 问题。我们多次描述的腔体谐振，对核心逻辑提供低阻抗电源毫无作用。在为 PDN 选择去耦电容器后，我们可附加电容器来抑制平面谐振，降低信号完整性和 EMI 问题。它们是两个独立的设计要求。

平衡两个设计要求的一个方法是为 PDN 选择电容器，然后使用额外的体积尽可能小的电容器，以便减少安装电感。此外，使用相同体积的电容器获得尽可能大的电容值，但并不会增加多少成本。这种方法中较大容量电容器的并联谐振频率低于典型的 Bandini 山频率。

最后，因为腔体尺寸不影响从芯片焊盘端口观察 PDN 性能，仅在设计连接去耦电容器到封装的去耦性腔体时它才是重要的。当在一层上有很多电源路线时，这个尤为重要。从 VRM 到去耦电容器的地回路上有高的电感，电容器到封装焊盘的路径要被设计得有尽可能低的电感。

这个原理给出了在封装附近使用电源坑、电源岛和电源地平面的可能性，而这未延伸到去耦电容器的位置。甚至平面段也被使用，以允许相同的层有很多电源轨。这是一种电源平面不用于信号回路的优化设计。

8.10　低频端：VRM 和它的大容量电容器

使用从敏感线反馈的量与电压基准比较，来控制影响输出电压的元素，而保持输出电压为常数，这就是电压调整器模块。这是脉冲发生器，能通过电感驱动 $\mathrm{d}I/\mathrm{d}t$，使输出产生电压。正如在开关调整器或串联场效应晶体管(FET)栅极那样，它调整从较高电压处流出的电流，这正如一个线性调整器那样。虽然在 VRM 模型中使用全部的反馈电路是可能的，但在很多的应用中，我们能简单地使用串联 R 和 L 电路，近似实际的 VRM 反馈电路行为。除了与 RL 元件相连的大体积去耦电容器外，任何其他元件可能都是安置在印制板上的。

例如，在负载开关调整器的典型 DC-DC 点测量输出阻抗与简单电路的仿真阻抗相比较。简单 VRM 的电路模型是一个电压源串联 RL 元件。在这个例子中，一个去耦电容器也包含在测量电路中。图 8-24 所示为这个调整器的输出阻抗与仿真模型输出阻抗的比较。

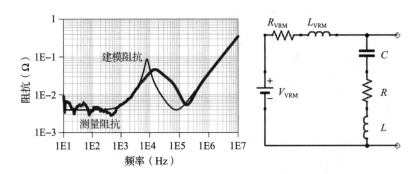

图 8-24　典型 VRM 的测量和仿真阻抗

在 VRM 仿真模型中，串联电阻是 $4m\Omega$，等效电感是 500nH。去耦电容器的值是 $740\mu F$，$4\ m\Omega$ 和 5.7nH。这明显具有好的近似，复杂的反馈电路仍旧在行为上像简单的 RL 电路。虽然匹配不完善，但它是好的一阶估计。RL 模型戏剧性地简化了 VRM 归入的仿真系统，这个系统用于观察腔体阻抗的相互作用。

500nH 这个数值与物理结构没有关系，这样大的回路电感是反馈环路时间常数的测度。在阻抗曲线中，较快的时间响应会仿真低的回路电感。依赖于调整器的类型，等效回路电感从 1nH 到 1 000nH。这是任何 VRM 的重要特性。

提示　我们可用串联 RL 电路模拟大部分的 VRM。电感是基于 VRM 的反馈，与物理结构无关。

估算等效 VRM 电感的一种方法是已知响应时间。关键问题是：VRM 电感器多长时间能消灭满瞬时电流？这是大的信号问题，涉及 VRM 从几乎零到最大电流，这近似地与 VRM 的阶跃响应有关，但是在大容量电容器中没有吸出电流。然后我们利用 $V = L * \mathrm{d}i/\mathrm{d}t$ 计算等效 VRM 电感。V 是 PDN 的容差，可能是 Vdd 的 5%。

例如，对于 1V 的 PDN，具有 0.5A 的瞬时电流，VRM 在 $1\mu s$ 内上升电感器电流，估算的电感是：

$$L = \frac{V}{\mathrm{d}I/\mathrm{d}t} = \frac{5\% \times 1\mathrm{V}}{0.5\mathrm{A}/1\mu s} = 100\mathrm{nH} \tag{8-46}$$

因为有大的有效的串联电感，所以 VRM 有一个超过任何合理目标阻抗的阻抗，即使在低频时。这个 PDN 需要大体积去耦电容器附加在印制板上，以使在低频范围内阻抗降低。

VRM 反馈环路越快，等效电感越低，并联谐振频率越高。在 VRM 和腔体电容的并联谐振频率以上，腔体阻抗完全独立于 VRM。

在频率低于腔体的串联 LC 谐振时，腔体阻抗与测量位置无关。高于这个频率后，阻抗依赖于观察点的分布电感。

提示　一般而言，VRM 的有效串联电感是比任何附加的从 VRM 到观察点的相互连接的电感大得多。内连接电感会稍微增加有效 VRM 回路电感。

8.11　大容量电容器：多大的电容值足够

这在 PDN 分析中，可能是最普遍的问题，虽然不是最重要的。使用时域或者频域分析时，我们能粗略地估算 PDN 轨在印制板上需要的最小电容量。

在频域，印制板电容主要是在电压调整器模块不能工作的频率范围内提供低阻抗。在这个频带，总的电容应该足够大，使带来的 PDN 阻抗能低于目标阻抗。因为这常常是电容器的大容量，在低频占据统治地位，所以常常被称为大容量电容器。

如果大容量电容器太小，那么在 VRM 不能提供低阻抗的频率范围内，阻抗高于目标阻抗。图 8-25 说明了这个分析。

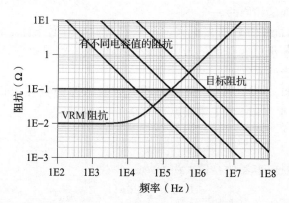

图 8-25　目标和 VRM 阻抗的例子，它们显示了 VRM 的限制和 3 个不同电容器的阻抗

当它的输出阻抗超过目标阻抗时，VRM 有效性的高频限制，依赖于目标阻抗和 VRM 内部反馈环路的性质。VRM 的最高可用频率利用下面的条件进行估算，条件是：

$$Z_{VRM} > Z_{target} \text{ 或 } 2\pi f_{VRM\text{-}max} L_{VRM} > Z_{target} \tag{8-47}$$

和

$$f_{VRM\text{-}max} > \frac{Z_{target}}{2\pi L_{VRM}} = 159\text{MHz} \times \frac{Z_{target}[\Omega]}{L_{VRM}[\text{nH}]} \tag{8-48}$$

一般情况下，当目标阻抗低于 VRM 需要时，这个 VRM 有较快的反馈环路，等效电感低。

例如，如果目标阻抗是 0.01Ω，则 VRM 电感的量级为 10nH。这样 VRM 的最大频率范围大约为：

$$f_{\text{VRM-max}} > 159\text{MHz} \times \frac{Z_{\text{target}}[\Omega]}{L_{\text{VRM}}[\text{nH}]} = 159\text{MHz} \times \frac{0.01\Omega}{10\text{nH}} = 159\text{kHz} \qquad (8\text{-}49)$$

一般这个范围为 1kHz~1MHz。在这个频带内，电容器的阻抗应该低于目标阻抗。在 VRM 的最高频率范围内，我们推导需要使阻抗低于目标阻抗的最小大容量电容器为：

$$Z_{\text{bulk}} < Z_{\text{terget}} \text{ 或} \frac{1}{2\pi f_{\text{VRM-max}} C_{\text{bulk}}} < Z_{\text{target}} \qquad (8\text{-}50)$$

它的结果是：

$$C_{\text{bulk}} > \frac{1}{2\pi f_{\text{VRM-max}} \times Z_{\text{target}}} = \frac{2\pi L_{\text{VRM}}}{2\pi Z_{\text{target}} \times Z_{\text{target}}} = \frac{L_{\text{VRM}}}{Z_{\text{target}}^2} \qquad (8\text{-}51)$$

式中，C_{bulk} 是最低频率需要的电容器值；$f_{\text{VRM-max}}$ 是 VRM 阻抗超过目标阻抗的频率；Z_{target} 是 PDN 的目标阻抗；L_{VRM} 是 VRM 的等效电感。

式(8-51)选择足够大容量电容器的真实条件是：

$$Z_{\text{target}} > Z_0 = \sqrt{\frac{L_{\text{VRM}}}{C_{\text{bulk}}}} \text{ 或 } C_{\text{bulk}} > \frac{L_{\text{VRM}}}{Z_{\text{target}}^2} \qquad (8\text{-}52)$$

条件是："选择的大容量电容器足够大，它的阻抗与目标阻抗在相同频率上相交，正如 VRM 阻抗与目标阻抗相交那样"。回忆并联 LC 电路中特性阻抗的定义，它是容抗匹配感抗的阻抗，这些标准是相同的。

LC 电路的特性阻抗是并联谐振电路，在最好的标准阻尼条件下，能够达到的最低峰值阻抗。这是可估算最小电容开始的地方。较大容量的大容量电容器可能需要增加阻尼，以使峰值阻抗到可接受的水平。

例如，如果目标阻抗是 10mΩ，则我们需要并联电路的特性阻抗小于 10 mΩ。如果 VRM 电感是 20nH，则 VRM 的上限频率大约是：

$$f_{\text{VRM-max}} > 159\text{MHz} \times \frac{Z_{\text{target}}[\Omega]}{L_{\text{VRM}}[\text{nH}]} = 159\text{MHz} \times \frac{0.01\Omega}{20\text{nH}} = 80\text{kHz} \qquad (8\text{-}53)$$

需要的最小大容量电容器的容量大约为：

$$C_{\text{bulk}} = \frac{L_{\text{VRM}}}{Z_{\text{target}}^2} = \frac{20\text{nH}}{0.01^2} = 200\mu\text{F} \qquad (8\text{-}54)$$

我们也能利用时域分析估算电容器需要的最小容量。在 VRM 负责供电前，大容量电容器中的电荷存储提供芯片的电流。

因为大容量电容器中电荷的流动，端口电压下降。我们选择足够容量的电容器，所以，在 VRM 不能响应的时间内，大容量电容器的电压降在典型的 5% 容差指标内。电容器的压降是：

$$\text{纹波} \times V_{\text{dd}} = \Delta V = \frac{\Delta Q}{C_{\text{bulk}}} = \frac{I_{\text{max}} \times \Delta t}{C_{\text{bulk}}} \qquad (8\text{-}55)$$

并且，利用最初对目标阻抗的描述，最差情况下的瞬时电流大约为：

$$I_{\max} = \frac{V_{dd} \times \text{ripple}}{Z_{\text{target}}} \tag{8-56}$$

利用这个结果可估算需要的最小大容量电容器大约为:

$$\text{纹波} \times V_{dd} = \frac{\dfrac{V_{dd} \times \text{ripple}}{Z_{\text{target}}} \times \Delta t}{C_{\text{bulk}}} \tag{8-57}$$

或者

$$C_{\text{bulk}} > \frac{\Delta t}{Z_{\text{target}}} \tag{8-58}$$

如果我们设计的连接在最高频率下 VRM 不影响阻抗的降低, 并使之低于目标阻抗, 则这个时间间隔的关系为:

$$\Delta t = \frac{1}{2\pi f_{\text{VRM-max}}} \tag{8-59}$$

我们利用频域和时域分析的结果可准确地得知, 它与最初估算的最小大容量电容器的值相同。

$$C_{\text{bulk}} > \frac{\Delta t}{Z_{\text{target}}} = \frac{1}{Z_{\text{target}} \times 2\pi f_{\text{VRM-max}}} \tag{8-60}$$

这些简单的估算指出: 典型的大容量电容器的容量范围是 $100 \sim 1\,000\mu F$。具有非常低目标阻抗的 PDN 和具有低频反馈环路的 PDN 需要大容量的电容器。

8.12　优化大容量电容器和 VRM

上一节的估算仅是估算大容量电容器的开始。为得到较好的估算, 我们必须考虑 VRM 和大容量电容器的阻抗曲线。正如我们在片上电容和封装引线电感上看到的那样, 当感性元件连接到容性元件时, 呈现新的行为: 峰值并联阻抗, 这常是 PDM 中最大的问题。

VRM 有效的输出电感和大容量电容器的并联谐振产生大的峰值阻抗, 这意味着 VRM 有潜在的不稳定性。虽然我们在频域可粗略地考虑这个问题, 但最准确的还是要使用时域仿真。SMPS(Switch Mode power Supplies)(开关型电源)是固有的非线性和时变的, 它违反了频域分析中两个最重要的要求。上升电流波形的阻抗峰与下降电流波形的非常不同。

提示　在缺乏属于自己的包含 VRM 非线性模型的 SPICE 仿真的情况下, 这就是首先使用 VRM 供应商推荐的大容量电容器的原因, 供应商可能已经进行了 SPICE 仿真, 评估了瞬时电压噪声和稳定性。

开始时, 我们根据频域的阻抗曲线探索最佳的大容量电容。使用 $R = 2m\Omega$ 和 $L = 20nH$ 的 VRM, 目标阻抗为 $10m\Omega$, 我们估计 VRM 超过目标阻抗的频率:

$$f_{\text{VRM-max}} > 159\text{MHz} \times \frac{Z_{\text{target}}[\Omega]}{L_{\text{VRM}}[\text{nH}]} = 159\text{MHz} \times \frac{0.01\Omega}{20\text{nH}} = 80\text{kHz} \tag{8-61}$$

需要的大容量电容器为:

$$C_{\text{bulk}} = \frac{L_{\text{VRM}}}{Z_{\text{target}}^2} = \frac{20\text{nH}}{0.01^2} = 200\mu\text{F} \qquad (8\text{-}62)$$

当附加这个电容器于 VRM 时，阻抗曲线在 90kHz 处有一个大的并联峰值阻抗，正如图 8-26 所示。

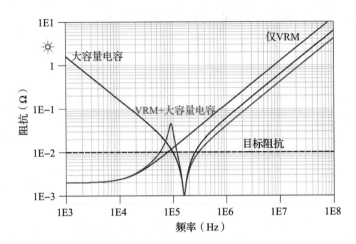

图 8-26　VRM 和孤立的大容量电容器的阻抗曲线，组合后显示在 90kHz 附近有并联谐振峰值阻抗

在这个例子中，峰值阻抗超过目标阻抗 3 倍。虽然这对于鲁棒性 PDN 可能是可接受的裕度，但峰值可能引入一些 VRM 的不稳定性，应该降低这个峰。这样，人为组合 VRM 的电感、大容量电容器的电容和电容器的 ESR。VRM 的电阻也影响峰值阻抗，但是这与电容器的 ESR 相比，影响非常小。

我们估算例子中并联谐振电路的 q 因子，假设 MLCC 电容器为：

$$q \text{ 因子} = \frac{1}{\text{ESR}} \times Z_0 = \frac{1}{\text{ESR}} \times \sqrt{\frac{L_{\text{VRM}}}{C_{\text{bulk}}}} = \frac{1}{0.002} \times \sqrt{\frac{20\text{nH}}{200\,000\text{nF}}} = 5 \qquad (8\text{-}63)$$

这是用 MLCC 电容器作为大容量电容器的问题。大容量电容器的 ESR 是小的，结果是产生欠阻尼并联谐振。

极端情况是当 MLCC 电容是非常大时，所有的阻尼由 VRM 的输出电阻来提供。我们正在估算需要多大的 MLCC 电容容量，所以 q 因子为 1。

临界阻尼的条件是 q 因子＝1：

$$1 = \frac{1}{\text{ESR}} \times \sqrt{\frac{L_{\text{VRM}}}{C_{\text{bulk}}}} \text{ 或 } C_{\text{bulk}} = \frac{L_{\text{VRM}}}{\text{ESR}^2} \qquad (8\text{-}64)$$

因为这个关系确定了附加 VRM 的大容量电容器的容量，所以使用 VRM 的直流输出阻抗作为并联谐振的临界阻尼源。

具有 2mΩ 直流输出阻抗、20nH 有效电感的 VRM，VRM 的输出电阻作为临界阻尼时的大容量电容器的容量为：

$$C_{bulk} = \frac{L_{VRM}}{ESR^2} = \frac{20nH}{0.002^2} = 5\,000\mu F \qquad (8\text{-}65)$$

对于单个的 MLCC 电容器,这个容量绝对是非常大的,甚至是可怕的。使用大容量的 MLCC 电容器作大容量电容器是危险的。它们不能为 VRM 并联谐振峰的临界阻尼提供足够的 ESR 阻尼。依赖 VRM 非常低的直流输出阻抗,需要有比 MLCC 电容器能够提供的更大的容量。

这指出一般而言,使用大容量的陶瓷 MLCC 电容器会产生欠阻尼峰,它能大大地超过目标阻抗。

提示　虽然陶瓷电容器能提供足够的容量来满足第一准则,但不能保证并联谐振峰低于目标阻抗。

一种变更的解决方法是使用钽电容或电解电容作为隔直去耦电容,不是因为它们的大容量,而是它们有比较高的 ESR。通常,电解电容的 ESR 量级为 $0.02 \sim 0.1\Omega$。选择的电容器数量的原则是应该使它们的并联等效电阻低于目标阻抗。

钽电容和电解电容的 ESR 非常依赖于它们的体积和型号,它们的范围从 $5m\Omega \sim 1\Omega$。当然,多个相同的电容器并联有更小的 ESR,减小多少取决于并联电容器的数量。应该根据峰值阻抗来选择 ESR 值,使之低于目标阻抗。最小条件是 q 因子为 1 时目标阻抗(即特性阻抗),这意味着目标阻抗就是总的 ESR。

图 8-27 所示为当我们选择 ESR 等于目标阻抗时,大容量电容器与 VRM 组合后的阻抗曲线。

随着大容量电容器容量的增加,在 q 因子保持低的情况下,PDN 的阻抗会下降。如果 ESR 太高,则在大容量电容器影响 PDN 的频率范围内,阻抗会很高。

这表明大容量电容器的选择是简单的代数关系:

1. 评估从 VRM 供应商处得到的推荐值。

2. 确定 VRM 的近似输出电感。

3. 确定目标阻抗。

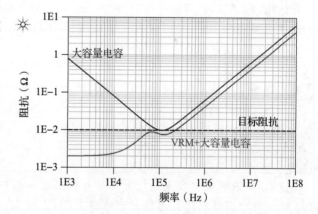

图 8-27　当大容量电容器组合的 ESR 等于目标阻抗时的阻抗曲线。注意:峰几乎已消失

4. 基于式(8-51)的估算,选择足够的总容量来提供最小大容量电容。

5. 选择电容器类型和数量,使给出的 ESR 等于目标阻抗。

6. 使更多的电容加入裕度,以提供低的 q 因子。

图 8-28 所示为使用由 ESR=目标阻抗来选择的隔直电容器和增加的总电容从 $100\mu F$ 增加到 $400\mu F$ 时,它们的阻抗曲线。比估算值更小的电容会令峰值阻抗太大,由于电容太

小，所以 q 因子比较高。当根据目标阻抗和 VRM 电感来选择大容量电容时，PDN 的阻抗曲线非常好。比较大的电容值仅降低阻抗和 q 因子，维持 VRM 稳定。

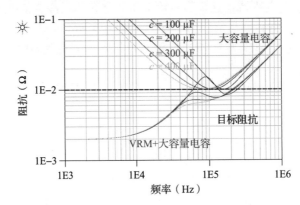

图 8-28 大容量电容器改变时的阻抗曲线，但 ESR 的选择是根据目标阻抗来匹配的

8.13 建立 PDN 生态学系统：VRM、大容量电容器、腔体、封装和片上电容器

VRM 和大容量电容器的相互作用会典型地发生在 1MHz 以下。高于这个频率后，大容量电容器和 VRM 的阻抗看上去像一个电感。这个电感值与 VRM 和电容器的电感并联，电容器中电感的量级为 10nH，这依赖于详细规格。当 VRM 加入印制板，印制板并用电源和地构成的腔体连接到一个封装时，这个封装看到的是与 VRM 相联系的电感。它将增加封装引线电感和腔体的分布电感。通常，将与 VRM 相联系的电感和大容量电容器的电感进行比较可知，分布电感是不重要的。

从芯片的观点来看，腔体看上去好像是与封装引线电感串联的附加电感。VRM 电感和大容量电容器的组合在幅度上典型地是比封装引线电感大一个量级。

与短路封装引线电感单独比较，VRM、大容量电容器、印制板和封装的等效电感增加了 Bandini 山的峰值阻抗，峰值频率移向低端。从片上电容向外看，加在芯片焊盘的回路电感构成了 Bandini 山。

提示 VRM 的串联电感、大容量电容器腔体分布电感和封装引线电感，与理想短路的印制板相比，它们大大增加了 Bandini 山的峰。

为了说明 Bandini 山是如何受到印制板环境的影响和外面能如何处理 MLCC 电容器来降低峰值阻抗的，我们开始一个典型例子。

片上电容：50nF、片上电容的 ESR：5mΩ、封装引线电感：250pH。

正如前面所述，我们假设片上电阻是与 250ps 的时间常数一致的，片上电阻在阻尼机理中占据优势。如果印制板为理想短路，则 Bandini 山固有的 4 个重要指标是：

$$Z_0[\Omega] = \sqrt{\frac{L_{pkg}[nH]}{C_{ODC}[nF]}} = \sqrt{\frac{0.25nH}{50nF}} = 71m\Omega \tag{8-66}$$

$$f_{\text{Bandini}}[\text{MHz}] = \frac{159}{\sqrt{C_{\text{ODC}}[\text{nF}] \times L_{\text{package}}[\text{nH}]}} = \frac{159}{\sqrt{50\text{nF} \times 0.25\text{nH}}} = 45\text{MHz} \quad (8\text{-}67)$$

$$q\text{ 因子} = \frac{1}{0.25} \times \sqrt{C_{\text{ODC}}[\text{nF}] \times L_{\text{package}}[\text{nH}]} = \frac{1}{0.25} \times \sqrt{50 \times 0.25} = 14 \ (8\text{-}68)$$

$$Z_{\text{peak}} = q\text{ 因子} \times Z_0 = \frac{L_{\text{package}}[\text{nH}]}{0.25} = \frac{0.25}{0.25} = 1\Omega \quad (8\text{-}69)$$

特性阻抗为 71mΩ，在非常好的情况下，所有的阻抗峰低于 71mΩ 是不可能的。实际上，工程上使峰值阻抗低于二倍特性阻抗即可。这意味着：在最好的条件下，能达到 150 mΩ 的目标阻抗是可能的。

在这个例子中，印制板元件的组成如下所示。

腔体厚度：10mil、腔体的 Dk：4.3、腔体尺寸：5in×5in、腔体电容：2.4nF、从中心探测。VRM 电感：10nH、VRM 电阻：1mΩ。

一个大容量去耦电容器的参数是，大容量电容器的容量：100μF、每个大容量电容器的安装电感：5nH、每个大容量电容器的 ESR：5mΩ。

图 8-29 所示为印制板被短路时的 Bandini 山阻抗和由此得到的从芯片焊盘看到的具有 VRM、大容量电容器和腔体的阻抗曲线。

正如预期的那样，当印制板用 1Ω 短路时，Bandini 山峰值阻抗发生在 45MHz 处。印制板加入元件到 PDN 系统后，在 10MHz 处留下了巨大的 Bandini 山作为 PDN 中占优势的特性。

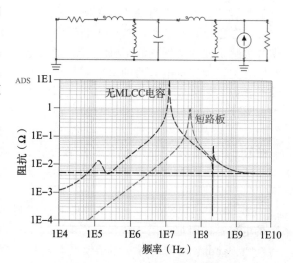

图 8-29　印制板级的电路模型和由此得到的从芯片焊盘看的封装加入了短路印制板，印制板具有 VRM、大容量电容器和腔体的阻抗曲线。模型（顶部）包含 VRM、大容量电容器、腔体电容、封装引线电感和片上电容

电路模型表示 VRM 是与大容量电容器并联的，ODC 是与封装引线电感和 VRM/大容量电容器串联组合后并联的。这强调了电路元件的组合是如何对峰值阻抗做贡献的。

当封装芯片附加到印制板系统后，我们估算的峰值阻抗为：

$$
\begin{aligned}
Z_{\text{peak}} &= q\text{ 因子} \times Z_0 = \frac{1}{\text{ESR}} \times \left(\frac{L_{\text{VRM}} \parallel L_{\text{bulk}} + L_{\text{pkg}}}{C_{\text{ODC}} + C_{\text{cavity}}} \right) \\
&= \frac{1}{1\text{mΩ} \parallel 5\text{mΩ} + 5\text{mΩ}} \times \left(\frac{\dfrac{10 \times 5}{10+5}\text{nH} + 0.25\text{nH}}{50 + 9.76\text{nF}} \right) = 10\Omega
\end{aligned}
\quad (8\text{-}70)
$$

这个值接近仿真的峰值阻抗 9.60Ω，这是非常高的阻抗。

提示 如果 PDN 仅由腔体、VRM 和大容量电容器组成，没有额外的 MLCC 电容器，则从芯片看向 Bandini 山时，对任何合理的产品绝对是灾难。

不额外加入去耦电容器，1～10Ω 的峰值高度已足够低，这可允许系统工作在某些测试条件下。如果由测试码产生的瞬时电流频率分量远离 Bandini 山，或微码产生非常小的电流幅度，则瞬时电流通过 PDN 阻抗产生的电压噪声不会有任何可观察到的失效。对于测试，这个产品可以"工作"。

这就是产品在印制板上去除 MLCC 去耦电容器后仍旧可以工作的原因。特定测试条件下的"工作"是不需要测量产品在所有使用条件下的鲁棒性的。

考虑已封装的芯片，减小印制板调试阶段峰值阻抗的仅有方法是减小大容量电容器的安装电感，或者增加它的 ESR。较大的大容量电容对 Bandini 山没有影响，因为这个电容与它无关，大容量电容器的电感才与它有关。

我们一般完成是靠减小大容量电容器两端用于短路的电感，或者增加印制板面的串联电感来这两个目标的。可在印制板上加入 MLCC 电容器，这是它们的主要目的。

提示 在没有加入 MLCC 电容器的例子中，PDN 的峰值阻抗是 10Ω。工程上使这个峰低于 0.15Ω 应该是可能的。结果是增加了鲁棒性。这个挑战是如何做到的。

当 Bandini 山的固有 q 因子较低时，在芯片上已经有了相当大的阻尼，加入印制板面上的电容器的阻尼电阻一般没有影响。

当 Bandini 山的固有 q 因子较高时，片上相互连接的阻尼很小，印制板的阻尼才非常有效。选择电容器的数量和容量来降低 Bandini 山，就代表了这两种策略。

提示 这就是面向加入的 MLCC 电容器，进一步减小 PDN 阻抗的原因。附加 MLCC 去耦电容器的主要作用是为了降低大的 Bandini 山峰值，这是通过附加短路 VRM 和大容量电容器的小电感来实现的。在某些情况下，MLCC 电容器提供额外的串联阻尼电阻。电容器的容量也必须选择，以使其他并联谐振峰低到可接受的程度。

加入 MLCC 电容器的 PDN 生态学包括 VRM、大容量电容器封装和片上电容。在这个系统中我们安置了 MLCC 去耦电容器。问题是："使用什么样的策略来选择 MLCC 电容器的容量，使整个阻抗曲线低于目标阻抗的数量应是多少？"

8.14　峰值阻抗的基本限制

印制板上加入 MLCC 电容器的目标是使阻抗峰值减小到可接受的水平，这是从芯片焊盘看出去的阻抗。可接受的峰值高度依赖于可接受的风险。在最具鲁棒性的系统中所有的峰都低于目标阻抗，但是价格较高。在鲁棒性和低价格之间合理的平衡是保持 Bandini 山的峰值大约在三倍目标阻抗之内，所有其他的峰低于目标阻抗。

PDN 设计中一个重要的工程问题是: 为减小峰值高度, 在印制板面能做什么? 总是有片上去耦电容和封装引线电感存在, 但这些常常是印制板设计者控制不了的。封装芯片设置了 Bandini 山峰值阻抗能够做到如何低的最终限制。

每平方英寸都覆盖了"完美"的具有非常低安装电感的去耦电容器, 这看起来似乎是最好的情况, 腔体阻抗接近 0。对于 PDN 来说, 这是真正是最好的解吗?

惊讶吗? 回答是不。如果印制板是理想短路, 则腔体的等效电感会是 0nH, 但它是与封装引线电感串联的, 从芯片焊盘看到的仍旧是 Bandini 山。

在这个特定的例子中, q 因子为 14, 这是相当高的。我们能由印制板面的元件提供的阻尼来减小峰值阻抗。

提示　让印制板具有最低可能的阻抗不是降低 PDN 阻抗曲线上所有峰的最好的目标。

如果理想短路的情况下不能降低 Bandini 山, 则如何在印制板上改善超过理想短路的阻抗曲线呢? 在任何高 q 因子的并联谐振电路中, 得到较低峰值的原理就是答案。如果 q 因子大于 3, 且不能减小峰值引线电感, 则减小峰值高度的最有效方法是在印制板面上串联电阻元件来附加更多的阻尼。

印制板的最佳阻抗曲线不是理想短路, 但是看上去的电特性却如同电阻器。这意味着从封装焊盘看向腔体, 在 Bandini 山频率范围(大约是 1～200MHz)内, 应该有平坦的阻抗曲线。这实际上是对目标阻抗在 100mΩ 范围内的 PDN 有效, 但是对目标阻抗低于 10mΩ 范围的阻抗无效。10mΩ 和更低范围的 PDN, 需要封装电容器来扩展平坦阻抗到更高的频率以解决 Bandini 山的阻尼。

提示　一种有效降低 Bandini 山峰值阻抗的方法(尤其是高 q 因子的系统), 是让印制板在 1～200MHz 的 Bandini 山峰值阻抗频率范围内, 看上去像一个电阻器。

当封装芯片占附在印制板上时, Bandini 山的峰值阻抗可近似为:

$$Z_{peak} = q \text{ 因子} \times Z_0 = \frac{1}{R_{brd} + ESR} \times (Z_0)^2 = \frac{1}{R_{brd} + ESR} \times \frac{L_{pkg}}{C_{ODC}} \tag{8-71}$$

这是违反直觉的, 串联电阻越高, 峰值阻抗越低。这是因为串联电阻是一个阻尼电阻, 串联电阻越高, 阻尼越大。只要 q 因子大于等于 2 就保持这个关系。当 q 因子等于 1 时, 误差大约为 40%。

当串联电阻大于目标阻抗时, 在频率低于峰值阻抗频率时, PDN 阻抗高于目标阻抗。比目标阻抗有较高的串联电阻是达不到预期目的的。

为印制板选择的最佳电阻是等于目标阻抗。较低的值意味着没有那么大的阻尼, 结果是产生较高的峰值阻抗。比目标阻抗有较高的值意味着 PDN 阻抗高于目标阻抗。

提示　阻尼 Bandini 山的最佳印制板面的电阻是等于目标阻抗。

当印制板面的电阻等于目标阻抗时，峰值阻抗大约为：

$$Z_{peak} - \frac{1}{R_{brd}} \times (Z_0)^2 - \frac{1}{Z_{target}} (Z_0)^2 \qquad (8\text{-}72)$$

当印制板面的阻抗等于目标阻抗时，峰值阻抗低于目标阻抗的条件是：

$$Z_{target} > Z_{peak} = \frac{1}{Z_{target}} (Z_0)^2 \qquad (8\text{-}73)$$

或者

$$Z_{target} > Z_0 \qquad (8\text{-}74)$$

这是一个很重要的观点。如果 Bandini 山的特性阻抗大于目标阻抗，则使峰值阻抗低于目标阻抗是不可能的。实现较低峰值阻抗的唯一方法是减小封装引线电感或者增加片上电容。这就是为什么较低的引线电感和较大的片上去耦电容是如此重要的设计目标。

提示　在 Bandini 山频率的峰值阻抗，在绝对最好的情况，永不能低于峰值引线电感和片上去耦电容的特性阻抗。处理它低于大约二倍特性阻抗都是困难的。

例如，对于式(8-71)的情况，它具有 0.25nH 的封装引线电感和 50nF 的片上去耦电容，Bandini 山的特性阻抗是：

$$Z_0 = \sqrt{\frac{L_{pkg}}{C_{die}}} = \sqrt{\frac{0.25nH}{50nF}} = 71m\Omega \qquad (8\text{-}75)$$

原理上，没有一个值可以在很宽的频带内降低 PDN 阻抗到低于 71mΩ。为实现目标阻抗，即接近 71mΩ，需要印制板面的电阻达到 71mΩ 这个量级。

$$
\begin{aligned}
R_{brd} &= \frac{1}{Z_{peak}} \times (Z_0)^2 - ESR_{on=die} = \frac{1}{Z_{target}} \times (Z_0)^2 - ESR_{on\text{-}die} \\
&= \frac{1}{71m\Omega} \times (71m\Omega)^2 - 0.005\Omega = 66m\Omega
\end{aligned}
\qquad (8\text{-}76)
$$

较低的印制板面电阻会有较小的阻尼和较高的封装阻抗。较高的印制板面电阻在较低的频率处会有较高的阻抗。

注意：在这个环境内，目标阻抗是远大于趋肤效应电阻的。当目标阻抗接近 1mΩ 时，为了阻尼和传导目的，频率依赖性的印制板损耗变得很重要。

图 8-30 为 PDN 阻抗仿真示例。仿真阻抗是从片上电容和封装引线电感的芯片焊盘上看过去的，有 4 种不同的印制板面电阻，即 20mΩ、50mΩ、71mΩ 和 100mΩ。

当印制板面的阻抗等于 Bandini 山的特性阻抗时，仿真模型指出这个仿真阻抗为 100mΩ。这是在式(8-71)中描述的近似性质。

这个分析指出了 3 个重要的观点：

1. 片上电容和封装引线电感的特性阻抗对低的峰值阻抗设置了基本限制。这是需知道的重要参数。如果这个特性阻抗高于目标阻抗的一半，则满足 Bandini 山并联谐振频率的目标阻抗几乎是不可能的。

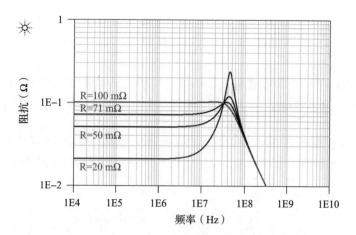

图 8-30　对于不同的印制板面电阻，从芯片焊盘看过去的阻抗曲线。注意：使 71mΩ 的峰值
　　　　阻抗等于 Bandini 山的特性阻抗，大约为 100mΩ

2. 最佳的印制板面电阻等于目标阻抗。较低的值对阻尼没有贡献，而较高的值在低频时有大的阻抗。

3. 较高的印制板电阻与较小印制板电阻相比，一般需要较少的元件，可实现低价格。这促使实现了印制板面电阻等于目标阻抗，最具鲁棒性和高性价比的设计指导方针。

在开始分析 MLCC 电容器加入印制板来控制峰值阻抗时，我们考虑估算电容器数量的两种方法：

1. 由于在较高频率处，需要足够数量的电容器，所以它们的感性阻抗低于目标阻抗。

2. 安装于印制板上的电容器并联组合后的电感应该小于封装引线电感。可是，当印制板电感远小于封装引线电感时，我们会达到一个平衡点。

这些条件是：

$$n_1 > 2\pi f_{\max\_\lim} \times \frac{1}{Z_{\text{target}}} \text{ESR}_{\text{cap}} \tag{8-77}$$

$$n_2 > \frac{\text{ESR}_{\text{cap}}}{L_{\text{package}}} \tag{8-78}$$

注意：这里的分析是近似的。虽然它提供了重要的设计指导方针，但我们应该通过电路仿真得到最终的关于印制板面电阻的优化值。

根据这个观点，对于鲁棒性和高性价比的 PDN 来说，绝对最好的情况是使印制板面的阻抗看上去是一个电阻，并且等于目标阻抗。我们分析一些通用的方法来优化印制板面的 PDN，探索它们的影响。

8.15　在具有一般特性的印制板上使用单数值的 MLCC 电容器

从阻抗曲线开始，由焊盘通过封装看向印制板，印制板包含腔体、VRM 和大容量电容器。为了说明设计原理，我们选择前面描述过的系统。在第 10 章，我们探索印制板研究案例的影响。在这个最初的系统中，使用开始时的条件，如下所示。

目标阻抗：100mΩ、最大频率：0.2GHz、片上电容：50nF、片上电容的 ESR：5mΩ、封装引线电感：250pH、腔体厚度：10mil、腔体 Dk：4.3、腔体尺寸：5in×5in、腔体电容：2.4nF、从中心探测。

VRM 电感：10nH、VRM 电阻：1mΩ。一个隔直去耦电容器的参数：每个隔直去耦电容器的容量：100μF、隔直去耦电容器的 ESR：5mΩ、隔直去耦电容器的安装电感：5nH。

3 个阻抗曲线会说明这个条件：1）印制板理想短路下芯片层面的阻抗，2）仅加入VRM 和大容量电容器时的腔体阻抗，3）封装芯片连接到具有 VRM 和大容量电容器的腔体时，芯片层面的阻抗。图 8-31 说明了这 3 个观察点。

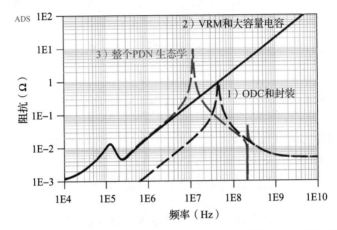

图 8-31　案例中开始研究的 3 个阻抗曲线：1)具有短路印制板的 ODC 和封装电感，2)VRM、腔体和大容量电容器，3)完整的 PDN 系统组合

当封装电源球短路到地，当电源球连接到 VRM 和大容量电容器时，从芯片焊盘看到的阻抗曲线，这是两种极端情况。当短路的封装用 VRM 和大容量电容器来代替时，我们看到 Bandini 山元件移到较低的频率处，且峰值阻抗已经增加。额外的 MLCC 电容器附加在 VRM 和大容量电容器上来平缓这个峰。

使用由式(8-77)式(8-78)描述的两个条件，能估算需要多少个电容器来使这个阻抗峰低于目标阻抗。

$$n_1 > 2\pi f_{\max\_\lim} \times \frac{1}{Z_{\text{target}}} \text{ESR}_{\text{cap}} = 2\pi \times 0.2\text{GHz} \times \frac{1}{0.1} 1 = 13 \tag{8-79}$$

$$n_2 > \frac{\text{ESR}_{\text{cap}}}{L_{\text{package}}} = \frac{1}{0.25} = 4 \tag{8-80}$$

我们将分析加入一个 MLCC 电容器时，它对从芯片焊盘看到的阻抗曲线的影响。印制板面阻抗曲线的影响依赖于电容器的自谐振频率(SRF)。这 SRF 可能是较高、较低，或等于 Bandini 山峰值频率。图 8-32 所示为这 3 种情况与无 MLCC 电容器的两种极端情况的比较。不管其容量如何，假设 MLCC 的安装电感是 1nH。根据其容量和第 5 章介绍的模型，进行动态地计算它的 ESR。

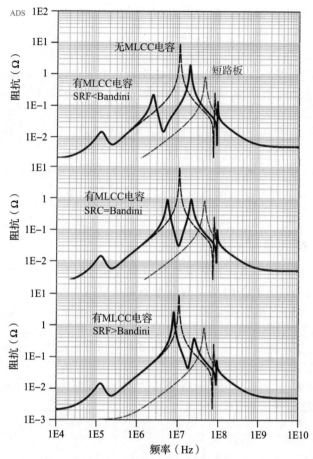

图 8-32　从芯片焊盘看到的阻抗曲线，3 种不同容量的 MLCC 电容器贴附在印制板上，并且与印制板短路和无 MLCC 电容器这两种极端情况进行比较

当没有 MLCC 电容器时，Bandini 山是由片上电容，大容量电容器电感串联封装引线电感后的并联谐振产生的。使用短路印制板，Bandini 山是由片上电容和封装引线电感单独并联谐振产生的。

附加一个 MLCC 于印制板，电感和电容不同的组合会产生两个并联谐振峰。图 8-33 说明了并联电路组合后产生的两个峰。

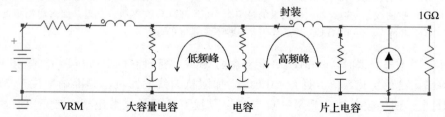

图 8-33　印制板加入单一的 MLCC 后，还有片上电容、封装引线电感、大容量电容器和 VRM 的等效电路模型

低频峰是由大容量电容器的电感、MLCC 的电感，大容量电容串联 MLCC 电容后的并联谐振产生的。

高频峰是 MLCC 电感、峰值电感并联后与片上电容的并联谐振产生。

加入一个 MLCC 电容器后与不加电容器相比，总是能降低 Bandini 山峰值阻抗。任何电容值都可降低峰值阻抗。可是，某些数值和数量比其他的有更加低的峰值，这是因为 MLCC 电容器中 ESL 的加入，它与具有 VRM 的印制板并联，降低了从片上焊盘看到的等效电感。这也降低了 Bandini 山的特性阻抗。

提示   在仅具有 VRM 和大容量电容器的印制板上加入任何数值的电容器都可降低峰值阻抗，可是，某些电容值降低峰值阻抗比其他的更加有效。

8.16   优化单个 MLCC 电容器的数值

在缺乏片上电容的具体容量、封装引线电感和大容量电容器特性的情况下，就没有办法来估算附加印制板上的单个 MLCC 电容器的容量，以给出最好的性能。这就是说应用手册上推荐附加 $10\mu F$ MLCC 电容器是随意的推荐，实际上这是没有基础的。

提示   应用手册上推荐附加 $10\mu F$ 电容器作为去耦电容器，通常完全是随意的。

大一些并不总是好的，例如，图 8-34 所示为附加于印制板的单个 $10\mu F$ 电容器和单个 $0.16\mu F$ 电容器的阻抗曲线。

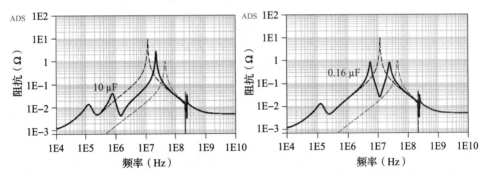

图 8-34   印制板安装有 VRM、大容量电容器和单个 MLCC 电容器时，从芯片焊盘看到的阻
抗曲线。左边：加入印制板的是单个 $10\mu F$ MLCC 电容器。右边：加入印制板的是
单个 $0.16\mu F$ MLCC 电容器。大一些不总是好的

当使用单个电容器时，当 MLCC 电容器的 SRF 靠近现存的 Bandini 山峰值频率时，产生最低峰值阻抗的优化数值。具有 MLCC 附加阻抗曲线的凹坑不是准确地位于 MLCC 的固有 SRF 上。凹坑频率对应于 MLCC 电容与 MLCC 电感、安装电感、分布电感、封装引线电感的串联组合的串联谐振。一般而言，这个频率比仅用 MLCC 的 SRF 稍微低些。

　　与 MLCC 的电感相比，封装引线电感越小，凹坑频率离 MLCC 的 SRF 越近。图 8-35
所示为印制板安装单个 $0.16\mu F$
MLCC 电容器的阻抗曲线，以及仅
是 MLCC 电容器和它的安装电感
和 ESR 的固有阻抗。凹坑靠近但
不完全相同。

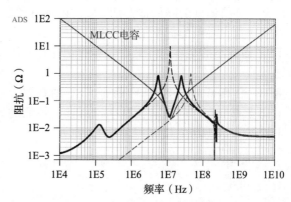

　　如果知道 Bandini 山的详细情
况，则优化这个单一的 MLCC 电
容器来减小封装阻抗是可能的。开
始的目标是调整 MLCC 的 SRF 来
匹配 Bandini 山频率。这个条件是：

$$f_{SRF} = f_{bandini} \quad (8\text{-}81)$$

图 8-35　160nF MLCC 和当其安装到印制板上时的阻抗曲线。注意：低阻抗凹坑不是准确地相同

这些项是：

$$f_{SRF} = \frac{159\text{MHz}}{\sqrt{\text{ESL}_{MLCC} \times C_{MLCC}}} \quad \text{和} \quad f_{Bandini} = \frac{159\text{MHz}}{\sqrt{\text{ESL}_{bulkC} \times C_{on\text{-}die}}} \quad (8\text{-}82)$$

结果是：

$$\frac{159\text{MHz}}{\sqrt{\text{ESL}_{MLCC} \times C_{MLCC}}} = \frac{159\text{MHz}}{\sqrt{\text{ESL}_{bulkC} \times C_{on\text{-}die}}} \quad (8\text{-}83)$$

求解 C_{MLCC}：

$$C_{MLCC} = C_{on\text{-}die} \times \frac{\text{ESL}_{bulkC}}{\text{ESL}_{MLCC}} \quad (8\text{-}84)$$

　　对于 8.15 节的印制板例子，大容量电容器的安装电感是 5nH，而 MLCC 电容器的安
装电感是 1nH，片上电容是 50nF。估算的优化 MLCC 电容的结果为：

$$C_{MLCC} = C_{on\text{-}die} \times \frac{\text{ESL}_{bulkC}}{\text{ESL}_{MLCC}} = 50\text{nF} \times \frac{5\text{nH}}{1\text{nH}} = 250\text{nF} \quad (8\text{-}85)$$

　　最终仿真得到的实际 MLCC 电容，如图 8-35 所示，它是 160nF，靠近这个估算数值。

　　原理上匹配 MLCC 的 SRF 到 Bandini 山可能会使用其他电容和安装电感的组合，乘积
决定 SRF。可是，需要小心，因为 MLCC 电容器的制造容差和安装的几何差别会使准确地
位于 Bandini 山顶部是困难的。Bandini 山的频率常常是一个移动目标，因为电源门在不同
的使用条件下控制芯片。

提示　试图使用几个电容器和低 q 的串联谐振来使其位于 Bandini 山顶，以给出宽广的
　　　　阻抗，用高 q 的 SRF 电容器试图达到高 q 谐振峰上一般是不能成功的。

　　使用额外的一个 MLCC 电容器来降低峰值高度的另外一个贡献是来自 MLCC 电容器
中比较高的 ESR，它阻尼了一些并联谐振。这个特定的 Bandini 山的 q 因子是 14，它如此
宽广以至于减小了这个峰值高度。

　　这建议指出：使用有较大 ESR 但容量较小的电容器可能较好。为了使较小电容器的

SRF 匹配 Bandini 峰，安装电感必须增加。

但是，峰值高度的降低首先是与安装电感有关的，ESR 对峰值高度的降低最好是二阶的电容器容量。一般的折中宁可使用带来较大影响的有较低电感的电容器，而不是使用有较高 ESR 而较小的电容。降低电容器的安装电感是最重要的事情，它能改善去耦电容器的有效性[8]。

例如，仿真了 1nH 和 4nH 两个 ESL 的数值，它们具有优化的电容器容量 160nF 和 45nF。每个都有相同的自谐振频率，而且，较低的 MLCC 电感值，会产生较低的峰值阻抗，正如图 8-36 所示。

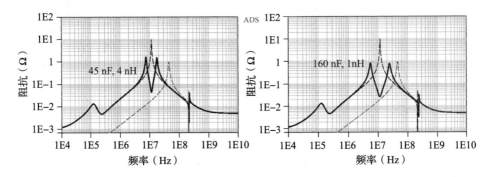

图 8-36 两种不同的 MLCC 结构，具有相同 SRF 的阻抗曲线。有较低电感的 MLCC 会产生较低的峰值阻抗

再次指出，较低的电感是较好的，会产生较低的并联谐振峰值阻抗，尽管不总是线性依赖关系。在这个例子中，峰值阻抗在 1nH 时为 0.84Ω，4nH 时为 1.65Ω。

提示 这个分析支持 PDN 优化的黄金规则。较低的安装电感总是较好的。作为好的习惯，如果不受限制，那么你应该尽力降低电容器的安装电感。当受到限制时，你应该执行分析，评估价格-性能的折中。

较大的电容不总是较好的，更多的电容器也不总是较好的。任意增加相同容量的电容器数量，不同程度地会影响两个并联谐振峰值。

更多的 MLCC 电容器增加了总的 MLCC 容量并减小了低频并联谐振峰值高度。这是好事。

更多的 MLCC 电容器总是减小所有安装电感等效并联组合后的电感。这应该降低了较高频率的并联谐振峰值高度。当总的等效电感与封装引线电感在同一量级时，进一步增加 MLCC 电容器的数量，这对总的串联电感影响很小。更多的 MLCC 电容器反而有负面影响，ESR 的并联组合降低了阻尼电阻，但可能实际上增加了较高频率的峰值阻抗。

图 8-37 所示为从芯片焊盘看到的阻抗曲线，它展示了具有单个 $10\mu F$ 电容器和 50 个相同 $10\mu F$ MLCC 电容器的两种情况。使用更多的电容器，在 $700kHz$ 附近低频峰值戏剧性地降低了，因为总电容增加了。

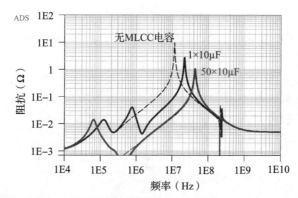

图 8-37　从芯片焊盘看到的两种阻抗曲线的比较，一种是单个 $10\mu F$ 电容器，另一种是 50 个相同的 $10\mu F$ 电容器。具有 50 个 MLCC 电容器与具有短路印制板的固有 Bandini 山有相同的阻抗曲线

50 个 MLCC 电容器中，每个有 1nH 的安装电感，它们的并联等效电感为 20pH，这比 250pH 的封装引线电感低得多。这些电容器的作用是短路大容量电容器两端，从芯片焊盘看到的阻抗曲线有相同的固有 Bandini 山。加入更多的电容器对 Bandini 山没有影响，因为它已被片上电容和封装引线电感所限制。

如果一个电容器的容量已被优化，则加入更多相同的电容器一般是有较高的峰值阻抗。在这个高 q 因子的例子中，由于电容器 ESR 的阻尼，某些峰值高度会降低。较多电容器并联意味着有较低的 ESR 和较小的阻尼，结果可能是有较高的峰值阻抗。这意味着一个优化的电容器甚至比 50 个相同的优化电容器有较低的峰值高度，如图 8-38 所示。

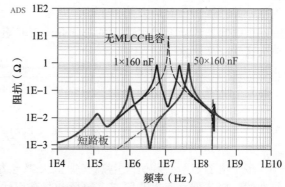

图 8-38　一个优化的 MLCC 电容器和 50 个相同电容器的影响。多了反而不好

当你只选择一种 MLCC 电容器时，并不是电容器越多越好。与选择单个优化过的电容器相比，越来越多的电容器通常会导致更高的峰值阻抗、更糟糕的选择，或者是更昂贵。

8.17　在印制板上使用 3 个不同数值的 MLCC 电容器

我们常在应用指南上面看到，在每个电源针上有 3 个不同容量的电容器，它们分别是 $10\mu F$、$1\mu F$ 和 $0.1\mu F$，这好于使用相同容量的 3 个电容器。当这种推荐被提供时，有时为了证明，以比较所有电容器都是 $10\mu F$ 和 3 种不同容量的阻抗曲线，如图 8-39 所示。

在低频，3 个 $10\mu F$ 的电容器有较低的阻抗。在高频，3 个电容器有相同的 ESL，它们有相同的阻抗。中频范围的阻抗曲线稍微不同，对 PDN 而言哪一个较好？

关于 3 种不同的电容器哪种好的争论有时似乎是这样：3 种不同容量的电容器在较高

频率时，在它们的自谐振频率上，可提供较低的阻抗。小容量电容器在最高频率时提供低阻抗。可是，当我们使用实际的 ESR 值时，可以发现最小阻抗值与 3 个相同的电容器情况相比，不是如此之低。

相同容量电容器的争论似乎是这样的：单个电容器的阻抗，在 SRF 时是最低的，因为对于电感它是全部。在高频，3 个电容器事实上是 3 个电感器，所以不管它们的电容如何都是没关系的。较低的阻抗总是较好的，单个电容器有较低的阻抗，因而较好。

电容器的容量如何挑选对 PDN 才是真正好的？

阅读本书到现在，正如我们已经看到的，在一定频带内低阻抗是不重要的。低的 PDN 阻抗实际上是有害的，如果它们引起其他的并联阻抗峰值突然出现在没有阻尼的区域。真实的性能指标是这个峰值阻抗，并且通常具有最大的 Bandini 山峰。

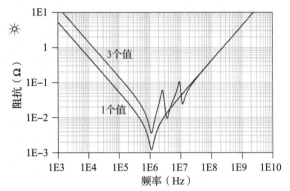

图 8-39　3 个电容器两种设置的阻抗曲线，每个有相同的 2nH 的 ESL。一种设置是有相同的 10μF 电容。另一种设置是 3 个不同的容量，10μH、1μH 和 0.1μH。每个电容器的 ESR 根据容量而调整。哪一个比较好

哪一个电容器的组合提供最小的 Bandini 山峰阻抗？为此，我们需要在电路仿真中包含片上电容和封装电感。

提示　PDN 设计中如何得到低的阻抗是不重要的，所关心的应是阻抗峰有多高。对这个问题的回答，对于"哪一种分布是较好的？"唯一答案是，我们是否知道哪种具有完整 PDN 系统的组合可提供较低的峰值阻抗。

多个电容器与封装引线电感、片上去耦电容器、VRM 和大容量电容器并联的分析是复杂的。电容器之间以及所有电容器和封装引线电感之间会发生相互作用。

提示　当印制板上加入更多的 MLCC 电容器后，与无 MLCC 电容器相比较时，来自 VRM、大容量电容器、片上电容的峰值阻抗通常会降低。大部分原因是 MLCC 电容器的安装电感与大容量电容器安装电感的并联降低了阻抗峰。这与电容器容量的大小粗略地说是不相关的。

不知道系统其余部分的详情，而指出什么样的组合较好是不可能的。除非仔细挑选电容器的容量，但它们还没有机会优化。

印制板上额外的电容器可以减小从芯片看到的回路电感，因为电感是并联的。这通常降低了峰值阻抗，某些电容器的组合好于其他的，因为它们提供的阻尼不一样，并且与峰的相互作用不一样。

图 8-40 所示为示例的仿真阻抗曲线，这个例子是 3 个电容器的组合与单独大容量电容器和峰值被短路之间的比较。3 个不同值的峰值阻抗稍微低于 3 个相同电容器的，因为小容量电容器有更高的 ESR，它们对高 q 因子 Bandini 山提供印制板级的阻尼。

阻抗曲线接近短路 Bandini 山的情况，并联的 3 个电容器有 300pH 的 ESL，这与 250pH 的封装引线电感具有可比性。并联的电容器越多，越接近印制板级短路的情况。电容器的每个组合具有相同的风险。

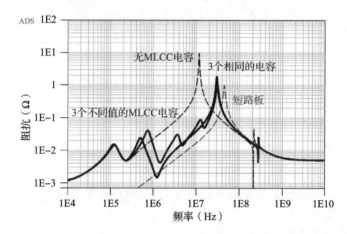

图 8-40 对于相同的 PDN 系统，具有 3 个 MLCC 电容器的两种组合的阻抗曲线，相同的电容器都是 $10\mu F$，另外一组的电容为 $10\mu F$、$1\mu F$ 和 0.1uF。注意：3 个不同值的有稍微低的峰值，小电容器有较高的 ESR

哪一个阻抗曲线比较好？如果瞬时 PDN 电流很小，或者大的电流中有频率分量接近 2MHz，那么这两种电容器的选择恰恰是好的。事实上，没有电容器可以工作得很好。但是，如果存在频率分量为 30 MHz 的大瞬态电流，则两种组合的电容器同样效果不好。假如没有电容器，则实际上可能效果会更好。

提示 选择 3 个电容器时，使用相同的或者 3 个不同的完全是任意的。若关于印制板的其余部分没有任何信息，两种选择都好于无电容器，但是具有相同的风险，二者都不提供鲁棒性 PDN 的希望。

事实上，加入具有固定容量的更多的电容器仅使印制板可以更多地看见对 Bandini 山峰值频率的理想短路。图 8-41 所示为具有 100 个电容器的仿真阻抗曲线，一种为所有电容器都是 $10\mu F$，另外一种是 33 个 $10\mu F$、33 个 $1\mu F$、34 个 $0.1\mu F$。除了阻抗曲线无差别外，它们非常靠近印制板短路的极限情况。

究竟我们使用相同的还是不同的数值，或者究竟我们使用 3 个电容器还是 300 个电容器？如果我们任意选择它们，则 PDN 永远不能好于印制板被理想短路的情况，并在 Bandini 山显示出大的仿真阻抗。正如在印制板上放置更多的电容器对 Bandini 山峰没有影响。PDN 没有鲁棒性，产品也非常昂贵。

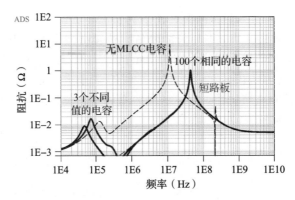

图 8-41　100 个电容器附加在 PDN 系统上的阻抗曲线，它有二种组合：所有都是 10μF 和具
有 10μF、1μF 和 0.1μF 三种值的。每种组合都具有完全相同的短路 Bandini 山

8.18　优化 3 个电容器的数值

在 8.16 节的例子中，使用了一种容量的电容器。如果电容器的容量和数量被优化，则可得到最低的峰值阻抗。当只使用一个电容器时，在这个例子中，峰值阻抗从 10Ω 降低到 0.9Ω。为此，电容器的安装电感达到了实际上的最低，并选择电容器的 SRF 接近 Bandini 山峰。

当使用 3 个电容器时，每个具有不同的容量，我们能找到优化组合。使用简单的 SPICE 电路手工试验组合，得到优化数值为 1000nF、60nF 和 20nF 以给出峰值高度小于 0.3Ω。图 8-42 给出了使用 3 个相同电容器和 3 个不同的电容器时的优化阻抗曲线。

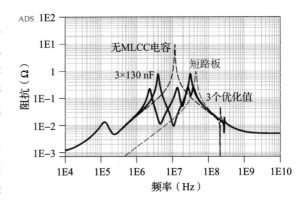

这个例子清楚地说明：优化电容器的电源降低了 PDN 中的峰值阻抗。在完整 PDN 系统中使用 3 个优化的电容器，峰值阻抗从 10Ω 降低到 0.25Ω。这样与高阻抗相联系的风险也降低。

这是使用 3 个优化的电容器实现比印制板理想短路具有更低峰值阻抗的例子。这是由于印制板级的阻尼贡献是由较小容量的 MLCC 电容器所提供的，它降低了

图 8-42　具有优化电容器的 PDN 系统的阻抗曲线，3 个有相同的容量和 3 个有不同的容量。没有 MLCC 电容器时，峰值阻抗是 10Ω。使用 3 个相同的优化的 MLCC 电容器，峰值降低为 0.8Ω。使用 3 个不同的优化的电容器，峰值阻抗降低为 0.25Ω

Bandini 山的 q 因子。在这个例子中，Bandini 山的特性阻抗是 0.07Ω，它的固有 q 因子是 14，加入电容器后峰值阻抗降低到 0.25Ω，对应的 q 因子大约为 3.5。

提示　使用 3 个优化的电容器戏剧性地降低了峰值阻抗。这需要基于 PDN 系统的所有特性，并仔细地选择。若没有总的系统知识来选择优化值是困难的。

观察 3 个不同的电容器，和安装在 PDN 系统的阻抗曲线是件有兴趣的事。图 8-43 显示了这种比较。

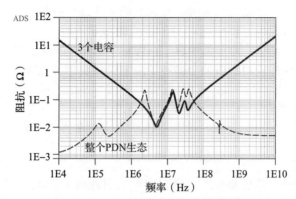

图 8-43　3 个电容器组合安装在 PDN(点线)的阻抗和 3 个电容器单独安装的阻抗之间的比较

从这些例子我们看到了电源的优化。电容器的优化值非常依赖片上去耦电容、封装引线电感和每个电容器的 ESL。如果这些参数中的任何一个发生改变，电容器的容量不再是被优化的，则会有较大的峰值阻抗。

提示　使用 3 个不同容量的电容器优化的电容值的唯一方法是我们要知道 Bandini 山的详情和电容器的模型，但通常缺乏这些详情信息，这就是使用一个数值或者 3 个数值进行优化是如此困难的原因。

这个方法指出：为降低 Bandini 山峰值高度而优化电容器容量是可能的，但是只有知道所有系统的详情才有可能。

提示　如果我们要惹优化 MLCC 电容器值这个麻烦，为什么限制仅用 3 个不同的值呢？

首先，当 Bandini 山是高 q 因子时，我们需要印制板在峰值阻抗以外对阻尼贡献损耗。印制板面的 MLCC 电容器的阻抗曲线，在 Bandini 山附近应该是阻性的且等于目标阻抗。其次，我们进一步优化电容器的容量和数量，使用电路仿真来实现这个选择以降低 Bandini 山峰值高度。

这是为 PDN 优化电容器容量选择频域目标阻抗法(FDTIM)的基础。

8.19　选择电容值和最小电容器数目的频域目标阻抗法

FDTIM[9]的原理是以 3 个重要的指导方针为基础的：

1. 使印制板上总的等效电感低于封装引线电感，选择最少数量的电容器。结果就是基于片上电容和封装引线电感的 Bandini 山。

2. 当 Bandini 山有高 q 因子时，这通常会发生，当峰值频率小于 200MHz 时，选择电容器的容量和数量并产生接近目标阻抗的平坦阻抗曲线，起阻尼 Bandini 山的作用。由于平坦阻抗数值太小，所以没有足够的阻尼电阻来降低 Bandini 山的高 q 因子，电容器对阻抗曲线没有影响。平坦阻抗数值太大时，峰值不能低于这个阻抗。

3. 当 Bandini 山有低的 q 因子时，一般当峰值频率高于 200MHz 时，这样的 Bandini 山对印制板面的损耗不灵敏，电容器的容量在降低 Bandini 山峰值阻抗方面没有大的影响。使用足够的电容器以保持印制板面的电感小于封装引线电感，是很重要的。

提示　FDTIM 的目标是优化电容器的容量和数量，使峰值低于目标阻抗的平坦阻抗。我们能使用包含电容器 ESR 的简单工序来完成这种选择，使用电路仿真进行人工优化或者自动优化。

选择电容器的第一步是估算由片上电容和封装引线电感构成的 Bandini 山的特性阻抗和 q 因子。之后，为印制板短路设置最低可实现的 PDN 阻抗。

当然，如果 Bandini 山的特性阻抗比目标阻抗不是小得多，则无电容器的组合能使 Bandini 山低于目标阻抗。在这种情况下，实现具有鲁棒性 PDN 设计的仅有方法是：

1. 增加片上去耦电容器。

2. 减小封装引线电感。

3. 加入封装上的电容器。

例如，如果片上去耦电容器是 50nF，封装引线电感是 0.25nH，则特性阻抗为：

$$Z_0 = \sqrt{\frac{L_{pkg}}{C_{die}}} = \sqrt{\frac{0.25nH}{50nF}} = 71m\Omega \tag{8-86}$$

最低可能的目标阻抗是能实现的绝对最好的阻抗，它是 0.071Ω。原理上使用优化的电容器是可能实现二倍特性阻抗的目标阻抗，或者是 0.15Ω。

第二步是尽一切可能来减小所有 MLCC 电容器的安装电感。所有电容器的安装电感并联组合后，与腔体分布电感串联，然后再与封装引线电感串联。

使用前面的两个条件估算电容器的数量：

$$n_1 > 2\pi f_{max\_lim} \times \frac{1}{Z_{target}} \times ESL_{cap} = 2\pi \times 0.2GHz \times \frac{1}{0.1} \times 1 = 13 \tag{8-87}$$

$$n_2 > \frac{ESR_{cap}}{L_{package}} = \frac{1}{0.25} = 4 \tag{8-88}$$

当 MLCC 等效电感是与封装引线电感可相比较或者比它小时，额外的电容器不会减小与片上电容的串联电感，更多的电容器对 Bandini 山影响很小。这样就设置了能引起差别的最少数量的限制。最小数量是它们的并联电感等于封装引线电感与任何分布电感串联时的数值。比最小数量更多的是裕度影响，被封装引线电感所限制。

极端情况可能为：

$f_{max\_lim} = 200MHz = 0.2GHz$、$Z_{target} = 0.001\Omega$、$ESR_{cap} = 2nH$。

这种情况下电容器的最小数量是：

$$n_{min} > 2\pi f_{max\_lim} \times \frac{1}{Z_{target}} ESL_{cap} = 2\pi \times 0.2GHz \times \frac{1}{0.001} 2nH = 2500 \tag{8-89}$$

我们再次看到较低安装电感的重要性。较低的杂电感，需要较少的电容器和较低的价格。

提示 安装电感的每一 pH 意味着需要更多的电容器，这即是钱。如果不受限制，你应该努力在电容器安装设计中减小它们的电感。

8.20 使用 FDTIM 选择电容器的值

MLCC 电容器的容量范围是不连续的。在大多数电容器供应商目录中，对于电容器容量每十年一个体积尺寸，分配 1、22 和 47 三个容量。小尺寸 MLCC 电容器的最大容量，典型是 $22\mu F$。

若想粗略地估算最小值电容器，根据是电容器的自谐振频率应该高于 Bandini 山的最高频率。

电容器的自谐振频率为：

$$f_{SRF} = \frac{159\text{MHz}}{\sqrt{ESL[\text{nH}] \times C[\text{nF}]}} \tag{8-90}$$

为了高于 Bandini 山频率，需要：

$$f_{Bandini} < f_{SRF} = \frac{159\text{MHz}}{\sqrt{ESL[\text{nH}] \times C[\text{nF}]}} \tag{8-91}$$

根据最小电容器计算得到的 SRF 要高于 Bandini 山频率。当峰值频率为 200MHz 和 ESL 为 1nH 时，最小电容器的容量应该小于：

$$C[\text{nF}] < \left(\frac{159\text{MHz}}{f_{Bandini}}\right)^2 \times \frac{1}{ESL[\text{nH}]} = \left(\frac{159\text{MHz}}{200}\right)^2 \times \frac{1}{1} = 0.6\text{nF} \sim 1\text{nF} \tag{8-92}$$

在移动计算空间，安装电容器可能低到 0.3nH，最小的电容器容量为 2nF。

从 $22\mu F \sim 1$nF，每 10 年取 3 个不同的值，有 14 种不同容量的电容器，但是可选的容量仍是可怜的。

如果对于 PDN 系统信息没有可利用的，则电容器选择的目标是在宽的频带范围内，使用几个不同容量的电容器和一些实际上可做到的总数量不多的电容器来得到平坦的阻抗曲线。

提示 选择电容器容量和数量的目标是：使用尽可能少的电容器，实现低于目标阻抗的平坦阻抗曲线。这是 FDTIM 的目的。

在自动选取每个容量时，最为简单的方法是让它们的最小阻抗等于目标阻抗。当目标阻抗非常小（$m\Omega$ 量级）的时候，每个规格需要很多电容器。使用每 10 年 3 个容量的分布，阻抗的最小数值接近阻抗的最大数值。最小阻抗低于目标阻抗的选择就是给出了阻抗分布的峰离目标阻抗不远。

根据每个电容器的 ESR，很容易估算这个条件。在 SRF 时每个电容器的最小阻抗是与电容器的 ESR 和那个值的电容器数量有关。我们利用式(8-93)估算电容器的最小阻抗低于目标阻抗时的电容器数量：

$$Z_{target} = \frac{ESR_{cap}}{n_{cap}} \text{ 或者 } n_{cap} = \frac{ESR_{cap}}{Z_{target}} \tag{8-93}$$

这是对每个容量选择数量的好的近似起始点。在低目标阻抗时，它工作得很好，但是对较高目标阻抗就不那么有效了。

提示　基于最小阻抗低于目标阻抗的自动选取电容器数量是很容易的，结果是阻抗曲线稍微高于目标阻抗。若选择目标阻抗稍微低于要求的阻抗，则会得到有鲁棒性的阻抗曲线。

例如，如果每个电容器的 ESL 是 1nH，最大频率是 200MHz，目标阻抗是 0.1Ω，我们估算电容器的总数量为 13。

当目标阻抗很高，或总的电容器数量是 13 这个量级，从 $22\mu F \sim 1nF$，对于每一个容量的电容器都是没有可利用的。较大容量的电容器，对高 q 因子的 Bandini 山不贡献阻尼，只能选择每 10 年一个容量值。

使用简单的 SPICE 电路，仿真很多电容器并联的阻抗曲线。我们优化数量和容量，在 $1 \sim 200MHz$ 的附近，给出了低于 0.1Ω 的平坦阻抗。低于 1MHz 时，大容量电容器使 PDN 阻抗降低。高于 200MHz 时，片上电容器使阻抗曲线下降。我们使用下列电容器的容量和数量：

$22\mu F$	0
$10\mu F$	0
$4.7\mu F$	0
$2.2\mu F$	0
$1\mu F$	1
470nF	0
220nF	0
100nF	1
47nF	1
22nF	1
10nF	2
4.7nF	2
2.2nF	3
1nF	5

总数	16

这个数接近估计的电容器数量 13。图 8-44 所示为这些电容器的阻抗曲线，它们的等效串联电感和电阻。注意：它们稍微低于目标阻抗 0.1Ω。由于电容器的离散性，所以靠减

小电容器的数量来增加它们的峰值阻抗，使它们靠近目标值是不可能的。

当我们把这 16 个电容器加入到完全的 PDN 系统中，它们的平坦阻抗阻尼了高 q 因子的 Bandini 山，使峰值阻抗降低。图 8-45 显示了这样的阻抗曲线。在这个例子中，我们增加了隔直去耦电容器，提供低频时的低阻抗。若没有 MLCC 电容器，印制板面的峰值阻抗是 3Ω。使用这种电容器容量分布，峰值阻抗下降到 0.2Ω，接近 0.15Ω 的实际极限。

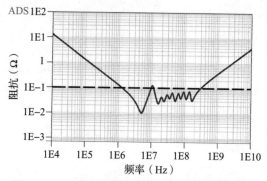

图 8-44 16 个不同容量分布的电容器的仿真阻抗曲线，它们在 $1\sim200\mathrm{MHz}$ 范围有平坦的阻抗曲线

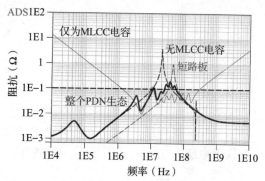

图 8-45 由 FDTIM 选择的 16 个电容器占附在 PDN 系统的其余部分上的仿真阻抗曲线，显示峰值阻抗为 0.2Ω

FDTIM 的优势在于不用知道 Bandini 山的详情就可选择电容器容量的分布。如果 16 个电容器的电容值都是 $10\mu\mathrm{F}$，则在印制板上，最好情况是使印制板看起来短路，阻抗曲线就是片上电容和封装引线电感的 Bandini 山，它的峰值高度为 1Ω。使用 FDTIM 使峰值下降。图 8-46 所示为由 FDTIM 选择的 16 个电容器和 16 个都是 $10\mu\mathrm{F}$ 电容器之间的比较。

当 Bandini 山的 q 因子很低，且峰值频率接近 $200\mathrm{MHz}$ 时，电容器选择的影响较小，峰值阻抗对电容器容量不敏感。

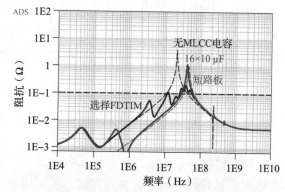

图 8-46 $16\times10\mu\mathrm{F}$ 电容器和由 FDTIM 选择的 16 个电容器附加到 PDN 系统后的阻抗曲线

8.21 当片上电容是大的和封装引线电感小的时候

本节我们讨论较高的功率器件，它带有很大的片上电容和非常低的封装引线电感。这个条件是：

片上电容 $=400\mathrm{nF}$、封装引线电感器 $=0.0025\mathrm{nH}$、片上 $\mathrm{ESR}=0.25/400=0.6\mathrm{m}\Omega$。

Bandini 山的固有特性是：

$$Z_0[\Omega]=\sqrt{\frac{L_{\mathrm{pkg}}[\mathrm{nH}]}{C_{\mathrm{ODC}}[\mathrm{nF}]}}=\sqrt{\frac{0.0025\mathrm{nH}}{400\mathrm{nF}}}=2.5\mathrm{m}\Omega \tag{8-94}$$

$$f_{\text{Bandini}}[\text{MHz}] = \frac{159}{\sqrt{C_{\text{ODC}}[\text{nF}] \times L_{\text{package}}[\text{nH}]}} = \frac{159}{\sqrt{400\text{nF} \times 0.0025\text{nH}}}$$
$$= 160\text{MHz} \tag{8-95}$$

$$q\ \text{因子} = \frac{1}{0.25} \times \sqrt{C_{\text{ODC}}[\text{nF}] \times L_{\text{package}}[\text{nH}]}$$
$$= \frac{1}{0.25} \times \sqrt{400 \times 0.0025} = 4 \tag{8-96}$$

$$Z_{\text{peak}} = q\ \text{因子} \times Z_0 = \frac{L_{\text{package}}[\text{nH}]}{0.25} = \frac{0.0025}{0.25} = 10\text{m}\Omega \tag{8-97}$$

如果这个器件被安装在印制板上，这个电路板有很多电容器用于理想短路，Bandini 山的峰值阻抗为 10mΩ，特性阻抗为 2.5mΩ。峰值阻抗降低要低于 5mΩ 是困难的，因为这需要 q 因子小于 2。

如果目标阻抗是 5 mΩ，则 VRM 的输出阻抗需要不大于 1 mΩ。我们假设反馈环路的有效输出电感为 3nH，这需要隔直去耦电容器至少为：

$$C_{\text{bulk}} > \frac{1}{2\pi f_{\text{VRM-max}} \times Z_{\text{target}}} = \frac{2\pi L_{\text{VRM}}}{2\pi Z_{\text{target}} \times Z_{\text{target}}} = \frac{L_{\text{VRM}}}{Z_{\text{target}}^2}$$
$$= \frac{3\text{nH}}{0.005^2} = 120\mu\text{F} \tag{8-98}$$

对于 VRM，我们加入具有下述特性的大容量电容器。

每个大容量去耦电容器：200μF
大容量去耦电容器 ESR：5 mΩ
去耦电容器的安装电感：5nH
VRM 电感：3nH
VRM 电阻：1mΩ

图 8-47 所示为短路 Bandini 山和印制板级 PDN 系统的阻抗曲线。Bandini 山的估算峰值阻抗为 10 mΩ，这与仿真数值非常匹配，估算的 160MHz 也是如此。

印制板级的 MLCC 电容器要使 3Ω 的仿真阻抗尽可能地靠近最终的实际限制 5 mΩ，或者是可接受的低阻抗值。

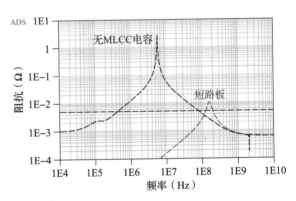

图 8-47　印制板级 PDN 系统和短路 Bandini 山的阻抗曲线

我们可根据前面引入的两个条件来估算需要的电容器数量：

$$n_1 > 2\pi f_{\text{max\_lim}} \times \frac{1}{Z_{\text{target}}} \text{ESL}_{\text{cap}} = 2\pi \times 0.2\text{GHz} \times \frac{1}{0.005} 0.5 = 125 \tag{8-99}$$

$$n_2 > \frac{\text{ESR}_{\text{cap}}}{L_{\text{package}}} = \frac{0.5}{0.0025} = 200 \tag{8-100}$$

哪一个条件都需要许多电容器。即使可满足所需的数量，但是要费力地处理 0.5nH 的安装电感。图 8-48 所示为选择 200 个相同的电容器，每个为 1μF 或 10μF。它们的阻抗曲线是相同的，可以很好地接近短路 Bandini 山的阻抗。

使用没有被优化的电容器容量，但是加入的数量足够，使其与封装引线电感相比有低的等效串联电感，峰值高度从 3Ω 减小到 0.02Ω，峰值阻抗下降因子为 100，这是巨大的改善。

由于这些电容器没有提供真实的阻尼，所以它们没有使 Bandini 山低于固有数值。特性阻抗为 $2.5\ \mathrm{m}\Omega$，峰值阻抗比特性阻抗高 $20/2.5＝8$ 倍。这是峰值 q 因子的粗略测量。这里指出：只有应用 FDTIM 才有可能进一步降低峰值阻抗。

我们估算使阻抗低于目标阻抗需要的每个电容器的数量，

$$n_{\mathrm{cap}} = \frac{\mathrm{ESR}_{\mathrm{cap}}}{Z_{\mathrm{target}}} \qquad (8\text{-}101)$$

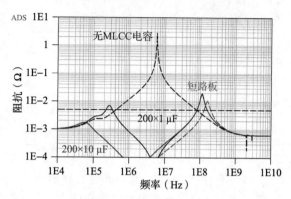

图 8-48　有 200 个相同电容器，每个是 $1\mu F$ 或 $10\mu F$，其 PDN 系统的阻抗曲线

结果，容量分布为：

$22\mu F$	1
$10\mu F$	1
$4.7\mu F$	1
$2.2\mu F$	1
$1\mu F$	2
$470nF$	2
$220nF$	3
$100nF$	5
$47nF$	7
$22nF$	10
$10nF$	14
$4.7nF$	20
$2.2nF$	28
$1nF$	40

总数量　　135

电容器容量和数量的分布显示其阻抗曲线恰恰就是电容器的，它满足稍微低于目标阻抗（$5\ \mathrm{m}\Omega$）的条件。图 8-49 所示为没有 MLCC 和短路印制板的 Bandini 山的阻抗曲线与 135 个电容器的阻抗曲线之间的比较。

为了使最小阻抗低于目标阻抗，越小的电容器，ESR 越高，所需要的电容器数量越多。当这些电容器附加于 PDN 系统的其余部分时，由于高阻尼，阻抗曲线小于固有的 Bandini 山的阻抗峰值，结果是满足 $5\ \mathrm{m}\Omega$ 这个量级。阻抗曲线如图 8-50 所示。

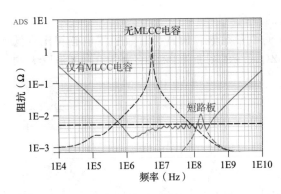

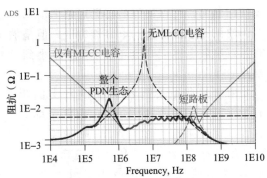

图 8-49　基于最小阻抗低于目标阻抗 0.005Ω，具有从 22μF～1nF 每 10 年 3 个数值的 135 个电容器的阻抗曲线，以水平点线表示

图 8-50　具有 135 个优化电容器容量的印制板 PDN 生态的阻抗曲线，其显示的阻抗曲线满足 5mΩ 的目标阻抗

当没有任何 MLCC 电容器时，峰值阻抗是 3Ω。印制板加入 200 个电容器，峰值阻抗下降到了 20mΩ，连接短路印制板的 Bandini 山的阻抗是 20 mΩ。这稍微高于印制板加入相同容量的 MLCC 电容器后的峰值阻抗，这是因为它们的并联电感仅与封装引线电感相当，所以是 Bandini 山电感的二倍。

当加入 135 个优化分布的电容器于印制板上，而且具有平坦的阻抗曲线，则在除了低频的整个频率范围内，峰值阻抗的下降低于 5 mΩ。

虽然在印制板上加入许多大容量电容器能快速和戏剧性地减小峰值阻抗值，但使用 FDTIM 时若不知道 Bandini 山的详细信息，则会使电容器的数量减小而且有更低的峰值阻抗。这种设计更具有鲁棒性，价格更低。

提示　应用 FDTIM 来选择优化的电容器容量，会得到比在印制板上加入很多大容量电容器的价格更低，更具鲁棒性的 PDN。

在 1MHz 的频率范围，由于较低的目标阻抗和仅使用一个大容量电容器，所以阻抗稍微有点高。较大的并联谐振存在于 VRM 和大容量电容器之间。降低大容量电容器的安装电感和加入更多的大容量电容器，这种谐振会容易控制。图 8-51 所示为大容量电容器的安装电感从 5nH 减小到 4nH 和 200uF 的电容器从 1 个增加到 6 个后最终的阻抗曲线。

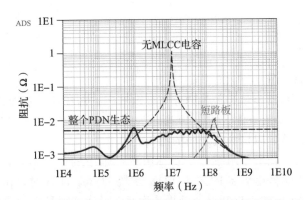

图 8-51　使用优化的大容量电容器和 MLCC 电容器的最终 PDN 系统的阻抗曲线，整个频域内的阻抗曲线低于目标阻抗值

8.22　使用受控 ESR 电容器是一种替换的去耦策略

　　PDN 设计中重要的目标是降低 Bandini 山的峰值阻抗。我们看到：实现的方法是控制印制板级的阻抗，使其看起来像电阻器，并具有约为目标阻抗的平坦阻抗。使用 FDTIM，通过仔细选择以取得可控制阻抗曲线。另外一种实现平坦阻抗的办法是使用受控 ESR 电容器。

　　虽然目前这些电容器的使用不如传统的 MLCC 电容器多，但它们能提供重大的性能优势和在系统中简单地执行。典型地，对于给定体积尺寸，最大电容是标准电容的 1/10。为完成 ESR 的可控，电感要高一些。由于价格，仅少数供应商提供它。当前可用的电容器容量为 1μF 和 10μF，具有的电阻为 0.1～1Ω。

　　当受控 ESR 电容器加入到 PDN 系统中，正如仅加入 MLCC 电容器类型那样，它们的阻抗是由较高的 ESR 占统治地位。阻抗曲线显示为宽而平坦的响应，中心在 SRF。图 8-52 显示了两个受控 ESR 电容器(1μF 和 10μF)的阻抗曲线，两个都具有 2nH 的安装电感和 1Ω 的 ESR。

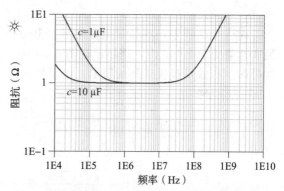

　　它们的阻抗曲线独立于电容器的容量，在重要的频率范围内是平坦的。最为重要的是要给出最小的安装电感，这样才能在最高的频率范围内都能提供平坦阻抗。

图 8-52　两个受控 ESR 电容器的阻抗曲线，两个电容器都具有 1Ω 的 ESR，2nH 的安装电感，容量为 1μF 和 10μF。注意：阻抗曲线是平坦的，在典型的 Bandini 山频率范围内，它与电容无关

　　除了前面的两个条件，为估算 MLCC 电容器数量引入第三个条件，与之有关的为：

　　1. 由于在较高的频率上，需要有足够的电容器，所以它们的感性阻抗低于目标阻抗。

　　2. 安装在印制板上的电容器的并联组合电感应该小于封装引线电感，可是，当印制板电感比封装引线电感小很多时，我们达到回报递减点。

　　3. 由于在中频区域，需要足够的电容器，所以它们的并联电阻接近且低于目标阻抗。

　　这些条件是：

$$n_1 > 2\pi f_{\max\_\lim} \times \frac{1}{Z_{\text{target}}} - \text{ESL}_{\text{cap}} \tag{8-102}$$

$$n_2 > \frac{\text{ESR}_{\text{cap}}}{L_{\text{package}}} \tag{8-103}$$

$$n_3 > \frac{\text{ESR}_{\text{cap}}}{Z_{\text{target}}} \tag{8-104}$$

　　我们考虑 8.15 节介绍的两种情况。第一种情况使用下列参数。

　　目标阻抗＝0.1Ω、高达 0.2GHz。

　　片上电容：50nF、封装引线电感：250pH、腔体：2.4nF。

　　有多种的 MLCC 电容器、MLCC 的 ESR 依赖于电容、MLCC 的 ESL 为 1nH。数量：

多种的。

VRM 电感＝10nH、VRM 电阻＝1mΩ。

大容量电容器：200nF、大容量电容器 ESL：5nH、大容量电容器 ESR：5mΩ、数量：1。

估算 MLCC 电容器数量的 3 个条件，假设受控 ESR 电容器的 ESR 为 1Ω，

$$n_1 > 2\pi f_{\max\_\lim} \times \frac{1}{Z_{target}} ESL_{cap} = 2\pi \times 0.2 \times \frac{1}{0.1} 1 = 13 \tag{8-105}$$

$$n_2 > \frac{ESR_{cap}}{L_{package}} = \frac{1}{0.25} = 4 \tag{8-106}$$

$$n_3 > \frac{ESR_{cap}}{Z_{target}} = \frac{1}{0.1} = 10 \tag{8-107}$$

在这个例子中，不必知道任何有关 Bandini 山的特性，使用 13 个传统的电容器会使峰值非常靠近 Bandini 山，这显示在图 8-53 中。在这种情况下，Bandini 山的 q 因子是高的，如果印制板级不提供额外的阻尼，则阻抗曲线类似于固有的 Bandini 山。

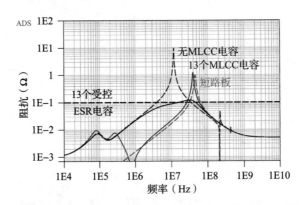

图 8-53　13 个电容器附加在印制板级 PDN 系统中的阻抗曲线，所有都是 10μF 的传统
MLCC 电容器和 13 个受控 ESR 电容器，它们每个为 10μF，ESR＝1Ω

使用受控 ESR 电容器，印制板上附加阻尼，峰值阻抗下降到大约 130 mΩ，这两倍于 Bandini 山特性阻抗，接近能够得到的实际峰值阻抗的最好数值。

提示　此示例阐述了使用受控 ESR 电容器的强大功能。如果不知道 Bandini 山的详细信息，那么它们是实现最低实际阻抗的有效方法，如果这个 Bandini 山的特性阻抗不低于目标阻抗，那么仍旧不能保证它满足目标阻抗。

第二个例子有下述条件。

目标阻抗＝0.005Ω、最大频率为 0.2GHz。

片上电容：400nF、封装引线电感：2.5pH、腔体：2.4nF。

MLCC 电容器：多种的、MLCC 的 ESR：依赖于电容、MLCC 的 ESL：1nH、数量：多种的。

VRM 电感＝3nH、VRM 电阻＝1mΩ。

大容量电容器：200nF、大容量电容器 ESL：5nH、大容量电容器 ESR：5mΩ、数量：1。高达 0.2GHz。

估算电容器数量需要使用前面的 3 个条件：

$$n_1 > 2\pi f_{\text{max\_lim}} \times \frac{1}{Z_{\text{target}}} \text{ESL}_{\text{cap}} = 2\pi \times 0.2 \times \frac{1}{0.005} 0.5 = 125 \qquad (8-108)$$

$$n_2 > \frac{\text{ESR}_{\text{cap}}}{L_{\text{package}}} = \frac{0.5}{0.0025} = 200 \qquad (8-109)$$

$$n_3 > \frac{\text{ESR}_{\text{cap}}}{Z_{\text{target}}} = \frac{0.5}{0.005} = 100 \qquad (8-110)$$

这里指出：使用 100 个每个为 0.5Ω 的受控 ESR 电容器，我们能得到可接受的低阻抗曲线。

图 8-54 所示为两种情况的阻抗曲线，一种是传统的 $100 \times 10\mu\text{F}$ 个电容器，另一种是 $100 \times 10\mu\text{F}$，每个为 0.5Ω 的受控 ESR 电容器。

虽然使用受控 ESR 电容器设计 PDN 会比传统的使用 FDTIM 选择的 ESR 电容器更为简单，但它的价格更高，当前的受控 ESR 电容器的价格是传统电容器价格的 5 倍。物主的集成总价格（TCOO）是低于额外费用的，因为有时装配价格支配电容器价格，装配价格是相同的。

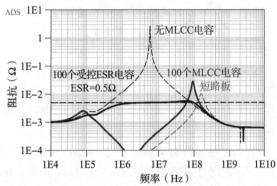

图 8-54　传统和受控 ESR 电容器的阻抗曲线

提示　选择受控 ESR 电容器有更简单的过程，可考虑将它们作为设计 PDN 的一种选择。它们使设计混乱的机会要少一些。如果它们的 TCOO 能减小到可接受的水平，则它们能成为鲁棒性设计中切实可行的选择。

8.23　封装上的去耦电容器

鲁棒性和性价比 PDN 的另外一种技术（特别对低目标阻抗），是附加封装上去耦（OPD）电容器。对于实现最低目标阻抗的器件和高端芯片，这种技术是典型的。图 8-55 所示为具有 OPD 电容器封装的几个例子。

OPD 电容具有多层封装。因为在真正的封装上，这种做法是比具有较好特性在印制板上和封装底层制作更加昂贵。OPD 电容器典型结构是交叉指结构，具有较低的安装电感。当然这个结构仅是半导体供应商可用。

作为半导体供应商的消费者，我们应该常要求使用 OPD 电容器。它们会降低对印制板设计的要求，并且能在更低的目标阻抗下进行设计。可是，遇到的问题是昂贵的半导体器件价格。

图 8-55 芯片反面上的封装上的去耦电容器

提示 即使附加元件的价格会使总系统价格更低，当采购中介为降低元件价格而分级时，决定采购是困难的。这就是设计工程师应该更多地参与采购决定的原因。

一般而言，因为封装衬底比印制板使用更好的设计规则以适应芯片贴装和高密度的路线，我们能使用有较好安装特性的交叉指电容器。它们一般具有最低的安装电感，数量级在 0.2nH 或更小。此外，在这些结构中附加受控 ESR 电容器的价格增加较小，并更容易给出解释。

一个简单的例子可说明这种 OPD 电源电容器。在这种情况下，片上电容是 400nF，是芯片贴装侧总封装引线电感的 10%，留下 90% 的总芯片-印制板电感给封装到印制板侧。总的芯片-印制板安装电感是 50pH。

Bandini 山的指标是：

$$Z_0[\Omega] = \sqrt{\frac{L_{pkg}[nH]}{C_{ODC}[nF]}} = \sqrt{\frac{0.05nH}{400nF}} = 11m\Omega \qquad (8\text{-}111)$$

$$f_{Bandini}[MHz] = \frac{159}{\sqrt{C_{ODC}[nF] \times L_{package}[nH]}} = \frac{159}{\sqrt{400nF \times 0.05nH}} = 35MHz \qquad (8\text{-}112)$$

$$q \text{ 因子} = \frac{1}{0.25} \times \sqrt{C_{ODC}[nF] \times L_{package}[nH]} = \frac{1}{0.25} \times \sqrt{400 \times 0.05} = 18 \quad (8\text{-}113)$$

$$Z_{peak} = q \text{ 因子} \times Z_0 = \frac{L_{package}[nH]}{0.25} = \frac{0.05}{0.25} = 200m\Omega \qquad (8\text{-}114)$$

大的 q 因子表示：其他源的阻尼比片上电阻更为重要，这样可以得到比较低的峰值阻抗。条件就是受控 ESR 电容器具有大的影响。

对于 11mΩ 的特性阻抗，实际上可得到的最低目标阻抗大约为 20mΩ。

假设安装电感为 0.5nH，使用条件 1，对于印制板上的 MLCC 电容器，所需的最小数量是：

$$n_1 > 2\pi f_{max\_lim} \times \frac{1}{Z_{target}} ESL_{cap} = 2\pi \times 0.2 \times \frac{1}{0.02} \times 0.5 = 32 \qquad (8\text{-}115)$$

图 8-56 所示为 OPD 电容器的等效电路，它分裂成芯片贴装电感和封装贴装电感。

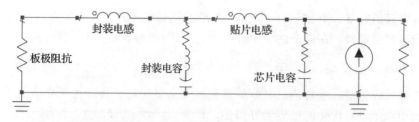

图 8-56　包含片上电容、OPD 电容器、芯片贴装和封装贴装电感的等效电路。电路最右边的
　　　　　电阻器有很高的数值，以满足仿真器直流通路的需求

　　在效果上，封装-印制板电感短路任何对 OPD 电容器并联的阻抗。如果所有 OPD 电容器的等效并联电感稍微大于 0.045nH 的封装-印制板电感，那么 OPD 电容器对于芯片焊盘阻抗有少许的影响。

　　可是，当 OPD 电容器的并联组合与封装-印制板电感可比较或较小时，OPD 电容器使 Bandini 山分裂成两个峰。对于有效的 OPD 设计和选择，这是第一重要的准则。

　　在这种情况下，较高频率的 Bandini 山谐振是由片上电容和 OPD 电容器的等效电感并联后与封装-印制板安装电感并联后产生的。

　　OPD 与封装-印制板安装电感的并联电感总是小于封装-印制板的安装电感。这会有两个结果：第一是峰值频率移动到较高的频率，第二是修正的 Bandini 山特性阻抗由于这个峰而下降。这有助于阻抗峰高度的下降[10]。

　　较低频率的峰是由于 OPD 电容和封装-印制板电感串联 OPD 电感后的并联组合产生的。只要 OPD 电容比片上电容大很多，这个较低频率的峰总在低频，并且比没有 OPD 的 Bandini 山有更低的特性阻抗。

　　图 8-57 所示为从芯片焊盘看到的阻抗，包括有和没有 10 个 OPD 电容器，每个有 0.2nH 的安装电感和 10μF 的电容。它们的并联电感是 20pH，大约为封装-印制板回路电感的一半。这说明两个重要的影响都附加在 OPD 电容器上。

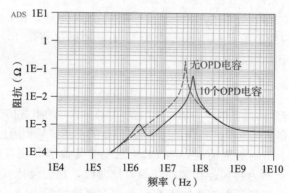

图 8-57　从芯片焊盘看到的阻抗曲线，它包括有和没有 OPD 电容器，封装连接到短路印制
　　　　　板。在这个例子中，加入 10 个 OPD，并联电感大约是封装-印制板电感的一半

　　正如任何单一容量的电容器附加于电路会存在并联谐振一样，我们能根据最低峰值阻

抗来优化电容器的容量。附加 OPD 电容器的 SRF 靠近无 OPD 电容器的 Bandini 山峰，这就是优化电容好的近似。在这个例子中，所需的 OPD 电容器的容量大约为：

$$C_{OPD} = C_{on\text{-}die} \frac{ESL_{totalPkgAttach}}{ESL_{OPD}} = 400nF \frac{0.05nH}{0.2nH} = 100nF = 0.1\mu F \qquad (8\text{-}116)$$

更大的容量或更多的电容器总是好的这种观点是错误的。具有优化容量的几个 OPD 电容器比使用许多没有优化的电容器好得多。图 8-58 所示为使用 10 个 OPD 电容器，每个 $0.1\mu F$，它比使用 10 个 $10\mu F$ 电容器的阻抗峰高度更低，峰值高度从 $60m\Omega$ 下降到 $20m\Omega$。

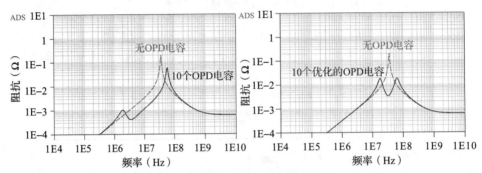

图 8-58   具有单一 OPD 电容值的不同组合的芯片焊盘的阻抗曲线，电容值为 $10\mu F$ 和 $0.1\mu F$

这说明，若知道了 Bandini 山的详细信息的重要性，则可用于优化电容器的选择。许多大容量电容器不比几个优化电容器更好。

提示   价格上升一般是由元件总数量增加引起的。最具鲁棒性的解是使用最低峰值高度。最具鲁棒性和性价比的解是当 OPD 电容器容量用芯片-封装 Bandini 山来优化。

当使用 OPD 电容器时，像受控 ESR 电容器一样，限制它们的常常是价格。电容器的目的是提供更多的阻尼来降低 q 因子和 Bandini 山。

这个例子中，让它们的并联电阻接近目标阻抗的条件是，Bandini 山的特性阻抗是 $2.5m\Omega$。实际上能实现的最低目标阻抗大约为 $5m\Omega$。如果仅使用 10 个受控 ESR 电容器，则受控 ESR 电容器的优化数值是 0.05Ω。

$$n_3 > \frac{ESR_{cap}}{Z_{target}} = \frac{0.05}{0.005} = 10 \qquad (8\text{-}117)$$

对于受控 ESR 电容器的最低值，一般可用的是 0.1Ω，最终的阻抗接近 $10m\Omega$。图 8-59 所示为 10 个受控 ESR 电容器的仿真阻抗曲线，每个有 0.1Ω 的 ESR。峰值阻抗下降到大约 $15m\Omega$。

当我们安置封装于印制板上面时，与 PDN 系统的其他部分相互作用后的阻抗曲线明显是稳定的。图 8-60 所示为封装连接到短路的阻抗曲线，它们包括有和没有使用受控 ESR 电容器的 OPD，以及当连接到印制板时，它们有和没有这些 OPD。

明显地，受控 ESR 电容器的电源控制了 Bandini 山的峰值阻抗。

封装面上只使用了 10 个受控 ESR 电容器，每个为 $10\mu F$，这时不需要额外的 MLCC 电容器来保持阻抗低于这个目标阻抗。

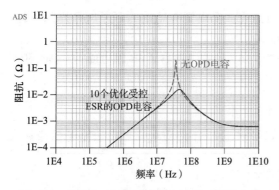

图 8-59　使用 10 个受控 ESR 电容器对阻抗曲线的影响

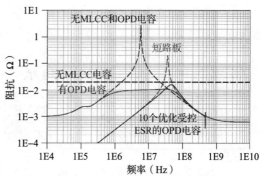

图 8-60　有和没有受控 ESR OPD 电容器的阻抗曲线的比较

　　另外的方法是使用 FDTIM 来优化传统的 MLCC 电容器的容量，以满足目标阻抗。8.20 节有关于 FDTIM 的要点大纲。选择了 43 个电容器，这稍微多于前面估算的 32 个。图 8-61 所示为对于完整的 PDN 系统，从芯片焊盘看到的阻抗曲线，它包含 10 个受控 ESR 电容器和使用 FDTIM 算法选择的 43 个 MLCC 印制板级的电容器。

　　这个例子说明了封装中使用受控 ESR 电容器的数值，从中可以看出使用少数的元件就可得到更具鲁棒性的 PDN 和更平坦的阻抗曲线。加入更为昂贵的受控 ESR 电容器会使真实的封装费用增加。可是，这降低了不选择优化印制板电容器分布的风险。OPD 受控 ESR 电容器能戏剧性地降低印制板上的 MLCC 电容器的责任。

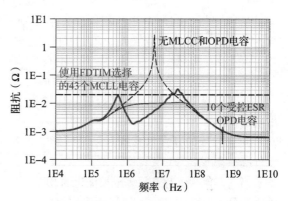

图 8-61　对于相同芯片和封装，从芯片焊盘看到的阻抗曲线，它分为两种情况：一种使用受控 ESR OPD 电容器，另一种使用传统的印制板 MLCC 电容器

　　提示　使用受控 ESR 电容器作为 OPD 减小了对印制板上的 MLCC 电容器的要求。这是减小重大风险的步骤。由于这个理由，很多大的 FPGA 处理器和 ASIC 封装使用受控 ESR OPD 电容器。

8.24　高级主题：同一供电电路上多个芯片的影响

　　至此，我们考虑的是电源轨传递清洁电源给一个芯片的情况。在很多产品中，多个芯片共享印制板上的同一个电源。在这种情况下，其他芯片的作用就像印制板上的去耦电容器。

　　从一个芯片焊盘的视角看入 PDN，其他芯片看上去就像印制板面的去耦电容器，犹如 MLCC 电容器。差别在于元件值与传统的 MLCC 电容器不一样。

ESL 值一般低于典型的 MLCC 电容器，因为有多个电源和地的并联。这是好的特性，因为它有助于减小其他 MLCC 电容器的并联电感。

片上 ESR 值常低于 MLCC 的。例如，一个 50nF 的片上电容 ESR 值可能为 0.25/50＝5mΩ，而 50nF 的 MLCC 的 ESR 大约为：

$$\mathrm{ESR}[\Omega] = \frac{0.2}{C[\mathrm{nF}]^{0.43}} = \frac{0.2}{50^{0.43}} = 37\mathrm{m}\Omega \tag{8-118}$$

一般这不是好的指标，因为它对于 Bandini 山不贡献任何阻尼，可能短路了已经存在的阻尼。

电容的量级一般是从 50～500nF，其范围类似于 MLCC 电容器。

在 PDN 中，影响其他芯片的度量是片上电容和封装引线电感的自谐振频率，正如从印制板边看入的封装。我们推导 SRF 为：

$$f_{\mathrm{SRF}} = \frac{159\mathrm{MHz}}{\sqrt{L_{\mathrm{pkg}}[\mathrm{nH}] \times C_{\mathrm{die}}[\mathrm{nF}]}} \tag{8-119}$$

当印制板上的两个芯片相同时，从印制板看到的芯片的 SRF 与 Bandini 山频率相同。当封装引线电感的典型值为 0.25nH 和片上电容为 50nF 时，SRF 的量级为：

$$f_{\mathrm{SRF}} = \frac{159\mathrm{MHz}}{\sqrt{L_{\mathrm{pkg}}[\mathrm{nH}] \times C_{\mathrm{die}}[\mathrm{nF}]}} = \frac{159\mathrm{MHz}}{\sqrt{0.25 \times 50}} = 45\mathrm{MHz} \tag{8-120}$$

在其他芯片的 Bandini 山附近，印制板上不同封装芯片的 SRF 是作为电容器的 SRF 值出现的。

其他芯片的存在对系统有不同的影响，其中印制板面的元件不贡献阻尼，印制板面的元件提供阻尼。

当在印制板上存在很多未被优化的 MLCC 电容器时，从芯片焊盘看到的 PDN 阻抗，有近似短路的 Bandini 山阻抗。MLCC 电容器仅减小了印制板面的 PDN 电感，产生短路的 Bandini 山轮廓。靠近这个频率的其他带有 SRF 的低损耗电容器的影响是稍微减小了 Bandini 山。

提示 没有优化性能的意图，对于印制板上存在的其他芯片，一般的影响是稍微降低 Bandini 山。这意味着：如果 MLCC 电容器的容量没有被优化的话，印制板上有更多的芯片共享同一个电源，这可能降低峰值阻抗。

图 8-62 所示为这种行为的一个例子。印制板上有两个相同的芯片，一个对于另一个的作用为去耦电容器。因为它们有相同的谐振频率，所以一个分裂出另一个 Bandini 山。印制板上还有 13 个其他的 10μF 电容器，每个的 ESL 为 0.5nH。

一般情况下，印制板上不同芯片的谐振频率是不相同的。这意味着：印制板上其他芯片的影响是针对频率的，除了 Bandini 山外。图 8-63 所示为一个阻抗曲线的例子，它包含印制板上有和没有多个且不相同的芯片的情况。它降低 Bandini 山峰值高度的影响非常小。

提示 印制板上其他芯片的影响是稍微降低 Bandini 山和其他频率附近的小谐振。

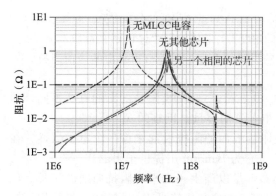

图 8-62　从一个芯片焊盘看到的阻抗曲线，印制板上有 13 个 $10\mu F$ 的 MLCC 电容器，它分为印制板上有和没有另一个芯片两种情况

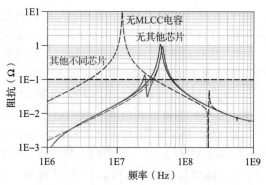

图 8-63　印制板上有 13 个相同的 MLCC 电容器，分为有和没有多个且不相同芯片的情况

当我们选择 MLCC 电容器容量，以提供平坦的阻抗时，它们对 Bandini 山贡献阻尼，降低了固有的阻抗峰值。当我们在印制板上加入芯片后，它们有典型的较低的 ESR 和较低的 ESL，其作用是短路一些阻尼电阻，以引起 Bandini 山峰生长。图 8-64 所示为优化 MLCC 电容器分布的例子，这些电容器具有相同的附加芯片，以及共享电源轨。

> **提示**　加入共享电源的芯片可能使差的 PDN 稍微变好些，虽然它可使 PDN 的鲁棒性稍微差些。

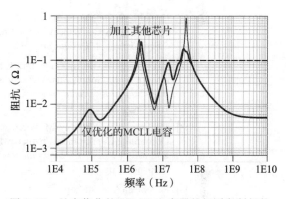

图 8-64　具有优化的 MLCC 电容器的相同印制板的阻抗曲线，这些电容器对 Bandini 山贡献阻尼。印制板加入的几个芯片短路了阻尼电阻，增加了 Bandini 山峰值阻抗

8.25　总结

1. PDN 系统由所有从芯片焊盘到 VRM 焊盘的相互连接线组成。PDN 上的每一个元件都对阻抗曲线有贡献，在一定的频率范围内，某些元件的性能占统治地位。

2. 在最高频率处，片上去耦电容器提供最高频率的低阻抗。

3. PDN 的最重要特性是峰值阻抗。它们常是由于电容器和电感器的并联组合引起的。

4. 最重要的并联谐振是由片上去耦电容和封装引线电感之间产生的。我们给出这个峰以特定的名字，Bandini 山。

5. Bandini 山的两个最重要的指标是特性阻抗和峰值频率。特性阻抗设置了 PDN 的可能最低的峰值阻抗。峰值频率最为一般的范围是从 $10\sim100\text{MHz}$。

6．电源和地平面的唯一作用是 MLCC 电容器和 BGA 焊盘之间低的分布电感。腔体谐振和腔体电容在 PDN 阻抗中仅发挥极小的作用。从芯片的角度看，腔体的尺寸对 PDN 的品质是无关的。

7．当为 PDN 选择电容器容量时，最重要的设计原理是减小 Bandini 山的峰值阻抗，使其合理地靠近目标阻抗。

8．使用相同容量或 3 个不同容量的 MLCC 电容器，对 PDN 阻抗的影响有些不同。如果你不知道片上电容和封装引线电感，则优化电容器的容量是困难的。

9．降低 Bandini 山峰一个有效的方法是使印制板面的阻抗看起来像一个电阻器，它在大约 1~50MHz 的频率范围内，等于目标阻抗。它为 Bandini 山提供了阻尼。

10．频域目标阻抗法（FDTIM）是选择电容器容量以产生一个平坦阻抗曲线的过程。如果你知道 Bandini 山的特性，那么就能够选择电容器的容量来降低 Bandini 山。如果你不知道它们，则 FDTIM 的结果是最具鲁棒性的 PDN。

参考文献

[1] L. Smith, S. Sun, M. Sarmiento, Z. Li, and K. Chandrasekar, "On-Die Capacitance Measurements in the Frequency and Time Domains," in *Santa Clara, CA, DesignCon*, 2011.

[2] L. D. Smith, R. E. Anderson, and T. Roy, "Chip-Package Resonance in Core Power Supply Structures for a High Power Microprocessor," in *International Electronic Packaging Technical Conference and Exhibition (IPACK)*, 2001, vol. 1005, no. 2, pp. 5–10.

[3] M. Sotman, A. Kolodny, M. Popovich, and E. G. Friedman, "On-die Decoupling Capacitance: Frequency Domain Analysis of Activity Radius," in *2006 IEEE International Symposium on Circuits and Systems*, 2006, no. 1, pp. 489–492.

[4] R. Jakushokas, M. Popovich, A. V. Mezhiba, S. Köse, and E. G. Friedman, *Power Distribution Networks with On-chip Decoupling Capacitors*. Springer, 2011.

[5] S. Weir, "Bypass Filter Design Considerations for Modern Digital Systems, A Comparative Evaluation of the Big 'V', Multi-pole, and Many Pole Bypass Strategies," in *DesignCon East*, 2005.

[6] S. McMorrow, B. Vicich, S. Weir, and T. Dagostino, "Pushing the Envelope Without Tears, An Advanced Power Delivery Solution DesignCon 2008," in *DesignCon*, 2008.

[7] S. Weir, "PCB Power Delivery Optimizations for the Cost Driven Era," in *DesignCon*, 2009.

[8] T. Hubing and J. Drewniak, "Power bus decoupling on multilayer printed circuit boards," *Electromagn. Compat. IEEE Trans.*, vol. 37, no. 2, pp. 155–166, 1995.

[9] L. D. Smith and A. Corporation, "Frequency Domain Target Impedance Method for Bypass Capacitor Selection for Power Distribution Systems Frequency Domain Target Impedance Method (FDTIM)," in *Santa Clara, CA, DesignCon*, 2006.

[10] L. Smith and A. Corporation, "FPGA Design for Signal and Power Integrity," in *Santa Clara, CA, DesignCon*, 2007.

瞬时电流和 PDN 电压噪声

9.1 瞬时电流如此重要的原因

在核电源分配网络产生的电压噪声强烈地依赖于流过 Vdd 和 Vss 轨之间的特定的瞬时电流和 PDN 阻抗。如果流过芯片的 PDN 电流是常数，则 PDN 设计中仅要考虑 PDN 的直流电阻。这个量定义为 PDN 中的 IR 压降。

因为很多调整器有用于反馈电压源的外部敏感线，来调整输出电压，敏感线在电气上粘贴在芯片焊盘的邻近，以保证恒定直流电压接近目的电压。这允许不断的 PDN 设计尝试，我们不用担心除了电阻以外的任何事情。

在恒定的 PDN 电流中，很少提供用于常规运行微码的高端产品。特殊的瞬时电流波形、它的频率分量和当它们伴随着 PDN 阻抗开关通时，最终决定了芯片焊盘上的电压噪声。这意味着：对 PDN 阻抗的鲁棒性定义指标时，若不知道由 PDN 流向规定器件的瞬时电流的重要特性，是不可能的。

提示　定义具有鲁棒性的 PDN 指标时，不知道芯片工作期间最差情况下的瞬时电流详情，是不可能的。不知道瞬时电流的特性意味着我们不会得到好于"猜测"可接受的 PDN。

当然，通过核或者 I/O 的电流强烈地依赖于芯片的指标性能，不同的应用有不同的功能，这依赖瞬时工作的微码。检查几种简单假设的情况，我们能产生近似的、参数化的瞬时电流模型，以用于探索设计空间，找到合理的限制和一个 PDN 阻抗指标的基础。

提示　知道的核瞬时电流指标越多，PDN 阻抗和电压轨噪声的指标越准确。这意味着小的设计裕度需求和高的性价比设计。

芯片电源轨上的电压也复杂地依赖电源瞬时电流流过的负载和 PDN 的阻抗曲线。使这个分析变得复杂的原因是只能在时域描述瞬时电流负载，而阻抗曲线是在频域。

我们使用频域来描述阻抗曲线，以分析时域电流激励的电压响应。这里必须明确的假设：阻抗曲线的电路响应是线性和时不变的。

这些假设不是总能得到满足的，特别是在 VRM 和芯片的动态负载中。这两个特性结果会使阻抗曲线（特别是阻尼品质），随着微码在芯片中执行，并随着时间而改变。正如本章和第 10 章说明的那样，瞬态仿真结果能与在正确假设下基于时不变分析给出的结果有很好的匹配。

尤其，我们要分析 3 个规定的瞬时电流波形的电压响应。每一个瞬时电流波形都对 PDN 频域描述的不同特性敏感，这影响了电压响应。基于这些行为，我们能对 PDN 阻抗曲线的性能要求进行一些概括。

这 3 个规定的瞬时电流波形是：

- 单时钟脉冲、脉冲响应
- 阶跃电流响应
- 谐振响应

在每种情况中，瞬时电流波形的特性与 PDN 阻抗曲线特性相互作用，以产生特别的电压响应。知道任何两个便允许我们估计第三个。

提示   3 个重要的术语是：瞬时电流波形、阻抗曲线和电压响应。如果知道任何两个瞬时电流波形的特性，你能推出第三个。我们能利用这种有价值的观点，一代一代地增加 PDN 设计知识。

我们能应用和扩展任何关于 PDN 特性和负载电流的信息，从一代产品到下一代产品中学习到知识。这些又常是 PDN 设计的起始点。

本章，我们探索来自瞬时电流且影响电压响应的设计特性。几个规定情况下的瞬时电流波形激励容易理解的电压响应。这些能使我们解释 PDN 阻抗曲线（包括与规定电流模型的相互作用），以产生电压响应。

在它的简单结构中，PDN 阻抗曲线是由两个行为组成：平坦区域和峰值。平坦区域的阻抗曲线相对频率是常数。每个峰依据谐振频率、特性阻抗和 q 因子来描述。瞬时电流波形与这两个区域有不同的相互作用。

分析每个瞬时电流波形的平坦区域和峰的电压响应，我们能设置 PDN 阻抗曲线中可接受特性的极限。首先考虑平坦阻抗曲线和具有宽频谱的瞬时电流。

9.2   平坦阻抗曲线、瞬时电流和目标阻抗

如果 PDN 阻抗曲线随着频率是平坦的，即它的行为像电阻器，那么这个电压噪声对任何瞬时电流的响应，直接与平坦阻抗值有关，

$$V_{noise} = I_{transient} \times Z_{PDN} \tag{9-1}$$

PDN 的设计目标是保持 PDN 电压噪声低于某个容差噪声限制，关系为：

$$V_{tolerance} = V_{dd} \times 容差 \tag{9-2}$$

电压噪声限制的定义为：

$$V_{noise} = I_{transient} \times Z_{PDN} < V_{dd} \times 容差 \tag{9-3}$$

若要实现这个电压噪声限制，则需要平坦阻抗低于一个定义为目标阻抗的值[1-2]：

$$Z_{PDN} < \frac{V_{tolerance}}{I_{transient}} = \frac{V_{dd} \times 容差}{I_{transient}} = Z_{target} \qquad (9\text{-}4)$$

例如，对于 1V 的 PDN，如果它可提供最差 1A 且具有宽频带分量的瞬时电流，有 5% 的电压容差(即 50mV)，则目标阻抗为：

$$Z_{target} = \frac{V_{dd} \times 容差}{I_{transient}} = \frac{1V \times 5\%}{1A} = 50m\Omega \qquad (9\text{-}5)$$

> **提示** 目标阻抗是起始点对 PDN 在平坦区域定义的限制，它基于最差情况下的瞬时电流。

为了计算 PDN 平坦区域的目标阻抗，我们需要估算最差瞬时电流负载。

从芯片拉出来的核心 PDN 电流的起始模型会从最小值和最大值之间进行瞬时改变。图 9-1 所示为具有瞬时改变的简单核心电流的例子。

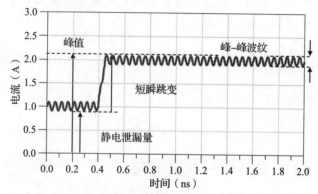

图 9-1 瞬时电流的简单例子，显示为跟随峰值或者最大电流流出的静态电流。这两个的差就是瞬时电流

瞬时电流就是芯片在任何可能的工作情况下拉出的最大电流变化。这通常发生在芯片从空闲状态转到重逻辑转移负载的工作情况下。这种情况的瞬时电流就是这两种限制的差：

$$I_{transient} = I_{max} - I_{min} \qquad (9\text{-}6)$$

对于典型的具有时钟频率的情况，最小电流是由于静态工作加上泄漏电流和可能由时钟以及扰动电路产生的。峰值电流或最大电流是从 PDN 中拉出来的最大电流。

9.3 使用平坦阻抗曲线，估计计算目标阻抗的瞬时电流

确定目标阻抗的真正的挑战是在给出瞬时电流的具体数值。这个信息很少是由半导体供应商提供的，因为它常常依赖于工作的微码和特定的应用。

常使用的一个术语是轨道最大拉出电流。这是决定 VRM 指标的基础。如果已知最大电流，那么任务就变为决定多大的最大电流实际上可改变瞬时电流。

一种极端情况，器件的空闲电流非常低，它会突然开启拉出最大电流。在这种情况下，最大电流就是瞬时电流。

另外一种极端情况，器件总是运行相同的代码，拉出的电流总是为相同的恒定电流，这种情况的瞬时电流为零，除了起始的时候。

若没有任何具体的关于器件工作的知识，我们仍旧能通过一些估算来限定这个问题。在典型的 FPGA 和大的门计数芯片中，在最小电流、稳态电流和最大额定电流之间的差是50％。它在很大程度上依赖芯片功率节省技术的一致性。20 年前，一些处理器芯片在空闲时消耗 90％的功率。芯片消耗功率不占很大比例还是不远的日子前。在移动工业中，很多芯片在几个微秒或更少的时间内，瞬时电流可从最大电流的 1％上升到 100％。在没有其他任何信息的情况下，最大电流的 50％是瞬时电流，这是好的估算。

$$I_{transient} = 0.5 \times I_{max} \tag{9-7}$$

当为 PDN 的平坦部分确立设计指标时，作为起始点，我们使用这个值来估算目标阻抗。

提示　虽然你应该常向半导体供应商索要器件在最差情况下的瞬时电流值，但你很少会得到真实的回答，必须经常依靠估算。

这意味着：瞬时电流和由此而来的目标阻抗的计算存在固有的不确定性。

提示　你总是通过假设有低的目标阻抗和为 PDN 付出更多，来为减小风险"买保险"。你的知识才是较好的保险。

9.4　通过电路芯片的实际 PDN 电流曲线

最简单地，可用一些有调制的恒流源来模拟流过芯片 PDN 轨的电流行为。这是关于芯片行为的好的一阶模型，它允许我们很快仿真一些重要特性和为鲁棒性 PDN 设计指导方针。可是，这不是 PDN 拉出的电流的实际行为。

在本节，我们介绍关于片上 PDN 电流拉出更复杂的模型，它可用于产生一组标准的开关波形，以测试 PDN 特性。

提示　使用开关电流模型，我们找到了更加接近实际的情况，以用于测试鲁棒性 PDN 的极限。

一般情况下，模拟流过芯片核的电流是复杂的。它依赖于每个门被拉出的精确电流，每个门都与定时微码运作有关，微码决定了核心区域中有多少门动作。共享同一电源和地的电路具有金属化的共同阻抗，它分配电源到片上门的核。

抽取具有核的晶体管级模型和互连接线的寄生参数，其中这些线分配电流到门的核，仿真具体电流是可能的，这个电流通过每个 V_{dd} 和 V_{ss} 连接到核的门。甚至可能对具体的微码运作器件仿真 PDN 电流。这是复杂的过程，需要详细的门模型和互连接线的模型，以及软件。做到这些后，我们可得到一个具体模型系统和码的解，但不能保证其他微码的性能，或者说它只能稍微用在下一个设计中。

提示 作为一个实际的方法，在典型和最差条件下，近似芯片核区的电流流动和估算电流符号、幅度是可能的。特定电流随着器件而改变，但是一般方法是相同的。起始点是电流流过构成核的每个门上的地方。

在典型的 CMOS 系统中，一个简单的反相器门的基本电流是推挽电流，如图 9-2 所示，推挽电流是在 V_{dd} 和 V_{ss} 之间，由 p 沟道和 n 沟道串联组合的。输出门驱动一些其他输入门，它们构成逻辑单元和部件的组合电路。

从任何一个门看到的输出负载是输出网的金属化层和连接到输出栅极的输入门电容的电容组合。从电气上看，负载就像单一的集总参数电容器。其他功能的门有类似的特征，其驱动的是电容负载。

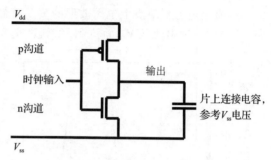

图 9-2　简化的驱动容性负载的片上门的电路模型。驱动线和 V_{ss} 之间的电容是由下一个门和互连接线的金属化层的电容确定的

提示 每个片上内部门驱动的是集总参数电容性负载，大小依赖于它们连接的设备。

电容负载等效电路依赖于相互连接线的金属化层和片上的 V_{dd} 和 V_{ss}。为了引入这个课题，假设相互连接的金属仅是靠近 V_{ss}，其他信号被驱动到 V_{ss}。在这种情况下，可仅以 V_{ss} 作为电容的参考，然后用单一的电容器来模拟它。

当 p 沟道导通时，输出节点经历上升转移，从 V_{dd} 来的电荷流过 p 沟道进入这个电容器，输出电容器的电压上升。当 p 沟道关闭时，n 沟道导通，输出节点经历下降转移，电荷流过 n 沟道，电容器中的电流为负方向，这是放电。图 9-3 所示为这些电路的流动模型。

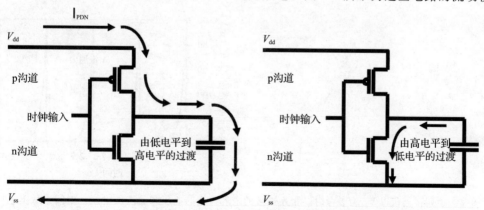

图 9-3　输出电容的充电和放电的电流流动模型，这发生在输出节点电压的上升和下降边缘

　　当输出负载仅以 V_{ss} 轨为参考时，在充电阶段，PDN 电流仅在 V_{dd} 和 V_{ss} 之间流动；不在放电期间，它在电流上升时流动。对应于门的导通时间，充电电流有快速上升时间的电流曲线，以 RC 充电时间常数对电容负载进行充电。在这个情况下，R 是沟道导通电阻，C 是输出负载电容。

　　如果导通电阻是 10Ω，负载电容是 1pF，充电时间常数是 10ps。与时钟周期相比较，这个时间是很短的。从 V_{dd} 到 V_{ss} 纯的电流流动是发生在每个时钟周期的脉冲序列上。图 9-4 说明了在输出电容器节点上电压波形的重要特性，电流在正方向流入它，电流流出是在负方向，纯的 PDN 电流从 V_{dd} 轨流到 V_{ss} 轨，交变电流通过了 p 沟道和 n 沟道。

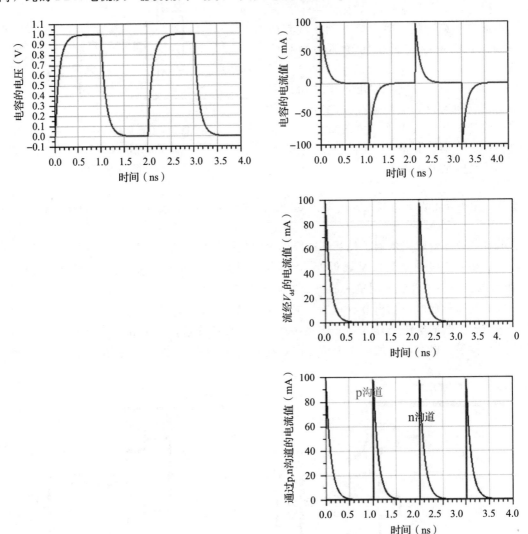

图 9-4　顶列：当仅以 V_{ss} 为参考时，相互连接的电容器上的电压和流入的电流。中间：从 V_{dd} 流到 V_{ss} 的纯的 PDN 电流，这发生在每个时钟周期。底部：流过每个晶体管沟道的电流

当输出节点从低到高转移时，来自 V_{dd} 源的是充电电流；流过 V_{ss} 节点的是通过电容器的位移电流。这是通过 V_{dd}-V_{ss} 轨的瞬时电流，它常定义为 PDN 环路电流。流入电容器的电荷在时钟沿上会产生 PDN 的瞬时电流脉冲。充电或放电期间，存储在电容器中的总电荷是电流波形下的面积，可推导为：

$$Q_{\text{clk\_edge}} = \int_{0}^{T} I_{\text{clk\_edge}}(t)\mathrm{d}t = C \times V_{dd} \tag{9-8}$$

式中，$Q_{\text{clk\_edge}}$ 是每个时钟周期边缘给负载电容器充电的总电荷；$I_{\text{clk\_edge}}$ 是时钟期间边缘从 V_{dd} 流出的电流；T 是一周期，它包含一个脉冲；C 是相互连接的电容和下一个门的电容；V_{dd} 是核供电电压。

因为电流脉冲仅开始于时钟边缘，所以它被定义为时钟-边缘电流[3-4]，时钟边缘触发了时钟边缘电流。

每个时钟周期上的时钟边缘电流曲线与时钟频率无关。它仅在时钟上升沿后流动，即通常在大部分的门激活时，或恰恰在数据被释放时。一个周期的平均电流（也称为动态电流），通过 V_{dd} 轨进入 p 沟道，通过电容器进入 V_{ss} 轨，整个周期的总电荷为：

$$I_{\text{dynamic}} = \frac{Q_{\text{clk\_edge}}}{T} \tag{9-9}$$

如果时钟频率加倍，则每个时钟边缘的电流脉冲停留相同的时间，平均电流或动态电流加倍，如图 9-5 所示。

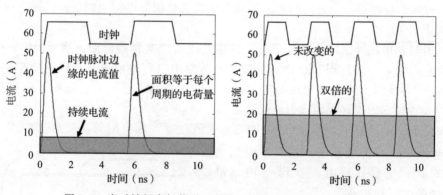

图 9-5　当时钟频率加倍时，时钟边缘电流和动态电流的例子

这是从 V_{dd} 电源拉出动态电流的来源，是被芯片消耗的起始瞬时 PDN 电流。它通过其余的 PDN 网络流动，最终在 VRM 中消耗功率。通过 V_{dd}-V_{ss} 轨的总动态电流依赖于芯片上开关门的数量，在每个周期中总的电容充放电和变化作为不同的逻辑功能来执行。

片上去耦电容器滤除了时钟边缘电流尖刺，平滑了它们。流过封装块的电流看起来更像动态电流波形，它的平均超过了时钟周期。

提示　时钟边缘充电脉冲被片上去耦电容器平滑，从时间上看起来它更像平均时钟边缘电流，PDN 电流通过封装引线进入印制板的 PDN。

由于每个周期内有不同的门开关和时钟频率被调制的情况，所以时钟被控制得时快时慢，有时为了省电，甚至停止，我们把这些行为近似为 PDN 电流的调制瞬时电流曲线。

9.5 电容以 V_{ss} 和 V_{dd} 为参考时的时钟边缘电流

典型的相互连接线电容是以芯片上的 V_{ss} 和 V_{dd} 轨为参考的。芯片上门-门的相互连接线可能是在 V_{ss} 和 V_{dd} 金属层之间的三明治结构。由于输出可能是高和低的状态，所以邻近信号的连线、下一个门的输入电容、负载电容是以两个电源为参考的。芯片上的 V_{ss} 和 V_{dd} 电源结构之间常常是对称的，相互连接线与 V_{dd} 间的电容，恰恰与对 V_{ss} 间的电容相等。与 V_{dd} 间的负载电容近似等于与 V_{ss} 间的负载电容，如图 9-6 所示。

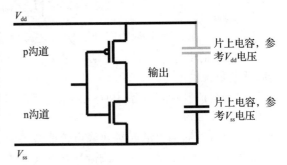

图 9-6 当输出电容是以 V_{dd} 和 V_{ss} 为参考时，负载电容的等效电路模型。这是很常见的情况

当输出节点上升和下降转移时会有充电和放电电流，它与以 V_{ss} 为参考的单端电容器相比较，稍微有一些不同。当 p 沟道导通时，电流流入输出负载电容，V_{ss} 电容器充电，V_{dd} 电容器放电。初始 PDN 环路电流的幅度是与单参考时相同的，因为它是被 p 沟道的导通电阻限制的。电阻电容加倍，对电容器充电的 RC 时间常数增加，通过 p 沟道流入输出负载的总积分电荷也加倍，假设它对 V_{dd} 的电容等于对 V_{ss} 的电容。

当上升转移电流冲击输出电容器时，位移电流通过电容器流动，这可由 $C \times dV/dt$ 来推导，并且分裂，一半流到 V_{ss}（这与单端参考时输出电容的情况有相同的值），一半流到上边的 V_{dd}。输出节点增加的电压与两个电源驱动的位移电流有关。电容器两端的直流电压不能驱动通过它位移电流，但能改变电压，即 dV/dt。

在从低到高的转移中，耦合到 V_{dd} 的电容器通过 p 沟道电阻器有效地"放电"。这个电容器的电荷通过 p 沟道流动，没有净电流流过 PDN 以对这个电容器放电。净 PDN 电流对以 V_{ss} 为参考的电容器充电。

图 9-7 所示为上升转移时的充放电电流的流动情况。

在整个上升转移期间，电流通过 p 沟道流出 V_{dd} 节点，其中一半通过电容器负载流回 V_{dd} 节点。因此净电流是充电电流的一半，一部分流到节点，一部分流过 PDN 环路。一个周期内一半是开关电流，一半是总的积分电荷。

在高到低的转移时，p 沟道断开，负载电容通过 n 沟道放电。因为输出节点上的电压减小，

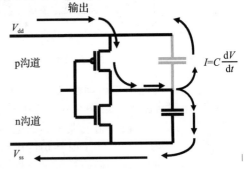

图 9-7 上升即由低到高转移，电流流入以 V_{ss} 和 V_{dd} 两个节点为参考的输出负载电容。从低到高转移期间有 PDN 电流流动

所以 dV/dt 为充电周期的相反方向，位移电流通过电容流到输出节点，通过 n 沟道流到 V_{ss}。结果就有净电流从 V_{dd} 流到 V_{ss}，这是 PDN 环路电流的一部分；参看图 9-8。

当输出门电容以 V_{ss} 和 V_{dd} 轨为参考时，在上升和下降门转移期间，在 V_{ss} 和 V_{dd} 之间有净电流流动存在。这意味着：时钟边缘初始的脉冲电流在门转移的上升和下降期间，围绕 PDN 环路流动。p 沟道和 n 沟道电流二倍于 PDN 环路电流，由于每半周期，电容器存储能量，随着电压转变，消失在 FET 中。

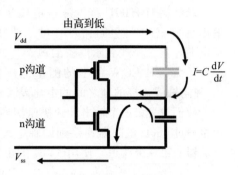

图 9-8　下降即由高到低转移时，当以 V_{ss} 和 V_{dd} 两个节点为参考时，从输出负载电容流出的电流。从高到低转移期间有 PDN 电流流动

对于时钟树，情况是真实的，时钟的上升和下降期间都会拉出 PDN 电流。这个电流脉冲二倍于时钟频率，可是，这与组合逻辑有些不同。时钟上升缘的门闩释放数据。PDN 电流耗散在所有逻辑电路的最终状态中，与门的开关方向无关。组合逻辑不再被激活，直到下一个时钟周期的上升缘。

提示　逻辑门在每个周期都会拉出 PDN 电流，时钟树拉出的电流是每个时钟周期的两倍。

如果输出金属化和 V_{dd} 之间的电容耦合不同于对 V_{ss} 的电容耦合，则从 V_{dd} 到 V_{ss} 的电流，在上升边缘和下降边缘是不同的电流。通道之间的连接线与其他门的输出线更为相似，高或低的概率是相等的。邻近的线也存在向一个方向或另一个方向开关的概率。在尾端，所有门输出的累积电容负载在 V_{dd} 和 V_{ss} 之间是平衡的。

提示　轨-轨的电流围绕着 PDN 环路流动，贡献了动态电流消耗，在 PDN 阻抗两端产生了噪声电压。

这个例子代表了时钟和数据激活时，拉出的 PDN 电流。时钟树常常是缓冲器和反相器几个阶段的一种"H"展开。时钟边缘通过反相器来分配，直到时钟树的最后级和门闩，门闩释放通过组合逻辑传播的数据。假设所有的逻辑满足定时要求，那么在下一个时钟前，所有的时钟边缘全部完成激活。这种激活涉及实现上升和下降转变的输出节点。PDN 电流消耗在每个时钟边缘事件的输出节点的上升和下降转变中。

9.6　测量的例子：嵌入式控制器处理器

电流通过 PDN 阻抗，在芯片电源轨上产生电压降，这样我们就可直接测量时钟边缘电流。为了说明这个原理，使用单个的可给两个芯片和 I/O 供电的普通 5V 电源，我们构建一个简单的嵌入式控制器处理器来测量 V_{dd} 和 V_{ss} 的电压。

我们设置一个输出针为常数 HIGH 值。这意味着：我们连接它的输出到芯片的 V_{dd} 上。

设置另一个输出针为常数 LOW，这意味着：连接它的输出到芯片的 V_{ss} 上。通过 450Ω 的电阻连接到这些输出针上，然后通过 50Ω 的同轴线接到示波器输入。

示波器对 HIGH 线的测量电压是片上 V_{dd} 波形的复制，它已经被驱动器电阻所分压，输出是 450Ω 的纯电阻和 50Ω 的示波器端口电阻。我们观察同轴电缆传输的信号波形，这根电缆连接信号线到示波器的地。

示波器对 LOW 线上的测量电压是芯片上的 V_{ss} 和同轴线连接的地之间的电压差。

我们放置第三个输出针到快速切换键。它的输出也通过 450Ω 电阻器连接到同轴电缆，然后进入示波器的第三个通道。使用 450Ω 的电阻器通过 I/O 针，分压到的电流为 $5V/500\Omega = 10mA$。图 9-9 所示为嵌入式控制器处理器的照片，它具有电阻器和同轴电缆的连接。

我们使用 Teledyne LeCropy 为 HDO 12 位分辨率的示波器测量电压噪声。这个嵌入式控制器的时钟速率仅为 16MHz，这由印制板上的石英晶体决定。其周期为 60ns，这与来自驱动器输出针的信号上升时间 3ns 相比是非常长的时间。微码运行微控制器保持打开针为 LOW 时需要 3 个时钟周期，HIGH 为一个时钟周期。图 9-10 所示为这 3 个信号的波形。

图 9-9 嵌入式控制器（Arduino 微控制器），它用于测量芯片的 V_{dd} 和 V_{ss}，使用静态 LOW 和 HIGH 敏感线作为 I/O 库开关

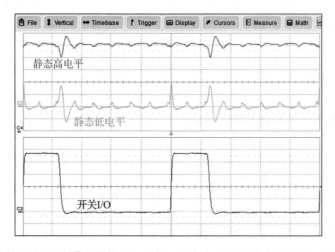

图 9-10 示波器测量的 3 个信号的轨迹。顶部：固定为 HIGH 线上的输出。这是 V_{dd} 的电压，刻度是 100mV/每格，V_{dd} 的电压为 5V。中间：固定为 LOW 线上的输出，这是芯片上 V_{ss} 的电压，参考的是连接到同轴线的印制板上的地。刻度是 100mV/每格。底部：I/O 针开关，垂直刻度 1V/每格。所有的时基是 50ns/格

在输出是低的 3 个时钟周期，或者输出是高的一个时钟周期期间，时钟边缘电流用上升时钟边缘和下降时钟边缘开启通过 PDN 的环路电流，这是很明显的。随着 V_{dd} 电流流过 PDN 和封装引线电感，芯片上 V_{dd} 的压降大约 20mV。相同的回路电流通过地的引线电感，在 V_{ss} 轨上产生正的电压，每个时钟边缘的幅度为 35mV。

在二倍时钟频率处，每个时钟边缘的时钟边缘电流产生电源压缩。这是由于 V_{dd} 和 V_{ss} 的负载电容和相当的栅极组合形成的。当芯片活动接近空闲状态时，时钟分配树中的活动将在时钟的上升沿和下降沿上进行切换。

当更多的门被激活，例如当 I/O 门闩被设置时，输出驱动器在时钟上升边缘被打开，并有更多的 PDN 电流和更大的电源降落。输出针的上升和下降边缘的电源降落是不对称的，可能是与两个时钟边缘周期在打开时逻辑激活的组合是不同的有关，或者这个不对称是关系到输出网是以回路作为参考的，传统上这同时存在开关噪声(SSN)。

提示　虽然时钟分配网络在时钟的上升和下降边缘产生时钟边缘电流，逻辑开关产生的时钟边缘电流仅发生在时钟的上升缘。

通过芯片 PDN 或者流过 V_{ss} 的电流的具体数值依赖于片上电容的详细信息和在每个时钟边缘，那些门是打开还是关闭。这个例子说明：仅时钟边缘电流流过 PDN。对于通过芯片 PDN 电源的电流，最重要的特性是符号。

不管输出电容是仅以 V_{ss} 为参考还是以 V_{ss} 和 V_{dd} 作为参考，电流脉冲序列都是与时钟相一致的。结果产生跨越一个时钟周期的平均电流，我们定义它为动态电流。它与时钟频率和在每个周期内充放电的总芯片负载电容有关。

流过 PDN 的动态电流是一个周期内的平均时钟边缘电流：

$$I_{dynamic} = \frac{每个周期的电荷}{时钟周期时间} = \frac{Q_{clk\_edge}}{T} = Q_{clk\_edge} \times f_{clock} \tag{9-10}$$

提示　最终，作为门激活和微码运行的动态电流模型结果会产生电流曲线，并有助于瞬时电流。

9.7　PDN 噪声的真实原因——时钟边缘电流如何驱动 PDN 噪声

当时钟边缘电流流动时，随着门的开启，它流入电容负载，片上电容器的电压降伴随着每个时钟边缘事件而发生。PDN 电感两端产生电压，由通过电感器的 di/dt 来驱动，外面流入的电流补充了时钟边缘消耗的电荷。连续的事件容易产生混淆，重要的还是要理解在 PDN 上噪声产生的真实机理。

我们开始观察图 9-11 所示的在电容器和电感器上电流和电压的关系。在电容器中存储电荷的改变与其双端电压的改变存在一种关系。在电感器中，它两端得到的电压改变和通过它的电流改变存在一种关系。这些关系描述的是两个常数的瞬时联系。

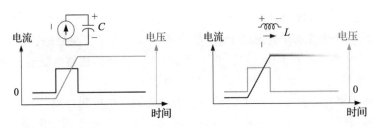

图 9-11　电容器和电感器中电压和电流的关系，i/C 和 v/L 是强制函数，它引起电容器两端电压改变和通过电感器的电流改变

　　存储在电容器中的电荷的改变会引起电压降还是电压降引起电容器中的电荷改变？流过电感器的电流改变会引起电压降还是电感器两端的电压降引起电流改变？

　　这是什么原因导致该情况的。正如我们常常问的那样："玻璃杯是半满的还是半空的？"答案是："这取决于你做事情的角度。"如果我们正在装玻璃杯，玻璃杯是半满的。如果我们要清空玻璃杯，那么玻璃杯就是半空的。

提示　如果电路中电容器的电荷被拉出，则两端的电压会改变。如果电路中电感两端的电压发生改变，则通过它的电流就会改变。

　　进入或离开电容器的电流能瞬时改变；即为方波形式。电容器两端的电压仅能够根据流过它的电流的积分来逐渐改变。电容器的控制方程是：

$$\frac{\mathrm{d}v}{\mathrm{d}t} = \frac{i}{C} \ \text{和} \ v = \frac{1}{C}\int i \times \mathrm{d}t \tag{9-11}$$

　　对于电感器而言，电压和电流的作用是相反的。电感两端的电压可瞬间改变，但通过电感的电流只能根据其两端的电压逐渐变化。因此，控制方程如下：

$$\frac{\mathrm{d}i}{\mathrm{d}t} = \frac{v}{L} \ \text{和} \ i = \frac{1}{L}\int v \times \mathrm{d}t \tag{9-12}$$

　　这里 i/C 和 v/L 是强制函数，分别引起电容器两端电压的改变和通过电感器的电流改变。

　　如图 9-11 所示。很长时间后，进入电容器的电流为零，同时电压为常数，然后下降为零。电容器两端电压在没有电流时为常数。当进入电容器的电流恒定时，电压逐渐升高。如果 i/C 是强制函数，电压改变 $\mathrm{d}v/\mathrm{d}t$ 就是结果。

　　很容易看到，构成的方程为：

$$i = \frac{\mathrm{d}Q}{\mathrm{d}t} = C\frac{\mathrm{d}v}{\mathrm{d}t} \ \text{和} \ \Delta Q = C\Delta v \ \text{或者} \ \Delta v = \frac{\Delta Q}{C} \tag{9-13}$$

　　在 CMOS PDN 情况下，片上电容(ODC)不用说是在负载电路的周围，ODC 的电荷消耗引起电压降。多个门的开关，从 ODC 中拉出了电荷，引起电压降。电荷在每个周期中被消耗，脱离片上电容器。

　　这是 PDN 噪声的根本原因。我们有两个电压不同的普通电容器，一个开关瞬时闭合以设法使两个电容器具有相同的电压。一个电流脉冲(电荷)在 ODC 和负载电容之间，以

FET 跨度和线电阻所允许最快速度而流动，这就产生了 PDN 噪声。从前面的方程中可知，降低 PDN 噪声 ΔV 最为明显的方法，是增加 ODC 或者减小负载电容器存储的电荷。

提示　引起 PDN 噪声的根源是电荷消耗，当门开启时，对电容负载充电，芯片去耦电容器消耗电荷。降低 PDN 噪声最有效的方法是增加 ODC 电容器，这样驱动其余 PDN 噪声的电压降减小。

这突出了 CMOS PDN 中片上电容的重要性。

ODC 保护了核心逻辑电路免受 V_{dd} 电源上外来电压噪声的影响。片上电路的端口电压保持不变，除非一些噪声电流集中通过 ODC。为了在 V_{dd} 上得到芯片相对于 V_{ss} 的外部噪声，必须通过封装引线高阻抗，然后看见 ODC 的低阻抗。分压器滤除了芯片电路端口出现的系统噪声。这意味着：PDN 噪声一般是自攻击的结果，这里的电路消耗了 ODC 的电荷。远离封装引线电感的外部电路，可能会耦合进入，从而回路电感产生噪声，但是，最好的保护方法是使用大的片上电容。

产生 PDN 电压噪声的第一步是门中使用电荷消耗。这会引起片上 PDN 电源的电压降。在封装引线芯片边上，与封装引线印制板边相比较，这个电压差会引起通过电感器的电流的改变。

提示　从这个角度来看，ODC 上的电荷耗尽对芯片上电路充电的电压损耗是通过封装引线来驱动 di/dt 实现的，这与我们通常了解电感的方式相反。在片上 PDN 噪声的情况下，强制函数横跨封装引线电感两端的电压降，而响应是通过封装引线来实现的 di/dt。

在图 9-11 中，流过电感的电流，在电压交叉过零期间是常数。当电感器两端存在电压差时，电流上升。电感中改变电流的强制函数是 v/L，di/dt 是结果。

在这个积分方程中，我们最容易看到电流的改变引起电感器两端电压对时间的积分。对于一个简单的 PDN 电路，在外部电流流过这个电感器之前，片上电容两端的电压必须降低，并会引起电感器两端的电压降。

必定有一些 PDN 电压噪声（片上电容器的电压降）激励额外的电流从外部的电源进入。v/L 可确定从外部进入多快的电流，以补充由 CMOS 电路消耗的来自片上电容的电荷。ODC 两端的电压下垂 ΔV 越大，引起电感器两端越大的电压降，产生越大的 di/dt（电流流入较快）。

同样，具有相同电容电压降的较小的电感值 L 会引起较大的 di/dt，带动电流较快地补充进入片上电容器的电压。较大的电压降落，对 CMOS 电路不是好事，会引起 F_{max} 的恶化。减小 PDN 回路电感带动较快的电流会更好些，但是这意味着更昂贵的 PDN。

前面的讨论提供了一些从 CMOS 电路里拉出电流的 PDN 机理的见解。CMOS PDN 的类型是简单的，在我们能得到更多封装电流以前，ODC 两端的电压必须下降。我们应为芯片电路的电压降留下一些容差。留下的某个容差可用于目标阻抗计算。产生电压降，芯片才能从外面获得额外的电流。从封装电感来的电流允许增加的速度（di/dt，斜率）等于 v/L。较低的电感总是较好的，因为流入的电流有助于电压降得更快。

为了说明这些原理，我们构建了图 9-12 所示的简单电路。标记为"电路"的方框是开关电容器网络，它一旦触发，就会产生一个总电荷单个的时钟边缘，或者一个电流流动的时钟边缘。这减小了 ODC 电容器两端的电压，引起电感器两端的电压降，它是被流过电路的 di/dt 所驱动的。

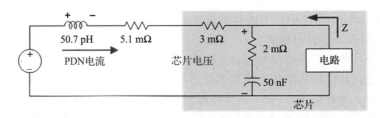

图 9-12　说明芯片上产生 PDN 噪声的定时序列电路，ODC 和封装引线电感扮演的角色

我们仿真了 ODC 的端电压和由此流过电感的电流，它对应于单个时钟边缘电流响应的脉冲电流。图 9-13 显示了电感减半后的影响。实线为 50.7pH 电感的电流和电压，虚线为 25.3pH 电感的电压和电流。这种情况下的负载电流是时钟边缘脉冲。为增强效果，脉冲时间宽度减小到 100ps。脉冲电流比 PDN 电流高得多，超出了这个图的宽度。

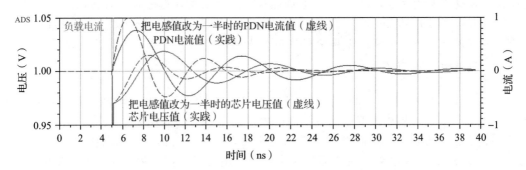

图 9-13　当电感值减半后，对单个时钟电流仿真 ODC 端电压和通过电感器的电流。图显示的是随初始下降的 ODC 端电压和通过电感器的向上的正弦波电流

当时钟边缘电流流过时，片上电容的电压立即下降 31mV，这是 $\Delta V = \Delta Q/C$ 的结果。负载电流为短时，由于与片上电容器串联的 2mΩ 电阻，发生额外的电压降。

随着电感的减小，电流曲线的斜率变大（$2 \times di/dt$）。在 ODC 上初始电压的下落是相同的，因为任何可形成谐振的电感器在短的脉冲期间内是不能传递电流的。可是，在事情开始发生的几纳秒内，可以很清楚地看到电流很快地斜升。当电感减为一半时，电压反射减小。谐振频率增加 25%（频率趋于电感的平方根），q 因子减小（振铃的周期减小）。

原因是什么？PDN 元件的影响是什么？这些问题是相互混淆的，因为观点依赖于驱动功能的源。

在 I/O 电路中, 为了区别核心逻辑电路, 这里切换的是大信号, 则产生的芯片电流也是很大的, 噪声对外部电源的驱动功能是开关电流与外侵 I/O 环路和静态 I/O 环路之间的环路互电感的 di/dt。这个响应是静态环路上产生的感应电压噪声。

通常定义为地弹跳的信号, 事实上是 I/O 回路电感之间的感应耦合串扰。可是我们如何把分配回路电感归类为回路规定总电感的一部分, 这依赖于我们设法要回答的问题。

一种方法, 当有共享的回路引线时, 我们能把信号回路的回路电感归类为回路的总电感。当侵入信号环路被打开时, di/dt 流过侵入电路和回路的共享总电感。这个 di/dt 的作用犹如强制函数, 在共同的回路电感端产生电压降。

这是一个原因, 但不是想到的关于地弹跳的唯一的原因。

这个例子是关于电源完整性术语的另外一种情况, 包含带有两个不同根源和不同解法的两个非常不同的问题。虽然它被归属于通用的电源完整性问题, 减小 I/O 途径中的开关噪声是独立于减小核心逻辑 V_{dd} 电源上电压噪声的。

当核心逻辑打开时, 小信号 di/dt 是电流在时间轴上的斜率, 它不是 PDN 噪声的原因, 相反是 v/L 的结果。

提示　当对 ODC 再补充电荷时, 我们需要 di/dt 尽可能高, 目的是减小 ODC 上的电压噪声。较小的封装引线电感, 允许有较高的 di/dt, 以减小芯片电源的噪声。

PDN 性能的大的敌人是片上开关电容负载产生的瞬时电流, 时钟边缘序列和每个边缘的电荷消耗。dI 是大信号, 是最大电流减去最小电流的差。瞬时电流密切地与 PDN 必须传递的能量或功率有关。瞬时电流的上升时间 dT 可以确定 PDN 必须传递的 dI 部分。非常快的瞬时电流(即突发时钟边缘脉冲尖刺)必须由片上电容传递。

封装电感在快速时钟周期期间阻止从封装来的电流。如果大信号 dT 是较长的, 并发生在几个时钟周期, 则瞬时电流是从封装上的电容器传递的。如果 dT 更长, 则瞬时电流可能在几十个时钟周期内由印制板电容器提供; 而在几百个时钟周期则由 VRM 提供。

提示　大信号瞬时电流 dI 是我们用于计算目标阻抗的一个量。简单地说, 时间长度 dT 是确定 PDN 来自什么地方的。

9.8　支配 PDN 阻抗峰的方程

在利用不同的动态电流特征来估计 PDN 的电压含义之前, 我们使用影响电压行为的重要特性建立一个简单的 PDN 案例研究。

图 9-14 所示为典型的 RLC 电路, 代表片上电容和一些具有串联阻尼电阻的封装引线电感。当我们从印制板边观察感性封装中的电容芯片时, 元件是串联的, 预期阻抗上有谐振凹坑。当我们从芯片的角度观察 RLC 电路, 并假设封装贴附在低阻抗印制板 PDN 上, 元件是并联的, 预期有谐振峰值阻抗。

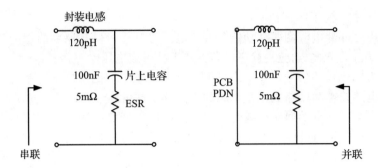

图 9-14 具有相同元件值，在感性峰值上电容芯片的串联和并联电路。当从印制板边观察时，如在 VNA 测量中，元件是串联的。当从芯片电路功能的观点来看，元件是并联。这个 PCB 的 PDN 常常有非常低的阻抗，它由短路来代表

图 9-15 所示为串联和并联电路组成的阻抗，同时它还有单独的电感器和电容器的阻抗。

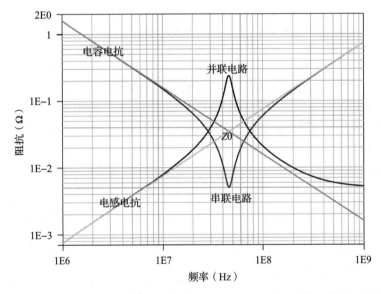

图 9-15 具有相同谐振频率的串联和并联谐振电路的阻抗。注意：电抗元件的阻抗在谐振频率交叉处，其数值是这个电路的特性阻抗 Z_0

两个电路具有相同的谐振频率：

$$f_0 = \frac{1}{2\pi \sqrt{LC}} \qquad (9\text{-}14)$$

电感器和电容器的阻抗位于谐振频率交叉处，具有相同的阻抗值。因为这个特征谐振值，我们称它为电路的特性阻抗 Z_0。这个阻抗与传输线的特性阻抗无关。这个阻抗仅是"描述"这个电路。

谐振电路的特性阻抗是谐振频率处电感的电抗或是电容的电抗。我们可由谐振时的 C 或 L 计算 Z_0：

$$Z_0 = 2\pi f_0 L \text{ 或 } Z_0 = \frac{1}{2\pi f_0 C} \tag{9-15}$$

LC 电路的谐振频率，特性阻抗为：

$$Z_0 = 2\pi f_0 L = 2\pi \frac{1}{2\pi \sqrt{LC}} L = \sqrt{\frac{L}{C}} \tag{9-16}$$

对于串联谐振，阻抗的分母数值是 R，q 因子是电抗除以谐振时的电阻：

$$q \text{ 因子} = \frac{Z_0}{R} \tag{9-17}$$

可观察到，并联谐振峰值远高于 Z_0，如同串联阻抗峰值低于 Z_0。我们估算阻抗峰值为：

$$Z_{\text{peak}} = q \text{ 因子} \times Z_0 = \frac{Z_0}{R} \times Z_0 = \frac{Z_0^2}{R} = \frac{1}{R} \frac{L}{C} \tag{9-18}$$

当 q 因子是高的时候，这个方程是准确的，但是当 q 因子接近 1 时候，这个方程不准确。

我们能使用这些方程的几个特点来构成基本的 PDN 设计：

1. 如果我们知道 R、L、C 的值，则能计算谐振频率、特性阻抗、q 因子和阻抗峰值高度。

2. 如果我们通过测量谐振频率、q 因子和初始电压凹坑来知道脉冲电流，就能计算 R、L、C 的值。

3. 如果我们希望一定的阻抗峰值特性，则能控制 R、L、C 值，以得到希望的特性。

例如，如果片上电容是 50nF，我们希望 100MHz 时的峰值阻抗是 100mΩ，则能控制 R 和 L 以得到这些数值。在第 10 章给出的简单的电子表格程序中，通过进一步的研发，使用基本的 PDN 特性，并利用这些电路参数计算出所有的重要特性。表格 9-1 总结了这个例子。

表 9-1　阴影部分确定 PDN 特性的 PDN 参数，使用简单的方程计算 PDN 特性

频域		
V_{dd}	1	V
片上电容器	50	nF
PDN 回路电感	50.7	pH
PDN 环路电阻	10.1	mΩ
谐振频率	100	MHz
PDN Z_0	32	mΩ
PDN 环路的 q 因子	3.15	
预期的阻抗峰值	100	mΩ
假设的芯片电阻	5.0	mΩ
外部的 PDN 环路电阻	5.1	mΩ

对 50nF 的典型的片上电容，使用前面的方程，我们选择其他的 PDN 参数以达到希望的阻抗峰值。我们再计算 50.7pH 的电感以传递所希望的 100MHz 的谐振频率。我们利用 C 和 L 的数值，计算特性阻抗 $Z_0 = 32\text{m}\Omega$。为了实现希望的 100mΩ 的峰值阻抗，q 因子必须是 3.15。从这些方面进行反推，当计算 Z_0 时，PDN 的回路电阻必须为 10.1mΩ。

图 9-16 所示为这个 PDN 的电路图。PDN 的回路电阻已经被任意分解，一部分与片上电容串联，一部分又分为封装内侧和封装外侧。

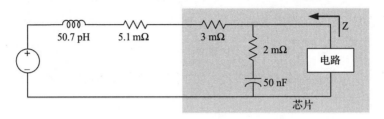

图 9-16　PDN 电路图，它具有的电路参数给出了希望的 PDN 特性，在 100MHz 时有 100mΩ 的峰值阻抗

图 9-17 所示为从芯片焊盘观察的仿真阻抗。阻抗峰在 100MHz 处接近期望的 100 mΩ。在这个例子中，我们需要目标阻抗等于特性阻抗 32 mΩ。正如下节讨论的那样，这能使我们证明 PDN 的特性，尽管它的阻抗峰值超过目标阻抗，但是具有满足目标阻抗的特性阻抗 Z_0。

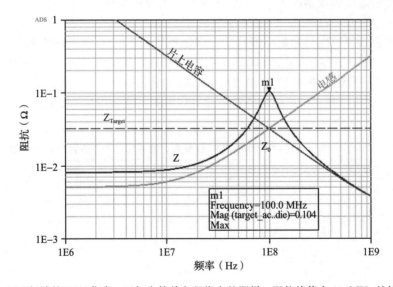

图 9-17　ADS 频域的 PDN 仿真。正如由简单方程指出的那样，阻抗峰值在 100MHz 处接近 100mΩ

9.9　描述 PDN 特征的最为重要的电流波形

我们可以从 PDN 电压响应的 3 个不同的瞬时电流波形[4-5]中，抽取或者描述所有 PDN 的重要性能特性：

1. **脉冲**：单个时钟边缘电流，与单个时钟边缘相互联系的快脉冲电流（短时间内的电荷）。与之可相比的是反脉冲，它是丢失的单个时钟电流后的一系列脉冲。

2. **阶跃**：动态电流突然导通，从最小值变到最大值，而且保持稳态高值。这种类型的电流经常发生在时钟突然开始、改变频率时，或者当数据从高速缓存中缺失后，处理器传输途径突然重新开始。上升时间可如时钟边缘那么快。

3. **谐振**：在 PDN 谐振频率处，微码引起阶跃动态电流一次又一次地发生。这是小概率事件，但是对 PDN 的影响是灾难性的，其重要性超过目标阻抗。它可以用具有一定瞬时电流幅度的方波序列来模拟。

这些电流波形的作用有两个。当我们知道 PDN 的 *RLC* 参数时，这些电流波形帮助我们指出在很多条件下预期的电压噪声。这是预计 PDN 噪声的度量标准。如果我们能使用这些电流波形来驱动 PDN，测量 PDN 响应，则就能"逆向控制"PDN 的性能，抽取基本的指标特性，建立准确的 PDN 模型。

提示 我们使用这 3 种类型的电流波形来预测 PDN 响应，或者由测量的响应"逆向控制"这个 PDN 等效电路模型。

我们使用前面讨论的频域参数来计算 PDN 的时域参数。表 9-2 所示为列在电子表格程序中的输入参数和计算结果。我们在接下来的几节中列出了产生预计结果的方程。为了进行这个研究，我们调整动态电流，强制目标阻抗等于特性阻抗。

表 9-2　在案例研究设置中，由频域参数得到的时域参数。阴影部分是输入，其余部分是计算值。我们利用形式方程计算了预期的时钟边缘、阶跃响应下垂和谐振 p-p 噪声

时域		
动态电流	1.55	A
f_{clock}	1	GHz
目标阻抗	32	mΩ
每个周期内的电荷（Q_{cycle}）	1.55	nCoul
预期的时钟边缘下垂（脉冲）	31	mV
预期的阶跃响应下垂	49	mV
谐振时，预期的峰-峰噪声	198	mV

假设稳态电流为 1.55A。逻辑开关打开时钟上升边缘驱动例子中的动态电流。我们知道，如果看到的是 1.55A，则在时钟打开后，电源电流增加。瞬时电流是最大电流减去最小电流的值，这个例子中是 1.55A。在 ±5% 的摆动下计算的目标阻抗是 32mV，当 V_{dd} 是 1V 时：

$$Z_{target} = \frac{V_{dd} \times 容差}{I_{transient}} = \frac{1V \times 5\%}{1.55A} = 32m\Omega \tag{9-19}$$

因为靠近 1.55A，所以目标阻抗参考线与电容和电感的电抗曲线恰相交于 Z_0 交叉点。我们使用这些参数证明了 PDN 的特性，它的特性阻抗可完全满足目标阻抗。

提示　仿真单个谐振 PDN 电路的最简单方法是使用 3 种波形的电流源。虽然实际的 PDN 负载行为不是准确地像一个恒流源，但这种类型的源是一个起始点，而且可用任何版本的 SPICE 仿真器。

下一节，我们证明 PDN 对脉冲、阶跃和谐振电流波形的响应，指出 PDN 特性如何贡献于电压响应的特性。在 9.17 节，我们基于时钟边缘脉冲序列电流，引入更为复杂的 PDN 负载，其中脉冲序列由开关电容器产生。PDN 响应开关电容器负载的一般特性与我们使用恒流源的情况是相同的。

9.10　PDN 对脉冲动态电流的响应

对于 1GHz 和 1.55A 动态电流的简单情况，每个周期的平均时钟边缘电荷是：

$$Q_{clk\_edge} = I_{dynamic} \times T = \frac{I_{dynamic}}{f_{clock}} = \frac{1.55A}{1GHz} = 1.55nC \tag{9-20}$$

给定这个在每个时钟周期内流动的平均时钟边缘电荷，我们观察 PDN 电压对这个动态电流脉冲的响应。从这个电压响应中，我们抽取或者"逆向控制"PDN 特性。一个单一的时钟边缘脉冲在研究中被隔离出来，1GHz 被变缓，也许是 10MHz。相同的电荷脉冲在 1ns 内消耗掉，在下一个时钟边缘来到之前，观察静止周期的脉冲响应。

当每时钟周期的电荷流动耗尽片上电容器 ODC 的电荷时，会引起 ODC 的电压降，这由式(9-21)给出：

$$\Delta V = \frac{Q_{clk\text{-}edge}}{C_{ODC}} \tag{9-21}$$

我们假设时钟边缘上电流流动的时间与 PDN 电路的响应时间相比是短的。在这种情况下，所有电荷都来自 ODC，成为初始的电压降。由动态电流单一脉冲产生的初始电压降是时钟边缘下垂。在前面的例子中，响应单一时钟边缘电荷流动的下降电压预期为：

$$\Delta V_{clock\text{-}edge} = \frac{Q_{clock\text{-}edge}}{C_{ODC}} = \frac{1}{C_{ODC}}\frac{I_{dynamic}}{f_{clock}} = \frac{1}{50nF}\frac{1.55A}{1GHz} = 31mV \tag{9-22}$$

在加入初始脉冲后，我们预期 PDN 电路在 LC 电路的谐振频率上产生振铃，阻尼被串联电阻确定 q 因子。

我们使用 Keysight ADS 来仿真这个脉冲响应，得到的电压波形与以电路模型为基础的估计进行比较。图 9-18 所示为简单的 PDN 电路的脉冲响应。我们构建在 1ns 中从 PDN 上消耗 1.55nCoul 的三角波。当动态电流为 1.55A 和片上时钟运行在 1GHz 时，这是在每个上升时钟边缘上拉出的平均电荷量。

来自 ODC 上的电流在零的上下振荡，这表示：在某些时间周期上，电流实际上是流出芯片和返回进入外部 PDN。这是典型的谐振系统，因为能量在电感器和电容器之间来回移动(磁场电场)。

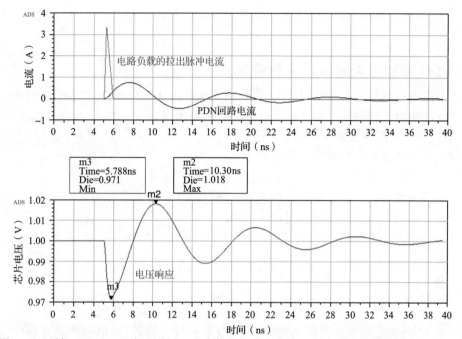

图 9-18　顶部：通过 V_{dd} 到 V_{ss} 从片上电容拉出的电流脉冲，产生的电流围绕前面给出的简单的 PDN 电路外环流动。底部：单一电流脉冲在芯片焊盘端口的电压响应。注意：初始电压下沉是 29mV，预期的是 31mV

提示　脉冲响应揭示了很多有关 PDN 的特性。从初始下垂中，我们得到了片上电容的测度，从振铃频率得到 LC 谐振频率，从振铃的持续周期数得到 q 因子。

即使电流脉冲仅持续 1ns，系统的振铃也超过了 40ns。芯片焊盘上的电压显示了 RLC 电路的响应。在初始 1ns 的脉冲负载电流后，我们看到电压和电流振铃了很长时间（超过 40ns）。振铃周期揭示了 PDN 的谐振频率。大约在 10ns 的周期内，我们估计谐振频率为 100MHz，这种情况在 PDN 中确实出现过。

波形的阻尼揭示了 q 因子。振铃的大约 3 个完整的周期很易识别，这表示 q 因子为 3 左右。在表 9-1 中计算电路的 q 因子为 3.15。

简单地在实验室检查测量的脉冲响应，由下垂深度估算芯片电容，或者猜测电感的大约数值，我们可使用式（9-22）计算所有其他的 PDN 参数。

利用式（9-23）估算的预期值为 31mV，但是仿真值仅为 29mV。差别是在脉冲期间印制板面电源中的少量电荷进入了芯片。换句话说，1ns 的脉冲电流持续时间与 10ns 的 PDN 谐振电路的周期相比就不那么重要了。

提示　缓和时钟边缘下垂的唯一方法是使用片上电容。PDN 设计特征中没有其他方法可影响初始时钟边缘电压下垂的减小。

减小 PDN 的回路电感，对下垂的影响非常小，因为在 PDN 环路电流上升前，脉冲事件已经发生。

9.11　PDN 对动态电流阶跃变化的响应

当芯片上电流源负载的电流幅度 I_0 呈阶跃变化时，从芯片焊盘上观察的 PDN 电压会响应这个具有阻尼正弦波的电压，这个电压具有的偏离是基于来自 I_0 恒定电流的 IR 压降的。这就是并联 *RLC* 电路的阶跃响应。

阻尼电压正弦波响应的初始下垂是：

$$V_{\text{droop}} = Z_0 \times I_0 \tag{9-23}$$

响应的其余部分是有关 *LC* 电路频率的阻尼正弦波和与阻尼电阻有关的 q 因子。如果阶跃电流与定义目标阻抗的最大瞬时电流相同，那么：

$$I_0 = \frac{V_{\text{dd}} \times \text{ripple}}{Z_{\text{target}}} \tag{9-24}$$

和

$$V_{\text{droop}} = Z_0 \times I_0 = Z_0 \times \frac{V_{\text{dd}} \times \text{ripple}}{Z_{\text{target}}} = \frac{Z_0}{Z_{\text{target}}}(V_{\text{dd}} \times \text{ripple}) \tag{9-25}$$

为了使 PDN 电压的幅度对阶跃电流（与目标阻抗是一致的）的响应小于可接受的 PDN 电压噪声水平，我们需要：

$$Z_0 < Z_{\text{target}} \tag{9-26}$$

提示　为了保持由最大阶跃电流产生的 PDN 电压噪声在容差范围内，我们需要 PDN 特性阻抗的峰值小于目标阻抗。这对于有裕度的鲁棒性设计是重要的要求。

如果 Bandini 山的特性阻抗高于目标阻抗，则最大阶跃电流负载将要求 PDN 的初始下垂超过噪声限制。

图 9-19 所示为简单的 PDN 阶跃响应的仿真结果。电流源电路负载消耗的阶跃电流为 1.55A。阶跃电流随着时钟门的打开、以时钟频率的突变和缓存失效而发生。

类似于脉冲响应，阶跃电流响应具有高频分量，引起 PDN 的阻尼正弦响应。谐振频率和 q 因子的痕迹清楚可见。与脉冲响应相比较，主要的差别是峰值电压下垂和最终的电压值，这个值是与引起直流 IR 压降有关的直流电流。

上面的简单方程可给出阶跃响应的电压下垂是：

$$V_{\text{step}} = I_{\text{step}} \times Z_0 = 1.55\text{A} \times 32\text{m}\Omega = 49\text{mV} \tag{9-27}$$

仿真下垂是 50mV，误差来源于所谓的舍入误差。对于这个 PDN，选择瞬时电流为 1.55A，控制目标阻抗等于特性阻抗。电压下垂为 1V×5%，这与计算目标阻抗的容差是一致的。

因为芯片的阶跃响应电压是瞬时电流乘以特性阻抗，正如在仿真中说明的那样，当满足式（9-28）时，最大电压下垂超过电压容差，

$$Z_0 > Z_{\text{target}} \tag{9-28}$$

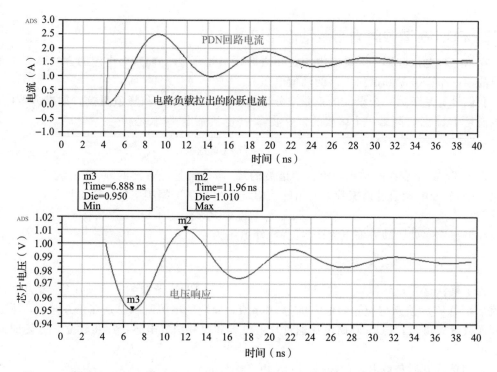

图 9-19　简单的 PDN 电路对电流阶跃的响应。特性阻抗满足目标阻抗的 PDN 具有阶跃
　　　　　响应下垂，这近似地与用于目标阻抗计算的电压容差相同，这种情况下它为 1V
　　　　　的 5％即 50mV

　　Bandini 山阻抗峰值特性阻抗小于目标阻抗的准则是明确地保持瞬时阶跃电流响应的电
压下垂在容差限制范围内。

　　提示　阶跃电流响应是经常发生的，特性阻抗低于目标阻抗的条件对于有裕度或合理
　　　　　鲁棒性的 PDN 是一个重要因素。

　　控制小的阶跃响应下垂的唯一方法是减小谐振特性阻抗。若想实现这个，要么增加
ODC 电容，要么减小封装回路电感，因为特性阻抗是：

$$Z_0 = \sqrt{\frac{L}{C}} \qquad\qquad (9\text{-}29)$$

　　另外一种解决方法是加入封装面上的去耦电容器。这会降低从 ODC 看过去的有效引
线电感，减小占据统治地位的 Bandini 山的特性阻抗。当然，在本质上封装面上的电容器
有非常低的安装电感。

　　Z_0 满足目标阻抗不是有裕量鲁棒性 PDN 仅有的准则。

　　正如我们将在下一节指出的那样，来自谐振频率处的由最大电流调制的 PDN 噪声会
超过电压容差，除非峰值阻抗低于目标阻抗。

9.12 PDN 在谐振时对方波动态电流的响应

在第三种电流波形中，动态电流是在谐振频率处具有峰-峰瞬时电流的方波形式。方波信号的第一个谐波激励谐振电路的峰值电压。

我们计算基于第一个谐波的正弦波分量的峰-峰电压噪声和峰值阻抗。如果方波的峰-峰电流是 $I_{transient}$，则第一个谐波的正弦波峰-峰电流幅度 I_{pk-pk} 是：

$$I_{pk-pk} = \frac{4}{\pi} \times I_{transient} \qquad (9-30)$$

作为 Fourier 变换的结果，第一个谐波的峰-峰电流是比方波的峰-峰电流大 $4/\pi$。峰-峰电压是峰-峰电流通过谐振频率时由峰值阻抗产生的。谐振频率的峰值阻抗是：

$$Z_{peak} = q \text{ 因子} \times Z_0 \qquad (9-31)$$

在谐振频率处驱动方波电流产生的峰 峰电压为：

$$V_{pk-pk} = \frac{4}{\pi} \times I_{pk-pk} Z_{peak} = \frac{4}{\pi} I_{transient} \times q \text{ 因子} \times Z_0 \qquad (9-32)$$

为了确认这个设计原理，我们仿真上面例子中的 PDN 谐振响应，使用峰-峰方波动态电流 1.55A 作为阶跃响应，峰值阻抗为 100mΩ。周期的电流阶跃总是在正方向上，不会随时间而改变。可是，PDN 环路电流通过片上电容和封装引线电感，逐步建立，并随时间而增长。

我们预计方波负载电流的峰-峰 PDN 电压响应是：

$$V_{pk-pk} = \frac{4}{\pi} \times I_{pk-pk} Z_{peak} = \frac{4}{\pi} I_{transient} \times q \text{ 因子} \times Z_0$$

$$= \frac{4}{\pi} \times 1.55\text{A} \times 100\text{m}\Omega = 198\text{mV} \qquad (9-33)$$

图 9-20 所示为在这个 PDN 例子中的仿真谐振响应，它具有 1.55A 峰-峰方波动态电流。

每个负载电流阶跃的相位总是跟随 PDN 环路的电流，这是增长的 PDN 环路电流。注意：PDN 环路电流的范围为从流出印制板的 4A 到流入印制板的 -2.5A，这样，电路负载仅消耗 1.55A。

这个现象在谐振电路中很常见。能量在电感器和电容器之间转移，建立的电平高于激励电流。对于一些周期，电流流出芯片返回印制板电源系统。注意：由于谐振电路，单一边的瞬时电流会引起两边的电压响应。这就是计算目标阻抗涉及一边瞬时电流的主要原因，虽然存在两边，但有正和负的电压容差。

谐振达到最大峰值的时间与 q 因子有关。在 q 因子为 3 的系统中，大概在三个周期达到最大值。我们看到在脉冲响应中，三个周期波形后就趋于"死亡"。q 因子是一种指示，表示从一个周期到一个周期，有多少周期能彼此加强和叠加能量。

提示 阻抗峰的 q 因子不影响阶跃响应的初始下垂，只有谐振峰值的特性阻抗影响阶跃响应。

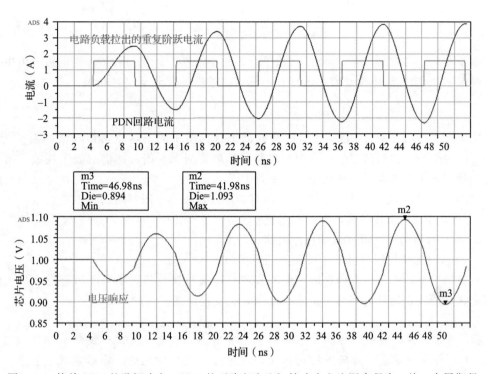

图 9-20　简单 PDN 的谐振响应。PDN 的环路电流比初始响应电流源高得多。从一个周期得到的能量附加于另外一个周期，正如建立在电感器和电容器中的磁场能量和电场能量一样

在仿真中，谐振时建立的峰-峰电压为 201mV，非常接近 198mV 的估计值。这是因为仿真的实际阻抗峰值稍微高于简单估算的 100mΩ。

提示　减小峰值谐振电压幅度的两种方法是：降低谐振的 q 因子以减小峰值阻抗，减小峰值的特性阻抗。若要实现这个，可增加阻尼电阻和减小电感，或增加 ODC。

峰值电压噪声是与谐振峰值的 q 因子、特性阻抗、瞬时电流有关的。在这个例子中，我们基于瞬时电流值和电压容差选择目标阻抗：

$$I_{\text{transient}} = \frac{V_{\text{noise}}}{Z_{\text{target}}} \tag{9-34}$$

峰-峰电压噪声与阻抗峰值有关：

$$V_{\text{pk-pk}} = \frac{4}{\pi} \times I_{\text{transient}} \times Z_{\text{peak}} \tag{9-35}$$

从这些关系中可以看出，峰-峰噪声也有：

$$V_{\text{pk-pk}} = \frac{4}{\pi} \times \frac{V_{\text{noise}}}{Z_{\text{target}}} \times Z_{\text{peak}} \tag{9-36}$$

和

$$V_{\text{peak}} = Z_{\text{target}} \times \frac{V_{\text{pk-pk}}}{V_{\text{noise}}} \times \frac{\pi}{4} \qquad (9\text{-}37)$$

取非常保守的做法，峰-峰电压二倍丁允许的单端噪声。我们看到：当谐振峰值由峰值阻抗要求的峰-峰电流所激励时，电压在指标内的条件是要低于：

$$Z_{\text{peak}} < Z_{\text{target}} \frac{\pi}{2} = 1.6 \times Z_{\text{target}} \qquad (9\text{-}38)$$

这个观点指出：所有 PDN 的阻抗特性低于目标阻抗的条件是谐振峰值的因子为 1.6（有一点儿保守）。并联谐振的峰值阻抗可是目标阻抗的 1.6 倍，这仍旧能实现最差情况下的电压噪声低于容差限制的有裕量的鲁棒性 PDN。

PDN 中最差情况下的电压噪声，在所有频率都低于容差限制时的真正要求是：

1. 平坦区域的阻抗曲线低于目标阻抗；
2. 所有峰值的特性阻抗低于目标阻抗；
3. 谐振时的峰值阻抗低于 1.6 倍的目标阻抗。

一般情况下，充分仿真谐振峰值的真实产品是很难找到的但不是不可能的。最大瞬时电流阶跃必须在正确的时间和相位被拉出来，去支援谐振。

提示　通常，谐振频率下的能量不伴随全电流瞬态，或者全电流瞬变不会在精确的谐振频率下重复。微码下的谐振频率完整仿真是很少见的，很难实现，甚至要想尽各种方法。

可是，在实验室中故意设置时钟门在谐振频率下打开时，可以做到这些。

对于航空和航天设计，人类处于危险的位置而不失败，因此推荐峰值阻抗低于目标阻抗。这是比特性阻抗低于目标阻抗更加严格的要求。

对于具有充分鲁棒性的 PDN，所有阻抗峰值都要低于目标阻抗，这比特性阻抗满足目标阻抗会更加昂贵。

提示　目标阻抗是从已知产品电路（包含电压容差和瞬时电流消耗）得到的计算量。充分鲁棒性 PDN 具有阻抗峰值低于目标阻抗的特点。一个有裕度或合理的鲁棒性而且性价比高的 PDN 具有 Bandini 山的特性阻抗，以满足目标阻抗。

9.13　目标阻抗及瞬态和 AC 稳态响应

在本节，我们再次按照前面给出的脉冲、阶跃和谐振响应检查目标阻抗。我们发现：在宽频带、瞬时响应，特别是当 PDN 具有平坦阻抗曲线时，目标阻抗的定义工作得很好。对于 AC 稳态和多个阻抗峰值的时候，目标阻抗是保守的，其大约为 1.6。

目标阻抗的传统的定义为：

$$Z_{\text{target}} = \frac{V_{\text{dd}} \times 容差}{I_{\text{transient}}} \qquad (9\text{-}39)$$

瞬时电流已经定义为最大电路减去最小电流之差,基本上是峰-峰电流。我们通常认为容差的百分比为 5%,但是我们谈到 5% 容差时,通常意味着 ±5%。容差值像幅度,有正负之分。这与瞬时电流是矛盾的,它是峰对峰,是单边的。

对于电阻性 PDN,这个定义也工作得很好。当最大电流被消耗时,芯片电压下降到 -5%。当没有电流时,电压恢复到正常。对于有平坦阻抗曲线的 PDN,这个定义工作得也很好。负载线或者"自适应电压定位"[6] 的概念,有时也用在 VRM 中,以保证消耗最大电流时,电压降为 5%,调整环路未恢复到正常电压值。这种情况下,芯片电压停留在正常电压与 -5% 之间。

可是在很多 PDN 发生电压下垂的场合,芯片电压自动回到中心以响应这个下垂。一个例子就是 VRM 调整环路。在受到瞬时电流冲击后,如果 DC IR 负责 5% 的电压降,则没有负载线或者自适应电压定位的调整环路也能使芯片电压恢复到它的正常位置,这依赖于调整环路反馈点的位置。

另外一个普通的例子是感性 PDN 部分跟随电容器的情况。当电容器消耗电荷后,芯片电压瞬时下降,但是电感器在几个 PDN 的时间常数后,恢复为原来的值。在这些例子中,在受到瞬时电流冲击后,芯片电压回到中心。

有时受到电流冲击后,会发生电流释放,使电流回到最小值。要么调整环路,要么有电感器响应的芯片电压使 PDN 能够回到中心,现在经历的是与原来的电压下垂幅度相同但方向相反的电压"尖刺"。

提示 平坦阻抗曲线的瞬态响应,这个阻抗曲线具有使电压回到中心的 VRM,或者 LC PDN,趋于取正的或负的电压容差(双边),以响应完全的瞬时电流事件(单边)。瞬时电流的规定与这些场合是一致的。

例如,在图 9-21 所示的瞬态响应中,PDN 有一个长时间稳定的零电流状态。所有的 PDN 突发用 1.55A 的高电流阶跃来仿真。然后在大约 40ns 后,1.55A 的电流没有了。我们将看到 LC PDN 和电阻性 PDN 对这个阶跃电流波形的响应。

前面的例子已经证明,典型的电抗性 PDN 具有封装和回路电感与片上电容一起构成的阻抗峰。初始的电路电流由片上电容传递,并且引起电压下垂。这在电感环路两端形成电压,从印制板和封装依据 V/L 的 di/dt 的电流会加速。电压波形的底部电压是瞬时电流乘以电抗元件的特性阻抗。

$$V_{step} = I_{step} \times Z_0 = 1.55A \times 32m\Omega = 49.6mV \tag{9-40}$$

图 9-21 也指出了 32mΩ 纯阻性 PDN 的响应。它与被选择电流的特性阻抗和目标阻抗是相同的。

正如预期的那样,32mΩ 纯阻性 PDN 和具有 $Z_0 = 32m\Omega$ 的电抗性 PDN,在受到电流攻击后,具有相同的电压下垂。阻性 PDN 停留在最大下垂,而电抗性 PDN 恢复到起始电压附近。这是因为电感器的阻抗在低频时是低的(随时间增加)。电压波形振铃出去,停留在 PDN 的 DC IR 压降值上。这种情况会从初始 1V 电压下降 $1.55A \times (5.1+3)m\Omega = 12.5mV$。电抗性 PDN 回到中心,接近初始电压,这个值的改变依赖于串联电阻在电路拓扑中的位置。

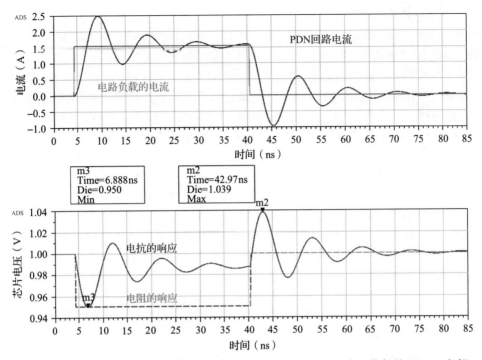

图 9-21 典型的瞬时电流和 PDN 响应。顶部：瞬时电流通过芯片和外部的 PDN。底部：
在电阻性和电抗性 PDN 芯片焊盘上的电压

　　然后，在 40ns 处，1.55A 的负载阶跃电流消失后，正如预期的那样，电阻性 PDN 立即回到初始电压。电抗性 PDN 已经回到中心附近，然后经历电感反弹，使这个电压高于初始电压。这是由于流入电感器的电流不能立即停止，它流入电容器给其充电，并高于初始电压 39mV，这几乎比回到中心的电压高 50 mV 。

　　这个瞬时电流的例子清楚地指出：这个单边电流是如何引起双边电压响应的。初始压降是 $I_{step} \times Z_0$，为负方向。在 PDN 电压回到中心，且电流消失后，电压响应是 $I_{step} \times Z_0$，为正方向。当 VRM 调整环路由于 DC IR 压降，使 PDN 电压回到中心时，一个类似的现象发生在 VRM 中。在电流阶跃消失后，会产生有记忆的 PDN 电压峰，高度几乎与下垂深度相等。

提示 目标阻抗的定义是与瞬时一致的。方程涉及单边、峰-峰电流和双边的电压容差 5%。

　　这种场合与频域分析有一些不同，那里假设为 AC 稳态响应。这个类似于计算频域阻抗的过程，它是用一个频率的正弦波电压除以相同频率的正弦波电流。很长时间以来的分析都假设为纯正弦，这种情况适于每种 VNA 测量。

　　图 9-22 所示为使用方波（实线）和正弦波（虚线）电流激励的 PDN。峰-峰值是 1.5A，它的幅度是 0.775 A。瞬态响应的下垂发生在大约 7ns 时，下垂深度大约为 50mV，这与前

面图中显示的响应是一致的。

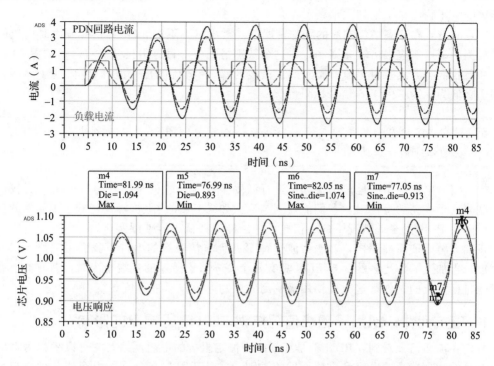

图 9-22　从初始开通到稳态时的正弦波时域响应。顶部：从芯片和 PDN 其余部分拉出的电
流。实线是方波激励电流，虚线是正弦波激励电流。底部：稳态电流下的芯片焊
盘电压响应。方波振幅比正弦波振幅大 $4/\pi$ 倍

随着时间的推移，PDN 被激励在谐振频率处，形成稳态的 AC 响应。对于 AC 稳态，
电压波形与阻抗峰值有关，而不是特性阻抗。仿真阻抗峰值是 0.104Ω，我们能使用时域振
幅或者峰-峰电流波形以及阻抗峰值来预测电压波形。

对于正弦波电流，预测的峰-峰电压是：

$$V_{\text{pk-pk}} = I_{\text{pk-pk}} \times Z_{\text{peak}} = I_{\text{transient}} \times Z_{\text{peak}} = 1.55\text{A} \times 0.104\Omega = 0.161\text{V}_{\text{pk-pk}} \quad (9\text{-}41)$$

仿真的峰-峰电压是 $1.074-0.913=0.161\text{V}$，与预测的一样。

对于方波电流，预测的峰-峰电压是

$$V_{\text{pk-pk}} = \frac{4}{\pi} \times I_{\text{pk-pk}} \times Z_{\text{peak}} = \frac{4}{\pi} \times I_{\text{transient}} \times Z_{\text{peak}}$$

$$= \frac{4}{3.14159} \times 1.55\text{A} \times 0.104\Omega = 0.205\text{V} \quad (9\text{-}42)$$

仿真的峰-峰电压是 $1.094\text{V}-0.893\text{V}=0.201\text{V}$。

在目标阻抗的定义中，我们使用了单边瞬时电流的峰-峰值和电压容差的双边幅度值。
瞬时电流和峰值电压幅度情况都工作得很好。

对于 AC 稳态响应，如果称电压响应为峰-峰电压，我们看到峰-峰瞬时正弦波电流与预测的电压响应匹配得很好。如果称电压响应为振幅，那么峰-峰正弦波瞬时电流和目标阻抗预测的电压响应是振幅的二倍。

这意味着：在稳态 AC 响应的特殊情况下，对于目标阻抗和峰-峰正弦波瞬时电流的定义，预测的电压响应二倍容差限制。在这个特殊情况中，目标阻抗限制有二倍的保守值。

如果我们有方波瞬时电流，则它一次谐波的峰-峰电流值是方波峰-峰值的 $4/\pi$ 倍。保守因子降低为 $\pi/4 \times 2 = 1.6$ 倍目标阻抗。

提示　对于 AC 稳态和单一阻抗峰，当所有瞬态结束，PDN 电压回到中心后，目标阻抗的保守因子仅为 1.6。

方波瞬时电流在精确地以谐振频率进行激励条件时发生的可能性是很低的。当我们在频域观察这个少见的事件时，我们能得到结论：如果 PDN 的阻抗峰保持低于 1.6 倍的目标阻抗，则在 PDN 上最差情况下的峰值电压噪声能保持低于容差限制。

正如即将要证明的那样，对恶劣波这种罕见且非常极端的事件，我们用完所有 AC 稳态裕度，再加上一些更多的。当 PDN 具有几个高 q 因子谐振的极端情况时，若它们所有都要满足目标阻抗的条件，这时要使用极端高的调制电流波形进行仿真。

9.14　电抗元件、q 因子和峰值阻抗对 PDN 电压噪声的影响

我们在前面已经看到，PDN 不是随频率为恒定阻抗的电阻网络。它可以模拟为对应于相互连接的物理特征的电容和电感元件的类别，并且还附加有分立的电容器元件。与纯电阻网络相比，这些具有高 q 因子且存储能量的元件，产生较大的电压和电流幅度。阻抗曲线显示峰值。

可是，即使阻抗曲线中具有峰，如果峰值阻抗低于目标阻抗，那么不管这个峰值的 q 因子是多大，最大瞬时电流在最差情况下的电压噪声总是低于噪声容差。在下节的讨论恶劣波，是这个规则的例外，但这是极端罕见的事件。我们使用单一的目标阻抗作为 PDN 的设计目标仍旧是有用的，甚至可用于电抗阻抗曲线。为了证明这个，下面我们考虑具有相同峰值阻抗的几种 PDN，但是它们有非常不同的 q 因子。这对重复的正弦或者方波的响应是类似的，但是阶跃响应不同，它依赖于 q 因子和阻尼。

简单地呈现 Bandini 山的 PDN 是由单一的电感和电容元件及一些电阻损耗项组成的，如图 9-23 所示，这些可由片上电容和封装引线电感来代表。通过这个 PDN 曲线，我们拉出作为阶跃电流的最大瞬时电流，然后作为谐振频率处的正弦波。当改变 PDN 中的阻尼，我们用容差指标比较电压噪声响应。

我们使用图 9-23 所示的电路，证明几个具有不同 q 因子的 PDN 阻抗与频率的关系。我们仿真从节点 1 看过去的阻抗。电感器两端的电阻元件与下一节恶劣波的仿真模型是一致的。

如果仅改变阻尼电阻，那么谐振频率是相同的，峰值阻抗将随着 q 因子的增加而增加。这个行为在 RLC 电路中是很常见的。我们可以控制电路中的 L 和 C，使峰值幅度总是保持与目标阻抗相同，正如我们调节 q 因子那样。

我们在每一组电阻器下，调节电感器和电容器的值，以控制它们的谐振频率都为相同

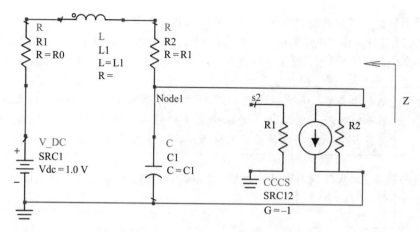

图 9-23 PDN 简单电路模型展示了单一的与阻尼电阻相关联的 *L* 和 *C* 元件。从对应芯片焊盘的节点 1 测量阻抗

的 1MHz，有相同的峰值阻抗 50mΩ，但是有不同的 *q* 因子。*q* 因子的范围为 0～8。为了比较，给出的纯电阻 PDN 的 *q* 因子总为 0，因为电阻不能存储任何能量。

图 9-24 所示为 *R*、*L* 和 *C* 4 种不同组合的阻抗曲线。我们使用 9.13 节给出的方程，得到 1MHz 时的阻抗峰值为 50 mΩ。

表 9-3 所示为 4 种组合的参数值。对于 *q* 因子为 0 的情况，清零电抗元件，PDN 网络恰恰是 50 mΩ 的电阻。

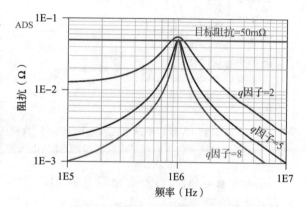

图 9-24 具有不同 *q* 因子的 4 种不同组合的阻抗曲线。所有组合的峰值阻抗为 50 mΩ

表 9-3 阻抗曲线有不同的 *q* 因子但有相同峰值阻抗的 4 种组合的元件参数

q 因子	0	2	5	8	单位
目标 *Z*	0.05				Ω
谐振频率	1				MHz
环路 *L*	—	3.98	1.59	0.99	nH
环路 *C*	—	6.366	15 916	25 465	nF
Z_0	—	0.025	0.010	0.006	Ω
环路 *R*	0.050	0.013	0.002	0.001	Ω

50mΩ 的电阻器明显是直线。随着 *q* 因子的增加，峰变得更加尖锐。每个 PDN 阻抗曲线的峰值满足具有相同的 50mΩ 的目标阻抗。具有高 *q* 因子的 PDN 必须有较低的电感，较大的电容，较低的环路电阻。特性阻抗 Z_0 较低，但是 Z_0 和 *q* 因子的乘积是相同的。PDN

有相同的峰值阻抗，即使并联谐振的 q 因子和尖锐程度非常不同。

首先我们看阶跃电流的电压响应，它与峰的特性阻抗有关。q 因子越高，峰有越低的特性阻抗和较小的电压响应。当然，这是违反直觉的，越高的 q 因子意味着振铃持续的时间越长。

提示 我们特别控制这些 PDN 以便它们有相同的谐振频率和阻抗峰，这是靠操纵电感、电容和 q 因子来实现的。谐振响应是相同的，即使阶跃响应是戏剧性的不同。这是违反直觉的，但却说明了特性阻抗和 q 因子的作用地位。

电容器两端加上 1A 的瞬时阶跃电流便可仿真芯片焊盘上的电压噪声。图 9-25 所示为 4 种阻抗曲线中每一种的电压响应。

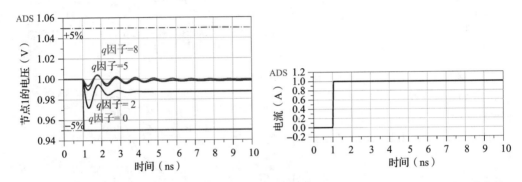

图 9-25 具有 1A 瞬时阶跃电流的 4 种 PDN 阻抗曲线中的每一种仿真的电压响应。电压噪声很好地包含在由水平点线表示的 ±5% 电压容差之内

正如预期的那样，50mΩ 电阻器的 PDN 有 50mV 的压降。它消耗功率，有 DC IR 压降，有平坦的频率响应。电压响应就是恒定的 DC 压降。

q 因子＝2 的 PDN 有 24mV 的电压降，因为它的特性阻抗是 $1/2 \times 50$mΩ。它指出了一些 DC 电压的损耗，因为它的路径中有 13mΩ 的电阻。较高 q 因子的 PDN 表示较小的 DC IR 压降，因为环路电阻较低。保持阻抗峰值低于计算的目标阻抗这个要求，对于阶跃电流这种情况，单一谐振峰和高 q 因子是保守的。

仿真指出了一般的趋势：越低的特性阻抗 PDN(有较高的 q 因子)，在谐振时有越低的电抗，由相同电流产生的峰值电压噪声越小。这个行为是违反直觉的，因为我们用操纵阻抗峰的尖锐度来使峰值阻抗是相同的。

提示 当阻抗峰被控制有相同的高度但不同的 q 因子时，正如预期的那样，阶跃电流负载的最大下垂随着 q 因子的增加而下降。下垂响应正比于谐振的特性阻抗

事实上，在恒定峰值阻抗下，谐振电抗越低，阶跃瞬时电流下的电压噪声越小。随着 q 因子的增加，振铃持续更多的周期。在阻尼正弦波中，q 因子是可见周内的好的评估。q 因子为 2，大约有 2 个凹坑；q 因子为 5，大约有 5 个凹坑；q 因子为 8，大约有 8 个凹坑，

它们有相同的谐振频率。另外一种观察的方法是 q 因子越高,对过去发生的事件有越长的"记忆时间"。

　　下面,从 PDN 节点 1 中拉出了纯的正弦波电流,这与 1A 的阶跃是一致的,正弦波是 1A 的峰-峰值,产生 0.5A 的振幅,0.5A 的 DC 偏离。这里最大为 1A,最小为 0A,类似于 1A 的阶跃电流。图 9-26 是仿真的 PDN 电压,是对正弦波负载电流的响应。

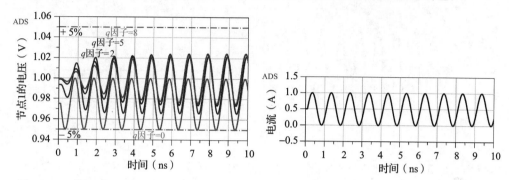

图 9-26　顶部:每个 PDN 阻抗曲线的正弦波电流激励的噪声电压。底部:显示有 1A 峰-峰值的正弦波电流曲线

　　正如预期的那样,具有平坦频率响应的电阻器 PDN 的波形在 0.95～1.0V 之间。计算目标阻抗有 1V 的 5%(即 50mV)的压降,仿真结果是相同的。平坦 50mΩ PDN 曲线的阶跃响应和正弦响应都有 50mV 压降。

　　相比之下,具有 50mΩ 阻抗峰值的 PDN 的行为是不同的。因为它有小的直流电阻,所以曲线集中归一化为 1V 的 PDN 电压值,幅度在几个周期内建立。q 因子为 2 的 PDN,建立最大值需要两个周期,q 因子为 5 的 PDN 需要 5 周,q 因子为 8 的 PDN 建立最大值需要 8 周。

　　回忆较高 q 因子 PDN 的初始的凹坑不是那么深,但是振铃持续时间比较长。当使用重复波形仿真时,在较长时间能在凹坑上面产生重叠凹坑,峰值上面重叠峰值。如果正弦激励的时间足够的长,则所有 50mΩ 的谐振峰最终成为 50mV 的峰-峰噪声,因为它们不必考虑 q 因子。

　　q 因子为 2 的 PDN 的目标阻抗超过 6mV,所以峰-峰电压摆动大约为 56mV,比其他 PDN 满足 50mV 峰-峰电压波形要稍大一些。

　　观察具有低 DC 电阻的 PDN,它主要的时间花费在回到中心的正常电压上。当涉及电抗元件时,正的负载电流(意味着负载仅拉出电流,没有回到 PDN 的电流)引起与 PDN 标称电压有关的电压凹坑和峰值,在谐振频率时尤其如此。这是单边电流仿真双边电压响应的另外一个清晰的例子。

提示　如果谐振峰能准确地满足目标阻抗,有峰-峰值等于完整瞬时电流的正弦波电流的 PDN 进行仿真,峰-峰电压等于用于目标阻抗计算的容差电压(仅为 50mV),与峰的尖锐度无关。因子 2 是安全裕度,因为峰-峰电压集中在高 q 因子的 PDN 上。如果 PDN 有低的 DC IR 压降,电压波形集中在标称电压上。

本节的最后一个例子，我们使用方波电流去仿真 PDN。这时负载拉出来的电流范围在 0~1A 之间。图 9-27 所示为方波激励下的电压响应。50mΩ 的 PDN 有 50mV 的电压响应，与预期电压在 950mV~1V 之间是一致的。因为有平坦的频率响应，所以所有频率的方波行为与电阻 PDN 相同。

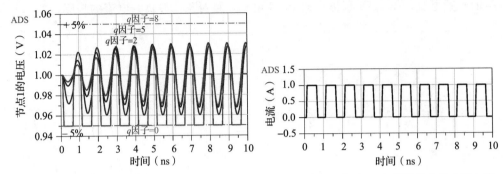

图 9-27　顶部：由方波电流激励的每个 PDN 的电压响应。底部：每个 PDN 阻抗拉出的方波电流

若 q 因子为 2、5 和 8 的 PDN，则对方波的响应类似于它们对正弦波的响应。它们近似地在 2、5 和 8 个周期上建立起最大峰-峰值。较高 q 因子的波形集中在标称电压的附近。越低的 q 因子显示越低的平均电压，因为电流回径的 DC IR 压降。

当 PDN 用方波仿真时，较高 q 因子 PDN 的峰-峰电压 4/π 倍于零 q 因子（只有 50Ω 电阻）的 PDN。正如前面讨论的那样，阻抗峰值是从方波滤出来的一次谐波峰-峰幅度为：

$$V_{\text{pk-pk}} = \frac{4}{\pi} \times Z_{\text{peak}} \times I_{\text{transient}} = \frac{4}{\pi} \times 50\text{m}\Omega \times 1\text{A} = 64\text{mV} \qquad (9\text{-}43)$$

提示　在阻抗曲线中具有单个峰，使用基于最大瞬时电流和电压噪声容差的目标阻抗，对于计算的瞬态波形是一种好的设计实践。当 PDN 由最大电流谐振方波驱动时，它提供一点儿裕度。

平坦的电阻阻抗曲线占用整个电压容差。具有电抗峰的阻抗曲线允许噪声电压再次集中在标称电压周围，特别是具有高 q 因子时，电压下垂没有那么严重。电抗性 PDN 的电压噪声仅占据部分容差。

当 PDN 中有多个几乎相等的峰值时，情况就不是如此了，正如我们在下节要指出的。

9.15　恶劣波

通过仿真阶跃、正弦和方波瞬时电流仿真指出，满足目标阻抗的 PDN，其电压"偏移"不会超过±5%的容差。若 PDN 系统中仅有一个主要的峰，情况确实如此。保持阻抗峰值低于目标阻抗是控制电压噪声的好方法。

可是，如果有几个类似高度的主要峰和高的 q 因子，则存在着可能性，即一个峰值频率的电流能量连续同时激励其他的峰值频率。一个谐振波重叠下一个谐振波，如此循环，结果导致电压噪声成为混合波形，超过任何单一谐振的峰值电压，并超过用于目标阻抗计算的容差。这种非常特殊的情况称为恶劣波效应。它由 Xiang Hu 在他的 PhD 论文和有关文献[7-9]中第一次介绍。

为了说明这个现象，我们设计了具有 3 个并联谐振的简单 PDN，每一个有相同的 q 因子和峰值阻抗，但是有非常不同的自谐振频率。我们使用在 9.14 节讨论过的方程来执行这个工作。图 9-28 所示为这种 PDN 的电路。

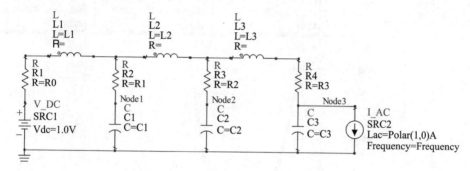

图 9-28　人为仔细设计的 PDN 电路，在不同频率上有 3 个阻抗峰，3 个峰值阻抗具有可比性

电路元件值基于要控制的相同的 q 因子和峰值阻抗，但是有不同的谐振频率。表 9-4 总结了最终的电路元件值。

表 9-4　定义 3 个阻抗峰值的参数

恶劣波仿真元件参数				
瞬时电流	1			A
电压	1			V
容差	5			%
Z_target	0.050			Ω
q 因子	4			
	第一个峰	第二个峰	第三个峰	
频率	1	10	100	MHz
L_loop	2.0	0.2	0.02	nH
C_loop	11459	1146	127	nF
Z_0	0.013	0.013	0.013	Ω
C_1, C_2, C_3	11459	1273.2	143.24	nF
$R\_estimate$	1.563			mΩ
$R1, R2, R3$	1.531	1.194	1.219	mΩ
$R0$	1.813			

$R0$、$R1$、$R2$ 和 $R3$ 要稍微调整，使峰值为 50mΩ。

这个拓扑能够使每个环路有相同的电阻，使它更容易控制 q 因子。这个拓扑使我们能选择回路电感和环路电容，以使阻抗峰在 1MHz 10MHz 和 100MHz。我们选择电感和电阻以实现希望的谐振峰值高度和 q 因子。

我们在节点 3 使用 AC 电流源仿真频域阻抗，芯片焊盘具有 1A 的幅度，节点 3 的电压等效于以欧姆为单位的阻抗。此外，在每个中间节点上的电压测量也表示在图 9-29 中。

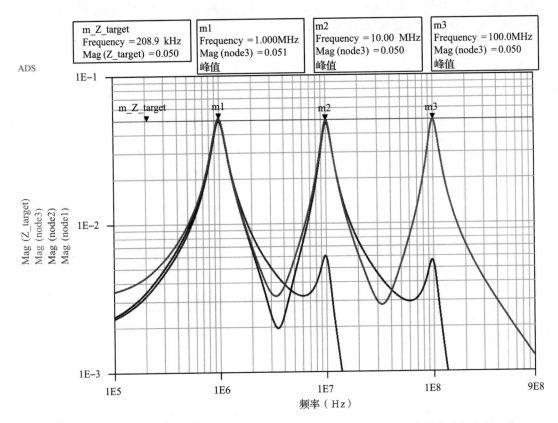

图 9-29 仿真图 9-28 所示电路中的 3 个节点的阻抗，观察由 1A AC 电流源产生的电压。注意：节点 3 上的电压是从芯片焊盘（节点 1）看到的有效阻抗。我们调整电路元件，以产生 3 个不同的并联谐振峰，每个具有相同的 q 因子和峰值阻抗

来自节点 3、芯片焊盘的阻抗，展示谐振峰为 1MHz、10MHz 和 100MHz，每个满足 50 mΩ 的目标阻抗。每种情况下的 q 因子是 4。峰 m1 与节点 1 的谐振相关，峰 m2 与节点 2 的谐振相关，峰 m3 与节点 3 的谐振相关。

我们使用方波电流激励每个 PDN 峰。因为 q 因子是 4，所以它看起来大约为 4 个周期实现的最大振铃。我们使用不同频率去激励每个峰。为保证每个方波一次仅激励一个峰，我们调整上升时间，以减小仿真下个高峰的十次谐波的能量。图 9-30 所示为驱动 PDN 的电流波形和由此在芯片焊盘上产生的电压噪声。

图 9-30 中的左图是使用 0～1A 的 1MHz 方波所激励的。我们使用足够缓慢的上升和下降时间，结果是较高的谐振频率没有被边缘速度所仿真。1MHz 的谐振大约在 $4.3\mu s$ 处达到最大深度 969mV，这很好地用在与目标阻抗计算的 5% 容差相关联的 950mV 之上。

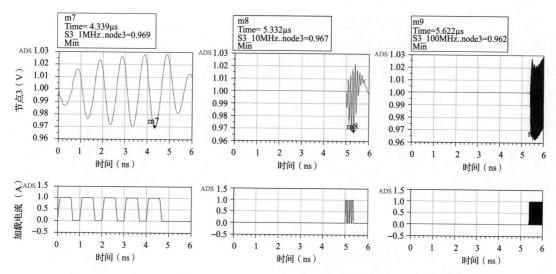

图 9-30 使用不同频率方波和每个方波的定时序列激励每个 PDN 峰。注意：都使用相同的 q 因子 4，大约取 4 周，电压达到稳态（即最大值）

方波电流为了不重叠而被定时，为了瞬时电流用于计算目标阻抗，假设电流范围为 $0\sim1A$ 之间。在这个波形情况下，每个方波序列与其他的是隔离开的。我们观察每一组方波的电压响应以到达相同的深度。

图 9-30 的中间的图显示，开始大约 $5\mu s$ 后出现 10 MHz 的方波电流。运行 4 个周期到达第二谐振的最大电压波形，在 $5.33\mu s$ 处电压下垂到 967mV，这比第一个谐振最小值稍低。这可能是因为 10MHz 方波电流已经激励出 1MHz 和 10MHz 两个峰。由于 10MHz 方波的上升时间受到限制，所以 100MHz 峰没有被激励起来。

然后在大约 $5.4\mu s$ 时，开始出现 100MHz 的方波电流，最深凹坑在 $5.62\mu s$ 时出现，是 962mV。所有 3 个谐振峰值被 100MHz 的电流波形同时激励，至此出现最深的凹坑，但是仍旧在 $V_{dd}-5\%$（950mV）之上。

提示　当应用恒定频率的方波电流并激励一个单独峰时，我们看到：峰值电压响应能很好地满足与目标阻抗指标相关的 $\pm5\%$ 的容差。目标阻抗是预期 PDN 噪声的鲁棒性指示器。

可是，如果我们仔细地安排这些相同的方波电流序列，则能建立最大电压响应超过 $\pm5\%$ 容差的恶劣波。

为了产生恶劣波，我们依次激励每个阻抗峰。在低频谐振峰值电压达到时，激励下一个谐振峰。在第一个和第二个谐振峰被激励后，并在其他两个消失前激励第三个谐振。用这种方法，仔细定时关于不同频率方波电流的恶劣波建立了起来。图 9-31 所示为这种仔细控制的方波序列，这是从芯片焊盘上产生的电压响应。

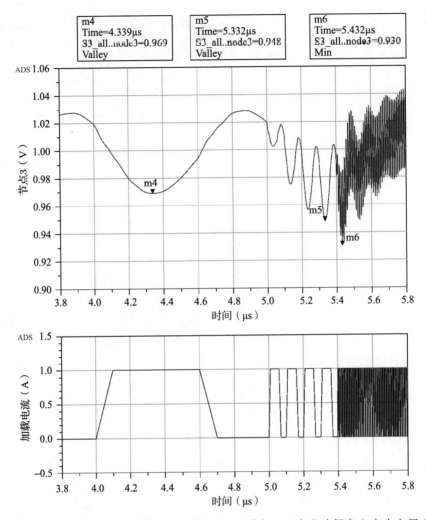

图 9-31 顶部：建立第一个，第二个，然后第三个谐振，以在芯片焊盘上产生电压响应。
注意：在这种情况下，最大电压响应超过用于目标阻抗计算的 ±5％ 的容差，即使
每个峰都低于目标阻抗。底部：仔细控制的方波电流序列，依次驱动 3 个谐振峰
中的每一个使它们到达最大电压

当所有 3 个谐振被图 9-31 所示的定时序列准确地激励时，恶劣波的病态情况会发生。
图上所示的 1MHz、10MHz 和 100MHz 的方波序列现在被联系在一起，依次激励每个峰。
正如电流波形所示，负载电流从未超过 1A 且未小于 0A。我们增大水平轴以展示最后的
1MHz 脉冲。这个 10MHz 脉冲开始在 5μs，100MHz 的开始在 5.4μs。我们依次选择对每
个谐振有最大影响的定时，然后在前一个消失之前继续下一个谐振。

上面的数字部分显示的是 PDN 谐振。标记 M4 显示单独 1MHz 谐振时预期的 969mV。
标记 M5 显示的是 948 mV，它在正确的时刻（1MHz 的相位），在 1MHz 波形上混合了

10MHz 波形。这是我们第一次看到电压波形下降到 950mV 以下。当 1MHz 波形混合 10MHz 波形后达到最大，然后 100MHz 时的电流方波开始出现负载。电压降到 930mV，低于标称电压 V_{dd} 的 7%，这超过了用于目标阻抗计算的 5% 的容差。

这个例子证明了：在整个频率范围内，PDN 满足目标阻抗，电压容差是能够被超过的。关键是谐振时存储的能量，让它们连续地振铃以激励新的谐振峰。电抗元件本质上对前面的事件有记忆，在事件过去长时间后，仍有能力传递能量返回入系统。

高 q 因子的场合，情况更加差。在整个例子中，q 因子仅为 4，两个峰的激励很难超过电压的容差，在完美定时中它耗费 3 个谐振峰，容差从 5% 恶化到 7%。

如果 q 因子是 10 或者更大，产生的电压振荡远超过容差限制。如果峰值阻抗也超过目标阻抗，则恶劣波甚至会更加高。

实际上，给定码以完整地仿真单个谐振峰是困难的，仿真两个谐振峰是非常困难的。当第一个谐振有完美的相位时，对第二个谐振峰的仿真更是如此。对前两个谐振有完美相位的第三个谐振峰的码激励概率是极低的。

提示　分析聚焦于减小 PDN 下垂。使用有减小 PDN 电压尖刺的波形，我们能进行类似的研究。结论是相同的：尽可能地保持阻抗曲线平坦，通过减小 DC IR 压降或者使用调整器反馈位置来使电压靠近中心。

正如龙卷风似乎被停车场吸引一样，微码环似乎吸引 PDN 中的并联谐振峰。可是，不像恶劣波事件发生的那样，它具有足够的产品和不同的应用。如果有多个高 q 因子的并联谐振峰，即使从来不超过目标阻抗，也可能发生恶劣波事件。

提示　非常不希望，但仍可能发生恶劣波，这就是在好的实践中要减小所有 PDN 谐振中 q 因子的另外一个理由。从经济角度指出：存在 Bandini 山，但是你应该设计其余的 PDN 以消除阻抗峰，特别是那些高 q 因子的。

9.16　存在恶劣波时的鲁棒性设计策略

恶劣波有 3 个根源性的 PDN 特征：

1. 一个 PDN 具有多个可比较的阻抗峰值，它们等于或者稍微高于目标阻抗。
2. 一个 PDN 具有多个高 q 因子的峰。
3. 一个仔细安排的瞬时电流序列能依次激励每个峰。

可是，不像恶劣波那样，好的 PDN 能控制它。关于电流波形，我们不能做什么。总是有一些消费者在一些应用中，能产生正确的方波频率和最大的电流幅度，并且以准确的序列和准确的定时驱动恶劣波。

在前面的讨论中可以看到：如果我们控制 PDN，对目标阻抗仅有一个占据统治地位的并联谐振峰值阻抗，则没有存在恶劣波的可能性，最大瞬时电压总在容差限制内。

如果目标阻抗存在多个可相互比较的阻抗峰，它们的 q 因子越低，每个峰的振铃持续时间越短。这意味着一个响应时间与另外一个响应时间的重叠越少。电阻性 PDN 在极端情况下没有谐振，也没有振铃的重叠。

我们对阻性阻抗的 PDN 加上相同的病态方波电流波序列，图 9-32 所示为 PDN 上由此产生的电压噪声。因为电流永远不会超过 1A，所以电压噪声永远不会超过±5％的容差。电压波形总是停留在 950mV～1V 之间。

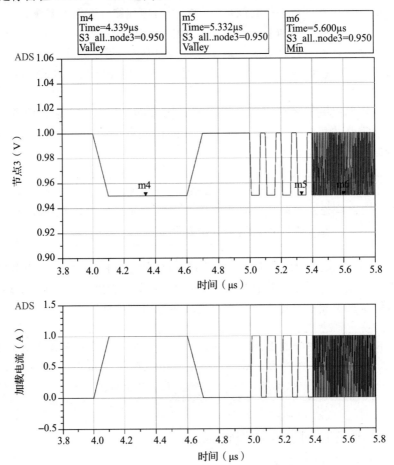

图 9-32　使用与前面相同的恶劣波仿真方波电流序列，得到的电阻性 PDN 的电压噪声。顶部：芯片焊盘上的电压噪声，显示的电压摆动总是小于 5％的容差指标。底部：仿真的电流波形

这里指出：使设计具有充分鲁棒性 PDN 的好方法是，使阻抗尽可能地平坦，而且低于目标阻抗，避免谐振峰。使直流电阻尽可能低，PDN 噪声集中在标称电压的周围。实现这个的方法是使调整器的反馈点靠近负载。

最大瞬时电流似乎是关于负载的信息。大多数的 CMOS 负载能拉出来最大电流，但不会更多。为了节约，DC 电阻一般很小，所以在瞬态结束后，PDN 电压会再回到标称电源电压的中心附近。通过减小 DC IR 压降，或者调整全负载电压回到标称电压附近，

我们能实现这种较好的电路；或者为了节约电源，当负载加上或去掉后，给出双边带电压响应。

相比之下，存在的 PDN 设计哲学包括：自适应电压定位[6]或者允许的负载线，实际上强制 PDN 电压随负载摆动。从 DC 到最高频率，PDN 阻抗是平坦的。由于在最高负载下，PDN 电压实际上是向下调整的，所以当负载放开时，电感不推动片上电压远离标称电压。这些系统趋于减小高边的超调量，但是对于相同的电路性能，它有更多的功率损耗。为了减小最大的 PDN 摆动，当满负载时，它们本身的位置是靠近 -5％电压附近的。

目标阻抗的概念在两种情况下是有用的，一种是 VRM 调整 DC IR 压降，另一种情况是使用自适应电压定位技术。考虑目标阻抗作为与实际 PDN 阻抗比较的参考线。

正如在本章证明的那样，具有单一阻抗峰以满足目标阻抗 PDN 的保守因子，对纯正弦电流负载是 2，对谐振频率时的方波电流负载是 1.6。

对于 PDN 阻抗曲线的平坦部分——这里我们使用 FDTIM 方法选择印制板电容器——任何形状的宽频带瞬时电流波形产生的电压下垂与用于目标阻抗计算的容差是相同的。

在特殊的恶劣波情况下，涉及多个高 q 因子阻抗峰，非常不可能的病态序列电流事件，存在着超过电压容差的可能性，甚至在整个频带内 PDN 阻抗满足目标阻抗的要求时。

主观上我们应该为每一个电子产品设计价格和风险容差。一般，在所有频率范围内若阻抗峰满足目标阻抗的 PDN，则认为是充分鲁棒性的。特性阻抗满足目标阻抗的 PDN，则被认为是有裕度的鲁棒性。具有 Bandini 山的 PDN 的特性阻抗超过目标阻抗，这种产品容易受到消费者码的伤害，这可能在仿真阻抗峰值时发生。

9.17　来自开关电容器负载的时钟边缘电流脉冲

正如前面所描述的那样，CMOS 电路仅在时钟打开时才拉出动态电流。所有由 CMOS 器件消耗的动态电流，都消耗在时钟边缘的初始充电脉冲中。使用开关电容器元件的电路模型可准确地研究它的行为。

不用恒流源或电阻负载，电荷消耗在每次电容器开关时。我们应用名为开关电容器负载（SCL）[10]的新类型负载以证明脉冲、阶跃和谐振电流波形的响应，正如本章前面讨论的那样，它是基于恒定电流源负载的，但这里使用 SCL。然后，我们使用 SCL 来实现寻址门控、时钟吞咽和电源门控。

用于 PDN 分析的最为普通的负载类型恒流源，可能被分段线性（PWL）时间序列所控制。实现这个很容易和直接，但是电流源会拉出规定量的电流，不管这个瞬时的 PDN 电源电压有多少。CMOS 的行为不是这样的，被 CMOS 从电源中拉出的动态电流是正比于电压的，其行为像电阻元件。正如前面的例子所指出的，电路端口的 PDN 电压是非常依赖时间的函数。当电压下垂时，从 PDN 拉出的电流较小。随着 PDN 的电压增加，更多的电流从 PDN 中拉出来。这实际上给谐振 PDN 元件提供了阻尼（损耗）。可是，对于恒流源来说，电流已被预先确定，不会随负载而改变，并且不提供阻尼。

几年前进行了一些尝试，在仿真中使用调整器作为负载从 PDN 中拉出电流。要求是拉出的电流正比于电压，并由负载提供阻尼。在 SPICE 或其他电路仿真器中有电阻器是可能的，它们是时间的函数。依靠随着时间改变的电阻值，我们能得到任何希望斜率的瞬时电流。工作很好，但要提供电阻器数值时间序列来拉出合适量的电流是有些烦琐的。

使用开关电容器来拉出负载电流是很具有可能的。在本章的前面，我们看到因为电容负载的充电和放电，CMOS 电路消耗动态电流。

提示　开关电容器负载是对 CMOS 内部工作较好的描述，可对 CMOS 负载行为提供有价值的洞察力和直觉。PDN 行为（包括片上电容的噪声预期和电路端口经历的 PDN 噪声），可以被这类负载清楚地证明。负载电流随着 PDN 电压减小、增加和移动，这恰恰就像 CMOS。这个方法也可仿真预期的阻尼。

当它们拉出大的电流（低的并联电阻）时，CMOS 电路实际上可提供更多的 PDN 阻尼。这表示：使用阶跃和谐振响应时，阻尼是时间的函数，随时间变化，因为电流负载随时间在变化。这种强非线性即时间-依赖性效应，它仅能转变为频域的一种平均。对于频域分析，所有电路元件必须是线性和时不变的。

提示　虽然能在频域进行更多的 PDN 分析，我们必须进入时域以获得阻尼和来自 CMOS 负载的时变性。开关电容器负载可处理所有这些，因为它消耗的电流准确地与动态 CMOS 电流相同。仔细地核查大电流负载的阶跃响应，揭示了不同 q 因子的电流冲击和电流释放。

开关电容器负载的例子用于 9.8 节所示的相同 PDN 阻抗峰值中。为了方便，我们在表 9-5 中重复 PDN 参数和预期的下垂性能。使用所有简单的闭环形式方程，我们在 100MHz 时控制阻抗峰值为 100mΩ。由于选择瞬时电流为 1.55A，所以我们调整目标阻抗为 PDN 的特性阻抗。

表 9-5　用于开关电容器负载仿真所建立的电路参数

频域		
V_{dd}	1	V
片上电容	50	nF
PDN 回路电感	50.7	pH
PDN 环路电阻	10.1	mΩ
谐振频率	100	MHz
PDN Z_0	32	mΩ
PDN 环路的 q 因子	3.15	
预期的阻抗峰值	100	mΩ
假设的芯片电阻	5.0	mΩ
外部的 PDN 环路电阻	5.1	mΩ

（续）

时域		
动态电流	1.55	A
f_{clock}	1	GHz
目标阻抗	32	mΩ
每个时钟周期的电荷（Q_{cycle}）	1.55	nCoul
预期的时钟边缘下垂（脉冲）	31	mV
预期的阶跃响应下垂	49	mV
谐振时预期的峰-峰噪声	198	mV

使用给出的 1GHz 的时钟频率，我们计算每个时钟周期消耗的电荷：

$$Q_{clk\text{-}edge} = I_{dynamic} \times T = \frac{I_{dynamic}}{f_{clock}} = \frac{1.55A}{1GHz} = 1.55nC \tag{9-44}$$

我们很容易计算必须开关的电容负载的量，假设 1V 的 PDN，利用 $Q = CV$ 得到是 1.55nF。这意味着在平均的时钟周期内，电源和地之间的开关电容为 1.55nF。正如前面讨论的那样，当负载电容器连接到 V_{dd} 和 V_{ss} 上时，电流消耗在开关输出的上升和下降边缘。如果负载是两个 1.55nF 的电容器，那么 1.55nC 消耗在开关 PDN 的上升和下降边缘。

我们需要通过整个时钟周期来消耗电流，提供不同组合逻辑元件开关的定时分配。我们使用半个时钟周期，以完成开关 V_{dd} 和 V_{ss} 的负载电容。从整个意义上讲，与真实的 CMOS 电路比较，开关电容器负载有不同的时钟定义，它运行在半频上。SCL 是以在两个边缘上消耗电流的半个时钟为基础的，SCL 从每个完整频率的 CMOS 时钟周期上拉出电流，但重要的是，通过时钟周期的半途电流不会降到零。它平滑地在下一个时钟周期之前下降到零，类似于真实的 CMOS 负载。

对于真实的 CMOS 电路，当时钟的上升边缘释放门闩数据进入组合逻辑时，消耗主要地电流。在时钟的下降边缘消耗小的电流。逻辑电路连续地在剩下的时钟周期里拉电流，直到开关完成。这是必需的，因为建立时间必须在下一个时钟上升边缘之前完成。在时钟周期的开始，PDN 负载电流最大，在结束时消失为零。有时它被称为 Poisson 曲线，在统计学中，这是很有名的。在下面的仿真中，开关电容器负载使用的时钟是真实 CMOS 产品时钟频率的一半，在这个半时钟的周期的一半时，电流减小到零。

在另外一种拓扑结构中。输出电容仅是相对 V_{ss} 的，开关工作在全时钟频率。在这种情况下，当 V_{dd} 开关闭合时，PDN 电流仅消耗时钟周期中前半个周期的 PDN 电流。当 V_{ss} 开关闭合时，无电流消耗，因为它对于 V_{dd} 没有负载电容。这样在时钟周期的早期，电流曲线非常重，由于 ODC 的 ESR IR 压降，会产生不现实的电压下垂。基于这个理由，半时钟拓扑结构是优先的。

在下面的开关电容器负载仿真中，负载电容器是相对于 V_{dd} 和 V_{ss}（像 CMOS 产品）的，但是，通过时钟频率为 CMOS 产品一半的电路来启动 PDN 电流。对逻辑 PDN 电流波形仿真，但是不能捕获消耗在真实产品时钟下降边缘的小电流消耗。

当具有单个阻抗峰的 PDN 电源由芯片、片上电容、PDN 封装引线电感和 PDN 封装串联电阻构成时，我们评估开关电容器负载的行为。仿真电路中所有元件的值显示在前面的表 9-5 上。

我们使用 ADS 对开关电容器负载电路进行仿真。图 9-33 所示为完整的电路图，包含计算的参数。主要的 RLC PDN 元件在中间的左部，开关电容器负载在中间的右部。我们利用瞬时电流和时钟频率参数计算 C_load。

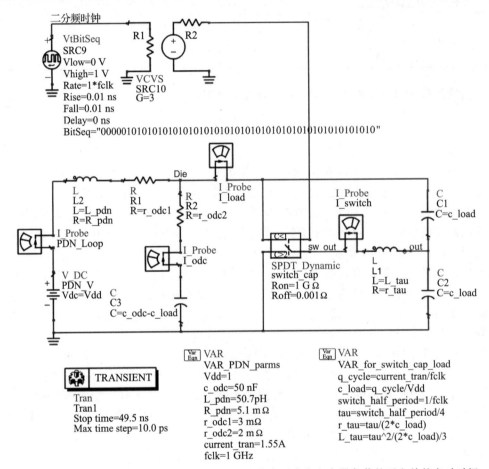

图 9-33　用于仿真开关电容器负载的电路。一个位序列决定电容器负载的开和关的定时时间。改变这个模式我们可仿真任何电流标记

我们使用电路图顶部的位序列元素以对开关传递半时钟输入波形。电路图中显示的位序列产生电流阶跃响应，但是改变序列则可产生脉冲和谐振响应。在序列中有五个 0，它产生 5ns 的静态周期。然后，这个序列交替产生 1 和 0，这是 1GHz 时钟频率一半的方波。在这个方波的每个边缘，PDN 消耗电流脉冲，它与 1GHz 时钟的上升边缘是一致的。

对开关电容器负载，这个位序列轻松地提供了很多希望的模式。我们或者在每个时钟边缘有脉冲，或者不按照位序列的格式。这对涉及时钟控制类的 PDN 课题仿真是有用的。下一章，我们将展示一种在几个时钟周期内逐渐增加电荷消耗的技术。

在电路拓扑的几个分支中电流表使我们能观察开关中的电流，负载消耗的电流，从片上电容传递的电流和从外部 PDN 传递的电流（从 VRM 通过印制板和通过封装 BGA 球）。

图 9-34 所示为单一电流脉冲，在同一幅图上也显示了 1.55A、时间 1ns 的方波。两个曲线下的面积是 1.55nC。电流开始于 5ns 时的输入波形转换时刻。

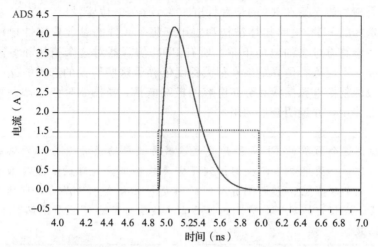

图 9-34　产生在开关电容器电路上的电流波形，显示一个时钟周期内的等效恒定动态电流和
　　　　　 开关电容负载的脉冲电流。这个 Poisson 曲线脉冲在初始 1ns 后减小到 0，被半个时
　　　　　 钟周期初始化，恰当地为 1GHz 时钟

电路元件 L1 控制具有电感性和电阻性两个元件特性曲线的形状。如果 L1 元件不在那里，则电流在极短的时间内对负载电容器充电。电流来自片上电容 C3，它是电荷存储器的存储电荷。仅这个片上电阻 R2 和开关电阻处在电荷存储器和开关负载之间，自身允许巨大的涌入电流。

我们用经验选择 L1 的电感和电阻，以使电流分布在整个时钟周期，这种情况下它为 1ns。我们选择 RC 时间常数 τ 为系统时钟周期的 1/4。如果我们已经选择了较小的 τ（1/10 时钟周期），则电流波形会非常高，下降到零的时间长于周期，这犹如我们运行在小于最大频率时的情况。如果选择较大的 τ，则我们的电路在时钟周期结束后，仍旧拉出电流，这种情况犹如我们未有足够的建立时间。我们选择的时间常数会在下一个时钟边缘之前使电流降为零。

电感 L_1 不是芯片的物理电感，相反选择它可满足波形上升特性。若不使用电感，最大电流有点大，在开关闭合后立即会有尖峰。可是，在实际情况中这不会发生。随着时钟的展开，时钟树逐渐从 PDN 中拉出更多的电流，在时钟周期开始后短时间内会有最大电流拉出，然后随着时钟的完成，逐渐减小到消失。

提示　可利用商业软件得到从片上晶体管设计和相互连接寄生的预期的电流波形，但
　　　 这既昂贵又复杂。为了仿真，调整简单的 R 和 L 参数，这样就可得到电流脉冲
　　　 的时间曲线。

电流波形的形状是很重要的，因为它必须通过 R2 来拉出。如果电流上升太快，则仿真会显示芯片电路有大的电压下垂，原因是 R2 的 IR 压降。R1 和 R2 是重要的，R1 和 R2 的和形成 250ps 的时间常数，正如第 8 章讨论的那样。通过测量，单独确定 R1 和 R2 的值是不可能的。R1 产生 DC 的 IR 压降和来自封装电流的功率损耗。R2 产生的 IR 压降是时钟边缘噪声。合理的假设是在 R1 的位置付出 60%，在 R2 位置付出 40%。

为了仿真选择的 PDN 电路拓扑结构和应用于每个元件的参数戏剧性地影响了仿真结果，包括从芯片电路看过去的电压下垂。所有 PDN 仿真器对这个拓扑和参数分配的假设是要么明确，要么不明确。仿真结果在很大程度依赖于这些假设的选择。这个电路拓扑明显是在片上构成的复杂电源栅状和分布电容的极端概括。意图是聚焦于印制板、封装和片上电容间的相互作用，并说明合适的阻尼量。

提示　明显地，这个简单的 PDN 和开关电容器负载电路是复杂分配网络的过分简单化。依靠这个简单电路，我们得到了需要软件工具处理的和复杂数据库抽取的情况的见解和直觉。它们都有相同的问题和巨大变化的潜力，这依赖于我们做的假设。在任何情况下，我们选择仿真参数是为了给有 CMOS 器件的 PDN 提供预期结果。

图 9-35 所示为脉冲响应。输入波形具有一次 5ns 的转移时间。它与前节恒流源使用的是相同的脉冲，但是现在我们看到了 PDN 环路电流的振铃延时和具有电容负载的片上电压响应。

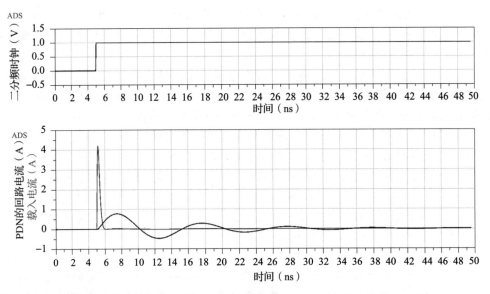

图 9-35　使用开关电容器负载的 PDN 电路的脉冲响应。这个脉冲响应类似于使用恒流源脉冲的图 9-18 所示的情况

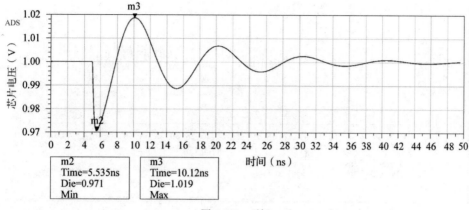

m2	m3
Time=5.535ns	Time=10.12ns
Die=0.971	Die=1.019
Min	Max

图 9-35　（续）

9.18　由一系列时钟脉冲组成的瞬时电流波形

这些结果类似于使用电流源而不是开关电容器负载拉出 PDN 电流的情况。仿真的电压下垂是 $1.000\text{V} - 0.971\text{V} = 29\text{mV}$，这是接近 31mV 的计算值：

$$dQ_{\text{clock-edge}} = \frac{Q_{\text{clk-edge}}}{\text{ODC}} = \frac{1}{\text{ODC}}\frac{I_{\text{dynamic}}}{f_{\text{clock}}} = \frac{1}{50\text{nF}}\frac{1.55\text{A}}{1\text{GHz}} = 31\text{mV} \tag{9-45}$$

差别是由于当电路消耗电荷的 1ns 期间的小量的来自 PDN 电感的电荷。

图 9-36 所示为由开关电容器负载产生的阶跃响应。与拉出简单方波函数电流的恒流源情况进行比较，顶部的图显示输入波形，它是 1GHz 系统时钟的半时钟。正如第二幅图显示的那样，半时钟在每个半时钟边缘拉出电流。电流脉冲的顶部没有相同的值，因为电流作为 PDN 的函数会稍微有改变。

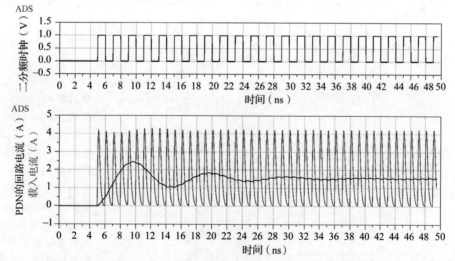

图 9-36　开关电容器负载的阶跃电流响应。顶部图显示的是半时钟驱动开关，它是半个时钟频率。中间的图显示开关电容器在每个全 CMOS 时钟周期的上升边缘拉出的电流脉冲和从 PDN 系统上流过封装的电流。底部轨迹显示芯片上的电压噪声

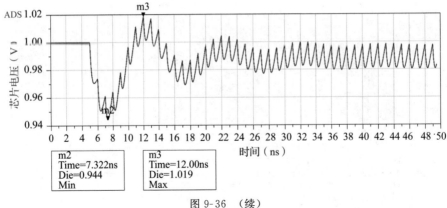

图 9-36　（续）

　　图 9-36 中间的那幅图还显示封装上的电流。片上电容与 PDN 回路电感一起构成一个低通滤波器，它几乎滤除了进入 BGA 焊盘的环路电流上的时钟边缘噪声。

　　图 9-36 中底部的图显示了从芯片电路看过去的片上电容的电压噪声波形。时钟边缘噪声清晰可见，拓扑是预期的阶跃响应。$(1.000-0.994)\mathrm{V}=56\mathrm{mV}$ 的下垂是稍微大于预期的阶跃响应，因为时钟边缘噪声叠加在阶跃响应上：

$$V_{\mathrm{step}} = I_{\mathrm{step}} \times Z_0 = 1.55\mathrm{A} \times 32\mathrm{m\Omega} = 49\mathrm{mV} \tag{9-46}$$

　　图 9-37 所示为开关电容器负载拓扑中不同分支的电流。由于波形已经被排列，所以我们能看得更好。底部波形是开关电流，它有正和负两个方向，因为通过开关的电流为两个方向。幅度也是加倍的，因为对一个负载电容器充电的同时，另一个负载电容器在放电。

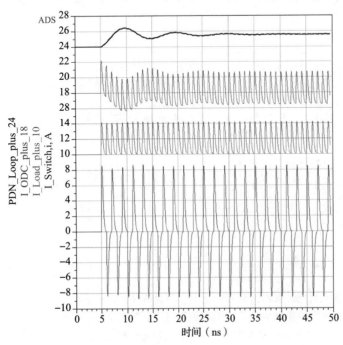

图 9-37　PDN 电路中其他分支的电流波形。为了更好地观察，波形已被排列，为每格 2A。顶部轨迹：来自 BGA 和印制板面上 PDN 的电流。从顶部向下的第二个：通过片上去耦电容的电流。从顶部向下的第三个：从电容负载流过的通过 PDN 电源的电流。底部轨迹：通过开关，对电容器负载充电或放电的电流

从底部倒数的第二个波形是从 V_{dd} 到 V_{ss} 片上 PDN 电源流动的电流，这与图 9-36 所示相同。它与每个时钟周期内响应 PDN 电压的行为配合得很好，只是幅度稍有变化。

从底部倒数的第三个波形是片上电容的电流。可以很清楚地看到，它提供由于负载消耗的尖锐的时钟边缘电流。与 PDN 谐振环脉冲响应相关的较低频率的阻尼正弦电流也是存在的。

顶部波形是从封装流入芯片的 BGA 冲击环路电流。Bandini 山的 LC 低通滤波器几乎滤除了所有波形的尖刺。BGA 冲击环路电流和片上电容电流之和是简化的负载电流。它简单地应用了基尔霍夫定律，即流入节点的电流之和为 0。

图 9-38 所示为开关电容器负载产生的谐振响应。我们能用它与图 9-22 的仿真结果进行比较，图 9-22 是用恒流源负载产生类似响应的。顶部显示的是边缘的输入模式，它有拉出电流脉冲。第二个图显示的是建立的电流谐振。由于在 PDN 上有更多的噪声，所以电流脉冲高度的变化有些更为明显。

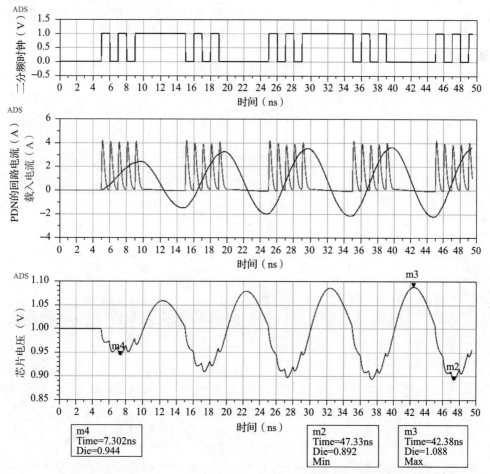

图 9-38　时钟脉冲谐振方波的电流响应。顶部：为仿真最差情况下的开关模式，进入开关的位格式。中间：为驱动 100MHz 的阻抗峰值响应，具有 50％ 占空比和 100MHz 的时钟边缘电流脉冲。底部：焊盘上，随着每个周期生长的电压噪声

底部图形是芯片焊盘上的电压响应。它大约取 3 个谐振周期，幅度生长为最大，因为 q 因子稍大于 3。峰-峰噪声是 $(1.088-0.892)V = 196mV$，稍小于预期结果，即使时钟边缘噪声是叠加的。

$$V_{pk\text{-}pk} = \frac{4}{\pi} \times I_{transient} \times Z_{peak} = \frac{4}{\pi} \times 1.55A \times 100m\Omega = 198mV \qquad (9\text{-}47)$$

开关电容器负载比恒流源负载提供的阻尼要稍大一些。对于相同的 PDN，测量的峰-峰值为 201mV。

图 9-39 所示为位序列，它用于揭示脉冲、阶跃和抗冲击响应，并且容易在一次仿真中比较它们。抗冲击是由丢失脉冲揭示的，这与脉冲响应类似但相反。

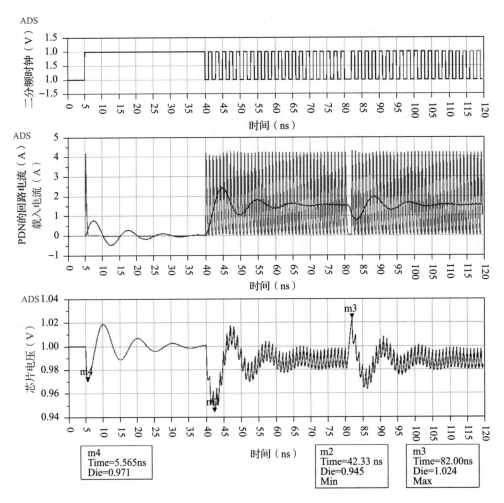

图 9-39 单个时钟边缘脉冲、稳态脉冲序列和一个失去时钟边缘的组合。顶部：进入开关电容器负载的位格式。中间：从印制板级 PDN，流入片上 PDN 和 BGA 球的电流。底部：芯片焊盘上的电压噪声

　　在抗冲击之前，PDN 电流已经被设置为恒定的 1.55A。若突然有丢失的时钟边缘，芯片不能消耗已经从封装电感流入的电流。由电荷无处可去，所以它对片上电容进行充电，充电量与原来脉冲响应消耗的相等。结果是片上电容电压有尖刺和 PDN 阻尼正弦振铃，这几乎与脉冲响应相反。这个仿真给出了一个提示：时钟吞咽对于 PDN 噪声是很危险的。

　　如图 9-40 所示，如果取相同的电路，时钟频率加倍，则从 1GHz 到 2GHz 会发生什么？L1 的 RLC 参数进行自动调整，使所有的时钟边缘消耗电荷都发生在较短的时钟周期内。这意味着电流脉冲是较高的，而且较窄的。由于电容负载是相同的，所以时钟边缘电流脉冲消耗相同的电荷，但是它发生了二次，所以动态电流加倍。

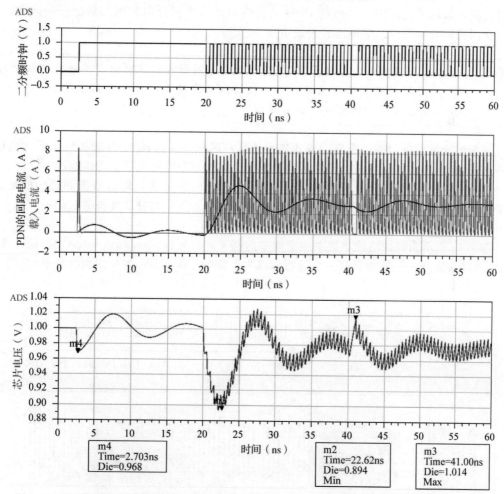

图 9-40　相同的开关电容器负载，但是二倍于时钟频率。由于电流脉冲是较高和较窄的，所以每个脉冲消耗的电荷是相同的，脉冲响应也是相同的。动态电流加倍，因为在相同的时间内有两倍的脉冲数量

　　脉冲和抗冲击波形没有改变，因为它们有相同的电荷，所以它们与 1GHz 时钟有相同的下垂和尖刺。可是因为动态电流加倍，所以阶跃响应加倍。预期的阶跃响应下垂是：

$$V_{\text{step}} = I_{\text{step}} \times Z_0 = 3.10\text{A} \times 32\text{m}\Omega = 98\text{mV} \tag{9-48}$$

测量的下垂是 $(1.000-0.894)\text{V}=106\text{mV}$，因为时钟边缘噪声是叠加在阶跃响应上面。

9.19 高级主题：实际 CMOS 场合应用时钟门控、时钟吞咽和电源选通

前面的几个图形显示了时钟门控的影响。大约在 2ns 开始仿真，我们看到单个时钟脉冲对 PDN 有影响。它对时钟边缘噪声有相同的脉冲响应。

当时钟突然门控时，我们看到阶跃响应标记显示大约为 20ns。PDN 电压近似下垂到的电压——瞬时电流乘以 PDN 的 Bandini 山特性阻抗之积。这不是 PDN 阻抗峰值的特性阻抗是否满足目标阻抗的问题，而是 PDN 的特性阻抗高于目标阻抗的二倍因子的问题。当时钟受门控时，会经受二倍电压容差的电压下垂。

提示　特性阻抗满足目标阻抗的 PDN 是能够承受全瞬时电流阶跃的。当时钟突然受到门控，PDN 停留在电压容差之内。特性阻抗实质上超过了目标阻抗的 PDN 设计，这时使用这些瞬时波形会有麻烦。

谐振响应被时钟门控以重复的方式进行仿真，这种方式仿真 PDN 谐振峰至最大范围。PDN 电压响应的行为是好的，只要 q 因子不超过 1.6，PDN 具有单个阻抗峰。

脉冲吞咽是时钟门控的一种形式，已经成为普通的方法来管理过电流和过热的场合。这个抗冲击响应的最简单的例子显示在大约 40ns 时。若一个时钟脉冲被时钟门控吞咽，这对 PDN 是具有十分扰乱性的。

图 9-41 所示为时钟门控半频率和全频率的例子。在大约 10ns 时是 100％ 的门控，在大约 50ns 时每隔开一个脉冲吞咽一个，切割成为半频率，在 100ns 时又回到全频率。

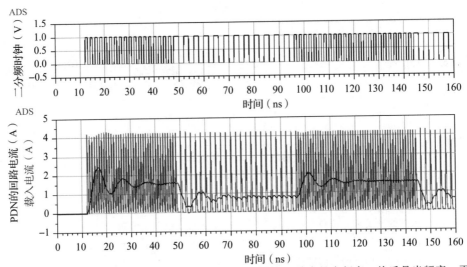

图 9-41　时钟频率被调制的波形，这依靠时钟吞咽技术。首先是全频率，然后是半频率，再然后又是全频率。调制时钟频率就是调制动态电流，我们看到了片上 PDN 电压的部分阶跃响应

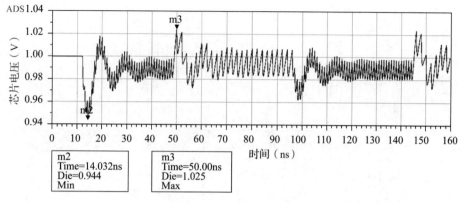

m2
Time=14.032ns
Die=0.944
Min

m3
Time=50.00ns
Die=1.025
Max

图 9-41　（续）

正如预期一样，可以看到 PDN 电压摆动行为。正常的全时钟带来 50mV 或者 5％的下垂；转移到半时钟带来 25mV 或者 2.5％的过冲；从半时钟返回到全时钟带来 2.5％的下垂。时钟边缘噪声在下面的电流转移之上，高频引起下垂稍微增加。开关电容器模仿 CMOS 电路的行为，以证明这些基本的影响，包括阻尼改变带来的影响。

图 9-42 所示为更详细的时钟吞咽。1GHz 被门控 12ns，PDN 承受熟悉的时钟门下垂。在大约 48ns 时，四个时钟中的一个被吞咽，代表的时钟吞咽格式为 111011101110。PDN 电压承受熟悉的有第一个失去时钟脉冲的抗冲击响应。然后，它处于稳态，峰-峰噪声几乎是 100％时钟的 2 倍大。

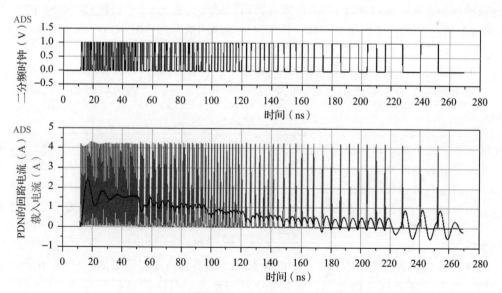

图 9-42　时钟被吞咽不同数目的时钟脉冲时受调制的波形

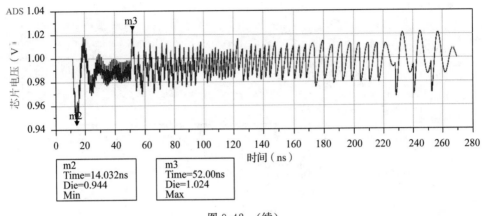

图 9-42 （续）

在 72ns，每三个时钟吞咽一个脉冲，代表的格式是 110110110110。并在以下时间持续。

- 在 96ns，每二个时钟吞咽一个脉冲，代表的格式是 101010101010
- 在 120ns，每三个时钟吞咽二个脉冲，代表的格式是 100100100100
- 在 144ns，每四个时钟吞咽三个脉冲，代表的格式是 100010001000
- 在 168ns，每六个时钟吞咽五个脉冲，代表的格式是 10000010000
- 在 216ns，每十二个时钟吞咽十一个脉冲，代表的格式是 100000000000

十二位格式是有用的，因为它给出了较低功率状态下的多个选择。但是很清楚，由于时钟脉冲行为古怪，所以它对 PDN 性能有影响。最终具有 1/12 子谐波（83MHz）的模式是接近 100MHz 的 PDN 谐振频率。具有较低时钟频率的瞬时功率减小。PDN 响应的好或差，依赖于阻抗峰值的 q 因子。在这种情况下，瞬时功率的减小是因子 12，阻抗曲线与平常的相同。但是在时域，我们看到了真实的峰-峰噪声。我们已经进入大大降低功率的稳态谐振仿真。在电感器中的电流被松弛后，时钟边缘噪声更加突出，因为时钟边缘之间的时间更长。

提示　正如这个例子证明的那样，时钟吞咽对于 PDN 是十分具有破坏性的。它实质上会引起突然的且产生非常快的瞬时电流，它基本上是一个时钟周期，在这个层面看到的瞬时电流是不充分的。准确预测 PDN 性能需要涉及频域 PDN 谐振峰和在时域分析的来自上升时钟边缘方波电流脉冲的仿真。开关电容器负载非常适合这种场合。

时钟脉冲之前的特定细节和下一个时钟脉冲的准确定时是很重要的。PDN 本质上是有记忆的，并存储最近过去的能量。我们的 PDN 有 100MHz 的谐振频率和 10ns 的周期。PDN 的时间常数是：

$$\tau = \frac{1}{\omega} = \frac{1}{2\pi f_0} = 1.5\text{ns} \tag{9-49}$$

在 PDN 达到稳态之前，几个时间常数必定会泄漏出来。1GHz 的时钟（1ns 的周期），在熟悉的时间刻度上同时显示 PDN 的时间常数。这就解释了为什么时钟吞咽对于 PDN 具有破坏性，时钟脉冲中准确的序列和定时，预测时钟激活的 PDN 噪声是非常重要的。对于较高时钟频率（2GHz、5GHz、10GHz 等），在 PDN 时间常数中有很多时钟周期，每个单独时钟周期的破坏性较小。

正常重复，具有满足目标阻抗的阻抗峰值的 PDN，或至少特性阻抗满足目标阻抗的 PDN，对于时钟门控和时钟吞咽事件，是有裕度或合理鲁棒性的。

> **提示**　若没有鲁棒性的 PDN，时钟控制变得非常有价值，它会引起重大的快速瞬时电流事件。开关电容器负载非常适合仿真时钟控制，因为它消耗的电流根据 PDN 电压而改变。对于这些事件，它常常有随时间变化的曲线。

9.20　高级主题：电源选通

作为开关电容器负载的特殊情况，我们分析电源门控的作用。为了节省功率，整个电源常常会下降到零电压，这依靠电源开关或者电源选通。

> **提示**　我们使用时钟门控降低动态功率到零和为消除泄漏电流的电源门控。在应用电池的场合，这是很重要的，这里的产品可能花费较多的时间在极端低功率模式，然后在整个寿命期间期望产品有高性能。

对于电源门控问题，存在不受电源门控总是导通的电路和有时导通有时断开的电路。电容是与这两种电路相联系的。一般情况下，总是导通的电路需要在全速没有中断时连续执行。电源门控的问题是有时通的电路不要打扰总是通的电路。

当电源门控突然闭合时，常开边的电流非常快速地冲向有时开的一边，它常被称为涌入电流。一定量的电荷存储在常开边的电容中，这是芯片上电源门工作期间的所有能量。

如果低电阻电源门开关突然闭合，则电荷在常开边节点和有时打开节点之间进行分配。这可能发生在不到 1ns 的时间内，以至于没有足够的时间将电荷从外部的 PDN 带入芯片中。封装电感是高阻抗，它可短时间内阻隔从外部进入的电流。芯片电容和常开边中的电荷，立即分配到有时开的芯片电容中。如果常开边的电容和有时打开的电容是相等的（即 $C_{up} = C_{down}$），可用简单的电荷分配方程揭示它们的关系，当开关闭合，芯片电压降低一半。

开关闭合前后的电荷量：

$$Q = C_{up} \times V_{dd} \tag{9-50}$$

开关闭合后的最终电压是：

$$V_{dd+} = \frac{Q}{C_{up} + C_{down}} = \frac{C_{up} \times V_{dd-}}{C_{up} + C_{down}} = V_{dd-} \frac{C_{up}}{C_{up} + C_{down}} = \frac{V_{dd-}}{2} \tag{9-51}$$

式中，C_{up} 是常开边电容；C_{down} 是有时开的电容；V_{dd-} 是常开边电容在打开前的电压；V_{dd+} 是常开边电容在打开后的电压。

这里假设特殊情况 $C_{up}=C_{dowm}$。

电源门控常开电路的 PDN 电压立即被切去一半。这看起来对电路定时有灾难性的影响，可引起功能失败。

使用图 9-43 所示的类似于时钟门控的电路图，仿真它对 PDN 电源的影响。这个基本 PDN 拓扑结构是与用在开关电容器负载中相同的。我们使用相同的常数，所以 PDN 阻抗峰值和谐振频率都是相同的。不同的是负载电容仅对地（不对 Vdd）有实质性的增加。常开边电容为 25nF，有时开的电容为 25nF。

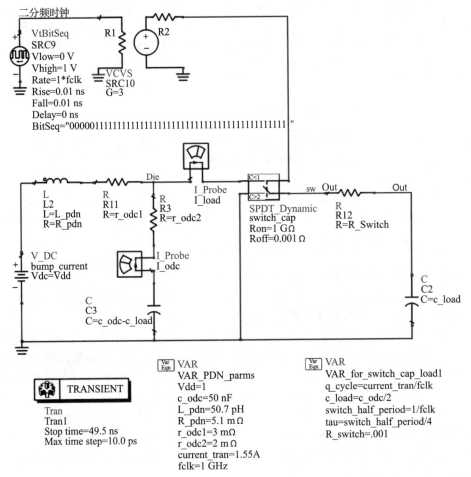

图 9-43　用于仿真电源门控影响的电路图。现在的负载电容是有时开的片上电容，它突然被打开进入芯片电源的其余部分

图 9-44 所示为几种开关电阻值的仿真结果。当开关电阻为 1mΩ 时，常开电源门控的 PDN 电压下垂到大约 0.5V，这是标称 PDN 电压的一半。PDM 振铃出与谐振峰有关且类似的脉冲响应。这个仿真有开关电阻值，范围从 0.001～1Ω，以对数形式递增。

最佳的电阻值依赖于常开电容和有时开的电源门控开关。使用较大的电阻，压降小，充电时间长。我们应该按照 PDN 的时间常数和 PDN 谐振频率来改变电阻的大小，以保证封装电感能够从外面带入电流，而不是让电源门控消耗所有来自常开边电容的电荷。

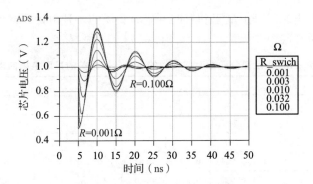

图 9-44　当我们将管芯的下边部分连接到不同的串联电阻值时，上边轨道上的电压。注意：从非芯片上的 PDN 电路来的振铃噪声

它对于常开的影响是很清楚的，当 1Ω 开关电阻与 1 mΩ 开关电阻比较时，电源门会小大约 16mV。

提示　开关电阻越高，它拉出的涌入电流就越小。使用更大的电源门控电阻，常开 PDN 的电压行为会更好，电路芯片的常开部分能有正常的功能。

图 9-45 所示为常开和有时开两边中电源门上的电压。很清楚，有时开节点的电压上升时间，正如预期的较慢，这个节点具有较高的电阻。在常开边的噪声和有时开边的上升时间的延时之间存在折中。

控制常开边电源门的 PDN 噪声和影响有时开噪声潜在因素的关键是时间常数。阻抗峰值频率决定电抗性 PDN 的时间常数。阻抗峰在 100MHz，谐振周期是 10ns 时，电抗时间常数是：

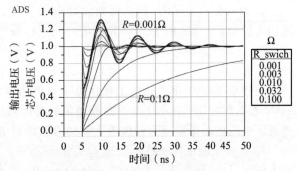

图 9-45　对于开关上有不同的串联电阻，片上常开部分和连接有时开芯片部分的开关输出的电压噪声

$$\tau = \frac{1}{\omega} = \frac{1}{2\pi f_0} = \sqrt{LC} = 1.58\text{ns} \qquad (9\text{-}52)$$

具有低的 q 因子（接近 1）的几个时间常数，在 PDN 接近平衡之前，必须泄露。这是在电感器中达到完全上升电流所需的时间。对于具有较高且接近 3 的 q 因子，我们必须等待较长的时间，这是 3 倍谐振周期，在 PDN 接近平衡之前需要 $3 \times 2\pi = 18$ 倍时间常数。

目标是电源门控从常开边拉出电荷足够缓慢，外面的 PDN 能提供电流，而不是从常开电容拉出电荷。

提示 这意味着：电源门控开关的 RC 时间常数要比电抗 PDN 的时间常数大得多。

表 9-6 所示为与电源门开关电阻和有时开电容关联的，且由计算得到的电抗 PDN 时间常数和电阻 RC 时间常数。

表 9-6 用于估算对 PDN 其余部分匹配时间常数的电源门控开关的串联电阻的电子表格中的元素

电源门控的时间常数								
电感	50							pH
电容	50							nF
电抗时间常数（LC 的平方根）	1.58							ns
R	0.001	0.003	0.01	0.032	0.1	0.3	1	Ω
电阻时间常数（RC）	0.025	0.075	0.25	0.8	2.5	7.5	25	ns

通常，电抗性 PDN 的时间常数被印制板、封装电感和片上电容来设置。这样电源门控电路的设计就成为如何足够缓慢涌入电流的事情了，所以常开边的 PDN 开关电压停留容差之内。图 9-45 所示的曲线和表 9-6 给我们的建议：应该使 RC 时间常数至少要 20 倍电抗 PDN 的时间常数。在这个例子中，我们靠电阻来管理涌入电流。其他可能的方法包括打开通过时间间隔的小开关序列，以得到最佳性能。

9.21 总结

1. 目标阻抗是 PDN 最重要的设计指标。为了更好建立目标阻抗，它需要关于瞬时电流的大量知识，我们能在价格和性能之间进行最好的折中。

2. 当要得到准确的由 PDN 拉出的瞬时电流是不可能时，作为一种粗略的近似，使用等于最大电流一半的值是一个合理的起点。

3. PDN 拉出的电流是由消耗在每个时钟边缘的电流脉冲（电荷）组成的。我们看到了 PDN 电压在芯片电源电压上对这些电流脉冲的响应，但是这通常在印制板层面被片上电容和封装引线电感滤除成为较缓慢上升边缘的瞬时电流。

4. 芯片上的电压噪声不是被 $L\mathrm{d}i/\mathrm{d}t$ 驱动的，而是被片上去耦电容的电压下垂所驱动。产生的 V/L 驱动通过 PDN 电感部分的 $\mathrm{d}i/\mathrm{d}t$。大的 $\mathrm{d}i/\mathrm{d}t$ 与低的电感关联是好事情，因为它可恢复片上电容耗尽的电荷，减小 PDN 噪声的持续时间。

5. 3 种电流波形证明了规定情况下基本的 PDN 噪声曲线：单一时钟边缘噪声、阶跃响应和周期性谐振响应。我们使用简单的 PDN 模型预测了 PDN 响应对这些 3 种电流负载的特性。

6. 控制有裕度或合理鲁棒性 PDN 的重要条件是保持任何峰的特性阻抗低于目标阻抗。这保证阶跃瞬时电流的电压响应永远不会超过 PDN 的容差指标。

7. 对于充分鲁棒性，峰值阻抗应该不超过目标阻抗。为了有裕度的鲁棒性和高性价比的 PDN，特性阻抗应该不超过目标阻抗。

8. 使用开关电容器负载模型好于恒流源。它拉出的电流正比于 PDN 电压和提供的阻尼。我们能使用开关电容器负载探索很多有侵略条件的 PDN 响应，如时钟门控、时钟吞咽、频率管理和电源门控。

9. 虽然恶劣波是一个有兴趣的现象，但它们的可能性非常低。若有控制平坦的阻抗曲线，或至少有低 q 因子的峰，则恶劣波是建立不起来的。它们仅在对 PDN 要求有极端高可靠性时需要考虑。

10. 电源节省技术（如时钟频率调制，吞咽时钟脉冲和片上门控区域），通过增加瞬时电流，对 PDN 施加压力。由这些技术提供的较低功率消耗，需要较低的 PDN 阻抗。它们要么来自价格昂贵的 PDN 设计，要么有 PDN 噪声超过容差要求的较高风险。

参考文献

[1] L. D. Smith, "Decoupling capacitor calculations for CMOS circuits," in *Proceedings of 1994 IEEE Electrical Performance of Electronic Packaging*, 1994, pp. 101–105.

[2] L. D. Smith, R. E. Anderson, D. W. Forehand, T. J. Pelc, and T. Roy, "Power distribution system design methodology and capacitor selection for modern CMOS technology," *IEEE Trans. Adv. Packag.*, vol. 22, no. 3, pp. 284–291, 1999.

[3] L. Smith, S. Sun, P. Boyle, and B. Krsnik, "System power distribution network theory and performance with various noise current stimuli including impacts on chip level timing," in *Custom Integrated Circuits Conference, 2009. CICC '09. IEEE*, 2009, pp. 621–628.

[4] S. Sun, A. Corp, L. D. Smith, and P. Boyle, "On-Chip PDN Noise Characterization and Modeling," in *Santa Clara, CA, DesignCon*, 2010, no. 408, pp. 1–21.

[5] L. Smith, "System Power Integrity," in *Santa Clara, CA, DesignCon*, 2015.

[6] A. Waizman and C.-Y. Chee-Yee Chung, "Resonant free power network design using extended adaptive voltage positioning (EAVP) methodology," *IEEE Trans. Adv. Packag.*, vol. 24, no. 3, pp. 236–244, 2001.

[7] X. Hu, P. Du, and C.-K. Cheng, "Exploring the rogue wave phenomenon in 3D power distribution networks," in *Epeps*, 2010, pp. 57–60.

[8] X. Hu, P. Du, J. F. Buckwalter, and C.-K. Cheng, "Modeling and analysis of power distribution networks in 3-D ICs," *IEEE Trans. Very Large Scale Integr. Syst.*, vol. 21, no. 2, pp. 354–366, Feb. 2013.

[9] X. Hu, P. Du, S.-H. Weng, and C.-K. Cheng, "Worst case noise prediction with nonzero current transition times for power grid planning," *IEEE Trans. Very Large Scale Integr. Syst.*, vol. 22, no. 3, pp. 607–620, Mar. 2014.

[10] S. Smith, Larry Sarmiento, Mayra Tretiakov, Yuri Sun, Shishuang Li, and Zhe Chandra, "PDN resonance calculator for chip, package and board," in *Santa Clara, CA, DesignCon*, 2012.

第 10 章 │Chapter 10│

PDN 设计的实用方法

在最后一章，通过几个特别的案例研究，我们把贯穿本书介绍的概念和设计原理组合在一起。当然，每一个设计都是特制的。虽然瞬时电流特性的详情、片上电容的特征和封装引线电感会变化，但设计原理和设计流程是相同的。

我们已经介绍了物理设计如何影响电性能的基本原理，并把这个原理作为理解问题坚实的基础。我们已经指出了 3 个最重要的瞬时电流波形，以仿真 PDN 上的电压噪声和影响时域噪声特性的频域阻抗曲线特性。

现在，使用实际和有效的处理，平衡设计折中，快速地得到可接受的设计。

10.1 重申 PDN 设计中的目标

鲁棒性和高性价比的 PDN 设计目标是控制电源分配系统，以最低的价格在工作条件下，使芯片上的电压水平在指标之内。

充分鲁棒性设计意味着：在所有可能的工作条件下，保持可接受的电压水平，并运行所有可能的代码，这在航空、航天技术、生命维持和自动驾驶系统中是非常重要的，因为任何故障都不允许发生。充分鲁棒性 PDN 是最昂贵的类型：较多的元件发生改变、较多的印制板分层、较贵的材料、较贵的测量和仿真工具，以及较长的设计、测试、分析和试验时间。

合理或有裕度的鲁棒性 PDN 意味着：在宽泛的工作条件范围下，它可满足电压指标，但是要接受最差情况下的失败风险。当然，"合理鲁棒性" PDN 概念是一种基于可接受风险水平的模糊术语。合理鲁棒性 PDN 在执行时花费较少。

提示 每一个 PDN 是唯一的，有自身的特性。限制、性能、价格和风险目标，对于每一个设计都是不同的。这意味着：我们必须分析每个 PDN，为特殊应用找到正确设置的折中。

挑战在于快速和有效地探索设计空间，找到所有重要设计特征可接受的值，结果要么是鲁棒性，要么高性价比的 PDN。一般策略涉及 3 个阶段。

1. 利用工程判断、经验规则和简单近似，估算以建立初次通过的设计建议。识别重要的输入设计参数和它们对输出性能参数的影响。使用这些信息，给一般的设计提供指导方针，这样我们可以知道哪些参数是重要的，这些参数如何变化才能满足设计目标。基于设计指导方针和价格及制造限制，对每个重要的设计参数选择合理的初始值。换句话说，自由地做每一件可能的事，合理、快速地减小 PDN 噪声。

2. 使用线性的电子表格作为基础模型，优化 PDN 参数。快速地重复系统层面性能的折中，以达到第二次通过的设计建议。这会花费更长的时间，但会使最终设计具有合理鲁棒性。

3. 使用复杂的场求解程序器和时域以及频域电路仿真来修改和进一步优化设计参数。更准确的模型包括，对最后仿真有较高的自信心和较低的风险。与容差限制进行比较以评估噪声性能。与可接受的风险和价格进行比较来评估设计裕度。这个设计和分析花费较长的时间，并且更费钱，但是它减小了不确定性和风险。

不管途径如何，我们总可选择 PDN "过设计" 从而有效地为保险支付额外费用，在预测结果中，它付出额外的努力，以补充预测结果的不确定性。这可能是因为可知的输入信息太少。若具有完全的初始信息，则可以减小不确定性和对昂贵保险的需要。

提示 总是考虑选择为产品的 "过设计" 付出更多，并为降低风险买了保险。

本书自始至终都介绍了很多电源完整性原理，以执行和达到设计目标。在本章中，我们把它们放在一起，总结重要的原理。我们介绍线性化电子表格模型以探索设计空间中的折中。最后，我们将这个分析方法应用于例子中，说明 PDN 设计在合理价格时，如何改善性能。

10.2 最重要的电源完整性原理总结

首先，我们从芯片的观点来看频域的阻抗曲线以评估 PDN 设计。可是，频域不是事情的全部，时域分析也是很重要的。假设 PDN 是线性时不变的且无源，则频域和时域分析提供的信息是相同的。

PDN 的两个特殊部分不是线性和时不变的，在技术上，频域分析也是无效的。一类是开关电源(SMPS)，其电路拓扑随着时间变化，有效输出随负载变化的阻抗。另一类是芯片电路，其电容在时间上，随着开关动作和电流负载而变化。为最准确的仿真 PDN 的这些部分，本质上要瞬态仿真。

可是，频域仿真是如此有价值以致于我们创造性地使用一些适中准确的线性模型来对付非线性 PDN 部分，这样就能评估系统的其余部分。SMPS 用几个线性元件来代表，我们能连接恒压源到 PDN 的其余部分。负载电流被电容开关电路随着时间消耗掉，这样的芯片行为像一个线性阻尼电阻，能够被平均，也可用于频域描述。

在最具侵略性的微代码操作和电源轨上的最大容差电压噪声期间，利用流过芯片的最大时间平均电流，我们确定目标阻抗。如果我们控制每个地方的 PDN 阻抗都低于目标阻抗，则 PDN 电压将具有充分鲁棒性，几乎可以确定它是在电压容差限制之内。

提示 在宽的频率范围内，希望能满足 PDN 的目标阻抗，但在某些峰值频率会超过此阻抗。峰值影响阶跃响应和谐振驱动响应。有裕度的鲁棒性 PDN 有所有峰值的 Z_0，它低于目标阻抗。充分鲁棒性的 PDN 中所有的阻抗峰值低于目标阻抗。第 9 章详细讨论了这些条件。

通常，PDN 设计的最大挑战是确定基于目标阻抗的合理的瞬时电流。可用下面 3 个方法来估算瞬时电流：

1. 从开关门的数量、片上负载电容和时钟频率来估计瞬时电流。这需要提取功能块的寄生参数和开关门数量的概念。

2. 测量以前产品中电源分支被拉出的电流，找到对最大和最小电流的影响，估算下个产品的瞬时电流。

3. 若利用仿真或测量获取 PDN 阻抗曲线，并用封装感应管脚，测量芯片上的电压噪声，那么可不按照已经消耗的瞬时电流来仿真被观察的电压。

提示 通常，最难估计的设计参数是瞬时电流，应用每一种可用的方法来估算一个合理值。估算越准确，所需的设计裕度越低，同样风险水平下的产品成本越低。

我们常常应用这些过程来预先生产产品，以推断和预测下一代产品的性能。

在获得瞬时电流估算后，我们使用它来估算 PDN 的目标阻抗。充分鲁棒性 PDN 设计目标是减小最大峰值阻抗，使之低于目标阻抗。

提示 关注阻抗的凹坑是不恰当的。峰才对主要的 PDN 噪声侵犯具有潜在的贡献。

我们一般描述和模拟 PDN 谐振峰作为电容(C)、电感(L)和一些串联电阻(R)的并联组合，它们来源于系统的物理结构。在频域和时域，3 个最重要的确定阻抗峰特性的术语是峰值频率、峰的特性阻抗和谐振 q 因子。利用这些基本的指标，就能计算峰值阻抗。

下面的公式计算谐振频率和特性阻抗：

$$f_{\text{res}} = \frac{1}{2\pi \sqrt{L \times C}} \tag{10-1}$$

$$Z_0 = \sqrt{\frac{L}{C}} \tag{10-2}$$

式中，L 是回路电感；C 是电容；R 是电阻；Z_0 是峰的"特性"阻抗；f_{res} 是峰的谐振频率。

正如第 2 章和第 9 章讨论的那样，有串联和并联谐振电路。有 L 和 C 的电路拓扑决定了谐振究竟是串联或是并联谐振。串联谐振形成阻抗曲线的"V"或山谷，具有的最小阻抗由 ESR 和等效串联电阻确定。

并联谐振形成阻抗峰，与电路相关的电阻确定峰值高度。电阻能与 L、C 元件串联或并联。

虽然不常讨论，但定义等效并联电阻是可能的。这是一个电阻与纯电感和纯电容并联形成的。并联电阻确定阻抗曲线中的并联谐振峰的高度。

图 10-1 所示为 3 个具有不同拓扑的 RLC 电路。

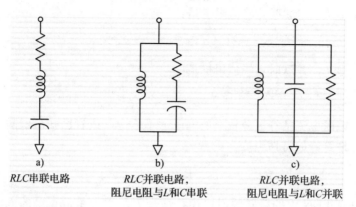

a)　　　　　　　　b)　　　　　　　c)

RLC串联电路　　　RLC并联电路，　　　RLC并联电路，
　　　　　　阻尼电阻与L和C串联　阻尼电阻与L和C并联

图 10-1　串联和并联谐振电路。电路(a)是串联谐振电路。电路(b)和(c)是两个并联谐振电路，
因为 L 和 C 是并联的。电路(b)中的损耗元件是与谐振电流串联的，电路(c)的损耗
元件是与谐振电压并联的

为了计算每个电路的 q 因子，我们要确定损耗元件是与谐振电流串联还是与谐振电压并联。图 10-1b、c 所示的都是并联谐振电路，但是图 10-1b 所示的损耗元件与谐振电流串联，图 10-1c 所示的损耗元件与谐振电压并联。

图 10-1a 所示电路是串联 RLC，具有等效串联电阻（ESR）的损耗，阻抗曲线是山谷形状。电阻项是与谐振电流串联的，损耗是 I^2R。在谐振时，较高的电阻意味着较大的损耗和较低的 q 因子。q 因子反比于电阻项。串联 LC 电路的 q 因子中 R 项与 LC 元件串联，它为：

$$q \text{ 因子}_{\text{series}} = \frac{Z_0}{R_{\text{series}}} \tag{10-3}$$

利用 q 因子的下标识别损耗元件与 LC 元件连接的电路拓扑。

图 10-1b 所示电路是并联电路，当从顶部到地进行测量时，因为 L 和 C 元件是并联的，所以阻抗曲线有一个峰。电阻与谐振电流串联，损耗是 I^2R。在谐振时，较高的电阻意味着较高的损耗和较低的 q 因子。q 因子是反比于 R 项。具有 R 项与 LC 元素串联的并联 LC 电路的 q 因子是：

$$q \text{ 因子}_{\text{series}} = \frac{Z_0}{R_{\text{series}}} \tag{10-4}$$

图 10-1c 所示电路也是并联电路，因为当从顶部相对于地测量时，L 和 C 元素是并联的。但是这时，损耗元件是与承载谐振电流的电抗元件并联的，也与谐振电压并联。损耗为 V^2/R，电压为电抗元件的端电压。在谐振时，功率损耗随电阻增加而下降，q 因子增加。q 因子正比于电阻。

$$q \text{ 因子}_{\text{parallel}} = \frac{R_{\text{parallel}}}{Z_0} \tag{10-5}$$

利用 R、L 和 C 项，可计算并联谐振电路的谐振频率、特性阻抗和 q 因子，并且基于

R 项的电路拓扑，我们得到谐振时的峰值阻抗为：

$$Z_{\text{peak}} = Z_0 \times q \text{ 因子} \tag{10-6}$$

当 R 项与并联 LC 串联时，峰值阻抗是：

$$Z_{\text{peak}} = Z_0 \times q \text{ 因子}_{\text{series}} = Z_0 \times \frac{Z_0}{R_{\text{series}}} \tag{10-7}$$

当 R 项与并联 LC 并联时，峰值阻抗是：

$$Z_{\text{peak}} = Z_0 \times q \text{ 因子}_{\text{parallel}} = Z_0 \times \frac{R_{\text{parallel}}}{Z_0} = R_{\text{parallel}} \tag{10-8}$$

我们从阶跃瞬时电流估算电源轨上的电压下垂响应，或者已知阶跃瞬时电流，利用观察的电压响应，估算峰的特性阻抗。

$$V_{\text{droop}} = I_{\text{step}} \times Z_0 = I_{\text{step}} \times \sqrt{\frac{L}{C}} \tag{10-9}$$

对估算或确认 PDN 中的阶跃瞬时电流，这个关系常常是最重要的方法。如果能确定峰的特性阻抗，那么我们就能利用芯片焊盘上测量的 PDN 电压下垂来抽取阶跃电流。

提示　估算最大瞬时阶跃电流（如当处理器核从空闲状态转移到完全占线）的重要方法是测量初始电压下垂和使用一些峰的特性阻抗的知识。

为了保持阶跃响应下垂在可接受的容差之内，峰的特性阻抗必须低于目标阻抗。

峰的谐振频率是对阶跃电流变化响应的电压噪声的振铃频率。

q 因子是在瞬态响应后振铃持续周数的指示。

当微代码在峰值谐振频率处，引起重复瞬时电流方波时，至少可维持周期中 q 因子的最极端条件，由此产生的峰-峰电压噪声是：

$$V_{\text{pk-pk}} = I_{\text{pk-pk}} \times Z_{\text{peak}} = \frac{4}{\pi} \times I_{\text{transient}} \times q \text{ 因子}_{\text{series}} \times Z_0$$

$$= \frac{4}{\pi} \times I_{\text{transient}} \times \frac{1}{R} \times \frac{L}{C} \tag{10-10}$$

式中，$V_{\text{pk-pk}}$ 是电路上的峰-峰电压噪声；$I_{\text{pk-pk}}$ 是方波瞬时电流中第一个谐波的等效正弦幅度；$I_{\text{transient}}$ 是谐振频率时的峰-峰方波瞬时电流；q 因子是 RLC 电路的品质因素，假设 R 项与并联 LC 项串联。

这个关系的准确条件是 q 因子必须大于 2。

假设平均电源电压是在额定数值，当有单一的或占优势的阻抗峰时，保持电压噪声在电压容差选择内的条件是峰值阻抗必须低于 $\pi/2 = 1.6$ 倍目标阻抗。第 9 章详细描述了这个情况。

这些设计参数和由此得到的性能参数，让我们看到了 PDN 性能限制的根源和这些参数为优化噪声性能产生的问题。同样，电压噪声和阻抗曲线的测量给出了对瞬时电流特性的洞察力。

提示　为了降低电压响应到瞬时电流的阶跃，应增加电容或者减小电感。

在所有 PDN 阻抗曲线中，最重要的峰通常是由片上电容和封装引线电感引起的称为 Bandini 山的峰。与芯片上面金属化有关的残留串联电阻和封装电感器的串联电阻共同贡献给电路中的电阻。

此外，CMOS 电路中的非线性开关贡献并联电导项损耗，这增加了有效阻尼和降低了 q 因子，因而增加了设计裕度。

提示　减小 Bandini 山峰值阻抗最有效的方法是增加片上电容，减小峰值串联电感和增加阻尼电阻。

提示　也可利用半导体供应商，选择加入封装面上电容器的芯片。

加入封装面上的去耦电容器使 Bandini 山分裂为两个峰。封装面上的去耦电容器的优点是存在两个峰值低于原来 Bandini 山峰值的可能性。通常，为 OPD 选择足够大的电容，能降低较低频率处的峰值。通过减小 OPD 的安装电感和控制它的 ESR，也降低了较高频率处的峰值。

印制板面的 MLCC 电容器元件附加于封装引线电感上，使峰更高。当我们在印制板上使用有限数目的电容器时，只要优化容量值，存在降低 Bandini 山峰值的可能性，所以它们的自谐振频率扩展到 Bandini 山峰以上。

提示　若没有封装面上的去耦电容器，优化印制板面的电容器容量也能降低 Bandini 山峰值。

这个方法需要详细知道所有的参数值，它对印制板面去耦电容器的精确数值和它们的安装电感很灵敏。

提示　印制板面 PDN 的一种普遍性和更具鲁棒性的设计策略是选择多种电容器容量，以使它们得到的阻抗曲线是平坦的，从 Bandini 山各方面看它是电阻性的。

在缺乏封装电容器的情况下，平坦的印制板阻抗曲线像电阻器，并为 Bandini 山提供阻尼。对于这种策略，必须满足两个重要的条件，Bandini 山的特性阻抗必须小于目标阻抗和印制板平坦阻抗曲线必须接近，但是低于目标阻抗。

从芯片观点看到的 PDN 上的每个阻抗峰基本上会受到与每个 PDN 元素有关的回路电感的限制。

提示　为实现最低的峰值阻抗和最低的电压噪声，使系统中每个元素有最低的回路电感。

通常，减小电源-地相互连接结构的回路电感的 3 个设计目标是：

1. 导体做得短。

2. 电源和地路径靠近在一起。

3. 导体做得宽。

当实现 PDN 的电源-地相互连接时，作为实践基础，这些设计目标会转变为 4 个重要的设计指导方针：

1. 所有通孔进入焊盘来对印制板附加电容器，或通孔尽可能靠近焊盘。

2. 为减小分布电感，在邻近电源和地平面之间使用薄介质。当使用薄介质时，电容器的封装是接近二阶的。

3. 在分层中，安排邻近电源和地平面尽可能地靠近安装元件的表面。

4. 在电源-地的相互连接中，尽可能地使用多的并行途径。

对于电源-地的相互连接，这些是最重要的设计指导方针，会产生鲁棒性的 PDN。

10.3 为探索设计空间引入的电子数据表格

探索设计空间的第一步是利用工程判断、经验规则和作简化近似，正如前节概述的那样。下一个层面的分析是使用电子数据表格，探索所有设计参数的互连程度。

通常的情况是，在一个面上改善的性能意味着另一层面的性能降低或者增加价格。这个常常被称为"非故意结果定理"，或者"打鼹鼠"问题。电子数据表格，对于探索设计空间和处理平衡设计折中的重要任务是有用的工具。

在本节，我们介绍电子数据表格和几个研究案例。然后我们推进更准确的仿真。接着将其与电路仿真进行比较，说明电子数据表格的准确性，并比较仿真预测与测量结果。

提示 遵循一般设计指导方针、使用电子数据表格优化参数、在电路仿真中最终核实性能，这 3 种途径的组合是强有力的解决问题方法，能很快地和有效地集中于性价比和鲁棒性 PDN 问题的解决。

我们能把 PDN 设计分离为输入设计参数和来源于分析的预测性能指标，这适合电子数据表格分析[1]。我们已经结合重要的输入参数和在本书中介绍的 PDN 关系，构成了一个简单的电子数据表格来估算性能指标。表 10-1 所示为完整的电子数据表格。它能最好地使用分选、规划和优化的 PDN 设计。从测量数据来看什么样的 PDN 数据是必需的和建立模型-硬件的相关性这种反向工作是非常有用的。它不是证实工具，也不是以任何艺术品或者设计数据为基础的。

表 10-1 以电子数据表格显示的完整 PDN 响应计算器，它包含顶层输入部分、谐振环和提取的指标

	类型	PDN 参数	数值	单位		
1						
2	输入	电压	1.00	V	—	—
3	输入	最大消耗电流	10.0	A	—	—
4	输入	最小消耗电流(有时钟)	2.0	A	—	—
5	输入	泄漏电流(没有时钟)	1.0	A	—	—
6	结果	最大动态电流	9.0	A	—	—
7	结果	最小动态电流	1.0	A	—	—

（续）

	类型	PDN 参数	数值	单位		
8	结果	AC 容差	5.00	%	—	—
9	结果	瞬时电流	8.0	A	—	—
10	结果	AC 目标阻抗	6.3	mΩ	—	—
11	输入	DC 容差	1.00	%	—	—
12	结果	DC 目标阻抗	1.00	mΩ	—	—
13		**时钟边缘噪声（0 次下垂）**	—	—		
14	输入	时钟频率	2 000	MHz		
15	结果	每周期电荷	4.5	nCoul/周期		
16	结果	负载开关电容	4.5	nF		
17	结果	开关因子	4.5	%		
18		**芯片**	—	—		
19	输入	片上电容	100	nF		
20	结果	基于时间常数 250ps 60% 的 $R\_芯片$ 1	1.5	mΩ		
21	结果	基于时间常数 250ps 40% 的 $R\_芯片$ 2	1.0	mΩ		
22		$R\_泄漏假设\ I\_泄漏 = a * V_{dd} \wedge 3$	—	—		
23	结果	利用 V_{dd} 和 $I\_泄漏$ 计算的 a	1	—		
24	结果	V_{dd} 处的 $dV_{dd}/dI\_泄漏$，R（斜率）	333	mΩ		
25	类型	**峰值分析**	环路 1（峰 1）	环路 2（峰 2）	环路 3（峰 3）	单位
26	提取	封装串联电感	29	—	—	pH
27	提取	在电源电流路径中的 $R\_封装$	0.403	—	—	mΩ
28	提取	在谐振频率（额外）处的交流的 $R\_封装$	0.430	—	—	mΩ
29	提取	印制板串联电感或 VRM	19	96	10 000	pH
30	提取	在电源电流路径处的直流的 R	0.043	0.97	0.2	mΩ
31	提取	在谐振频率（额外）处的交流的 $R\_印制板$	0.060	0.0		mΩ
32	输入	板上电容器的数目	10	6	—	—
33		分立电容器参数（部分环路）	—	—		
34	输入	电容	1.0	22		μF
35	结果	ESR	10.3	4.3		mΩ
36	结果	与电容体积有关的部分电感	600	1200		pH
37		电容器的安装特性（部分环路）	—	—		
38	提取	来自通孔的安装电阻	0.778	3.892		mΩ
39	输入	水平焊盘或迹线电感	1	1		pH
40	提取	通孔的垂直电感	372	1861		pH
41		并联安装的电容器环路特性	—	—		
42	结果	电容	10 000	132 000		nF
43	结果	电阻	0.6	1.4	—	mΩ
44	结果	电感	84	510		pH
45	结果	谐振环路电容	99.0	9382	142 100	nF
46	结果	谐振环路电阻（排除 ODC 的 ESR）	1.584	2.954	1.573	mΩ
47	结果	谐振回路电感	132	690	10 510	pH
48	结果	谐振时的电抗 Z_0	36	8.6	8.6	mΩ
49	结果	q 因子（与贡献在一起）	2.5	2.4	4.0	—

（续）

	类型	峰值分析	环路 1（峰 1）	环路 2（峰 2）	环路 3（峰 3）	单位
50	结果	泄漏引起的 q 因子	9.1	39	39	—
51	结果	负载损耗的 q 因子	5.5	23.3	23.3	—
52	结果	片上电容的 ESR 的 q 因子	15	—	—	—
53	结果	环路电阻的 q 因子（排除 ODC 的 ESR）	24	2.9	5.5	—
54		PDN 指标	—	—	—	—
55	FD 结果	峰值频率	44.1	1.98	0.130	MHz
56	FD 结果	峰值阻抗	91	21	34	mΩ
57	FD 结果	PDN 比（Z 与目标阻抗之比）	14	3.3	5.5	—
58	TD 结果	时钟边缘下垂（脉冲响应）	45	—	—	mV
59	TD 结果	阶跃响应下垂	292	69	69	mV
60	TD 结果	谐振响应（峰-峰）	922	211	348	mV
61	DC 结果	从 VRM 到电路的 DC 电阻	3.1	—	—	mΩ
62	DC 结果	最大电流下的 DC 功率损耗	312	—	—	mW

对于任何 PDN 来说，最重要的特性是峰值阻抗、它们的谐振频率、特性阻抗和 q 因子。利用 PDN 电流负载和时钟频率的输入信息，我们对 3 种主要瞬时电流波形的响应计算预期的电压噪声：脉冲、阶跃和谐振激励。

峰值的频域指标和最大电压噪声的时域指标是我们判断 PDN 设计究竟是否可接受的基础。

我们设计这个电子数据表格以分析具有 3 个明显峰的 PDN，3 个峰在频率上大致隔开十倍频程。它们是由环路中占据优势的元素产生的，这些元素为：

- 片上电容，封装引线电感和 MLCC 电感
- MLCC 电容和大容量电容器的回路电感
- 大容量电容器和 VRM

这些对设计参数的简单分析估算被转换成为等效电路元素和性能指标。当与更详细的电路仿真进行比较时，惊讶的是预测的噪声结果是与之如此接近。这是简单近似电源以"快速得到可接受的答案"的另外一个例子。

提示   任何分析的目的都是尽可能快地给我们可接受的答案。这就是在这里描述 PDN 响应计算器电子数据表格的目的。电子数据表格并不意味着它是 PDN 的最终设计工具。相反，它意味着作为起始点，在给出初始参数和限制后，快速估算一些性能指标。它识别最重要的设计参数和我们可能会忽略的同样重要的重要参数。

电子数据表格有 6 个部分：
- PDN 电压、电流和计算的目标阻抗
- 第 0 个凹坑时钟边缘噪声特性
- 片上特性
- 对 3 个不同峰中每一个峰的分析
- 频域和时域的性能指标
- 计算垂直和水平结构的相互连接的回路电感

10.4　第 1～12 行：PND 输入电压、电流和目标阻抗参数

电子数据表格的第一部分是建立重要的输入项，它们定义 PDN 电源。表 10-2 显示了这十二行。

表 10-2　建立 PDN 性能参数

1	类型	PDN 参数	数值	单位
2	输入	电压	1.00	V
3	输入	最大消耗电流	10.0	A
4	输入	最小消耗电流（有时钟）	2.0	A
5	输入	泄漏电流（没有时钟）	1.0	A
6	结果	最大动态电流	9.0	A
7	结果	最小动态电流	1.0	A
8	输入	AC 容差	5.00	%
9	结果	瞬时电流	8.0	A
10	结果	AC 目标阻抗	6.3	mΩ
11	输入	DC 容差	1.00	%
12	结果	DC 目标阻抗	1.00	mΩ

第 2 行，输入，**电压**。这是 V_{dd} 电压，默认值是 1V。

第 3 行，输入，**最大消耗电流**。这是当最大数目的门被打开时，PDN 电源消耗的最大电流。它由泄漏电流、时钟网络的电流和门打开时的额外电流组成。默认值是 10A。这是运行一段代码从电源拉出来的平均时间电流。

第 4 行，输入，**最小消耗电流（有时钟）**。当时钟网络刚刚打开时的消耗电流。默认值是 2A。

第 5 行，输入，**泄漏电流（没有时钟）**。这是 V_{dd} 和 V_{ss} 之间的泄漏电流，依赖于技术节点、栅极氧化层厚度、阈值电压、V_{dd} 设置和芯片上门的总数。因为大部分的泄漏电流是通过薄氧化层的隧道阈值下的电流、泄漏电流来贯通的，它与 V_{dd} 之间是非线性的，是指数关系，又常常是 V_{dd} 的三次方。默认值为 1A。

第 6 行，结果，**最大动态电流**。这是不包括泄漏电流的最大电流。这也是所有负载电容在每个充放电周期内和所有门的每个周期上流过的电源平均电流。可用下式计算：

$$最大动态电流 = 最大消耗电流 - 泄漏电流$$

默认的计算值是 9A。

第 7 行，结果，**最小动态电流**。动态电流是在每个周期内对于负载电容充放电消耗的平均电流。最小电流是仅打开时钟分配元件的电流，它是：

$$最小动态电流 = 消耗在时钟的最小电流 - 泄漏电流$$

在这个例子中默认值是 1A。

第 8 行，输入，**AC 容差**。这是在 V_{dd} 上能容忍的双边带噪声的幅度。这是高或低于标秒量的幅度，不是峰-峰噪声。默认值是 5%，这意味着执行的是 ±5% 的容差。

第 9 行，结果，**瞬时电流**。当微码改变大多数静态开关时这是我们希望看到的峰-峰变

化电流，可由下式计算：

$$瞬时电流 = 最大动态电流 - 最小动态电流$$

计算的默认值是 8A。

第 10 行，结果，AC 目标阻抗。 在控制 PDN 阻抗曲线时，这个众所周知的目标阻抗作为目标，我们已经指出很多次，它是：

$$Z_{\text{target-AC}} = \frac{V_{dd} \times 容差\_AC}{I_{\text{transient}}} \tag{10-11}$$

在电子数据表格中，利用默认值参数计算的目标阻抗是 6.3mΩ。这是对 PDN 平坦区域建立的目标，也是为有裕度鲁棒性设计的峰值特性阻抗的目标。如前所述，为了有充分鲁棒性的 PDN，甚至峰值的顶部应该低于这个目标阻抗。

第 11 行，输入，DC 电容差。 这是允许的 DC 偏离电压，为 V_{dd} 的百分比。换句话说，是 DC IR 压降允许的电压噪声量。它可以由 VRM 的敏感线和反馈电路得到部分补偿。这个数值基本上决定了从 VRM 反馈点到芯片焊盘之间允许的 DC 压降。并不总是规定这个数值，但是应小于 AC 容差。这个例子中的默认值是 1%。

第 12 行，结果，DC 目标阻抗。 这与 PDN 路径中最大允许的 DC 串联电阻有关。我们使用类似于 AC 目标阻抗那样的方法计算 DC 目标阻抗，但是最大消耗电流包含泄漏电流和流过直流串联电阻的每一个电流。

$$Z_{\text{target-DC}} = \frac{V_{dd} \times 容差\_DC}{I_{\text{max}}} \tag{10-12}$$

利用这个电子数据表格的默认值参数计算的 DC 目标阻抗是 1mΩ。

在电子数据表格部分这的中，各个项允许我们计算用于建立 PDN 目标的目标阻抗。

10.5 第 13～24 行：零阶浸入（时钟边缘）噪声和片上参数

本部分覆盖的信息用于估算单一时钟边缘产生的噪声。时钟边缘噪声是在每个上升时钟边缘对负载电容充电引起的。表 10-3 所示为这些项。

表 10-3 计算时钟边缘噪声的输入参数

13		时钟边缘噪声（0 次下垂）				
14	输入	时钟频率	2000	MHz	—	—
15	结果	每周期电荷	4.5	nCoul/周期	—	—
16	结果	负载开关电容	4.5	nF	—	—
17	结果	开关因子	4.5	%	—	—
18		芯片	—		—	—
19	输入	片上电容	100	nF	—	—
20	结果	基于时间常数 250ps 60% 的 $R\_芯片 1$	1.5	mΩ	—	—
21	结果	基于时间常数 250ps 40% 的 $R\_芯片 2$	1.0	mΩ	—	—
22		$R\_泄漏$，假设 $I\_泄漏 = a * V_{dd} \wedge 3$	—		—	—
23	结果	从 V_{dd} 和 $I\_泄漏$ 计算的 a	1	—	—	—
24	结果	V_{dd} 处的 $dV_{dd}/dI\_泄漏$，R（斜率）	333	mΩ	—	—

时钟边缘噪声也称之为零阶下垂。术语一阶下垂是留给第一个阻抗峰下垂的，二阶下垂是与第二个阻抗峰下垂有关的，等等。几个零阶下垂与几个时钟周期相联系，通常由此产生第一个下垂。

时钟边缘噪声总是与时钟周期内对负载电容的充电相关联。虽然我们可利用片上寄生提取工具找到关于码矢量的知识和门的使用，但我们可利用芯片拉出的电流来估算这些重要的输入参数。测量电流相比每个时钟边缘上实际负载电容开关电流，更加容易得到。我们使用时间平均电流和时钟频率得到一个周期期间平均消耗的电荷。

第 14 行，输入，时钟频率。这是在测量最大电流时，芯片运行的时钟频率。这一行使用的最大时钟频率是以 MHz 为单位的。默认值为 2000MHz。

第 15 行，结果，平均时钟周期内，开关输出负载电容上电压消耗的电荷，单位为 nC。芯片被设定以拉出最大动态电流。每个周期内门消耗的平均电流乘以周期（以 ns 为单位），就是每个周期的平均电荷。利用默认值参数进行计算，值是 4.5 nC/周期。它可由式（10-13）计算：

$$Q_{\text{clk-cycle}} = I_{\text{dyn\_max}} \times T_{\text{clk}} = I_{\text{dyn\_max}} \times \frac{1}{F_{\text{clk}}} \qquad (10\text{-}13)$$

第 16 行，结果，开关负载电容。给定每个时钟周期和流入到负载电容以充电到 V_{dd} 的电荷量，我们能很容易地估算输出负载电容。在这个例子中，利用默认值参数计算得到的值是 4.5nF。我们由下式计算：

$$C_{\text{switched}} = \frac{Q_{\text{clk-cycle}}}{V_{\text{dd}}} \qquad (10\text{-}14)$$

第 17 行，结果，开关因子。这是每个周期内开关的最大电容与由整个 V_{dd} 分配的总片上去耦电容之比。利用默认值参数计算的数值是 4.5%，可用式（10-15）计算：

$$\text{开关因子} = \frac{C_{\text{switched}}}{C_{\text{ODC}}} \qquad (10\text{-}15)$$

第 19 行，输入，片上电容。这是用在 V_{dd} 上的片上去耦电容的总量。有时，这基本上是半导体供应商要保守的秘密。使用在第 3 章讨论的 VNA 和校准探针，当器件上电后，只要没有封装面去耦电容器或者电源门控断开芯片部分，我们就能测量它。例子中的默认值是 100nF。

第 20、21 行，结果，片上串联电阻。这两行是与片上电容关联的串联电阻。它们来自 V_{dd}、V_{ss}、芯片贴装的相互连接和 FET 跨导的金属化。片上金属化的贡献是 $R\_芯片 1$，它也有助于串联电源回路的 DC IR 压降。$R\_芯片 2$ 是 FET 的跨导和连接到下一个门的电容信号线的贡献，当门打开时间，它与未打开的片上电容串联。

当从封装球或者芯片块看向电路测量时，$R\_芯片 1$ 和 $R\_芯片 2$ 的总和是与片上电容串联的等效电阻。芯片面积越大，电阻越小，因为电导（$1/R$）是并联相加在一起的。不管被测量的芯片面积如何变化，RC 的乘积保持为常数。正如在第 8 章讨论的那样，合理的 RC 时间常数为 250ps。

大量的片上电容来自相互邻近的线电容，每根线的值可能高或低。从封装球或者芯片块上测量时，不能区别 $R\_芯片 1$ 和 $R\_芯片 2$。明显地，具有其串联电阻的片上电容是一个分布问题。对于简单仿真电路拓扑，计算 DC IR 压降和开关电路存在的电容 ESR 的这两个电阻。估计电阻的 60% 属于 $R\_芯片 1$ 和 40% 属于 $R 芯片 2$。基于这些假设，我们计算两个电阻：

$$R\_芯片 1 = 0.6 \times \frac{0.25\text{ns}}{C_{\text{ODC}}} \tag{10-16}$$

和

$$R\_芯片 2 = 0.4 \times \frac{0.25\text{ns}}{C_{\text{ODC}}} \tag{10-17}$$

第 22 行，说明，泄漏电阻。 一个重要的阻尼项是在 V_{dd} 和 V_{ss} 之间的来自泄漏电流的并联电阻。它的形式为：

$$I_{\text{leakage}} = a \times V_{\text{dd}}^3 \tag{10-18}$$

公式中的 a 是与硅技术节点、阈值电压和芯片上门面积有关的系数，它是温度的强函数。通过了解标称 V_{dd} 轨电压下的漏电流，我们可以提取该系数。这个 V_{dd} 电压可以在时钟处于关闭的静止状态下，通过测量电路消耗的静态电流来获得。

第 23 行，结果，系数 a 的值。 由下式计算：

$$a = \frac{I_{\text{leakage}}}{V_{\text{dd}}^3} \tag{10-19}$$

在这个例子中，当泄漏电流为 1A，V_{dd} 电压为 1V 时，计算的默认值为 1。

第 24 行，结果，动态泄漏电阻。 泄漏电流的行为像一个分流电阻。可是它不贡献于阻尼的 DC 电阻，而是小信号动态阻抗。这是泄漏电流与 V_{dd} 电压曲线之间的斜率。可使用下式得到动态电阻：

$$R_{\text{leakage-dynamic}} = \frac{\text{d}V_{\text{dd}}}{\text{d}I_{\text{leakage}}} = \frac{1}{3 \times a \times V_{\text{dd}}^3} = \frac{V_{\text{dd}}^3}{3 \times I_{\text{leakage}} \times V_{\text{dd}}^2} = \frac{V_{\text{dd}}}{3 \times I_{\text{leakage}}} \tag{10-20}$$

在默认值的情况下，作为片上去耦电容两端的分流电阻，这个动态阻尼的电阻是 330mΩ。这些项是用于估算在频域和时域内每个阻抗峰的 PDN 指标的。

10.6 安装电感和电阻参数的抽取

从芯片焊盘到 MLCC 电容器的电感和电阻是与封装和 PCB 结构有关的，我们利用几何形状和材料来估算它。结构被分为两类：截面性质是圆柱体的垂直型和平面性质的水平结构。垂直结构有通孔、球和块。水平结构包含电源平面和电源的路径轨迹。

这些相互连接的元素，连接分布式片上去耦电容到印制板面的电源分配和最终连接到安装在印制板上的 MLCC 电容器。图 10-2 所示为每个重要电路元件的电路图。我们能基于几何形状和材料，使用几个简单的近似[2] 计算这些元件。

我们使用简单的近似估算 DC 环路电阻、由于趋肤效应的 AC 电阻和谐振频率时的回路电感。第 4 章覆盖了这些内容，但是为了完整性，在这里再次提供。在"提取"表上，这些近似表达集中在电子数据表格中。

当然，3D 场求解器给出了回路电感和电阻更加精确的数值。近似形式给出的数值准确度在 10%～20% 以内，是一个优秀的起始点。它们给出了合理的预测，并且努力聚焦于结构。PDN 在谐振时的特性也主要取决于它。

垂直结构的计算基础是双杆近似，说明见图 10-3。

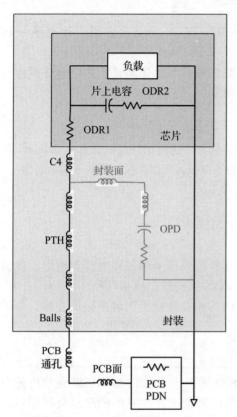

图 10-2　识别片上去耦电容器和 MLCC 电容器之
间每个阻性和感性元件的电路图。阴影
显示了芯片和封装边界，为了参考，封
装上的去耦电容器也包括在内

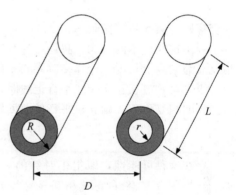

图 10-3　回路电感的双杆近似特性，假
设这两个杆在远端连接在一起

这种结构在单位长度上的回路电感是：

$$L_{\mathrm{Len}} = \frac{\mu_0}{\pi} \operatorname{arccosh}^{-1}\left(\frac{D}{2R}\right) = \frac{\mu_0}{\pi} \ln\left(\left(\frac{D}{2R}\right) + \sqrt{\left(\frac{D}{2R}\right)^2 - 1}\right) \tag{10-21}$$

式中，L_{Len} 是单位长度的回路电感（pH/mm）；D 是中心-中心的间隔（mm）；R 是杆的外半径（mm）；$\mu_0 =$ 是自由空间的磁导率 $= 4\pi \times 10^{-4}\,\mathrm{H/mm}$。
我们假设电流是在导体的外表面流动。

单位长度的 DC 环路电阻是：

$$R_{\mathrm{Len}} = \frac{2}{\sigma(\text{截面积})} = \frac{2}{\sigma(\pi R^2 - \pi r^2)} \tag{10-22}$$

式中，R_{Len} 是整个环路中单位长度的电阻；σ 是材料的电导率，常常是铜；因子 2 是考虑到串联的两个途径；R 是杆的外半径（mm）；r 是杆的内半径（mm）。

趋肤效应引起内半径随着频率的函数而改变。趋肤深度是：

$$\delta = \frac{1}{\sqrt{f\pi\mu_0\sigma}} \qquad (10\text{-}23)$$

式中，δ 是趋肤深度（mm）；f 是正弦波频率（MHz）；μ_0 是自由空间的导磁率 $= 4\pi \times 10^{-4}\,\text{H/mm}$；$\sigma$ 是铜的电导率（S/m）。

当电流受到趋肤深度的限制时，通过电流的截面积减小。如果我们假设趋肤深度与导体的外半径相比是薄的，则在频率 f 时的高频电阻是：

$$R_{\text{Len-ac}} = \frac{2}{\sigma(\text{截面积})} = \frac{2}{\sigma(2\pi R \times \delta)} \qquad (10\text{-}24)$$

为了简化计算，我们取 100MHz 作为参考频率，例如，这时铜的趋肤深度是 $6.6\mu m$，计算这个频率时的环路电阻。因为趋肤深度正比于频率的平方根，所以在任何频率下的电阻为：

$$R_{\text{Len-ac}} = \frac{R_{\text{Len-ac-100MHz}}}{\sqrt{\dfrac{f}{100\text{MHz}}}} \qquad (10\text{-}25)$$

我们感谢的频率是谐振频率。

利用这些简单的公式，我们可计算双杆结构在单位长度上的回路电感和电阻。然后事情就成为它乘上长度，计算多对并联来确定垂直 PDN 结构的电感和电阻。

当多对垂直相互连接线平行走线时，对线之间的相互作用会引起环路的互感。如果没有互感的相互作用，则 n 对平行的总回路电感是

$$L_{\text{total}} = \frac{1}{n}L_{\text{pair}} \qquad (10\text{-}26)$$

存在这种可能性，即很多对针的一种排列的电感值大于单独对并联组合的电感。例如，如果所有 V_{cc} 针的位置相互靠得很近，这种情况就能发生。它们的互感会增加每对的平行回路电感，这似乎使每对针的正常回路电感高于单一对的电感。

当然，减小多对针平行组合的方法是按跳棋棋盘排列的，V_{dd} 和 V_{ss} 针交错。因为相邻针的电流方向相反，所以互感的作用是减小平行针的总组合电感。这似乎使每对针的回路电感小于单一对的电感。

在一种类似棋盘的图案中，每个 V_{dd} 的引脚向四个方向（北、南、东和西）延伸，并发现用于返回电流的 V_{ss} 引脚。类似地，每个 V_{ss} 向四个方向延伸，并看到用于返回电流的 V_{dd} 引脚。这种方法产生的总回路电感达到最小化。

以 2×2 方式排列的两对，可预期的总电感是小于两对单独引线平行排列的。类似，具有 V_{dd} 和 V_{ss} 针的 4×4 的 8 对，以跳棋棋盘格式进行排列，比 8 对单独引线平行排列的电感要小。电感的减小量称为跳棋棋盘减小因子。

提示　在一个针和 4 个最邻近的电流方向相反的针之间的互感，降低了平均针对的回路电感。实际针对的回路电感正比于单独针对的回路电感，其中系数是跳棋棋盘减小因子。如果邻近针有相同的电流方向，则有效针对的回路电感会大于 1。

图 10-4 所示为 V_{dd} 和 V_{ss} 针的排列，分别为 1 对（1×2），2 对（2×2），4.5 对（3×3），8 对（4×4），12.5 对（5×5），18 对（6×6）。1 对为一个 V_{dd} 和一个 V_{ss}，它们的电感用于双杆方程的计算。总电感可以从 3D 电磁场中提取，它包含每种格式的相互作用，并且归一化到每一种结构的每一对数值上。

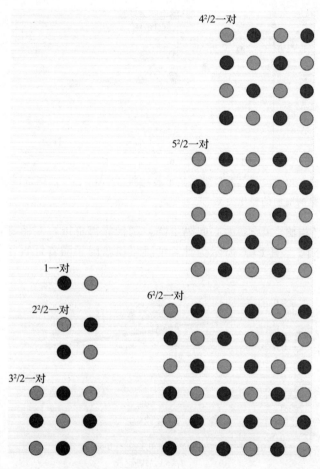

图 10-4　n 对电源和地针对的跳棋棋盘格式排列，交错排列给出了最低的总回路电感。随着针数量的增加，相互作用会达到饱和

单独 1 对的电感可用双引线近似来预测。在一定面积上加入更多对可以减小每对的归一化回路电感。跳棋棋盘格式上有足够多的对，归一化电感达到饱和，跳棋棋盘减小因子趋于平坦。

所有针的结构排列对于电感都有跳棋棋盘减小因子，但是这个特定数值依赖很多因素，如对的数量、直径与场地之比、频率、准确的针结构，等等。

如果格式不是跳棋棋盘，而是一些 V_{dd} 针团在一起，另一些 V_{ss} 针团在一起，则因子能大于 1。这里要指出：特别的针结构排列具有的每对针的归一化电感能大于双引线回路电感的。

有时，为了布局考虑，同样的针抱团是必需的，但这可能比平行针排列有较小的电感改善。

跳棋棋盘因子本质上是一个考虑针结构的"虚构"因子，因为电感是很多平行圆柱体结构的估算。图 10-5 所示为计算的跳棋棋盘因子随针对数量增加的变化关系，针对的分布如图 10-4 所示。这是特定情况，针直径是中心-中心间隔的 25%。这种情况下的渐近线值是 0.7。

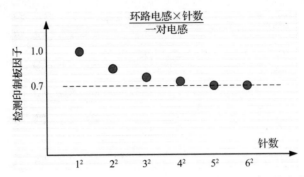

图 10-5   计算的跳棋棋盘因子，在针直径是中心-中心间隔的 25% 的特定情况下，随着排列
针对数量的增加的变化关系

如果与针的直径相比，中心-中心间隔下降，则针靠得更近，互感延伸到更多的针，计算的跳棋棋盘因子下降。图 10-6 所示为计算的跳棋棋盘因子随着针直径与中心间隔之比增加的关系。

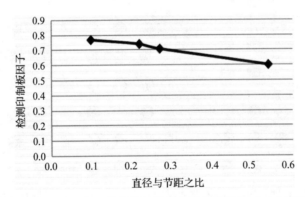

图 10-6   跳棋棋盘因子的渐近线的值随着针靠近和针直径-中心间隔增加的关系

类似垂直结构，水平结构也有需要我们估算的电感和电阻。在第 4 章，你已经看到了如何从片状电感平方数来估算分布电感。图 10-7 所示为对于一定长度的两个平面，观察这个部分的回路电感。

从一个远边缘看另外一个的回路电感是：

$$L_{\text{loop}} = (\mu_0 \times h) \times \frac{\text{Len}}{w} = L_{\text{sq}} \times n \qquad (10\text{-}27)$$

式中，L_{loop} 是回路电感；h 是介质厚度；Len 是平面均匀部分的长度；w 是平面均匀部分的宽度；

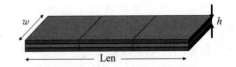

图 10-7   两个宽导体之间有薄介质的图示说明

L_{sq} 是片状电感，单位为 nH/平方；n 是长度下的平方数。

圆括号中的第一项称为片状电感或者每平方的回路电感。一平方平面的回路电感 L_{sq}。第二项是平方数 n，它恰是导体的长度与宽度之比。

提示　这个关系又指出：在相邻的电源和地平面之间使用实际上能做到的尽可能薄的介质的重要性。结果是在被平面连接的元件之间有最低的片状电感和最小的分布电感。

式（10-27）是非常有用的，由平面对构成的途径片状电感仅依赖于两个平面间的介质厚度。我们需要知道的是，片状电感和构成互连的串联平方数，从而能估算路径的回路电感。

同样，我们可用式（10-28）计算片状电阻，

$$R = \left(\frac{1}{t\sigma}\right) \times \frac{\mathrm{Len}}{w} \tag{10-28}$$

式中，t 是轨迹的厚度；σ 是铜的电导率。

第一项是片状电阻，第二项是平方数。以 Ω 为单位的片状电阻，Ω/平方，是形状像正方形的从导体边缘到边缘的电阻，它与尺寸无关。

轨迹的总电阻是片状电阻乘以串联的平方数。对于 V_{dd} 和 V_{ss} 轨迹的情况，由于有两个轨迹串联，所以平面部分的串联电阻实际上是从 V_{dd} 和 V_{ss} 轨迹电阻的二倍。

正如垂直结构那样，我们确定感兴趣的是谐振峰频率。在估算串联电阻中，使用这个频率时的趋肤深度限制电阻。

10.7　典型的电感印制板和封装的几何分析

我们通过电子数据表格上面的"抽取"表来执行这些计算。我们已经设置一个特定的例子来作为默认值情况下回路电感的计算练习。这个例子在芯片上使用 30um 直径为 $30\mu m$，最高点为 $200\mu m$ 的 C4 球。BGA 球的直径为 0.5mm，最高点为 1mm。印制板到最近的电源和地平面的通孔为 0.5mm 深，即印制板的叠层厚度。

在这种结构中，由所有水平和垂直源贡献的相关回路电感是令人感兴趣的。

如果电容器被安置在印制板的底部，则到印制板电源平面的安装电感大约为 1.9nH。如果电容器被安装在印制板的顶部，则每个电容器的通孔回路电感大约为 0.7nH。

封装垂直电感路径的贡献为 29pH 到印制板电源和地腔体的数量级，与电感值为 19pH 的 18 个 BGA 印制板通孔对这个电感，具有可比性。

贡献给 Bandini 山的最大回路电感的来源是 PCB 腔体的水平电感。假设构成印制板腔体的 V_{dd} 和 V_{ss} 平面之间的厚度为 $76\mu m$，可用最薄的片状电感是：

$$L_{sq} = \mu_0 \times h = 0.4\pi\,\mathrm{pH}/\mu m \times 76\mu m = 95\,\mathrm{pH/square} \tag{10-29}$$

从 BGA 过孔到电容器过孔的路径中有一个正方形，其回路电感为 95pH。在 PCB 路径中，这个量加上垂直回路电感结果为 111pH 的总电感，加上大约 30pH 的封装路径，总计为 141pH。

表 10-4 和表 10-5 是利用几何形状和材料计算 PDN 参数的电子数据表格。它使用了本章之前讨论过的所有的近似方程以计算假设 PDN 拓扑下的 RLC 元素参数，下一节显示假设的 PDN 拓扑。

表 10-4 垂直和水平相互连接结构的回路电感的 PDN 谐振计算器（PRC）的详细设计

从几何形状和材料抽取参数

灰色格是输入

	垂直	PCB BGA通孔 铜	PCB 电容器在顶部 铜	PCB 电容器在底部 铜	封装 球 焊锡	封装 微型通孔 铜	封装 PTH通孔 铜	封装 微型通孔 铜	封装 块状 焊锡	单位
4	材料	铜	铜	铜	焊锡	铜	铜	铜	焊锡	—
5	最高点	1.00	1.00	1.00	1.00	0.200	0.450	0.200	0.200	mm
6	直径 (OD)	0.304	0.304	0.304	0.500	0.125	0.200	0.125	0.030	mm
7	直径 (1D)	0.253	0.253	0.253	0.000	0.000	0.100	0.000	0.000	mm
8	截面面积	0.0221	0.0221	0.0221	0.1963	0.0123	0.0236	0.0123	0.007	mm²
9	电导率	5.80E+007	5.80E+007	5.80E+007	5.20E+006	5.80E+007	5.80E+007	5.80E+007	5.20E+006	1/(Ω·m)
10	100MHz 时的趋肤深度	0.0066	0.0066	0.0066	0.022	0.0066	0.0066	0.0066	0.022	Mm
11	100MHz 时的截面面积	0.006 17	0.006 17	0.006 17	0.033 14	0.006 17	0.006 17	0.006 17	0.000 71	mm²
12	**单位长度 (mm)**									mm
13	直流环路电阻	1.557	1.557	1.557	1.959	2.810	1.463	2.810	544.120	mΩ/mm
14	100MHz 时环路电阻	5.589	5.589	5.589	11.606	14.029	8.588	14.029	544.120	mΩ/mm
15	回路电感/长度	744	744	744	527	419	580	419	1034	pH/mm
16	**环路 1**									—
17	长度	0.500	2.500	0.500	0.500	0.105	0.800	0.105	0.065	mm
18	环路 1 的电感	372	1861	372	263	44	464	44	67	pH
19	直流环路 1 的电阻	0.78	3.89	0.78	0.98	0.30	1.17	0.30	35.37	mΩ
20	100MHz 环路 1 的电阻	2.79	13.97	2.79	5.80	1.47	6.87	1.47	35.37	mΩ
21	**对**									—
22	对的数量	18	1	1	18	36	36	36	144	—
23	印制板校准因子	0.9	1.0	1.0	0.9	0.9	0.8	0.9	0.8	—
24	回路电感	19	1861	372	13.3	1.1	10.7	1.1	0	pH
25	直流环路电阻	0.043	3.892	0.778	0.054	0.008	0.033	0.008	0.246	mΩ
26	趋肤效应设置频率	6.81	6.81	6.81	0.78	1.12	1.75	1.12	216	MHz
27	谐振时环路电阻	0.103	0.778	0.778	0.214	0.027	0.127	0.027	0.246	mΩ

表 10-5　谐振计算器（PRC）中每一个峰的 *RLC* 元件总结

28	水平（平面）	PCB	封装	单位
29		电源平面	形状	
30	介质厚度	0.0762	0.035	mm
31	导体厚度	0.036	0.036	mm
32	电导率	5.80E+007	5.80E+007	1/（Ω·m）
33	100MHz 时的趋肤深度	0.0066	0.0066	mm
34	每平方回路电感	96	44	pH
35	每平方直流环路电阻	0.970	0.970	mΩ
36	100MHz 时每平方环路电阻	5.218	5.218	mΩ
37	**总计**	**PCB**	**封装**	**单位**
38	垂直电感	19	26.7	pH
39	垂直直流电阻	0.043	0.349	mΩ
40	谐振时的垂直电阻	0.103	0.641	mΩ
41	平方数	1	1	—
42	路径数量	—	18	—
43	水平电感	96	2	pH
44	水平直流电阻	0.970	0.054	mΩ
45	趋肤效应设置频率	3.45	3.45	MHz
46	谐振时的水平电阻	0.970	0.192	mΩ
47	总的路径电感	115	29	pH
48	总的路径直流电阻	1.013	0.403	mΩ
49	谐振时的路径电阻	1.073	0.833	mΩ
50	第一个峰的谐振频率	44.1		MHz
51	第二个峰的谐振频率	2.0	—	MHz

10.8　具有 3 个环路的 PDN 谐振计算器电子数据表

我们设计这个电子数据表以分析在阻抗曲线上面具有 3 个不同峰值的 PDN。这通常发生在有大电感隔开相互连接元素的情况下。较高的电感和芯片上进一步增加的较大的电容会使环路上具有较低的并联谐振频率。当然，当 PDN 的阻抗曲线为更加复杂的情况时，不能再使用这个简单的电子数据表，需要完整电路的仿真。这种简化提供实现 PDN 优化方向的重要洞察力。

特别当重要的阻抗峰是 Bandini 山并联谐振的情况时，这是最高的频率、最高的阻抗峰值和使它的峰低于目标阻抗最困难的情况。进一步分析它的基本限制和影响性能指标的设计判决，也许在 PDN 设计中它是更加重要的方面，这就是 PRC 电子数据表的重要贡献。

提示　PRC 电子数据表很适用分析 Bandini 山的特征。

图 10-8 所示的电路描述的是 3 个峰值，与每个峰相联系的环路。

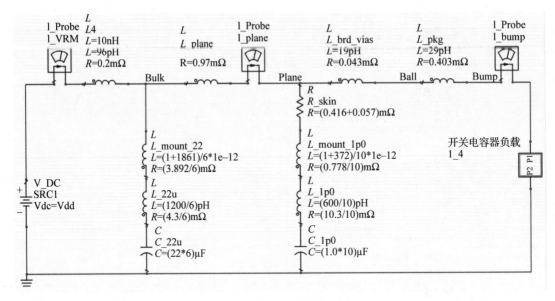

图 10-8　在 PRC 中描述 3 个环路的等效电路模型和所有起作用的元素

　　最高频率和最重要的峰是 Bandini 山，它是由片上去耦电容、封装引线电感，以及一些与 MLCC 电容器安装电感相关联的，产生的。

　　MLCC 电容器和大容量电容器的电感环路相互作用产生下一个较低的频率峰。VRM 的有效电感和大容量电容器的相互影响产生最低的频率峰。

提示　只要谐振频率至少在频率上被一阶幅度隔开，则元素之间的相互影响不会太大，我们能够独立分析每个并联谐振。PRC 设计就是这样进行的。

　　如果谐振频率没有被十倍频程隔开，则谐振之间产生相互作用。PRC 失去准确度，对较低的频率峰需要电路仿真。如果块状回路电感用在高频和大容量电容器环路中，这对于 Bandini 山的计算仍旧是非常好的。

　　3 个峰中每一个对 R、L 和 C 元素的重要贡献都包含在 PDN 谐振计算器中，它们被估算在电子数据表部分。对每个峰，我们计算等效回路电感、电容和阻尼项。利用这些在频域计算最重要的阻抗曲线指标，在时域计算 3 个重要波形的瞬态响应。

　　在默认值设计中，规定的几何形状和材料被假设作为估算 PDN 电路参数的起始点。如果你使用软件抽取工具得到电感和电阻参数，则可放弃电子数据表的抽取部分。软件工具需要设计数据库，这个要到产品周期的后期才可能得到。你可用软件抽取的更加准确的值代替电子数据表的电路参数，以估算频率和时域性能指标（阻抗峰值、q 因子、电压下垂，等等）。PRC 在指出必须改变设计指标方面是非常有用的，不是产生具有可接受性能的 PDN。

　　表 10-6 所示为分析 3 个峰值性能指标的 PRC 部分。

表 10-6　为封装和印制板、芯片特性、分离电容器特性、计算的 q 因子显示计算得到的电感和电阻参数

25	类型	峰值分析	环路 1（峰 1）	环路 2（峰 2）	环路 3（峰 3）	单位
26	提取	封装串联电感	29	—	—	pH
27	提取	在电源电流路径中的 R 封装	0.403	—	—	mΩ
28	提取	R-pkg-ac—在谐振频率（额外）处的交流的 R-封装	0.403	—	—	mΩ
29	提取	印制板串联电感或 VRM	19	96	10 000	pH
30	提取	R-board-dc—在电源电流路径处的直流 R-印制板	0.043	0.97	0.2	mΩ
31	提取	R-board-ac—在谐振频率（额外）处的交流 R-印制板	0.060	0.0	—	mΩ
32	输入	板上电容器的数量	10	6		
33		分离电容器参数（部分环路）	—	—		
34	输入	电容	1.0	22		μF
35	结果	ESR	10.3	4.3		mΩ
36	输入	与电容器体积有关的部分电感	600	1200		pH
37		电容器的安装特性（部分环路）	—	—		
38	提取	来自通孔的安装电阻	0.778	3.892		mΩ
39	输入	水平焊盘或迹线电感	1	1		pH
40	提取	通孔的垂直电感	372	1861		pH
41		并联安装电容器环路特性	—	—		
42	结果	电容	10 000	132 000		nF
43	结果	电阻	0.6	1.4		mΩ
44	结果	电感	84	510		pH

第 26 行是封装串联电感，从封装的垂直和水平结构中抽取。

第 27 和 28 行是每个峰在直流和谐振频率时的封装串联电阻，它已经考虑了趋肤深度效应。计算 AC 电阻时使用了已进一步发展的电子数据表中第 55 行它们的谐振频率，这在后面的表 10-7 中会表示。它们的较大者用于计算电阻性阻尼。

第 29 行是与印制板通孔和分布电感有关的串联电感。在最低频率峰的情况下，它也包含了 VRM 输出电感的影响。

第 30 和 31 行是印制板上电路路径的串联电阻。AC 电阻是在每个环路的谐振频率上作为趋肤深度电阻来计算的，仅仅较大的电阻用于阻尼计算。

第 32 行是使用 MLCC 或大容量电容器的数量。它们的电感用于较高的频率峰上；它们的电容用于较低的频率峰上。

第 34 行是用于印制板上的电容器容量。在这个电子数据表上，我们假设仅使用一种电容容量。我们必须使用一种仿真工具来探索多个电容容量的情况，以提供平坦的阻抗曲线。

第 35 行是计算的电容器的 ESR，假设电容器尺寸是 0402 和 MLCC 电容器。在第 5 章已经讨论过，我们能使用仅与电容有简单关系的公式来模拟很多 MLCC 电容器，关系为：

$$ESR = \frac{0.20\Omega}{(C[nF])^{0.43}} \tag{10-30}$$

式中，C 是电容器的电容值（nF）；ESR 是等效串联电阻（Ω）。

第 36 行是电容器本身的部分自感。描述电容器 ESL 的模型是一个简单的总电感。这项归属于电容器的最小回路电感，通常与电容器安装位置有关，可放置在腔体顶部的一段距离上。它依赖于腔体在哪一个层次和填充电容器的介质厚度。

第 38 行是印制板上从电容器放置焊盘到腔体顶部通孔（通道）的串联电阻。这是根据层次信息抽取的。

第 39 行是表面焊盘连接电容器到通孔所贡献的电感。这是根据腔体深度和轨迹的平方数输入数据的。在这个默认值例子中，假设通孔是在焊盘中，所以这个数值是非常小的。

第 40 行是印制板通孔贡献的回路电感，这是由电子数据表上提取的。它根据表 10-4 上的抽取表计算得到。

第 42～44 行是计算去耦电容器 RLC 数值的最终结果。考虑它们的并联组合值，用一个简单的串联 RLC 电路来模拟这个电容器。

10.9 性能指标

表 10-7 所示为 PRC 中的一部分数据，根据后面部分描述的输入信息，计算每个阻抗峰的重要性能指标。

表 10-7 显示 3 个环路重要性能指标的 PRC 电子数据表的简况

25	类型	峰值分析	环路 1（峰 1）	环路 2（峰 2）	环路 3（峰 3）	单位
45	结果	谐振环路电容	99.0	9382	142 100	nF
46	结果	谐振环路电阻（排除 ODC 的 ESR）	1.548	2.954	1.573	mΩ
47	结果	谐振回路电感	132	690	10 510	pH
48	结果	谐振时的电抗 Z_0	36	8.6	8.6	mΩ
49	结果	q 因子（与贡献者组合在一起）	2.5	2.4	4.0	—
50	结果	泄漏引起的 q 因子	9.1	39	39	—
51	结果	负载损耗的 q 因子	5.5	23.3	23.3	—
52	结果	片上电容的 ESR 的 q 因子	15	—	—	—
53	结果	环路电阻（排除 ODC 的 ESR）q 因子	24	2.9	5.5	—
54		PDN 性能指标	—			
55	FD 结果	峰值频率	44.1	1.98	0.130	MHz
56	FD 结果	峰值阻抗	91	21	34	mΩ
57	FD 结果	PDN 比（Z 与目标阻抗之比）	14	3.3	5.5	—
58	TD 结果	时钟边缘下垂（脉冲响应）	45	—	—	mV
59	TD 结果	阶跃响应	292	69	69	mV
60	TD 结果	谐振响应（峰-峰）	922	211	348	mV
61	DC 结果	从 VRM 到电路的 DC 电阻	3.1	—	—	mΩ
62	DC 结果	最大电流下的 DC 功率损耗	312			mW

在频域中，任何阻抗峰有 5 个重要的性能指标，每一个都描述在 PRC 的某一行中。

第 55 行，每个峰的谐振频率。

第 56 行，每个峰的峰值阻抗。

第 57 行，PDN 比：峰值阻抗与目标阻抗之比。

第 48 行，每个峰的特性阻抗。

第 49 行，与每个峰相关联的 q 因子。

利用等效的 L、C 和 q 因子，使用本章开始时总结的表达式，可计算这些项中的每一个项。

并联谐振的性质影响 3 个重要的时域电流波形（脉冲、阶跃和谐振）仿真的时域电压噪声。

第 58 行，单一时钟边缘，单一电流脉冲的时钟边缘下垂。在单一时钟边缘，存在的动态电流脉冲引起芯片焊盘上的电压下垂。这个电压下垂是"时钟边缘下垂"。它基本上与开关电容需要的充电电荷与片上总电容值之比有关：

$$V_{\text{clock-edge-droop}} = \frac{\Delta Q_{\text{switched-capacitance}}}{C_{\text{ODC}}} = \frac{V_{\text{dd}} \times C_{\text{switching}}}{C_{\text{ODC}}} \tag{10-31}$$

第 59 行，在最大瞬时电流下，快阶跃瞬时电流的电压下垂。当全部瞬时电流的导通时间短于谐振峰频率的周期，焊盘上的电压下垂比脉冲响应大得多。这个阶跃响应电压下垂依赖于谐振峰的特性阻抗和阶跃瞬时电流。我们发现这个电压下垂为：

$$V_{\text{step-edgedroop}} = I_{\text{transient}} \times Z_0 = I_{\text{transient}} \times \sqrt{\frac{L}{C}} \tag{10-32}$$

第 60 行，谐振方波电流的峰-峰电压响应。第 3 个重要的瞬态响应是当方波瞬时电流仿真被驱动在峰值谐振频率上的响应。这是 PDN 在一般情况下最差的电压。正如第 9 章所示，在谐振频率下驱动，当电流负载有许多方波后，电压峰值近似等于 q 因子。

可以发现：谐振频率下的一个瞬时电流方波至少加上 q 因子的周期后，峰值电压为：

$$V_{\text{pk-pk}} = I_{\text{pk-pk}} \times Z_{\text{peak}} = \frac{4}{\pi} I_{\text{transient}} \times q \text{ 因子} \times Z_0 \tag{10-33}$$

一般情况下，具有 3 个环路的 PDN 拓扑产生 3 个阻抗峰。这里假设：数量显著的电感隔离了电容分支。在理想电压源到负载功率流的方向上，显著的水平电感产生 3 个可区分的阻抗峰，它们隔开大约十倍频程。

PDN 谐振计算器估算隔开较好的单个峰的阻抗是非常有用的。这 3 个可区分的频域峰在时域上引起第一、第二和第三个下垂。

第一个时域下垂是关联最高频率阻抗峰的；第二个下垂关联中间的频率峰；第三个下垂关联最低频率峰。这可以发生在有显著封装电感和从 VRM 到高频印制板电容器路径有大电感的系统中。

下面我们从优化不好的 PDN 系统开始，进行一些分析。有关谐振、q 因子和瞬时电流上升时间引入一些重要的观点，这是非常有用的。

在本章的最后，在电源和地之间安置额外的电容分支来分解分支之间的大电感，这样可优化 3 个峰的 PDN。本质上这是 FDTIM（频域目标阻抗法），这样，在宽的频率范围内可使 PDN 阻抗平坦。

使用附加的谐振环路，阻抗峰变得模糊接近，形成期望的平坦阻抗曲线。当这个发生时，PRC 系统水平的电子数据表变得作用不大，你应该使用电路仿真来评估 PDN。

提示　不管 PDN 其余部分的平坦度，通常为了考虑经济方面的原因，在片上电容和下一个电容分支之间存在 Bandini 山，这样就在泵回路电感和片上电容之间设置了一个谐振。PRC 电子数据表很好地指出了这个最重要的阻抗峰和它对瞬时电压仿真的影响。

10.10　阻尼和 q 因子的重要性

来自 PDN 功率损耗的阻尼常是得到好的模型-硬件关联性的最困难的一部分。正如在第 8 章讨论的那样，我们能测量或者从片上晶体管层面电路的 SPICE 模型中确定片上电容。

我们可由近似或者 3D 场求解器来估算电感。经过一些努力，利用测量谐振频率，我们能估算和核定 PDN 的电感和电容元素。本节聚焦于损耗、阻尼和 q 因子。这是很重要的，因为它决定了阻抗峰值高度，它简单地是特性阻抗和 q 因子的乘积：

$$Z_{\text{peak}} = q \text{ 因子} \times Z_0 \tag{10-34}$$

注意：峰值阻抗直接正比于 q 因子。q 因子越大意味着峰值阻抗越高，这是不希望得到的。通常我们寻求较低的 q 因子，以保持低的峰值阻抗。

我们确定 4 个主要的阻尼源，如图 10-9 所示。

- 泄漏
- 负载损耗
- 片上电容的 ESR
- 泵回路电阻

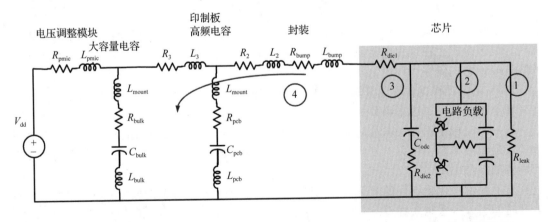

图 10-9　识别由 q 因子、泄漏、负载损耗和片上电容的 ESR 贡献的 4 个阻尼源的电路模型

如果这些不能提供足够的阻尼（q 因子太大），我们能有目的地安置与片上电容串联的电阻来增加阻尼，吸收谐振功率。

PDN 谐振计算器的第 49～53 行，正如表 10-8 所示，描述了它们的 q 因子和阻尼。峰 1（Bandini 山）是最重要的阻抗峰，所以聚焦在这里。我们一一计算，评估和仿真这些独立因素对 q 因子的贡献。这使我们能确定和定量这个占据统治地位的 q 因子。这很重要，因为当控制了整个 q 因子后，它帮助我们聚焦于最有效的领域。

表 10-8　显示从 4 个不同的源，为 Bandini 山计算 q 因子的 PRC 电子数据表

25	类型	峰值分析	环路 1（峰 1）	环路 2（峰 2）	环路 3（峰 3）
49	结果	q 因子（与贡献者组合在一起）	2.5	2.4	4.0
50	结果	泄漏引起的 q 因子	9.1	39	39
51	结果	负载损耗的 q 因子	5.5	23.3	23.3
52	结果	片上电容的 ESR 的 q 因子	15	—	—
53	结果	环路电阻（排除 ODC 的 ESR）q 因子	24	2.9	5.5

为了定量单独的 q 因子，我们必须确定损耗机制究竟是与谐振电路串联还是并联的。

为了评估几个损耗机构的恰当的 q 因子，首先必须识别谐振回路。Bandini 山峰来自片上电容与泵回路电感的谐振。谐振机制涉及一些周期内以电压形式存储在片上电容的电场能量。然后，在另外一些周期，电流流动并且转移一些电场能量成为回路中的磁场能量。因为电流围绕这个回路流动，所以它是串联电路。损耗机制来源于电流通过串联回路的电阻，我们的损耗机制中有两个属于这种。

我们把它们分成与片上电容 ESR 有关联的芯片损耗和组成串联路径其余部分的泵回路电阻损耗。回路包括铜材料电阻、趋肤效应损耗和片上电容的 ESR。以这样的形式分开，我们能将其分为芯片损耗和封装/印制板损耗。

当电阻性损耗项与电抗元件并联时，q 因子为：

$$q_n = \frac{R_n}{Z_0} \tag{10-35}$$

式中，q_n 是每个来源的 q 因子；Z_0 是回路特性阻抗；R_n 是损耗机制中的等效并联电阻。

当电阻性损耗项与电抗元件串联时，谐振电流通过电阻流动，q 因子为：

$$q_n = \frac{Z_0}{R_n} \tag{10-36}$$

式中，q_n 是每个来源的 q 因子；Z_0 是回路特性阻抗；R_n 是损耗机制中的等效串联电阻。

泄漏元件的并联电阻（电导）是与谐振电路的电容和电感并联的。与泄漏损耗相关的 q 因子简单地为泄漏电阻除以 Z_0。由于泄漏电流与 PDN 电压有三次方关系，所以我们必须使用规定 PDN 电压下的动态电阻（斜率）来评估：

$$q_1 = \frac{R_{\text{leakage}}}{Z_0} = \frac{1}{G_{\text{leakage}} Z_0} \tag{10-37}$$

式中，q_1 是来自并联管芯上的漏电阻的 q 因子；Z_0 是 Bandini 山的特性阻抗；R_{leakage} 是片上泄漏电阻的等效并联电阻；G_{leakage} 是泄漏电阻的电导。

负载电导也是与谐振回路并联的。与负载损耗关联的 q 因子是负载电阻除以 Z_0。

$$q_2 = \frac{R_{load}}{Z_0} = \frac{1}{G_{load} Z_0} \tag{10-38}$$

式中，q_2 是来自并联负载上损耗电阻的 q 因子；Z_0 是 Bandini 山的特性阻抗；R_{load} 是负载损耗电阻的等效并联电阻；G_{load} 是负载损耗电阻的电导。

被芯片电路拉出的电流越高意味着 PDN 负载电流越大和越小的并联电阻，结果是有越小的 q 因子。这是重要的损耗机制。PDN 中流动的电流越大，q 因子越小。

芯片上的串联电阻和相互连接安装的回路串联电阻是串联的，它们的 q 因子是：

$$q_3 = \frac{Z_0}{R_{ODC\text{-}ESR}} \quad 和 \quad q_4 = \frac{Z_0}{R_{loop\text{-}ESR}} \tag{10-39}$$

式中，q_3 是片上电容的 ESR 的 q 因子；q_4 是芯片贴装封装引线回路串联电阻的 q 因子；Z_0 是回路的特性阻抗；$R_{ODC\text{-}ESR}$ 是片上电容器的电阻的等效串联电阻；$R_{loop\text{-}ESR}$ 是芯片封装安装回路的等效串联电阻。

现在，已经评估了与独立损耗机制关联的 q 因子，我们需要合并它们，得到总的 q 因子。q 因子的行为像电阻器并联。总的 q 因子是 1 除以 q 因子倒数的总和。这意味着最小值的 q 因子占据统治地位：

$$q_{all} = \frac{1}{\dfrac{1}{q_1} + \dfrac{1}{q_2} + \dfrac{1}{q_3} + \dfrac{1}{q_4} \cdots} \tag{10-40}$$

看表 10-8 中的 q 因子的值，负载阻尼最小的占据统治地位。对于 q 因子，第二个贡献者是泄漏。当在频域仿真阻抗峰时，这两个损耗机制常是被忽略的，然而它们是最具有影响的。在这个例子的频域仿真中，如果不包括负载损耗和泄漏损耗，那么我们就忽略了两个最重要的损耗机制。

提示　对于 PDN，两个最占据统治的损耗源和低的 q 因子是有意向负载损耗和泄漏电流，一种是无意向的 PDN 电流。然而，这两项常在 PDN 仿真中被忽略。

图 10-10 所示为使用 PRC 电子数据表中有相同参数的三峰 PDN 的频域仿真。峰 1（Bandini 山）是最突出的，为 44MHz。我们是在有和没有负载的情况下实现仿真的，负载是用 PDN 谐振计算器的关系建立的。

在仿真中，我们选择 3 个不同的负载条件来说明负载损耗对 q 因子和阻抗峰高度的重要性：

- 无负载阻尼
- 最大电流负载 9A
- 最大瞬时电流 8A、1A 时的泄漏电流和 50％ 的占空比

首先考虑没有负载阻尼的阻抗曲线，这个阻抗曲线最高，峰值为 0.163Ω。表 10-9 给出了计算的 q 因子和在较高 q 因子情况下的预期阻抗峰值参数。我们强制负载损耗的 q 因子为 1000，使它在 q 因子的计算中为不重要的贡献者。

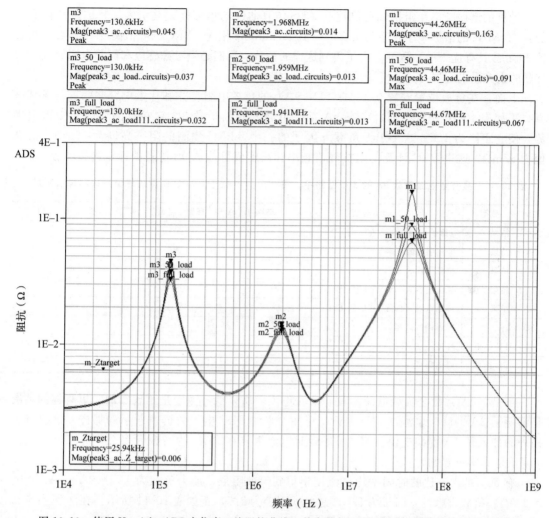

m3
Frequency=130.6kHz
Mag(peak3_ac..circuits)=0.045
Peak

m2
Frequency=1.968MHz
Mag(peak3_ac..circuits)=0.014

m1
Frequency=44.26MHz
Mag(peak3_ac..circuits)=0.163
Peak

m3_50_load
Frequency=130.0kHz
Mag(peak3_ac_load..circuits)=0.037
Peak

m2_50_load
Frequency=1.959MHz
Mag(peak3_ac_load..circuits)=0.013

m1_50_load
Frequency=44.46MHz
Mag(peak3_ac_load..circuits)=0.091
Max

m3_full_load
Frequency=130.0kHz
Mag(peak3_ac_load111..circuits)=0.032

m2_full_load
Frequency=1.941MHz
Mag(peak3_ac_load111..circuits)=0.013

m_full_load
Frequency=44.67MHz
Mag(peak3_ac_load111..circuits)=0.067
Max

m_Ztarget
Frequency=25.94kHz
Mag(peak3_ac..Z_target)=0.006

图 10-10　使用 Keysight ADS 来仿真三峰阻抗曲线，其参数与 PDN 谐振计算器中的相同。较高
的峰忽略了负载损耗的 q 因子。较低的峰值高度使用了对充分谐振更合适而实际的 q
因子。注意：由电路仿真得到的峰值高度与 PRC 电子数据表的结果一致

表 10-9　无负载阻尼下，3 个回路中每一个的 q 因子和 PRC 预测的峰值频率和峰值阻抗

25	类型	峰值分析	环路 1（峰 1）	环路 2（峰 2）	环路 3（峰 3）	单位
49	结果	q 因子（与贡献者在一起）	4.5	2.4	4.0	—
50	结果	泄漏引起的 q 因子	9.1	39	39	—
51	结果	负载损耗的 q 因子	1000	23.3	23.3	—
52	结果	片上电容的 ESR 的 q 因子	15	—	—	—
53	结果	环路电阻（排除 ODC 的 ESR）q 因子	24	2.9	5.5	—
54		**PDN 的性能指标**	—	—	—	—
55	FD 结果	峰值频率	44.1	1.98	0.130	MHz
56	FD 结果	峰值阻抗	165	21	34	mΩ

计算的谐振频率和阻抗峰值高度与 ADS 仿真曲线的顶部标记是引人注目的。来自 PRC 的 44.10MHz 的谐振频率几乎与仿真的峰值 44.26MHz 相同。PRC 的峰值高度 165mΩ 与仿真值 163mΩ 具有优秀的一致性。为了得到这样的一致，我们必须考虑感应和高频电阻路径以及并联的大容量电容器。

下面，在负载位置安置 0.111Ω（1V/9A）的负载电阻，并和片上电容并联进行频域仿真。正如表 10-10 所示，来自稳态 9A 动态负载的 q 因子是 3，它在总的 q 因子中占据优势，使它下降为 1.8。这小于无负载 q 因子的一半。PRC 预测的阻抗高度为 66mΩ，仿真值为 67mΩ。这里 PRC 计算的阻抗峰值频率和高度值可与 ADS 仿真的标记进行比较。

表 10-10   具有全电流负载 9A 的 3 个回路中，每一个的 q 因子、PRC 预测的峰值频率和峰值阻抗

25	类型	峰值分析	环路 1（峰 1）	环路 2（峰 2）	环路 3（峰 3）	单位
49	结果	q 因子（与贡献者在一起）	1.8	2.4	4.0	—
50	结果	泄漏引起的 q 因子	9.1	39	39	—
51	结果	负载损耗的 q 因子	3.0	23.3	23.3	—
52	结果	片上电容的 ESR 的 q 因子	15	—	—	—
53	结果	环路电阻（排除 ODC 的 ESR）q 因子	24	2.9	5.5	—
54		PDN 的性能指标	—	—	—	—
55	FD 结果	峰值频率	44.1	1.98	0.130	MHz
56	FD 结果	峰值阻抗	66	21	34	mΩ

可是，9A 常数全负载电流不具有瞬时电流，所以低 q 因子是不现实的。更有趣的情况是消耗了 8A 的瞬时电流（9A−1A），正如原来的 PRC 电子数据表所示的那样。这里有了额外的加入了 1A 泄漏电流。当 8A 的瞬时电流重复在 PDN 的谐振频率上，为阻尼作用的 q 因子是非常重要的。

有 50％的占空比的时间平均电流用于得到等效阻尼，动态负载为 $1V/[(9A+1A)/2]=0.200\Omega$。负载贡献的 q 因子为 5.5，总的 q 因子为 2.5，正如表 10-11 所示。在 50％占空比下，PRC 和仿真的阻抗峰值高度都是 91mΩ。

表 10-11   在具有 50％占空比和 8A 瞬时电流的 3 个回路中，每一个的 q 因子、PRC 预测的峰值频率和峰值阻抗。电路仿真的 q 因子显示与 PRC 预测的具有好的一致性

25	类型	峰值分析	环路 1（峰 1）	环路 2（峰 2）	环路 3（峰 3）	单位
49	结果	q 因子（与贡献者在一起）	2.5	2.4	4.0	—
50	结果	泄漏引起的 q 因子	9.1	39	39	—
51	结果	负载损耗的 q 因子	5.5	23.3	23.3	—
52	结果	片上电容的 ESR 的 q 因子	15	—	—	—
53	结果	环路电阻（排除 ODC 的 ESR）q 因子	24	2.9	5.5	—
54		PDN 的性能指标	—	—	—	—
55	FD 结果	峰值频率	44.1	1.98	0.130	MHz
56	FD 结果	峰值阻抗	91	21	34	mΩ

到目前为止，在 PDN 谐振计算器和频域仿真之间，已经建立无负载、50％负载和满负载阻抗曲线情况下的好的相关性。这个例子让我们知道，利用时间平均电流可使具有非线性的芯片负载进入频域特性。这允许我们在频域分析负载为时间函数的开关电容芯片。

提示   这个练习说明了使用简单假设的价值和电子数据表准确地预测了频域仿真的性能指标。

清楚负载阻尼是很重要的，它极大地依赖于随时间变化的负载电流。假设电流曲线对负载阻尼有很大的影响，影响因子大于 2。真实地理解负载阻尼的影响需要时域分析。

下面我们建立时域仿真与 PRC 的相关性，然后讨论 q 因子在频域和时域中与 PRC 的相关性。使用开关电容器负载的时域分析，针对频域分析的平均时间损耗被证实有效。在 PRC 中，每次评估一个损耗机构的 q 因子。为控制总的损耗和 q 因子，知道单个损耗机制的贡献是重要的。

10.11   使用开关电容器模型来激励 PDN

前面的讨论指出了在估算峰值阻抗和由此得到的瞬时响应（包括阻尼）时的重要性。在最初的频域分析中，我们使用电阻器模拟几个瞬时电流下的负载，这个负载与不使用负载相比较，阻抗峰值降低因子为 2。正如我们所指出的那样，芯片负载实际上不是电阻，它是动态的。更为实际的负载模型是一对开关电容器。在时域，为了模拟要使用更加复杂的开关电容器负载模型。

我们已经模拟了在时域中用 ADS 的相同的 PDN，其系统层面的参数已展示在 PDN 的谐振计算器电子数据表，并在频域中已仿真。我们使用 PRC 上的参数来评估频域和时域性能（阻抗峰值、q 因子、电压下垂，等等）。图 10-11 所示为包含系统参数的电路拓扑。

为了方便，芯片从封装和印制板中隔离开，并且用子电路来表示，称为 switch_cap_load，位于顶部电路的右边。图 10-12 所示为使用这个分析的开关电容器负载的电路图。它包含所有的片上电容和与之相关的寄生电阻，它被表示在电路图的左边。

正如第 9 章讨论的那样，开关负载电容从片上电容借入了一些电容和使用它在每个时钟周期内从 PDN 中拉出电荷脉冲。零开关电容拉出零动态电流。开关负载电容越大，拉出的动态电流越大。开关因子是开关电容负载与总片上电容的百分比。

建立一个简单的电路来模仿芯片上开关门的实际复杂的电流曲线，这是需要一些技巧的。在这个电路中，虚构电感 L1 用来优化电流脉冲形状。L_tau 和 R_tau 是计算出来的，以至于脉冲波形刚好完成在时钟周期期满之前。

用 VAR_for_switch_cap_load 定义的变量调整脉冲成形电路的参数，使之适合在规定时钟频率内。这引起开关电容器负载拉出规定的动态电流，它是被时钟频率处的电荷脉冲产生的。

我们使用变量 VAR_waveform_cntl 调整瞬时电流曲线。定义两个 piece-wise-linear（PWL）波形，一个是为阶跃响应，另外一个是为谐振响应。通常能定义电流上升率和本节 PWL 方程定义的任何一般的电流波形。

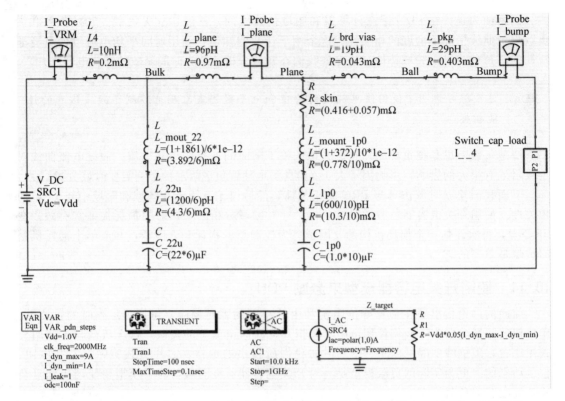

图 10-11　顶部电路模型在 ADS 中对于负载仿真开关电容器。这个电路有 3 个回路，参数值基于规定条件，它已在 PDN 谐振电路的默认值中进行了说明

变量 I_tran 是时间的函数，使 c_load 的值是时间的函数。很多包含 ADS 的电路仿真器排斥这个，但是这里继续按照这个电路的要求去做。

虽然包含在芯片中，但开关电容器负载电路是泄漏元件。有时泄漏可用分流电阻来表达，它给出正比于 PDN 电压的泄漏电流。可是，泄漏常常是电压的强函数。一些近代技术节点给出的泄漏近似正比于电压的三次方。压控电流源的系数已经为这种情况进行设置了，它是重要的阻尼。

10.12　三峰 PDN 脉冲、阶跃和谐振响应：瞬态仿真的相关性

在本节，我们讨论第 9 章介绍的 3 种时域波形以用于三峰 PDN 情况，3 种时域波形为脉冲、阶跃和谐振响应。表 10-12 所示为由 PRC 预测的性能指标。

表 10-12　3 个回路的每一个对脉冲，阶跃和谐振时域响应的 PRC 项的总结

25	类型	峰值分析	环路 1（峰 1）	环路 2（峰 2）	环路 3（峰 3）	单位
58	TD 结果	时钟边缘下垂（脉冲响应）	45	—	—	mV
59	TD 结果	阶跃响应下垂	292	69	69	mV
60	TD 结果	谐振响应（峰-峰）	922	211	348	mV

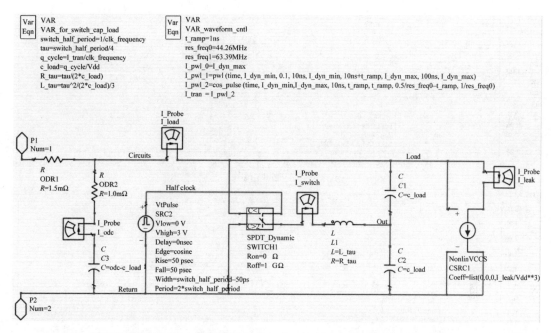

图 10-12　用于仿真芯片开关电容瞬时电流的电路。这是在完整 PDN 电路中代表负载的子电路

这些项的负载阻尼假设有 50％的占空比，8A 的最大谐振电流。负载阻尼大约为全电流的一半，但它不是瞬时电流的一半。更为重要的是考虑谐振电流是最大电流的情况，这意味着负载阻尼是完整电流阻尼的一半。这是电子数据表的默认值条件，描述 PDN 能够发生的最差情况。

图 10-13 所示为使用开关电容器负载电路进行仿真的脉冲响应。负载使用拉出的 4.5nC 的电流脉冲，这正如 PRC 第 15 行计算的那样。这个进入仿真的电流脉冲是 PDN 在 15ns 拉出的。

片上电容的电流曲线的峰值为 25A，在 0.5ns 内完成，正如图 10-13 的底部所示。图 10-13 的中间的图显示在芯片泵分支中测量的 PDN 电流响应。片上电容和泵回路电感已经从这个波形中滤除了。在出现脉冲事件 5ns 后，出现 2A 的峰值，在显示阻尼正弦波曲线振铃之前，出现 0.2A 的凹坑。泄漏电流是正常的 1A，但是随 PDN 电压而变化。

图 10-13 的顶部显示脉冲事件的芯片电压，脉冲事件出现后 0.5ns，电压达到最大下垂。这个时候，所有 4.5nF 的电荷被负载拉出，片上电容的电荷已经被消耗。PRC 第 58 行预测的下垂是 45mV，仿真的为 47mV，有很好的相关性。电压曲线的其余部分是 PDN 脉冲响应的振铃，它清楚地指出 PDN 的谐振频率和阻尼。

振铃在 4 周后消失，这证实了 4.5 的 q 因子，它显示在表 10-9 上的第 49 行。使用无负载 q 因子是因为在时钟边缘之后，没有负载电流流动，这时在瞬态响应中无阻尼。

图 10-14 所示为阶跃响应。这是在空闲状态后，时钟打开，突然在 1ns 内达到最大瞬时电流。这是 Bandini 山的仿真，使用较长的仿真时间，阶跃响应也可仿真其他的阻抗峰。

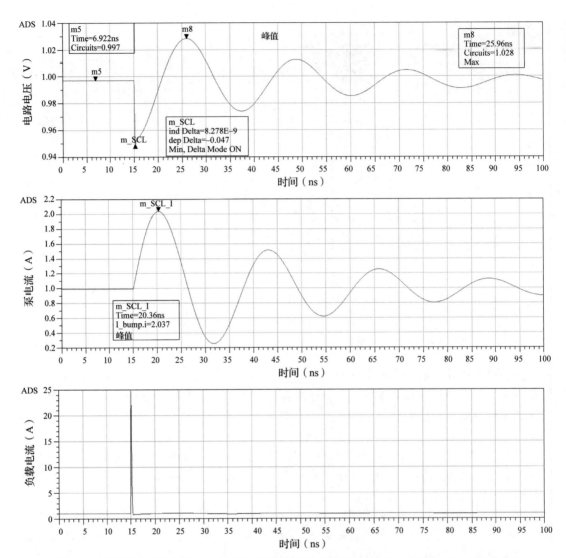

图 10-13 开关电容器负载在一个时钟边缘产生的仿真电流脉冲响应。顶部轨迹：从芯片拉出动态电流脉冲时，仿真芯片焊盘上的电压。中间轨迹：仿真通过封装和印制板面PDN元件的电流。注意：滤波后的响应和很低的峰值电流。底部轨迹：从PDN电路中由芯片拉出的单一边缘电流，电路15ns进入仿真，电流峰值为25A

　　图 10-14 底部的图显示由开关电容器负载消耗的电流脉冲。脉冲电流曲线作为芯片电压的函数，这是很明显的。随着芯片电压的改变，由于PDN阻抗曲线的振铃响应，负载电流也在改变，因为片上电容被充电为此时的电压曲线，它作为时间函数存储电荷。

　　图 10-14 的中间图显示泵分支的电流，其中ODC和泵回路电感起到了滤波作用。图 10-14 显示了开关电容器负载和理想电流源负载两种波形，开关电容器负载电流峰值为12A。轮廓是更具阻尼的，因为负载损耗和 q 因子显示为2或更小。由理想电流源负载产生的峰值

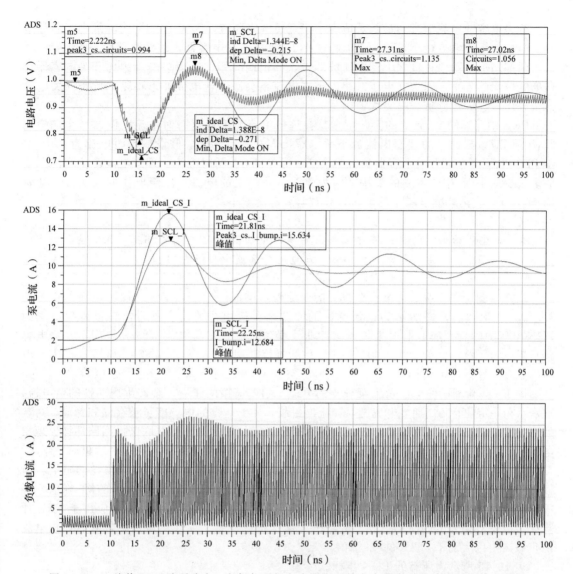

图 10-14 三峰值 PDN 阶跃响应，它们与理想电流源和开关电容器激励的响应相比较。顶部
轨迹：在芯片焊盘上用两个不同的电流模拟通过相同的 PDN 模型的流动而激励的
电压。中间轨迹：两种不同的电流模型，从电路印制板通过封装进入芯片的电流流
动。底部：开关电容器负载拉出的瞬时负载电流。理想电流源恰是在阶跃的边缘

为 15A，它从负载阻尼中没有获得好处。从振铃看到的 *q* 因子大约为 4。

提示 比较清楚地指出：更加实际的开关电容器负载模型比假设为恒流源阶跃可提供
更大的阻尼。这意味着芯片焊盘上实际的电压噪声可能小于基于简单理想电流
阶跃仿真的数值。这是 PDN 设计中裕度的一些额外的来源。

开关电容器负载电流的最终数值会小于理想电流源值，因为 DC IR 压降减小了芯片电压。消耗的平均电流稍小，因为带有稍微小 PDN 电压的电容器负载消耗稍微小的电荷。

顶部图形显示两种负载下的电压波形。正如预期的那样，理想电流源比开关电容器负载产生较深的下垂，因为在电压减小时理想电流不会减小，电流波形也是如此，开关电容器负载比理想电流源负载有更大的阻尼。

PRC 中计算的 292mV 的阶跃下垂是在理想电流源消耗全瞬时电流阶跃时产生的。因此，我们应该与仿真的理想电流源下垂（271mV）进行比较。假设的瞬时电流为 8A，由于 PDN 电压下垂，开关电容器负载不会产生完整的 8A 瞬时电流。理想电流源仿真的下垂或多或少地小于 PRC 预测的下垂，因为泄漏负载拉出的电流正比于电压的三次方。随着 PDN 下垂，它消耗明显减小的电流，导致阶跃电流减小。

提示　这些影响泄漏电流和芯片上电荷的瞬时电压及瞬时电流的相互作用，会使电子数据表上变得太复杂，我们必须在电路仿真器中分析它们。

最终，图 10-15 所示为第三个重要的电流波形响应，即谐振响应。瞬时电流是正常的 9A－1A＝8A，底部图所示为电流脉冲的曲线，当使用开关电容器时，它很清楚地受到 PDN 电压的影响。随着谐振生长，脉冲曲线受到影响。在高电流（8A）期间，开关电容器负载电流下跌，因为 PDN 电压下跌。在低电流期间（1A），电流峰上升，因为 PDN 电压峰上升，泄漏电流增加。

图 10-15 中间的图形显示了泵分支的电流。随着谐振的建立，会产生周期性的负电流，这表示在一定的时间周期，电流流入和流出封装。片上电容的电场能量被存储和释放，封装回路电感的磁场能量被存储和释放，二者是交替进行的，就如任何并联谐振回路那样。理想电流源负载建立起较大的电流波形，因为它不像开关电容器负载那样可获得负载阻尼的好处。

图 10-15 的顶部图显示芯片电压波形。正如预期那样，因为来自负载损耗的阻尼，所以开关电容器负载产生较少的峰-峰噪声。PRC 电子数据表预测为 922mV 的峰-峰值，开关电容器负载仿真的是 903mV。在 9A－1A＝8A 的瞬时电流下，q 因子被应用于 PRC 计算中。电子数据表上的简单估算和电路仿真具有非常好的一致性。无负载阻尼的理想电流源负载产生巨大的 1.588V 的峰-峰值。

表 10-13 所示为所有的 PDN 指标。

表 10-13　三峰值中的每一个，在 PRC 中的性能指标总结

25	类型	峰值分析	环路 1（峰 1）	环路 2（峰 2）	环路 3（峰 3）	单位
54		PDN 的性能指标	—			
55	FD 结果	峰值频率	44.1	1.98	0.130	MHz
56	FD 结果	峰值阻抗	91	21	34	mΩ
57	FD 结果	PDN 比（Z 与目标阻抗之比）	14	3.3	5.5	—
58	TD 结果	时钟边缘下垂（脉冲响应）	45	—		mV
59	TD 结果	阶跃响应下垂	292	69	69	mV
60	TD 结果	谐振响应（峰-峰）	922	211	348	mV
61	DC 结果	来自 VRM 对电路的 DC 电阻	3.1	—		mΩ
62	DC 结果	最大电流下的 DC 功率损耗	312	—		mW

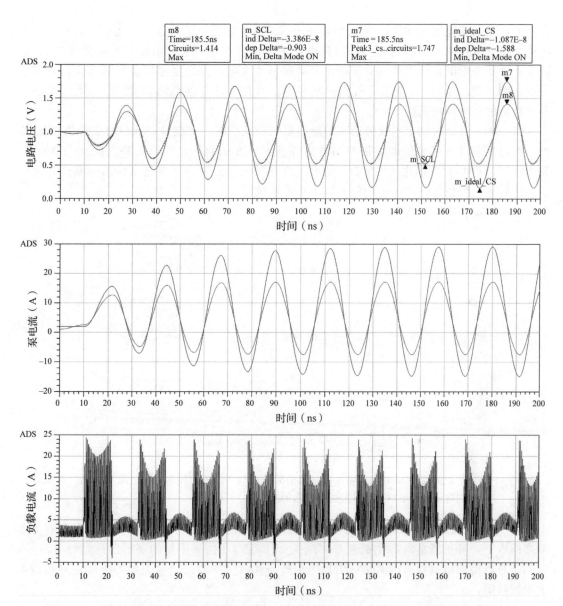

图 10-15　三峰 PDN 的谐振激励的瞬态响应，它由理想电流源和开关电容器负载来仿真。顶
　　　　部：来自两个不同电流模型的芯片焊盘上的仿真电压。开关电容器负载模型（包含
　　　　动态阻尼）显示较小的峰值高度。中间：从电路印制板通过封装引线和芯片焊盘进
　　　　入芯片的电路流动，由 Bandini 山并联电抗滤波。泄漏电流来理想电流源。底部：
　　　　使用方波开关改变片上电容器负载的电流

10.13　时域和频域中独特的 q 因子

在本节，评估不同的 q 因子在频域和时域中的影响。我们首先隔离 4 种阻尼机制中的每一个：泵回路电阻、ODC 电阻、泄漏电流和开关电容器负载阻尼。一次一个，每个机制都包含在具有片上电容和封装-泵-回路电感的串路模型中，来评估由此产生的峰值阻抗。除了一个要考虑的条件之外，只要把串联电阻减小为零，并联电阻增加到非常大，就可以完成这个工作。最终，4 个阻尼机制一起考虑。可以预计，越小的 q 因子、越大的阻尼会导致越低的阻抗峰值高度。

图 10-16 所示为包括单独阻尼源的频域阻抗曲线仿真。感抗和容抗相交在特性阻抗 Z_0 处，在每个条件下都是如此，正如图的底部所示。在仿真中，抽取的特性阻抗为 36mΩ，作为比较，PRC 得到的也为 36mΩ。仿真电抗处于交叉点时，从电感泵回路上断开片上电容，然后单独评估每一个。单个的 q 因子总是阻抗峰值与 Z_0 的比。

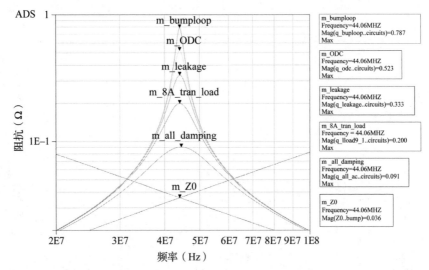

图 10-16   对相同的 ODC 和泵回路电感仿真的阻抗曲线，但单独评估每一个阻尼机制。这也
　　　　　包含了特性阻抗和所有阻尼项一起的阻抗

表 10-14 比较了由 PRC 计算的阻抗和仿真的峰值。串联电阻置为零，并联电阻置为非常高的数值，除了考察的那个机制外，这类似于我们在仿真中做的那样。一致性非常好，特别是对较低的阻抗峰。可能是在仿真中一些损耗机制没有完全被关断，所以得到稍微低的阻抗峰值。

表 10-14   由 PRC 预测的单独阻尼机制的阻抗峰值与 ADS 仿真的单独阻尼机制的阻抗峰值的比较

单独的阻尼机构	PRC Z 峰值（mΩ）	仿真 Z 峰值（mΩ）
泄漏	333	333
负载损耗	200	200
片上电容的 ESR	530	523
PDN 回路电阻	854	787
所有机制	91	91

若所有的机制都存在，则阻抗峰值是 91mΩ，这个数值与 PRC 预测的 91mΩ 完全相

同。正如从 PRC 中预测的那样，最低的单独阻抗峰是与负载阻尼相关的，在时间平均瞬时电流是 9A－1A＝8A 时它为 200mΩ。下一个较高的峰是泄漏、ODC，然后是泵回路损耗机构。相当重要的几个阻尼机制常常是不同 PDN 之间是变化的和依据工艺、电压和温度（PVT）条件。频域仿真的组合 q 因子是 2.5，这与 PRC 的数值 2.5 是相同的。

$$q \text{ 因子} = \frac{Z_{\text{peak}}}{Z_0} = \frac{91\text{m}\Omega}{36\text{m}\Omega} = 2.5 \tag{10-41}$$

图 10-17 所示为具有所有阻尼机制时的谐振波形仿真。在这个例子中，使用了 8A 的峰-峰值电流，它产生于开关电容器负载模型。

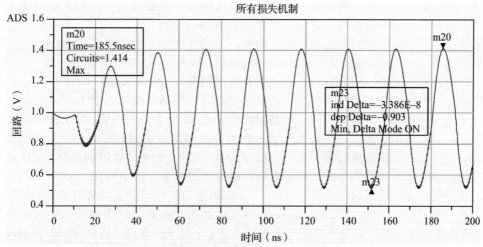

图 10-17　当所有阻尼项存在时谐振抽取的时域仿真

波形几乎达到峰-峰值是在两个完整周期后，这时对应于 2.5 的 q 因子。标记表示在第一个 200ns 时形成的峰-峰值波形为 0.903V。我们能利用这个信息来计算时域 q 因子。根据第 9 章的内容，我们知道谐振时的峰-峰值电压是：

$$V_{\text{pk-pk}} = \frac{4}{\pi} I_{\text{transient}} \times Z_{\text{peak}} \quad \text{和} \quad Z_{\text{peak}} = \frac{V_{\text{pk-pk}}}{I_{\text{transient}}} \frac{\pi}{4} \tag{10-42}$$

在这个仿真中，谐振强制函数是理想的 8A 峰-峰方波。利用这个方程、峰-峰电压和瞬时电流的知识，我们计算的 Z_peak 是 89mΩ。时域的 Z_peak 与 Z_0 的比是 2.5 的 q 因子，这与频域和 PRC 的结果是相同的。

现在我们已经从 3 个不同的途径证实了 q 因子：PRC、频域仿真和时域仿真。在 PRC 中，电阻和电抗用于计算 Z_0。计算出的 Z_0 和 q 因子一起预测阻抗峰值。在频域仿真中，我们使用电抗的交叉点发现 Z_0，利用仿真的峰值与 Z_0 之比确定 q 因子。我们从峰-峰电压中发现时域的阻抗峰值，并进行反向计算谐振噪声预测，见式（10-42）。

提示　这 3 个途径证明我们能从电子数据表、频域和时域技术计算 q 因子，它们具有好的一致性。在 Z_0、q 因子、阻抗峰值和峰-峰时域谐振噪声之间，它们所有都是自洽坚实地支持这个简单的关系。

现在我们检查时域 PRC 讨论中指出的单独的 q 因子。我们置 ADS 电路中所有集总参数损耗元件为零，除了一个要考虑的机制外。在这些仿真中，我们使用 1A 的峰-峰方波理想电流源作为激励，除非要评估负载损耗项。峰-峰电压被仿真。

知道瞬时电流，我们可以计算时域阻抗峰值。时域阻抗峰值被 Z_0 除以确定时域 q 因子。

图 10-18 所示为一次一个阻尼机制的时域和频域仿真。使用开关电容器负载、8A 的峰-峰值电流，在时域完成负载阻尼。为了在其余仿真时消除负载阻尼，我们使用了 1A 峰-峰值的理想方波电流源代替开关电容器负载。理想电流源没有损耗，因为负载电流不依赖 PDN 电压。

检查频域和时域两种情况下的单独的 q 因子，在相同比例因子下得到每个贡献者对总的 q 因子的重要可见图形。我们观察波形，高阻抗峰具有的时域响应波形是缓慢建立起高电压的。具有低 q 因子谐振的电路电压不能被建立。

顶部图形所示为单独泄漏阻尼的电压响应。非线性源拉出的电流是 PDN 电压的立方。时域激励使用 $0 \sim 1A$ 的理想电流源，在 Bandini 山频率（44.06MHz）处产生一个方波。谐振响应上升到 419mV 的峰-峰值，频域仿真显示阻抗峰值为 333mΩ。

第二个图形显示的是开关电容器负载阻尼。瞬时电流的范围为 $0.001 \sim 1A$ 之间，这是因为开关电容器不能完全关断。建立的谐振波形的峰-峰值为 2252mV，建立时间超过 $1\mu s$。很清楚，它具有高的 q 因子，因为低负载电流有小的损耗。频域仿真使用了 1.998Ω 的电阻器。我们使用时间平均电流近似为 0.5A，芯片电压为 1V 来计算得到近似为 2Ω 的等效电阻。我们给出这个图作为参考，以证明负载阻尼能造成多大的不同。

第三个图形显示当瞬时电流在 $1 \sim 9A$（8A 瞬时电流）时，开关电容器负载的阻尼。这是与完整 PRC 计算的数值一致的。谐振波形很快就建立起来，达到 2065mV 的峰-峰值。与 1A 瞬时电流情况相比，这种情况有更多的负载，q 因子低得多。有兴趣的事情是噪声仿真幅度类似于 1A 瞬时电流的情况。这是因为噪声幅度是阻抗峰值和噪声电流的乘积，与 8A 时的情况相比较，它是 1A 情况下阻抗峰值的 8 倍。我们使用 200Ω 电阻器进行频域仿真，因为时间平均动态电流是 $(9+1)/2=5A$。频域阻抗峰值是 0.200Ω。

提示 注意：当仅包含电流负载阻尼时，产生的时域峰-峰值电压噪声不依赖于电流负载。虽然低电流负载具有较少的驱动力，但它看的是较高的峰值阻抗。高电流负载有高的驱动力，但是低的 q 因子会产生较低的峰值阻抗，这两种情况下的电流和阻抗的乘积大约是相同的。

第四个图形显示的是与单独片上电容器关联的 ESR 阻尼。我们假设 RC 乘积的时间常数为 250ps。对于 100nF 的 ODC，给出的 R 为 2.5mΩ。具有理想电流源负载的时域仿真给出 653mV 的峰-峰值电压，时间为 500ns。ODC 的 ESR 的频域仿真峰值为 523mΩ。

第五个图形显示的是单独泵回路阻尼。并联印制板电容器的 ESR 是最重要的，但是也包含印制板和封装金属的趋肤效应损耗。理想电流源负载引起谐振，建立 989mV 的峰-峰值，时间为 1000ns，频域峰是 787mΩ。注意：泵回路损耗（包含印制板电容器），是最不重要的阻尼机构。

我们在频域和时域单独仿真了每一个损耗机制。这些数值与 PRC 计算的比较显示在表 10-15 中，我们比较了每个单独阻尼机制的等效串联或并联电阻和 q 因子。

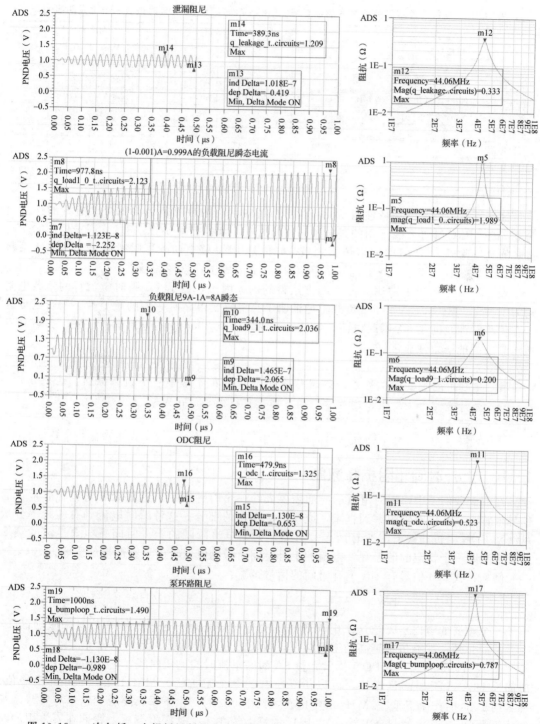

图 10-18　一次包括一个损耗机制的 *RLC* 谐振频率上的由方波电流激励的瞬时仿真。单独阻尼机制下的瞬时响应和峰值阻抗响应是非常一致的

表 10-15 比较 3 种不同分析方法的损耗项：PRC、ADS 频域和 ADS 时域。一致性是明显的

阻尼机制	类型	PRC		ADS FD		ADS TD			
		电阻	—	Z_峰	—	I_tran	V_p-p	Z_峰	—
q 因子源	—	mΩ	q 因子	mΩ	q 因子	A	mV	mΩ	q 因子
泄漏电阻	并联	333	9.3	333	9.3	1	419	329	9.1
负载电阻：从 0.001~1A（开关电容器负载）	并联	1998	55.5	1998	55.3	0.999	2252	1770	49.2
负载电阻：从 1~9A（开关电容器负载）	并联	200	5.6	200	5.6	8	2065	203	5.6
片上电容	串联	2.5	14.4	523	14.5	1	653	513	14.2
泵回路电阻	串联	1.5	23.3	787	21.9	1	989	777	21.6
组合 q 因子	—		2.5	91	2.5	8	903	89	2.5
Z_0（谐振电抗）mΩ	36.0								

这些计算中的关键是特性阻抗 Z_0，在 PRC 中，它的计算值为 36mΩ，ADS 的仿真也为 36mΩ。PRC 计算 q 因子用的是电阻与电抗之比。我们计算 ADS 频域 q 因子使用的是阻抗峰的高度除以 Z_0。ADS 时域仿真的阻抗峰值是用峰-峰电压除以瞬时电流和傅里叶系数而得到的。然后，使用时域阻抗峰值除以 Z_0 得到 q 因子，就像频域那样。

表 10-15 中给出了使用 3 种不同方法得到的 q 因子，显示 1A 瞬时电流行的负载电阻是为了参考。相反，1A 和 8A 负载阻尼证明了当电流变得高时它们的重要性。组合的 q 因子在仿真时涉及的是 8A 瞬时电流，电流计算时用的是 200mΩ 的电阻器。PRC、频域和时域仿真之间的一致性非常好。

提示 单独用电子数据表格式、频域仿真或时域仿真考虑每一个损耗机制，这个分析支持这些方法。组合这些单独的 q 因子可得到总的 q 因子。

使用这些 q 因子，是识别最强阻尼机制有用的技术，这个技术可用于控制阻抗峰值高度。

10.14 上升时间和阻抗峰激励

在前面的例子中，瞬时电流的导通需要大约一个时钟周期。这意味着它包含非常宽的信号带宽，从几倍时钟频率到直流，或我们选择看的部分。这种瞬时电流具有的频率分量可激励 PDN 阻抗曲线上的所有谐振。可是，如果电流阶跃的上升时间来包含足够的频率分量来激励一个特定的谐振呢？电流的上升时间对激励电压响应具有严重的影响。

例如，我们评估具有 1ns 上升时间的信号带宽：

$$\text{BW} = \frac{0.35}{\text{RT}} = \frac{0.35}{1\text{ns}} = 0.35\text{GHz} = 350\text{MHz} \tag{10-43}$$

一个重要的考虑是究竟这个电流负载的上升时间是否有足够的频率分量来激励谐振？上升时间越短，就能仿真越高的谐振频率，较长的上升时间则不能。

图 10-19 所示为三峰 PDN 拉出完整 8A 瞬时电流时的电压曲线，它开始在 10ns，上升时间为 1ns。上升时间足够快，可以仿真所有的 3 个阻抗峰。44MHz 的 Bandini 山峰值，在大约 16ns 时产生下垂。2MHz 的峰值在大约 180ns 时产生下垂，要看到它是有一些困难的，因为 Bandini 山的剩余振铃。130kHz 的峰大约在 $2\mu\text{s}$ 时产生下垂。我们在不常用的时间对数坐标上画出波形，在同一个图上来看 3 个阻抗峰中每一个的影响。可以证明：我们

通过在三个不同的时间尺度上使用自定义的上升时间来阐述激励每单个峰值的上升时间。

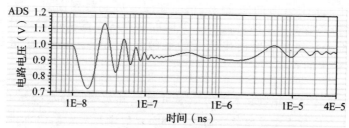

图 10-19　使用 1ns 上升时间的电流阶跃激励的三峰 PDN，在对数时间刻度上的时域波形。
Bandini 山的高频峰下垂发生在 16ns，第二个高频率峰下垂发生在 180ns 时，第三
个峰的下垂发生在 2μs

首先，我们选择理想电流阶跃的上升时间从 1ns 增加到 63ns，使用它来激励三峰
PDN。这个 PDN 的 Bandini 山是在 44.1MHz 处。这是最高频率的峰，也可说是第一峰。
与第一峰关联的下垂称为第一下垂。

使用式（10-43）来估算带宽，当信号带宽减小到低于峰值频率时，或上升时间长于
0.35/0.0441GHz＝7.9ns 时，我们预期仿真阻抗峰下降。图 10-20 显示了仿真结果。顶部
图形显示芯片电压，底部图形显示了泵电流，它是负载电流被滤波的版本。

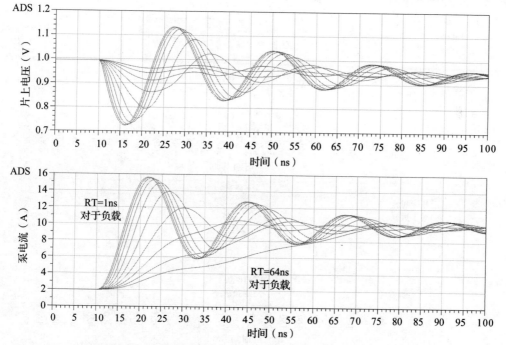

图 10-20　当改变理想瞬时阶跃电流的上升时间和电流响应带宽减小到低于峰值频率时，它
们对仿真 PDN 电压的影响。这个例子使用了具有不同上升时间的理想恒流源。顶
部：不同上升时间电流边缘在芯片焊盘上的仿真电压。较长的上升时间不能仿真
高频阻抗峰。底部：通过封装的阶跃电流响应

　　增加上升时间的频率内容会渐渐消失，所以没有尖锐的转移。缓慢的 5 个上升时间长于 8.4ns，最快的 5 个上升时间短于 7.9ns。在图上可观察到断点，这里不再能够仿真 Bandini 山。在能仿真谐振和不能之间的上升时间存在一个渐变过程。对于最快的上升时间，下垂的最深部分似乎是在瞬时电流开始后的大约 8.4ns，所以看起来上升时间长于 8.4ns，阻抗峰有消失的效应。

提示　　可观察到随着增加上升时间，下垂减小的重要影响。如果增加电流负载上升时间超过一个能仿真重要阻抗峰的点，那么我们能大大改善 PDN 电压下垂性能。

　　一些数字电路应用已经采取预定时间量来填充和抽空。如果 PDN 电流拉出的上升和下降时间能保证大于一定的阈值，则阻抗峰的仿真是不必要的，因为没有足够的频率内容来激励它们。

　　我们执行相同的分析来对三峰 PDN 中的第二个峰。与第二个峰关联的下垂称为第二下垂，这个 PDN 的第二峰是在 1.98MHz 处。使用式（10-43）估算频率内容，我们预期仿真第二峰的上升时间要短于 0.35/1.98MHz＝177ns。我们也能预期第二峰发生在产生瞬时电流后的 177ns。图 10-21 显示仿真时间扫略为 40ns、63ns、100ns、158ns、251ns、398ns、631ns、1000ns。较短的上升时间中仍旧有一些第一峰（42MHz）的内容，所以在开始时它是有些粗糙的。

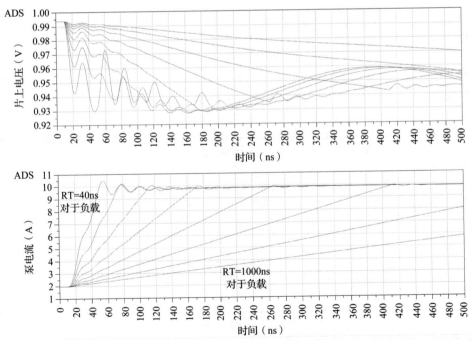

图 10-21　当使用从 40～1000ns 不同上升时间的理想阶跃瞬时电流激励时，在芯片焊盘上仿真的电压噪声，这个上升时间对应带宽高于和低于第二阻抗峰。顶部：芯片焊盘上的仿真电压。注意：短上升时间电流源能够激励第一谐振峰，给出初始的波纹。底部：不同上升时间时的瞬时电流负载波形

从这个图形可观察到，上升时间长于 177ns 后有第二峰消失效应和第二下垂消失效应。这些上升时间是如此之长，以至于片上电容和泵回路电感对泵电流的滤波效应非常小。在第二个图形中，长上升时间的电流波形几乎是直线，极少有高频波纹。

最后，图 10-22 显示了第三个下垂，它与三峰 PDN 中的第三个峰相关联。第三个峰的频率是 130kHz，我们预期使用上升时间短于 0.35/130kHz = 2.69μs 的激励。这个峰有点高，q 因子稍大于第二峰的 q 因子。上升时间长于 2.69μs，这时显示第三峰的仿真消失和第三下垂消失。

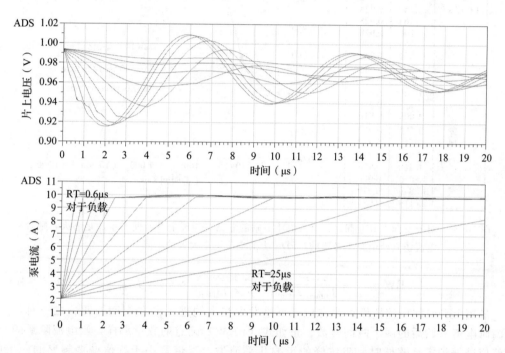

图 10-22　当使用从 0.6～25μs 不同上升时间的理想阶跃瞬时电流激励时，在芯片焊盘上仿真的电压噪声，这个上升时间对应带宽高于和低于第三阻抗峰。顶部：芯片焊盘上的仿真电压。注意：短上升时间电流源能够激励第二谐振峰，给出初始的波纹。底部：不同上升时间下的瞬时电流波形

图 10-23 总结了上升时间的仿真结果。下垂电压以表和图的格式进行记录。很清楚，第一下垂（来自 Bandini 山）如果可能被激励的话，则是最危及 PDN 电压的。

L 和 C 的并联组合可产生每一个谐振峰，我们可得到谐振频率的周期为：

$$T_{1cycle} = 2\pi \sqrt{LC} \tag{10-44}$$

作为 LC 电路响应时间粗略的优值，我们定义谐振时间常数为：

$$T_{timeconstant} = \frac{T_{1cycle}}{2\pi} = \sqrt{LC} = \frac{1}{\omega_{resonance}} = \frac{1}{2\pi f_{resonance}} \tag{10-45}$$

如果一个信号的上升时间是时间常数的 n 倍，则它的带宽大致是：

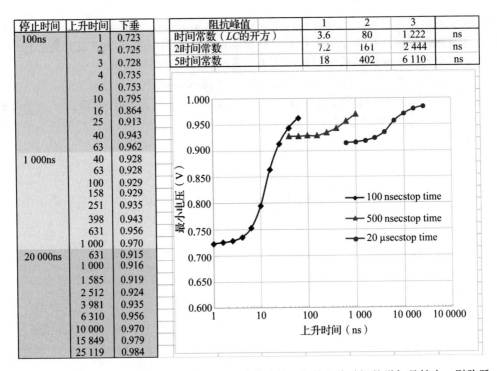

停止时间	上升时间	下垂
100ns	1	0.723
	2	0.725
	3	0.728
	4	0.735
	6	0.753
	10	0.795
	16	0.864
	25	0.913
	40	0.943
	63	0.962
1 000ns	40	0.928
	63	0.928
	100	0.929
	158	0.929
	251	0.935
	398	0.943
	631	0.956
	1 000	0.970
20 000ns	631	0.915
	1 000	0.916
	1 585	0.919
	2 512	0.924
	3 981	0.935
	6 310	0.956
	10 000	0.970
	15 849	0.979
	25 119	0.984

阻抗峰值	1	2	3	
时间常数（ LC 的开方）	3.6	80	1 222	ns
2时间常数	7.2	161	2 444	ns
5时间常数	18	402	6 110	ns

图 10-23　对于不同上升时间，每个峰电压下垂的总结。如果上升时间的增加足够大，则阶跃电流仿真峰值是不必要的，PDN 上的电压下垂大大的下降

$$ \text{BW} = \frac{0.35}{n \times T_{\text{time-constant}}} = \frac{0.35 \times 2\pi}{n \times T_{\text{1cycle}}} = \frac{2}{n} \times f_{\text{resonance}} \tag{10-46} $$

最短上升时间电流阶跃的最深电压下垂发生在大约进入谐振周期的四分之一时，大约在瞬时电流开始后的两个时间常数。正如式（10-43）确定的数量那样，当电流阶跃的带宽比峰值谐振频率足够低时，阻抗峰的影响几乎消失。当带宽小于峰值谐振频率的一半时，或者上升时间长于大约 5 倍时间常数时，这是近似的。这时上升时间大致等于谐振频率的周期。

提示　减小阻抗峰值影响的重要方法是防止电流上升时间短于 5 倍谐振时间常数。从概念上实现是很容易的，但是实际上困难，因为电流上升时间通常依赖于微码和生产工艺，不容易改变。

本节的上升时间仿真使用的是理想电流阶跃源，它很容易改变上升时间。使用开关电容器负载修改 PWL 方程中的斜率，很容易控制电流的上升时间。图 10-24 显示涉及开关电容器负载的仿真，由斜率限制上升时间是 20ns，这是 5 倍于第一谐振时间常数。第一个下垂几乎完全消失。预期在大约 200ns 和 2000ns 处的第二和第三下垂是支配性的电压谐振，如果仿真可执行那么长时间。

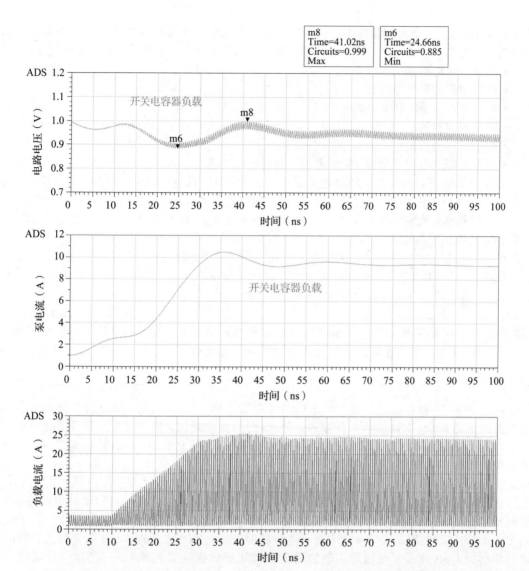

图 10-24　使用开关电容器负载模型和 20ns 的上升时间时的瞬时阶跃电流响应。顶部：在芯片焊盘上显示的仿真电压戏剧性地减小了第一下垂。中间：显示缺少谐振响应的泵电流。底部：来自片上电容器的开关电流

10.15　三峰 PDN 的改善：减小 Bandini 山的回路电感和 MLCC 电容器容量选择

在三峰 PDN 中，为了产生电子数据表的默认值条件，甚至不接近基于 6.3mΩ 的目标阻抗协议。正如我们在 PRC 的第 54 行看到的，Bandini 山阻抗峰值是 15 倍目标阻抗。甚至它的特性阻抗都高于 6 倍目标阻抗。

正如利用 PRC 指标计算预测的那样，阶跃响应和谐振响应的下垂大大超过用于目标阻抗

计算的 5％的容差，电源完整性工程师常常遇到这种困难。本节提供一些改善和控制这个困境的建议。这些改善有几个后果，如价格增加、影响性能和功率。我们讨论的改善包括：

- 附加封装电容器
- 优化中频印制板电容器
- 在 VRM 模型中有额外的阻尼
- 降低瞬时电流
- 增加瞬时电流的上升时间（减小频率内容）
- 当所有都失败时，增加 PDN 电压，覆盖电压下垂

对于核心电路，通常我们的兴趣为最大时钟频率 F_{max}，这里在给定电压下，芯片要运行在无错误状态。任何进一步减小 PDN 电压的操作都可能引起设置时间违例，导致功能失败。I/O 和通信电路常常比关心上升和保持时间失败，更关心抖动。它们常常对 dV/dt 比最小功能电压更灵敏。

最大的问题是 Bandini 山，这里的片上电容和封装电感电抗交叉。阻抗峰值 91mΩ 高于目标阻抗 6.3mΩ（PRC 中的第 10 和 56 行）。最明显的方法是增加片上电容或减小泵-封装-电路印制板的回路电感，降低交叉点和特性阻抗。

提示　片上电容需要更多的薄膜氧化物电容的硅面积，或者额外的 MIM（金属-绝缘体-金属）掩模电容。虽然这两个解是非常有效的，但它们也是花费昂贵的。高价格关联 ODC 的增加。

PRC 的第 19 行指出已经有 100nF 的片上电容。第 13～17 行对时钟边缘噪声的评估指出开关因子是 4.5％，这是非常合理的。第 58 行的预期时钟边缘下垂是 45mV，没有超过要求。这里的主要问题是，给出的时钟频率（2GHz）相当快，导致高的功率密度。对于更高级的技术节点来说，这个问题是很普通的，无非是投入 MIM 电容以制造强大的状态。在某些市场，这些产品是可接受的，但其他则不是。其他的选择是工作在电感侧边。

在默认值设计中，泵回路电感包含封装、球、PCB 通孔、电源平面和印制板电容的安装电感。PDN 谐振计算器的谐振计算和抽取页面对电感贡献者给出了好的见解。第 47 行的 132pH 的回路电感，其中 84pH 来自电容器的安装电感，其余的 29pH 来自封装，19pH 来自印制板 BGA 通孔。很清楚，电容器的安装电感占据主要的地位。高频电容器的数量从 10 个到 20 个，数量加倍时，电感从 84pH 下降到 45pH。再次数量加倍，电容器安装电感从 45pH 下降到 23pH。此时，我们已经达到消失重现点，因为 23pH 小于封装和印制板 BGA 通孔电感（48pH）的一半。

我们已经增加印制板高频电容器的数量从 10 个到 20 个，然后再到 40 个。再次加倍到 80 个电容器时，印制板电容的电感仅减小到 12pH，它与印制板通孔和封装电感（48pH）串联。对于这种设计，使用大于 40 个印制板电容器，性价比不高，甚至有争论说 40 个都太多了。

提示　如果电路板上的电容器的等效并联电感低于其他串联电感（封装、板通孔、电路板平面等），则即使增加更多的电容器，也不会使回路电感明显降低。这为实现印制板层面的 MLCC 电容器数量到达目标值，设置了方便的性价比限制。

图 10-25 所示为印制板电容器的仿真电路图。原来的三峰 PDN，有 $10 \times 1\mu$F 电容器。改变电容器的分布为 $1 \times 10\mu$F、$1 \times 4.7\mu$F、$2 \times 2.2\mu$F、$4 \times 1\mu$F、6×470nF、10×220nF 和 16×100nF（总数为 40 个），最低限度地改善 PDN。每个电容器支路中的电路元件参数是乘数或者是除数，所以我们容易在仿真时调整每个分支的数量。

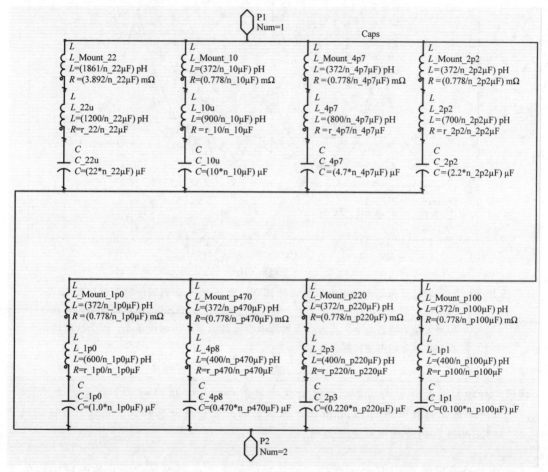

图 10-25　具有分布值电容器阵列的电路模型。选择 8 个不同的数值，每种都有自己的 ESR、ESL 和数量，电容器的容量范围：22μF，10μF，4.7μF，2.2μF，1.0μF，470nF，220nF 和 100nF。电容器的数量确定有效安装电感、电容器电感、ESR 和电容

图 10-26 所示为当从 10 个相同的印制板电容器增加到 40 个具有分布值的电容器后，预期的改善。我们仔细选择这 40 个电容器，以在印制板频率范围内提供平坦的阻抗，而且恰低于目标阻抗。这样第二个谐振峰和前面讨论的第二下垂已经被消除。

虽然我们消除了第二阻抗峰，但 Bandini 山仅从 91mΩ 降到 74mΩ。从 10 个增加到仔细选择的 20 个电容器，大部分的性能改善都可由此得到。电容器数量的再次加倍是不成功的，因为带状板通孔和封装电感占优。

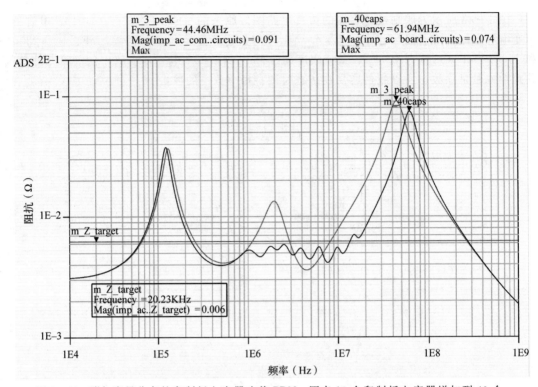

图 10-26   附加容量分布的印制板电容器改善 PDN。原来 10 个印制板电容器增加到 40 个，
并优化它们，使阻抗尽可能平坦。第二谐振峰消失，Bandini 山的改善主要来自电
容器安装电感的减小。若进一步增加电容器的数量，则回报很小，因为这时印制
板其他部分的电感占据优势

提示   对印制板设计者而言，他能做的就是控制印制板，但影响不了封装或者芯片。
一种限制存在以影响 Bandini 山，但不影响封装引线电感和片上电容，这是因为
Bandini 山的特性阻抗是很高的。

前面的讨论说明了 PRC 电子数据表的主要价值之一：很容易看到几种电感结构的贡
献。通过指出每个贡献者的相关重要性，引导我们进入改善最大性价比的领域。也让我们
知道，一旦已达到回报减小点，则需要另想其他的改善方法。

10.16   三峰 PDN 的改善：较好的 SMPS 模型

现在，显而易见是已经有两个主要峰，一个来自 Bandini 山，另一个来自 VRM，这个
VRM 峰可能不是真实的。典型的开关型电源（SMPS），也许在 100kHz 时有一个阻抗峰，
但是它没有高的 q 因子。当有合适设计和适当补偿后，这个峰不高且不尖锐，由阻抗曲线
预测困难。这时假设反馈环路，控制系统和泵电容器能被很好地管理。准确的 SMPS 仿真
仅能在时域实现，因为电路拓扑随着时间而变化，是严重的非线性。

一个上升电流的瞬时 SMPS 响应时间常常不同于下降电流的瞬时响应。这违反了频域分析的很多假设。为了 VRM 的频域仿真，我们仍旧需要一些类型的线性模型。我们不能直接连接理想电压源到印制板电容器上，这完全是不现实的。换句话说，SMPS 电路模型必须足够简单，在不消耗很多仿真时间和计算机内存的情况下，仿真有用的时间刻度。

好的工作区是合适的电阻器（10mΩ）尽可能地靠近连接，并对理想电压源分流至大容量电容器，如图 10-27 所示。加入的 R_damp 用于模拟 SMPS VRM 的阻尼，但不是实际系统的电阻器。VRM 电感器仍旧用于控制低频阻抗。虚构的 R_damp 简单地设置 VRM 阻抗峰值的限制。

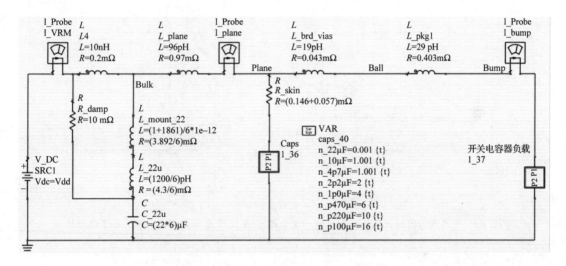

图 10-27　使用 R_damp（10mΩ 的虚构阻尼电阻）改进了 SMPS 电路模型。10nH 的串联电感用于匹配 VRM 的瞬时响应，包括大容量电容器。这表明：caps_40 是独立电容器的数量，它由 40 个印制板电容器构成

在全瞬时电流下，电阻器的电阻值给出预期的 VRM 电压下垂。VRM 电感器的大小给出 VRM 下垂的准确时间常数和合适的 DC 电压降。再次声明，这个数值不是准确的，甚至不是物理 VRM 模型，但是它允许我们进行频域和时域仿真。在 VRM 电感器的远端，利用理想电压源，可以设置 PDN 电压。使用这个模型进行仿真，在低于大容量电容器串联谐振频率，或者时域仿真长于几个微秒时，这是不准确的。

图 10-28 所示为对改进的 VRM 模型加上 40 个印制板电容器的频域仿真。低于 1MHz 的阻抗曲线已经改变，但是高于 1MHz 时显示稍微有差别。这使我们可在频带内和电源完整性工程师最关心的时间窗口上，连续对 PDN 仿真，在这个时间窗口上不要被不现实的 SMPS 阻抗峰中断。

40 个印制板电容器的 Bandini 山峰的 $Z_{\text{peak}}=74\text{m}\Omega$，$Z_0=26\text{m}\Omega$。$q$ 因子为 $74/26=2.85$。

占优势的峰值仍旧是 Bandini 山峰，它值得最大的关注。

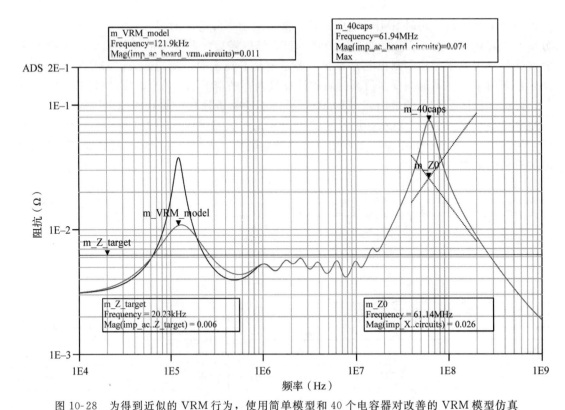

图 10-28   为得到近似的 VRM 行为，使用简单模型和 40 个电容器对改善的 VRM 模型仿真

提示   在 MLCC 电容器的回路电感减小到低于封装回路电感时，我们在印制板层面进行的努力很少能影响 Bandini 山。

10.17   三峰 PDN 的改善：封装上的去耦电容器

降低 Bandini 山有效的方法是附加封装上的去耦（OPD）电容器。这会有效地减小泵回路电感，这个电感与片上电容器（ODC）发生谐振，并且控制 q 因子。3 种类型的封装电容器更加流行：

- 封装的顶部边缘与芯片和芯片凸点处于同一水平面
- 嵌入电容器，位于芯片下面的封装基片中
- 底部电容器，位于封装的下面，通常替换那里的几个球

如果使用封装电容器，为了使其有效，封装源要被耗费以钩住低电感连接。做到这些以后，合理地减小从系统其余部分看出去的泵回路电感。封装电容器最重要的特性是它的安装回路电感。

提示   集成在封装 PDN 的封装上的电容器的回路电感是影响其有效性最重要的特性。

封装电容器第二个最重要的特性是它的 ESR。对于 Bandini 山的总 q 因子，它常成为最主要的损耗机制。

提示　减小电感可降低 PDN 阶跃响应的特性阻抗和增加电阻性损耗，以及降低 q 因子，从而降低 PDN 谐振响应的阻抗峰值高度，封装电容器对这二者都是有效的。

足够的有趣的是，封装电容器最不重要的特性是它的电容量。它大概需要 5 倍片上电容器的容量就能有效。若进一步增加它的容量，则影响很小，因为封装上和片上电容器的串联组合与阻抗峰值已没有关系。可是，较大的封装电容降低了印制板电感的影响。

图 10-29 所示为使用 220nF 电容器附加于封装上，以改进 PDN 的电路图的例子。从这个观点来看，为了考虑电容器的物理尺寸，封装下面适合球形空间的能力，嵌入衬底的能力，使用低电感连接钩住它们的能力，并联封装电容器的电特性等，要根据工程需要进行折中。

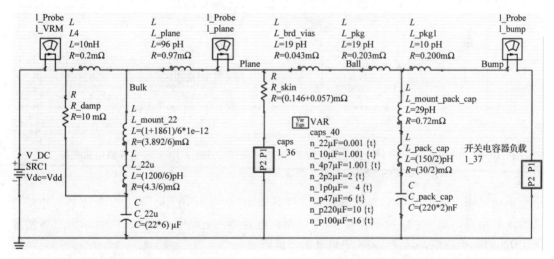

图 10-29　包含较实际的 VRM 模型，多值 MLCC 电容器，封装上电容器和开关电容器负载模型的改进 PDN 电路模型

附加封装上电容器的影响是分离 Bandini 山。当然，由此产生的阻抗曲线特性强烈地依赖于选择的电容器和它们如何集成进入封装。在这个例子中，我们假设电容量为 220nF，每个具有 150pH 的安装电感。图 10-30 是由此产生的阻抗曲线，并与没有任何封装上的电容器的阻抗曲线进行比较。

Bandini 山阻抗峰的频率从 62MHz 移动到 75MHz，因为使用的封装电容器的电感降低了。阻抗峰值高度也从 74mΩ 下降到 53mΩ。部分原因是特性阻抗 Z_0 的降低，部分原因是有了好的阻尼。40 个印制板电容器加上封装电容器后的 Z_0 是 22mΩ，q 因子是 $53/22 = 2.41$。

PDN 有 40 个 MLCC 电容器，这个增加了印制板的价格。当试图平衡性价比时，有时稍微牺牲性能换取价格的重大下降。为评估这个，我们探索减小 MLCC 电容器数量所产生的影响，现在我们包括封装面上的电容器。

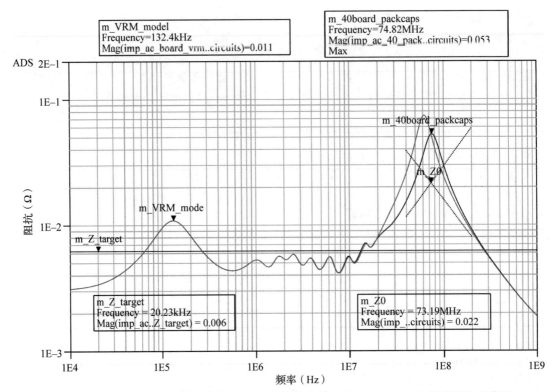

图 10-30　附加了 220 nF 封装上电容器的 PDN 阻抗曲线。注意，Bandini 山峰值阻抗的降低。
封装上电容的 ESR 也提供了更多的阻尼

　　例如，假设减小 MLCC 电容器数量，使其从 40 个变为 10 个，但是优化容量，让所有的容量不相同。图 10-31 所示为有 10 个印制板电容器的电路图。图 10-32 所示为这种情况下 PDN 的阻抗曲线，这是 PDN 中最终的性能改进。

　　回路电感的增加导致谐振频率从 74MHz 下降到 65MHz。有兴趣的是，阻抗峰值高度从 53mΩ 下降到 51mΩ。这种情况下存在两个谐振，首先，印制板电感较高，谐振时从封装拉出较高百分比的负载电流，电容有较高的 ESR。第二，印制板的 ESR 是高的，因为有较少的并联电容器的 ESR。两种机制增加了阻尼电阻和负载电流的损耗。对于具有 10 个电容器和两个封装上的电容器，它们的 Bandini 山的 Z_0 是 25mΩ。具有 10 个电容器的电路的 q 因子为 51/25＝2.04。

　　提示　有兴趣的是，由于有少量的印制板电容器，所以 Bandini 山的 q 因子从 2.41 下降到 2.04，这比增加泵回路电感更加重要。

　　使用较少印制板电容器的数量后，泵回路电感和阻尼都增加了，减小的阻抗峰值高度没有受到影响。这个结果没有预计到，而且令人惊讶。必须强调：要想控制电感（越低越好）

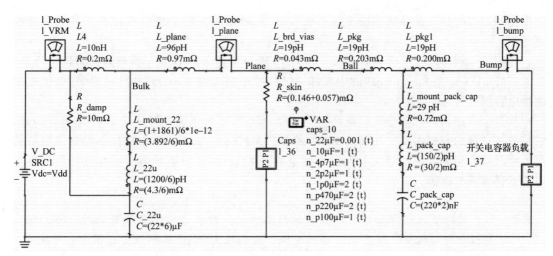

图 10-31　三峰 PDN 的最终物理性改进。印制板电容器从 40 个减小到 10 个，并使用优化值。
存在封装上的去耦电容器和改进的 VRM 模型

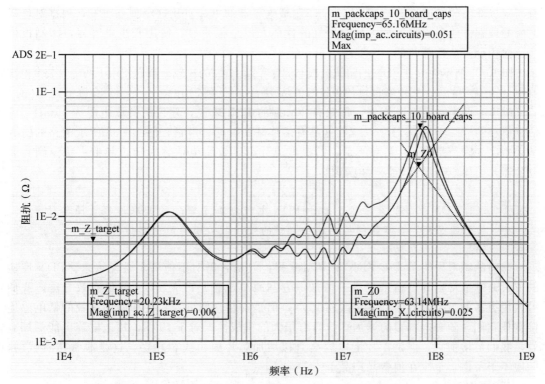

图 10-32　具有两个封装上电容器的 PDN 阻抗曲线，40 个印制板电容器和 10 个优化容量后的
印制板电容器之间的比较。10 个印制板电容器实际上给出了稍微低的 Bandini 山的
阻抗峰值。这是由于印制板电感的增加，强制更多的电流给封装提供了较高的
ESR，较高的 ESR 是由较少的印制板面的 MLCC 电容器并联提供的

和损耗（越高越好，至少从谐振观点来看），仅有的解决方法是求助于仿真工具和准确的模型。

使用较少的印制板电容器，在 2～65MHz 的中频带中，多少有些较高的阻抗。可是，原来三峰 PDN 中的大约 13mΩ 的中频峰，已经减小到大约 10mΩ，这已接近 10 个优化印制板电容器的目标阻抗。

从这个观点来讲，很难说究竟是 40 个印制板电容器的电特性好还是 10 个电容器的好。它依赖于负载的频率内容。如果 65MHz 或者 74MHz 的 Bandini 山阻抗峰值能被谐振负载电流所激励，那么减少印制板电容器的数量会降低 Bandini 山阻抗峰值，在较低的价格下可得到稍微好的性能。

提示   较少的印制板电容器，有时可降低阻抗峰值。封装上电容器和较高的 ESR（它与较少印制板电容器关联）损耗并联，它们被 ESR 损耗降低了 q 因子，即使有较高的泵回路电感。

对于与 Bandini 山的特性阻抗相关的阶跃响应来说，具有 40 个印制板电容器的更好。由高阻抗峰值驱动的谐振响应是 10 个印制板电容器的更好。从这个观点出发，根据对负载电流的理解才能确定哪一种方法有更好的性能。但是很明显，使用较少电容器，印制板价格、面积和复杂性都较低。

图 10-33 所示为改进 PDN 的阻抗曲线与原来三峰 PDN 的比较。我们使用了两个封装上电容器和 10 个优化的印制板电容器，使阻抗峰值从 91mΩ 降低到 51mΩ，Z_0 从 36mΩ 降低到 25mΩ。

对于有两个封装上电容器，每个有 30mΩ 的 ESR 来说，建议的并联电阻为 15mΩ，可估算单独的 q 因子为 26/15＝1.7，这具有足够好的阻尼。可是，图 10-32 所示电路的仿真结果指出 q 因子是 2.4。不幸的是，谐振电流分离导致简单估算失败，其中一些流到封装电容器，另外一些流到印制板电容器。

提示   随着 PDN 拓扑的复杂性，对于 PDN 电流增加了额外的并联途径，简单估算和电子数据表计算不能捕捉到这个微妙的效应，必须使用电路仿真。

前面的练习说明了改善 PDN 的典型流程，但是它仍旧不能满足性能要求。PDN 性能的重大改进通常牺牲价格来实现。增加电容和减小电感是改善 PDN 的最有效方法。我们可使用更多的封装电容器进一步改善 PDN，但是安装它们进入封装和使用有效的低电感连接钩住它们，随着电容器的增加，这具有很大的挑战性。对于 PDN，片上电容可能更加有效，我们可增加它。但是，片上电容会直接增加芯片面积或芯片层，这是非常花费钱的，一般不予考虑，至少在消费品产品上。

10.18   改进前和改进后的 PDN 的瞬态响应

我们首先评估了 PDN 在频域上的改进。基于峰的特性和它们的特性阻抗，我们估计了预期的阶跃电流响应和谐振频率瞬态响应。通过在峰值和特性阻抗上进行改进，我们期

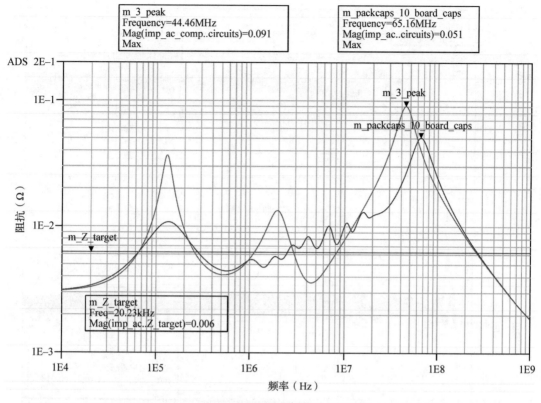

图 10-33 PDN 阻抗曲线与原来使用默认值条件的三峰阻抗曲线间的比较，改进是在 VRM 模型、MLCC 电容器，以及封装上电容器

望减小电压下垂和峰值电压噪声。

图 10-34 所示为改进的 PDN 的时域仿真与三峰 PDN 的比较。由于我们对 3 个阻抗峰值都进行了改进，所以在时域上，我们要在 3 个不同的时间刻度上显示。顶部图显示第一个凹坑的改进，因为第一个峰（Bandini 山）的降低。我们在大约 15ns 处减小了最深的下垂，从 218mV 下降到 186mV。

在这个仿真中，我们已经选择 10 个印制板电容器，对于这个仿真增加阻尼和减小阻抗峰值，这会更有效。在顶部图上，这是看到的阶跃响应的改进不是很大的一个理由。40 个印制板电容器的特性阻抗从 36mΩ 降低到 22mΩ，给出了较大的阶跃响应改善。我们固定 Z_0 为 25mΩ。也可期望大的三峰 PDN 下垂能被开关电容器负载所减小。随着 PDN 的电压下降，负载拉出较小的电流，在仿真和真实的产品中都会有一些自校准。在波形识别上可看到 q 因子确实降低了，这指出谐振时的峰-峰值噪声减小。

中间图形显示第二下垂改善，它发生在大约 150ns 处。随着改进的 PDN，下垂消失，但是可清楚地看到"DC"电压从初始值开始减小。我们能尝试性地称它为 DC IR 压降，但是这个频带上的电流来自印制板电容器，而不是 VRM。

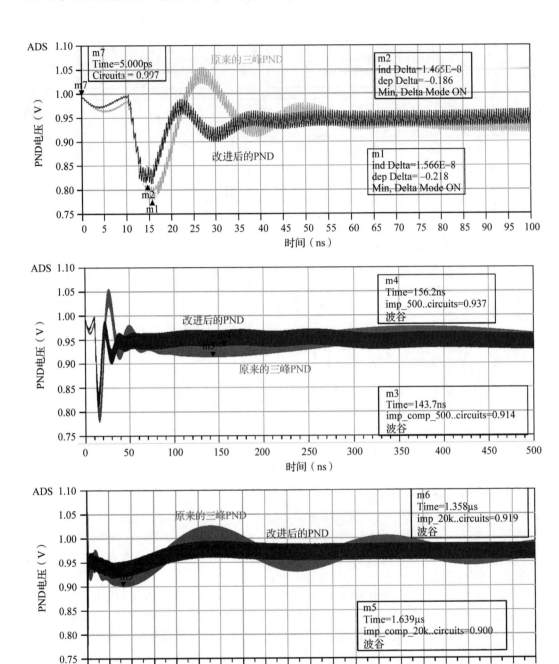

图 10-34　原来三峰 PDN 的时域阶跃响应与改进的 PDN 之间的比较。顶部图：我们看到了封装电容器在大约 15ns 时对 Bandini 山的改善；印制板电容器的改进在大约 150ns 处，见中间图；VRM 模型改进在大约 2μs 处，显示在底部图上

提示　在时间刻度上，以中频带频率范围进行抽样，这里的 PDN 阻抗曲线是相当平坦的，阶跃瞬时电流的电压响应看起来就像一个 DC 偏离。这不是 IR 压降，而是阶跃电流通过这个平坦阻抗曲线产生的。

印制板电容器的 ESR 随时间对这个电压降的响应是相当平坦的。在 3～30MHz 的频带内，PDN 阻抗是相当平坦的，但是不太满足基于 5% 电压容差的目标阻抗。不用惊讶，在 50～500ns 的时间窗内，电压大于 50mV（5%）下垂。如果我们能够完美地实现 PDN 阻抗正好在目标阻抗内，那么在长时间内，我们应该预期阶跃电流的电压响应正好低于电压容差。

底部图形显示来自合适阻尼下 VRM 的第三下垂改善。系统现在在 130kHz 时过阻尼，所以没有振铃。在 $1.5\mu s$ 处有稍微下垂，这是 VRM 预期的典型时域性能。电容器的 ESR 和印制板电容器之间的谐振设置了 PDN 阻抗，一直到几个毫秒处，这里由 VRM 调整器回路接管。

对于 1V 的初始电压，长期电压固定为 $10A \times 3.1m\Omega = 31mV$ 的降低，这是 DC IR 压降。电压轨迹的厚度主要是来自时钟边缘噪声。在 PDN 上，直流电源损耗是 312mV。正如 PRC 的第 61 和 62 行所显示那样。

图 10-35 所示为伴随泵电流的阶跃负载电流的响应。因为有片上电容和泵回路电感，所以这个泵电流是负载电流低通滤波版本。与三峰 PDN 相比，改进的 PDN 有较快的电流斜升，因为有较小的泵回路电感。因为 V/I 较大所以，有较大的 di/dt（小信号、斜率）。电流曲线也显示为较高的谐振频率。与原来的三峰 PDN 相比，改进的 PDN 增加了阻尼。阶跃响应已经得到改善，从 218mV 下降到 186mV。

图 10-36 所示为改进 PDN 和原来三峰 PDN 的谐振响应间的比较。初始的下垂与阶跃响应的相同。随着时间的推移，来自负载电流周期之间叠加形成的 PDN 响应，建立起来了峰-峰值电压。在改进 PDN 中最大下垂是 285mV，原来三峰 PDN 的下垂是 480mV。虽然这是实质性的改善，但这个下垂仍旧是 5 倍目标阻抗规定的电压容差。对实际的 PDN，我

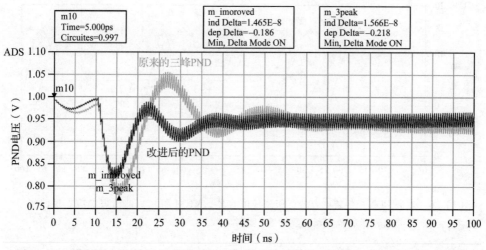

图 10-35　原来的三峰 PDN 和改进 PDN 的泵分支电路的电流阶跃响应和伴随的电压响应

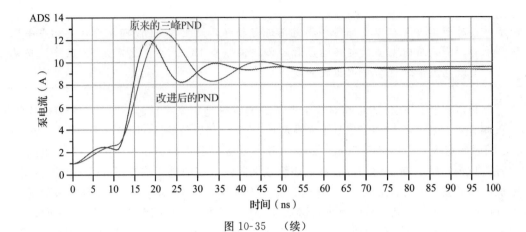

图 10-35　（续）

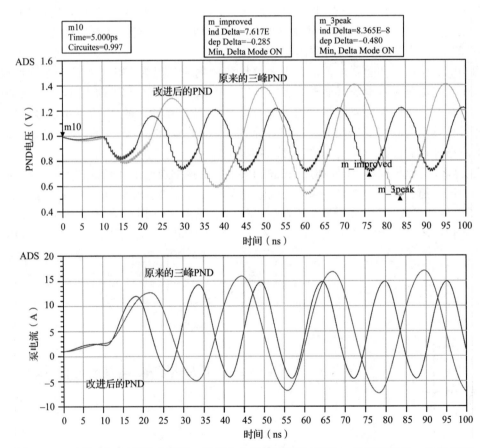

图 10-36　改进 PDN（封装电容器、印制板电容器、VRM 阻尼）的谐振响应。我们使用
开关电容器负载实现重复的 8A 瞬时电流

们已经做了很多，如果仍旧需要改进，那么我们看看还可以有什么其他可做的。

10.19　再次审视瞬时电流的假设

到目前为止，在 PDN 分析中，我们已经假设：最大的瞬时电流（$I_{max} - I_{min}$），即动态电流高达 8A。可是，在谐振频率处重复这些的概率常常是非常低的。从负载观点理解电源完整性工程师可能会争论：谐振频率时的最大重复瞬时电流仅是瞬时电流的一半。在这种情况下，我们可能会争论：PDN 应该设计成为有 5～9A 之间的瞬时电流。如果能这样假设的话，则瞬时电流应该从 8A 减小到 4A。我们仿真这种减小瞬时电流的情况。图 10-37 显示这个结果，最大下垂减小到 165mV。

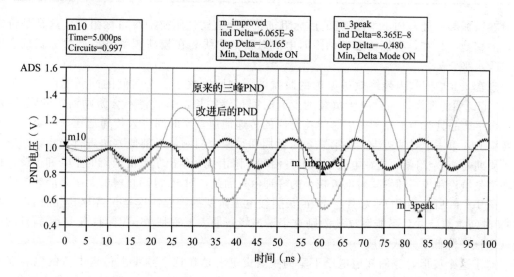

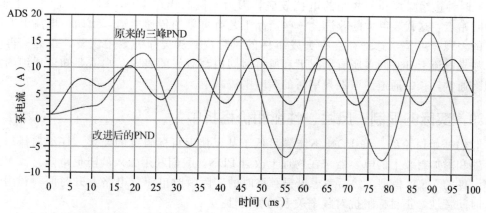

图 10-37　重复瞬时电流从 8A 减小到 4A（在 5～9A 之间），PDN 的性能改进。在谐振频带处，目标阻抗上移 12.6mΩ

看上去这个瞬时电流非常像是频率的函数，一般情况下，取合理的时间量，以使它从最小动态电流变到最大动态电流，周而复始。在非常高的频率重复这个是困难的，我们直觉地预期较小的瞬时电流可在较高频率下重复。在谐振频率处瞬时电流的被减小（一半）是特殊情况。因为瞬时电流是频率的函数，所以目标阻抗也是频率的函数。在这种情况下，我们有效地增加谐振频带的目标阻抗，从 6.3～12.6mΩ。在低频带，这完全可能使负载拉出满瞬时电流，但是不可能在较高重复率下重复瞬时电流。

提示　在深度理解产品和微码控制产品的情况下，它可引导我们如何设置目标阻抗成为频率的函数。具有类似工艺的前面产品的测量数据，是对这个工作很好的指导。这需要电源完整性工程师对价格、性能和风险进行折中。

在谐振频率处，PDN 阻抗满足目标阻抗，甚至有特性阻抗满足目标阻抗，这常是价格昂贵的禁地。现在，我们需要评估瞬时电流对频率曲线和在较高频率下抬高目标阻抗意愿的风险水平。

现在，我们回到为最终改进考虑的阶跃响应和回答关于上升时间的问题上面。正如在10.14 节说明的那样，如果电流负载的上升时间足够的长，那么将不会激励给定的阻抗峰。一些数字产品具有为填充和完成时间花时间的传递通道。当时间进入传递通道，一个门闩能使数据进入第一个时钟边缘，在第二个时钟周期是两个门闩，以类似方法进行操作，第二十时钟周期是 20 个门闩。这在电流边缘上升沿和下降沿处，给出了平滑电流的上升和下降。传递通道是争论在较高频率瞬时电流减小的好理由；因此，对 PDN 阻抗峰的要求是能放松的。

图 10-38 所示为 PDN 对具有 17ns 长斜坡电流阶跃的响应，这是 5 倍 Bandini 山阻抗峰PDN 时间常数，并且不能明显地激励这个谐振峰，最大下垂是 96mV。具有 17ns 斜升的电流戏剧性地降低了阶跃响应。

对于这个波形，我们知道电压下垂的主要贡献者是在这个频带上传送电流的电容器的ESR、时钟边缘噪声和一些小的电抗效应，因为电压曲线在 100ns 附近不是完全平坦的。作为起始点，这代表巨大的改进。一些产品工艺有可靠的传递通道，预期的电流上升时间有好的表现。可是，总是存在有突发事件的风险，要从缓存失效中恢复，等等。再次指出，如果电流上升时间在所有情况下和所有时间内都有好的表现，则需要知道详细的产品知识。通常，长的通道使谐振频率时的瞬时电流减小。

10.20　实际的限制：风险、性能和价格折中

我们开始讨论的三峰 PDN 不能满足低于甚至接近目标阻抗的要求。仔细选择印制板电容器和附加封装上的电容器来在物理上改善 PDN。我们利用加入的阻尼电阻，改善线性电路元件的 VRM 模型。然后考虑谐振频率时的实际瞬时电流、电路上升时间，利用负载上升时间特性修正目标阻抗对频率关系的可能性。

通过这些考虑，我们减小了预期的 PDN 电压下垂，从令人惊讶的 497mV（正常 PDN电压的 50%）到 96mV。下垂仍旧远大于 5% 的容差（50mV）。这代表有发生失效的重大风险，因为 PDN 超过电压容差，电路也许不能运行得需要的那样快。这些风险对于消费者产品市场是可能被接受的，但是，在航空、汽车、医学和与人类生命有关的应用等领域是不能接受的。

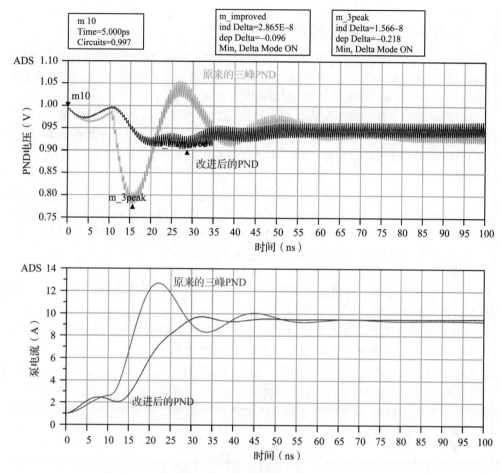

图 10-38　控制上升时间来改善 PDN 性能。开关电容器负载在 17ns 中斜升（5 倍 Bandini 山峰时间常数）。比较了原来的 PDN 和改进的具有更长时间常数的阶跃响应的指标

　　最终的方案不是一个 PDN 改进，甚至为分析改进，常是一种最终的铤而走险的行动。VRM 电压可能必须上升 50mV。正比于电压平方的动态功率消耗将上升 10%。正比于电压三次方的泄漏电流将上升 15%。热曲线明显受到影响，可靠性也受到影响，因为电路在高电压下经历更长的时间。

提示　抬高 VRM 电压，对于产品和电源完整性工程师的来说，有几个负面影响。可是，为满足性能、价格和日程限制，有时要接受更大的风险。所以，基于对类似产品的性能分析后进行的判断是如此的重要。

提示　越多地知道老产品和特性优良产品的特点，理解下一个设计路线时就越深入。

10.21　测量中的 PDN 特征的逆向工程

在本节，我们利用在 PRC 电子数据表中的介绍原理，协力逆向管理来自测量的瞬态响应的 Altera 测试芯片的特性。可测量 Altera FPGA 测试芯片的数据，并首先发表 Custom Integrated Conference 和 DesignCon Conference[3-4]。

FPGA 被配置以切换为很多逻辑电路，在每个时钟周期拉出的是恒定电流。虽然不同节点的电压测量是众所周知的，PDN 参数的详细信息不再有用，但是使用测量数据逆向管理 PDN 特性时，PDN 的硬件必须已经产生测量数据。仿真的逆向管理 PDN 参数与测量数据匹配得很好。

提示　正如本书从头到尾指出的那样，PDN 阻抗、瞬时电流曲线和在 PDN 节点上测量的瞬时电压响应，都是相互关联的。知道任意两个可抽取第三个。我们可使用这个强有力的技术，逆向管理 PDN 的重要特性。

基于设计阶段的分析，当测量的 PDN 波形行为没有预期那么好时，你也可以使用这个技术去判断和确认根源。

PDN 测量需要的固定设备涉及要进入封装的感触线，它们靠近芯片的泵。对 Bandini 山阻抗峰值很重要的电容是在芯片上的。回路电感关联到芯片泵、封装平面、通孔和小球，以及延伸到印制板通孔、电源平面和安装电容器。片上电容和封装泵回路电感在本质上是与片上电路负载并联的。当芯片拉出这些电流时，会产生脉冲、阶跃和谐振响应。这就是使用片上电容、封装/印制板电感和电阻的典型的 PDN，正如图 10-39 描绘的那样。

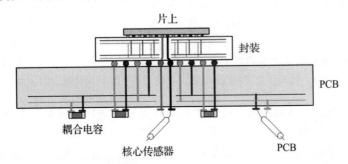

图 10-39　FPGA PDN 测量需要的固定设备。与 Bandini 山阻抗峰值关联的电容是在芯片上面。电源路径的回路电感涉及芯片泵、封装平面、通孔和小球、印制板通孔、平面和安装电容器。在观念上，PDN 电压使用通常的 50Ω 阻抗，这个路径的芯片不能负载 PDN 电流

为了保证 PDN 电压感触线不接触负载 PDN 电流结构，直到非常靠近芯片的时候，这一点非常重要。这形成了讨论在第 3 章的四点"开尔文探针"。微码和对芯片的功能性关断强迫电流通过 PDN。非电流负载结构用于芯片测量，并且感触电压。非常小的 PDN 电流通过电压感触回路，因为在这个范围下端口有相当高的 50Ω 的电阻。这种情况下，V_{dd} 和

V_{ss} 感触结构位于小球、通孔和泵的校核印制板一侧，其中泵能使电流进出核心负载。封装和印制板通孔的感触结构类似于 V_{dd} 和 V_{ss} 的感触结构。

在测量设置中的一些点上，V_{ss} 必须从 V_{dd} 中减去。如果 V_{dd} 和 V_{ss} 的感触结构是相对于印制板的地而测量的，那么随着芯片上的电源电压的倒塌，V_{dd} 是初始的下垂，V_{ss} 应该是初始的峰值。因为感触结构是以 V_{dd} 和 V_{ss} 为参考的，所以这会发生。

如果 V_{dd} 和 V_{ss} 感触结构都以 V_{ss} 为参考，则仅 V_{dd} 感触线显示噪声。相反，如果二者的感触结构都以 V_{dd} 为参考，则仅 V_{ss} 感触线显示噪声。这是电压和电感矩阵非唯一性的物理例子[5]。因为在回路电感，所以 PDN 系统的表现就是这个样子。PDN V_{dd} 和 V_{ss} 结构中的部分电感不是唯一的，但 V_{dd} 和 V_{ss} 感触电压是唯一的。

这个性质的所有 PDN 测量涉及不同性质的 V_{dd} 和 V_{ss} 感触结构，无论如何它们都同样影响附近的回路或者参考结构。仅回路电感是唯一的，$V_{dd}-V_{ss}$ 的差是唯一的。

测量 $V_{dd}-V_{ss}$ 的最直接方法是在仪器上相减。用示波器操作这个很好，用频谱分析仪则有麻烦。我们能用 50Ω 印制板迹线附加在印制板感触结构上，把 V_{dd} 和 V_{ss} 迹线引入到印制板上的测量焊盘中，它们位于离开 DUT 几英寸的很方便的位置。可使用 SMA 连接器连接印制板迹线到 50Ω 电缆上，使用示波器的 50Ω 端口，以防止传输线振铃。来自 DUT 的所有波形被示波器端口吸收，没有反射回到 DUT。可使用示波器以从 V_{dd} 感触结构中减去 V_{ss} 感触结构（的电压），并在芯片上给出适当的表示。

在 DUT 上，存在严重的阻抗失配，与 PDN 具有的几毫欧电阻相比较的是测量环境有 50Ω 的电阻。这还是好的，因为测量结构比 DUT 的阻抗高大约 1000 倍。

使用高阻抗探针是不必要的，事实上已经给出了方法。描绘的测量系统是阻抗匹配的，并在示波器上有很好的端口。因为 PDN 感触结构以印制板和封装侧边的 V_{dd} 和 V_{ss} 结构为参考，所以预计在 V_{dd} 和 V_{ss} 感触线上面有相同数量的 PDN 噪声，但是极性相反。在这种结构中，我们使用示波器，从 V_{dd} 感触线上减去 V_{ss} 感触线上的值，从而得到芯片上准确的电压描绘。电缆和印制板迹线必须有相同的长度。

另外一种更加方便的方法是利用传输线减法，从 V_{dd} 感触线上的值减去 V_{ss} 感触线上的。我们连接 V_{dd} 到同轴电缆的内导体，将 V_{ss} 连接到外导体。不存在 DC 问题，因为示波器的地和芯片端的 V_{ss} 感触线都是零电压。可是，在 V_{ss} 感触结构上的 AC 电压波形与 V_{dd} 感触结构相比较时，它是相反极性且幅度未知的。

V_{dd} 感触结构和 V_{ss} 感触结构之间的电压差进入 50Ω 的同轴线，完成了 V_{dd} 和 V_{ss} 之间的电压差值计算。在仪器中，必须端接 50Ω 的同轴线。传输线减法适用于频谱分析仪和示波器。图 10-39 所示的核心感触线就被设置为传输线减法。PCB 感触线是相对于印制板地的。当我们使用传输线减法时，传递进入 50Ω 同轴线的感触结构必须有短的电长度，这意味着它是感兴趣的最高频率波长的一小部分。

当使用 50Ω 测量环境时，主要的误差来源是探针电阻。探针与 50Ω 示波器端口形成分压器。如果插口接触或者芯片层面金属有 2Ω 的回路电阻，则示波器测量将会有 4% 的衰减误差，这是因为有电阻分压器。通常，如果感应线是去接触封装边上的 PDN 金属凸块，而不是使用管芯上具有明显的再分布层（RDL）金属电阻的专用凸块，则其感应效果会更好。

表 10-16 所示为 FPGA 测量数据的总结，它也可以使用图 10-42、图 10-44 和图 10-45 来进行图形表示。

表 10-16 Altera 测试芯片上测量的重要特性的总结

	FPGA PDN 例子	测量	输入	单位
1	V_{dd}	1.1	1.1	V
2	泄漏电流	3	3	A
3	266MHz 时的总电流	11	11	A
4	533MHz 时的总电流	19	19	A
5	f_{clock}	533	533	MHz
6	时钟边缘噪声（脉冲响应）	105	105	mV
7	谐振频率	33	33	MHz
8	100ns 的印制板上的下垂，$f_{clk}=266\text{MHz}$	30	30	mV

在 3 个时钟条件下，测量的工作台电源电压和工作台电流：
- 没有时钟的泄漏电流 3A（第 2 行）
- 266MHz 时钟下，总的 DC 电流是 11A（第 3 行）
- 533MHz 时钟下，总的 DC 电流是 19A（第 4 行）

正常情况下，时钟是 533MHz，所以我们知道动态电流脉冲在小于 2ns 内完成。第 6 行显示时钟边缘噪声为 105mV。时钟缓慢下来，也许这是在 10MHz 时测量的。单个时钟边缘的脉冲响应用于估算 Bandini 山谐振频率（33MHz），正如在第 7 行显示。阻尼正弦波模式间的时间周期用于确定谐振频率。

最终，第 8 行显示了在电流阶跃 100ns 后测量的电压下垂为 30mV。对于 PDN 属性和开发仿真波形与测量波形进行比较来说，这几乎是我们需要搞明白的每一件事情。

利用前面的测量数据，我们计算 PDN 的主要特性，并总结在表 10-17 中。

表 10-17 基于测量的瞬时电流特性，抽取值的 PDN 总结

	FPGA 例子	计算数值	单位
9	在 266MHz 时的动态电流	8	A
10	在 533MHz 时的动态电流	16	A
11	每个时钟周期的电荷（q_{cycle}）	30	nC
12	开关电容	27	nF
13	不是开关电容	286	nF
14	片上电容	313	nF
15	开关因子	9%	—
16	PDN 回路电感	74	pH
17	PDN Z_0	15.4	mΩ
18	印制板回路电阻	3.75	mΩ
19	小球/插口电阻	—	mΩ
20	泵回路电阻	4.35	mΩ

在减去泄漏电流后，动态电流在 266MHz 和 533MHz 时分别为 8A 和 16A。我们使用 533MHz 时的动态电流来计算每个周期的电荷：

$$q_{cycle} = \frac{I_{dynamic}}{f_{clk}} = \frac{16A}{0.533GHz} = 30nC/cycle \qquad (10-47)$$

这显示在第 11 行。利用 $q = CV$ 方程式，我们计算必须开关的片上电容：

$$C_{switched} = \frac{q_{switched}}{V_{dd}} = \frac{30nCoul}{1.1V} = 27nF \qquad (10-48)$$

这个确认显示在第 12 行。我们也能计算不开关的片上电容：

$$C_{ODC\_ns} = \frac{dq}{dV} = \frac{q_{switched}}{V_{droop}} = \frac{30nCoul}{0.105V} = 286nF \qquad (10-49)$$

这个包含在第 13 行。总的片上电容为开关和不开关的电容的总和，它是 313nF，正如在第 14 行显示的那样。开关因子为 27nF/313nF＝9％，这正如第 15 行显示的那样。利用 LC 电路和片上电容，使用谐振频率，我们找到第一个谐振回路的电感是 74pH，它显示在第 16 行。计算的特性阻抗为 15.4mΩ，显示在第 17 行。

在 FPGA 的阶跃响应测量中，在 8A 的电流阶跃后，在 100ns 时测量的电压下垂 30mV。这导致印制板电阻的计算列在第 18 行：

$$R_{board} = \frac{30mV}{8A} = 3.75m\Omega \qquad (10-50)$$

这近似为 3.5MHz 时的印制板阻抗，大部分是由于印制板去耦电容器的 ESR 引起的。在封装、插口和印制板通孔位置，也存在一些电阻。为了下节讨论的谐振，我们选择它为 0.6mΩ，正如第 19 行显示的那样。总的泵回路电阻是 4.35mΩ。

第 9～20 行确立了需要的电路参数以执行仿真。图 10-40 显示的是顶层仿真电路图。我们假设：外部（芯片外面）PDN 只有一个电阻和电感。这为建立 Bandini 山阻抗峰值和包含阻尼损耗已经足够。我们假设印制板通孔、插口、封装等约 80％的电感是垂直结构。我们假设大部分电阻在印制板上面。印制板上面有许多去耦电容器。

本章前面显示了开关电容器负载是类似的。我们选择负载电容器为 27nF，每一次开关时，从 1.1V 的 PDN 中接收 30nC 的电荷。选择的开关时间常数为 200ps。所以 533MHz 的时钟周期内，为了延时，电流波形几乎有 10 倍的时间常数。

图 10-41 所示为开关电容器负载拉出的电流脉冲，峰值达到 100A，di/dt 大于 1000/ns。这是不寻常快速的 di/dt，但是由于来自片上电容的传递，所以很难得到结论。这个曲线最重要的特性是它下面的面积（30nC）和引起的脉冲响应下垂。这个波形位于 3A 泄漏电流上面。泄漏电流大约在 12ns 时瞬时下垂，这是由电压下垂引起的。

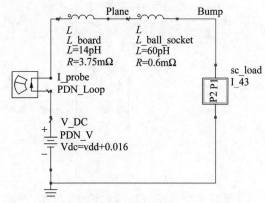

图 10-40　为 FPGA 模型-硬件校准的 ADS 顶层电路图

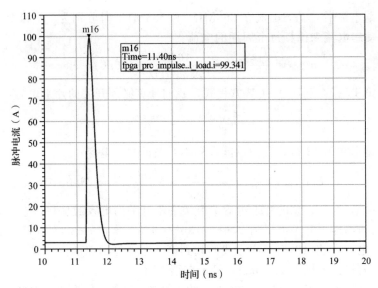

图 10-41   开关电容器负载拉出的仿真脉冲电流。峰值电流是 100A，宽度小于 1ns。di/dt 大于 1000A/ns，但没有结论，因为它是由片上电容器传递的

10.22   仿真与测量的相关性

图 10-42 显示了关于脉冲响应的测量数据和仿真结果。在 10ns 时，我们可看到：对单个时钟边缘的初始脉冲响应。下降时间是 30nC 电流脉冲的宽度，它小于 1ns。测量的时钟边缘下垂是 105mV，对应的仿真下垂是 104mV。由于对电流脉冲形状和片上电容器的 ESR 进行了假设，所以在仿真下垂时产生了稍微的差别。选择 200ps 的脉冲时间常数，对于在脉冲时看到的和阶跃响应波形上看到的时钟边缘噪声之间，给出了合理的折中。这个比较指出，测量的和仿真的脉冲响应具有良好的匹配。

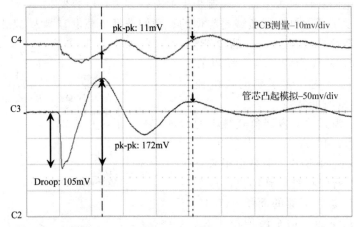

图 10-42   顶部：当一个时钟边缘拉出脉冲瞬时电流时，示波器记录的印制板和芯片 V_{dd} 上的测量电压响应。底部：仿真的 PDN 印制板节点和片上节点的脉冲电流响应。其一致性非常接近

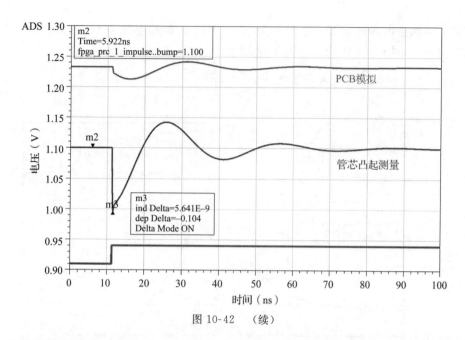

图 10-42　（续）

在计算期望的峰值阻抗之前，我们需要确定谐振频率时的 PDN 损耗。在表 10-18 中，总结了几个损耗机制的贡献：泄漏、负载片上电阻和泵回路电阻。表的顶部显示几个机制的电阻，表的底部显示单独机制预期的 q 因子。损耗机制的计算类似于本章前面所给的那样。我们利用 ODC 和 250ps 的时间常数计算芯片电阻。

表 10-18　在这个测量的 FPGA 例子中 PDN 损耗源的总结

	FPGA 例子	计算数值	单位
18	印制板回路电阻	3.75	mΩ
19	小球/插口电阻	0.6	mΩ
20	泵回路电阻	4.35	mΩ
21	在 V_{dd} 上泄漏的有效电阻	122	mΩ
22	16A 响应时的负载电阻	138	mΩ
23	芯片电阻	0.80	mΩ
24	泵回路的 q 因子	3.54	—
25	泄漏的 q 因子	7.9	—
26	负载的 q 因子	8.9	—
27	ODR 的 q 因子	19.3	—
28	组合的 q 因子	1.75	—

与三峰的例子相比较，在这个例子中一个突出的特点是泵回路电阻的 q 因子，它现在占据优势；在前面的三峰 PDN 中，负载损耗是占据优势的阻尼机制。在考虑 4 个独立的阻尼机制后，我们最后计算组合的 q 因子为 1.75。

假设 PDN 拓扑具有的参数可从时域测量中获取，执行频域仿真。图 10-43 显示了这个结果。频率峰在 33.88MHz 处，数值为 25.9mΩ。从仿真的电抗分量中可找到谐振时的感抗和容抗。在两条曲线的交叉点上频率为 33.11MHz，特性阻抗为 15.4mΩ。这与在第 17 行被估算 $Z_0 = 15.4$mΩ 是相同的。仿真的 q 因子是：

$$q \text{ 因子} = \frac{Z_{\text{peak}}}{Z_0} = \frac{25.9}{15.4} = 1.68 \tag{10-51}$$

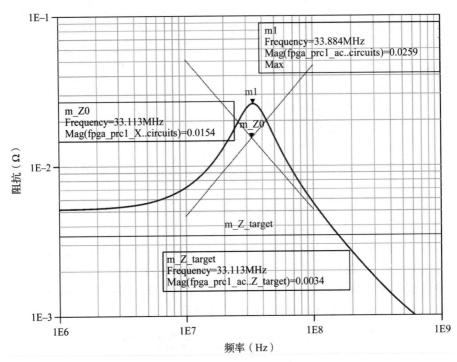

图 10-43　基于时域测量的参数，对 FPGA 的 PDN 的频域仿真结果

这个数值靠近第 28 行预期的 1.75。

　　到目前为止，脉冲响应与测量数据匹配得非常好。频域仿真与电子数据表上人工计算得到的进行比较，谐振频率、特性阻抗、q 因子和阻抗峰值都非常好。现在我们转移到测量的阶跃响应和仿真的阶跃响应比较上，如图 10-44 所示。测量数据在 266MHz 的 25 个周期内被初始化，它由核心逻辑产生。这导致仿真的 25 个电流脉冲与实验室测量得到的 25 个电流脉冲相类似。因此，测量和仿真的 PDN 噪声波形非常相似。

　　时钟边缘噪声是每个波形的主要特征。阶跃响应的下垂和特征是类似的。测量得到的最深下垂是 146mV，仿真的为 150mV。为阶跃响应仿真的时钟边缘噪声会大一点，但是为脉冲响应仿真的数据则是小一点。控制电流脉冲的宽度可增加或降低时钟边缘噪声的数量。越短的脉冲宽度，下垂越深，因为有与片上电容关联的 ESR 的 IR 压降。我们选择钽电容器的波形修正参数，它为 200ps 时，脉冲和阶跃响应得到合理的时钟边缘噪声。总的来说，测量和仿真的阶跃响应匹配得十分好。

　　最后，我们看测量和仿真的谐振响应，这显示在图 10-45 中。硬件使用 533MHz 的时钟来驱动。时钟波形被 33MHz 的门控（调制）以实现谐振峰值的最大激励。8 个时钟周期

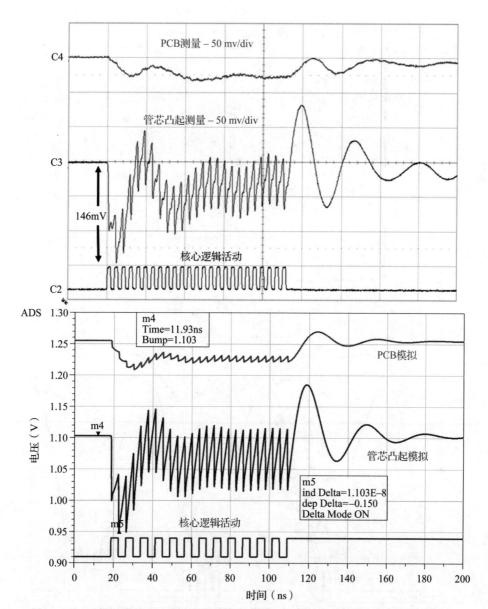

图 10-44　顶部：测量示波器上阶跃电流的轨迹。底部：相同情况下仿真的阶跃响应

为一个时钟脉冲，在跟随着的 8 个时钟周期中没有时钟脉冲。这个激励从 PDN 中在 15ns 内拉出最大功率，接着是 15ns 的最小电流。这个 PDN 的 Bandini 山谐振很可能被激励出来。测量的时域 PDN 响应是 577mV 的峰-峰值，仿真的响应是 584mV 的峰-峰值。

在仿真的谐振响应开发中，初始的仿真显示了大于 577mV 峰-峰噪声。因为脉冲和阶跃响应的匹配是如此的好，所以问题是位于 q 因子和阻尼。峰-峰值谐振电压应该为：

$$Z_{\text{peak}} \times \frac{4}{\pi} \times I_{\text{tran}} \tag{10-52}$$

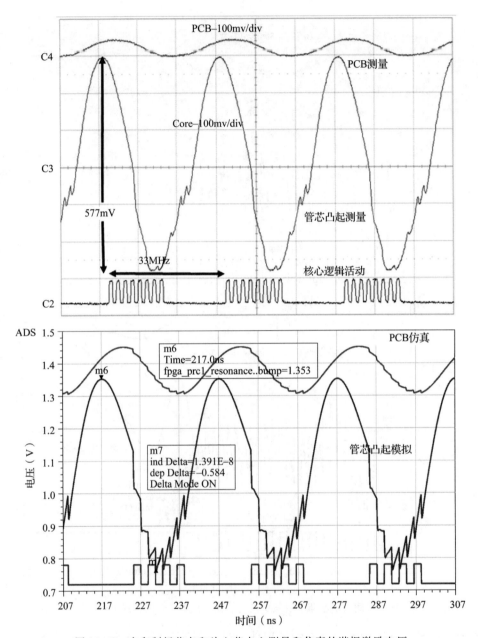

图 10-45　在印制板节点和片上节点上测量和仿真的谐振激励电压

　　仅有的解释是 Z_{peak} 必须很高，Z_{peak} 是 q 因子和特性阻抗的乘积，有时，损耗需要大一些，q 因子需要小一些。

　　在 PDN 测量中，这是常有的情况。系统比初始仿真估计的有更多的损耗。在这种情况下，解决的方法是附加 0.6mΩ 于小球/插口的电路位置，正如电子数据表的第 19 行所示。正如第 18 行所示，印制板已经有 3.75mΩ 的电阻了。在插口位置附加电阻带来的泵回路电阻上升到 4.35mΩ。使用额外的阻尼，仿真的峰-峰值谐振波形是 584mV，这与测量的 577mV 和电子数据表中的 588mV 都很匹配。这个或多或少是人为的，但对于实现损耗、q 因子和阻抗峰值是合理的，系统必须产生测量的波形。

10.23　PDN 阻抗测量和电压特征的仿真总结

在表 10-19 中，我们总结了测量数据、输入、PDN 参数计算和仿真结果，它是 PDN 谐振计算器的格式。我们使用假设简单的 PDN 拓扑的计算参数来形成 ADS 仿真结果。

表 10-19　与 Altera 测试芯片、瞬时电流和 PDN 特性关联的抽取输入项的总结

	FPGA PDN 例子	测量	输入	计算	仿真	单位
1	V_{dd}	1.1	1.1	—	—	V
2	泄漏电流	3	3	—	—	A
3	在 266MHz 时的总电流	11	11	—	—	A
4	在 533MHz 时的总电流	19	19	—	—	A
5	f_{clock}	533	533	—	—	MHz
6	时钟边缘噪声（脉冲响应）	105	108	—	—	mV
7	谐振频率	33	33	—	33.11	MHz
8	f_{clk} = 266MHz，100ns 时的印制板下垂	—	—	—	—	mV
9	在 266MHz 时的动态电流	—	—	8	—	A
10	在 533MHz 时的动态电流	—	—	16	—	A
11	每个时钟周期的电荷（q_{cycle}）	—	—	30	—	nC
12	开关电容	—	—	27	—	nF
13	不开关的电容	—	—	286	—	nF
14	片上电容	—	—	313	—	nF
15	开关因子	—	—	10%	—	—
16	PDN 回路电感	—	—	74	—	pH
17	PDN Z_0	—	—	15.4	15.4	mΩ
18	印制板回路电阻	—	—	3.75	—	mΩ
19	小球/插口电阻	—	0.6	—	—	mΩ
20	泵回路电阻	—	—	4.35	—	mΩ
21	V_{dd} 上泄漏的有效电阻	—	—	122	—	mΩ
22	16A 响应的负载电阻	—	—	138	—	mΩ
23	芯片电阻	—	—	0.80	—	mΩ
24	泵回路的 q 因子	—	—	3.54	3.05	—
25	泄漏的 q 因子	—	—	7.9	7.5	—
26	负载的 q 因子	—	—	8.9	8.8	—
27	ODR 的 q 因子	—	—	19.3	20.7	—
28	组合的 q 因子	—	—	1.75	1.68	—
29	阻抗峰值	—	—	26.9	25.9	mΩ
30	在 266MHz 时的 Z_target	—	—	6.9	—	mΩ
31	在 533MHz 时的 Z_target	—	—	3.4	—	mΩ
32	阶跃响应下垂	146	—	123	150	mV
33	谐振峰-峰值噪声	577	—	548	584	mV

第 30 和 31 行所示为时钟频率在 266MHz 和 533MHz 时的计算目标阻抗，分别为 6.9mΩ 和 3.4mΩ。目标阻抗远低于特性阻抗（15.4mΩ，第 17 行）和阻抗峰值（25.0mΩ，第 29 行）。看到与阶跃和谐振响应相关联大的下垂后，可认为这种情况是预期可见的。芯片-封装-印制板不是为处理大电流和瞬时电流设计的，这个大电流已经在试验中测量到。这个 FPGA 已经远离它的正常工作区域。

第 28 行显示的 q 因子（1.68）不是非常高，对大多数标准而言，这个 PDN 有好的阻尼。在初始的文献中，仿真的 q 因子是 3.9，阻抗峰值是 63mΩ。看来，这时一些阻尼机制（即泄漏和负载损耗）没有被考虑进去。这里的计算和仿真结果显示 q 因子和峰值阻抗实际上要小得多。

提示 这个练习清楚说明测量和描述 PDN 的重要性。实际系统通常比初始预测的具有更多的损耗和阻尼。

本节已经证明了如何使用一些时域测量来估算简单 PDN 拓扑的参数。需要测量的有以下几个参数。

- PDN 电压
- 泄漏电流
- 几个时钟频率下的电流
- 脉冲响应
- 谐振频率

脉冲响应是关键，因为我们能测量时钟边缘下垂，从中推断具有的片上电容。

我们能测量谐振频率的周期，它可引导电感计算。这样就可以得到足够好的脉冲和阶跃响应仿真结果。

对于谐振响应，我们必须放入比简单测量稍微多一些的阻尼。如果设置有用，那么我们可测量从芯片泵到印制板平面的电压下垂，得到这个电阻的准确数值。

提示 本节已经证明了实际的做法，逆向处理目前的 PDN 以找到很多主要的参数。

10.24 总结

1. PDN 设计实际上是管理阻抗曲线的峰值。

2. 每个峰值有 3 个术语特征它：谐振频率、特性阻抗和 q 因子。

3. 3 个重要的 PDN 电流波形告诉我们，关于 PDN 电压响应电源完整性工程师需要知道的每一件事情：时钟边缘脉冲响应、瞬时电流阶跃响应和谐振方波电流响应。如果你知道这些电压响应，那么你就可以描绘期望的 PDN 性能。

4. 我们可以在电子数据表上用一阶方式描述这些重要特性，并容易地探索设计空间。在 PDN 设计中，这是适当的起始点。最重要的好处是它可快速地指出影响峰值阻抗的主要设计特征，评估期望的 PDN 性能。

5. 电子数据表的简单解析近似能与电路仿真中的电压特性得到基本的一致，确认电子数据表是开始分析过程的最好方法。

6. 选择印制板上面的电容器是有好处的。附加有足够低电感的电容器，使电容器安装电感仅是 Bandini 山回路电感的一小部分。

7. 优化电容器的容量，对 Bandini 山附加一些阻尼。

8. 附加封装上去耦（OPD）电容器是减小 Bandini 山峰值阻抗的高性价比的方法。

9. 虽然一个阻抗峰值永远不能低于它的特性阻抗，但通过增加阻尼，接近这个值是可能的。对 Bandini 山阻尼的大贡献者常常是负载电流。

10. 当我们对真实的 FPGA 系统应用 PDN 谐振计算器模型时，芯片焊盘上的测量电压波形与仿真预测的一致性非常好。

参考文献

[1] S. Smith, Larry Sarmiento, Mayra Tretiakov, Yuri Sun, Shishuang Li, and Zhe Chandra, "PDN resonance calculator for chip, package and board," in *Santa Clara, CA, DesignCon*, 2012.

[2] J. D. Kraus, *Electromagnetics*, 4th ed. McGraw-Hill, 1992.

[3] L. Smith, S. Sun, P. Boyle, and B. Krsnik, "System power distribution network theory and performance with various noise current stimuli including impacts on chip level timing," in *Custom Integrated Circuits Conference, 2009. CICC '09. IEEE*, 2009, pp. 621–628.

[4] S. Sun, A. Corp, L. D. Smith, and P. Boyle, "On-chip PDN noise characterization and modeling," in *Santa Clara, CA, DesignCon*, 2010, no. 408, pp. 1–21.

[5] B. Young, *Digital Signal Integrity*. Upper Saddle River, NJ: Prentice-Hall, 2001.

推荐阅读

CMOS及其他先导技术：特大规模集成电路设计

作者：[美] 刘金 科林·库恩 等 译者：雷鑑铭 ISBN：978-7-111-59391-1 定价：99.00元

　　本书借鉴工业界和学术界的主要研究人员的专业知识，包括许多替代逻辑器件的开发者有见地的贡献，从一系列不同的观点引入和探讨新的概念，涵盖所有必要的理论背景和发展脉络。本书分为四个部分：第一部分回顾了芯片设计的注意事项以及具有更大亚阈值摆幅的器件；第二部分涵盖了利用量子力学隧道效应作为开关原理来实现更陡峭亚阈值摆幅的各种器件设计；第三部分涵盖了利用替代方法实现更高效开关性能的器件；第四部分涵盖了利用磁效应或电子自旋携带信息的器件。在全书的末尾对于包括新兴的电荷器件技术互连和自旋技术互连在内的更高级的逻辑器件互连给出了全面评价。本书是集成电路研究人员、专业工程师以及半导体器件和工艺专业研究生的必备读物。

高频集成电路设计

作者：[加] 索兰·尼瓦格斯库 等 译者：叶凡 俊彦 ISBN：978-7-111-60102-9 定价：139.00元

　　本书从晶体管级设计的角度，针对2～200GHz的无线和宽带系统，对高速高频单芯片集成电路进行了详细的介绍。本书内容涵盖高速、射频、毫米波和光纤等电路类型，其实现方式包括纳米尺度CMOS、SiGe BiCMOS、Ⅲ-Ⅴ族化合物等半导体工艺。本书提供分步骤的设计方法，几乎每章末尾都有习题、仿真和设计案例，是高年级本科生和研究生在电路设计方面理想的参考书。

基于运算放大器和模拟集成电路的电路设计（原书第4版 精编版）

作者：[美] 赛尔吉欧·弗朗哥 译者：何乐年 奚剑雄 等 ISBN：978-7-111-58149-9 定价：89.00元

　　本书全面论述了运算放大器的原理与特性参数，以及以其为核心构建的各种模拟集成电路原理、设计方法和应用。在电路设计方面，以业界通用的器件为背景，对应用中的许多问题进行了详细的分析。本书是在原书第4版基础上的精编版，共分9章，包括三个部分。第一部分为第1章和第2章，以运算放大器为理想器件介绍它的基本原理和应用，包括运算放大器基础和电阻反馈电路。第二部分为第3～6章，主要介绍运算放大器的诸多实际问题，如静态和动态限制、噪声以及稳定性问题。第三部分为7～9章，主要介绍了基于运算放大器的各种应用电路的设计方法，包括非线性电路、信号发生器、电压基准与稳压电源等。

　　本书可以作为电子信息工程、电子科学与技术、微电子科学与工程等本科专业高年级以及相关专业研究生学生的教科书或参考书，对从事模拟集成电路设计与应用的工程师们有参考价值。